Der wissenschaftliche Autor

Elke Flatau

Der wissenschaftliche Autor

Aspekte seiner Typologisierung am Beispiel von Einstein, Sauerbruch, Freud und Mommsen

Mit einem Geleitwort von Prof. Dr. Ute Schneider

 Springer VS

Elke Flatau
Lorsch, Deutschland

Die vorliegende Arbeit wurde vom Fachbereich 05 der Johannes Gutenberg-Universität Mainz im Jahr 2014 als Dissertation zur Erlangung des akademischen Grades eines Doktors der Philosophie (Dr. phil.) angenommen.

ISBN 978-3-658-08140-9   ISBN 978-3-658-08141-6 (eBook)
DOI 10.1007/978-3-658-08141-6

Die Deutsche Nationalbibliothek verzeichnet diese Publikation in der Deutschen Nationalbibliografie; detaillierte bibliografische Daten sind im Internet über http://dnb.d-nb.de abrufbar.

Springer VS

Gedruckt auf säurefreiem und chlorfrei gebleichtem Papier

Springer Fachmedien Wiesbaden ist Teil der Fachverlagsgruppe Springer Science+Business Media
(www.springer.com)

für meine Schwestern
Dorothea, Monika und Martina

Danksagung

Jede Promotion ist ein sehr individuelles Unterfangen. Am Ende des Weges hat man nicht nur Wissen und Fachkompetenz vermehrt sowie einen akademischen Grad erreicht; am wertvollsten ist der Zugewinn an persönlicher Erfahrung mit den eigenen Stärken und Schwächen. In diesem Sinne bin ich voller Dankbarkeit dafür, dass mir der Weg offenstand, zumal der Zugang zu Bildung heute in weiten Teilen der Welt – und insbesondere für Frauen – immer noch nicht selbstverständlich ist. Dass ich mein Studium bis zur Promotion verfolgen konnte, habe ich stets als Privileg, ja als Luxus empfunden.

Mein größter persönlicher Dank gilt meiner „Doktormutter" Prof. Dr. Ute Schneider, die diese Rolle im besten Sinne des Wortes erfüllt. Für ihre Schützlinge ist sie immer ansprechbar, stets konstruktiv lenkend am Thema interessiert, findet aufmunternde Worte, wenn der Kopf mal tiefer hängt, kann aber auch mit gezielter Strenge auf den richtigen Pfad zurückstupsen. Vor allem aber findet sie auf wundersame Weise für jeden ihrer Schützlinge das passende Mantra. Meins war: „Ja, Frau Flatau, machen Sie mal!"

Ich bedanke mich auch sehr herzlich bei allen TeilnehmerInnen des Schneiderschen Oberseminars, denn ohne diesen Ort des gemeinsamen wissenschaftlichen Denkens wäre das Promovieren für mich zu einem wahrlich einsamen Unterfangen geworden. Es ist gut zu wissen, dass es dort draußen Leidensgenossinnen gibt, und es schadet überhaupt nicht, sich gelegentlich in ganz andere Themen einzudenken.

Prof. Dr. David E. Rowe danke ich, dass er – nach 10-jähriger Pause seit der Magisterarbeit – ebenso bereitwillig wie interessiert das Zweitgutachten übernommen hat. Prof. Dr. Stephan Füssel, Prof. Dr. Ernst Fischer und Jun.-Prof. Dr. David Oels haben das Prüfungskomitee dankenswerterweise komplettiert.

Ich möchte an dieser Stelle nicht versäumen, meiner 2010 verstorbenen Kunstgeschichtsprofessorin Dr. Elisabeth Schröter in Dankbarkeit zu gedenken. Sie hat ihren Studenten nicht nur die Liebe zur Wissenschaft und den Anspruch an die eigene Leistung beeindruckend vorgelebt, sondern mich auch seit dem ersten Semester durch ihren Glauben in meine Fähigkeiten verwundert und motiviert.

Für die Recherche habe ich einige Archive und viele Bibliotheken konsultiert. Ich möchte mich ganz herzlich bei allen MitarbeiterInnen dieser Institutionen bedanken, wurde ich doch stets freundlich empfangen und hilfsbereit unterstützt.

Die Erstellung der Sauerbruch-Bibliographie hat mich in so manches Kleinod der Bücherverwahrung im Rhein-Main-Gebiet geführt. An den unwahrscheinlichsten Orten warteten Bücher auf mich, um mit kleinen, aber wichtigen Details meinen Erkenntnisstand zu erweitern. Diese realen Begegnungen mit gut sortiertem Wissen haben mich wiederholt davon überzeugt, dass sich vergleichbare Abenteuerlust und Verlässlichkeit nur schwerlich virtuell findet. Ich danke dem Medium Buch für seine Beständigkeit und dass es ihm immer noch gelingt, mich zu begeistern.

Da man ein Promotionsverfahren in der Regel nur einmal im Leben durchläuft, ist man auf erfahrene Routiniers angewiesen, die einen wegweisend durch alle Formalitäten lenken, weshalb ein sehr herzlicher Dank an Elisabeth Bodenstein vom zuständigen Prüfungsamt geht. Gerade wenn am Ende die Nerven zu flattern anfangen, ist ein solcher „Fels in der Brandung" Gold wert.

Ich danke Dorothee Koch und Jennifer Ott von Springer VS für die Möglichkeit der Veröffentlichung sowie die engagierte Unterstützung und ihr Entgegenkommen. Es freut mich besonders, dass ich letztlich in diesem Hause Autorenkollegin von Einstein und Sauerbruch werde, was den Kreis auf wunderbare Weise schließt.

Man braucht auf einem so langen Weg bisweilen Motivationsquellen, die gänzlich außerhalb der eigentlichen Arbeit liegen. Ich danke daher meiner Familie und meinen Freunden, die immer wieder interessiert nachgefragt haben und nicht müde wurden, sich den Stand der Dinge anzuhören. Wenn ich sie mit Anekdoten meiner Protagonisten unterhalten konnte, wurde mir mein eigener Enthusiasmus für das Thema erneut bewusst. Besonders danke ich Katrin Buchholz, Annette Baier-Graef und Selma Tascibasi für das abschließende Korrekturlesen und ihre hilfreichen Anmerkungen und Nachfragen.

Diese Arbeit widme ich meinen Schwestern, die mehr zum Gelingen beigetragen haben, als ihnen vermutlich bewusst ist. Die Liebe meiner Familie bildet ein sicheres Fundament für alles, was ich tue. Zu guter Letzt danke ich meinem Mann Jürgen Schmidt, der die Zeit, die ich mit „meinen Herren" verbracht habe, nie eifersüchtig beäugt hat, sondern stets stolz auf mein Vorhaben war. In der Schlussphase hat er nicht nur meine emotionalen Ausbrüche abgefedert, sondern mir auch tatkräftig geholfen, 15 kg Prüfungsexemplare an die Uni zu tragen. Vor allem aber hat er mich mit der entscheidenden Motivation fürs Fertigwerden versorgt: der Perspektive auf „ein Leben nach der Diss".

Lorsch im Oktober 2014
Elke Flatau

Zum Geleit

Im Gegensatz zur Sozialgeschichte des literarischen Schriftstellers, seiner Verlagsbeziehungen und ökonomischen Situation sind wir über den wissenschaftlichen Autor, der in der Regel einem wissenschaftlichen Hauptberuf an einer Universität oder außeruniversitären Forschungsstätte nachgeht, kaum informiert. Im Fokus des wissenschaftlichen Interesses stand lange Zeit fast ausschließlich die ökonomische Situation und soziale Lage der belletristischen Autoren. Auch die vielfach publizierten Korrespondenzen und Autor-Verleger-Briefwechsel sind von wenigen Ausnahmen abgesehen den Literaten gewidmet. Die vorliegende Studie nimmt sich also eines viel zu wenig beachteten Themas an und muss zunächst eine begriffliche und theoretische Grundlage schaffen, um eine Analyse durchführen zu können.

Die zentrale Fragestellung der Studie, die sich am wissenschaftssoziologischen Erkenntnisinteresse orientiert und auf die gesellschaftliche Bedingtheit wissenschaftlicher Forschung rekurriert, bezieht sich zunächst auf eine Begriffsdefinition mit Modellcharakter, die den wissenschaftlichen Autor als Typ konstruiert, um in einem zweiten Schritt das Konstrukt im historischen Kontext konkret anwenden zu können. Der historische Blick auf die Wissenschaft der Moderne wird als Korrektiv der aktuellen wissenschaftssoziologischen Diskussion dienen. Bezugssysteme der folgenden Analyse sind einerseits die Wissenschaft und andererseits der Buchmarkt als Element des Wirtschaftssystems. In ihrer Schnittmenge ist der wissenschaftliche Buchhandel verortet, der auf den bekannten Doppelcharakter des Buchs als Kulturgut und Ware verweist.

Die gewählten Fallbeispiele stammen aus der Moderne und nehmen prominente, männliche Wissenschaftler in den Blick. Mit Albert Einstein, Ferdinand Sauerbruch, Sigmund Freud und Theodor Mommsen wurden herausragende Vertreter unterschiedlicher Disziplinen mit jeweils unterschiedlichen Publikationskulturen ausgesucht. Den untersuchten Wissenschaftlern ist gemeinsam, dass sie innerhalb ihres Fachgebietes als Genie anerkannt wurden und ihr Ansehen durch diese Zuschreibung auch außerhalb der fachlichen Grenzen wirkte. Als „neuralgische Grenzmomente wissenschaftlicher Autorschaft" können schließlich einige Ambivalenzen in der Autorenrolle festgestellt werden, zum Beispiel die von ökonomischen Interessen und wissenschaftlichem Ethos oder in der Abgrenzung zum (literarischen) Schriftsteller, was vor allem in den Geisteswissenschaften beobachtet werden kann. Diese Ambivalenz führt auch zur Formulierung eines Desiderats, auf das hier aufmerksam gemacht wird: die differenzierte Betrachtung verschiedener Wissenschaftskulturen, die auf das Publikationsverhalten einwirken.

Mainz, Oktober 2014
Ute Schneider

Inhaltsverzeichnis

Abbildungs- und Tabellenverzeichnis

Abbildungen

Tabellen

1 Einleitung

Wissenschaftler schreiben. Sie sind Autoren wissenschaftlicher Publikationen. In ihrer Funktion als Verfasser von Texten unterscheiden sie sich so offensichtlich vom literarischen Schriftsteller, aber auch von verwandteren Autorentypen, wie dem Sachbuchautor, dass wir ganz selbstverständlich vom ‚wissenschaftlichen Autor' sprechen, ohne dass dieser je als Typus definiert worden wäre.

Die fehlende Definition erweist sich als problematisch, weil die Grenzen wissenschaftlicher Autorschaft weniger trennscharf verlaufen, als der flüchtige Blick aufs Sujet vermuten lässt. Zwar definiert das Wissenschaftssystem relativ klar, was als wissenschaftlich gelten darf, doch ist der Umkehrschluss falsch, dass alles, was Wissenschaftler schreiben, auch wissenschaftlich sei. Besonders problematisch wird es, wenn Wissenschaftler stilistisch auffallend schön schreiben. Ohne definitorische Sensibilisierung werden sie allzu leichtfertig als Schriftsteller bezeichnet.

Auf die Frage „Was ist ein wissenschaftlicher Autor?" wusste Arnold Berliner, der als Herausgeber der Zeitschrift *Die Naturwissenschaften* im steten Austausch mit der gesuchten Spezies stand, die scherzhafte Antwort: „Eine Kreuzung einer Mimose mit einem Stachelschwein!"[1] Tatsächlich können Wissenschaftler im Umgang ebenso empfindlich und streitbar sein wie andere Autoren. Unterschiede ergeben sich hierbei eher aus dem persönlichen Temperament und der Qualität des Autor-Verleger-Verhältnisses als aus dem Buchmarktsegment. Einerseits sind Wissenschaftler somit Autoren wie alle anderen. Andererseits ergeben sich aus der Zugehörigkeit dieser Autorengruppe zum Wissenschaftssystem besondere und klar benennbare Merkmale wissenschaftlicher Autorschaft.

Die Definition des wissenschaftlichen Autors als eigenständigem Typus ist nicht nur das erklärte Ziel der folgenden Studie, sondern zugleich deren Ausgangspunkt, denn die theoretische Abstraktion sollte nie Selbstzweck sein, sondern der Analyse des Konkreten dienen. Eine historische Verankerung er-

---

1 Diese freilich nur mündlich gestellte Scherzfrage Arnold Berliners wurde von Albert Einstein anlässlich Berliners siebzigsten Geburtstags ausgeplaudert und in Folge schriftlich fixiert: Einstein, Albert: Zu Dr. Berliners siebzigstem Geburtstag. IN: Die Naturwissenschaften. 20/1932, Heft 51, S. 913; (im Folgenden: Einstein, Berliner).

scheint somit ebenso sinnvoll wie die Erprobung des zu formulierenden Modells an ausgesuchten Fallbeispielen.

1.1 Thematischer Zuschnitt und theoretischer Ansatz auf Grundlage des Forschungsstandes

Eine Typologisierung des wissenschaftlichen Autors ist bislang nicht vorgenommen worden. Allein Felix Steiner hat sich in seiner Dissertation des wissenschaftlichen Autors angenommen,[2] versteht ihn aber aus einer linguistischen Perspektive als Text konstruierende Größe. Steiner stellt darüber hinaus einige wertvolle Überlegungen zur Person des Autors an. Insgesamt kann seine Auffassung vom wissenschaftlichen Autor als textimmanentes Spiegelbild des hier zu definierenden Autorentyps verstanden werden; er beschreibt jenen Aspekt der Autorschaft, der von der buchwissenschaftlichen Perspektive meist ausgeklammert wird. Zudem sind Wissenschaftler in wenigen Einzelstudien als Autoren porträtiert worden oder treten in verlagsgeschichtlichen Arbeiten als Geschäftspartner der Verleger auf.[3]

Eine Definition des wissenschaftlichen Autors liegt jedoch nicht vor. Die hierzu in meiner Magisterarbeit angestrengten Überlegungen dienten der theoretischen Vorbereitung auf die Beschreibung des Fallbeispiels Einstein und können lediglich als Lösungsentwurf für die gestellte Aufgabe dienen.[4] Nichtsdestotrotz erscheint der damals angedachte Weg nach wie vor sinnvoll: Ausgehend von der Funktionsweise des wissenschaftlichen Publikationssystems, zu dem immerhin einige Forschungsbeiträge unterschiedlicher Disziplinen vorliegen, kann auf den Autorentyp geschlossen werden. Der Weg führt somit deduktiv zum Ziel.

Die Wissenschaft ist Forschungsobjekt unterschiedlicher Fächer. Wissenschaftsphilosophie und -theorie weisen die längste Tradition auf und fokussieren erkenntnistheoretische Aspekte, die logische Strukturiertheit von Wissenschaft und das Wesen wissenschaftlichen Wissens.[5] Dass Letzteres unter sozialen Bedingungen entsteht und somit von ihnen beeinflusst ist, würdigt die Wissens-

---

2   Steiner, Felix: Dargestellte Autorschaft. Autorkonzept und Autorsubjekt in wissenschaftlichen Texten. Tübingen: Niemeyer 2009. (= Germanistische Linguistik, 282); (im Folgenden: Steiner, Dargestellte Autorschaft).
3   Entsprechende Arbeiten werden später vorgestellt.
4   Siehe Anm. 58 dieses Kapitels.
5   Vgl. hierzu Lauth, Bernhard und Sareiter, Jamel: Wissenschaftliche Erkenntnis. Eine ideengeschichtliche Einführung in die Wissenschaftstheorie. 2., überarbeitete und ergänzte Auflage. Paderborn: mentis 2005.

soziologie.[6] In diesen Disziplinen stehen Fragen folgender Art im Vordergrund: Wie sind wissenschaftliche Theorien logisch aufgebaut? Wie lassen sie sich darstellen, quantifizieren und vergleichen? Existiert die Realität unabhängig von der menschlichen Beobachtung? (Wie) können wissenschaftliche Aussagen verifiziert oder falsifiziert werden? Was macht Wissen zu spezifisch wissenschaftlichem Wissen und wie unterscheidet es sich von anderen Wissensformen, bzgl. seines Wesens und seiner Glaubwürdigkeit? Immer mehr wird dabei mitberücksichtigt, dass sich das Selbstverständnis der Wissenschaft verändert, es kommt also die historische Perspektive hinzu.

Erkenntnistheoretische Betrachtungen dieser Art werden in der vorliegenden Arbeit nur selten herangezogen. Sicherlich sind die oben skizzierten Fragen für die Wissenschaft wesentlich, doch finden sie gewissermaßen auf einer Meta-Ebene statt. Es ist wichtig, dass Wissenschaft ihr eigenes Tun (im Sinne der Wissensproduktion) fortwährend hinterfragt und ihren selbstreflektorischen Blick immer mehr schärft. Das Verständnis von Wissenschaft, welches in dieser Arbeit zum Tragen kommt, setzt allerdings auf der sozialen Ebene an, Epistemologisches erscheint dabei nur dann relevant, wenn es das Selbstverständnis der Wissenschaftler oder die soziale Struktur der Wissenschaft berührt. Spätestens seit Kuhn geht man allerdings auch von einer sozialen Determiniertheit wissenschaftlicher Inhalte aus.[7]

Für die vorliegenden Fragestellungen sind die Perspektive und die Erkenntnisse der Wissenschaftssoziologie außerordentlich hilfreich. Die Wissenschaftssoziologie entspringt der Erkenntnis, dass Wissenschaft nicht unabhängig von Gesellschaft betrachtet werden kann. Wissenschaft ist ein gesellschaftlicher Teilbereich, der zutiefst sozial *ist*. Sie weist soziale Strukturen auf, Wissenschaftler können nur als Teil eines Kollektivs agieren, letztlich ist sogar Erkenntnis selbst ein sozialer Vorgang. Einen sehr guten Überblick über die wissenschaftssoziologische Forschung bietet Peter Weingart.[8] Ihm sind auch die Übersetzungen wichtiger amerikanischer Studien ins Deutsche in den 1970er Jahren zu verdanken.[9]

---

6   Vgl. Knoblauch, Hubert: Wissenssoziologie. Konstanz: UVK 2005; (im Folgenden: Knoblauch, Wissenssoziologie).

7   Zu Kuhn siehe S. 23.

8   Weingart, Peter: Wissenschaftssoziologie. Bielefeld: Transcript Verlag 2003; (im Folgenden: Weingart, Wissenschaftssoziologie).

9   Weingart, Peter (Hrsg.): Wissenschaftssoziologie I. Wissenschaftliche Entwicklung als sozialer Prozeß. Frankfurt/Main: Athenäum Verlag 1973. (= Sozialwissenschaftliche Paperbacks, Sonderserie: Perspektiven der Wissenschaftsforschung, 1); (im Folgenden: Weingart (Hrsg.), Wissenschaftssoziologie I). Ders. (Hrsg.): Wissenschaftssoziologie II. Determinanten wissenschaftlicher Entwicklung. Frankfurt/Main: Athenäum Verlag 1974. (= Sozialwissenschaftliche Paperbacks, Sonderserie: Perspektiven der Wissenschaftsforschung, 2); (im Folgenden: Weingart (Hrsg.), Wissenschaftssoziologie II).

Die Wissenschaftsgeschichte wird im Hinblick auf einzelne Forscherpersönlichkeiten oder Disziplinen geschrieben, sie stellt wissenschaftliche Praxis und Inhalte in ihrer historischen Entwicklung dar. In ihren Fragestellungen überschneidet sie sich zunehmend mit der Wissenschaftssoziologie, den Kulturwissenschaften und erkenntnistheoretischen Disziplinen. Die Selbstreflexion der Wissenschaft ist per se interdisziplinär, weshalb man heute bevorzugt von Wissenschaftsforschung spricht. Eine sehr gute Einführung in die Wissenschaftsforschung haben Ulrike Felt, Helga Nowotny und Klaus Taschwer erstellt.[10]

Wissenschaftsforschung erfolgt somit interdisziplinär und hat interne Gesetzmäßigkeiten (Erkenntnistheorie), soziale Strukturen (Wissenschaftssoziologie) und externe Determinanten der Wissenschaftsentwicklung zum Gegenstand.[11] Weingart kommt zu dem Schluss, dass spätestens seit Kuhn keine analytische Trennung bei der Erforschung dieser Aspekte mehr vorgenommen werden kann:

> Allgemeiner gesagt spiegelt die wissenschaftstheoretische Diskussion wider, daß die immanente Beziehung zwischen kognitiven und sozialen Strukturen, zwischen wissenschaftlichen und sozialen Prozessen problematisiert und in ihrer Bedeutung anerkannt wird. Die bislang als ausschließlich internen Regulativen gehorchende und mithin als autonom betrachtete Wissenschaftsevolution sowie die damit verbundenen linear-kumulativen Entwicklungsmodelle sich selbst steuernder Wissenschaftsprozesse werden aufgrund dessen in Frage gestellt. Umgekehrt wird die dieser (idealistischen) Vorstellung entgegengesetzte historisch-materialistische Überzeugung ebenfalls relativiert, wonach die inhaltliche Entwicklungsrichtung der Wissenschaft ausschließlich als extern induziert zu verstehen sei. Als eine zentrale Forschungsaufgabe scheint sich herauszukristallisieren, daß die Beziehungen der Eigenregulative und der externen (sozialen, politischen, kulturellen etc.) Regulative der Wissenschaftsevolution zueinander und ihre relativen Funktionen in deren Bestimmung aufgeklärt werden.[12]

Die Entwicklung der oben skizzierten Disziplinen sowie ihre Beziehungen zueinander sind logischerweise stark beeinflusst von der Entwicklung der Wissenschaft selbst und ihres Selbstverständnisses.[13] Es entsteht eine Art von Selbst-

---

10 Felt, Ulrike, Helga Nowotny und Klaus Taschwer: Wissenschaftsforschung. Eine Einführung. Frankfurt: Campus 1995; (im Folgenden: Felt et al., Wissenschaftsforschung).

11 Vgl. Weingart, Peter: Wissenschaftsforschung und wissenschaftssoziologische Analyse. IN: Weingart (Hrsg.), Wissenschaftssoziologie I, S. 11–42; (im Folgenden: Weingart, Wissenschaftsforschung), hier S. 21–26.

12 Ebd., S. 25.

13 Vgl. hierzu Stehr, Nico: Robert K. Mertons Wissenschaftssoziologie. IN: Robert K. Merton: Einwicklung und Wandel von Forschungsinteressen. Aufsätze zur Wissenschaftssoziologie. Frankfurt/Main: Suhrkamp 1985, S. 7–30; (im Folgenden: Stehr, Mertons Wissenschaftssoziologie), hier S. 9–10.

bezug, der sich dann als problematisch erweist, wenn bei der Selbstreflexion die historische Dimension nicht berücksichtigt wird oder die Perspektive bzw. Distanz zum Betrachtungsobjekt unklar bleibt.

Diese Problematik soll an einem Beispiel illustriert werden: Robert Merton hat 1942 das wissenschaftliche Ethos beschrieben und sich dabei auf das Wissenschaftssystem seiner Zeit bezogen.[14] Er hat in seinen wissenschaftssoziologischen Arbeiten Aussagen getroffen, die in der Folgezeit viele Studien inspirierten.[15] In den 1960/70er Jahren ist Merton von jüngeren Vertretern seines Faches kritisiert worden.[16] Die Kritik entsprang zum Teil natürlicherweise dem fortschreitenden Erkenntnisstand der Disziplin. Die Auffassung der grundsätzlichen Wissenschaftskonzeption hatte sich mit Thomas Kuhn maßgeblich geändert;[17] das fortschrittsoptimistische Wissenschaftsverständnis Mertons konnte nicht länger geteilt werden.[18]

Zu einem anderen Teil war die Kritik aber ein Reflex auf die spürbaren Veränderungen innerhalb der Wissenschaft, welche in dieser Arbeit als Symptome des Übergangs vom modernen zum postmodernen Wissenschaftssystem verstanden werden.[19] Mit anderen Worten wurde Mertons Beschreibung des modernen Wissenschaftssystems aufgrund von Beobachtungen postmoderner Begebenheiten angefochten. Oder: Die jeweiligen Perspektiven waren verschieden. Das räumten Barnes und Dolby bei ihrer Kritik an Mertons Formulierung des wissenschaftlichen Ethos ein:

> Merton befaßt sich insbesondere mit den Normen der professionellen akademischen Wissenschaft. Mit dem häufig nachgeahmten deutschen Universitätssystem wurde eine autonome Gemeinschaft professioneller Wissenschaftler, die sich der uneigennützigen Forschung widmeten, zum Charakteristikum der Wissenschaft. [...]

---

14 Merton, Robert: Wissenschaft und demokratische Sozialstruktur. IN: Weingart (Hrsg.), Wissenschaftssoziologie I, S. 45–59; (im Folgenden: Merton, Wissenschaft und demokratische Sozialstruktur). Der Aufsatz erschien im englischen Original 1942 (dt. 1973).

15 Vgl. Stehr, Mertons Wissenschaftssoziologie, S. 8.

16 Bspw. Barnes, S.B. und R.G.A. Dolby: Das wissenschaftliche Ethos. Ein abweichender Standpunkt. IN: Wissenschaftssoziologie I, S. 263–286; (im Folgenden: Barnes/Dolby, Wissenschaftliches Ethos). Vgl. Weingart, Wissenschaftssoziologie, S. 17–18.

17 Kuhn, Thomas S.: Die Struktur wissenschaftlicher Revolutionen. Sonderausgabe der 2., revidierten, um das Postskriptum von 1969 ergänzten Auflage von 1976. Frankfurt/Main: Suhrkamp 2003; (im Folgenden: Kuhn, Wissenschaftliche Revolutionen). Das englische Original erschien 1962.

18 Zu Mertons Wissenschaftsverständnis vgl. auch Weingart, Wissenschaftsforschung, S. 30: „Wissenschaft ist durch ihre spezifische Methode definiert, die Kriterien zur Beurteilung wissenschaftlicher Ergebnisse sind absolut und zeitlos gültig, und der wissenschaftliche Fortschritt erfolgt gradlinig und kumulativ."

19 Siehe hierzu ausführlicher Kapitel 2.1.

Bekenntnisse zu Uneigennützigkeit, Skeptizismus und emotionale Neutralität sind üblich in den Schriften dieser Periode [...]. So bildet Mertons Analyse einen wichtigen Ausgangspunkt für das Studium dieser Periode und hat zu wertvollen Untersuchungen über die Zuwendung von Anerkennung und Belohnung in der akademischen Wissenschaft geführt.[20]

In dem Zitat klingt an, dass nicht nur die zeitlichen, sondern auch die räumlichen Dimensionen unterschiedlich sein können und dass sich daraus zwangsläufig eine andere Gültigkeit der Aussagen ergibt. Und gerade diese Bezugsrahmen werden in den wenigsten Arbeiten wissenschaftssoziologischer Natur angegeben. Meist wird über Wissenschaft per se gesprochen, Theorien zur sozialen Struktur der Wissenschaft werden mit einem universellen Geltungsanspruch erhoben. Kann man aber Wissenschaft als ein in einer globalen Dimension einheitliches und ausreichend autonomes Gebilde verstehen und somit allgemeingültige Aussagen treffen? Und kann man Wissenschaft unabhängig von ihrer historischen Dynamik erfassen? Interessanterweise missachtet die Wissenschaftssoziologie mit dieser Ungenauigkeit gerade ihr eigenes Credo, nämlich dass Wissenschaft bedingt ist von der Gesellschaft, in der sie sozial verankert ist. Weniger kritisch und vielmehr positiv könnte man auch schließen, dass das Wissenschaftssystem sehr wohl eine globale und recht autonome Größe ist.

Es erscheint sinnvoll, wenn soziologische Überlegungen immer wieder von wissenschaftshistorischen Betrachtungen ergänzt und korrigiert werden. Wissenschaft unterliegt der historischen Dynamik hinsichtlich ihrer Rolle und Funktion in der Gesellschaft, ihres Selbstverständnisses, ihrer Organisation und Struktur, ihres Kommunikationsverhaltens und nicht zuletzt ihrer Quantität, wobei sich die sozialen Parameter mit verändern. In ihrer historischen Entwicklung ergaben sich für die Wissenschaft deutlich erkennbare Umbrüche, die als Epochenübergänge gedeutet werden können. So wird in der Forschung von der neuzeitlichen oder auch von der modernen Wissenschaft gesprochen, wobei sich diese Begriffe stets auf unterschiedliche zeitliche Dimensionen beziehen. Warum der zeitliche Rahmen für moderne Wissenschaft in dieser Arbeit von der Gründung der Berliner Universität 1810 bis zum Ende des Zweiten Weltkriegs 1945 festgesetzt wird, wird ausführlich in Kapitel 2.1 erläutert. Auch der räumliche Bezugsrahmen klärt sich an dieser Stelle.

Die kritischen Bemerkungen hinsichtlich des räumlichen und zeitlichen Bezugsrahmens sollen veranschaulichen, dass bei der Konsultation der Forschungsliteratur eben diese Problematik berücksichtigt werden musste. Vielen Äußerungen der neueren Wissenschaftsforschung können nicht ohne Weiteres

---

20   Barnes/Dolby, Wissenschaftliche Ethos, S. 278–279. Vgl. hierzu auch Weingart, Wissenschaftsforschung, S. 30.

für den Betrachtungszeitraum Geltung zugesprochen werden.[21] Andererseits sind die Erkenntnisse älterer Forscher durch neuere Betrachtungsweisen ergänzt oder korrigiert worden.[22] Es bietet sich somit an, sich bewusst eines ‚theoretischen Eklektizismus' zu bedienen. Das klingt willkürlich, trägt aber sowohl dem Verständnis von moderner Wissenschaft, wie es der vorliegenden Arbeit zugrunde liegt, als auch der spezifischen buchwissenschaftlichen Perspektive Rechnung.

Die Arbeiten Robert Mertons waren für die (amerikanische) Wissenschaftssoziologie grundlegend. Merton bezog sich dabei auf die Tradition der deutschen Wissenssoziologie und beschrieb vor allem das moderne Wissenschaftssystem, wie es im Deutschland des 19. Jahrhunderts seine spezifische Ausprägung erlangte. Seine Studien können daher in der vorliegenden Arbeit zu Rate gezogen werden. Neben dem bereits oben erwähnten Text von 1942 ist ein Aufsatzband besonders aufschlussreich, der 1985 von Nico Stehr herausgebracht wurde.[23] In ihm lagen viele Arbeiten Mertons erstmals in deutscher Sprache vor.

Eine wichtige Wende innerhalb der Wissenschaftssoziologie wurde von Thomas Kuhns Arbeit über *Die Struktur wissenschaftlicher Revolutionen* eingeleitet.[24] Das Buch wurde auch außerhalb der Wissenschaftssoziologie vielfach rezipiert. Kuhn bezog sich ausdrücklich auf Ludwik Fleck,[25] der bereits viele seiner Gedanken vorweggenommen habe.[26] Auch wenn sich Kuhn in seinen Ausführungen nicht explizit auf Fleck bezieht, sind die Parallelen augenfällig. Fleck und Kuhn nutzen je unterschiedliche Begriffe, um ähnliche Phänomene zu beschreiben; doch gelang Kuhn in seinen Betrachtungen eine größere Abstraktion.

Flecks Essay erschien 1935 im nationalsozialistischen Deutschland. Dem jüdischen Autor blieb damit eine angemessene Rezeption versagt. Erst durch Kuhns Buch, das im englischen Original ein Jahr nach Flecks Tod erschien, wurde die *Entstehung und Entwicklung einer wissenschaftlichen Tatsache* wiederent-

---

21 Bspw. ist der sog. Publikationszwang heute viel stärker ausgeprägt als noch im 19. Jahrhundert.
22 Wie die oben erwähnte Korrektur Mertons durch Kuhn.
23 Merton, Robert K.: Entwicklung und Wandel von Forschungsinteressen. Aufsätze zur Wissenschaftssoziologie. Frankfurt/Main: Suhrkamp 1985; (im Folgenden: Merton, Entwicklung und Wandel).
24 Kuhn, Wissenschaftliche Revolutionen; siehe Anm. 17 dieses Kapitels.
25 Fleck, Ludwik: Entstehung und Entwicklung einer wissenschaftlichen Tatsache. Einführung in die Lehre vom Denkstil und Denkkollektiv. Mit der 1. Auflage textidentische Neuauflage. Frankfurt/Main: Suhrkamp 1980; (im Folgenden: Fleck, Entstehung und Entwicklung). Das Original ist 1935 bei Benno Schwabe, Basel, erschienen.
26 Vgl. Kuhn, Wissenschaftliche Revolutionen, S. 8.

deckt, allerdings zugleich von der Wirkung der Kuhnschen Studie überstrahlt.[27] Dennoch enthält Flecks Text viele hilfreiche Gedanken und besticht durch die essayistische Frische.

Die Systemtheorie, die in Deutschland ihre maßgebliche Ausprägung durch Niklas Luhmann erfahren hat, hat die Soziologie durchdringend und nachhaltig beeinflusst. Seitdem wird auch Wissenschaft bevorzugt als (soziales) System verstanden.[28] Der Systembegriff muss dabei nicht immer streng mit der Systemtheorie verbunden sein. Als Beschreibung autonomer Organismen und Gebilde hat er sich fächerübergreifend durchgesetzt, ohne zwingend den weiteren Begriffs- und Deutungsapparat der Systemtheorie zu übernehmen. Die Luhmannsche Systemtheorie erhebt den Anspruch einer Meta-Theorie, die auf sehr abstraktem Niveau versucht, die Strukturen menschlichen Lebens zu beschreiben. Luhmann definierte dazu Begriffe wie ‚System‘, ‚Kommunikation‘, ‚Operation‘, ‚Interpenetration‘ in einem sehr spezifischen Sinn.

Die Systemtheorie ist als schwer zugänglich und vor allem schwer anwendbar kritisiert worden. Dennoch fand sie in Einzelstudien Anwendung, die wiederum für die vorliegende Arbeit sehr hilfreich sind. Rudolf Stichweh ist es gelungen, aus einer systemtheoretischen Perspektive die Ausdifferenzierung der modernen Wissenschaft im 19. Jahrhundert sowie ihre Funktionsweise sehr anschaulich darzulegen.[29] Dabei zeigt sich, dass die Beschreibung des Ausdifferenzierungsprozesses gerade der Dynamik, die sich aus der historischen Entwicklung ergibt, gerecht werden kann. Andererseits läuft der hohe Abstraktionsgrad der Systemtheorie immer wieder Gefahr, ein Ideal zu beschreiben, das real nicht anzutreffen ist. Bei systemtheoretischen Überlegungen zu Wissenschaft sind vor allem die postulierte Autonomie des Systems sowie dessen alleinige Orientierung an den hehren Idealen der Wissenschaftlichkeit immer wieder in Frage zu stellen.

Die theoretischen Überlegungen werden von historischen Darstellungen ergänzt. Hans-Albrecht Koch hat eine gute Übersicht über die Geschichte der

---

27 Vgl. Schäfer, Lothar und Thomas Schnelle: Einleitung. Ludwik Flecks Begründung der soziologischen Betrachtungsweise in der Wissenschaftstheorie. IN: Fleck, Entstehung und Entwicklung, S. VII–XLIX, hier S. VIII–IX.

28 Vgl. bspw. Luhmann, Niklas: Selbststeuerung der Wissenschaft. IN: Jahrbuch für Sozialwissenschaft 19/1968, S. 147–170; (im Folgenden: Luhmann, Selbststeuerung der Wissenschaft).

29 Stichweh, Rudolf: Zur Entstehung des modernen Systems wissenschaftlicher Disziplinen. Physik in Deutschland, 1740–1890. Frankfurt/Main: Suhrkamp 1984; (im Folgenden: Stichweh, Zur Entstehung). Ders.: Wissenschaft, Universität, Professionen. Soziologische Analysen. Frankfurt/Main: Suhrkamp 1994; (im Folgenden: Stichweh, Wissenschaft, Universität, Professionen).

Universität verfasst.[30] In seinem mehrbändigen Werk zur *Deutschen Geschichte* widmet sich Thomas Nipperdey auch dem Bildungswesen und den Wissenschaften.[31] Hierin werden sowohl die gesellschaftliche Bedeutung der Wissenschaft als auch ihre interne Entwicklung sowie der Zusammenhang dieser beiden Aspekte deutlich. Nipperdey bezieht sich immer wieder auf die umfassende Studie Fritz Ringers, in der dieser das Selbstverständnis der deutschen Wissenschaftler dezidiert untersucht.[32] Ringer überträgt die Bezeichnung ‚Mandarin', die der Titel gelehrter Beamter im kaiserlichen China war, auf die Hochschullehrer im 19. und beginnenden 20. Jahrhundert; unter ‚Mandarinentum' versteht er generell „eine gesellschaftliche und kulturelle [Bildungs-]Elite", die für die Ausbildung auch der anderen Eliten zuständig war.[33] Ergänzend wurden Einzelstudien aus zwei Aufsatzbänden herangezogen.[34]

Gerade aus der Kombination unterschiedlicher theoretischer Ansätze mit einer klaren historischen Perspektive ergibt sich ein dynamisches Bild moderner deutscher Wissenschaft im 19. und frühen 20. Jahrhundert. Darüber hinaus verlangt die buchwissenschaftliche Perspektive, neben Erkenntnissen der Wissenschaftsforschung die Überlegungen anderer Disziplinen zu Rate zu ziehen. Der Funktion wissenschaftlicher Publikationen kommt in dieser Arbeit natürlicherweise eine zentrale Bedeutung zu. In der Wissenschaftsforschung wird dieser Aspekt immer wieder thematisiert, ohne jedoch dabei die Perspektive der Wissenschaft zu verlassen. Da wissenschaftliche Kommunikation aber zu einem wesentlichen Teil vom wissenschaftlichen Buchmarkt getragen wird und hierbei eine Überschneidung des Wissenschaftssystems mit dem System der Wirtschaft vorliegt, erweitert sich das Problemfeld klar aus dem wissenschaftlichen Bezugssystem heraus. Ökonomische Aspekte erlangen damit eine Relevanz, die in der Wissenschaftsforschung bislang nicht ausreichend gewürdigt wurden.

Zwar hat Stichweh Wissenschaft als autopoietisches System erläutert[35] und der wissenschaftlichen Publikation innerhalb dieses Systems dieselbe Funktion

---

30 Koch, Hans-Albrecht: Die Universität. Geschichte einer europäischen Institution. Darmstadt: Wissenschaftliche Buchgesellschaft 2008; (im Folgenden: Koch, Universität).

31 Nipperdey, Thomas: Deutsche Geschichte 1800–1866. Bürgerwelt und starker Staat. München: C. H. Beck 1994; (im Folgenden: Nipperdey, 1800–1866), hier S. 451–533; ders.: Deutsche Geschichte 1866–1918. 1. Band: Arbeitswelt und Bürgergeist. München: C. H. Beck 1990; (im Folgenden: Nipperdey, 1866–1918), hier S. 568–691.

32 Ringer, Fritz K.: Die Gelehrten. Der Niedergang der deutschen Mandarine, 1890–1933. München: dtv 1987; (im Folgenden: Ringer, Die Gelehrten).

33 Vgl. zum Begriff des ‚Mandarinentums' v. a. ebd., S. 15–16.

34 Vom Brocke, Bernhard (Hrsg.): Wissenschaftsgeschichte und Wissenschaftspolitik im Industriezeitalter. Das „System Althoff" in historischer Perspektive. Hildesheim: Lax 1991; Schwabe, Klaus (Hrsg.): Deutsche Hochschullehrer als Elite. 1815–1945. Boppard am Rhein: Boldt 1988; (im Folgenden: Vom Brocke, Wissenschaftsgeschichte und Wissenschaftspolitik).

35 Vgl. das Kapitel *Die Autopoiesis der Wissenschaft* IN: Stichweh, Wissenschaft, Universität, Professionen, S. 52–81.

zugeschrieben, die Zahlungen im System Wirtschaft übernehmen. Trotz der prinzipiellen Fruchtbarkeit dieses Gedankens übersieht Stichweh aber, dass sich das wissenschaftliche System gerade im Bereich seines Publikationswesens zur Wirtschaft hin öffnet. Daraus ergibt sich die grundsätzliche Frage, ob Wissenschaft hierbei ihre Autonomie teilweise einbüßt. Oder kann man die Kooperation der Wissenschaft mit dem wirtschaftlichen System – zudem in einem für sie sehr neuralgischen Bereich – gerade als ein Zeichen ihres hohen Differenzierungsgrades und somit als Souveränität ihrer Autonomie verstehen?[36]

Georg Jäger hat in verschiedenen Studien[37] wissenschaftlichen Buchhandel systemtheoretisch erschlossen, indem er ihn als Resultat der Interpenetration der Systeme Wissenschaft und Buchhandel interpretierte. Auch wenn ihm nicht gelang, die Anwendbarkeit der Systemtheorie zu demonstrieren, kam er zu der Erkenntnis, dass die Institutionalisierung des wissenschaftlichen Buchhandels als Ergebnis seines Ausdifferenzierungsprozesses zu verstehen sei.[38]

In der Buchwissenschaft ist man sich des prinzipiellen Doppelcharakters des Buches bewusst, der im Fall wissenschaftlicher Publikationen besonders deutlich zu Tage tritt: Wissenschaftliche Publikationen sind Träger von Wissen, die wichtigste Instanz wissenschaftlicher Kommunikation, aber zugleich wirtschaftliche Produkte und handelbare Ware. Den wissenschaftlichen Buchmarkt als Systemüberschneidungen von Wissenschaft und Wirtschaft aufzufassen, wird diesem Doppelcharakter des Buches auf sehr aufschlussreiche Weise gerecht.

In Jägers Studien wird zudem deutlich, dass es im Teilsystem des wissenschaftlichen Buchhandels auch um Machtverteilungen geht. Ökonomische und wissenschaftliche Werte prallen aufeinander. Geld und Wahrheit scheinen diametrale Ansprüche auf Macht zu erheben. Bourdieus Gedanken zum Begriff des Kapitals helfen, diese grundsätzliche Spannung als höchst fruchtbare Kooperation und den wissenschaftlichen Buchhandel als Ort von Kapitalumwandlungen zu begreifen.[39] Der wissenschaftliche Buchmarkt ist damit nicht mehr

---

36   Vgl. Weingart, Wissenschaftssoziologie, S. 110.
37   Jäger, Georg: Buchhandel und Wissenschaft. Zur Ausdifferenzierung des wissenschaftlichen Buchhandels. Siegen: als Typoscript gedruckt 1990. (= LUMIS-Schriften, 26); (im Folgenden: Jäger, Buchhandel und Wissenschaft). Ders.: Keine Kulturtheorie ohne Geldtheorie. Grundlegung einer Theorie des Buchverlags. IN: Empirische Literatur- und Medienforschung. Hrsg. von Siegfried J. Schmidt. Siegen: Lumis 1995, S. 23–40. Letzteres ist überarbeitet und aktualisiert erschienen IN: Buchkulturen. Beiträge zur Geschichte der Literaturvermittlung. Hrsg. von Monika Estermann, Ernst Fischer und Ute Schneider. Wiesbaden: Harrassowitz 2005, S. 59–78.
38   Siehe zur Kritik an Jäger Kapitel 2.2.
39   Bourdieu, Pierre: Ökonomisches Kapital, kulturelles Kapital, soziales Kapital. IN: Soziale Ungleichheiten. Hrsg. von Reinhard Kreckel. Göttingen: Schwartz 1983, S. 183–198; (im Folgenden: Bourdieu, Kapital). Ders.: Vom Gebrauch der Wissenschaft. Für eine klinische

nur Schnittmenge zweier Systeme, sondern wird zum klar umrissenen Feld, innerhalb dessen sich durch Kapitalverteilungen eine dynamische Machtstruktur ergibt.

An Jäger anschließend hat auch Frank Holl in seiner Dissertation über die Beziehung Max Borns zu seinem Verleger Ferdinand Springer den wissenschaftlichen Buchmarkt systemtheoretisch aufgefasst.[40] Er liefert darüber hinaus wichtige Informationen zum Verleger Springer und dessen Einfluss auf den Autor Einstein. Bemerkenswerte Studien zu einzelnen wissenschaftlichen Verlegern stammen von Silke Knappenberger-Jans[41] und Helen Müller, die in ihrer Arbeit über das Verlagsunternehmen Walter de Gruyter die Strukturen des wissenschaftlichen Buchmarkts um 1900 beschreibt.[42]

Der wissenschaftliche Verleger wurde erstmals von Georg Jäger als Vertreter eines spezifischen Verlagstyps in der *Geschichte des deutschen Buchhandels* dargestellt.[43] Für einen späteren Zeitabschnitt hat dies Ute Schneider ausgeführt.[44] In Zusammenarbeit mit Monika Estermann hat sie darüber hinaus einen Sammelband über *Wissenschaftsverlage zwischen Professionalisierung und Popularisierung* vorgelegt,[45] worin sich einige wertvolle Beiträge finden, die in dieser Studie herangezogen werden.

Soziologie des wissenschaftlichen Feldes. Konstanz: UVK 1998. (= édition discours, 12); (im Folgenden: Bourdieu, Vom Gebrauch der Wissenschaft).

40 Eine erweiterte Version ist im *Archiv für Geschichte des Buchwesens* publiziert worden: Holl, Frank: Produktion und Distribution wissenschaftlicher Literatur. Der Physiker Max Born und sein Verleger Ferdinand Springer 1913–1970. IN: Archiv für Geschichte des Buchwesens 45 (1996), S. 1–225; (im Folgenden: Holl, Produktion und Distribution).

41 Knappenberger-Jans, Silke: Verlagspolitik und Wissenschaft. Der Verlag J.C.B. Mohr (Paul Siebeck) im frühen 20. Jahrhundert. Wiesbaden: Harrassowitz 2001. (= Mainzer Studien zur Buchwissenschaft, 13); (im Folgenden: Knappenberger-Jans, Verlagspolitik und Wissenschaft).

42 Müller, Helen: Wissenschaft und Markt um 1900. Das Verlagsunternehmen Walter de Gruyters im literarischen Feld der Jahrhundertwende. Tübingen: Niemeyer 2004; (im Folgenden: Müller, Wissenschaft und Markt).

43 Jäger, Georg: Der wissenschaftliche Verlag. IN: Geschichte des deutschen Buchhandels im 19. und 20. Jahrhundert. Das Kaiserreich 1870–1918 [sic!], Teil 1. Hrsg. von Georg Jäger. Frankfurt/Main: Buchhändler-Vereinigung 2001, S. 423–472; (im Folgenden: Jäger, Der wissenschaftliche Verlag). In diesem Zusammenhang besitzen auch andere Beiträge Jägers in der *Geschichte des deutschen Buchhandels* Relevanz; sie werden an entsprechender Stelle einzeln angeführt.

44 Schneider, Ute: Der wissenschaftliche Verlag. IN: Geschichte des deutschen Buchhandels im 19. und 20. Jahrhundert. Band 2: Weimarer Republik 1918–1933. Teil 1. Hrsg. von Ernst Fischer und Stephan Füssel. München: K.G. Saur 2007, S. 379–440; (im Folgenden: Schneider, Der wissenschaftliche Verlag).

45 Estermann, Monika und Ute Schneider (Hrsg.): Wissenschaftsverlage zwischen Professionalisierung und Popularisierung. Wiesbaden: Harrassowitz 2007. (= Wolfenbütteler Schriften zur Geschichte des Buchwesens, 41); (im Folgenden: Estermann/Schneider, Wissenschaftsverlage).

Besonders lohnend erscheint es, das Publikationssystem einzelner Disziplinen in den Fokus zu nehmen. Hier zeigt sich besonders deutlich, dass Publika-
tionsstrukturen auch Markt- und Machtstrukturen sind. Christina Lembrecht
hat in ihrer Magisterarbeit eindrucksvoll dargelegt, wie der Paradigmenwechsel
der Physik in den ersten Jahrzehnten des 20. Jahrhunderts zu Positionsverschiebungen der Verlage im Feld des wissenschaftlichen Buchmarkts geführt
hat.[46] Volker Remmert und Ute Schneider haben sich der Mathematik angenommen und konnten nachweisen, dass Verleger nicht nur kompetente Dienstleister der Wissenschaft sind, sondern wissenschaftliche Strukturen mit gestalten.[47] Solche disziplinspezifischen Untersuchungen sind besonders gewinnbrin-
gend, weil sie das Zusammenspiel der unterschiedlichen Akteure systemüber-
greifend beleuchten, indem sie verlagsstrategische Überlegungen und wissen-
schaftsinterne Entwicklungen mit politischen und gesellschaftlichen Strukturen
als Triebkräfte *eines* Feldes analysieren.

Barbara Kastner hat mit ihren statistischen Analysen unverzichtbares Zah-
lenmaterial zum Buchmarkt des Untersuchungszeitraums geliefert.[48] Wissenschaftliche Literatur ist in einer Reihe älterer Einzelbeiträge als Marktobjekt und
Kommunikationsmedium behandelt worden.[49] Ein Sammelband neuerer Da-

---

46   Lembrecht, Christina: Wissenschaftsverlage im Feld der Physik. Profile und Positionsver-
      schiebungen 1900–1933. IN: Archiv für Geschichte des Buchwesens 61/2007, S. 111–200;
      (im Folgenden: Lembrecht, Wissenschaftsverlage).

47   Remmert, Volker und Ute Schneider: Eine Disziplin und ihre Verleger. Disziplinenkultur
      und Publikationswesen der Mathematik in Deutschland, 1871–1949. Bielefeld: Transcript
      2010. (= Mainzer Historische Kulturwissenschaften, 4); (im Folgenden: Remmert/Schneider,
      Eine Disziplin und ihre Verleger). Dies.: Wissenschaftliches Publizieren in der ökonomi-
      schen Krise der Weimarer Republik. Das Fallbeispiel Mathematik in den Verlagen B.G.
      Teubner, Julius Springer und Walter de Gruyter. IN: Archiv für Geschichte des Buchwesens
      62/2008, S. 189–212; (im Folgenden: Remmert/Schneider, Wissenschaftliches Publizieren).

48   Kastner, Barbara: Der Buchverlag in der Weimarer Republik 1918–1933. Eine statistische
      Analyse. Dissertation, München: 2005; (im Folgenden: Kastner, Der Buchverlag). Dies.: Sta-
      tistik und Topographie des Verlagswesens. IN: Geschichte des deutschen Buchhandels im
      19. und 20. Jahrhundert. Band 1: Das Kaiserreich 1871–1918. Teil 2. Hrsg. von Georg Jäger.
      Frankfurt/Main: MVB 2003, S. 300–367; (im Folgenden: Kastner, Statistik, Bd. 1, T. 2).
      Dies.: Statistik und Topographie des Verlagswesens. IN: Geschichte des deutschen Buch-
      handels im 19. und 20. Jahrhundert. Band 2: Weimarer Republik 1918–1933. Teil 1. Hrsg.
      von Ernst Fischer und Stephan Füssel. München: K.G. Saur 2007, S. 341–378; (im Folgen-
      den: Kastner, Statistik, Bd. 2, T. 1).

49   Meyer-Dohm, Peter: Wissenschaftliche Literatur als Marktobjekt. IN: Das wissenschaftliche
      Buch. Verhandlungen auf der 1. öffentlichen Tagung des „Wissenschaftlichen Arbeitskreises
      Buch" in der Ruhr-Universität Bochum am 17./18. Januar 1969. Hrsg. von Peter Meyer-
      Dohm. Hamburg: Verlag für Buchmarkt-Forschung 1969. (= Schriften zur Buchmarkt-
      Forschung, 16), S. 13–38; (im Folgenden: Meyer-Dohm, Wissenschaftliche Literatur). Ron-
      neberger, Franz: Das wissenschaftliche Buch im Kommunikationsprozeß. IN: Publizistik als
      Gesellschaftswissenschaft. Internationale Beiträge. Hrsg. von Hansjürgen Koschwitz und
      Günter Pötter. Konstanz: Universitätsverlag 1973, S. 201–212; (im Folgenden: Ronneberger,

tums ist von Christoph Meinel herausgegeben worden,[50] worin der Beitrag des Herausgebers über wissenschaftliche Fachzeitschriften[51] sowie der von Michael Cahn über die Bedeutung gesammelter Werke in der Wissenschaft[52] besondere Erwähnung verdienen. In ihrer zwar schon 40 Jahre alten Dissertation hat sich Jutta Schneider der wissenschaftlichen Öffentlichkeit gewidmet.[53] Viele ihrer Überlegungen sind aber heute noch hilfreich und beziehen zentrale Mechanismen wissenschaftlicher Publizität ein, die für das Verständnis des wissenschaftlichen Autors relevant sind.

Die Darstellung der populärwissenschaftlichen Tradition auf dem Buchmarkt stützt sich vor allem auf die hervorragende Dissertation von Andreas W. Daum.[54] Er bietet eine komplexe Analyse der Entstehung von Wissenschaftspopularisierung in ihrem kulturhistorischen Kontext, beschreibt einen Merkmalkatalog für populärwissenschaftliche Literatur und definiert verschiedene Kategorien von Popularisierern. Angela Schwarz versteht „Wissenschaftspopularisierung als Ausschnitt des Umbruchprozesses zur Moderne" und stellt in ihrer Habilitationsschrift einen Vergleich zwischen Deutschland und Großbritannien an.[55] Darin widmet sie sich ausführlich den definitorischen Zuschnitten von ‚Moderne', ‚Wissenschaft', ‚Popularisierung' und vertritt ähnlich wie Daum eine positive Würdigung populärwissenschaftlicher Literatur, indem sie Popularisierung nicht als bloße Wissensvermittlung versteht, sondern die Wechselwir-

Das wissenschaftliche Buch). Schubert, R.: Der Wissenschaftler und seine Publikationen. IN: Information und Gesellschaft. Bedingungen wissenschaftlicher Publikation. Hrsg. von Franz-Heinrich Philipp. Stuttgart: Wissenschaftliche Verlagsgesellschaft 1977, S. 27–75, Borchardt, Knut: Die wissenschaftliche Literatur. Medium wissenschaftlichen Fortschritts. Stuttgart: Arbeitsgemeinschaft wissenschaftlicher Literatur e.V. 1978; (im Folgenden: Schubert, Der Wissenschaftler und seine Publikationen).

50   Meinel, Christoph (Hrsg.): Fachschrifttum, Bibliothek und Naturwissenschaft im 19. und 20. Jahrhundert. Wiesbaden: Harrassowitz 1997. (= Wolfenbütteler Schriften zur Geschichte des Buchwesens, 27); (im Folgenden: Meinel, Fachschrifttum).

51   Meinel, Christoph: Die wissenschaftliche Fachzeitschrift. Struktur- und Funktionswandel eines Kommunikationsmediums. IN: Meinel, Fachschrifttum, S. 137–155; (im Folgenden: Meinel, Wissenschaftliche Fachzeitschrift).

52   Cahn, Michael: Wissenschaft im Medium der Typographie. Collected Papers aus Cambridge, 1880–1910. IN: Meinel, Fachschrifttum, S. 175–208.

53   Schneider, Jutta: Wissenschaftliche Öffentlichkeit. Zu Problemen ihrer Entstehung und Veränderung in Abhängigkeit von der Wissenschaftspraxis und dem Markt wissenschaftlicher Publikationen. Dissertation, Universität Göttingen, 1974; (im Folgenden: J. Schneider, Wissenschaftliche Öffentlichkeit).

54   Daum, Andreas: Wissenschaftspopularisierung im 19. Jahrhundert. Bürgerliche Kultur und die Öffentlichkeit. München: Oldenbourg 1998; (im Folgenden: Daum, Wissenschaftspopularisierung).

55   Schwarz, Angela: Der Schlüssel zur modernen Welt. Wissenschaftspopularisierung in Grossbritannien [sic!] und Deutschland im Übergang zur Moderne (ca. 1870–1914). Stuttgart: Franz Steiner 1999; (im Folgenden: Schwarz, Der Schlüssel zur modernen Welt). Zitat auf S. 101.

kung von Wissenschat und Öffentlichkeit bzw. Laienpublikum betont. Leider vergisst sie hierbei die nicht nur vermittelnde, sondern oftmals initiierende Rolle des Verlegers.[56]

1.2   Methodisches Vorgehen und Auswahl der Fallbeispiele

Die vorliegende Arbeit lässt sich in zwei große Abschnitte unterteilen, von denen der zweite mit der Darstellung der Fallbeispiele den größeren Umfang beansprucht, der erste, der der theoretischen Grundlegung des Themas gilt, jedoch von zentraler Bedeutung ist, da er sich bereits der Kernaufgabe der Studie widmet und zugleich die Basis für den zweiten Abschnitt schafft. Die Definition des wissenschaftlichen Autors soll nicht nur abstraktes Ziel sein, sondern darüber hinaus in ihrer Anwendbarkeit demonstriert werden. Die Beispiele verdeutlichen, wie wichtig die theoretische Reflexion ist, um bei der Analyse des konkreten Falls für die Grenzen des Autorentyps sensibilisiert zu sein.

Wissenschaft ist ein soziales Phänomen und hat sich im Lauf des 19. Jahrhunderts als System ausdifferenziert. Dabei erlangte sie durch Professionalisierung, Spezialisierung und Disziplinierung ihr modernes Gepräge sowie eine konsistente Binnenstruktur und verpflichtete sich ideell und institutionell einem spezifischen wissenschaftlichen Ethos. In einem Zeitraum von Anfang des 19. Jahrhunderts bis Mitte des 20. Jahrhunderts kann man moderne Wissenschaft als ein in seiner Entwicklung dynamisches und zugleich autonomes, geschlossenes und einheitliches System begreifen.

Innerhalb dieses Systems übernimmt Kommunikation auf vielfältige Weise eine zentrale Funktion. Publikationen im Speziellen stellen die papierne Essenz der Wissenschaft dar. Damit sind Wissenschaftler immer auch Autoren; das Schreiben und Veröffentlichen von Texten gehört zum Berufsbild des Wissenschaftlers. In seiner Funktion als Autor ist der Wissenschaftler dabei maßgeblich von den Vorgaben seines primären Bezugssystems – in Form von Strukturen, Anforderungen und Funktionsweisen – bestimmt. Somit kann aus der spezifischen Funktion wissenschaftlicher Publikationen auf die Merkmale des wissenschaftlichen Autors geschlossen werden.

Die gefundene Definition stellt sich am Ende des zweiten Kapitels als Merkmalkatalog dar und beschreibt somit den Prototyp eines wissenschaftlichen Autors. Sie ist nicht aus einer hinreichenden Menge repräsentativer Fallbeispiele induziert, sondern wurde aus den Gesetzmäßigkeiten des wissenschaftlichen Systems geschlossen. Damit wird Definition weniger als Kategorie ver-

---

56   Vgl. ebd., S. 76: Schwarz nennt die Wissenslieferanten, Wissenschaftsjournalisten, die Produkte und Rezipienten, nicht aber die Produzenten und Verkäufer der Bücher.

standen, der Einzelfälle zugeordnet werden können, sondern der formulierte Typus dient methodisch als Modell.

Den Betrachtungen konkreter Beispiele liegt nachfolgend die Hypothese zugrunde, dass der erstellte Merkmalkatalog für jeden modernen Wissenschaftler Gültigkeit hat. Dabei können einzelne Merkmale stärker oder schwächer ausgeprägt sein. Während starre Kategorien Varianzen eher verschleiern, liegt der Nutzenwert eines Modells als abstrakter Bezugsgröße gerade darin, dass es Tendenzielles vergleichbar macht. Die Abweichungen vom Normalfall helfen, einen Autor im wissenschaftlichen Feld zu verorten. Damit wird zugleich der Verschiedenartigkeit der Wissenschaften Rechnung getragen: Geisteswissenschaften und Naturwissenschaften – um die extremen Pole zu kontrastieren – unterscheiden sich maßgeblich hinsichtlich ihres Forschungsziels, ihrer wissenschaftlichen Perspektive, ihrer Methoden, des Wesens ihrer Aussagen und damit zwangsläufig bezüglich der Funktion ihrer Publikationen, ihrer schriftlichen Kommunikation, der sprachlichen Darstellung ihrer Aussagen und letztlich der Autorschaft ihrer Vertreter.

Die Auswahl der Fallbeispiele folgte verschiedenen Kriterien. Aus dem Ansatz der Arbeit ergibt sich zunächst, dass alle Protagonisten im Zeitraum zwischen 1800 und 1950 gewirkt und hauptsächlich in deutscher Sprache geschrieben haben müssen. Darüber hinaus bot sich an, Wissenschaftler mit einem hohen Bekanntheitsgrad zu wählen und dabei Frauen bewusst auszuschließen. Beides dient der Praktikabilität. Zum einem soll zwar ein möglichst breites Spektrum aufgerissen werden, doch können dabei nicht alle Aspekte berücksichtig werden, will man eine sinnvolle Vergleichbarkeit gewährleisten.

Die Wahl prominenter Ausnahmewissenschaftler mutet auf den ersten Blick wie ein methodischer Fallstrick an, und zwar sowohl in quantitativer als auch qualitativer Hinsicht: Zum einen kann aus vier Einzelfällen schwerlich auf die Allgemeinheit geschlossen werden, zum anderen wird sich zeigen, dass die Prominenz der Protagonisten tatsächlich auch mit einer gewissen Sonderstellung als Autor einhergeht. Dennoch ist die getroffene Wahl aus guten Gründen gerechtfertigt.

Zunächst erfolgt die definitorische Herleitung des Autorentyps nicht aus den Fallbeispielen, sondern deduktiv aus der Funktionsweise des modernen Wissenschaftssystems, wie es bereits von unterschiedlichen Disziplinen erforscht ist. Die gewählten Fälle werden somit nicht als Prototypen des wissenschaftlichen Autors vorgestellt, sondern im Gegenteil mit dem entwickelten Modell abgeglichen, um gerade die Besonderheiten oder Abweichungen aufzuspüren.

In meiner Magisterarbeit folgte ich der Frage, ob und wie Einsteins Prominenz die Gesetzmäßigkeiten wissenschaftlicher Autorschaft außer Kraft setzen konnte, und kam zu dem Schluss, dass Einstein zwar aufgrund seines Namens gewisse Freiheiten genoss, aber dennoch wie jeder andere Wissenschaftler an die Funktionsweise des Publikationssystems gebunden war. Dies ermutigte mich zu der Hypothese, die dieser Arbeit zugrunde liegt, nämlich dass die Merkmale des Autorentyps für jeden modernen Wissenschaftler gelten.

Statt diese Hypothese an einer Vielzahl unbekannterer Forscher zu überprüfen, erschien es wesentlich reizvoller, die öffentliche Wirkung der Prominenz mit in die Überlegungen einzubeziehen, also das Phänomen berühmter wissenschaftlicher Autoren als Überschneidung nicht nur der Systeme Wissenschaft und Wirtschaft, sondern zugleich mit dem System der Öffentlichkeit zu verstehen. Es wird sich zeigen, dass genau an diesem Punkt das wissenschaftliche System seine Funktionstüchtigkeit unter Beweis stellen muss, will der Autor seine Wissenschaftlichkeit wahren.

Darüber hinaus greifen pragmatische Gründe, denn die Protagonisten werden besser vergleichbar, wenn sie alle eine gewisse Prominenz mitbringen. Und nicht zuletzt ergibt sich bei berühmten Wissenschaftlern automatisch eine bessere (oder zugänglichere) Forschungs- und Quellenlage.

Moderne Wissenschaft ist ein dominant männliches Phänomen; Frauen stellen im Betrachtungszeitraum eine völlig unterrepräsentierte Gruppe dar.[57] Es erscheint nicht sinnvoll, dieser historischen Tatsache nachzugehen, auch wenn sie generell Forschungsrelevanz aufweist. Der Rahmen dieser Arbeit würde einer geschlechterspezifischen Betrachtung entweder nicht standhalten oder nicht gerecht werden können.

Die mit den Protagonisten gewählten Disziplinen sollten ein möglichst breites Spektrum innerhalb der Wissenschaft abdecken. Die Physik (Einstein) gilt, vor allem seit Beginn des 20. Jahrhunderts, als Königsdisziplin der sog. exakten oder harten Wissenschaften. Sie ist die Naturwissenschaft par excellence. In der Medizin (Sauerbruch), die freilich einen starken naturwissenschaftlichen Bezug aufweist, treffen sich wissenschaftliche Forschung und lösungsorientierter Praxisbezug auf augenfällige Weise. Die dezidiert wissenschaftliche Grundlegung der Medizin erfolgte dabei erst mit der Entstehung des modernen Wissenschaftssystems. Die Geschichtswissenschaft (Mommsen) fungierte im 19. Jahrhundert als Leitdisziplin und prägte (nicht nur) das Gesicht der modernen Geisteswissenschaften.

Die Anordnung der Fallbeispiele richtet sich an diesem Spektrum zwischen Natur- und Geisteswissenschaft aus und ignoriert dabei die Chronologie, indem bspw. Mommsen zuletzt behandelt wird. Die tatsächliche Auswahl und Bearbei-

---

57   Vgl. Koch, Universität, S. 192: Das Frauenstudium wurde erst im 20. Jahrhundert eingeführt. Vgl. auch List, Elisabeth: Wissenschaftskritik. IN: Einführung in die Wissenschaftstheorie und Wissenschaftsforschung. Hrsg. von Theo Hug. Baltmannsweiler: Schneider-Verlag Hohengehren 2001. (= Wie kommt Wissenschaft zu Wissen?, 4), S. 27–33; (im Folgenden: List, Wissenschaftskritik), hier S. 30: Der spezifisch männliche Habitus in der Wissenschaft ist ein Ansatz für feministische Wissenschaftskritik.

tung erfolgte freilich in anderer Reihenfolge und war nicht zuletzt davon bestimmt, ob das Fallbeispiel auf den ersten Blick Anknüpfungspunkte für eine buchwissenschaftliche Fragestellung bot, für deren Klärung sich aus Quellen- und Forschungslage genug Material und Aussagegehalt ergaben.

Von besonderem Interesse erschien von Anfang an Sigmund Freud (1856–1939), der, zwar akademisch als Mediziner ausgebildet und als solcher praktizierend, sich immer weiter aus seinem ursprünglichen Bezugsfeld entfernte und seine Psychoanalyse als eigenständige Disziplin zu etablieren versuchte. Dabei dienten ihm Publikationen als machtvolle Instrumente; er gründete sogar einen eigenen Verlag. Ob sein Versuch letztlich gelang, hängt unmittelbar mit der heftig diskutierten Frage zusammen, ob Freud überhaupt als Wissenschaftler gelten kann.

Es erschien sinnvoll, dem vielfältigen Grenzgänger Freud einen ‚klassischen' und fest in der Wissenschaft etablierten Mediziner an die Seite zu stellen. Ferdinand Sauerbruch (1875–1951) war einer der größten Chirurgen in der ersten Hälfte des 20. Jahrhunderts, der sein Renommee in erster Linie seinen Leistungen als Operateur und chirurgischen Innovationen verdankte. Welche Rolle spielen Publikationen eigentlich für einen Mediziner, der sich naturgemäß vor allem in der Praxis beweisen muss? Mit welchem Selbstverständnis agierte der ‚Halbgott in Weiß' als Autor?

Albert Einstein (1879–1955) ist nicht nur einer der größten und berühmtesten Wissenschaftler überhaupt, sondern als Medienpersönlichkeit auch ein Produkt seiner Zeit. Er hat Starqualität jenseits der Wissenschaft erlangt und dabei die Gemüter seiner Zeitgenossen zu beiden Extremen erhitzt: Einstein wurde vergöttert und verdammt. Die Wechselwirkung zwischen Wissenschaft und Öffentlichkeit zeigt sich an seinem Beispiel besonders deutlich und wird buchwissenschaftlich relevant, da Einstein neben seinen fachwissenschaftlichen Zeitschriftenbeiträgen nur ein einziges Buch schrieb, mit dem er die Relativitätstheorie gemeinverständlich darstellen wollte.

Populär schreibend trat auch Theodor Mommsen (1817–1903) in Erscheinung, und zwar noch bevor seine wissenschaftliche Karriere in feste Bahnen gelenkt war. Seine *Römische Geschichte* wurde zum Publikumserfolg und Longseller, während seine weitere Laufbahn gleichsam Pate steht für die Entwicklung der modernen Geschichtswissenschaft. Dass Mommsen für die *Römische Geschichte* 1902 den Nobelpreis für Literatur erhielt, muss die Aufmerksamkeit dieser Arbeit erregen.

Trotz der Prominenz aller Kandidaten sind nicht alle gleich gut erforscht bzw. stellt sich die Forschung- und Quellenlage unterschiedlich dar. Der Fokus der einzelnen Kapitel entspricht somit der Kombination aus buchwissenschaftlich relevanter Fragestellung und der jeweiligen Materiallage. Für den methodischen Zugriff ergibt sich somit ein gewisses Gefälle des Ausgangsniveaus, wobei die prinzipielle Herangehensweise stets dieselbe ist: Grundlage für die Betrachtung jedes Fallbeispiels ist die Bibliographie des Wissenschaftlers. Hierbei geht es in erster Linie um eine quantitative Auswertung: Welche Publikationsformen wählte der Autor? Welche Fachzeitschriften nutzte er als Kommunikationsforen? Mit welchen Verlegern kooperierte er, und ergaben sich langjährige Verbindungen? Sind zeitliche Veränderungen im Publikationsverhalten auszumachen, hinsichtlich der Publikationsform (bspw. Rezensionen, Sonderdrucke), der präferierten Fachzeitschriften (bspw. lokaler Bezug, Schulenbildung) und Verlage oder finden sich quantitative Häufungen, die mit der Karriere korrespondieren? Die Auswertung der Bibliographie beschreibt letztlich, wie der Wissenschaftler als Autor in das Kommunikationssystem seines Faches oder der Wissenschaft generell eingebunden war. Dazu gehört auch die Frage, ob und in welchem Umfang der Wissenschaftler als Herausgeber und Verlagsberater fungierte.

Für die gewählten Beispiele ergeben sich die ersten Niveaugefälle: Während für Einstein, Freud und Mommsen Bibliographien vorliegen, musste diese für Sauerbruch erst aufgestellt werden. Dafür liegt in seinem Fall eine umfangreiche und aussagekräftige Korrespondenz mit seinem Verleger (Springer) vor, während bspw. im Fall Mommsen das entsprechende Verlagsarchiv nicht erhalten ist. Hier kann wiederum auf eine solide Forschung zurückgegriffen werden, während Einstein zwar ausgiebig erforscht ist, als Autor aber kaum thematisiert wird. Wie sich der jeweilige Fokus aus buchwissenschaftlicher Relevanz und Materiallage ergibt, wird in den nachfolgenden Forschungsberichten erläutert.

Die Analyse ist somit dem Einzelfall angepasst, geht aber jeweils von der Bibliographie aus, folgt einem fallspezifischen Fokus und orientiert sich dabei an dem in Kapitel 2 erarbeiteten Prototyp, ohne die Merkmale wissenschaftlicher Autorschaft einzeln abzufragen. Es wird sich zeigen, dass die Protagonisten über ausreichend Gemeinsamkeiten verfügen, aber auch unterschiedlich genug sind, um Vergleichspotenziale anzubieten.

Dabei stört weder das oben umrissene Niveaugefälle in der Materiallage, noch dass Sauerbruch und Freud die umfangreicheren Kapitel gewidmet sind. Das ist zum einen der – jeweils völlig anders gearteten – Materialfülle geschuldet. Zum anderen erschien es sinnvoll, der Arbeit durch nochmalige Akzentuierung innerhalb der Auswahl einen angemessenen Umfang zu geben. Auch dass Mommsens Fall zeitlich wesentlich früher als die anderen drei liegt, muss bei der Analyse zwar bedacht werden, beeinträchtigt aber den Vergleich nicht.

Letztlich ist jede Fallstudie für sich und unabhängig von den anderen lesbar, aber im Zusammenklang umso aussagekräftiger. Abschließend können, in der Zusammenschau aller Fallbeispiele und auf Basis des theoretisch Erarbeiteten, zentrale Erkenntnisse hinsichtlich der Gesetzmäßigkeiten und Grenzmomente wissenschaftlicher Autorschaft formuliert werden.

1.2.1   Forschungsbericht Einstein

Unzählige Male ist über Einstein geschrieben worden. Neben der fachinternen Auseinandersetzung mit seinen wissenschaftlichen Arbeiten, besteht ein großes Interesse an Einstein als philosophierendem Denker und pazifistischem Kosmopolit. In meiner Magisterarbeit habe ich Einstein erstmals umfassend als wissenschaftlichen Autor vorgestellt. [58] Bis zu diesem Zeitpunkt hatte der schreibende Einstein nur sporadisch Erwähnung gefunden;[59] von buchwissenschaftlicher Relevanz war lediglich ein Exkurs zu Springer und Einstein in der Dissertation von Frank Holl.[60] In der Folge erwies sich die schon erwähnte Magisterarbeit von Christina Lembrecht für die Verortung Einsteins im Machtgefüge des Buchmarkts als aufschlussreich.[61]

Meine Studie folgte der übergeordneten Frage, ob die Merkmale des wissenschaftlichen Autors auch in einem so prominenten Fall wie Einstein Geltung haben. Teilaufgaben der Arbeit waren die dezidierte Darstellung des fachwissenschaftlichen Autors Einstein und seine Einbettung in das Publikationsnetz seines Faches sowie die Aufarbeitung der Publikationsgeschichte seines Buches *Über die spezielle und die allgemeine Relativitätstheorie* im Vieweg-Verlag. Für Letzteres war die Sichtung des vorhandenen Quellenmaterials unabdingbar. Publikationsgeschichte und Autor-Verleger-Beziehung wurden auf der Grundlage des erhaltenen Briefwechsels zwischen Einstein und Vieweg detailreich erarbeitet.[62]

Nach Einsteins Tod 1955 ist sein gesamter schriftlicher Nachlass laut testamentarischer Verfügung der Universität von Jerusalem übereignet worden. Das dortige Einstein-Archiv (AEA) umfasst ca. 80.000 Dokumente, die inzwischen zu einem großen Teil auch auf Mikrofilmen gespeichert und online bereitgestellt sind.[63] Weitere Einstein-Archive befinden sich in Zürich und Princeton. In enger Zusammenarbeit der Archive sowie dem *Einstein Papers Project* in Pasadena werden seit 1987 in Princeton *The Collected Papers of Albert Einstein*

---

58   Die Arbeit wurde 2004 an der Johannes Gutenberg-Universität Mainz als Hausarbeit zur Erlangung des Akademischen Grades einer Magistra Artium angenommen und erschien ein Jahr später als Preprint, der im Folgenden zitiert wird: Flatau, Elke: Albert Einstein als wissenschaftlicher Autor. Berlin: Max-Planck-Institut für Wissenschaftsgeschichte 2005. (= Preprint 293); (im Folgenden: Flatau, Einstein). Auch online abrufbar unter: http://www.mpiwg-berlin.mpg.de/de/ressourcen/preprints.html [23.06.2013].

59   Bspw. Pflug, Günther: Albert Einstein als Publizist 1919–1933. Frankfurt/Main: Buchhändler-Vereinigung GmbH 1981. Pflug betrachtete aber vorwiegend Einsteins gesellschaftspolitische Stellungnahmen.

60   Vgl. Holl, Produktion und Distribution, S. 99.

61   Lembrecht, Wissenschaftsverlage; siehe Anm. 46 dieses Kapitels.

62   Vgl. Flatau, Einstein, Kap. 5.2 *Einstein im Vieweg-Verlag*, S. 53–73.

63   http://www.alberteinstein.info/ [04.07.2013]

(CPAE) herausgegeben.[64] Im Zuge der Zusammenarbeit für die *CPAE* gelangte ein Duplikatsatz der Jerusalemer Filmrollen ins Archiv der *Eidgenössischen Technischen Hochschule* (ETH) in Zürich, wo ich die Dokumente 2003 im Zuge meiner Recherche für die Magisterarbeit einsehen konnte. Alle Zitate im Einstein-Kapitel der vorliegenden Arbeit beziehen sich somit ebenfalls auf dieses Archiv.[65]

Von den erhaltenen Korrespondenzen Einsteins mit Verlegern ist die mit dem Vieweg Verlag die umfangreichste. Sie ist im AEA aus den Jahren von 1918 bis 1947 erhalten, wobei nur zwei Dokumente nach 1928 – hier bricht der Briefwechsel vor dem Zweiten Weltkrieg ab – datiert sind. Es handelt sich dabei um Kopien zweier Briefe von 1947, die im Original in den Vieweg-Archiven der Universitätsbibliothek Braunschweig liegen. Auch die Fortsetzung der Korrespondenz nach dem Zweiten Weltkrieg findet sich in Braunschweig. Das dortige Konvolut[66] umfasst den Briefwechsel zwischen Einstein und dem Verlag zwischen 1947 und 1955 sowie die Nachfolgekorrespondenz des Verlags mit Einsteins Nachlassverwalter Otto Nathan. Darüber hinaus habe ich die Verlagswerbeschriften von 1911 bis 1959 begutachtet.[67]

Die Verträge zu den beiden Einstein-Büchern, die im Vieweg-Verlag erschienen – neben dem Büchlein *Über die spezielle und die allgemeine Relativitätstheorie* (1917) kamen 1922 die *Vier Vorlesungen über Relativitätstheorie* heraus – gehören nicht zum ursprünglichen Bestand des Albert Einstein Archivs, sondern fanden ihren Weg erst 1991 nach Jerusalem. Sie befinden sich nicht auf den Mikrofilmrollen, sondern im nicht verfilmten Konvolut 67, sind inzwischen aber online recherchierbar.[68]

---

64 Stachel, John et al. (Hrsg.): The Collected Papers of Albert Einstein. Princeton: University Press seit 1987; (im Folgenden: CPAE, mit Bandangabe). Eine detaillierte Auflistung der bisher erschienen 13 Bände befindet sich im Literaturverzeichnis. Aus publikationsökonomischen Gründen wird seit dem neunten Band nicht mehr die vollständige Korrespondenz ediert; einige, weniger bedeutende Briefe werden im *Calendar* paraphrasiert. Bedauerlicherweise fallen fast alle Briefe von oder an Verleger in diese Kategorie.

65 Da es sich in Zürich um Kopien der Originalrollen aus Jerusalem handelt, ist die Konvolut- und Dokumentordnung und -nummerierung deckungsgleich. Die Dokumente sind systematisch in Mappen geordnet, mehrere Mappen befinden sich auf einer Filmrolle. Die einzelnen Dokumente sind jeweils pro Rolle durchlaufend nummeriert. Die Archiv-Angabe *Zürich, ETH, AE-DA, 42-1-12.00* bezeichnet daher das Dokument Nr. 12 in der ersten Mappe der 42. Rolle. Bei längeren Briefen sind die Seiten als einzelne Dokumente gezählt, sodass es z. B. zur Angabe *Zürich, ETH, AE-DA, 42-2-108.00/109.00* für einen zweiseitigen Brief kommen kann. Die Bestände des Einstein-Archivs Jerusalem sind online recherchierbar unter: http://www.alberteinstein.info [23.06.2013] Die *Correspondence with Publishers* findet man hier unter B.2.9.4 wieder.

66 Vieweg-Archive der UB Braunschweig, Konvolut VI E:18.

67 Vieweg-Archive der UB Braunschweig, Konvolute V3:1.3.2.3 bis V3:1.3.2.14.

68 Der Verlagsvertrag zum *Büchlein* wurde im Dezember 1916 unterzeichnet und ist zu finden in Jerusalem, HU, AEA, Dokument-Nr. 67-888. Der Vertrag zu den *Vier Vorlesungen* wurde

Das in der vorliegenden Arbeit enthaltene Einstein-Kapitel folgt im Wesentlichen meiner Magisterarbeit und ist stellenweise im Wortlaut übernommen, ohne dies durch Eigen-Zitation kenntlich zu machen.[69] Der inhaltliche Fokus wurde aber auf die Wechselwirkung von Wissenschaft und Öffentlichkeit verschoben, der Stoff entsprechend anders gegliedert und gekürzt.[70] Auf eine erneute ausführliche Darstellung von Einsteins Veröffentlichungen im Vieweg-Verlag wird verzichtet, stattdessen werden die wesentlichen Ergebnisse der Quellensichtung zusammengefasst, um Einstein als Autor voll zu erfassen.

Die ersten Biographien erschienen schon zu Einsteins Lebzeiten. 1979 hat David C. Cassidy erstmals einen kritischen Überblick der bis dahin publizierten Biographien gegeben.[71] David E. Rowe gibt in seinem Aufsatz *Einstein and Relativity: What Price Fame?*[72] eine aktuellere Einschätzung und legt dar, wie die frühe Einstein-Biographik die Mythos-Bildung beeinflusst, ja vorangetrieben hat. Erst ab Mitte der 1980er und frühen 1990er Jahre wurden die Biographen kritischer gegenüber dem großen Physiker. Die zunehmend objektivere Darstellung korrespondiert dabei mit dem Voranschreiten der *CPAE*.

Albrecht Fölsings Einstein-Buch von 1993 kann als sehr objektive, gründlich recherchierte und alle Lebensaspekte umfassende Darstellung bewertet werden.[73] Fast zeitgleich entstand Armin Hermanns Buch, das den Physiker in seinem kulturgeschichtlichen Kontext portraitiert.[74] Fölsings Darstellung zeichnet sich vor allem durch ihre Detailfülle und sachlich distanzierte Perspektive aus. Eine subjektive Deutung der Person Einstein bleibt aus. Weniger distanziert schildert Hermann die Lebensgeschichte Einsteins, jedoch ohne die Ob-

---

Anfang 1922 unterzeichnet: Jerusalem, HU, AEA, Dokument-Nr. 67-897. Beide Verträge sind im Anhang (4a und 4b) abgedruckt. Mein Dank gilt Barbara Wolff vom AEA in Jerusalem für die Genehmigung, beide Verträge in meiner Arbeit zu nutzen, sowie die ausführliche Auskunft zur Provenienz der Dokumente. Dr. Roni Grosz hat freundlicherweise den Abdruck der Verträge im Anhang gestattet.

69 Einige Versatzstücke finden sich darüber hinaus in Kapitel 2.

70 Auf ausführlichere Darstellungen in der ursprünglichen Arbeit wird an entsprechender Stelle hingewiesen.

71 Vgl. Cassidy, David C.: Biographies of Einstein. IN: Einstein Symposion Berlin. Aus Anlaß der 100. Wiederkehr seines Geburtstages. 25. bis 30. März 1979. Hrsg. von H. Nelkowski, A. Hermann, H. Poser, R. Schrader und R. Seiler. Berlin, Heidelberg und New York: Springer 1979. (= Lecture Notes in Physics, 100); (im Folgenden: Einstein Symposion Berlin), S. 490–500. Cassidy zählte über 50 Bücher oder Artikel von Buchlänge, die sich bis dato mit Einsteins Person und Werk auseinandergesetzt hatten. Vgl. ebd., S. 491.

72 Rowe, David E.: Einstein and Relativity: What Price Fame? IN: Science in Context 25/2012, S. 197–246; (im Folgenden: Rowe, Einstein and Relativity).

73 Fölsing, Albrecht: Albert Einstein. Eine Biographie. Frankfurt/Main: Suhrkamp 1999; (im Folgenden: Fölsing, Einstein).

74 Hermann, Armin: Einstein. Der Weltweise und sein Jahrhundert. München und Zürich: Piper 1994. In dieser Arbeit wird die Taschenbuchausgabe von 1996 in der Auflage von 2004 zitiert; (im Folgenden: Hermann, Einstein).

jektivität zu verletzen.[75] Seine strukturelle Anordnung der inhaltlichen Details
ist nicht immer nachvollziehbar; so erscheint manch anekdotische Schilderung
als Füllsel, ohne der Argumentation zu dienen. Trotzdem gelingt es Hermann,
die kulturhistorischen Zusammenhänge aufzuzeigen. Dieser Biographie konnten viele Hinweise auf den Mythos Einstein entnommen werden.

Das Einstein-Jahr 2005[76] brachte eine neue Publikationswelle zum berühmten Physiker mit sich. Gleich zwei biographische Darstellungen widmen
sich Einsteins Berliner Jahren.[77] Hubert Goenner gelingt es, durch die Darstellung verschiedener Aspekte, die das Berlin der Zeit prägten, die Atmosphäre der
Stadt zu illustrieren, in der sich das Genie bewegte. Die Verbindung von bei-
dem bleibt gelegentlich ein wenig suggestiv oder unausgesprochen, doch ergibt
sich zweifelsohne eine facettenreichere Perspektive als bei der bloßen biographischen Fokussierung. Goenners Porträt beschreibt „widersprüchliche Züge in
Einsteins Persönlichkeit"[78], die im öffentlichen Bild vom Genie durch den
Mythos Einstein verdeckt werden.

Jürgen Neffe ist eine Biographie zu verdanken,[79] die durch thematische
Akzentuierung und Berücksichtigung neu erschlossener Quellen mit neuen
Eindrücken von Einstein aufwarten kann. Beispielsweise widmet Neffe ein
recht umfangreiches Kapitel dem Verhältnis Einsteins zu seinen Söhnen, in
welchem er die Briefwechsel ausführlich zu Worte kommen lässt und detailreich
kommentiert.[80] Besonders lesenswert sind die Kapitel über Einsteins wissenschaftliches Werk,[81] da es Neffe gelingt, die komplexen physikalischen Inhalte
präzise, aber für den Laien durchaus nachvollziehbar zu schildern. Darüber
hinaus geht er auf die wissenschaftliche Relevanz der Relativitätstheorie in der
heutigen Forschung ein.[82]

Die Beschreibung der Entwicklung der theoretischen Physik als auch des
Fachzeitschriftenwesens basiert größtenteils auf Stichwehs Buch *Zur Entstehung
des modernen Systems wissenschaftlicher Disziplinen.*[83] Weitere Informationen hierzu

---

75   So spekuliert er bspw., was Einstein kurz vor seinem Tod gedacht haben könnte, weist aber
     ausdrücklich darauf hin, dass es sich um Spekulationen handelt. Vgl. Hermann, Einstein,
     S. 550–553.
76   2005 wurde die Relativitätstheorie 100 Jahre alt und jährte sich Einsteins Todestag zum 50.
     Mal.
77   Goenner, Hubert: Einstein in Berlin. München: C.H. Beck 2005; (im Folgenden: Goenner,
     Einstein in Berlin). Levenson, Thomas: Albert Einstein. Die Berliner Jahre 1914–1932.
     München: C. Bertelsmann 2005. (Engl. Original von 2003)
78   Goenner, Einstein in Berlin, S. 9.
79   Neffe, Jürgen: Einstein. Eine Biographie. Reinbek: Rowohlt 2005; (im Folgenden: Neffe,
     Einstein).
80   Vgl. Kap. 10. IN: ebd., S. 187–227.
81   Vgl. v. a. die Kap. 8, 11, 13 und 17. IN: ebd., S. 141–168, 228–256, 270–279 sowie 358–385.
82   Vgl. hierzu bspw. Kap. 13 und 18. IN: ebd., S. 270–279 und 386–395.
83   Stichweh, Zur Entstehung; siehe Anm. 29 dieses Kapitels.

liefert Michael Eckert.[84] Anlässlich des 150-jährigen Jubiläums der *Deutschen Physikalischen Gesellschaft* (DPG) erschien 1995 eine Festschrift in den *Physikalischen Blättern*.[85] Einige der darin enthaltenen Beiträge waren für die Beschreibung des Kommunikationsnetzes sehr aufschlussreich; Armin Hermann stellt in seinem Aufsatz nicht nur die Geschichte der DPG dar, sondern verknüpft diese mit der strukturellen und inhaltlichen Entwicklung der Physik.[86] Karl Scheel nahm als Redakteur und Herausgeber mehrerer Zeitschriften im Kommunikationsnetz der Physik eine zentrale Rolle ein. Seine Beschreibung der *literarischen Hilfsmittel der Physik* stellt daher eine wichtige Ergänzung dar.[87] Zur Frage, wie Einstein das Kommunikationsnetz nutzte, trug zum einen Karl von Meyenns Aufsatz *Einsteins Dialog mit den Kollegen* bei.[88] Zum anderen diente das Buch *Einsteins Annus mirabilis* als zuverlässige Grundlage für die physikalischen Details und die Einordnung der Einsteinschen Arbeiten in die Physik der Zeit.[89]

Eine Reihe von Einstein-Biographien bilden das Fundament der Überlegungen zum Mythos Einstein. Neben Fölsing und Hermann ist vor allem das Buch von Abraham Pais über „den anderen Albert Einstein"[90] zu nennen. In dem Kapitel *Einstein und die Presse*[91] zeichnet Pais die Einstein-Rezeption in den Zeitungen nach und widmet sich auch der Frage, warum Einstein die Massen faszinierte. Marshall Missner hat in seinem Aufsatz *Why Einstein became famous in*

---

84 Eckert, Michael: Die Atomphysiker. Eine Geschichte der theoretischen Physik. Am Beispiel der Sommerfeldschule. Braunschweig und Wiesbaden: Vieweg 1993; (im Folgenden: Eckert, Atomphysiker).

85 Mayer-Kuckuk, Theo (Hrsg.): 150 Jahre Deutsche Physikalische Gesellschaft. IN: Physikalische Blätter 51 (1995). F-5–F-238; (im Folgenden: 150 Jahre DPG).

86 Hermann, Armin: Die Deutsche Physikalische Gesellschaft 1899–1945. IN: 150 Jahre DPG, F-51–F-105; (im Folgenden: Hermann, DPG); Dreisigacker, Ernst und Helmut Rechenberg: Karl Scheel, Ernst Brüche und die Publikationsorgane. IN: 150 Jahre DPG, F-135–F-142; (im Folgenden: Dreisigacker/Rechenberg, Karl Scheel).

87 Scheel, Karl: Die literarischen Hilfsmittel der Physik. IN: Naturwissenschaften 13 (1925), S. 45–48; (im Folgenden: Scheel, Hilfsmittel der Physik).
Karl Scheel (1866–1936) studierte in Rostock und Berlin und promovierte 1890. Ab 1891 war er an der Physikalisch-Technischen Reichsanstalt in Berlin tätig. Scheel war Herausgeber des *Handbuchs der Physik* (24 Bände, 1926–29). Vgl. DBE, Bd. 8, S. 581.

88 Meyenn, Karl von: Einsteins Dialog mit den Kollegen. IN: Einstein Symposion Berlin, S. 464–489; (im Folgenden: Meyenn, Einsteins Dialog).

89 Stachel, John (Hrsg.): Einsteins Annus mirabilis. Fünf Schriften, die die Welt der Physik revolutionierten. Reinbek: Rowohlt 2001; (im Folgenden: Einsteins Annus mirabilis). In dem Buch sind die fünf Schriften selbst sowie Kommentare dazu enthalten.

90 Pais, Abraham: Ich vertraue auf Intuition. Der andere Albert Einstein. Heidelberg, Berlin und Oxford: Spektrum Akademischer Verlag 1998; (im Folgenden: Pais, Intuition). Pais hat auch eine wissenschaftliche Biographie verfasst: Pais, Abraham: „Raffiniert ist der Herrgott…" Albert Einstein. Eine wissenschaftliche Biographie. Vieweg. Braunschweig und Wiesbaden 1986.

91 Pais, Intuition, S. 181–348.

America[92] einige entscheidende Hinweise zur Beantwortung dieser Frage zusammengetragen. Den aktuellsten und facettenreichsten Beitrag bildet der bereits erwähnte Aufsatz von David E. Rowe, der die verschiedenen Schichten von Einsteins Ruhm nachzeichnet, die sich – durch die bewundernden Blicke seiner Weggefährten und Zeitgenossen, die (national unterschiedliche) Berichterstattung in der Presse, aber auch Einsteins Auftreten sowie seinen Umgang mit den Medien – chronologisch aufbauten.[93]

Ernst Peter Fischer versucht in seinem Buch[94] nicht nur Einsteins Popularität zu erklären, sondern möchte auch dem falschen Bild, das sich die Öffentlichkeit von Einstein gemacht hat, aufklärend entgegenwirken. Fischer missversteht dabei, dass Ruhm stets eine Form der Rezeption ist, die der realen Person nur unzureichend gerecht wird. So kam auch Lewis Elton zu der wenig aufschlussreichen Einsicht: „Indeed, if Einstein had been treated abroad [i. e. in der amerikanischen Presse; EF] as responsibly as he was treated in Germany in late 1919 and early 1920, his fame might not at this stage have grown beyond that properly accorded to a great scientist."[95] Eine solche ‚was wäre, wenn'-Argumentation gleicht einer Negativfolie der historischen Fakten, auf der sich weitere Gedanken nur ins Spekulative entwickeln können. Aufschlussreicher ist die positive Formulierung, dass Ruhm und weiter Mythos sich aus einer kollektiven, meist medial gefilterten Wahrnehmung der realen Person ergeben.[96]

Wichtig sind in diesem Zusammenhang auch die zeitgenössischen Biographien von Alexander Moszkowski und Rudolf Kayser,[97] aus denen man die unmittelbare Wirkung Einsteins auf seine Zeitgenossen ablesen kann. Einstein hatte mit dem Schriftsteller Moszkowski persönliche Gespräche geführt und ihm erlaubt, das Gesagte in seinen Publikationen zu verwenden. Als bei der Ankündigung des Buches klar wurde, dass Moszkowski das aus erster Hand Erfahrene in einer Weise verarbeitet hatte, die als unseriös gelten musste, warnten Einsteins Freunde, dieses Buch könne sein moralisches Todesurteil bedeuten, da es den Reklamevorwurf seiner Gegner nachträglich bestätige.[98] Einstein

---

92 Missner, Marshall: Why Einstein became famous in America. IN: Social Studies of Science 15 (1985), S. 267–291; (im Folgenden: Missner, Why Einstein became famous).
93 Rowe, Einstein and Relativity; siehe Anm. 72 dieses Kapitels.
94 Fischer, Ernst Peter: Einstein. Ein Genie und sein überfordertes Publikum. Berlin und Heidelberg: Springer 1996; (im Folgenden: Fischer, Genie).
95 Elton, Lewis: Einstein, General Relativity and the German Press 1919–1920. IN: Isis 77 (1986). S. 95–103, hier S. 103.
96 Vgl. hierzu Flatau, Einstein, S. 34–35.
97 Moszkowski, Alexander: Einstein. Einblicke in seine Gedankenwelt. Hamburg bzw. Berlin: Hoffmann und Campe sowie F. Fontane & Co. 1921; (im Folgenden: Moszkowski, Einstein); Reiser, Anton [i. e. Rudolf Kayser]: Albert Einstein. A Biographical Portrait. New York: Boni 1930; (im Folgenden: Reiser, Einstein).
98 Vgl. Hermann, Einstein, S. 254, Goenner, Einstein in Berlin, S. 157–158 und Rowe, Einstein and Relativity, S. 220.

konnte das Erscheinen der Biographie nicht mehr verhindern, distanzierte sich aber von Moszkowski und verweigerte die Lektüre des Buches. Viele der physikalischen und philosophischen Gedanken Einsteins hat Moszkowski nicht richtig wiedergegeben oder in eigenem Sinn interpretiert; doch dokumentiert sein Buch eine Begeisterung für Einstein, die Moszkowski mit vielen Zeitgenossen teilte.

Einsteins Schwiegersohn Rudolf Kayser war im S. Fischer Verlag als Lektor und Redakteur tätig. Zu Einsteins 50. Geburtstag wollte Kayser eine Biographie veröffentlichen. Sein Schwiegervater, der Biographien generell skeptisch gegenüberstand,[99] untersagte ihm jedoch die Herausgabe in deutscher Sprache. So erschien unter dem Pseudonym Anton Reiser eine englische Fassung.[100] Wenn man die geringe Distanz zwischen Biograph und der beschriebenen Person berücksichtigt, kann auch dieses Buch als wichtiges Zeitdokument gelten.

Klaus Hentschel hat sich in seiner Dissertation ausführlich mit den (Fehl-) Interpretationen der Relativitätstheorie beschäftigt;[101] im Hauptteil geht er vor allem auf den Einfluss der Relativitätstheorie auf die Philosophie ein. Hentschels fundierte Betrachtungen leisten zu mehreren Aspekten wertvolle Beiträge, für das vorliegende Einstein-Kapitel vor allem zur Relativitätstheorie als populärwissenschaftlichem Stoff und zu den unterschiedlichen Motivationen und Argumenten der Einstein-Gegner in den 1920er Jahren. Zudem beinhaltet Hentschels Arbeit eine umfangreiche Bibliographie von Texten zur Relativitätstheorie.[102]

Als erhellende Ergänzung ist Milena Wazecks Dissertation über *Einsteins Gegner* zu bewerten.[103] Sie stellt dar, dass die Gegner der Relativitätstheorie mit ihrer Kritik an Einstein in erster Linie eigene Denktraditionen verteidigten. Im Zuge der Wissenschaftspopularisierung hatte sich im 19. Jahrhundert eine freie Naturforschung entwickelt, die ihre Theorien außerhalb akademischer Gefilde behauptete und gegen die moderne Physik durchsetzen wollte. Wazecks dezidierte Auseinandersetzung mit der Welt der Widersacher zeigt, dass die Ein-

---

99   Vgl. hierzu Einsteins Vorwort IN: Frank, Philipp: Einstein – Sein Leben und seine Zeit. Braunschweig: Vieweg 1979; (im Folgenden: Frank, Einstein), ohne Seitenangabe.
100   Vgl. Rowe, Einstein and Relativity, S. 232.
101   Hentschel, Klaus: Interpretationen und Fehlinterpretationen der speziellen und der allgemeinen Relativitätstheorie durch Zeitgenossen Albert Einsteins. Basel: Birkhäuser 1990; (im Folgenden: Hentschel, Interpretationen und Fehlinterpretationen).
102   Vgl. ebd., S. vi–ci. Die Bibliographie besteht aus zwei Teilen und unterscheidet zwischen Schriften vor und nach 1955.
103   Wazeck, Milena: Einsteins Gegner. Die öffentliche Kontroverse um die Relativitätstheorie in den 1920er Jahren. Frankfurt/Main: Campus-Verlag 2009.

stein-Gegner vor dem Hintergrund eines weiteren Panoramas agierten, als dies die punktuelle Betrachtung einer antisemitischen Einstein-Hetze erfasst.[104] Die Geschichte des Vieweg Verlags ist bislang wenig erforscht. Beschreibungen der Verlagsgeschichte finden sich vor allem in Schriften zu Firmenjubiläen.[105] Anlässlich des 200jährigen Bestehens des Unternehmens erschien ein Verlagskatalog.[106] Zur Geschichte des Verlages während des Nationalsozialismus entstand 2005 eine Magisterarbeit am Institut für Buchwissenschaft der Johannes Gutenberg-Universität.[107] Weitere Forschungsarbeiten konzentrieren sich auf die Buchhändlerfamilie Vieweg.[108] Informationen zum Julius Springer Verlag konnten der Verlagsgeschichte von Heinz Sarkowski und der Arbeit von Frank Holl entnommen werden.[109]

1.2.2 Forschungsbericht Sauerbruch

Drei Monate nach seinem Tod erschien 1951 bei Kindler und Schiermeyer Sauerbruchs Autobiographie unter dem Titel *Das war mein Leben*.[110] Autobiographien sind aufgrund ihrer natürlicherweise subjektiven Berichterstattung für die Wissenschaft immer nur als Quellenmaterial nutzbar. Dennoch lassen Lebensberichte aus eigener Hand unmittelbare Schlüsse darauf zu, wie der Schreibende selbst sein Leben sah bzw. verstanden haben wollte. Im Falle Sauerbruchs wird

---

104 Vgl. hierzu auch Rowe, David E.: Einstein's Allies and Enemies. Debating Relativity in Germany 1916–1920. IN: Interactions. Mathematics, Physics and Philosophy 1960–1930. Hrsg. von Vincent F. Hendricks et al. Dordrecht: Springer 2006 (= Boston Studies in the Philosophy of Science, 251), S. 231–280; (im Folgenden: Rowe, Allies and Enemies).

105 Wendorff, Rudolf (Hrsg.): Der Verlag Fried. Vieweg & Sohn 1786–1986. Braunschweig: Vieweg 1986; (im Folgenden: Friedr. Vieweg & Sohn 1786–1986). Dreyer, Ernst Adolf (Hrsg.): Fried. Vieweg & Sohn in 150 Jahren deutscher Geistesgeschichte: 1786–1936. Braunschweig: Vieweg 1936; (im Folgenden: Dreyer, Fried. Vieweg & Sohn in 150 Jahren). Friedr. Vieweg & Sohn Akt.-Ges. [Firmenchronik 1786–1925]. Ohne Angabe von Verfasser, Verlag, Ort und Jahr; (im Folgenden: Friedr. Vieweg & Sohn 1786–1925).

106 Friedrich Vieweg & Sohn 1786–1986. Verlagskatalog. Hrsg. aus Anlaß des 200jährigen Bestehens der Firma. Braunschweig und Wiesbaden: Vieweg 1986.

107 Grimm, Julia: „Vieweg geschlossen hinter dem Führer!" Der Vieweg-Verlag im *Dritten Reich*. Masch. Magisterarbeit, Universität Mainz, 2005.

108 Jentzsch, Thomas: Verlagsbuchhandel und Bürgertum um 1800. Dargestellt am Beispiel der Buchhändlerfamilie Vieweg. IN: Archiv für Geschichte des Buchwesens 37/1992, S. 167–251. Lütjen, Andreas: Die Viewegs. Das Beispiel einer bürgerlichen Familie in Braunschweig 1825–1921. Münster: MV-Wissenschaft 2012; (im Folgenden: Lütjen, Die Viewegs).

109 Sarkowski, Heinz: Der Springer Verlag. Stationen seiner Geschichte. Teil I: 1842–1945. Berlin: Springer 1992; (im Folgenden: Sarkowski, Springer); zu Holl siehe Anm. 40 dieses Kapitels.

110 Sauerbruch, Ferdinand: Das war mein Leben. Bad Wörishofen: Kindler und Schiermeyer Verlag 1951.

oft die ‚sogenannte Autobiographie' apostrophiert;[111] sein Lebensbericht ist zum einen aufgrund seines Zustandekommens umstritten,[112] zum anderen wird immer wieder darauf hingewiesen, dass Sauerbruchs Erzählungen bisweilen mehr im Anekdotischen denn im Faktischen wurzelten.[113] Demnach muss Sauerbruchs Autobiographie mit doppelt kritischem Auge beurteilt werden und kann am meisten Aufschluss darüber geben, auf welche Weise der Mythos Sauerbruch von der Öffentlichkeit rezipiert wurde, denn das Buch wurde ein wahrer Bestseller.[114]

Auf Basis der Autobiographie entstand 1954 unter der Regie von Rolf Hansen der Spielfilm *Sauerbruch – Das war mein Leben* mit Ewald Balser in der Hauptrolle. Selbstverständlich vermag der Film keine zuverlässigen Fakten für eine wissenschaftliche Arbeit zu liefern; allerdings vermittelt auch dieses Artefakt einen Eindruck von der Sauerbruch-Rezeption in den 1950er Jahren. Als Koryphäe seines Faches genoss Sauerbruch in der Öffentlichkeit ein enormes

---

111 Vgl. bspw. Abe, Horst Rudolf: Die Erfurter Assistentenzeit von Ernst Ferdinand Sauerbruch (1901/02) und ihre medizinhistorische Bedeutung. IN: Beiträge zur Geschichte der Naturwissenschaften und der Medizin. Festschrift für Georg Uschmann, Direktor des Archivs der Akademie, zum 60. Geburtstag am 8. Oktober 1973. Hrsg. von Kurt Mothes und Joachim-Hermann Scharf. Halle/Saale: Deutsche Akademie der Naturforscher Leopoldina 1975 (=Acta Historica Leopoldina, 9), S. 281–299; (im Folgenden: Abe, Erfurter Assistentenzeit), hier S. 281. Kümmerle, Fritz: Ferdinand Sauerbruch. IN: Berlinische Lebensbilder. Hrsg. von Wolfgang Ribbe. Band 2: Mediziner. Hrsg. von Wilhelm Treue und Rolf Winau. Berlin: Colloquium Verlag 1987 (= Einzelveröffentlichungen der Historischen Kommission zu Berlin, 60), S. 359–366; (im Folgenden: Kümmerle, Sauerbruch), hier S. 359. Kümmerle spricht die Existenz einer Autobiographie gewissermaßen ab.

112 Indirekt kommt dies zum Ausdruck bei Kümmerle, Sauerbruch, S. 359 sowie bei Abe, Erfurter Assistentenzeit, S. 281. Tatsächlich ist das Buch von einem Ghostwriter, dem Journalisten Hans Rudolf Berndorff, verfasst worden, der sich in Sauerbruchs letzten Lebensjahren dessen Erinnerungen erzählen ließ. Über das Zustandekommen der Autobiographie berichten Genschorek, Wolfgang: Ferdinand Sauerbruch. Ein Leben für die Chirurgie. 8., neu bearbeitete Auflage. Leipzig: Hirzel/BSB Teubner 1989; (im Folgenden: Genschorek 1989, Sauerbruch), S. 217–218. Vgl. auch (in epischer Breite) Thorwald, Jürgen: Die Entlassung. Das Ende des Chirurgen Ferdinand Sauerbruch. Überarbeitete Taschenbuchausgabe. München und Zürich: Knaur 1960; (im Folgenden: Thorwald, Die Entlassung), S. 142–198; und Nissen, Rudolf: Helle Blätter – dunkle Blätter. Erinnerungen eines Chirurgen. Stuttgart: Deutsche Verlags-Anstalt 1969; (im Folgenden: Nissen, Erinnerungen eines Chirurgen), S. 171–177.

113 Hinzu kommt, dass Sauerbruch seinen Lebensbericht diktierte, als er durch seine fortschreitende Krankheit (Gehirn-Sklerose) nur noch phasenweise bei klarem Verstand war. Vgl. Mörgeli, Christoph: Professor Sauerbruch und das Honorar. IN: *Schweizerische Rundschau für Medizin*. Bern: Hallwag 82/1993, Heft 15, S. 451–456, hier S. 452; Mörgeli weist die Haltlosigkeit einer solchen Anekdote nach. Vgl. zur Einschätzung der Autobiographie auch die Rezension derselben durch den Sohn von Sauerbruchs Lehrer: Mikulicz-Radecki, Felix von: Buchbesprechung. Das war mein Leben. IN: Münchner Medizinische Wochenschrift 94/1952, S. 906–907.

114 1960 erschien bei Kindler, München, zum 300. Tausend eine Erfolgsausgabe.

Ansehen und aufgrund seiner impulsiven und beeindruckenden Persönlichkeit große Beliebtheit.

Umso erstaunlicher und bedauerlicher ist es, dass bislang keine wissenschaftlich fundierte und objektive Biographie über den großen Chirurgen erarbeitet wurde. 1978 verfasste Wolfgang Genschorek eine Sauerbruch-Biographie, die zwar seit 1989 in der 8. Auflage vorliegt,[115] allerdings hauptsächlich auf Sauerbruchs eigenem Lebensbericht sowie auf den autobiographischen Berichten seiner Kollegen basiert. Die dargestellten Fakten mögen im Wesentlichen stimmen, doch sind sie nur unzureichend belegt und damit letztlich schwer nachvollziehbar.[116] Ähnliches gilt für die in Genschoreks Buch enthaltene Sauerbruch-Bibliographie, die in der ersten Auflage[117] größtenteils aus den unverifiziert übernommenen Angaben des *Deutschen Chirurgenverzeichnisses* von 1938 besteht[118] und bis zur 8. Auflage zwar erweitert wurde,[119] aber insgesamt als lücken- und fehlerhaft beurteilt werden muss und auch in der überarbeiteten Version nicht als bibliographische Grundlage für weitere wissenschaftliche Forschung dienen kann. Genschoreks Liste wurde für die vorliegende Arbeit als Ausgangspunkt genutzt, um eine per Autopsie verifizierte Sauerbruch-Bibliographie zu erstellen, die die aufgefundenen Lücken größtenteils schließt.[120]

Jürgen Thorwalds Buch über die letzten Lebensjahre Sauerbruchs[121] erhebt den Anspruch, zum Wohle der Allgemeinheit ein heikles Thema zu enttabuisieren. Es beschreibt das tragische Schicksal des zum Halbgott erhobenen Chirurgen, der das Operieren nicht lassen kann, obwohl ihn eine zunehmende De-

---

115 Genschorek, Wolfgang: Ferdinand Sauerbruch. Ein Leben für die Chirurgie. 1. Auflage. Leipzig: Hirzel 1978; (im Folgenden: Genschorek 1978, Sauerbruch). In dieser Arbeit wird meist die 8. Auflage zitiert, siehe Anm. 112 dieses Kapitels.

116 Vgl. hierzu die Einschätzung bei Kudlien, Fridolf und Christian Andree: Sauerbruch und der Nationalsozialismus. IN: Medizinisches Journal 15/1980, S. 201–222, hier S. 202.

117 Vgl. Genschorek 1978, Sauerbruch, S. 245–249.

118 Vgl. Eintrag zu „Sauerbruch" IN: Deutsches Chirurgenverzeichnis. Hrsg. von A. Borchard und W. von Brunn. 3. Auflage. Leipzig: Barth 1938; (im Folgenden: Deutsches Chirurgenverzeichnis), S. 562–566.

119 Vgl. Genschorek 1989, Sauerbruch, S. 224–228.

120 Siehe Anhang 4. Eine jüngere Sauerbruch-Bibliographie befindet sich IN: Geschichte der operativen Chirurgie. Hrsg. von Michael Sachs. 3. Band: Historisches Chirurgenlexikon. Ein biographisches Handbuch bedeutender Chirurgen und Wundärzte. Heidelberg: Kaden Verlag 2002, S. 348–352. Die Monographien und Buchbeiträge werden vollständig, die Zeitschriftenartikel in Auswahl angegeben. – Mein Dank gilt den Mitarbeitern der Mainzer Universitätsbibliothek, die mir den Zugang zum Magazin ermöglicht und uns damit eine aufwendige Ausleihprozedur zahlreicher Zeitschriftenbände erspart haben.

121 Thorwald, Die Entlassung; siehe Anm. 112 dieses Kapitels. Ein Vorabdruck erschien von April bis September 1960 unter dem Titel *Sauerbruch – Sein letzter Kampf* in der Illustrierten *Quick*. Vgl. Schagen, Udo: Der Sachbuchautor als Zeithistoriker. Jürgen Thorwald korrigiert Nachkriegslegenden über Ferdinand Sauerbruch. IN: Non Fiktion 6/2011, Heft 1/2, S. 101–129; (im Folgenden: Schagen, Der Sachbuchautor), hier S. 109.

menz längst zur Gefahr für seine Patienten gemacht hat. Tatsächlich wäre eine in Stil und Form wissenschaftliche Aufbereitung von Sauerbruchs letztem Lebensabschnitt wünschenswert. Leider verliert sich Thorwald in einem von pathetischer Bestürzung getragenem Erzählstil, der die sicherlich enthaltenen Fakten zur Romanhaftigkeit aufbläht. Der selbsternannte Chronist[122] kommt ohne jegliche Quellenangaben aus, obwohl er sich immer wieder auf „Berichte" bezieht.[123] Allerdings muss Thorwald zugutegehalten werden, dass er als Sachbuchautor keiner wissenschaftlichen Darstellung verpflichtet war; tatsächlich hatte Thorwald Zugriff auf umfangreiches Quellenmaterial.[124]

Einzelne Aspekte aus Sauerbruchs Leben und Wirken sind in einer Reihe wissenschaftlicher Aufsätze von verschiedenen Autoren erarbeitet worden. Hervorzuheben ist der Artikel von Fridolf Kudlien und Christoph Andree über Sauerbruchs Haltung zum Nationalsozialismus,[125] die bis zu diesem Beitrag umstritten war. Dass Sauerbruch weder als fahnentreuer Anhänger noch als überzeugter Regimegegner eingeordnet werden kann, erarbeiten die Autoren dezidiert anhand zahlreicher Quellen und helfen, Sauerbruchs heterogene politische Stellung besser einschätzen zu können.

Die buchwissenschaftlichen Fragestellungen finden in den genannten Publikationen kaum Antworten, allein vereinzelte Hinweise sind zu vermerken. Glücklicherweise konnte für diese Arbeit aus dem umfassenden und äußerst reichhaltigen Quellenmaterial geschöpft werden. Im Archiv des Julius Springer Verlages ist die umfangreiche Korrespondenz mit Sauerbruch erhalten; über 2.500 Dokumente illustrieren das Autor-Verleger-Verhältnis beinahe lückenlos. Zwar gelten die ersten Jahre der Korrespondenz (Mappe I: 1910–1916) als verschollen, doch gleicht die Aussagekraft des übrigen Materials diesen Verlust aus.[126]

Die Quellen werden für die Ausführungen in Kapitel 3.2 in hohem Maße herangezogen, sodass alle Überlegungen zum Autor Sauerbruch auf einem soliden Fundament angestellt werden können. Neben der Korrespondenz zwischen

---

122 Vgl. Thorwald, Die Entlassung, S. 53.
123 Vgl. bspw. ebd., S. 34: „Aus Halls Berichten geht lediglich hervor, […]".
124 Sein Nachlass befindet sich in der Staatsbibliothek Berlin. Vgl. Schagen, Der Sachbuchautor, S. 104; zu Thorwalds fundierter Recherche vgl. ebd., S. 115, S. 121–122.
125 Zu Kudlien/Andree siehe Anm. 116 dieses Kapitels.
126 Das Archiv habe ich noch in Heidelberg eingesehen, wo es bis 2009 verwahrt wurde. Ich danke an dieser Stelle Barbara Wolf und Mariel Radlwimmer für die entgegenkommende Betreuung und fürsorgliche Bewirtung in Heidelberg. Inzwischen ist das Archiv nach Berlin umgezogen, wobei die Signatur der Konvolute unverändert blieb: Berlin, Zentral- und Landesbibliothek, Sammlungen, Archiv des Julius-Springer-Verlags, Faszikel B S 45 (Mappen II–VI), B S 45a und B S 46; siehe ausführliche Angabe im Quellenverzeichnis. Ich danke Herrn Detlef Bockenkamm für die freundliche Auskunft; er konnte mir auch bestätigen, dass die verschollene Mappe I beim Umzug nicht auftauchte. Das Springer-Verlagsarchiv wird im Folgenden verkürzt zitiert als: Berlin, ZLB, SVA.

Sauerbruch und Springer befindet sich auch der Briefwechsel zwischen dem Autor und dem Verlag F. C. W. Vogel im Springer-Archiv.[127] Im Verlag F. C. W. Vogel erschien die *Deutsche Zeitschrift für Chirurgie*, deren Herausgeber Sauerbruch von 1924 bis zum letzten (259.) Band 1944 war.[128]

Die exzellente Quellenlage bietet an, den Fokus auf den Mikrokosmos des Autor-Verleger-Verhältnisses zu richten. Das Konfliktpotenzial zwischen Sauerbruch und Ferdinand Springer macht dies zu einem spannenden und abwechslungsreichen Unterfangen, welches zudem für die übergeordnete Fragestellung aufschlussreiche Details liefert. Das bislang größtenteils unveröffentlichte Material wird teils in längeren Passagen zitiert, einige zentrale Briefe sind im Anhang wiedergegeben.[129]

1.2.3 Forschungsbericht Freud

Sigmund Freud ist eine der am besten erforschten Persönlichkeiten des 20. Jahrhunderts. Neben der Betrachtung seiner Lebensgeschichte und der oft damit verknüpften Geschichtsschreibung der Psychoanalyse ist sein Werk nicht nur zur Selbstreflexion der psychoanalytischen Bewegung von Bedeutung, sondern ist durch die große Strahlkraft und breite Wirkung der Psychoanalyse im Kulturleben des 20. Jahrhunderts zum Forschungsgegenstand der kulturgeschichtlichen sowie sprach- und literaturwissenschaftlichen Disziplinen geworden.

Auffallend ist, dass kaum eine schriftliche Auseinandersetzung mit Freud und seinem Werk ohne eine eindeutige, meist subjektive Stellungnahme pro oder contra Psychoanalyse auskommt. Freud ist als Wissenschaftler ebenso umstritten, wie die Wissenschaftlichkeit der Psychoanalyse immer wieder in Frage gestellt wird. Die Erforschung der Lebensgeschichte Freuds sowie der Geschichte der psychoanalytischen Bewegung erfolgt zumeist aus den Reihen der Psychoanalytiker selbst, und in den meisten Fällen findet hierbei eine kritische Reflexion entweder nicht statt oder wird die Psychoanalyse allzu voreingenommen gegen ihre Kritiker verteidigt. Dabei wird zumeist einer mehr oder weniger artikulierten psychoanalytischen Betrachtungsweise gefolgt; die Kindheit Freuds wird klassisch psychoanalytisch gedeutet oder seine Beziehung zu C. G. Jung als Vater-Sohn-Verhältnis interpretiert. Diese Art von Selbstreflexion

---

127 Berlin, ZLB, SVA, Faszikel B S 46. Der Verlag F. C. W. Vogel wurde 1931 von Springer übernommen. Vgl. hierzu Sarkowski, Springer, S. 311–314.

128 Die Zeitschrift ging nach dem Krieg im *Archiv für klinische Chirurgie* auf, das anfangs bei Hirschwald (Berlin) erschien und bereits seit dem 118. Band 1921 von Springer herausgebracht wurde. 1947/48 schloss die gemeinsame Zählung mit Band 260 an die *Deutsche Zeitschrift für Chirurgie* an, aber unter dem Namen *Langenbecks Archiv für klinische Chirurgie*. Auch hier war Sauerbruch im Herausgeberstab vertreten. Siehe Anhang 4c sowie Abb. 2 auf S. 192.

129 Siehe Anhang 6.

der eigenen Geschichte geht allerdings schon auf die Anfangszeiten der psychoanalytischen Bewegung zurück. Freud selbst deutete sein Leben und seine Beziehungen zu seinen Weggefährten psychoanalytisch bzw. seine psychoanalytischen Erkenntnisse basieren zu einem wichtigen Teil auf Selbstreflexion.[130]

Auf der anderen Seite geben sich Freud-kritische Schriften oft der Polemik hin; sie fokussieren in der Mehrzahl auf die inhaltliche Glaubwürdigkeit der Psychoanalyse bzw. die Respektabilität Freuds als Wissenschaftler und ignorieren dabei die tatsächliche Wirkungsgeschichte der Psychoanalyse und deren Rezeption in den unterschiedlichen akademischen Disziplinen. Ob der Autor der Psychoanalyse zustimmt, wird somit richtungsweisend für Motivation und Ergebnis der jeweiligen Untersuchung.[131] Bei der Sichtung der Forschungsliteratur muss dem Leser diese grundsätzliche Lagerbildung bewusst sein.

Eine detaillierte Darstellung oder gar Lösung des Argumentationsgeflechts rund um die (Un-)Wissenschaftlichkeit der Psychoanalyse kann zwar nicht Aufgabe einer buchwissenschaftlichen Studie sein; schon der Versuch wäre vermessen. Doch besitzt der Streit Relevanz für das vorliegende Thema, denn es drängt sich die Frage auf, inwiefern es gerechtfertigt ist, Freud überhaupt als wissenschaftlichen Autor zu thematisieren. Wird damit nicht a priori die Wissenschaftlichkeit der Psychoanalyse behauptet? Dieser Fehlschluss stellt sich nur ein, wenn man sich der Gleichsetzung Freuds mit der Psychoanalyse anschließt, ohne die unterschiedlichen Perspektiven und Argumentationsebenen zu beachten. Eine buchwissenschaftliche Studie kann die Grundfrage nicht abschließend beantworten, aber sie kann zur Differenzierung beitragen. Wie sich zeigen wird, stellt Freuds Publikationsgebaren einen gewichtigen Indikator in dieser Streitfrage dar.

Die erste Freud-Biographie erschien bereits zu seinen Lebzeiten und wurde von Freud nicht autorisiert,[132] obschon er selbst dem Autor Verbesserungsvorschläge unterbreitet hatte.[133] Dieses korrigierende Eingreifen in die eigene Biographik deutet schon an, dass Freud sehr bedacht darauf war, auf welche Weise er sich selbst darstellte und in welcher Form er sein Werk der Nachwelt hinterlassen würde. In früheren Jahren vernichtete Freud wiederholt Briefe und Do-

---

130 *Die Traumdeutung* ist das wichtigstes Zeugnis für Freuds Selbstanalyse, die den Ausgangspunkt der Psychoanalyse markiert: Freud, Sigmund: Die Traumdeutung. Wien und Leipzig: Deuticke 1900. Siehe Anhang 7a.

131 Vgl. Roazen, Paul: Sigmund Freud und sein Kreis. Gießen: Psychosozial-Verlag 1997; (im Folgenden: Roazen, Freud und sein Kreis), S. 34 und 39.

132 Wittels, Fritz: Sigmund Freud. Der Mann, die Lehre, die Schule. Leipzig, Wien, Zürich: Tal & Co 1924; (im Folgenden: Wittels, Sigmund Freud).

133 Vgl. Lieberman, E. James: Otto Rank. Leben und Werk. Gießen: Psychosozial-Verlag 1997; (im Folgenden: Lieberman, Otto Rank), S. 278.

kumente mit der erklärten Absicht, seine Biographen zu verwirren.[134] Über
seine Veröffentlichungen und die Edition seiner *Gesammelten Schriften,*[135] die
erstmals zu seinen Lebzeiten erschienen, wachte Freud bis ins Detail.[136]

In den 1950er Jahren legte Ernest Jones die erste umfassende dreibändige
Freud-Biographie vor,[137] die aufgrund ihrer subjektiven Perspektive oft kritisiert
wurde, aber umfangreiches Archivmaterial berücksichtigte, welches teilweise
heute noch unter Verschluss ist. Der Großteil des Freud-Nachlasses befindet
sich in der Freud Collection der *Library of Congress* in Washington (ca. 45.000
Dokumente), die lange Zeit von Kurt Eissler verwaltet wurde, sowie im Archiv
des Londoner Freud-Museums (ca. 13.100 Dokumente, sowie Freuds Privatbib-
liothek), dem Anna Freud bis zu ihrem Tod (1982) vorstand. Die Verwaltungs-
politik der Freud-Archive ist immer wieder skeptisch beobachtet worden; vor
allem Freud-Kritikern scheint der Zugang erschwert.[138] Viele Dokumente waren
erst nach 2000 zugänglich.[139] Aus Freuds umfangreicher Korrespondenz sind
im Lauf der Jahre einige wichtige Briefwechsel veröffentlicht worden.[140]

---

134   Vgl. hierzu Sulloway, Frank J.: Freud – Biologe der Seele. Jenseits der psychoanalytischen
      Legende. Köln: Hohnheim 1982; (im Folgenden: Sulloway, Biologe der Seele), S.34, 630 und
      650. (Englische Originalausgabe unter dem Titel „Biologist of the Mind", New York: Basic
      books 1979). Vgl. ebenso Grubrich-Simitis, Ilse: Über Freud als Sprachforscher und Schrift-
      steller. IN: Neue Rundschau 117/2006, Heft 1, S. 50–66; (im Folgenden: Grubrich-Simitis,
      Freud als Sprachforscher), S. 56. Vgl. auch Grubrich-Simitis, Ilse: Zurück zu Freuds Texten.
      Stumme Dokumente sprechen machen. Frankfurt/Main: S. Fischer 1993; (im Folgenden:
      Grubrich-Simitis, Zurück zu Freuds Texten), S. 117–119.
135   Freud, Sigmund: Gesammelte Schriften. 12 Bände. Wien: Internationaler Psychoanalytischer
      Verlag 1925–34. Siehe Anhang 8b.
136   Vgl. Grubrich-Simitis, Zurück zu Freuds Texten, S. 314.
137   Jones, Ernest: The Life and Work of Sigmund Freud. 3 Bände. New York: Basic Books
      1953–57. Es wird die deutsche Ausgabe zitiert: Jones, Ernest: Das Leben und Werk von
      Sigmund Freud. 3 Bände. Bern und Stuttgart: Verlag Hans Huber 1960; (im Folgenden: Jo-
      nes, Leben und Werk).
138   Manche Dokumente sind – laut Selg, Herbert: Sigmund Freud – Genie oder Scharlatan?
      Eine kritische Einführung in Leben und Werk. Stuttgart: Kohlhammer 2002; (im Folgenden:
      Selg, Genie oder Scharlatan), S. 103 – bis 2113 (!) unter Verschluss. Vgl. hierzu auch die kri-
      tische Bemerkung von Nitzschke, Bernd: Freud und die akademische Psychologie. Einlei-
      tende Bemerkungen zu einer historischen Kontroverse. IN: Freud und die akademische Psy-
      chologie. Beiträge zu einer historischen Kontroverse. Hrsg. von Bernd Nitzschke. München:
      Psychologie Verlags Union 1989, S. 2–21; (im Folgenden: Nitzschke, Freud und die akade-
      mische Psychologie), S. 16.
139   Vgl. Worbs, Michael: Nervenkunst. Literatur und Psychoanalyse im Wien der Jahrhundert-
      wende. Frankfurt/Main: Europäische Verlagsanstalt 1983; (im Folgenden: Worbs, Nerven-
      kunst), S. 13, Anm. 1.
140   Bspw.: Briefwechsel Sigmund Freud – Ernest Jones 1908–1939. Hrsg. von Ingeborg Meyer-
      Palmedo. Frankfurt/Main: S. Fischer 1993. Sigmund Freud – Sándor Ferenczi. Briefwechsel.
      Hrsg von Eva Brabant, Ernst Falzeder und Patrizia Giampieri-Deutsch. 3 Bände, in je 2
      Teilbänden. Wien, Köln, Weimar: Böhlau 1993; (im Folgenden: BW Freud – Ferenczi).
      Freud, Sigmund: Aus den Anfängen der Psychoanalyse. Briefe an Wilhelm Fließ; Abhand-

Jones' Darstellung wird somit durch die fortschreitende Freud-Forschung und der zunehmenden Sichtung des Archivmaterials stets korrigierend ergänzt; als Augenzeugenbericht ist sie unverzichtbar und als erste Gesamtdarstellung zu würdigen. Daneben haben andere Weggefährten Freuds – oft in ihren Memoiren – Zeugnis abgelegt;[141] bedeutungsvoll sind in diesem Zusammenhang natürlich Freuds eigene schriftliche Reflexionen über sein Leben und die Geschichte der psychoanalytischen Bewegung.[142] Sein Werk ist in mehreren Gesamtausgaben ediert;[143] ebenso liegt eine vollständige Bibliographie seiner Schriften samt Werkkonkordanz vor.[144] Ab 1976 wurden die Protokolle der Sitzungen der *Wiener Psychoanalytischen Vereinigung* herausgegeben.[145]

lungen und Notizen aus den Jahren 1887–1902. Hrsg. von Marie Bonaparte, Anna Freud und Ernst Kris. Frankfurt/Main: S. Fischer 1950. Sigmund Freud und Carl G. Jung: Briefwechsel. Hrsg. von William MacGuire und Wolfgang Sauerländer. Frankfurt/Main: S. Fischer 1974; (im Folgenden: BW Freud – Jung). Briefwechsel Sigmund Freud – Max Eitingon. 1906–1939. Hrsg. von Michael Schröter. 2 Bände. Tübingen: edition diskord, 2004; (im Folgenden: BW Freud – Eitingon).

141 Binswanger, Ludwig: Erinnerungen an Sigmund Freud. Bern: Francke 1956; Jung, Carl Gustav: Erinnerungen, Träume, Gedanken. Hrg. von Aniela Jaffé. Zürich: Rascher 1962.

142 Freud, Sigmund: Zur Geschichte der psychoanalytischen Bewegung. IN: Jahrbuch für psychoanalytische und psychopathologische Forschungen 6/1914, S. 1–24; (im Folgenden: Freud, Geschichte der psychoanalytischen Bewegung). Freud, Sigmund: Selbstdarstellung. IN: Die Medizin der Gegenwart in Selbstdarstellungen 4/1925, S. 1–52; erschien im selben Jahr auch als Sonderdruck und wurde 1934 nochmals im Internationalen Psychoanalytischen Verlag veröffentlicht. Erneut abgedruckt IN: Freud, Sigmund: „Selbstdarstellung". Schriften zur Geschichte der Psychoanalyse. Hrsg. und eingeleitet von Ilse Grubrich-Simitis. Frankfurt/Main: S. Fischer 1999; (im Folgenden: Grubrich-Simitis, „Selbstdarstellung"). In dieser Arbeit wird der Text zitiert: Freud, Sigmund: Selbstdarstellung. IN: ders. Gesammelte Werke. Band 14. London: Imago Publishing Co. 1948, S. 33–96; (im Folgenden: Freud, Selbstdarstellung). Sowie die dazugehörige Ergänzung: Freud, Sigmund: Nachschrift. IN: ders.: Gesammelte Werke. Band 16. London: Imago Publishing Co. 1950, S. 31–34; (im Folgenden: Freud, Selbstdarstellung/Nachschrift).

143 Freud, Sigmund: Gesammelte Schriften. 12 Bände. Wien: Internationaler Psychoanalytischer Verlag 1925–34; Freud, Sigmund: Gesammelte Werke. 18 Bände. London: Imago Publishing Co. 1940–52 und Frankfurt/Main: S. Fischer 1960–1968. Nachtragsband. Frankfurt/Main: S. Fischer 1987; The Standard Edition of the Complete Works of Sigmund Freud. 24 Bände. London: Hogarth Press and The Institute of Psycho-Analysis 1953–74; Freud: Sigmund: Studienausgabe. 10 Bände plus Ergänzungsband. Frankfurt/Main: S. Fischer 1969–75; Freud, Sigmund: Werkausgabe in zwei Bänden. Frankfurt/Main: S. Fischer 1978.

144 Meyer-Palmedo, Ingeborg und Gerhard Fichtner (Hrsg.): Freud-Bibliographie mit Werkkonkordanz. Grundlegend revidierte und erweiterte Neuausgabe. Frankfurt/Main: S. Fischer 1989; (im Folgenden: Meyer-Palmedo/Fichtner, Freud-Bibliographie).

145 Nunberg, Herman (Hrsg.): Protokolle der Wiener Psychoanalytischen Vereinigung. 4 Bände. Frankfurt/Main: S. Fischer 1976–81; (im Folgenden: Nunberg, Protokolle).

Die wichtigsten Freud-Biographien neueren Datums haben Ronald W. Clark, Paul Roazen und Peter Gay vorgelegt.[146] Gay ist zudem ein umfangreicher und gut informierender bibliographischer Essay zu verdanken, in dem er die Freud-Forschung kritisch referierend und ordnend darstellt.[147] Einen ersten Überblick über die Lebensgeschichte Freuds sowie einen gut orientierenden Einblick in sein Werk bietet die rororo-Monographie von Hans-Martin Lohmann.[148] Umfassender wird man im *Freud Handbuch* informiert.[149]

Sigmund Freud ist sowohl als Autor wie auch als Schriftsteller immer wieder Gegenstand zahlreicher Untersuchungen gewesen.[150] Sein Publikationsverhalten ist vor allem von Lydia Marinelli und Ilse Grubrich-Simitis wiederholt dargestellt worden. Grubrich-Simitis setzt sich in ihrem Buch *Zurück zu Freuds Texten* kritisch mit der Editionsgeschichte von Freuds Gesamtwerk auseinander.[151] Dabei geht sie auch umfassend auf Freuds Umgang mit den eigenen Publikationen ein.

1995 war Lydia Marinelli Kuratorin der Ausstellung *Internationaler Psychoanalytischer Verlag 1919–1938* im Sigmund Freud-Museum, Wien; der Ausstellungskatalog dokumentiert die Geschichte des Verlags und enthält ein Gesamtverzeichnis der im Verlag erschienen Titel.[152] 1996 veröffentlichte Andrea Huppke

---

146 Clark, Ronald William: Sigmund Freud. The man and the cause. Frankfurt/Main: S. Fischer 1981. Roazen, Freud und sein Kreis; siehe Anm. 131 dieses Kapitels. Gay, Peter: Freud. Eine Biographie für unsere Zeit. Frankfurt/Main: S. Fischer 1989; (im Folgenden: Gay, Freud).

147 Vgl. ebd., S. 823–872.

148 Lohmann, Hans-Martin: Sigmund Freud. Reinbek: Rowohlt 2006; (im Folgenden: Lohmann, Sigmund Freud).

149 Lohmann, Hans-Martin und Joachim Pfeiffer (Hrsg.): Freud Handbuch. Leben – Werk – Wirkung. Stuttgart und Weimar: Metzler 2006; (im Folgenden: Freud Handbuch).

150 Auf die Literatur zum *„Schriftsteller"* Freud wird im gleichnamigen Kapitel 5.2.2 ausführlich eingegangen. Die wichtigsten Werke zu diesem Themenkomplex sind: Muschg, Walter: Freud als Schriftsteller. München 1975; (im Folgenden: Muschg, Freud als Schriftsteller); erstmals IN: Die psychoanalytische Bewegung 2/1930, Heft 5, S. 467–509. Schönau, Walter: Sigmund Freuds Prosa. Literarische Elemente seines Stils. Gießen: Psychosozial-Verlag 2006; (im Folgenden: Schönau, Freuds Prosa). Originalausgabe Stuttgart: Metzler 1968. Mahony, Patrick J.: Der Schriftsteller Sigmund Freud. Frankfurt/Main: Suhrkamp 1989; (im Folgenden: Mahony, Schriftsteller Freud), (engl. Original 1982). Grubrich-Simitis, Freud als Sprachforscher; siehe Anm. 134 dieses Kapitels. Thonack, Klaus: Selbstdarstellung des Unbewußten. Freud als Autor. Würzburg: Königshausen & Neumann 1997. (= Epistemata. Würzburger Wissenschaftliche Schriften, Reihe Literaturwissenschaft, 211); (im Folgenden: Thonack, Selbstdarstellung des Unbewußten). Lindner, Burkhardt: Der Autor Freud. IN: Freud Handbuch, S. 232–237; (im Folgenden: Lindner, Autor Freud).

151 Grubrich-Simitis, Zurück zu Freuds Texten; siehe Anm. 134 dieses Kapitels.

152 Internationaler Psychoanalytischer Verlag 1919–1938. Katalog. Wien: Sigmund Freud-Museum 1995; (im Folgenden: IPVerlag, Katalog). Ein um wenige Titel ergänzter und punktuell korrigierter Verlagskatalog befindet sich IN: Marinelli, Lydia: Psyches Kanon. Zur Publikationsgeschichte rund um den Internationalen Psychoanalytischen Verlag. Wien und Berlin: Turia+Kant 2009; (im Folgenden: Marinelli, Psyches Kanon), S. 187–196.

einen Aufsatz *Zur Geschichte des Internationalen Psychoanalytischen Verlags*,[153] welcher jedoch im Vergleich zum Ausstellungskatalog keine neuen Erkenntnisse lieferte. Lydia Marinelli promovierte 1999 über die Geschichte des *Internationalen Psychoanalytischen Verlags*; der Text ihrer Dissertation ist nochmals überarbeitet in verschiedenen Formen veröffentlicht worden: 2009 erschien mit *Psyches Kanon* der Hauptteil dieser Arbeit in monographischer Form,[154] aus dem ursprünglichen Text wurde das sechste Kapitel über die Anfänge der psychoanalytischen Zeitschriften bereits 1999 als Essay ausgekoppelt[155] und 2009 nochmals in anderem Zusammenhang veröffentlicht.[156] Darin gibt Marinelli einen kompakten Abriss über die Wechselwirkungen zwischen der Entwicklung der psychoanalytischen Bewegung und der Entstehung ihrer ersten Zeitschriften. Gemeinsam mit Andreas Mayer hat Marinelli die Geschichte der psychoanalytischen Bewegung anhand der Editionsgeschichte der *Traumdeutung* nachgezeichnet.[157] Über die Liquidierung des Verlags klärte erstmals Murray G. Hall auf,[158] seine Erkenntnisse wurden von Marinelli durch zusätzliches Quellenmaterial korrigierend ergänzt.[159]

Lydia Marinelli ging bei ihren buchwissenschaftlichen Überlegungen eher von einem literaturwissenschaftlichen Ansatz aus und knüpfte dabei an Robert Darnton, Roger Chartier, Michel Foucault an. Eine bewusste Reflexion über die Funktionsweise wissenschaftlicher Publikationen fand in ihren Arbeiten nicht statt.[160] Ihre Darstellungen sind für die Geschichtsschreibung der Psychoanalyse

---

153 Huppke, Andrea: Zur Geschichte des Internationalen Psychoanalytischen Verlags. IN: Luzifer-Amor 9/1996, S. 7–31; (im Folgenden: Huppke, Geschichte des IP Verlags).

154 Marinelli, Psyches Kanon; siehe Anm. 152 dieses Kapitels.

155 Marinelli, Lydia: „… es ist seither gleichsam die Buchdruckerkunst für uns erfunden worden…". Zu den Anfängen psychoanalytischer Zeitschriften (1908–1914). IN: Das bewegte Buch. Buchwesen und soziale, nationale und kulturelle Bewegungen um 1900. Hrsg. von Mark Lehmstedt und Andreas Herzog. Wiesbaden: Harrassowitz 1999. (= Schriften und Zeugnisse zur Buchgeschichte, 12), S. 245–265; (im Folgenden: Marinelli, Zu den Anfängen).

156 Marinelli, Lydia: Tricks der Evidenz. Zur Geschichte psychoanalytischer Medien. Hrsg. von Andreas Mayer. Wien: Turia+Kant 2009.

157 Marinelli, Lydia und Mayer, Andreas: Träume nach Freud. Die „Traumdeutung" und die Geschichte der psychoanalytischen Bewegung. Wien: Turia+Kant 2002; (im Folgenden: Marinelli/Mayer, Träume nach Freud).

158 Hall, Murray G.: The Fate of the Internationaler Psychoanalytischer Verlag. IN: Freud in Exile. Psychoanalysis and its Vicissitudes. Hrsg. von Edward Timms und Naomi Segal. New Haven und London: Yale University Press 1988, S. 90–105; (im Folgenden: Hall, The Fate).

159 Vgl. Marinelli, Psyches Kanon, S. 81–89.

160 Als Indiz hierzu kann die Publikationsgeschichte ihrer eigenen Dissertation gelten: Dass in der monographischen Darstellung der Verlagsgeschichte ausgerechnet das Kapitel über die psychoanalytischen Zeitschriften nicht aufgenommen wurde, erscheint unverständlich, zumal Marinelli den Stellenwert der Zeitschriften betonte, den diese für Freud hatten. Es sei jedoch darauf hingewiesen, dass Lydia Marinelli bedauerlicherweise bereits 2008 verstarb und die Veröffentlichung von *Psyches Kanon* posthum erfolgte. Vgl. die *Editorische Notiz* von Christian Huber und Walter Chramosta IN: Marinelli, Psyches Kanon, S. 214.

äußerst aufschlussreich und reihen sich dankenswerterweise nicht in die Tradition der wertenden Freud-Forschung ein; ihre buchwissenschaftlichen Schlussfolgerungen sind meist richtig, ergeben sich jedoch eher jenseits der deutschsprachigen Forschung zum wissenschaftlichen Buchmarkt.[161]

Einem vergleichbaren Ansatz folgt Christof Windgätter, der sich 2008 der Gründung des *IPVerlags* widmete.[162] Sein Beitrag liefert wichtige Details zur Verlagsgründung, und Windgätter formuliert einige kluge Aussagen zum wissenschaftlichen Verlag. Zu diesen führt ihn sein Ansatz aber eher zufällig als argumentativ, und bei der Beurteilung des *IPVerlags* unterlaufen ihm meines Erachtens gewichtige Deutungsfehler: Vor allem geht er zu selbstverständlich davon aus, dass Freuds Firma ein wissenschaftlicher Verlag gewesen sei.[163]

E. James Lieberman hat Leben und Werk Otto Ranks, des ersten Leiters des *IPVerlags*, biographisch aufgearbeitet;[164] sein Buch bietet darüber hinaus Reflexionen über Freuds Wissenschaftsverständnis und die Auseinandersetzungen innerhalb des *Geheimen Komitees*. Entstehung, Geschichte und Funktion des *Geheimen Komitees* haben Gerhard Wittenberger[165] und Michael Schröter[166] äußerst fruchtbringend dargestellt; die Autoren fokussieren jeweils unterschiedliche Aspekte: Während Wittenberger das *Komitee* ausführlich chronologisch reflektiert und dabei auf gruppendynamische Prozesse eingeht, extrahiert Schröter in seinem vergleichsweise kurzen Aufsatz die machtpolitischen und gruppendynamischen Strukturen zu äußerst erhellenden Schlüssen. Allerdings setzt

---

161   Vgl. bspw. Marinelli, Lydia: Zur Geschichte des Internationalen Psychoanalytischen Verlags. IN: IPVerlag, Katalog, S. 9–29; (im Folgenden: Marinelli, Zur Geschichte des IPVerlags), hier S. 11: „Der Verlag ist demnach mehr als ein simpler Vervielfältigungsapparat für Manuskripte: er ist es, der den Text in ganz bestimmten Formen erst ‚zu lesen gibt'." Bei der Abstraktion liegt der Fokus stets auf dem Text als Diskursangebot; Reflexionen über wirtschaftliche Aspekte wissenschaftlicher Publikationen oder den Verlag als Marktteilnehmer finden kaum statt.

162   Windgätter, Christof: Zu den Akten. Verlags- und Wissenschaftsstrategien der Wiener Psychoanalyse (1919–1938). Berlin: Max Planck Institut für Wissenschaftsgeschichte 2008. (= Preprint, 362); (im Folgenden: Windgätter, Zu den Akten).

163   Siehe zur Gegenargumentation vor allem Kap. 5.3.

164   Lieberman, Otto Rank; siehe Anm. 133 dieses Kapitels.

165   Wittenberger, Gerhard: Das „Geheime Komitee" Sigmund Freuds. Institutionalisierungsprozesse in der „Psychoanalytischen Bewegung" zwischen 1912 und 1927. Tübingen: edition diskord 1995; (im Folgenden: Wittenberger, Das „Geheime Komitee"). Das *Geheime Komitee* bildete sich 1912 aus Freuds engsten Vertrauten zur Wahrung seiner Lehre. Zudem verteilte Freud Ringe an einige seiner Gefährten. Lieberman unterliegt dem Trugschluss, dass die ‚Ringträger' mit den Komiteemitgliedern identisch seien (vgl. Lieberman, Otto Rank, S. 228); tatsächlich gab es aber mehr Ringträger als Komiteemitglieder (vgl. Wittenberger, Das „Geheime Komitee", S. 215).

166   Schröter, Michael: Freuds Komitee 1912–1914. Ein Beitrag zum Verständnis psychoanalytischer Gruppenbildung. IN: Psyche 49/1995, S. 513–563; (im Folgenden: Schröter, Freuds Komitee).

er die Kenntnis der Fakten weitgehend voraus, sodass sein Kommentar gerade im Zusammenklang mit Wittenbergers Monographie aussagekräftig wird. Hinsichtlich der institutionellen Strukturen der psychoanalytischen Bewegung erweist sich die Studie von Karl Fallend als aufschlussreich.[167]

Schröter ist auch ein erkenntnisreicher Aufsatz zur Frage der Laienanalyse zu verdanken,[168] der für die Klärung des wissenschaftlichen Status der Psychoanalyse von Bedeutung ist. In der ewigen Streitfrage um die Wissenschaftlichkeit der Psychoanalyse haben sich unterschiedlichste Stimmen zu Wort gemeldet; jenseits der frontenbildenden Polemik finden sich berechtigte, weil um Objektivität bemühte Forschungsbeiträge. Henri F. Ellenberger hat in seinem Überblickswerk über *Die Entdeckung des Unbewußten* Freud vom eigenen Mythos befreit und in die Entwicklungslinie der dynamischen Psychiatrie eingeordnet.[169] Daran anschließend hat Frank J. Sulloway die biologischen Wurzeln der Psychoanalyse dargestellt, von denen Freud sich stets distanzieren wollte.[170] Sulloway widmet sich auch dem Mythos Freud, dessen Kern eben jene Leugnung der biologischen Wurzeln sowie die Heldenlegende um Freud sei. Obschon sich Sulloway gegen die Wissenschaftlichkeit der Psychoanalyse ausspricht, würdigt er Freud als großen, schöpferischen Denker. Sein eigenes Urteil verschärfte sich später zuungunsten Freuds, als Sulloway die Psychoanalyse als Behandlungsmethode beurteilte.[171] Erhellende erkenntnistheoretische Überlegungen hat Jürgen Habermas angestellt.[172]

167   Fallend, Karl: Sonderlinge, Träumer, Sensitive. Psychoanalyse auf dem Weg zur Institution und Profession. Protokolle der Wiener Psychoanalytischen Vereinigung und biographische Studien. Wien: Verlag Jugend & Volk GmbH 1995. (= Veröffentlichungen des Ludwig-Boltzmann-Institutes für Geschichte und Gesellschaft, 26); (im Folgenden: Fallend, Sonderlinge).
168   Schröter, Michael: Zur Frühgeschichte der Laienanalyse. Strukturen eines Kernkonflikts der Freud-Schule. IN: Psyche 50/1996, S. 1127–1175; (im Folgenden: Schröter, Laienanalyse).
169   Ellenberger, Henri F.: Die Entdeckung des Unbewußten. Geschichte und Entwicklung der dynamischen Psychiatrie von den Anfängen bis zu Janet, Freud, Adler und Jung. (Neuausgabe der zweiten, verbesserten Auflage von 1996.) Zürich: Diogenes 2005; (im Folgenden: Ellenberger, Entdeckung des Unbewußten). Englische Originalausgabe unter dem Titel „The Discovery of the Unconscious", New York: Basic Books 1970; deutsche Erstausgabe, Bern: Hans Huber 1973.
170   Sulloway, Biologe der Seele; siehe Anm. 134 dieses Kapitels.
171   Sulloway, Frank J.: Psychoanalyse und Pseudowissenschaft. IN: Sigmund Freud heute. Der Vater der Psychoanalyse im Blick der Wissenschaft und der psychotherapeutischen Schulen. Hrsg. von Anton Leitner und Hilarion G. Petzold. Wien: Krammer 2009, S. 49–75; (im Folgenden: Sulloway, Psychoanalyse und Pseudowissenschaft).
172   Enthalten in Habermas, Jürgen: Erkenntnis und Interesse. Hamburg: Felix Meiner 2008. (= Philosophische Bibliothek, 589); (im Folgenden: Habermas, Erkenntnis und Interesse).

Thomas Köhler hat sich der *Anti-Freud-Literatur von ihren Anfängen bis heute* gewidmet.[173] Kritik sei zwar berechtigt, aber nur wenn sie nach den Regeln der Wissenschaft vorgebracht sei. Leider weicht Köhler gewichtigen Kritikpunkten renommierter Forscher wie Ellenberger und Sulloway aus, indem er den Blick auf Nebenschauplätze lenkt und sich letztlich im Totschlagargument der Freudianer verliert, nach dem Kritiker der Psychoanalyse diese bzw. Freud nicht richtig verstanden oder gar nicht gelesen hätten.[174] Herbert Selg wiederum verpflichtet Freud ganz auf seine naturwissenschaftliche Herkunft und beantwortet die selbstgestellte Frage eindeutig: Freud war ein Scharlatan.[175] Selg gelingt eine gut lesbare, auch laiengerechte Einführung in Freuds Werk. Sein Bemühen um Objektivität wird aber stellenweise von Polemik durchbrochen und seine Gegenargumente sind nicht immer befriedigend belegt.

Integrative Ansätze finden sich in der Forschungsliteratur neueren Datums. Die Herausgeber des Sammelbandes *Sigmund Freud heute*[176] verstehen sich zu einer Integrationsbewegung gehörend, die die Psychoanalyse in den wissenschaftlichen Diskurs einbeziehen will, mit dem übergeordneten Ziel, geeignete und wissenschaftlich fundierte Therapieformen zu finden. Auch ein Sammelband über *Freud und die akademische Psychologie*[177] ist „eine *kritische* Hommage an Freud, durch die zwei in der psychoanalytischen Geschichtsschreibung leider verbreiteten Tendenzen entgegengewirkt werden soll: einer hagiographischen Überhöhung der Person Freuds und einer Dekontextualisierung seines Werkes",[178] denn beides sei unwissenschaftlich.

Eli Zaretsky ist eine umfassende Würdigung der Psychoanalyse – jenseits des Streits um ihre Wissenschaftlichkeit – gelungen.[179] Der Autor bindet die Wirkung der Psychoanalyse in die großen kulturellen, gesellschaftlichen und politischen Entwicklungslinien des 20. Jahrhunderts ein. Wenn auch die Darstellung im Detail aufgrund des großzügigen Zuschnitts nicht immer exakt ist,[180] schafft dieses Buch eine internationale Vergleichbarkeit unterschiedlicher

---

173 Köhler, Thomas: Anti-Freud-Literatur von ihren Anfängen bis heute. Zur wissenschaftlichen Fundierung von Psychoanalyse-Kritik. Stuttgart, Berlin und Köln: W. Kohlhammer 1996.

174 Vgl. ebd., S 54–55.

175 Selg, Genie oder Scharlatan; siehe Anm. 138 dieses Kapitels.

176 Leitner, Anton und Hilarion G. Petzold (Hrsg.): Sigmund Freud heute. Der Vater der Psychoanalyse im Blick der Wissenschaft und der psychotherapeutischen Schulen. Wien: Krammer 2009; (im Folgenden: Sigmund Freud heute).

177 Nitzschke, Freud und die akademische Psychologie; siehe Anm. 138 dieses Kapitels.

178 Vgl. Nitzschke, Freud und die akademische Psychologie, S. 16. (Hervorhebung im Original)

179 Zaretsky, Eli: Freuds Jahrhundert. Die Geschichte der Psychoanalyse. dtv 2009; (im Folgenden: Zaretsky, Freuds Jahrhundert). Die englische Originalausgabe erschien 2004 unter dem Titel *Secrets of the soul* bei Alfred A. Knopf, New York, die deutsche Erstausgabe 2006 bei Paul Zsolnay, Wien.

180 Vgl. Zaretsky, Freuds Jahrhundert, S. 259: Hier heißt es fälschlicherweise, der Verlag sei dem Berliner psychoanalytischen Institut angeschlossen gewesen; siehe hierzu S. 313.

Entfaltungsschübe innerhalb der Psychoanalyse sowie der Psychoanalyserezeption.

Da Freud sowohl als Autor, als Verleger und sogar als Schriftsteller von der Forschung thematisiert wurde und wird, kann sich der Fokus auf eine abstraktere Ebene richten. Im Vordergrund steht dabei die Frage, ob und wie Freud als wissenschaftlicher Autor gelten und bewertet werden kann, wenn er als Wissenschaftler umstritten ist und gelegentlich sogar als Schriftsteller gehandelt wird. Letztlich gibt die Analyse seines Publikationsgebarens Aufschluss hinsichtlich seiner Einordnung in das Wissenschaftsgefüge.

1.2.4 Forschungsbericht Mommsen

Theodor Mommsen ist als herausragende Forscherpersönlichkeit in zahlreichen wissenschaftlichen Studien und einigen Biographien gewürdigt worden. Bereits zu seinen Lebzeiten – nämlich zu seinem 70. Geburtstag (am 30. November 1887) – legte Karl Zangemeister eine Bibliographie seiner Schriften an. Diese wurde 1905 von Emil Jacobs fortgesetzt; 2000 hat Stefan Rebenich eine Neubearbeitung vorgelegt.[181] Das Verzeichnis enthält auch eine Inhaltsübersicht von Mommsens *Gesammelten Schriften*, die in erster Auflage zwischen 1904 bis 1913 in acht Bänden erschienen,[182] sowie ausgewählte Literatur zu Mommsen.

Die umfangreichste Mommsen-Biographie hat Lothar Wickert verfasst.[183] In vier Bänden hat er umfassendes Archivmaterial zusammengetragen. Gelegentlich ist kritisiert worden, dass der Sammlung eine systematische Ordnung bzw. der erkenntnisfördernde Zugriff fehle. Für die vorliegende Arbeit war Wickerts Zusammenstellung aller überlieferter Briefstellen zur *Römischen Geschichte* besonders wertvoll, zumal der direkte Briefverkehr zwischen Mommsen und seinem Verleger sowie das Verlagsarchiv der Weidmannschen Buchhandlung nicht erhalten sind.[184]

Alfred Heuß hat seinem Mommsen-Buch[185] den Anspruch einer Biographie bewusst abgesprochen, zu dürftig sei die Quellenlage.[186] Sein thematisch-

---

181 Zangemeister, Karl: Theodor Mommsen als Schriftsteller. Ein Verzeichnis seiner Schriften. Im Auftrag der Königlichen Bibliothek bearbeitet und fortgesetzt von Emil Jacobs. Neu bearbeitet von Stefan Rebenich. Hildesheim: Weidmannsche Verlagsbuchhandlung GmbH 2000; (im Folgenden: Zangemeister, Mommsen als Schriftsteller).

182 Mommsen, Theodor: Gesammelte Schriften. Hrsg. von Otto Hirschfeld Bernhard Kübler, Eduard Norden und Hermann Dessau. 8 Bände. Berlin: Weidmann 1904–1913.

183 Wickert, Lothar: Theodor Mommsen. Eine Biographie. 4 Bände. Frankfurt/Main: V. Klostermann 1959–1980.

184 Vgl. Wickert, Lothar: Theodor Mommsen. Eine Biographie. Band III: Wanderjahre. Frankfurt/Main: V. Klostermann 1969; (im Folgenden: Wickert, Mommsen III), S. 673, Anm. 7.

185 Zitiert wird der Nachdruck der Originalausgabe von 1956: Heuß, Alfred: Theodor Mommsen und das 19. Jahrhundert. Stuttgart: Franz Steiner 1996; (im Folgenden: Heuß, Mommsen und das 19. Jh.).

systematischer Zugriff, an den sich später Rebenich anlehnt,[187] erfasste Mommsen als Mann des 19. Jahrhunderts, und damit griff Heuß Wickert zeitlich voraus und schloss bereits jene Lücke, die dieser hinterlassen sollte. Vor allem die Kapitel über die *Römische Geschichte* und den Forscher Mommsen waren für die vorliegende Arbeit aufschlussreich. In einem späteren Beitrag geht Heuß ausführlich auf das Geschichtsverständnis Mommsens und die Inhalte der *Römischen Geschichte* ein.[188]

Stefan Rebenich hat 2002 eine relativ schlanke Mommsen-Biographie vorgelegt, die mit einer Mischung aus chronologischem und systematischem Zugriff einen guten Überblick über Mommsens Leben und Wirken gibt.[189] Manko der Darstellung, die freilich keinen dezidiert wissenschaftlichen Anspruch erhebt, ist, dass die meisten Zitate ohne Angabe des Fundortes gegeben werden, ja der Autor gänzlich ohne Fußnotenapparat auskommt. Die Literaturbasis wird im Anschluss allerdings erläuternd dargelegt, und Rebenich hat sich bereits über andere Publikationen als Mommsen-Kenner ausgewiesen.[190] Das Buch schließt mit einem informativen Überblick über die Mommsen-Biographik.

Auch das Kuriosum, dass der Historiker Mommsen 1902 den Literaturnobelpreis für seine mehrbändige *Römische Geschichte* verliehen bekam, ist ausreichend in der Forschungsliteratur thematisiert worden. Bezeichnenderweise tituliert schon seine Bibliographie *Theodor Mommsen als Schriftsteller* und sein literarisches Vermögen[191], seine glanzvolle und – im doppelten Wortsinn – einma-

---

186 Vgl. ebd., S. 2. Zum Zeitpunkt der Entstehung war Mommsens Nachlass auf dem Gebiet der DDR nicht zugänglich. Dagegen hatte Wickert den Auftrag für seine Mommsen-Biographie bereits 1933 erhalten und die Archivbestände noch einsehen können. Vgl. zur Entstehung und Beurteilung der beiden Werke Rebenich, Stefan: Theodor Mommsen. Eine Biographie. München: C. H. Beck 2002; (im Folgenden: Rebenich, Mommsen), S. 227–228.
187 Rebenich, Mommsen; siehe Anm. 186 dieses Kapitels.
188 Heuß, Alfred: Theodor Mommsen als Geschichtsschreiber. IN: Deutsche Geschichtswissenschaft um 1900. Hrsg. von Notker Hammerstein. Stuttgart und Wiesbaden: Franz Steiner 1988, S. 37–95; (im Folgenden: Heuß, Mommsen als Geschichtsschreiber).
189 Rebenich, Mommsen; siehe Anm. 186 dieses Kapitels.
190 Bspw. mit seiner Habilitationsschrift: Rebenich, Stefan: Theodor Mommsen und Adolf Harnack. Wissenschaft und Politik im Berlin des ausgehenden 19. Jahrhunderts. Berlin: de Gruyter 1997; darin ist auch der Briefwechsel Mommsen – Harnack ediert.
191 Beispielsweise untersucht von Mattenklott, Gert: Mommsens Prosa. Historiographie als Literatur. IN: Theodor Mommsen. Wissenschaft und Politik im 19. Jahrhundert. Hrsg. von Alexander Demandt, Andreas Goltz und Heinrich Schlange-Schöningen. Berlin, New York: de Gruyter 2005, S. 163–180. Des Weiteren Schlange-Schöningen, Heinrich: Ein „goldener Lorbeerkranz" für die ‚Römische Geschichte'. Theodor Mommsens Nobelpreis für Literatur. IN: Theodor Mommsen, Gelehrter, Politiker und Literat. Hrsg. von Josef Wiesehöfer. Stuttgart: Franz Steiner 2005, S. 207–223; (im Folgenden: Schlange-Schöningen, Ein „goldener Lorbeerkranz").

lige Geschichtsschreibung[192] sowie der oft beklagte, weil nie geschriebene vierte Band[193] sind immer wieder Gegenstand wissenschaftlicher Studien. Die achtbändige dtv-Neuausgabe[194] der *Römischen Geschichte* wird von einem Essay über das Werk begleitet. Karl Christ informiert umfassend über Entstehungs- und Wirkungsgeschichte, Aufbau und Inhalt der *Römischen Geschichte*.[195] Frank Bernstein nähert sich in seinem Aufsatz dem Geschichtswerk aus buchwissenschaftlicher Sicht.[196] Da das Verlagsarchiv im Zweiten Weltkrieg zerstört wurde, ist die Entstehungsgeschichte nur noch aus Korrespondenzen und ähnlichen Dokumenten rekonstruierbar. Besonders ausschlussreich ist ein viel zitierter Brief Mommsens an Gustav Freytag vom 13. März 1877, in dem er die Entstehungsgeschichte schildert.[197]

Martin Nissen entfaltet in seiner Dissertation über *Populäre Geschichtsschreibung*[198] ein facettenreiches Panorama, welches verdeutlicht, dass die Grenze zwischen fach- und populärwissenschaftlichen Darstellungen gerade im Bereich der Geschichtsdarstellung komplexer als vermutet verläuft. Er bietet damit ein wertvolles Fundament für die Einordnung der *Römischen Geschichte* in den Buch-

---

192 Beispielsweise untersucht von Bringmann, Klaus: Theodor Mommsen als Geschichtsschreiber der römischen Republik. IN: Geldgeschichte vs. Numismatik. Theodor Mommsen und die antike Münze. Hrsg. von Hans-Markus von Kaenel et al. Berlin: Akademie Verlag 2004, S. 157–171; (im Folgenden: Bringmann, Mommsen als Geschichtsschreiber). Fest, Joachim: Wege zur Geschichte. Über Theodor Mommsen, Jacob Burckhardt und Golo Mann. Zürich: Manesse Verlag 1993; (im Folgenden: Fest, Wege zur Geschichte). Meier, Christian: Das Begreifen des Notwendigen. Zu Theodor Mommsens *Römische Geschichte*. IN: Formen der Geschichtsschreibung. Hrsg. von Reinhart Koselleck, Heinrich Lutz und Jörn Rüsen. München: dtv 1982, S. 201–244; (im Folgenden: Meier, Begreifen des Notwendigen).

193 Barbara und Alexander Demandt rekonstruierten schließlich die fehlende Kaisergeschichte aus Vorlesungs-Mitschriften: Theodor Mommsen: Römische Kaisergeschichte. Nach den Vorlesungs-Mitschriften von Sebastian und Paul Hensel 1882/86. Hrsg. von Barbara und Alexander Demandt. München: C.H. Beck 1992; (im Folgenden: Mommsen, Römische Kaisergeschichte).

194 Mommsen, Theodor: Römische Geschichte. Vollständige Ausgabe in acht Bänden. München: dtv 1976.

195 Christ, Karl: Theodor Mommsen und die „Römische Geschichte". IN: Theodor Mommsen und die „Römische Geschichte". Anhang und Register. Hrsg. von Karl Christ. München: dtv 1976. (= Theodor Mommsen: Römische Geschichte, 8), S. 7–66; (im Folgenden: Christ, Mommsen und die „Römische Geschichte").

196 Bernstein, Frank: Die „Weidmänner" und Theodor Mommsens leidenschaftliche Römische Geschichte. IN: Wissenschaftsverlage zwischen Professionalisierung und Popularisierung. Hrsg. von Monika Estermann und Ute Schneider. Wiesbaden: Harrassowitz 2007. (= Wolfenbütteler Schriften zur Geschichte des Buchwesens, 41), S. 35–45; (im Folgenden: Bernstein, „Weidmänner").

197 Siehe hierzu Kap. 6.2, Anm. 85.

198 Nissen, Martin: Populäre Geschichtsschreibung. Historiker, Verleger und die deutsche Öffentlichkeit (1848–1900). Köln, Weimar und Wien: Böhlau 2009. (= Beiträge zur Geschichtskultur, 34); (im Folgenden: Nissen, Populäre Geschichtsschreibung).

markt ihrer Entstehungszeit und Mommsens als Geschichtsschreiber. Außerdem liefert er viele Anknüpfungspunkte für eine differenziertere Sicht auf Wissenschaftsvermittlung und sensibilisiert für die Unterschiede, die hierbei zwischen Natur- und Geisteswissenschaften bestehen.

Der Fokus richtet sich auf die *Römische Geschichte* als populäres und mit dem Literaturnobelpreis gekröntes Geschichtswerk. Nach Freud begegnet uns erneut das Kuriosum, dass ein Wissenschaftler zum Schriftsteller ernannt wird, was auf durchlässige Grenzen zwischen den Autorentypen hinweist. Darüber hinaus zeigt sich, dass Popularisierung in den Geisteswissenschaften andere Wege geht als in den Naturwissenschaften.

1.3 Begriffsklärungen und Anmerkungen zu Formalem

In der nachfolgenden Studie werden einige bedeutungsvolle Begriffe verwendet, die einer inhaltlichen Klärung bedürfen. Vor allem wird des Öfteren vom ‚Schriftsteller' die Rede sein, da die Definition des wissenschaftlichen Autors ja auch der klaren Abgrenzung zu diesem dienen soll. Da der Begriff ‚Schriftsteller' gelegentlich allgemeiner verwendet wird und dann generell den Schreibenden meint, soll er hier, ohne dass der Schriftsteller als Autorentyp dezidiert beschrieben würde, ausschließlich als schöngeistiger Autor oder Literat verstanden werden. Dagegen dient der ‚Autor' als allgemeiner Begriff für den Verfasser von Texten. Weitere Autorentypen wie der ‚Sachbuchautor' oder der ‚populärwissenschaftliche Autor' werden an entsprechender Stelle, allerdings nur in der definitorischen Abgrenzung zum wissenschaftlichen Autor beschrieben. Der Begriff ‚Literatur' kann einschränkend auf schöngeistiges Schrifttum gemeint sein, wird hier aber in seinem umfassenderen Sinn und somit synonym zu ‚Veröffentlichungen' oder ‚Publikationen' verwendet.

Auch die Bedeutung des Begriffs ‚Öffentlichkeit' könnte in einer umfassenden Abhandlung erläutert werden. Hier meint sie in erster Linie den kommunikativen Raum, der durch die ‚Veröffentlichung' von Texten entsteht, also das Lesepublikum im engeren Sinne, aber auch das gesellschaftliche Forum, in dem mediale Diskurse stattfinden können, im weiteren Sinne. Diese Differenzierung berücksichtigt einerseits, dass das Zielpublikum einer Veröffentlichung in den wenigsten Fällen dem realen Lesepublikum entspricht, und andererseits, dass Inhalte, die in Buchform veröffentlicht werden, auch in anderen Medien von der Öffentlichkeit reflektiert und diskutiert werden können. So können bspw. Erfolge in der Genforschung politisch relevante gesellschaftliche Diskurse außerhalb der Wissenschaft auslösen. Im vorliegenden Kontext ist es sinnvoll zwischen der ‚wissenschaftlichen Öffentlichkeit' und der allgemeinen, gesellschaftlichen ‚Öffentlichkeit' zu unterscheiden.[199] Erstere meint den wissenschaftsinternen Diskurs per wissenschaftliche Publikationen. Da diese aber immer veröffentlicht und auf dem wissenschaftlichen Buchmarkt gehandelt werden, ist der Diskurs grundsätzlich für die Allgemeinheit zugänglich, findet also in der Öffentlichkeit statt.

Es wird immer wieder von ‚Wissenschaftspopularisierung' die Rede sein. Der Begriff wird in der Forschungsliteratur inzwischen kritisch diskutiert, vor allem weil sich seine negative Konnotation erst allmählich durch objektive Studien aufweichen lässt.[200] Diese Arbeit folgt im Wesentlichen der von Angela Schwarz angebotenen, recht allgemeinen Definition:

> Popularisierung bezeichnet demnach Formen und Inhalte des Vermittlungsprozesses zwischen Wissenschaft und Öffentlichkeit, steht für die Verbreitung wissenschaftlicher Thesen und Erkenntnisse in allgemeinverständlicher Form an ein Publikum, das ein breites Spektrum von Interessenlagen, Vorkenntnissen und Möglichkeiten vereinte.[201]

Martin Nissen verzichtet dagegen auf den Begriff der ‚Popularisierung' und spricht stattdessen von ‚Wissensvermittlung';[202] in dieser Differenzierung klingt ein grundsätzlicher Unterschied bei der Vermittlung natur- und geisteswissenschaftlicher Inhalte an, worauf im Lauf der Arbeit näher eingegangen wird. Wenn hier allgemein der Vermittlungsprozess wissenschaftlichen Wissens an ein weiteres Publikum als ‚Wissenschaftspopularisierung' verstanden wird, so ist stets bewusst, dass der Grad der Popularisierung stark variieren kann. Auch die Autoren populärwissenschaftlicher Publikationen bilden ein heterogenes Feld. Für die vorliegende Fragestellung sind die von Daum so benannten ‚universitären Popularisierer' von besonderem Interesse, da es sich hierbei um Wissenschaftler handelt, die populäre Publikationen verfassen.[203]

Im Text wird im Sinne Pierre Bourdieus von unterschiedlichen Kapitalsorten die Rede sein, die grundsätzlich ineinander transformierbar sind. Bourdieu unterscheidet ökonomisches, kulturelles und soziales Kapital, wobei Kapital stets kumulierte Arbeit ist, da für die Aneignung immer Zeit aufgewandt werden muss. Im vorliegenden Zusammenhang ist das ‚kulturelle Kapital' von besonderer Bedeutung. Es kann in ‚inkorporiertem Zustand' als Bildung einer Person

---

199   Diese Differenzierung wird in Anlehnung an J. Schneider, Wissenschaftliche Öffentlichkeit, S. 7 sowie 21–26 vorgenommen; siehe hierzu im Zusammenhang: Kap. 2.2.1, S. 101–102.
200   Vgl. zur Begriffsdiskussion Daum, Wissenschaftspopularisierung, S. 33–41, Schwarz, Der Schlüssel zur modernen Welt, S. 38–47; zur negativen Konnotation vgl. Schwarz, Der Schlüssel zur modernen Welt, S. 39.
201   Ebd., S. 47.
202   Vgl. Nissen, Populäre Geschichtsschreibung, S. 10–11.
203   Vgl. zur Einteilung der Autoren Daum, Wissenschaftspopularisierung, S. 383.

vorliegen; nutzt die Person dieses Kapital, um ein Kunstwerk anzufertigen oder eine Maschine zu entwickeln, geht das kulturelle Kapital in einen ‚objektivierten Zustand' über. Darüber hinaus kann es ‚institutionalisiert' werden, indem die Person bspw. einen akademischen Titel erwirbt. Besitzt eine Person ein außergewöhnlich großes kulturelles Kapital, so spricht Bourdieu auch von ‚symbolischem Kapital'. Dieses ist eng an die Person gebunden und eröffnet zusätzliche Möglichkeiten für Kapitaltransformationen. Es ist zum Beispiel großen Wissenschaftlern wie Einstein zu eigen.[204]

Die Begriffe ‚Institution' und ‚Disziplin' können vielfältig nuanciert definiert werden und sind im vorliegenden Kontext eng miteinander verbunden. Die Entstehung von Disziplinen entspricht der Binnendifferenzierung des Wissenschaftssystems; eine Disziplin stellt somit eine systemische Untereinheit dar, die innerhalb der Wissenschaft eine gewisse kommunikative Geschlossenheit aufweist, ohne gegenüber der Umwelt des Systems Autonomie behaupten zu können. Diese konstitutionelle Differenzierung spiegelt sich institutionell in der Einrichtung von Lehrstühlen und Instituten, aber auch in Form von Publikationsorganen wider. Die ‚institutionelle' Qualität referiert dabei auf die äußere Form des Wissenschaftssystems, das also eine ‚Institution' darstellt. Diese Definition umfasst sowohl epistemologische als auch soziale Aspekte; ‚Institution' meint demnach einen organisierten Gesellschaftsbereich, der „auf Modi sozialer Interaktion bezogen"[205] ist:

> Damit ist also jener Prozeß der Herausbildung und Verfestigung der Wissenschaft zu einer eigenständigen und berufsförmigen Aktivität gemeint, die an theoretisch-methodische ebenso wie an soziale Regeln gebunden ist und ein auf Arbeitsteilung begründetes Leistungsverhältnis zur Gesellschaft entwickelte.[206]

In Anlehnung an Christoph Meinel wird vom ‚diachronen' bzw. ‚synchronen' Kommunikationszusammenhang' der Wissenschaft die Rede sein: Der diachrone Zusammenhang meint die fortlaufende Verbindung wissenschaftlicher Kommunikation, indem jede neue Publikation auf vorangehende aufbaut. Der Autor steht somit in einer argumentativen Linie mit den Wissenschaftlergenerationen vor ihm. In diesem Aspekt spiegelt sich die Fortschrittsverpflichtung moderner Wissenschaft wider. Der synchrone Zusammenhang meint hingegen den aktuellen Diskurs innerhalb der scientific community. Beides betont die arbeitsteilige Auffassung wissenschaftlicher Tätigkeit.[207]

---

204   Für die Kapitalsorten vgl. Bourdieu, Kapital.
205   J. Schneider, Wissenschaftliche Öffentlichkeit, S. 19, Anm. 2.
206   Ebd., S. 69.
207   Vgl. hierzu Meinel, Wissenschaftliche Fachzeitschrift, S. 137. Sowie Borchardt, Knut: Die wissenschaftliche Literatur. Medium wissenschaftlichen Fortschritts. Stuttgart: AWL – Ar-

In den Zitaten ist die teilweise veraltete Rechtschreibung selbstverständlich übernommen worden, sehr befremdliche oder falsche Formen sind mit ‚[sic!]‘ bestätigt. Offensichtliche Tippfehler in den Quellen – zumeist handelt es sich um maschinenschriftliche Briefe – sind hingegen stillschweigend korrigiert worden (bspw. ein falsch angeschlagener Buchstabe innerhalb eines Wortes). Hervorhebungen im Originalzitat werden übernommen, manche Formen (bspw. Sperrung, Unterstreichung) aber ins Kursive überführt; in der jeweiligen Fußnote findet sich ein entsprechender Hinweis. Andere Formen von Anführungszeichen sind stillschweigend und vereinheitlichend in „doppelte" umgewandelt; sie gelten nicht als Hervorhebung. Durch ‚…‘ oder ‚(…)‘ gekennzeichnete Auslassungen im Original sind als Bestandteil des Zitats übernommen, von mir vorgenommene Verkürzungen oder Ergänzungen hingegen stets mit ‚[…]‘ markiert. Auch präzisierende Anmerkungen im Zitat finden sich in eckigen Klammern und sind mit ‚i. e.‘ eingeleitet und meinen Initialen [EF] gekennzeichnet.

Leserinnen mögen die durchgehend maskuline Formulierung entschuldigen, die sich zum einen aus dem oben erwähnten dominant männlichen Charakter moderner Wissenschaft ergibt, zum anderen ist, wenn vom wissenschaftlichen Autor (respektive Verleger) im Allgemeinen die Rede ist, meist der Typus gemeint.

Erwähnte Zeitgenossen werden bei Erstnennung in einer Fußnote kurz porträtiert, wenn der Zusammenhang eine solche Erläuterung erfordert oder sinnvoll erscheinen lässt.[208] Eine alphabetische Sammlung dieser Kurzporträts findet sich im Anhang,[209] sodass hierauf an beliebiger Stelle im Text zurückgegriffen werden kann. Die Fußnoten werden in jedem Hauptkapitel neu von ‚1‘ an gezählt. Verweise innerhalb der Arbeit, vor allem auf den Anhang, werden mit ‚Siehe‘ eingeleitet. Buchtitel, Institutionennamen und ähnliches sind *kursiv* gesetzt; gelegentlich finden sich Begriffe in ‚einfachen Anführungszeichen‘, die dadurch besonders akzentuiert werden, ohne mit einem Zitat verwechselt werden zu können.

---

beitsgemeinschaft wissenschaftliche Literatur 1978; (im Folgenden: Borchardt, Wissenschaftliche Literatur), S. 11. Zum Begriff der ‚scientific community‘ siehe S. 66.

208 Nicht porträtiert werden bspw. zeitgenössische Autoren anderer Bücher oder Verlagsmitarbeiter.

209 Siehe Anhang 1.

2 Die theoretische Grundlegung des Wissenschaftlers als Autorentyp

Man kann moderne Wissenschaft als System beschreiben. Genauer ist sie ein sozialer Funktionsbereich der Gesellschaft. Aufgrund ihres sozialen Charakters ist Wissenschaft zentral und essentiell bestimmt durch ihr Kommunikationsvermögen und ihre Kommunikationsstrukturen. Ausgangspunkt der dieser Arbeit zugrunde liegenden These ist die fast banal anmutende Feststellung, dass jeder Wissenschaftler als Autor in Erscheinung tritt, indem er seine wissenschaftlichen Ergebnisse veröffentlicht. Die Autorschaft des Wissenschaftlers ist also eine Teilfunktion seines Berufes und wird daher maßgeblich von den Gesetzmäßigkeiten des wissenschaftlichen Systems bestimmt.

Der Fokus liegt explizit auf dem modernen Wissenschaftssystem, wie es sich im Verlauf des 19. Jahrhunderts in Deutschland ausdifferenziert hat. Es wird also eine regionale und zeitliche Eingrenzung vorgenommen, die nicht suggerieren will, dass viele der beschriebenen Aspekte nicht für Wissenschaft in einem größer gezogenen Rahmen Gültigkeit besitzen, sondern ist der buchwissenschaftlichen Perspektive geschuldet, die zugleich den wissenschaftlichen Buchmarkt als Kooperationspartner der Wissenschaft betrachtet, also von der gemeinsamen Sprache als Kommunikationsraum ausgeht.

Wissenschaftlicher Kommunikation und insbesondere dem Publikationssystem wird somit besondere Aufmerksamkeit zuteil. Aus der spezifischen Funktion wissenschaftlicher Publikationen und den Strukturen des wissenschaftlichen Buchmarkts, der im bourdieuschen Sinn als gemeinsames Aktionsfeld der Systeme Wissenschaft und Wirtschaft verstanden wird, lassen sich schließlich jene Merkmale extrahieren, die den Wissenschaftler als Autorentyp beschreiben. Auf dem so gewonnenen Modelltyp ‚wissenschaftlicher Autor' basiert die These, dass die Merkmale des Typs auf jeden modernen Wissenschaftler mehr oder weniger ausgeprägt zutreffen. Das ideale Modell schärft den Blick auf die Fallbeispiele und bietet Ansatzpunkte für Vergleiche.

2.1 Das moderne Wissenschaftssystem

In der Forschungsliteratur werden unterschiedliche epochale Begriffe verwendet und noch mehr Datierungsvorschläge gemacht, um die historische Entwicklung der Wissenschaft zu benennen. Peter Weingart sieht die Anfänge der ‚neuen' Wissenschaft mit Francis Bacon im 17. Jahrhundert gelegt. Neu ist seit Bacon, dass das Naturverständnis zur Grundlage wissenschaftlicher Erkenntnis und der Technik wird. Nutzbare Erfolge stellten sich dabei aber erst im 19. Jahrhundert ein.[1]

Ulrike Felt und ihre Mitautoren teilen ‚moderne' Wissenschaft in drei Phasen ein, deren erste von 1600 bis 1800 als Amateur- oder Handwerker-Phase charakterisiert ist. Die zweite, akademische Phase, in der sich die Institutionalisierung der Ausbildung, die Trennung von Grundlagenforschung und angewandter Wissenschaft, die Spezialisierung, Disziplinendifferenzierung sowie die Professionalisierung des Wissenschaftlerberufs vollziehen, dauert bis 1939 und wird von der dritten Phase abgelöst, in der die Wissenschaft eine Industrialisierung erfährt.[2] Den Begriff der Industrialisierung in Bezug auf die zweite Hälfte des 20. Jahrhunderts zu verwenden, erscheint ein wenig unglücklich. Gemeint ist im Wesentlichen die Entwicklung zur Großprojektforschung, bei der langjährige, oft internationale Forschungsprojekte einen immensen Finanzierungsbedarf aufwerfen und zu einer engeren Verflechtung der Wissenschaft mit Politik und Wirtschaft führen. Die Anlagen zur sogenannten ‚Big Science'[3] sind aber bereits im 19. Jahrhundert gegeben und damit ebenso ein moderner Effekt wie die historisch eher in diesem Jahrhundert zu verortende Industrialisierung.[4]

Für Derek de Solla Price manifestiert sich das moderne Moment in erster Linie im rasanten, aber regelmäßig exponentiellen Wachstum der Wissenschaft. Dass wissenschaftliches Wachstum messbar ist, hat er in seiner Studie *Little Science, Big Science* ausgeführt und damit die Szientometrie begründet.[5] Nach seinen Berechnungen leben zu jedem Zeitpunkt – seit dem 17. Jahrhundert – 80% aller Wissenschaftler, die es bis zu diesem Zeitpunkt je gab. Dieser starke Gegenwartsbezug „läßt die Wissenschaft so wesensmäßig modern und zeitgemäß erscheinen."[6] Zwar wird der rasante Zuwachs – vor allem als ‚Publikationsflut' – oft als unangenehmer Effekt wissenschaftlichen Fortschritts beklagt, doch reicht dieser rein quantitative Aspekt sicherlich nicht aus, den modernen Charakter der Wissenschaft zu erfassen.

---

1 Vgl. Weingart, Peter, Martin Carrier und Wolfgang Krohn: Nachrichten aus der Wissensgesellschaft. Analysen zur Veränderung der Wissenschaft. Weilerswist: Velbrück Wissenschaft 2007; (im Folgenden: Weingart et al., Nachrichten aus der Wissensgesellschaft), S. 14–25.

2 Vgl. Felt et al., Wissenschaftsforschung, S. 33–39.

3 Zum Begriff vgl. Solla Price, Derek J. de: Little Science, Big Science. Von der Studierstube zur Großforschung. Frankfurt/Main: Suhrkamp 1974; (im Folgenden: de Solla Price, Little Science, Big Science), S. 14.

4 Auch Weingart et al. sprechen von „industrialisierter Wissenschaft", vgl. Weingart et al., Nachrichten aus der Wissensgesellschaft, S. 35; siehe Kap. 2.1.1, S. 83.

5 Vgl. Weingart, Wissenschaftssoziologie, 31–32.

6 De Solla Price, Little Science, Big Science, S. 13–14.

Thomas Kuhn vermeidet epochale Begriffe und spricht vielmehr von ‚reifer' Wissenschaft als solcher, die ein gemeinsames Paradigma gefunden hat. Verschiedene Disziplinen können sich also zeitlich parallel durch unterschiedliche Reifegrade auszeichnen; ein umfassender Epochenbegriff ist damit für die Wissenschaft als Ganzes ausgeschlossen.[7] Niklas Luhmann verwendet zwar den Begriff der ‚neuzeitlichen' Wissenschaft, ohne jedoch Hinweise auf einen Zeitraum zu geben, in welchem er diese fassen wollen würde. Eine historische Betrachtung ist der Systemtheorie ohnehin fremd, strebt sie doch einen Abstraktionsgrad an, der historische Dimensionen überwindet.[8]

Rudolf Stichweh datiert den Beginn ‚moderner' Wissenschaft mit dem Übergang zum 19. Jahrhundert.[9] Für die Phase vor 1800 spricht er von ‚frühmoderner' Wissenschaft und bringt damit zum Ausdruck, worüber bei aller Varianz der Datierungs- und Benennungsvorschläge Einigkeit herrscht: Die Elemente dessen, was in dieser Arbeit also als ‚moderne' Wissenschaft bezeichnet wird, waren bereits im 17. Jahrhundert angelegt;[10] die Ausdifferenzierung des modernen Wissenschaftssystems vollzog sich aber erst im 19. Jahrhundert.

Ähnlich variantenreich, aber im Grunde einig ist man sich über das Ende moderner Wissenschaft, das treffender als Beginn einer postmodernen Ausprägung von Wissenschaft wahrgenommen wird.[11] Diese Präzisierung verdeutlicht, dass moderne Wissenschaft nicht abrupt endete oder abgelöst wurde, sondern dass sie in der zweiten Hälfte des 20. Jahrhunderts eine postmoderne Verformung erfahren hat, nach der zwar ihre modernen Elemente erkennbar blieben, aber deren Gültigkeit innerhalb des Wissenschaftssystems neu definiert wurde.[12] Besonders deutlich wird dies in den Ausführungen de Solla Prices, der den Übergang von ‚Little Science' zu ‚Big Science' als Auftakt zu einer qualitativen Reorganisation der Wissenschaft versteht.[13]

Weitreichende Einigkeit herrscht innerhalb der interdisziplinären Gruppe der Wissenschaftsforscher auch darüber, dass Wissenschaft ein soziales Phäno-

---

7   Vgl. Kuhn, Wissenschaftliche Revolutionen, S. 26–30.
8   Vgl. Luhmann, Selbststeuerung der Wissenschaft, S. 151 und 166.
9   Vgl. Stichweh, Wissenschaft, Universität, Professionen, S. 95.
10   Vgl. hierzu bspw. Weingart et al., Nachrichten aus der Wissensgesellschaft, S. 21. Felt et al., Wissenschaftsforschung, S. 30–31, sehen die Amateur- oder Handwerkerphase (1600–1800) auch als Phase moderner Wissenschaft. Vgl. des Weiteren Knoblauch, Wissenssoziologie, S. 25: Seit dem 17. Jahrhundert bildet (Macht über) Wissen die Basis des Aufklärungsgedankens. Dies stellt eine Wurzel des modernen Wissenschaftsverständnisses dar.
11   Vgl. bspw. Felt et al., Wissenschaftsforschung, S. 215 sowie Weingart et al., Nachrichten aus der Wissensgesellschaft, S. 31–33.
12   Vgl. hierzu bspw. Stichweh, Rudolf: Der Wissenschaftler. IN: Der Mensch des 20. Jahrhunderts. Hrsg. von Ute Frevert und Heinz-Gerhard Haupt. Frankfurt/Main, New York: Campus 1999, S. 163–196; (im Folgenden: Stichweh, Wissenschaftler), hier S. 176–186.
13   Vgl. de Solla Price, Little Science, Big Science, S. 41–42.

men ist.[14] Meist wird sie als soziales System verstanden, vereinzelt sogar als wichtigste soziale Institution moderner Gesellschaften überhaupt,[15] was gerechtfertigt erscheint, wenn heute zunehmend von ‚Wissen(schaft)sgesellschaft‘ die Rede ist, um das postmoderne Verhältnis von Wissenschaft und Gesellschaft zu erfassen.[16] Das soziale Moment manifestiert sich dabei in zweierlei Hinsicht: Zum einen ist moderne Wissenschaft institutionalisiert, also gesellschaftlich organisiert, und weist spezifische soziale Strukturen auf. Oder weniger selbstverständlich formuliert: Es bedarf besonderer gesellschaftlicher und sozialer Strukturen, um Wissenschaft überhaupt zu ermöglichen.[17] Zum anderen ist Erkenntnis an sich eine soziale Tätigkeit und somit Wissenschaft immer nur in Kollektivarbeit möglich.[18] In diesem Aspekt klingt die essentielle Bedeutung der Kommunikation als Grundlage jeglicher wissenschaftlichen Tätigkeit an.

Auf dieser Ansicht fußt auch der Begriff der ‚scientific community‘, der keine real konstituierte Größe meint, sondern die Gruppe aller am aktuellen Diskurs beteiligten Wissenschaftler umschreibt. Die Gemeinschaft wird über ihren Kommunikationszusammenhang definiert und variiert abhängig davon, welcher spezifische wissenschaftliche Diskurs jeweils gemeint ist.

Ähnliches gilt für den Begriff ‚invisible colleges‘. De Solla Price meint, dass nicht mehr als etwa 100 Wissenschaftler in der Lage sind, in direktem Kommunikationsaustausch miteinander zu stehen, also die Arbeit der anderen zu verfolgen und aufzunehmen. Sobald ein Forschungsgebiet deutlich mehr Mitglieder aufweist, bilden die besten unter ihnen eine informelle Gruppe, die aus wiederum nicht mehr als 100 Personen besteht.[19] Stichweh sieht das ‚invisible college‘ darüber hinaus als Netzwerk jener Wissenschaftler, die einen Kommunikationsraum um ein noch wenig institutionalisiertes Spezialgebiet bilden.[20] Ein ‚invisible college‘ ist also eine – meist elitäre – Wissenschaftlergruppe, die sich interdisziplinär einem gemeinsamen Forschungsgegenstand widmet, oder dieje-

---

14   Vgl. Weingart, Wissenschaftsforschung, S. 26 und J. Schneider, Wissenschaftliche Öffentlichkeit, S. 14–15.

15   Vgl. Felt et al., Wissenschaftsforschung, S. 15–16: Die Autoren beziehen sich auf de Solla Price, der meinte, kein anderes gesellschaftliches Phänomen habe das Leben von mehr Menschen beeinflusst als die Wissenschaft. Er argumentierte also auch hier in erster Linie quantitativ.

16   Vgl. List, Wissenschaftskritik, S. 28, Weingart, Wissenschaftssoziologie, S. 8–10 sowie das Kapitel *Informations- und Wissensgesellschaft* bei Knoblauch, Wissenssoziologie, S. 256–286.

17   Vgl. Weingart, Wissenschaftssoziologie, S. 7–8 sowie J. Schneider, Wissenschaftliche Öffentlichkeit, S. 18.

18   Vgl. Fleck, Entstehung und Entwicklung, S. 54–58.

19   Vgl. das Kapitel *Die unsichtbaren Kollegien und die fahrenden Wissenschaftler* bei de Solla Price, Little Science, Big Science, S. 74–102.

20   Vgl. Stichweh, Wissenschaft, Universität, Professionen, S. 40–41.

nige Gruppe innerhalb eines Wissenschaftsgebiets, die die Forschungsaktivitäten über informelle Kommunikation steuert.

2.1.1 Wissenschaft in ihren modernen Dimensionen

In vormoderner oder – laut Stichweh – frühmoderner Zeit waren die Akademien Orte der Forschung. Die Akademie des 18. Jahrhunderts bestand aus einer universell gebildeten Elite, die den wissenschaftlichen Diskurs exklusiv in ihren Reihen vollzog. Das persönliche Zusammentreffen, oft in der privaten Gelehrtenstube, war von zentraler kommunikativer Bedeutung. Im Mittelpunkt der Forschung stand die Naturbeobachtung und -beschreibung. Die Forschungsergebnisse wurden in den Akademieschriften lediglich dokumentiert. Die Organisation wissenschaftlicher Tätigkeit und Kommunikation sowie die Sammlung (und Bewertung) der Ergebnisse waren stark an die Institution der Akademie gekoppelt.

Bezüglich des Adressatenkreises wissenschaftlicher Texte gab es noch keine dezidierte Trennung zwischen Fachmann und Laie, war doch der Fachmann selbst nur interessierter und Wissenschaft praktizierender Amateur, wohingegen der Laie oft derselben gehobenen Schicht zugehörte und ebenfalls, wenn auch rezipierend, an universeller Bildung interessiert war. Noch ermöglichte der gesellschaftliche Status den Zugang zur Wissenschaft.

In England, Frankreich und Deutschland erfuhr die Konzeption der Akademie eine jeweils andere Ausprägung. Maßgebender Impuls für die Entstehung der Akademien ging von der 1660 gegründeten Londoner *Royal Society* aus. Als gegen Ende des 18. Jahrhunderts die personellen und kommunikativen Kapazitäten der Akademien hinsichtlich des Wachstums der Wissenschaft an ihre Grenzen stießen,[21] reagierte die englische Wissenschaft mit der Gründung von Spezialgesellschaften und folgte damit zwar der beginnenden Disziplinendifferenzierung, rückte aber vom originären Akademiegedanken nicht ab, was dazu führte, dass die Amateurwissenschaft in England länger von Bedeutung blieb, als dies in Deutschland möglich gewesen wäre.[22]

Bestimmte zunächst der gesellschaftliche Status den Zugang zur Wissenschaft, so wurde in Deutschland der gesellschaftliche Aufstieg via Bildung zunehmend möglich,[23] vor allem über klerikale oder lehrende Berufe sowie als Mediziner oder Jurist. Auch dem Staatsdienst ging eine universitäre Ausbildung

---

21 Vgl. Stichweh, Zur Entstehung, S. 69.
22 Vgl. ebd., S. 65, Schwarz, Der Schlüssel zur modernen Welt, S. 35; dazu Schnädelbach, Herbert: Philosophie in Deutschland, 1831–1933. Frankfurt/Main: Suhrkamp 1983; (im Folgenden: Schnädelbach, Philosophie in Deutschland), S. 118: „die großen Privatiers – Schopenhauer, Kierkegaard, Nietzsche, Marx und Engels – bleiben die Ausnahme, obwohl sie wohl die originäreren Denker sind."
23 Vgl. Schwarz, Der Schlüssel zur modernen Welt, S. 76.

voran; der gesellschaftliche Status wurde nicht mehr nur von der Herkunft bestimmt, sondern verknüpfte sich zunehmend mit der Profession.[24]

Im zentralistischen Frankreich übernahm die *Académie des Sciences* in idealer Gestalt die institutionelle Führung der Wissenschaft. Hier etablierte sich im 18. Jahrhundert ein Beurteilungsverfahren wissenschaftlicher Leistungen, was die Macht der Akademie zusätzlich stärkte. Eine derart zentrale Funktion war auf dem zersplitterten deutschen Territorium nicht möglich. Vielmehr waren Akademie und Universität gleichrangige Institutionen einer dezentralen Wissenschaftsstruktur. Als Besonderheit der deutschen Akademien kann gelten, dass den naturwissenschaftlichen Fächern eine historisch-philologische Klasse hinzugefügt wurde.

> In den deutschen Akademien der zweiten Hälfte des 18. Jahrhunderts ist damit zum erstenmal jene Konstellation von Wissenschaften versammelt, die in der Folge den Prozeß der Entstehung des modernen Systems wissenschaftlicher Disziplinen tragen werden.[25]

Somit integrierte das deutsche moderne Wissenschaftssystem von Anfang an jene Fächer, aus denen später die sogenannten Geisteswissenschaften hervorgingen. Hierin liegt vielleicht ein Grund, warum der deutsche Begriff der ‚Wissenschaft' gleichermaßen Natur- und Geisteswissenschaften umfasst, während im englischen Sprachgebrauch der Begriff ‚science' lediglich Naturwissenschaften meint und die Geisteswissenschaften als ‚studies' bezeichnet werden.[26]

Die Mehrzahl der deutschen Universitäten waren Orte der Wissenstradierung und der – meist praktischen – Ausbildung. Die Professoren gaben den Wissenskanon an Studenten weiter, welche diesen kritiklos annahmen. Lehrstühle wurden oft innerhalb einer Familie besetzt, also gewissermaßen vererbt.[27] Die Universitäten in Halle und Göttingen galten als Musterinstitutionen der Aufklärung. Während in Halle die preußischen Beamten ausgebildet wurden,[28] reifte an der vom Neuhumanismus geprägten Göttinger Universität die Vorstellung von der kultivierten Persönlichkeit und dass intellektuelle Bildung zugleich den Charakter bilde.[29]

---

24   Vgl. Ringer, Die Gelehrten, S. 24.
25   Stichweh, Zur Entstehung, S. 68.
26   Vgl. Ringer, Die Gelehrten, S. 97: Der englische Begriff bezieht sich mehr auf den methodologischen Charakter der Wissenschaft, während der deutsche Begriff Wissenschaft eher strukturell erfasst, indem „jedes organisierte Corpus von Wissen als *eine Wissenschaft* bezeichnet" wird, und somit auch die ‚Disziplin' meinen kann. (Hervorhebung im Original). Vgl. auch Schwarz, Der Schlüssel zur modernen Welt, S. 33–36.
27   Vgl. Koch, Universität, S. 121.
28   Vgl. Ringer, Die Gelehrten, S. 25.
29   Vgl. ebd., S. 83.

Damit bekam der Begriff der ‚Bildung' seine spezifisch deutsche Deutung und wurde als individuelle Größe im Weiteren von den gesellschaftsbezogenen Größen ‚Kultur' und ‚Zivilisation' unterschieden. Ringer weist auf die im nationalen Zusammenhang historisch gewachsenen konnotativen Unterschiede zwischen den deutschen Begriffen ‚Kultur' bzw. ‚Zivilisation' und den französischen ‚culture' bzw. ‚civilisation' hin und konstatiert die damit einhergehende Einzigartigkeit des deutschen Gelehrten im europäischen Vergleich. Während in England Wissenschaft Verbindungen zur Unternehmerklasse aufwies und die französische Wissenschaft in Bezug zum aristokratischen Salon stand, war der deutsche Gelehrte schon im 18. Jahrhundert ein Mann der reinen Wissenschaft.[30]

Um 1800 gab es auf deutschem Boden 23 protestantische und 18 katholische Universitäten und somit die meisten in Europa. Grund hierfür war, dass Universitätsgründungen Territorien stärken und repräsentieren halfen. Aufgrund der territorialen Zersplitterung und der dezentralen politischen Struktur kam der Universität darüber hinaus eine große integrative Funktion zu: Die kulturelle Homogenität des deutschsprachigen Raumes war die wichtigste Basis eines deutschen Nationalgefühls.[31]

Wissenschaft war nur ein gesellschaftlicher Bereich, der im 19. Jahrhundert eine Modernisierung erfuhr. Der Weg zur Moderne war die treibende Kraft, die diesem Jahrhundert seine eigene Dynamik verlieh. Der Modernisierungsprozess der Wissenschaft, der um 1800 einsetzte, wurde somit durch Impulse aus dem gesamtgesellschaftlichen Kontext angestoßen. Ebenso stellten sich innerwissenschaftliche Veränderungen ein, die teilweise als Reaktionen auf diese Impulse zu verstehen sind. Die nun einsetzende Entwicklung ist retrospektiv als Ausdifferenzierung des modernen Wissenschaftssystems zu beobachten.

Auf internationaler Ebene stellten die Eroberung Europas durch Napoleon und die anschließende Phase der Restauration solche Impulse dar: Es kam zu einer Ausdünnung der deutschen Universitätslandschaft;[32] Preußen hatte den Verlust der Universität Halle zu beklagen, was zur Gründung der Berliner Universität führte. „Die Universitäten waren de facto wenn auch nicht de jure nationale Institutionen"[33] und damit Ankerpunkte nationalstaatlicher Sehnsucht, lange vor der Gründung des Deutschen Reiches. Wissenschaft war längst in nationalsprachige Räume segmentiert. Das bedeutete einerseits Konzentration der Forschung auf nationaler Ebene, schuf andererseits aber internationale Übersetzungsbarrieren. Wissenschaft wurde in der Folge national organisiert und institutionalisiert.

---

30   Vgl. Ringer, Die Gelehrten, S. 28.
31   Vgl. ebd., S. 108–110 und Stichweh, Zur Entstehung, S. 75.
32   Vgl. ebd., S. 79.
33   Nipperdey, 1800–1866, S. 480.

Schule und Erziehung wurden im 19. Jahrhundert zur Staatsangelegenheit, Bildungspolitik zum zentralen Debattenthema.[34] Es kam zu einer Kopplung des Schulsystems mit dem Universitätswesen, indem das Gymnasium mit dem abschließenden Abitur Zugangsvoraussetzung zum Studium wurde.[35] Die Universitäten wiederum bildeten die Lehrer aus. Eine weitere Kopplung fand zwischen Bürokratie und Universität statt. In den Staatsdienst wurde akademisch gebildetes Personal berufen. Die gesellschaftspolitischen Entwicklungen zwischen 1790 und 1820 unterstützen, so Ringer, die Homogenisierung und Positionierung der neuen Elite der Gebildeten.[36]

Auf deutschem Boden spielte die Gründung der Berliner Universität im Jahr 1810 für die Entstehung des modernen Wissenschaftssystems eine katalysierende und maßgebende Rolle. Der Humboldtsche Reformgedanke, der diese Neugründung trug, verstand Universität als Institution der ‚reinen Wissenschaft'. Der Nutzenaspekt wissenschaftlicher Tätigkeit wurde konzeptionell ausgeschlossen.[37] Darüber hinaus sollte im Studium nicht mehr die bloße Wissensweitergabe stattfinden, sondern der Erkenntnisprozess vermittelt werden.

> Die Humboldtsche Universität sollte eine Einrichtung sein, an der die Professoren nicht mehr aus enzyklopädischen Lehrbüchern den Stoff einer Wissenschaft vorlasen, damit ihn die Studenten als gesichertes Wissen nach Hause tragen konnten. Vielmehr sollten die Studenten an der Entwicklung neuer Fragen und Erkenntnisse teilhaben, zunächst dem Lehrer zuhörend, dann im Fortgang des Studiums immer mehr durch eigenes Mittun bei der Entwicklung neuer Fragen.[38]

Dieser Anspruch proklamierte die Einheit von Forschung und Lehre und verpflichtete zugleich zum steten Fortschrittsstreben. Das Berliner Modell wurde zum Prototyp, blieb bis ins frühe 20. Jahrhundert maßgebendes Vorbild[39] und kam erst mit dem enormen quantitativen Wachstum der Wissenschaft ins Wanken.[40]

> Es gab noch 1890 unter den deutschen Gelehrten eine durchgängige Übereinstimmung, daß die modernen deutschen Ideen der Universität und der Wissenschaft unwiderruflich an die intellektuellen Ursprünge im deutschen Idealismus und Neuhumanismus gebunden waren. Die Universität, wie sie von Humboldt, Schleiermacher und Fichte konzipiert worden war, die Argumente gegen die Praxisorientierung der Universität Halle und selbst die damalige Organisation der Ber-

---

34 Vgl. Nipperdey, 1800–1866, S. 451.
35 Vgl. Ringer, Die Gelehrten, S. 33: Das Abitur setzte sich 1834 als Zugangsberechtigung zur Hochschule durch, als die Zulassungsprüfungen an den Universitäten abgeschafft wurden.
36 Vgl. ebd., S. 30.
37 Vgl. Stichweh, Zur Entstehung, S. 36.
38 Koch, Universität, S. 137.
39 Vgl. Ringer, Die Gelehrten, S. 32.
40 Vgl. Nipperdey, 1866–1918, S. 581.

liner Universität schienen für alle Zeit das deutsche Ideal des höheren Bildungswesens festzulegen.[41]

Das mit dem Humboldtschen Universitätskonzept verbundene Wissenschaftsverständnis trug somit den gesamten Modernisierungsprozess im 19. Jahrhundert und machte die Universität zum zentralen Ort der Wissenschaft.[42] Dennoch existierten neben den Universitäten andere Institutionen als Träger wissenschaftlicher Tätigkeit. Nach wie vor spielten Akademien eine Rolle, technische Hochschulen nahmen sich der angewandten Forschung an und kämpften um die Anerkennung als der Universität ebenbürtige Hochschule. Gegen Ende des 19. Jahrhunderts entlasteten Forschungsinstitute die Universitäten.[43] Diese institutionelle Parallelität – und des Weiteren die disziplinäre Differenzierung – waren, ohne die Homogenität von Wissenschaft zu gefährden, möglich, weil wissenschaftliche Kommunikation nun nicht mehr an eine Institution gebunden war, weder an die Akademien noch an die Universitäten. Wissenschaftliche Publikation und die Bewertung wissenschaftlicher Leistungen wurden selbst zur Institution.[44]

Die allgemeine Modernisierung der Gesellschaft ging mit einem Erkenntnisanstieg in vielerlei Kontexten einher. Für Gewinn und Prüfung dieser neuen Erkenntnisse war Wissenschaft verantwortlich.[45] Technik und Forschung gingen eine fruchtbare Kooperation ein.[46] Anstelle der Naturbeobachtung trat das Experiment, mittels welchem Naturphänomene unter wissenschaftlichen Prämissen nachgeahmt wurden.[47] Die so gewonnenen Erkenntnisse konnten für viele technische Neuerungen nutzbar gemacht werden.

Im deutschsprachigen Raum hatten die philologischen, d. h. textbezogenen Wissenschaften methodologische Vorbildfunktion. Deren sprachliche Präzision übertrug sich auf andere Fächer und beeinflusste die Exaktheit der Naturwissenschaften.[48] Die Logik wurde zur verbindenden Klammer; in den Naturwissenschaften führte die Mathematisierung zu einer zunehmenden Abstraktion. Erkenntnisse – auch altes, tradiertes Wissen – wurden zunehmend kritisch geprüft, wissenschaftliches Wissen abgrenzend zu anderen Wissensformen als besonders kostbares Gut deklariert. Wissenschaft trennte sich von „unmittelba-

---

41 Ringer, Die Gelehrten, S. 97–98.
42 Vgl. Koch, Universität, S. 146.
43 Vgl. Stichweh, Zur Entstehung, S. 90.
44 Vgl. ebd., S. 91. Siehe hierzu ausführlich Kap. 2.2.
45 Vgl. Weingart et al., Nachrichten aus der Wissensgesellschaft, S. 15.
46 Vgl. ebd., S. 10.
47 Vgl. Stichweh, Zur Entstehung, S. 48.
48 Vgl. Stichweh, Wissenschaftler, S. 164–165.

rer alltagsweltlichen Erfahrung".[49] Empirische und theoretische Erkenntnispro-
duktion wurden zu den zwei Säulen moderner Wissenschaft.[50]
Wissenschaft war zur treibenden Kraft der Modernisierung geworden. Sie
stellte tradiertes und statisches Wissen in Frage und bot dafür vorläufige Er-
kenntniswahrheiten an. Das Unstete dieser neuen Dynamik verlangte nach
neuen Sinnangeboten, die die ehemals dominante Autorität Religion nicht mehr
liefern konnte. Auch für Weltanschauungsfragen war nun die Wissenschaft zuständig.[51] Wissenschaftlichkeit war zu einem verlässlichen Wert geworden, der
gesamtgesellschaftliche Relevanz erlangte;[52] daraus bezog die Wissenschaft
neues Selbstbewusstsein. Obwohl sie ihre neue Rolle über recht praktische Anforderungen (Verbindung mit dem Schulsystem, Ausbildung der Beamten,
Grundlagenforschung für technische Lösungen) erfuhr, wurde der Autonomie-
gewinn der Wissenschaft zum vielleicht wichtigsten Aspekt ihrer Modernisierung. Basierend auf dem erkenntnistheoretischen Umbruch, wie er sich 1810 in
Berlin manifestierte, fand Wissenschaft im Eigenverständnis nur noch zum
Selbstzweck statt. Wissenschaft per se sollte keine unmittelbare Nutzenorientie-
rung haben. In ihrer Reinform war sie Grundlagenforschung geworden. Das
bedeutet nicht, dass wissenschaftliche Erkenntnisse nicht genutzt werden sollten, sondern vielmehr, dass die Initiative für Forschung nie vom (ökonomischen) Nutzen ausgehen sollte, so das ideale Verständnis ‚reiner' Wissenschaft.
Einerseits bekam Wissenschaft somit einen gesellschaftlichen Auftrag zu-
gewiesen, nämlich Erkenntnisse zu gewinnen, aus denen Fortschritt generiert
werden konnte. Andererseits erstarkte wissenschaftsintern ein neues Selbstverständnis, wonach Forschung nicht mehr Privatangelegenheit einer privilegierten
Schicht war, sondern Wissenschaft sich einem gemeinsamen Ziel verschrieb, in
dessen Dienst sich der einzelne Forscher stellte. Auf dieser Basis war eine Abgrenzung gegenüber der Gesellschaft legitim, die Ausdifferenzierung des Wissenschaftssystems logische Folge.
Gleichzeitig setzte eine interne Neustrukturierung ein. Auch hierfür waren
die Anfänge in Berlin gelegt worden; die Innendifferenzierung wurde vom neu-
en Universitätskonzept und vom neuen Wissenschaftsverständnis getragen. Die
vormoderne Fächerhierarchie löste sich auf und ging in die moderne Diszipli-
nenordnung über.[53] In diesem Prozess kam der Philosophie eine tragende Rolle

---

49   Weingart, Wissenschaftssoziologie, S. 38.
50   Vgl. Felt, Ulrike: Wie kommt Wissenschaft zu Wissen? Perspektiven der Wissenschafts-
      forschung. IN: Einführung in die Wissenschaftstheorie und Wissenschaftsforschung. Hrsg.
      von Theo Hug. Baltmannsweiler: Schneider-Verlag Hohengehren 2001. (= Wie kommt Wis-
      senschaft zu Wissen?, 4), S. 11–26; (im Folgenden: Felt, Perspektiven der Wissenschaftsfor-
      schung), hier S. 11.
51   Vgl. Schwarz, Der Schlüssel zur modernen Welt, S. 16–17, auch S. 73.
52   Vgl. ebd., S. 61.
53   Vgl. Stichweh, Zur Entstehung, S. 14.

zu. Sie war einst Repräsentantin der Akademie gewesen und hatte in dieser Funktion einen autonomen Wissenschaftsanspruch entwickelt. [54] Nipperdey weist auf die Dominanz der Philosophie und die einzigartige Konzentration großer Philosophen in der ersten Hälfte des 19. Jahrhunderts hin. Die Entstehung des modernen Wissenschaftssystems wurde von dieser Führungsrolle der Philosophie, ja ihrer gesellschaftlichen Führungsmacht stark geprägt.[55]

Im Verlauf des 19. Jahrhunderts bildeten Ausdifferenzierung, Wachstum und Innendifferenzierung der Wissenschaft einen dynamischen Prozess, bei dem sich die Komponenten gegenseitig vorantrieben: Das Wachstum führte immer wieder – besonders hinsichtlich der Kommunikationsstrukturen – zur Überlastung des Wissenschaftssystems, welches darauf mit weiterer Innendifferenzierung reagierte. Diese wirkte auf die Ausdifferenzierung des Gesamtsystems zurück.[56]

> Tatsächlich muß das schnelle Wachstum der modernen Wissenschaften seit dem 19. Jahrhundert als Teil des umfassenderen Prozesses der Ausdifferenzierung und Professionalisierung des Produktionsbereiches von sich modernisierenden Gesellschaften gesehen werden.[57]

Durch den beschriebenen Prozess erlangte das Wissenschaftssystem immer mehr Autonomie gegenüber seiner Umwelt, so dass es sich zunehmend referentiell schloss und zum autopoietischen System erstarkte. Unter Autopoiesis wird die strenge Autonomie eines Systems verstanden. Sie zeichnet sich durch operationale Geschlossenheit des Systems aus, welches seine Strukturen und Elemente selbst erzeugen und regulieren kann. Das System weist zudem mehr interne Interdependenzen auf als solche mit der Umwelt und bestimmt seine Grenzen ebenfalls autonom.[58]

---

54 Vgl. Stichweh, Zur Entstehung, S. 36.
55 Vgl. Nipperdey, 1800–1866, S. 526. Allerdings stellte das moderne Wissenschaftsverständnis die dominante Rolle der Philosophie zunehmend in Frage, sodass Philosophie in eine Identitätskrise geriet, angesichts derer sie sich neu finden musste. Vgl. hierzu Schnädelbach, Philosophie in Deutschland, Kapitel 3 *Wissenschaft*, S. 88–137.
56 Siehe hierzu bspw. die zeitgenössische Diskussion um die Gründung der *Zeitschrift für Physik* (1920) in Kap. 3.1: Während manche Fachvertreter die Entlastung der renommierten Fachzeitschriften durch die Neugründung für unerlässlich erachteten, befürchteten andere die weitere Zersplitterung ihres Faches. So wurde die *Zeitschrift für Physik* tatsächlich zum zentralen Organ der jungen Quantenphysik.
57 Felt et al., Wissenschaftsforschung, S. 227.
58 Vgl. Stichweh, Wissenschaft, Universität, Professionen, S. 52–55. Diese theoretische Abstraktion muss freilich stets durch Beschreibung der realen Gegebenheiten relativiert werden. Dass moderne Wissenschaft aber vor allem in Bezug auf ihre Kommunikationsstrukturen als autopoietisch gelten kann, wird in Kapitel 2.2 zum Tragen kommen.

Im 19. Jahrhundert erfuhr Wissenschaft zudem eine Professionalisierung. Das betraf sie zunächst selbst. Wissenschaft wurde auf nationaler Ebene organisiert und institutionalisiert, sie bekam gesellschaftliche Relevanz und Legitimität zugesprochen – daraus resultierten national unterschiedliche Ausprägungen des modernen Wissenschaftssystems, auch wenn von Deutschland ein maßgebender Impuls ausging. Diese äußere Professionalisierung setzte sich wissenschaftsintern fort. Per Disziplinendifferenzierung entstand eine Binnenstruktur, die Spezialisierung ermöglichte und die Wissenschaft kognitiv ordnete. Die Disziplin war nun Ort des Erkenntnisgewinns.[59]

Noch unmittelbarer machte sich die Professionalisierung auf personeller Ebene bemerkbar. Der Begriff des ‚Wissenschaftlers‘ entstand überhaupt erst im 19. Jahrhundert und war schließlich Anfang des 20. Jahrhunderts als Berufsbezeichnung etabliert.[60] Den Forscher aus Berufung gab es nun nicht mehr; Wissenschaft war ein erlernbares Metier geworden. Anhand von Zugangsbarrieren (Abitur) zur Universität und Prüfungen entlang der akademischen Karriereleiter wurde die wissenschaftliche (Aus-)Bildung institutionalisiert und damit professionalisiert.[61] Die Staatsexamen, denen sich angehende Beamte an der Universität stellen mussten, wurden vom Staat eingerichtet und überwacht. Die Verleihung des Doktortitels sowie der Venia Legendi war dagegen reine Universitätsangelegenheit.[62] Die Habilitation hatte sich bereits im letzten Drittel des 18. Jahrhunderts etabliert,[63] wurde zunächst jedoch kumulativ vergeben. Erst gegen 1900 setzte sich die schriftliche Form, die Habilitationsschrift durch.[64]

Die Personalpolitik wurde zum wichtigen staatlichen Steuerungsinstrument. Hierüber wurde der Forschungsimperativ durchgesetzt, indem Professoren berufen wurden, die sich in erster Linie durch ihre Forschungen hervortaten. Andere Qualifikationen traten dahinter zurück. Darüber hinaus wurde konsequent Cliquenbildung verhindert.[65] Das erforderte einen neuen flexiblen Professorentypus: Schon während des Studiums waren Universitätswechsel obligatorisch, und auch die weitere akademische Laufbahn sah regelmäßige

---

59 Vgl. Stichweh, Zur Entstehung, S. 12 und Weingart, Wissenschaftssoziologie, S. 38.
60 Vgl. Stichweh, Wissenschaftler, S. 163. Vgl. auch Steiner, Dargestellte Autorschaft, S. 108, Anm. 43 und Nissen, Populäre Geschichtsschreibung, S. 57: Die Bezeichnung ‚Wissenschaftler‘ wurde im 19. Jahrhundert oft noch negativ konnotiert verwendet. Stattdessen sprach man eher vom ‚Wissenschafter‘; vgl. Schwarz, Der Schlüssel zur modernen Welt, S. 35.
61 Vgl. Felt et al., Wissenschaftsforschung, S. 39–42.
62 Vgl. Ringer, Die Gelehrten, S. 39–40.
63 Vgl. Koch, Universität, S. 126.
64 Vgl. Burchardt, Lothar: Naturwissenschaftliche Universitätslehrer im Kaiserreich. IN: Deutsche Hochschullehrer als Elite. 1815–1945. Hrsg. von Klaus Schwabe. Boppard am Rhein: Boldt 1988, S. 151–214; (im Folgenden: Burchardt, Naturwissenschaftliche Universitätslehrer), hier S. 161. Bei einer kumulativen Habilitation wird die Venia Legendi aufgrund bisheriger Forschungsbeiträge verliehen.
65 Vgl. Nipperdey, 1800–1866, S. 472–473.

Ortswechsel vor. Berufungen, ob ihnen nun gefolgt wurde oder nicht, galten als Qualitätssiegel der Lehrenden.[66] Nicht selten wurden sie in Bleibeverhandlungen geltend gemacht. Die Universitäten traten damit in regen Austausch, aber auch in personelle Konkurrenz.

In dem Moment, in dem Wissenschaft Profession geworden ist, der Wissenschaftler also einer speziellen Ausbildung bedarf, wird die Grenze zum Amateur oder Laien klar gezogen. Wissenschaftliche Tätigkeit ist für den Amateur nur noch in Ausnahmefällen möglich.[67] Die Trennung zwischen Profi und Laie unterstützt die Ausdifferenzierung des Gesamtsystems:

> Hervorgerufen durch die Institutionalisierung von Wissenschaft und die weiter fortschreitende Spezialisierung, durch das Entstehen eines Berufsbilds „Wissenschaftler", aber auch diffuser *Images* von Wissenschaft in der Öffentlichkeit, ist es der modernen Wissenschaft gelungen, den Eindruck zu erwecken, daß eine präzise Grenzziehung zwischen ihr und anderen Formen der Kultur möglich sei.[68]

Der Ausdifferenzierungsprozess wurde des Weiteren von der enormen Wertschätzung getragen, die der Wissenschaft im 19. Jahrhundert zuteilwurde. Wissenschaftliches Wissen galt (und gilt) in modernen Gesellschaften als Lösungsquelle für Problemstellungen aller Art.[69] Und man erwartete von Wissenschaft noch mehr: Auf deutschem Boden kam ihr eine Nationalgefühl stiftende Rolle zu. Darüber hinaus übernahm sie eine Weltlese-Funktion.[70] Auch Wissenschaft selbst verstand sich als Hüterin der Wahrheit und Weltdeuterin.[71] Man kann sagen, dass sich im 19. Jahrhundert eine Art Allmachtserwartung gegenüber der Wissenschaft entwickelte.[72]

Auch außerhalb der Wissenschaft wurde Bildung statusbestimmend: „Die Gesamtheit der akademisch Gebildeten stellt in Deutschland eine Art geistige Aristokratie dar."[73] Ringer betont die gegenseitige Legitimierung von Staat, der der Wissenschaft ihren Status zuwies, und der Wissenschaft, die die Macht des Staates sicherte und die staatliche Einheit durch ihre eigene nationale Homogenität stützte, der vor allem vor der Reichsgründung 1871 eine stabilisierende Bedeutung zukam.[74]

---

66 Vgl. Koch, Universität, S. 138.
67 Vgl. Stichweh, Zur Entstehung, S. 67 und Nipperdey, 1800–1866, S. 484–485.
68 Felt et al., Wissenschaftsforschung, S. 244. (Hervorhebung im Original)
69 Vgl. Weingart, Wissenschaftssoziologie, S. 15.
70 Vgl. ebd., S. 48.
71 Vgl. Ringer, Die Gelehrten, S. 100–107.
72 Vgl. Weingart et al., Nachrichten aus der Wissensgesellschaft, S. 26.
73 Paulsen zitiert nach Ringer, Die Gelehrten, S. 41.
74 Vgl. ebd., S. 16–17 und Nipperdey, 1866–1918, S: 572.

Wissenschaft genoss in Deutschland großes Ansehen, der Staat war äußerst wissenschaftsfreundlich eingestellt. Gegen Ende des 19. Jahrhunderts erreichte diese Wertschätzung ihren Höhepunkt; im Vergleich zu anderen Nationen

> erfreuten sich in Deutschland vor 1890 akademische Wertvorstellungen sowohl öffentlicher wie offizieller Anerkennung. Die nichtunternehmerische obere Mittelschicht, die Bildungsaristokratie des Mandarinentums, war zur funktional herrschenden Klasse der Nation geworden.[75]

Längst war deutsche Wissenschaft zur internationalen Marke avanciert. Zunächst diente die Berliner Universität über die nationalen Grenzen hinweg als Prototyp moderner wissenschaftlicher Forschung und Lehre, und auch die akademische Karrierestruktur wurde anderen Ländern beim Aufbau eines eigenen Wissenschaftssystems zum Vorbild.[76] Wissenschaft war stets eine internationale Angelegenheit, im 19. Jahrhundert aber zugleich noch sehr national geprägt und damit im eigentlichen Sinne *inter*national.[77]

Deutsche Wissenschaft übernahm eine Vorreiterrolle und erlangte aufgrund ihres Leistungsvermögens und ihrer Leistungen Weltruhm:

> An der Spitze der Bildungsinstitutionen stehen die Universitäten und Hochschulen. Sie sind zugleich die Hauptträger von Wissenschaft und Forschung. Sie sind es, mit denen das kaiserliche Deutschland, allseits anerkannt, höchste Geltung in der Welt genießt.[78]

Bis ins 20. Jahrhundert hinein war Deutschland unangefochten die führende Wissenschaftsnation, Deutsch internationale Wissenschaftssprache. „Die deutsche Wissenschaft spielt eine führende Rolle in der Welt. Deutsch ist eine der Hauptsprachen der Wissenschaft. Man liest deutsche Literatur, künftige Gelehrte studieren in Deutschland."[79] Mit der allgemeinen Wertschätzung verbanden sich ein ungebrochener Wissenschaftsglaube und Fortschrittsoptimismus sowie ein starkes Selbstbewusstsein der Wissenschaftler als geistige Elite der Nation. Es erscheint paradox, dass gegen Ende des 19. Jahrhunderts, als deutsche Wis-

---

75   Ringer, Die Gelehrten, S. 44. ‚Mandarin' war im kaiserlichen China der Titel der gelehrten und elitär ausgebildeten Beamten.
76   Vgl. Felt, Perspektiven der Wissenschaftsforschung, S. 18 sowie Stichweh, Wissenschaftler, S. 169.
77   Vgl. Nipperdey, 1800–1866, S. 480.
78   Nipperdey, 1866–1918, S. 568.
79   Ebd., S. 602. Vgl. hierzu auch Jäger, Der wissenschaftliche Verlag, S. 427: Die Dominanz deutscher Wissenschaft schwächte sich bereits vor dem Ersten Weltkrieg ab, doch büßte sie nun hinsichtlich ihrer internationalen Wertschätzung empfindlich ein, auch konnte sich Deutsch als Wissenschaftssprache nicht mehr derart dominant rehabilitieren.

senschaft ihren Zenit erreichte, ausgerechnet von selbstkritischen Stimmen die ersten Zweifel geäußert wurden.[80] Das deutsche Wissenschaftssystem erwies sich als ungemein effektiv,[81] erreichte nun aber quantitative Dimensionen, die erstmals kritisch beäugt wurden. An den Universitäten explodierte die Zahl der Studenten.[82] Gleichzeitig wuchs die Zahl der Lehrstühle weniger schnell als sich die Disziplinen spezialisierten, das heißt die inhaltliche Spezialisierung der Wissenschaft schlug sich erst mit Verzögerung institutionell nieder.[83] Demzufolge kam die ideale Einheit von Forschung und Lehre in Bedrängnis und musste sich das Unbehagen angesichts der Wachstumsfolgen auch qualitativ – nämlich im Selbstverständnis der Wissenschaft und ihrer Vertreter – bemerkbar machen. Für die Universität bedeutete das enorme Wachstum eine Entwicklung zur Massenuni:

> […] aus Vorlesungsuniversitäten werden Arbeitsuniversitäten. Die Institute werden ein neues Lebenszentrum der Professoren, die Universität ist weniger eine Kommunität der Professoren als ein Konglomerat von Instituten und Kliniken. Die Universität pluralisiert sich; wie die Wissenschaften, so differenziert sie sich. Die Vielheit der Wissenschaften tritt vor die Einheit der Wissenschaft.[84]

Diese Pluralisierung war am deutlichsten angesichts der Publikationsflut spürbar:

> Die Aussage, dass die Literaturflut in der Wissenschaft von niemanden mehr überblickt werden könne, ist ein sich hartnäckig haltender Allgemeinplatz, der gleichwohl nostalgische Sehnsüchte nach den letzten Universalgenies vom Schlage Leibniz' oder Humboldts und einer einheitlichen überschaubaren Wissenschaft hervorruft. […] Wie ist es zu erklären, dass das System funktioniert, obgleich für alle Wissenschaftler gilt, dass sie im Hinblick auf den allergrößten Teil des fortlaufend neu produzierten Wissens genauso Laien sind, wie […] alle Nichtwissenschaftler auch?[85]

Für den einzelnen Wissenschaftler war es schwierig genug, die eigene Disziplin zu überschauen und gleichzeitig einen ausgewählten interdisziplinären Überblick zu pflegen. Eine Kenntnis der kompletten Wissenslandschaft war schlichtweg unmöglich geworden; Universalgenies konnte es aus rein quantitativen

---

80 Vgl. Ringer, Die Gelehrten, S. 229–231. Vgl. auch Nipperdey, 1866–1918, S. 678 und List, Wissenschaftskritik, S. 28.
81 Vgl. Nipperdey, 1866–1918, S. 604.
82 Vgl. ebd., S. 578: Die Zahl der Universitätsstudenten stieg um mehr als 300% von 14.000 (1869) auf 60.000 im Jahr 1914.
83 Vgl. ebd., S. 569: Die Zahl aller lehrenden Personen stieg um nur 159% von 1.468 im Jahr 1864 auf 3.807 (1914), wobei die Anzahl der Ordinarien um nur 70% von 723 auf 1.236 stieg.
84 Ebd., S. 572.
85 Weingart, Wissenschaftssoziologie, S. 36–37.

Gründen nicht mehr geben.[86] Damit scheiterte Wissenschaft zunehmend am selbsterklärten Ziel und der gesellschaftlichen Leistungserwartung, nämlich Weltdeuterin zu sein und umfassende Weltanschauungsvorschläge zu liefern. Viele Wissenschaftler sahen sich nach wie vor hierzu berufen, nahmen aber wahr, dass sie ihrem eigenen Anspruch nicht mehr genügen konnten. Für Ringer besteht darin der Kern der inneren Krise der Wissenschaft zwischen 1890 und 1920.[87]

> Die weitgefasste Definition wissenschaftlicher Erfahrung in den Begriffen von Bildung und Weltanschauung führte dazu, die Universitäten für den moralischen Zustand der Nation verantwortlich zu machen. [...] Das höhere Bildungswesen nahm eine enorme moralische und geistige Bedeutung in diesem Weltbild an, und die intellektuellen Führer der Bildungselite spielten die Rolle von Mittlern zwischen dem Bereich des Zeitlichen und des Ewigen. Doch konnten sie diese Aufgabe nur erfüllen und ihren Rang nur so lange innehaben, wie niemand den Glauben an ihre idealistische Weltanschauung verlor.[88]

Zweifel am System äußerten sich vor allem als Skepsis gegenüber der immer weiter fortschreitenden Spezialisierung.[89] Hinzu kam das Gefühl der Entfremdung des Menschen von seiner unmittelbaren Lebensumwelt, wie es die Moderne allgemein heraufbeschwor. Max Weber konstatierte diese „Entzauberung",[90] die zugleich ja reines Wissen erst ermöglichte.[91] Es wurde zum Dilemma der modernen Wissenschaft, dass sie auf der Suche nach objektiver Wahrheit stets nur Teilwahrheiten finden konnte.[92] Im positivistischen Sinne glaubte man, immer mehr Wahrheitspartikel zusammentragen zu können, die dem Menschen das Wesen der Welt mehr und mehr erhellten; gleichzeitig aber sah sich der Einzelne immer weniger in der Lage, eine Synthese zur Weltdeutung zu bilden.

Dass die Industrialisierung in Deutschland relativ spät einsetzte, dafür aber besonders rasant verlief, sieht Ringer als weiteren wichtigen Grund für die Krisenstimmung.[93] Zum einen bedrohte das Erstarken des Unternehmertums die

---

86   Vgl. Schwarz, Der Schlüssel zur modernen Welt, S. 32.
87   Vgl. Ringer, Die Gelehrten, S. 229: Ringer fasst den Zeitraum der Krise von 1890 bis 1930, wobei sie erst ab 1920 offen als ‚Kulturkrise' konstatiert und diskutiert wurde. Vgl. auch Nipperdey, 1866–1918, S. 591.
88   Ringer, Die Gelehrten, S. 107.
89   Vgl. ebd., S. 100.
90   Weber, Max: Wissenschaft als Beruf. 1919. IN: Gesammelte Aufsätze zur Wissenschaftslehre von Max Weber. 4., erneut durchgesehene Auflage, hrsg. von Johannes Winckelmann. Tübingen: J.C.B. Mohr 1973, S. 582–613, hier S. 594. Vgl. auch J. Schneider, Wissenschaftliche Öffentlichkeit, S. 67.
91   Vgl. Knoblauch, Wissenssoziologie, S. 90.
92   Vgl. ebd., S. 123.
93   Vgl. Ringer, Die Gelehrten, S. 13 und 47–49.

Vormachtstellung der Hochschullehrer als führende Elite. Zum anderen setzte die Wirtschaft, speziell die Industrie, zunehmend auf Kooperation mit der Wissenschaft. Sie offenbarte ihr Interesse an der ökonomischen Nutzung wissenschaftlicher Erkenntnisse durch Finanzierung selbstinitiierter Forschungsprojekte. Das stellte zugleich einen Angriff auf die Autonomie der Wissenschaft dar, indem Industrie Forschungsinhalte vorgab, sowie auf ihre Reinheit, da Großforschung am Nutzen ausgerichtet wurde. Zugleich führte die neue Kooperation von Wissenschaft und Wirtschaft zum Erstarken der Technischen Hochschulen, die gegen Ende des 19. Jahrhunderts gegenüber den Universitäten an Ansehen gewinnen konnten.[94]

Schon 1905 sprach Adolf von Harnack[95] vom ‚Großbetrieb der Wissenschaft', um die quantitativen Auswüchse des Systems zu beschreiben.[96] An den Massenuniversitäten wurde die Grundlagenforschung vom Lehrbetrieb zurückgedrängt. Die idealistische Einheit von Forschung und Lehre konnte für das Gros der Studenten nicht ermöglicht werden und realisierte sich letztlich nur in den Werdegängen derjenigen, die selbst die akademische Karriereleiter erklommen.[97] Ab 1910/11 übernahm die neu begründete *Kaiser-Wilhelm-Gesellschaft* Teile der Grundlagenforschung.[98]

Trotz dieser Veränderungen trug das moderne Wissenschaftssystem weiter. Noch wurden innere Zweifel nur von Einzelnen geäußert. Auch der erste herbe Einschnitt durch den Ersten Weltkrieg, bei dem sich Wissenschaft erstmals militärisch engagierte, führte zu keiner offenen kritischen Rückkopplung auf das Selbstverständnis der Wissenschaft.[99] Eine Krise wurde in den Nachkriegsjahren eher äußerlich wahrgenommen. Die Inflation schuf ein regelrechtes akademisches Proletariat.[100]

Die deutsche Wissenschaft hatte einen enormen Prestigeverlust erfahren. Da sie stets eine gewichtige, stützende Säule für das Ansehen Deutschlands gewesen war, hatte der Staat ein aktives Interesse daran, die Wissenschaft mit

---

94 Vgl. Ringer, Die Gelehrten, S. 35.
95 Adolf von Harnack (1851–1930) studierte evangelische Theologie in Dorpat und wurde 1876 Extraordinarius in Leipzig. 1879 ging er als Ordinarius nach Gießen, 1886 nach Marbug, 1888 nach Berlin. Ab 1890 war er Mitglied der Akademie der Wissenschaften, 1900 schrieb er die *Geschichte der Königlich Preußischen Akademie der Wissenschaften zu Berlin*. Ab 1897 gab er die Werke griechischer christlicher Schriftsteller heraus. Von 1905 bis 1921 war Harnack Generaldirektor der Königlichen Bibliothek zu Berlin, 1911–1930 Präsident der *Kaiser-Wilhelm-Gesellschaft*. Der einflussreiche Wissenschaftspolitiker wurde 1914 geadelt. Vgl. Kurt Nowak IN: DBE, Bd. 4, S. 439–440.
96 Vgl. Stichweh, Wissenschaftler, S. 172.
97 Vgl. Nipperdey, 1866–1918, S. 580–581.
98 Vgl. ebd., S. 589.
99 Vgl. Stichweh, Wissenschaftler, S. 175.
100 Vgl. Ringer, Die Gelehrten, S. 62–65.

Forschungsförderung und Publikationszuschüssen wieder zu stabilisieren.[101] Hierzu wurde 1920 die *Notgemeinschaft der Deutschen Wissenschaft* gegründet, aus der die *Deutsche Forschungsgemeinschaft* hervorging.[102]

Gleichzeitig waren die ersten Jahrzehnte des neuen Jahrhunderts von enormen wissenschaftlichen Leistungen gekennzeichnet, die deutsche Physik mit Einstein an ihrer Spitze erlebte ein ‚Goldenes Zeitalter'. Gemessen an ihren Erfolgen hatten die deutschen Wissenschaftler keinen Grund, ihr Selbstverständnis zu überdenken. Nach wie vor waren sie die Elite der Eliten, was sich auch in Ansehen und Lebensstil widerspiegelte.[103] Als Ausbilder der Eliten fühlten sie sich für die Nation verantwortlich, ihr Großteil konnte sich aber mit dem neuen Staat nicht identifizieren. Die schon länger empfundene Krise wurde um 1920 offen diskutiert und die Republik hierfür verantwortlich gemacht.[104] Man sehnte sich nach der alten Ordnung zurück, nahm eine unpolitische, meist antirepublikanische Haltung ein und suchte seinen Selbstwert in konservativer Gesinnung auf überpolitischer Ebene:

> Zur politischen Elite fehlte ihnen [i. e. den Professoren; EF] des weiteren ein politisches Verständnis ihrer Funktion. […] Hochschullehrer verstanden und verstehen sich in erster Linie als Diener der Wissenschaft. Zwar mochten sie glauben, daß sie, indem sie der Wissenschaft dienten, auch dem Ganzen, der Nation, dem Staat dienten; aber sie fassten dies als eine soziale und geistige Funktion auf, nicht aber als eine im engeren Sinne politische. Jedenfalls empfanden sie sich aus diesem Verständnis heraus nicht als einer politisch relevanten Institution zugehörig.[105]

Man kann, trotz gelegentlicher Selbstzweifel, eine Kontinuität im Selbstverständnis der Wissenschaftler, wie es im 19. Jahrhundert gewachsen war, bis weit in das 20. Jahrhundert hinein beobachten.[106] Die Kontinuität ist einerseits von der von Ringer konstatierten homogenen Ideologie der Hochschulelite getragen und hängt andererseits wesentlich damit zusammen, dass sich das Wissenschaftssystem selbst in diesen 150 Jahren als ungebrochen funktionstüchtig und erfolgreich erwiesen hat und ein enormes Maß an Autonomie erlangen konnte.

---

101   Vgl. Remmert/Schneider, Eine Disziplin und ihre Verleger, S. 203–210.
102   Vgl. Marsch, Ulrich: Notgemeinschaft der Deutschen Wissenschaft. Gründung und frühe Geschichte 1920–1925. Frankfurt/Main und Berlin: Peter Lang. Europäischer Verlag der Wissenschaften 1994. (= Münchner Studien zur neueren und neuesten Geschichte, 10); vgl. auch Koch, Universität, S. 186–187, Schneider, Der wissenschaftliche Verlag, S. 380–382.
103   Vgl. Sontheimer, Kurt: Die deutschen Hochschullehrer in der Zeit der Weimarer Republik. IN: Deutsche Hochschullehrer als Elite. 1815–1945. Hrsg. von Klaus Schwabe. Boppard am Rhein: Boldt 1988, S. 215–224; (im Folgenden: Sontheimer, Die deutschen Hochschullehrer), hier S. 215.
104   Vgl. Ringer, Die Gelehrten, S. 263.
105   Sontheimer, Die deutschen Hochschullehrer, S. 216.
106   Vgl. ebd., S. 224.

Der nationalsozialistische Staat griff massiv(er) in die Selbstbestimmtheit der Wissenschaft ein. Zum einen kann der personelle Kapazitätenverlust durch den Exodus renommierter jüdischer Wissenschaftler aus Deutschland gar nicht genug beklagt werden. In zahlreichen Einzelschicksalen manifestieren sich die Folgen rassenideologischer Verblendung. Auf der anderen Seite des Atlantiks freilich bedeutete die Aufnahme vieler deutscher Spitzenforscher einen immensen personellen Zugewinn für die amerikanische Wissenschaft.[107] Zum anderen versuchten die Nazis, die Wissenschaft selbst ideologisch auszurichten. Die Etablierung einer ‚deutschen Forschung' scheiterte einerseits daran, dass die ‚arischen' Wissenschaftler – entgegen jeder Rassentheorie – nicht zwangsläufig die besseren waren, andererseits verlor eine national geschlossene Forschung per Konzeption ihre Wissenschaftlichkeit, wie sie längst international galt.

Trotzdem funktionierte Wissenschaft weiter. Der Großteil der deutschen Professoren stellte dem nationalsozialistischen Regime keinen politischen Widerstand entgegen:

> Der durchschnittliche Angehörige des Mandarinentums hielt sich abseits und fühlte sich auf unbestimmte Weise schockiert. Er glaubte, daß es zu viel Gewalttätigkeit und zu wenig Respekt vor den Traditionen des Geistes gebe. Dennoch hielt er die „nationale Bewegung" „im Kern für echt" – bis es zu spät war. Es gab wenig aktiven Widerstand gegen die neue Ordnung, selbst bevor ganz deutlich wurde, daß eine Fiktion von einem echten Kern aufgeben werden musste, war der nationalsozialistische Terror bereits fest etabliert. Viele deutsche Intellektuelle definierten ihre Position jetzt als „innere Emigration". Sie zogen sich in ein esoterisches Gelehrtentum zurück. Endlich wurde ihnen klar, daß der Nationalsozialismus ebenso sehr ihr Feind war, wie dies irgendeine sozialistische Republik nur immer hätte sein können. Diese Einsicht brachte ihnen nichts; denn das Reich des Mandarinentums war zu Ruinen zerfallen.[108]

So zeigte sich, dass Wissenschaft längst in ihrem internationalen Bezug zu einer autonomen Größe geworden war. Auch in dieser Zeit bewies sich die Stabilität der Institution Wissenschaft,

> deren zentrale Werte der individuellen Autonomie und der Reinheit und nur aus sich selbst heraus zu rechtfertigenden Forschung mit der bürgerlich-liberalen Industriegesellschaft entstanden waren. Der Exodus der Wissenschaftler aus dem faschistischen Deutschland, wo bis dahin die Institutionalisierung der akademischen Freiheit ihre größten Erfolge gefeiert hatte, musste der Verteidigung der liberalen Wissenschaftsorganisation gegen die totalitäre Bedrohung so uneingeschränkt

---

107   Als Beispiel sei hier auf Einstein verwiesen, der nach seiner Emigration am neugegründeten *Institute for Advanced Studies* in Princeton eine neue Wirkungsstätte fand. Siehe hierzu auch Kap. 3.3. Vgl. zudem Neffe, Einstein, S. 405.

108   Ringer, Die Gelehrten, S. 392.

recht geben, daß eine differenziertere Beurteilung der Alternative einer rational geplanten und politisch verantwortlichen Wissenschaft nicht möglich schien.[109]

Damit will nicht gesagt sein, dass der Nationalsozialismus und insbesondere der Zweite Weltkrieg nicht massive Einschnitte für die deutsche Wissenschaft darstellten; wichtig ist aber die Erkenntnis, dass Wissenschaft als System diese Einschnitte äußerlich unbeschadet überstand, da sie längst zu einer internationalen Institution geworden war. Viele Wissenschaftler, die aus Deutschland fliehen mussten, fanden im Exil eine neue Wirkungsstätte. Die absurde Idee einer ‚deutschen Forschung' konnte niemals mit der internationalen Wissenschaft Schritt halten und disqualifizierte sich von vornherein vom wissenschaftlichen Diskurs.

De Solla Price hat bei seinen szientometrischen Betrachtungen festgestellt, dass der Zweite Weltkrieg auch quantitativ zwar eine Störung bedeutete, aber in der Folge zu keiner grundsätzlichen Wachstumsveränderung führte. Wissenschaft wuchs und wächst weiterhin mit auffallender Regelmäßigkeit exponentiell, der Verlauf der Wachstumskurve weist zwar einen durch den Krieg verursachten Knick auf, diesen interpretiert de Solla Price aber als bloße zeitliche Verzögerung.[110]

Damit lässt sich der Übergang zur postmodernen Wissenschaft nicht rein quantitativ begründen. Dennoch resultierten aus den Erfahrungen des Zweiten Weltkriegs jene Veränderungen, die zu qualitativen Merkmalen postmoderner Wissenschaft wurden. Präziser formuliert, brachten die Erfahrungen des Zweiten Weltkriegs Veränderungen ins allgemeine Bewusstsein der Wissenschaft (und der Gesellschaft),[111] die ihre Wurzeln freilich schon viel früher geschlagen hatten, die bislang aber nur von Einzelnen beobachtet worden waren. So schrieb Bernal 1939:

> Natürlich können alle diese Übel und Mißhelligkeiten nicht ausschließlich der Wissenschaft angelastet werden, aber es gibt keinen Zweifel, daß sie sich in ihrer augenblicklichen Ausprägung nicht ohne die Wissenschaft eingestellt hätten und daß der Wert der Wissenschaft für die Zivilisation aus diesem Grunde in Frage gestellt worden ist und wird. Solange die Resultate der Wissenschaft […] als ungetrübte Segnungen erschienen, wurde die gesellschaftliche Funktion der Wissenschaft für so selbstverständlich gehalten, daß sie keiner Prüfung bedurfte.[112]

Nach dem Schrecken der Atombombe mussten allgemeiner Wissenschaftsglaube und unbedingter Fortschrittsoptimismus einer allzu berechtigten Skepsis und

---

109   Weingart, Wissenschaftsforschung, S. 12.
110   Vgl. de Solla Price, Little Science, Big Science, S. 28–29.
111   Vgl. ebd., S. 10.
112   Bernal zitiert nach Weingart, Wissenschaftsforschung, S. 11.

neuem Verantwortungsbewusstsein weichen.[113] Wissenschaft war durch Kooperation mit Staat und Wirtschaft politisch geworden. Wissenschaftliche Leistungen konnten ebenso Fluch wie Segen sein. So wurde in den Nachkriegsjahren offensichtlich, dass Wissenschaft sich verändert hatte und dieses Bewusstwerden wirkte sich auf die – auch erkenntnistheoretische – Selbstreflexion der Wissenschaft aus.

Das Wesen postmoderner Wissenschaft wird oft mit dem Begriff der ‚Großforschung‘ oder ‚Big Science‘ illustriert. Gemeint sind damit in erster Linie internationale, oft über einen längeren Zeitraum geplante Forschungsprojekte, die von Staat(en) und Wirtschaft in Kooperation mit Wissenschaft initiiert, organisiert und finanziert werden und in denen internationale Wissenschaftlerteams zum Einsatz kommen. Grundsätzlich neu sind Kooperationen zwischen Wissenschaft, Staat und Wirtschaft zwar nicht, ihre zeitlichen, räumlichen, personellen und finanziellen Ausmaße allerdings schon.

Peter Weingart spricht von ‚industrialisierter Wissenschaft‘ und meint damit die enge Verflechtung von Wissenschaft, Technik und Wirtschaft, die für das 20. Jahrhundert charakteristisch geworden ist.[114] Indem wissenschaftliche Leistungen zunehmend industriell genutzt wurden und werden, wurde wissenschaftlicher und technischer Fortschritt zum Katalysator für wirtschaftliches Wachstum. Neu ist demnach die immense wirtschaftliche und damit (gesamt-) gesellschaftliche Bedeutung, die wissenschaftlicher Erkenntnis zukommt, verbunden mit einem enormen wirtschaftlichen Gewicht der wissenschaftsabhängigen Branchen, deren Unternehmen heutzutage eigene Abteilungen für Forschung und Entwicklung integriert haben, in denen wiederum Wissenschaftler arbeiten.[115]

Freilich findet nicht in jedem Wissenschaftsbereich Big Science statt. Während die Anfänge zur Großforschung im 19. Jahrhundert in den Geisteswissenschaften, genauer mit den großen Quelleneditionen der Geschichtswissenschaft und vorrangig an der Akademie, gemacht wurden,[116] handelt es sich heute in erster Linie um naturwissenschaftliche Projekte. Gerade in diesem Bereich ist

---

113 Vgl. ebd., S. 12, Felt et al., Wissenschaftsforschung, S. 215 und Stichweh, Wissenschaftler, S. 175.
114 Vgl. Weingart, Wissenschaftsforschung, S. 15 sowie Stichweh, Wissenschaftler, S. 184.
115 Vgl. ebd., S. 191.
116 Vgl. hierzu Rebenich, Stefan: Die Erfindung der „Großforschung". Theodor Mommsen als Wissenschaftsorganisator. IN: Geldgeschichte vs. Numismatik. Theodor Mommsen und die antike Münze. Hrsg. von Hans-Markus von Kaenel et al. Berlin: Akademie Verlag 2004, S. 5–20; (im Folgenden: Rebenich, Erfindung der „Großforschung"). Vgl. auch Vom Bruch, Rüdiger: Mommsen und Harnack. Die Geburt von Big Science aus den Geisteswissenschaften. IN: Theodor Mommsen. Wissenschaft und Politik im 19. Jahrhundert. Hrsg. von Alexander Demandt, Andreas Goltz und Heinrich Schlange-Schöningen. Berlin und New York: de Gruyter 2005, S. 121–141. Siehe hierzu auch Kap. 6.

aus der modernen Internationalität der Wissenschaft eine globale Vernetzung geworden.[117] Dadurch verschiebt sich das Verhältnis zwischen Natur-, Sozial- und Geisteswissenschaften. Vor allem von den Natur-, aber auch von den Sozialwissenschaften werden Erkenntnisse erwartet, die die postmoderne Wissenschaftsgesellschaft tragen. Die Nützlichkeit der Wissenschaft wird gesellschaftlich unmittelbarer eingefordert. Wissenschaft ist so sehr mit der alltäglichen Lebenswelt verwoben, dass hieraus spezifische, z. B. ökologische oder feministische Ansätze der Wissenschaftskritik resultieren.[118] Gleichzeitig stößt Wissenschaft an die Grenzen ihrer Leistungsfähigkeit, die immer komplexeren, von ihr mit verursachten Problemstellungen effizient zu lösen,[119] so dass Allmachtserwartungen gegenüber der Wissenschaft – weder intern noch extern – längst nicht mehr formuliert werden. Wissenschaft ist unsicher geworden.[120]

Auch wenn Wissenschaft seit dem 17. Jahrhundert auffallend regelmäßig gewachsen ist, nämlich mit exponentiellem Verlauf, so stößt sie in der zweiten Hälfte des 20. Jahrhunderts doch an jene Wachstumsgrenze, jenseits derer jeder weitere Zuwachs absurd erschiene.[121] Vor allem ihr Finanzbedarf wächst seit der Jahrhundertmitte schneller als je zuvor und schneller als jede andere Messgröße. So prognostizierte de Solla Price 1963, dass die USA im Jahr 2000 das Doppelte ihres Bruttosozialproduktes für Wissenschaft ausgeben würden, bliebe es bei einer Verdoppelung der Kosten alle 5,5 Jahre.[122] Diese absurde Kostenexplosion interpretierte de Solla Price als erwartungsgemäßen, logistischen Bremsmechanismus der exponentiellen Wachstumsdynamik.[123] Angesichts immer knapperer Ressourcen steigt die Konkurrenz unter den Wissenschaftlern um Forschungsgelder, Stellen, Bibliotheksetats usw.[124] Die Institution Universität stößt an ihre kapazitären Grenzen, das Disziplinensystem erweist sich als zu schwerfällig gegenüber der immer rasanteren Wissenschaftsentwicklung.[125]

Aufgrund all dieser Veränderungen musste die gesellschaftliche Legitimierung der Wissenschaft nach dem Zweiten Weltkrieg neu verhandelt werden.[126] Weder war das äußere Wachstum in gewohntem Maße noch weiter möglich,

---

117 Vgl. Stichweh, Wissenschaftler, S. 194–196.
118 Vgl. List, Wissenschaftskritik, S. 28.
119 Vgl. Hug, Theo: Editorial zur Reihe „Wie kommt Wissenschaft zu Wissen?". IN: Einführung in die Wissenschaftstheorie und Wissenschaftsforschung. Hrsg. von Theo Hug. Baltmannsweiler: Schneider-Verlag Hohengehren 2001. (= Wie kommt Wissenschaft zu Wissen?, 4), S. 3–5, hier S. 3. Vgl. auch Weingart et al., Nachrichten aus der Wissensgesellschaft, S. 27.
120 Vgl. ebd., S. 9 und 26–27 sowie Weingart, Wissenschaftssoziologie, S. 87–88.
121 Vgl. Felt et al., Wissenschaftsforschung, S. 208.
122 Vgl. de Solla Price, Little Science, Big Science, S. 104.
123 Vgl. ebd., S. 105.
124 Vgl. Felt et al., Wissenschaftsforschung, S. 217.
125 Vgl. Weingart, Wissenschaftsforschung, S. 17.
126 Vgl. ebd. S. 20 und Felt et al., Wissenschaftsforschung, S. 208.

noch konnte Fortschritt per se Ziel bleiben.[127] Zum einen hatte sich die Selbst-wahrnehmung von Wissenschaft geändert. Skepsis gegenüber der eigenen Leis-tungsfähigkeit führte zur Institutionalisierung von Wissenschaftsforschung und Wissenschaftskritik und zerschlug den Glauben, man könne die Welt an sich jemals umfassend erkennen. Zum anderen änderte sich die gesellschaftliche Rolle der Wissenschaft. Durch ihren immensen Finanzbedarf wurde Wissen-schaft immer stärker mit Staat und Wirtschaft verwoben.[128] Im Gegenzug wur-den von ihr konkrete Lösungen für gesellschaftliche Probleme gefordert.[129]

Wissenschaft wurde aus ihrem Elfenbeinturm geholt und auf neue Weise in die Gesellschaft integriert. Man spricht heute von der Wissenschaftsgesell-schaft, um dieses neue Verhältnis zu erfassen. Fast alle Bereiche unseres alltägli-chen Lebens basieren auf wissenschaftlichem Wissen, was Wissenschaft eine direktere gesellschaftliche Macht verleiht.[130] Gleichzeitig sind die Erwartungen gegenüber wissenschaftlicher Leistung nüchterner geworden. Wissenschaft ist demokratisiert worden und wird zudem im Medienzeitalter von der Öffentlich-keit neu gefordert.[131] Es müssen neue organisatorische und institutionelle Lö-sungen gefunden werden, die den postmodernen Veränderungen Rechnung tragen. Dieser Wandel wird oft als Krise empfunden, kann aber auch als Schritt zu einer neuen Entwicklungsstufe der Wissenschaft gedeutet werden.

Für Peter Weingart stellen die veränderten Verhältnisse zwischen den Sys-temen Indizien für den Übergang zu einem postmodernen Wissenschaftssystem dar.[132] Jedoch deutet er diese Veränderung nicht als *Ent*differenzierung der Wissenschaft, sondern vielmehr sieht er die neuen Kooperationsmöglichkeiten als Beweis für die Autonomie und den hohen Grad der Differenzierung des Wissenschaftssystems.[133] Auch de Solla Price war der Meinung, dass das Errei-chen der Sättigungsgrenze „mehr Hoffnung als Verzweiflung erwecken sollte. Sättigung bedeutet selten Tod, sondern vielmehr, daß wir am Anfang neuer und erregender Arbeitsweisen der Wissenschaft stehen, bei denen man nach ganz neuen Grundsätzen vorgeht."[134]

---

127 Vgl. Weingart, Wissenschaftsforschung, S. 19.
128 Vgl. Felt et al., Wissenschaftsforschung, S. 208 und Stichweh, Wissenschaftler, S. 176–177.
129 Vgl. Weingart, Wissenschaftsforschung, S. 19 und Felt et al., Wissenschaftsforschung, S. 16.
130 Vgl. ebd., S. 212–213.
131 Vgl. Weingart, Wissenschaftssoziologie, S. 121–123 und Stichweh, Wissenschaftler, S. 193.
132 Vgl. Weingart, Wissenschaftssoziologie: In den Kap. VII (S. 89–102), VIII (S. 103–111) und
   IX (S. 113–125) beschreibt Weingart, wie sich das Verhältnis der Wissenschaft zu Politik,
   Wirtschaft und Medien verändert hat und leitet daraus in Kap. X (S. 127–141) *Neue Perspekti-*
   ven der Wissenschaftssoziologie ab.
133 Vgl. ebd., S. 129.
134 De Solla Price, Little Science, Big Science, S. 42. De Solla Price datierte den Zeitpunkt, zu
   dem Wissenschaft zu einem logistischen Wachstum übergegangen war, zwischen 1940 und
   1950. Demnach hätte Wissenschaft die Sättigungsgrenze in den 1980er Jahren erreicht. Vgl.
   de Solla Price, Little Science, Big Science S. 42 und die Graphik auf S. 32.

2.1.2 Wissenschaft als soziales System

Dass Wissenschaft ein zutiefst soziales Phänomen ist, ist eine Erkenntnis, über die – bezogen auf das moderne Wissenschaftssystem – erst retrospektive Einigkeit herrscht. Soziale Aspekte wurden ab Ende des 19. Jahrhundert zunächst von einzelnen Wissenschaftlern reflektiert. Gar das erkenntnistheoretische Moment, nämlich Wissen als sozial determiniert zu verstehen, etablierte sich als Wissenssoziologie erst im 20. Jahrhundert.[135]

Die Wissenschaftler des 19. Jahrhunderts einte die tiefe Überzeugung, eine Realität zu erforschen, die unabhängig von der menschlichen Beobachtung existiere, und über eine methodisch geeichte Objektivität zu verfügen, die die Wahrheit zutage fördere. Man glaubte an das Potenzial der Wissenschaft, objektive Fakten finden und durch deren Zusammenführung zu einer umfassenden Erkenntnis der Welt an sich gelangen zu können. Aus ihrem Selbstverständnis heraus sahen sich die Wissenschaftler in der sozialen Verantwortung, der Gesellschaft Weltdeutungen anzubieten und sinnstiftend zu wirken. Dies korrespondierte passgenau mit der gesellschaftlichen Erwartungshaltung gegenüber der Wissenschaft, die zunächst eine wichtige nationale Identität stiftende Größe war und zur staatstragenden Säule wurde. Selbstbewusstsein und großes Ansehen in der Gesellschaft trafen sich im allgemeinen Wissenschaftsglauben und noch ungehemmten Fortschrittsoptimismus. Zum einen einte die gemeinsame und gesellschaftlich verankerte Sozialisation die Wissenschaftler über alle sonstigen Differenzen hinweg in ihrem Selbstverständnis als Kulturträger.[136] Zum anderen wurzelte hierin die Legitimität der Wissenschaft, aufgrund derer sie ihre Autonomie behauptete.[137]

Systemtheoretisch betrachtet ist moderne Wissenschaft ein referentiell geschlossenes System, welches sich selbst steuert und sich jeglichem ordnenden Zugriff von außen entzieht.[138] Konkreter bedeutet dies, dass Wissenschaft selbst die Methoden des Erkenntnisgewinns wählt und dass nur sie entscheidet, was als wissenschaftliche Wahrheit gelten kann.[139] Dabei bleibt Wissenschaft angewiesen auf reale Strukturen, die die Gesellschaft bereitstellt. Wissenschaft muss institutionell organisiert sein, der Zutritt zur Wissenschaft wird kontrolliert und ihr Output ist formalisiert.[140]

---

135 Vgl. Knoblauch, Wissenssoziologie, S. 90.
136 Vgl. Ringer, Die Gelehrten, S. 13.
137 Vgl. Weingart et al., Nachrichten aus der Wissensgesellschaft, S. 21.
138 Vgl. Stichweh, Zur Entstehung, S. 13: Bereits 1803 beschrieb Schlegel Wissenschaft als lebendigen Organismus, als Organisation, die zugleich Ursache und Wirkung von sich selbst sei.
139 Vgl. Weingart, Wissenschaftssoziologie, S. 7, Weingart et al., Nachrichten aus der Wissensgesellschaft, S. 10 sowie Stichweh, Wissenschaft, Universität, Professionen, S. 52–55.
140 Vgl. Stichweh, Zur Entstehung, S. 62; vgl. auch Koch, Universität, S. 14.

Die Mechanismen der Selbststeuerung werden bei der Disziplinendifferenzierung (besonders) deutlich. Dabei zeigt sich auch die Funktion der Kommunikation als soziales Moment dieses Prozesses, mit welchem das System auf Wachstum reagiert. Stichweh versteht die Disziplinen als Subsysteme der Wissenschaft. Systemisch ist ein Muster bei der Entstehung neuer Disziplinen erkennbar: Kognitiv öffnet sich ein neues Problemfeld, das die Grenzen der etablierten Disziplinen überschreitet (oder die Schnittmenge mehrerer Disziplinen bildet). Entsteht in diesem Problemfeld ein eigenständiger Kommunikationsraum, der sich meist zuerst in Form einer neuen Fachzeitschrift manifestiert – wodurch die neue Disziplin oft erstmals offiziell benannt wird –, folgt nach und nach ihre institutionelle Etablierung in Form von Lehrstühlen und Instituten.[141]

Ist eine Disziplin erst etabliert und institutionalisiert, ist sie autonom. Sie bestimmt ihre Inhalte, ihre Grenzen, ihre Methoden selbständig und ist lediglich den formgebenden Rahmenbedingungen der Wissenschaft verpflichtet. Dadurch entsteht einerseits disziplinäres Sonderbewusstsein. Seit dem 19. Jahrhundert bestreiten Wissenschaftler vornehmlich monodisziplinäre Karrieren. Disziplinen sind zwar hinsichtlich ihrer kognitiven Unterschiede autonom, wiesen aber sozialstrukturelle Gleichheit auf,[142] die andererseits wissenschaftliches Kollektivbewusstsein schafft.[143] Dies ist im wissenschaftlichen Ethos komprimiert.

Trotz der Parallelität der Disziplinen an der Universität[144] wirkt eine stets wandelbare Prestigehierarchie integrativ zugunsten der Homogenisierung des wissenschaftlichen Systems. Wissenschaft verfügt über eine definit dezentrale Struktur, in der es keine supradisziplinäre Kontrolle gibt. Auch kennt sie keinen repräsentativen Sprecher.[145] Interrelationen zwischen den Disziplinen in inter-, supra-/trans- oder subdisziplinärer Form garantieren Homogenität und Autonomie des Wissenschaftssystems und zugleich seine interne Flexibilität und Innovationskraft:

> Wahrnehmbar wird hier, daß man es in der Wissenschaft zunehmend mit einem selbstreferentiell geschlossenen System zu tun hat, das man noch beobachten, aber

---

141 Stichweh, Wissenschaft, Universität, Professionen, S. 18–20, Stöckel, Sigrid: Verwissenschaftlichung der Gesellschaft – Vergesellschaftlichung der Wissenschaft. IN: Das Medium Wissenschaftszeitschrift seit dem 19. Jahrhundert. Verwissenschaftlichung der Gesellschaft – Vergesellschaftung von Wissenschaft. Hrsg. von Sigrid Stöckel, Wiebke Lisner und Gerlind Rüve. Stuttgart: Franz Steiner 2009. (= Wissenschaft, Politik und Gesellschaft, 5), S. 9–23; (im Folgenden: Stöckel, Verwissenschaftlichung der Gesellschaft), hier S. 13 sowie S. 18 speziell zur stabilisierenden Wirkung von Fachzeitschriften bei der Professionalisierung des Ärztestandes.
142 Vgl. Stichweh, Wissenschaft, Universität, Professionen, S, 23–24.
143 Vgl. ebd., S. 29.
144 Vgl. ebd., S. 33.
145 Vgl. Stichweh, Zur Entstehung, S. 52.

nicht mehr durch externe Zugriffe – und seien es die der Philosophie – ordnen kann. *Disziplinäre Differenzierung* erscheint dann nicht etwa als der Beginn von Fragmentation und Ordnungslosigkeit. Vielmehr ist sie ein *Mechanismus der Selbstorganisation des Systems, der externe, ordnende Zugriffe ersetzt!* [146]

Wissenschaft wird von einem hierarchisch gegliederten Kollektiv betrieben, der Zugang zum System erfordert eine spezielle Ausbildung. Eine Vorauswahl wird bereits im Schulsystem getroffen, indem das Abitur zur Zulassungsvoraussetzung zur Hochschule wird. Im Studium lernen die Studenten das wissenschaftliche Handwerk. Es erfolgt eine inhaltliche Grundlagenvermittlung, die Kuhn als Einschwörung auf das jeweilige Paradigma versteht. [147] Gleichzeitig wird der Student in Kritik und Methode geschult, was ihn im besten Fall dazu befähigen soll, jenseits geltenden Wissens nach neuen Erkenntnissen zu suchen.

Dieses freilich hohe Ideal realisierte sich nicht für alle Studenten, doch auch für diejenigen, die selbst keine akademische Karriere einschlugen, befähigte das Studium zu Höherem. Denn,

> wer keine akademische Bildung hat, dem fehlt in Deutschland etwas, wofür Reichtum und vornehme Geburt nicht vollen Ersatz bieten. [...] die Erwerbung der akademischen Bildung [ist] zu einer Art gesellschaftlicher Notwendigkeit [...] geworden [...], mindestens die Erwerbung des Abiturientenzeugnisses, als des potentiellen akademischen Bürgerrechts. [148]

Im Lauf des 19. Jahrhunderts etablierte sich eine strenge personelle Hierarchie an den Universitäten. Das rasante Wachstum der Wissenschaft trug dazu bei, diese Strukturen zu verfestigen. [149] Aufgrund der wachsenden Studentenzahl und der nicht proportional dazu steigenden Zahl der Lehrstühle, [150] musste das Lehrpensum zunehmend von Privatdozenten und Extraordinarien übernommen werden. Zudem nahm der Anteil der Privatdozenten und Extraordinarien an der Gesamtzahl des Universitätspersonals zu. Besonders drastisch kam dies in den Naturwissenschaften zum Tragen. [151] Gegen Ende des Jahrhunderts waren wissenschaftsintern strenge Hierarchien und nur mühsam zu erklimmende Karriereleitern entstanden. Privatdozenten und Extraordinarien verharrten jahrelang auf schlecht dotierten Stellen, nur wenige erreichten das Ziel einer ordentlichen Professur. Doch auch hierin zeigte sich die Effizienz des Systems:

---

146   Stichweh, Zur Entstehung, S. 13. (Hervorhebungen im Original)
147   Vgl. Kuhn, Wissenschaftliche Revolutionen, S. 26 und 57.
148   Ringer, Die Gelehrten, S. 41.
149   Vgl. Weingart, Wissenschaftssoziologie, S. 35.
150   Vgl. Nipperdey, 1866–1918, S. 572 und 578 sowie Ringer, Die Gelehrten, S. 56.
151   Vgl. Burchardt, Naturwissenschaftliche Universitätslehrer, S. 172–173 und Nipperdey, 1866–1918, S. 569

Ohne Zweifel barg die hierarchische Statusdifferenzierung von Ordinarius, Extraordinarius und Privatdozent bei all ihrer Problematik eine erhebliche innovative Potenz. Bei Privatdozenten und Extraordinarien bestand ein existentielles Interesse, sich mit solchen Fächern durchzusetzen, die von den Ordinarien nicht gelehrt wurden, und das waren eben insbesondere neue Gebiete.[152]

Die Disziplinendifferenzierung wurde somit auch vom Ehrgeiz des einzelnen Wissenschaftlers getragen. Zudem verteidigten die endlich oben angekommenen Professoren das strenghierarchische System, das sie selbst mühevoll durchwandert hatten, und stabilisierten es mit dieser konservativen Einstellung. Denn nun empfanden sie es als Schutzwall vor aufstrebender Konkurrenz.[153]

Die Institutsdirektoren genossen eine privilegierte und hochangesehene Stellung. Sie bestimmten die Abläufe am Institut, ihnen blieb – im naturwissenschaftlichen Zweig – das Laboratorium vorbehalten, sie fungierten als Sprecher ihres Faches. Besonders anschaulich ging dieser Prozess in den sogenannten Chirurgenschulen vor sich.[154] Wer sich jahrelang dieser Autorität gebeugt hatte, stellte diese nicht in Frage, wenn er sie schließlich selbst erlangen konnte. Hinzu kam das generelle Selbstbewusstsein, im Dienst einer höheren Sache zu stehen, welches in der Krisenstimmung nach 1920 in Arroganz und Pathos umschlagen konnte.[155]

Das Ansehen der Professoren machte sie zu Vorbildern. So folgten Studenten der Autorität ihrer Lehrer und wechselten die Universität, um bei renommierten Fachvertretern zu lernen.[156] Doch auch die Wissenschaftler orientierten sich an Vorbildern.[157] Wissenschaft ist letztlich eine individuell eingefärbte Tätigkeit. Institute und damit Universitäten wurden stark von den Personen geprägt, die sie besetzten. Personalpolitik war zu einem wichtigen staatlichen Instrument der Steuerung und Einflussnahme auf Wissenschaft geworden und fand ihre vollendete Form in der ‚Ära Althoff‘ im Wilhelminischen Kaiserreich.

Ministerialdirektor Friedrich Althoff[158] konnte in den 25 Jahren seiner Amtszeit durch seine teils autokratische, doch stets liberale Personalpolitik

---

152 Laitko, Hubert: Friedrich Althoff und die Wissenschaft in Berlin. Konturen einer Strategie. IN: Vom Brocke, Wissenschaftsgeschichte und Wissenschaftspolitik, S. 69–84, hier S. 76. Vgl. auch Burchardt, Naturwissenschaftliche Universitätslehrer, S. 169.
153 Vgl. Burchardt, Naturwissenschaftliche Universitätslehrer, S. 166 und 169.
154 Vgl. hierzu ebd., S. 191. Siehe Kap. 4.
155 Vgl. Burchardt, Naturwissenschaftliche Universitätslehrer, S. 209–210.
156 Vgl. Kuhn, Wissenschaftliche Revolutionen, S. 93.
157 Vgl. ebd., S. 60.
158 Friedrich Althoff (1839–1908) war Jurist und seit 1870 als Advokat tätig. Ab 1870/71 agierte er in Doppelstellung als Verwaltungsbeamter und Hochschullehrer in Straßburg, Bonn und Berlin. 1882 wurde Althoff Universitätsdezernent und 1897 schließlich Ministerialdirektor im preußischen Kultusministerium. Unter seiner Leitung prägte er den Ausbau des Hochschul-

großen Einfluss auf die Entwicklung der deutschen Wissenschaft ausüben. Ziel des ‚System Althoffs' war „eine auf höchste Qualität der zu berufenden Professoren zielende Politik, die sich über die Vorschläge der Fakultäten gegebenenfalls souverän hinwegsetzte, wenn sich aus eigener Kenntnis und intensiver Beratung durch Vertraute ein abweichendes Urteil ergab.“[159] Auswahlkriterien waren zuerst die wissenschaftliche Qualität der Kandidaten, dann kamen Aspekte „des schulmäßigen ideenpolitischen oder konfessionellen Ausgleichs“[160] zum Tragen, schließlich spielten politische Bedenken eine Rolle.

Wissenschaft ist also aufgrund ihrer äußeren Strukturen und ihrer Einbettung in die Gesellschaft ein soziales System. Auch auf erkenntnistheoretischer Ebene kann Wissen als sozial determiniert verstanden werden. Beide Aspekte treffen sich im Verhalten der Wissenschaftler, wie sie in ihrem beruflichen Alltag agieren und mit Kollegen interagieren. Das soziale Verhalten manifestiert sich im und orientiert sich am wissenschaftlichen Ethos, das zuerst von Merton formuliert wurde:

> Das Ethos der Wissenschaft ist der gefühlsmäßig abgestimmte Komplex von Werten und Normen, der für den Wissenschaftler als bindend betrachtet wird. […] Diese Imperative, durch Lehre und Beispiel vermittelt und durch Sanktionen verstärkt, werden in unterschiedlichem Maße vom Wissenschaftler internalisiert und prägen somit sein wissenschaftliches Bewußtsein.[161]

Die vier Imperative der Wissenschaft sind nach Merton im Einzelnen:

Der ‚Universalismus', der besagt, dass Erkenntnis unabhängig von ihrer Quelle wahrheitsrelevant ist, das heißt, dass weder Nationalität, Religion, Rasse oder sozialer Status eines Wissenschaftlers eine Rolle spielen. Auf dieser Basis fußt als funktionaler Imperativ der freie Zugang zu wissenschaftlicher Literatur.[162]

Im ‚Kommunismus' spiegelt sich der gemeinschaftliche Charakter der Wissenschaft wider. Wissenschaftliche Ergebnisse „sind ein Produkt sozialer Zusammenarbeit und werden der Gemeinschaft zugeschrieben.“ [163] An seinen Erkenntnissen kann ein Wissenschaftler kein Eigentumsrecht geltend machen.

---

wesens. 1898 führte er die jährliche *Konferenz von Vertretern deutscher Regierungen in Hochschulangelegenheiten* ein, initiierte die Gleichstellung der TH mit den Universitäten (1899) sowie die der drei höheren Schularten (1900). Auch die Einführung des Frauenstudiums (1908) und die Gründung der *Kaiser-Wilhelm-Gesellschaft* (1911) gehen auf Althoff zurück. Vgl. Bernhard vom Brocke IN: DBE, Bd. I, S. 129–130.

159   Koch, Universität, S. 159.
160   Nipperdey, 1866–1918, S. 574–575.
161   Merton, Wissenschaft und demokratische Struktur, S. 46–47. Bei Fleck, Entstehung und Entwicklung, S. 187–188 klingt dies schon als „Ideal moderner Wissenschaft“ an.
162   Vgl. Merton, Wissenschaft und demokratische Struktur, S. 48–49.
163   Ebd., S. 51.

Er ist zur Veröffentlichung verpflichtet, sein Beitrag wird ihm jedoch als individuelle Leistung zuerkannt und ist somit Basis der Reputationszuweisung. Dieser Aspekt des Ethos „spiegelt sich weiterhin in dem Bewusstsein der Wissenschaftler wider, von einem kulturellen Erbe abhängig zu sein, auf das sie keine unterschiedlichen Ansprüche haben."[164]

Ein besonders starker und für die Wissenschaft charakteristischer Mechanismus verbindet sich mit der ,Uneigennützigkeit', nach der ein Wissenschaftler mit seiner Tätigkeit keine persönlichen Ziele, also Anerkennung und Reputation, verfolgen darf. Wissenschaft ist Selbstzweck, und Anerkennung findet stets die qualitativ hochwertige wissenschaftliche Leistung. Zugleich ist Wissenschaft eine Tätigkeit, die einer sehr strengen kollektiven Kontrolle unterliegt, die zur spezifisch uneigennützigen Integrität der Wissenschaftler beiträgt.[165]

Der ,organisierte Skeptizismus' ist „vielfältig mit den anderen Elementen des wissenschaftlichen Ethos verbunden. Er ist sowohl ein methodologisches wie auch ein institutionelles Mandat."[166] Das meint zum einen die kollektive Kontrolle wissenschaftlicher Leistungen, die sich der kritischen Instanz des wissenschaftlichen Diskurses stellen müssen. Hier reflektiert der organisierte Skeptizismus den wissenschaftlichen Kommunismus. Zum anderen ist Uneigennützigkeit als sachliches Kriterium institutionalisiert. Sie wird im Wissenschaftssystem besonders wertgeschätzt – bzw. muss ein Wissenschaftler stets über den Vorwurf der Eigennützigkeit erhaben sein –, so dass man einen paradoxen „Eigennutz der Uneigennützigkeit"[167] konstatieren kann. Da sich Wissenschaft gerade hinsichtlich der starken Institutionalisierung der Uneigennützigkeit von anderen Systemen unterscheidet, garantiert sie letztlich die Autonomie der Wissenschaft.[168]

Natürlich strebt ein Wissenschaftler nach Anerkennung und Reputation und somit nach wissenschaftlichem Status. Aber er muss sich hierbei an die spezifischen Regeln des Systems halten und dem wissenschaftlichen Ethos gerecht werden.[169] Gleichzeitig drosselt das Ethos die eigennützigen Motive bzw. lenkt diese in für das System produktive Bahnen. Diese Spannung zwischen individuellem Streben und kollektiven Werten macht die soziale Dynamik des modernen wissenschaftlichen Systems aus.

---

164 Merton, Wissenschaft und demokratische Struktur, S. 52.
165 Vgl. ebd., S. 53.
166 Ebd., S. 55.
167 Bourdieu, Vom Gebrauch der Wissenschaft, S. 27.
168 Vgl. Storer, Norman: Kritische Aspekte der sozialen Struktur der Wissenschaft. IN: Wissenschaftssoziologie I. Wissenschaftliche Entwicklung als sozialer Prozeß. Hrsg. von Peter Weingart. Frankfurt/Main: Athenäum Verlag 1973, S. 85–120; (im Folgenden: Storer, Kritische Aspekte), hier S. 100.
169 Vgl. Bourdieu, Vom Gebrauch der Wissenschaft, S. 28.

Dass das wissenschaftliche Ethos ideal formuliert ist, zeigt sich darin, dass sich im wissenschaftlichen Alltagsgeschäft Status, also wissenschaftliche Autorität, in Macht übersetzt. Renommierte Wissenschaftler haben leichteren Zugang zu hochdotierten Stellen und anderen Ressourcen. Innerhalb der Wissenschaft entsteht – entgegen dem Aspekt der Universalität – ein Klassensystem.[170] In diesem Zusammenhang muss auch reflektiert werden, dass sich den Karrierechancen jüdischer Wissenschaftler im Betrachtungszeitraum antisemitische Ressentiments entgegenstellten. Besonders auf unteren Hierarchieebenen mussten diese Widerstände mit oft erheblichem Aufwand durchbrochen werden, während unter den renommierten Professoren vermeintliche Toleranz herrschte. Der Aspekt der Universalität ist sicherlich derjenige in der Ethos-Definition nach Merton, der sich in der Realität als am instabilsten erweist.

> Es besteht also eine ständige Wechselwirkung zwischen dem auf Ehre und Anerkennung fußenden Statussystem und dem auf ungleichen Lebenschancen beruhenden Klassensystem, ein Wechselspiel, durch das den Wissenschaftlern unterschiedliche Positionen innerhalb der Chancenstruktur der Wissenschaft zugewiesen werden.[171]

Hier klingt bei Merton bereits an, was Bourdieu in seinem Bild vom wissenschaftlichen Feld dezidierter beschrieben hat. Bourdieu versteht Wissenschaft als eine soziale Welt, in der spezifische soziale Gesetze gelten. Der Autonomiegrad des Feldes ist erkennbar im Brechungsgrad zur Außenwelt. Damit ist gemeint, wie stark Kapitalkräfte von außen einer Übersetzung bedürfen, um im Feld zum Tragen zu kommen. Im wissenschaftlichen Feld wirken verschiedene Kapitalsorten und verteilt sich Kapital unterschiedlich, bündelt sich stellenweise zu Macht; dadurch ergeben sich die Machtstrukturen im Feld, die Positionierungen der Akteure sowie ihre Strategien zu Positionserhalt oder -verbesserung.[172]

Im bourdieuschen Sinne kann wissenschaftliche Kompetenz leicht als inkorporiertes Kapital erkannt werden. Durch Studium und akademische Ausbildung hat sich der Wissenschaftler in einem jahrelangen Prozess Wissen und Methode angeeignet. Sein intellektuelles Vermögen ist an seine Person gebunden und bedarf der Übersetzung in eine andere Kapitalart, um Wirkung zu entfalten. Am unmittelbarsten und schnellsten verwandelt es sich durch wissenschaftliche Leistung in Reputation. Auch diese ist als symbolisches Kapital stark personengebunden, ist aber schon leichter transformierbar.[173] Denn Reputation erwächst im Wesentlichen aus dem wissenschaftlichen Diskurs und ist somit

---

170 Vgl. Merton, Entwicklung und Wandel, S. 151.
171 Ebd.
172 Vgl. Bourdieu, Vom Gebrauch der Wissenschaft, S. 18–21, Bourdieu, Kapital, S. 183 und 188; vgl. auch Weingart, Wissenschaftssoziologie, S. 48.
173 Vgl. Bourdieu, Vom Gebrauch der Wissenschaft, S. 23.

auch soziales Kapital, womit Bourdieu das Netz der institutionalisierten Beziehungen und die Zugehörigkeit zu einer Gruppe, hier der ‚scientific community', meint.[174] Über Reputationszuweisungen funktioniert die Machtverteilung im Feld, da sie zugleich Grundlage der Ressourcenzuweisung ist. Wissenschaftliches Kapital manifestiert sich auf der institutionellen Ebene als akademische Grade und universitäre Posten.

„So sind die Strategien der Akteure in gewisser Weise immer doppelgesichtig, doppelsinnig, interessengeleitet und interessenlos, beseelt vom Eigennutz der Uneigennützigkeit",[175] die Bourdieu als spezifische ‚Illusio' der Wissenschaft versteht. Diese ist der tiefere Sinn des Kampfes im Feld, auf den sich die Wissenschaftler eingeschworen haben.[176] Für das moderne Wissenschaftssystem äußert sich die Illusio der Uneigennützigkeit im allgemeinen Wissenschaftsglauben und Fortschrittsoptimismus.

Ganz dem Ethos verschrieben strebt der Wissenschaftler nach Anerkennung durch die ‚scientific community'. Dies kann er durch die Publikation wissenschaftlicher Leistungen erreichen. Die so gewonnene Reputation stärkt seine Position im Sozialgefüge und seine institutionelle Stellung, woraus ihm Eigennutz entsteht. Seine institutionelle Position baut er zudem durch die Teilnahme an Gremien, Kongressen und Prüfungsausschüssen aus. Die beiden Arten der Kapitalmehrung – durch Publikation oder Posten – stehen dabei in zeitlicher Konkurrenz zueinander, so dass das wissenschaftliche Kapital eines Wissenschaftlers qualitativ unterschiedlich zusammengesetzt ist, je nachdem, welcher Kapitalmehrung er mehr zugetan ist.[177] Durch das starke Primat der Uneigennützigkeit wird jener Wissenschaftler verdächtig, der sein Renommee nur über Posten zu mehren sucht, wohingegen der machtbescheidene Wissenschaftler, der sich selbstlos auf die Forschung konzentriert, stets die Anerkennung der Kollegen haben wird, aus seiner Reputation aber ungleich schwerer Eigennutz schlagen kann.

Wie und wo aber entfalten die Imperative des wissenschaftlichen Ethos auf der einen und die Machtstrukturen des wissenschaftlichen Feldes auf der anderen Seite ihre Wirkung? Das vielleicht wichtigste Merkmal moderner Wissenschaft ist die zentrale und essentielle Bedeutung der Kommunikationsstrukturen. Hierin spiegelt sich der soziale Charakter der Wissenschaft ebenso wie die Funktionsweisen des wissenschaftlichen Ethos; hierin manifestieren sich die Machtstrukturen des wissenschaftlichen Feldes und die Interaktionsmechanismen mit der Systemumwelt. Der Schlüssel zum Verständnis des modernen Wissenschaftssystems liegt in der Tatsache,

---

174 Vgl. Bourdieu, Kapital, S. 190–192.
175 Bourdieu, Vom Gebrauch der Wissenschaft, S. 27.
176 Vgl. ebd., S. 29.
177 Vgl. ebd., S. 31–32. Siehe hierzu auch Kap. 2.3.

dass die Wissenschaft, ebenso wie andere Funktionsbereiche der Gesellschaft, durch spezifisch ausgebildete Kommunikationsformen gekennzeichnet ist, die sich in eigens ausgebildeten Organisationen finden und das Verhalten der Wissenschaftler in spezifischer Weise bestimmen.[178]

Auf den Punkt gebracht: Die Merkmale moderner Wissenschaft

- Moderne Wissenschaft ist ein *gesellschaftliches System mit hohem Autonomiegrad*, welcher getragen wird von einer großen gesellschaftlichen Akzeptanz. Dieser allgemeine *Wissenschaftsglaube* steigert sich bis zu *Allmachtserwartungen* gegenüber Wissenschaft und trägt das *elitäre Selbstverständnis des Wissenschaftlers*.

- Die *Einheit von Forschung und Lehre* ist das konstituierende Prinzip moderner Wissenschaft; auf dieser Basis fußt der *Fortschrittsimperativ*, der moderne Wissenschaft der Zukunft verpflichtet. Das Prinzip bestimmt auch die Institution der *Universität* als Ort der Wissenschaft.

- Parallel zur Ausdifferenzierung moderner Wissenschaft vollzieht sich ihre Binnendifferenzierung in Form von *Spezialisierung*. Ordnende und organisatorische Bezugsgröße ist die *Disziplin*.

- Moderne Wissenschaft zeichnet sich durch *Professionalisierung* aus. ‚Wissenschaftler' ist ein erlernbarer *Beruf*, die wissenschaftliche Ausbildung institutionalisiert und zugangsbeschränkt. Die personelle Struktur moderner Wissenschaft ist *streng hierarchisch*.

- Der Zweck moderner Wissenschaft liegt in ihr selbst begründet. In ihrer reinsten Form ist sie Grundlagenforschung und orientiert sich an keinerlei praktischem Nutzen. Auch angewandte Forschung findet ihre Motivation idealerweise im *Selbstzweck*. Gleichwohl geht moderne Wissenschaft Kooperationen mit Wirtschaft und Staat ein und markiert damit den Beginn der *Großforschung*.

- Habitus und Verhalten des Wissenschaftlers richtet sich am *Ethos* aus, der für moderne Wissenschaft als *gemeinschaftliches Unterfangen* verbindlich ist. Korrespondierend zum Selbstzweck ist die *Uneigennützigkeit* zentrales Motiv dieses Ethos.

---

178 Weingart, Wissenschaftssoziologie, S. 84.

2.2 Das wissenschaftliche Kommunikationssystem

Wissenschaft ist (eine Form von) Kommunikation, da sich alles Soziale über Kommunikation konstituiert.[179] Schon der einzelne Wissenschaftler ist in seiner Tätigkeit auf Kommunikation angewiesen. Erkenntnis braucht sprachlichen Ausdruck. Erst durch die Formulierung wird der (Sinnes-)Eindruck zum Gedanken und damit reflektierbar, zunächst für den Einzelnen, und dann in einem zweiten Schritt mitteilbar.[180]

Felix Steiner hat darauf hingewiesen, dass die Modernisierung der Wissenschaft mit einem neuen wissenschaftlichen Sprachgebrauch und einem dadurch veränderten Autorkonzept ihren Anfang nahm. Von zentraler Bedeutung ist hierbei, dass Wissen nicht mehr ontologisch, sondern konstruktivistisch aufgefasst wird.[181] Der Erkenntnisprozess wird mindestens ebenso wichtig wie die Erkenntnis selbst, denn diese wird im modernen Wissenschaftsverständnis als vorläufiges und verhandelbares Ergebnis akzeptiert. Wissensgenerierung findet fortan im Diskurs statt.[182]

Der soziale Aspekt von Wissenschaft bedeutet somit vor allem, dass sie ein Gemeinschaftsprojekt ist, welches mittels Kommunikation stattfindet. Kommunikation konstituiert die Gemeinschaft. Dies geschieht zum einen über verschiedene Formen informeller Kommunikation, bei der der soziale Aspekt sowie der Erkenntnisgewinn im Fokus stehen, so z. B. bei Tagungen und Kongressen, aber auch beim berufsalltäglichen persönlichen Gespräch an den Instituten bzw. in Korrespondenzen zwischen Kollegen an verschiedenen Orten.

Zum anderen stellt wissenschaftliche Literatur den größten Teil formeller wissenschaftlicher Kommunikation dar.[183] Auch hier verbinden sich kognitive und soziale Aspekte, indem einerseits Erkenntnisprozess transparent dargestellt und Ergebnisse präsentiert werden und andererseits sich im Medium der wissenschaftlichen Publikation alle Aspekte des wissenschaftlichen Ethos, also der Wissenschaftlichkeit per se, manifestieren. Das Wesen moderner Wissenschaft kristallisiert sich in der Publikation; wissenschaftliche Literatur ist die papierne Essenz der Wissenschaft. Kommunikation übernimmt damit nicht nur eine

---

179 Vgl. Holl, Produktion und Distribution, S. 11.
180 Vgl. Steiner, Dargestellte Autorschaft, S. 59. Steiner bezeichnet wissenschaftliche Erkenntnis als sprachlich-rhetorisches Handeln.
181 Vgl. ebd, S. 95; ebd. S. 264: „Um 1800 richtet sich Wissenschaft im deutschsprachigen Raum überhaupt erst auf einen modernen, das heisst fortschrittsbetonten Wissens- und Autorschaftsbegriff ein. Tritt jetzt ein „Wissenschaftler" als Autor auf, bedient er sich eines zum Vorläuferparadigma des „Gelehrten" völlig komplementären Wissens- und Textkonzepts."
182 Vgl. Fohrmann, Jürgen (Hrsg.): Gelehrte Kommunikation. Wissenschaft und Medium zwischen dem 16. und 20. Jahrhundert. Wien: Böhlau 2005; (im Folgenden: Fohrmann, Gelehrte Kommunikation), S. 11.
183 Andere Formen sind bspw. mündliche Prüfungen, Gutachten oder offizielle Schreiben.

zentrale, sondern vielmehr eine essentielle Funktion für die moderne Wissenschaft. Wissenschaftliche Kommunikation materialisiert sich in Form von Büchern und Zeitschriften. Mit der Ausdifferenzierung der modernen Wissenschaft hat sich im deutschsprachigen Raum ein höchst effizienter wissenschaftlicher Buchmarkt – vor allem mit leistungsfähigen, privatwirtschaftlichen Wissenschaftsverlagen – ausgebildet. Wenn in dieser Arbeit der Fokus auf den deutschsprachigen Raum gerichtet wird, dann insbesondere weil dieser als einheitlicher Kommunikationsraum verstanden wird. Das heißt, dass viele Aspekte sicherlich für Wissenschaft generell bzw. Wissenschaft in einem größeren Rahmen gelten, dass die Beobachtungsperspektive aber immer auf den deutschsprachigen Buchmarkt als Kooperationspartner deutschsprachiger Wissenschaft fokussiert ist.

Damit soll keineswegs unterschlagen werden, dass Deutschland, Österreich und die Schweiz als Nationen durch – im Betrachtungszeitraum durchaus variierende – Grenzen markiert sind, die sich natürlich auch für den Buchhandel durch Zoll- sowie Im- und Exportbestimmungen niederschlagen. Auf der anderen Seite wirkt sich aber die gemeinsame Sprache innerhalb des Buchmarktes als stark integratives Moment aus. Für österreichische und schweizerische Verlage bedeutet das eine große Abhängigkeit vom wesentlich größeren deutschen Absatzgebiet bei gleichzeitiger Konkurrenz durch viele deutsche Verlage.[184]

Dadurch dass wissenschaftliche Kommunikation ‚veröffentlicht' wird, findet sie öffentlich statt. Dabei entsteht zunächst eine wissenschaftliche Öffentlichkeit, da wissenschaftliche Literatur in erster Linie innerhalb der Wissenschaft gekauft und gelesen wird. Sie ist über den Buchmarkt aber theoretisch für jedermann zugänglich. An diesen Punkt knüpft das Phänomen der stets tendenziell zu verstehenden Wissenschaftspopularisierung an.

Darüber hinaus wird wissenschaftliche Kommunikation in Form von Publikationen zur Ware, die auf dem wissenschaftlichen Buchmarkt gehandelt wird. Das Hinzutreten des ökonomischen Moments stellt weniger die Kehrseite der Medaille dar, in dem Sinne, dass wissenschaftliche und ökonomische Motivation auf ihre grundsätzliche Gegenläufigkeit reduziert und damit als einander hinderliche Impulse, voller Konfliktpotenzial verstanden werden. Vielmehr muss das ökonomische Prinzip positiv als wichtiger Katalysator erkannt werden, der den Modernisierungsprozess der Wissenschaft maßgeblich dynamisiert. Dies war schon 1805 beobachtbar: „Dadurch, dass Bücher zu einer Handelswa-

---

184   Hierbei kommt auch zum Tragen, dass Deutsch lange Zeit internationale Wissenschaftssprache war, deutsche wissenschaftliche Literatur also auch im Ausland im Original gelesen wurde und damit dem Export wissenschaftlicher Bücher große ökonomische Bedeutung zukam.

re geworden seien, sagt Fichte, gehorche dieser Markt wie andere durch Angebot und Nachfrage regulierte Märkte den Gesetzen der Mode."[185]

Jäger hat den wissenschaftlichen Buchmarkt als Resultat der Interpenetration der Systeme Wissenschaft und Buchhandel verstanden.[186] Die streng systemtheoretische Perspektive suggeriert einen Schnittmengencharakter, der dem Wesen des wissenschaftlichen Buchhandels nur bedingt gerecht wird. Zum einen findet der Buchmarkt per se unter wirtschaftlichen und nicht-wirtschaftlichen Prämissen statt, indem er zwar dem Wirtschaftssystem angehört, aber stets auch nicht ökonomische Ziele verfolgt.[187] Dieses Moment bündelt sich im viel beschrienen Topos vom Doppelcharakter des Buches. Systemisch gesprochen agiert der Buchhandel immer aufgrund von Interpenetrationen der Wirtschaft mit anderen gesellschaftlichen Funktionssystemen; dies ist immer die Öffentlichkeit und auf dem literarischen Markt zudem die Kunst. Anders gesagt, diese Interpenetrationen machen das Wesen des Buchhandels aus.

Zum anderen sind Wissenschaft und Buchhandel nicht als gleichrangige Systeme zu verstehen; genauer: Der wissenschaftliche Buchhandel ist Bestandteil der Wissenschaft und *ebenso* Teil der Öffentlichkeit *und* Teil der Wirtschaft. Damit deutet sich an, dass die Akteure nie nur nach einer der Grundmotivationen der beteiligten Systeme agieren. Deshalb bietet es sich vielmehr an, den wissenschaftlichen Buchmarkt im bourdieuschen Sinne als Aktionsfeld zu verstehen. Auf diesem Feld interagieren Wissenschaftler und Verleger (aber auch Buchhändler, Bibliothekare oder Wissenschaftsjournalisten) als Akteure, die – wenn auch mit unterschiedlicher Gewichtung – stets wissenschaftlich *und* ökonomisch motiviert sind.

Demnach entsteht der wissenschaftliche Buchmarkt weniger durch die Interpenetrationen von Wissenschaft und Buchhandel, sondern vielmehr verschränken sich in ihm die Systeme Wissenschaft, Wirtschaft und Öffentlichkeit zu einem eigenständigen Aktionsraum. Somit kommt ihm eine weit größere Funktion zu als nur die eines auf die Wissenschaft reagierenden Dienstleisters.

---

185 Steiner, Dargestellte Autorschaft, S. 137. „Mode" muss an dieser Stelle nicht ausschließlich populär verstanden werden, sondern bringt auch Angebot und Nachfrage innerhalb des wissenschaftlichen Kommunikationsprozesses zum Ausdruck.

186 Vgl. Jäger, Buchhandel und Wissenschaft.

187 Umlauff spricht von Kulturwirtschaft. So zitiert bei Jäger, Georg: Der Verleger und sein Unternehmen. IN: Geschichte des deutschen Buchhandels im 19. und 20. Jahrhundert. Das Kaiserreich 1870–1918 [sic!], Teil 1. Hrsg. von Georg Jäger. Frankfurt/Main: Buchhändler-Vereinigung 2001, S. 216–244; (im Folgenden: Jäger, Der Verleger und sein Unternehmen), hier S. 216.

2.2.1   Formen wissenschaftlicher Kommunikation

Das vormoderne Wissenschaftsverständnis wies der Publikation vor allem die Funktion der Wissensspeicherung und -tradierung zu.[188] Die großen Enzyklopädie-Projekte in der zweiten Hälfte des 18. Jahrhunderts stehen hierfür Pate.[189] Steiner apostrophiert den vormodernen Gelehrten als „Jäger und Sammler des Wissens".[190] Auch die Akademieschriften dienten in erster Line der Dokumentation wissenschaftlicher Ergebnisse. Der eigentliche wissenschaftliche Dialog fand – neben dem persönlichen Gespräch – vor allem in Briefen statt.

Mit dem sich wandelnden Selbstverständnis veränderten sich die Kommunikationsbedürfnisse der Wissenschaft. Die Entstehung der Fachzeitschriften im 19. Jahrhundert ist von der Forschung vielfach und einstimmig als entscheidendes publizistisches Indiz für die Ausdifferenzierung des modernen Wissenschaftssystems beschrieben worden.[191] In der Fachzeitschrift verband sich fortan die Dokumentationsfunktion der Akademieschriften mit dem diskursiven Moment gelehrter Briefkultur.[192] Wissenschaftliche Publizität wurde schneller, und die Form der Zeitschrift wies der Kommunikation Periodizität zu. Damit erlangten sowohl der diachrone als auch der synchrone Kommunikationszusammenhang öffentlichen Charakter, während der „Anspruch auf Vollständigkeit" aufgegeben wurde: „Die Periodizität der Texte bedeutete eine Abkehr vom Konzept eines fixierten Wissenskorpus, der mit dem Anspruch auf Vollständigkeit und entsprechend in Buchform erschienen war."[193] Das Buch war nun nicht mehr zentrales Kommunikationsmedium, wahrte aber hohes Anse-

---

188   Vgl. Weingart et al., Nachrichten aus der Wissensgesellschaft, S. 16.
189   Vgl. Stichweh, Zur Entstehung, S. 7–8.
190   Steiner, Dargestellte Autorschaft, S. 109.
191   Vgl. bspw. Stichweh, Wissenschaftler, S. 167, Borchardt, Wissenschaftliche Literatur, S. 10–11. Vgl. auch Fabian, Bernhard: Wissenschaftliche Literatur heute. IN: Gelehrte Bücher vom Humanismus bis zur Gegenwart. Hrsg. von Bernhard Fabian. Wiesbaden: Harrassowitz 1983. (= Wolfenbütteler Schriften zur Geschichte des Buchwesens, 9), S. 169–193; (im Folgenden: Fabian, Wissenschaftliche Literatur heute), hier S. 171 sowie Jäger, Georg: Wissenschaftliche und technische Zeitschriften. IN: Geschichte des deutschen Buchhandels im 19. und 20. Jahrhundert. Band 1: Das Kaiserreich 1871–1918. Teil 2. Hrsg. von Georg Jäger. Frankfurt/Main: MVB 2003, S. 390–408, hier S. 390, Stöckel, Verwissenschaftlichung der Gesellschaft, S. 9–10 und Meinel, Wissenschaftliche Fachzeitschrift, S. 141–145.
192   Vgl. Stichweh, Zur Entstehung, S. 91, Felt et al., Wissenschaftsforschung, S. 36. Vgl. auch Hermann, Armin: Die Funktion und Bedeutung von Briefen. IN: Wolfgang Pauli. Wissenschaftlicher Briefwechsel mit Bohr, Einstein, Heisenberg u. a. Band I: 1919–1929. Hrsg. von Armin Hermann, Karl von Meyenn und Victor F. Weisskopf. Berlin, Heidelberg: Springer 1979, S. XI–XLVII; (im Folgenden: Hermann, Funktion und Bedeutung), hier S. XVII; sowie Borchardt, Wissenschaftliche Literatur, S. 10 und Fabian, Wissenschaftliche Literatur heute, S. 171.
193   Stöckel, Verwissenschaftlichung der Gesellschaft, S. 13.

hen als die Publikationsform, in der Wissen in größere Zusammenhänge gebracht und wirkungsvoller dargestellt werden konnte.

Dass die Publikation eine zentrale Rolle für die moderne Wissenschaftskommunikation spielt, bedeutet nicht das Ende informellen Austauschs, sondern vielmehr die klarere Trennung der Sphären informeller und öffentlicher Kommunikation bzw. eine deutlichere Funktionszuweisung an diese Sphären. Beide übernehmen dabei jeweils soziale und kognitive Aufgaben.

Es ist leicht zu verstehen, dass informelle Kommunikation, in Form von Gesprächen und Briefen, aber auch Tagungen und Kongressen, einen starken sozialen Charakter hat. Hier begegnen sich Wissenschaftler persönlich; über den rein beruflichen Kontakt hinaus können Freundschaften, aber auch Feindschaften entstehen, im wissenschaftlichen Sinn kommt es zur Schulenbildung. Dadurch, dass diese Kommunikation eben nicht öffentlich geführt wird, bietet sie den Rahmen für vorläufigen und vertraulichen Informationsaustausch. Sie dient somit nicht nur dem Aufbau und der Pflege eines sozialen Netzwerks, sondern übernimmt eine wichtige kognitive Funktion: Der eigentliche Erkenntnisgewinn findet immer informell, oder anders: vor der Publikation statt.[194]

Das bedeutet zum einen, dass der reale Moment der Erkenntnis untrennbar mit der Person des Wissenschaftlers verbunden ist, weil schon die sprachliche Erfassung zum Gedanken die Erkenntnis um ihr spontanes und intuitives Moment schmälert.[195] Zum anderen findet im informellen Kommunikationsraum der Wissenschaft die eigentliche Erkenntnisgewinnung, -entwicklung und -verwertung statt. Im Alltag der Forschung werden Daten und Fakten gesammelt und generiert, Informationen ausgetauscht und abgeglichen, diskutieren Wissenschaftler ihre Ideen und formulieren Hypothesen. Dabei bilden sich an den Spitzen einzelner Disziplinen oder in interdisziplinären Forschungsbereichen ‚invisible colleges'. Da es sich hierbei um elitäre Gruppen handelt, die Wissenschaft nicht nur kognitiv, sondern auch institutionell vorantreiben, wird deutlich, wie eng soziale und kognitive Aspekte im informellen Kommunikationsraum verwoben sind.[196]

Erst, wenn eine Erkenntnis zum Gedankengebäude gereift ist, wird sie publiziert, d. h. in eine der Wissenschaftlichkeit genügende Formulierung gebracht. Oder deutlicher: Informelle Kommunikation wird erst durch die Veröffentlichung wissenschaftlich relevant. [197] Publikation bedeutet aber nicht nur die schriftliche Fixierung eines wissenschaftlichen Gedankens, sondern stellt einen

---

194 Vgl. Holl, Produktion und Distribution, S. 16.
195 Man könnte soweit gehen zu sagen, dass bereits im Gehirn des Wissenschaftlers Vermittlung oder Mitteilung von Wissen beginnt; die erste Stufe wäre dann die Selbstreflexion. Vgl. zu *Reflexivität und Textproduktion* Steiner, Dargestellte Autorschaft, S. 79–83.
196 Vgl. Borchardt, Wissenschaftliche Literatur, S. 8.
197 Vgl. Stichweh, Wissenschaftler, S. 73.

eigenständigen kognitiven Prozess dar, da meist erst in der textlichen Aufbereitung alle Argumentationsstränge zusammengeführt und auf ein Aussageziel hin ausgerichtet werden. Zugleich übernehmen Publikationen wichtige soziale Funktionen und sind für die „Bildung und Entwicklung wissenschaftlicher Disziplinen"[198] von Bedeutung.

Zusammenfassend kann man pointieren, dass 1. der in der Publikation formulierte Gedanke sich immer von der informell mitgeteilten Erkenntnis unterscheidet, 2. die publizierte wissenschaftliche Kommunikation zeitlich immer hinter dem informellen Diskurs zurückbleibt, 3. nur die veröffentlichte Form wissenschaftliche Relevanz besitzt und 4. der Erkenntnisgewinn selbst immer hinter der Kulisse der Publikation verborgen bleibt.

Remmert und Schneider haben darauf hingewiesen, dass bei der großen Bedeutung der Publikation im wissenschaftlichen Kommunikationssystem – wie sie auch in dieser Arbeit akzentuiert wird –, nicht übersehen werden darf, dass

> wir über einen zentralen Bereich wissenschaftlicher Kommunikation sehr unzureichend unterrichtet [sind], nämlich den Prozess des kommunizierbar Machens von Wissen, der schließlich vom Gedachten und mündlich Mitgeteilten zu den Druckerzeugnissen führt.[199]

Da also der eigentliche Erkenntnisgewinn *vor* der Publikation stattfindet, wurde von Wissenschaftsforschern, bspw. in den sog. ‚Laborstudien', kritisiert, Veröffentlichungen als alleinigen Output der Wissenschaft zu fokussieren. Die Kritik stellte gerade darauf ab, dass die Entstehung wissenschaftlichen Wissens in der Publikation verwischt würde, dass der publizierte Gedanke nie mit der informellen Erkenntnis übereinstimmt. Gleichzeitig aber wurde konstatiert, dass sich eben jene Erkenntnis nicht wesentlich von anderen Wissensformen unterscheidet. Weder aufgrund der Art seines Entstehens, noch aufgrund des ihm innewohnenden Wahrheitsgehaltes lässt sich ein Unterschied zwischen wissenschaftlichem und bspw. Erfahrungswissen feststellen. Daher entkräftet Weingart die geltend gemachte Kritik, indem er betont, dass es „gerade die besonderen Regeln des Kommunikationsprozesses [sind], die die für wissenschaftliches Wissen spezifische ‚Härtung' erklären."[200] Gerade die Abstraktionskraft und Konstruktionsleistung der Publikation machen Erkenntnisse wissenschaftlich relevant.[201] Letztlich hängt die Wissenschaftlichkeit von der Darstellungsform ab, wissenschaftliches Wissen bleibt verhandelbar, und an die Stelle autoritärer

---

198   Remmert/Schneider, Wissenschaftliches Publizieren, S. 212. Dieser Punkt wird im Zusammenhang mit unterschiedlichen Publikationsformen näher erläutert.

199   Ebd.

200   Weingart, Wissenschaftssoziologie, S. 82.

201   Vgl. ebd., S. 69.

Wahrheitsbehauptung tritt „autorschaftliches Wahrheitsstreben".[202] Der informelle Kommunikationsraum ist immer nur partiell einsehbar; die Dialogstruktur der Wissenschaft erschließt sich erst oder besser in ihrer schriftlichen Fixierung.[203]

Wissenschaftliche Literatur verhandelt und dokumentiert den kognitiven Verlauf der Wissenschaft; in geringerem Maße sind auch soziale Strukturen ablesbar.[204] Für die Wissenschaftsforschung ist jedoch der Blick hinter die Publikationen unabdingbar, will sie etwas über den Erkenntnisgewinn, verworfene Lösungsalternativen, den wissenschaftlichen Alltag oder die Entstehung wissenschaftlicher Publikationen erfahren. Diese Informationen sind freilich wiederum nur in schriftlicher Form überliefert: Tagebücher und Korrespondenzen, Autobiographien und Tagungsberichte stellen wichtiges Quellenmaterial dar.[205]

Wissenschaftliche Kommunikation findet in zwei annähernd gleich wichtigen Sphären statt: informell und in der wissenschaftlichen Publikation. Beide Sphären sind eng miteinander verbunden, unterscheiden sich aber in einem wesentlichen Punkt: Die Publikation wird ‚veröffentlicht'. Dadurch entsteht zunächst eine wissenschaftliche Öffentlichkeit, in der das publizierte Wissen verhandelt wird,[206] darüber hinaus eröffnet der wissenschaftliche Buchmarkt eine kommunikative Verbindung zur gesellschaftlichen Öffentlichkeit.[207]

Der Begriff der ‚wissenschaftlichen Öffentlichkeit' soll im Folgenden in Anlehnung an Jutta Schneider verwendet werden. Sie gebrauchte ihn synonym für ‚scientific community', eine Gleichsetzung, die denkbar, aber weniger sinnvoll erscheint, da ‚scientific community' mehr den sozialen Aspekt akzentuiert, während ‚wissenschaftliche Öffentlichkeit' als derjenige Kommunikationsraum verstanden werden soll, der sich innerhalb der Wissenschaft durch die Publikation eröffnet. Folgt man J. Schneider weiter, so ist weniger die Öffnung zum allgemeinen Publikum eine Folge der Veröffentlichung, sondern entstand wissenschaftliche Öffentlichkeit in ihrer autonomen Form erst durch Ausdifferenzierung des modernen Wissenschaftssystems aus der allgemeinen Öffentlichkeit: „Die wissenschaftliche Öffentlichkeit hat sich aus der allgemeinen, literarischen herauskristallisiert durch die Entwicklung der Wissenschaft zu einer eigenständigen Aktivität mit spezifischen Methoden und Regeln der Erkenntnisgewinnung."[208]

---

202 Steiner, Dargestellte Autorschaft, S. 99.
203 Vgl. Fleck, Entstehung und Entwicklung, S. 23.
204 Das Maß variiert mit der Publikationsform. Siehe S. 103–106.
205 Vgl. Hermann, Funktion und Bedeutung, S. XII.
206 Siehe hierzu Kap. 2.2.2.
207 Vgl. Holl, Produktion und Distribution, S. 18.
208 J. Schneider, Wissenschaftliche Öffentlichkeit, S. 7. Zur Definition von Öffentlichkeit vgl. ebd., S. 21–26: Öffentlichkeit wird von jenen gebildet, die sich über die Definition einer Situation einig sind, und wird über Kommunikation konstituiert. Was J. Schneider Einigkeit bzgl.

Somit darf die kommunikative Verbindung der Wissenschaft zur allgemeinen Öffentlichkeit nicht als bloße (und schon gar nicht als unangenehme) Konsequenz der Tatsache missverstanden werden, dass wissenschaftliche Publikationen über den privatwirtschaftlichen Buchmarkt realisiert werden. Vielmehr ist sie der wissenschaftlichen Öffentlichkeit seit jeher immanent, denn beide Öffentlichkeiten teilen „die Plattformen der Realisation, den Publikationsmarkt der Bücher und Zeitschriften."[209]

Die Konsequenz ist weniger, dass sich im gemeinen Publikum ein weiterer Absatzmarkt für wissenschaftliche Literatur erschlösse. Vielmehr unterstreicht dies die Feststellung, dass von außen nur sichtbar ist, was Wissenschaft veröffentlicht (oder öffentlich macht). Wahre kommunikative Autonomie und Freiheit genießt sie informell. Wenn Publikationen den wissenschaftlichen Kommunikationsraum grundsätzlich der Öffentlichkeit zugänglich machen, so wird diese Öffnung von verschiedenen Parametern, die sich aus der Ausdifferenzierung moderner Wissenschaft ableiten lassen, oder einfacher: die sich gerade aus der Wissenschaftlichkeit der Texte ergeben, gehemmt. Wissenschaftliche Texte sind nicht für jedermann verständlich, stark formalisierte und abstrahierende Fachsprachen erschweren schon die Mitteilung innerhalb der Wissenschaft. Viele Textsorten und -formen sind für ein breites Publikum uninteressant; die Preise für wissenschaftliche Literatur reizen nicht zum Kauf.

In erster Linie dient wissenschaftliche Literatur also tatsächlich der Verständigung innerhalb der Wissenschaft. Dennoch bestehen zwischen Wissenschaft und Öffentlichkeit Kommunikationsbedürfnisse, die in beide Richtungen adressieren. Die Wissenschaft möchte der Öffentlichkeit beweisen, dass es legitim ist, wenn die Gesellschaft Wissenschaft finanziert und ihr Autonomie und damit Selbstbestimmung zugesteht. Die Öffentlichkeit hat – neben der Politik und der Wirtschaft – Interesse an wissenschaftlichen Ergebnissen, sie fordert konkrete Problemlösungen und Mehrung der sogenannten Allgemeinbildung.

Damit erlangt wissenschaftliche Kommunikation einen weiteren Radius und Wissenspopularisierung einen Anknüpfungspunkt. Dass hier auch eine wichtige Funktion des Wissenschaftsverlegers ansetzt, soll in 2.2.3 genauer erläutert werden, aber es sei hier schon konstatiert, dass Verleger nicht nur auf die Kommunikationsbedürfnisse der Wissenschaft konstruktiv reagieren, sondern dass sie genauso Pate stehen für die Kommunikationsbedürfnisse der Öffentlichkeit.[210]

---

einer Situationsdefinition nennt, kann ins bourdieusche Vokabular mit „illusio" übersetzt werden.

209   J. Schneider, Wissenschaftliche Öffentlichkeit, S. 26.

210   Vgl. Nissen, Populäre Geschichtsschreibung, S. 35, der die Verleger als Anwälte der Öffentlichkeit versteht.

Im Zentrum wissenschaftlicher Kommunikation bilden Publikationen einen autonomen Bereich. Sowohl die informelle Wissenschaftssphäre als auch die gesellschaftliche Öffentlichkeit finden hier kommunikative Anschlussmöglichkeiten, doch bedürfen diese der Vermittlung: Informelle Kommunikation muss wissenschaftlich formuliert werden, dem allgemeinen Publikum erschließt sich wissenschaftliche Kommunikation nur über eine tendenzielle Popularisierung. Das wissenschaftliche Publikationswesen schlägt somit eine Brücke zwischen Wissenschaft und Gesellschaft, denn der informelle Kommunikationsraum ist nicht öffentlich einsehbar, übrigens weder von der allgemeinen, noch von der wissenschaftlichen Öffentlichkeit.

Die Funktionen, die von den unterschiedlichen Publikationsformen für die Wissenschaft übernommen werden, sind in der Forschungsliteratur schon vielfach thematisiert worden.[211] Im Folgenden wird daher auf eine bloße Wiederholung verzichtet. Vielmehr sollen einige Publikationsformen hinsichtlich ihrer Verortung im oben beschriebenen Kommunikationsgefüge betrachtet werden; parallel werden Unterschiede zwischen Natur- und Geisteswissenschaften skizziert, die sich hinsichtlich der Wahl und Präferenz von Publikationsformen ergeben.

Die wissenschaftliche Zeitschrift ist die Publikationsform, die am unmittelbarsten an informelle Kommunikation anknüpft. Bemerkenswert ist, dass sie in ihrer – freilich noch vormodernen – historischen Entwicklung zunächst die gelehrte Briefkultur in eine publizierte Form überführte und Mitteilungen über neuste Veröffentlichungen eine wichtige Rolle spielten. Zunehmend fanden dann Originalbeiträge Aufnahme: „Daß Originalbeiträge seit dem 19. Jahrhundert nach und nach eher in Zeitschriften als in Büchern zu finden waren, bedeutete die Anerkennung des speziellen arbeitsteiligen Charakters der Wissenschaftler."[212]

Damit übersetzte sich der moderne Charakter der Wissenschaft in die Fachzeitschrift, die fortan als permanenter Wissensspeicher und Aktualitätenblatt gleichermaßen fungierte.[213] Ihre weitere Entwicklung wurde zum einen dynamisiert von der Spannung zwischen gegenläufigen Funktionsanforderungen: Wissenschaftler und Verleger rangen um die Balance von Novitätenblatt und Repertorium, Geschwindigkeit und Verlässlichkeit, Originalität und Berichterstattung.[214] Konnte dies von einem Blatt nicht mehr geleistet werden, entstanden neue periodische Publikationsformen, wie das Referateblatt oder der

---

211 Vgl. bspw. Holl, Produktion und Distribution, S. 17–18, Jäger, Buchhandel und Wissenschaft, S. 9, Jäger, Der wissenschaftliche Verlag, S. 424–425 sowie Ronneberger, Das wissenschaftliche Buch, S. 207–210.
212 Borchardt, Wissenschaftliche Literatur, S. 11.
213 Vgl. Meinel, Wissenschaftliche Fachzeitschrift, S 137.
214 Vgl. ebd., S. 141.

Jahresbericht, wurden Originalbeiträge und Mitteilungen auf zwei Blätter trennend verteilt.

Zum anderen ist die Entwicklung der Fachzeitschrift bis heute stark von fortschreitender inhaltlicher Spezialisierung geprägt, die parallel zur Binnendifferenzierung der Wissenschaft verläuft. Dabei sind Fachzeitschriften nicht nur als publizistische Reaktionen auf wissenschaftliche Spezialisierung zu verstehen, sondern sie können auch zu „Kristallisationspunkten neuer Disziplinen" werden und sind damit „sowohl Folge als auch Voraussetzung einer Ausdifferenzierung der Wissenschaften."[215] Zugleich entstanden immer wieder allgemeinwissenschaftliche Zeitschriften, die interdisziplinäre Brücken schlagen wollten. Formale und inhaltliche Differenzierung der Zeitschriften führten letztlich zu einem quantitativen Anstieg der Titelzahlen.

Fachzeitschriften bilden einen „wesentlichen Teil des Fachdiskurses" und damit „intraprofessionelle", also wissenschaftliche Öffentlichkeit.[216] Sie dienen dabei nicht nur als kontinuierliche Foren für wissenschaftliche Beiträge, sondern können „wie eine Standarte wirken, um die sich die Mitstreiter scharen."[217] Zeitschriften sind immer Resultate der Zusammenarbeit von Verlegern, Herausgebern und Autoren. Sie konstituieren Gemeinschaft und tragen zur Schulenbildung bei.[218] Ein wesentlicher Teil wissenschaftlicher Kommunikation findet dabei informell statt: In Korrespondenzen zwischen Herausgebern und Verlegern, aber auch der Wissenschaftler (in ihrer Funktion als Herausgeber und/oder Autoren) untereinander sind die Konzeption und Gestaltung, Neugründung und Aufrechterhaltung (vor allem in ökonomisch schwierigen Zeiten) von Fachzeitschriften vieldiskutierte Themen. Wie keine andere Publikationsform bietet die Zeitschrift Einblick in den informellen Kommunikationsraum der Wissenschaft:

> Fachzeitschriften bilden soziale Strukturen in den Wissenschaften nicht nur ab, sondern prägen sie auch aus. Sie präsentieren und transportieren sowohl Hierarchien als auch Kommunikationsformen und tragen so zur Formierung professioneller und sozialer Strukturen und Öffentlichkeiten bei.[219]

In diesem Zusammenhang sind Tagungsberichte oder auch redaktionelle Beiträge aufschlussreich, da sie einen Teil informeller Kommunikation schriftlich

---

215   Stöckel, Verwissenschaftlichung der Gesellschaft, S. 13.
216   Beide Zitate ebd., S. 9.
217   Beck, Heinrich: Der wissenschaftliche Verleger. Rede zur Eröffnung der Münchner Buchausstellung 1964. IN: Börsenblatt 21/1965, Nr. 17, S. 462–464; (im Folgenden: Beck, Der wissenschaftliche Verleger), hier S. 463.
218   Vgl. zu Gemeinschaft: Stichweh, Zur Entstehung, S. 395; vgl. zu Schulenbildung: Remmert/Schneider, Eine Disziplin und ihre Verleger, S. 20.
219   Stöckel, Verwissenschaftlichung der Gesellschaft, S. 10.

fixieren und damit an einen weiteren Kreis adressieren. Aufgrund ihrer starken Verknüpfung sozialer Aspekte mit dem wissenschaftlichen Diskurs stellen Fachzeitschriften für Verleger die wichtigsten Verbindungen zur Wissenschaft dar. Sie bilden die Kernstücke von Verlagsprofilen oder einzelner Programmbereiche.

Die relativ schnelle Erscheinungsform der Fachzeitschrift, die in erster Linie Platz für vorläufige Ergebnisberichte bietet, ist zum zentralen Publikationsort der Naturwissenschaften geworden. Die Naturwissenschaften sind in ihrer Forschungsaufgabe im Wesentlichen auf die Zukunft ausgerichtet. Naturwissenschaftlicher Erkenntnisgewinn ist stark vom Fortschrittszwang geprägt, die Erkenntnisse selbst haben eine kürzere Halbwertszeit und unterliegen stärker der Revidierbarkeit bzw. Falsifizierbarkeit, als dies in den Geisteswissenschaften der Fall ist. Geisteswissenschaftliches Wissen veraltet oder gilt als überholt, wird aber seltener endgültig widerlegt oder falsifiziert und kann gelegentlich sogar wiederentdeckt werden. Die Geisteswissenschaften lassen ihre eigene Vergangenheit weniger schnell hinter sich. Wissen gewinnen sie weniger über standardisierte Methoden, sondern kreieren es mittels argumentativer Zusammenführung und Interpretation unterschiedlicher Daten und Erkenntnisse. Ihre Aussagen lassen sich weniger gut von der Autorschaft des Wissenschaftlers trennen. Daher ist die Monographie die bevorzugte Publikationsform in den Geisteswissenschaften.

Die Buchform impliziert einen gewissen Anspruch auf Vollständigkeit, Wahrhaftigkeit und Dauer.[220] Neben der Fachzeitschrift ist deshalb die Monographie die gebräuchlichste Publikationsform der Wissenschaft. Der akademische Doktorgrad ist gekoppelt an die Erstellung einer monographischen Forschungsarbeit.[221] Der Umfang einer Monographie eignet sich, größere Zusammenhänge zu bilden und ein Thema dezidierter zu erschließen.

Die materiell wie inhaltlich ausladendere Monographie ist die, gegenüber der stärker der Aktualität verschriebenen Fachzeitschrift, langsamere Publikationsform. Daher bleibt sie weiter hinter dem informellen Diskurs zurück.[222] Allerdings leistet sie in größerem Maße, was der Fachzeitschrift nur bedingt gelingen kann: Sie fügt die in den Fachzeitschriften diskutierten Erkenntnisfragmente in größere Zusammenhänge und bietet weiter greifende Deutungs-

---

220 Vgl. Stöckel, Sigrid, Wiebke Lisner und Gerlind Rüve: Vorwort. IN: Das Medium Wissenschaftszeitschrift seit dem 19. Jahrhundert. Verwissenschaftlichung der Gesellschaft – Vergesellschaftung von Wissenschaft. Hrsg. von Sigrid Stöckel, Wiebke Lisner und Gerlind Rüve. Stuttgart: Franz Steiner 2009. (= Wissenschaft, Politik und Gesellschaft, 5), S. 7.
221 Vgl. Ronneberger, Das wissenschaftliche Buch, S. 207.
222 Vgl. Fleck, Entstehung und Entwicklung, S. 163.

ansätze. [223] Daher ist sie auch die gebräuchlichste Form für Wissenschaftspopularisierung – in der vollkommensten Form als Sachbuch.

Noch weiter hinter dem informellen Diskussionsstand bleiben die Lehrbücher zurück, sie sind gewissermaßen von diesem abgekoppelt. Denn Lehrbücher enthalten in erster Linie den geltenden Wissenskanon einer Disziplin und
wollen bzw. sollen nicht am aktuellen Diskurs teilnehmen. Das Lehrbuch überwindet das hierarchische Gefälle zwischen Lehrenden und wissenschaftlichem
Nachwuchs, das zugleich ein soziales wie kognitives Gefälle ist. Studenten müssen erst in das Kommunikationssystem der Wissenschaft integriert werden. Die
inhaltlichen Grundlagen werden in großen Übersichtsvorlesungen und eben
durch das Lehrbuch vermittelt; Letzteres entsteht nicht selten aus Ersterem. Für
Lehrbücher stehen oft die Autoritäten einer Disziplin als Autoren mit ihrem
Namen Pate.[224]

Das Lehrbuch ist in den Naturwissenschaften wesentlich verbreiteter als in
den Geisteswissenschaften, wo man sich vielmehr auf die ‚Klassiker' des Fachs
beruft. Kuhn erklärte dieses Phänomen mit dem vorparadigmatischen Stadium
wissenschaftlicher Disziplinen. Zwar beziehen sich Kuhns Überlegungen explizit auf die Naturwissenschaften, eine entsprechende Analogie zu den Geisteswissenschaften deutet er aber an.[225] Allerdings gliche es einem argumentativen
Kurzschluss, wolle man den Lehrbuchmangel in den Geisteswissenschaften mit
deren vorparadigmatischer Erscheinungsform erklären. Diese Diagnose würde
dem Wesen der Geisteswissenschaft nicht gerecht, suggeriert sie doch, dass es
den Geisteswissenschaften (noch) an der nötigen Reife fehle, um wissenschaftlich relevante Aussagen treffen zu können. Vielmehr muss anerkannt werden,
dass ein stetes Ringen um Konsens nicht nur zum Wesen der Geisteswissenschaft gehört, sondern auch eine ihrer zentralen Aufgaben ist. [226]

2.2.2   Die essenzielle Bedeutung der Publikation in der Wissenschaft

Wissenschaftliche Literatur übernimmt als papierne Essenz der Wissenschaft
zentrale Funktionen: Sie filtert die wissenschaftlich relevanten Aussagen aus
dem informellen Kommunikationsraum, führt diese der wissenschaftlichen
Öffentlichkeit zu und ermöglicht so den Diskurs, den sie gleichzeitig dokumentiert, und letztlich speichert sie wissenschaftlich relevantes Wissen und stellt es
in größeren Zusammenhängen dar. Die wissenschaftliche Publikation ist jedoch

223   Vgl. Fleck, Entstehung und Entwicklung, S. 156.
224   Und andersrum stützt es die Reputation eines Wissenschaftlers, Autor eines Lehrbuchs zu
        sein.
225   Vgl. Kuhn, Wissenschaftliche Revolutionen, S. 34–35.
226   Freilich ist dies nicht zwingend so im Selbstverständnis der (Geistes-)Wissenschaftler veran-
        kert. Die Krise der Geisteswissenschaft um 1900 geht einher mit der Bewusstwerdung, dass
        man zu keinem umfassenden Deutungsmuster gelangen kann.

mehr als ein bloßes Vehikel des Wissens. In ihr manifestiert sich das Ethos moderner Wissenschaft; wissenschaftliche Publizität korrespondiert mit Wissenschaftlichkeit per se. Nur was publiziert ist, gilt als wissenschaftlich existent.[227] Gleichzeitig sichert die Veröffentlichung wissenschaftlicher Erkenntnisse diese als intellektuelles Eigentum des Autors.[228] Ab dem Erscheinungszeitpunkt wird dieses Eigentum vom wissenschaftlichen Publikationsbetrieb durch Zitation respektiert.

Mit der Publikation verortet sich der Wissenschaftler im synchronen und diachronen Kommunikationszusammenhang der Wissenschaft. Als Autor muss er sich in die Tradition früherer Publikationen stellen, indem er die Erkenntnisse der Forschung anerkennt oder widerlegt und daraus seine eigene Argumentation generiert. Durch Zitation schafft er so das ‚Skelett' seiner Publikation, welches das „Netzwerk der Interaktion von Publikationen, aus dem jede neue Publikation hervorgeht" beschreibt;

> aber es [i. e. das Netzwerk; EF] wird von ihnen [i. e. den neuen Publikationen; EF] gleichzeitig auch *hervorgebracht,* da dieses Netzwerk von Interaktionen keine Existenz unabhängig von den Beschreibungen, die von ihm angefertigt werden, besitzt und sich im übrigen durch die Veränderungen, die seine Beschreibungen von Publikation zu Publikation erfahren, auch ständig umstrukturiert.[229]

Das sich ständig neustrukturierende Netzwerk spiegelt den Verhandlungsraum der wissenschaftlichen Öffentlichkeit dar. Die Publikation wird so zur sozialen Handlung des Wissenschaftlers, die seine Teilnahme am wissenschaftlichen Diskurs dokumentiert.[230] Will man den Bezug auf frühere Erkenntnisse als ‚Skelett' verstehen, so stellt der eigene Erkenntnisgewinn gewissermaßen das ‚Fleisch' einer Publikation dar. Auf diesen muss die Publikation letztlich reduzierbar sein, um selbst zitierfähig zu werden. Somit unterliegt jede wissenschaftliche Publikation einem Fortschrittszwang[231] – denn im diachronen Kommunikationszusammenhang steht sie auch mit zukünftigen Publikationen –, und der Endzweck moderner Wissenschaft ist Wissensfortschritt. [232] Zugleich entlastet der diachrone Bezug den Autor, indem er sich auf bereits Gesagtes und den jeweiligen Wissensstand stützen kann;[233] andererseits ist eine wissenschaftliche Abhandlung ohne Bezug auf vorangegangene Publikationen kaum möglich, denn: „Je-

---

227 Vgl. Stichweh, Wissenschaft, S. 69, Felt et al., Wissenschaftsforschung, S. 66, Kuhn, Wissenschaftliche Revolutionen, S. 66 und Borchardt, Wissenschaftliche Literatur, S. 7–8.
228 Vgl. Felt et al., Wissenschaftsforschung, S. 66.
229 Stichweh, Wissenschaft, Universität, Professionen, S. 66. (Hervorhebung im Original)
230 Vgl. Stichweh, Zur Entstehung, S. 394.
231 Vgl. Fabian, Wissenschaftliche Literatur heute, S. 170.
232 Vgl. Stichweh, Wissenschaft, S. 67–68.
233 Vgl. Steiner, Dargestellte Autorschaft, S. 54–57.

der Forscher steht auf den Schultern vieler anderer – die meisten kennt er gar nicht. Aber einige zitiert er."[234]

Nachdem der Autor per Zitation vorangegangenen Forschungsleistungen Anerkennung gezollt hat, fordert er diese Anerkennung nun für sich selbst ein. Es geht hierbei um die Zuschreibung individueller Leistungen, die nach dem Ethos der Wissenschaft ab dem Zeitpunkt ihrer Veröffentlichung in den gemeinsamen Wissensbesitz übergehen. Die Anerkennung durch die Kollegen ist gewissermaßen die Gegenleistung für die Überantwortung der Eigenleistung in die wissenschaftliche Öffentlichkeit.[235] Nach deutschem Recht entsteht durch die Publikation geistiges Eigentum, das dem Autor zugesprochen wird, sich aber auf die Darstellungsform bezieht. Der Inhalt wird im wissenschaftlichen Sinn zum Allgemeingut, dessen Herkunft aber durch Zitation immer wieder anerkannt werden muss.

Ist die Publikation dem Verhandlungsraum der wissenschaftlichen Öffentlichkeit überantwortet, wird der von ihr vermittelte Inhalt von anderen Wissenschaftlern rezipiert und beurteilt.[236] An dieser Stelle kommt der ‚organisierte Skeptizismus' des wissenschaftlichen Ethos zum Tragen: Der Wissenschaftler muss seinen Weg zur Erkenntnis nachzeichnen und damit nachvollziehbar und überprüfbar machen.[237] Wissenschaftliches Wissen muss intersubjektiv kritisierbar sein.[238]

Überprüft wird nicht nur der Inhalt, sondern in mindestens ebenso starkem Maße die formale Wissenschaftlichkeit des Textes. Wissenschaftliche Publikationen werden somit inhaltlich wie formal nach den Kriterien der Wissenschaft beurteilt, wobei Wissenschaft selbst diese Kriterien aufstellt.[239] Damit bestimmt Wissenschaft selbst, wer mit welcher Relevanz an wissenschaftlicher Kommunikation teilnimmt.[240] Diese Entscheidungen „haben keine demokratische Legitimationsgrundlage, sondern sind auf die sich aus der institutionellen Zielsetzung ergebenden Relevanzkriterien bezogen."[241] Erst die professionalisierte Form moderner Wissenschaft

---

234   Borchardt, Wissenschaftliche Literatur, S. 11, Bezug nehmend auf eine alt tradierte Metapher der Wissenschaftsgeschichte, nach der jeder Wissenschaftler einem Zwerg gleiche, der nur auf den Schultern von Riesen stehend weiter als diese blicken könne.
235   Vgl. Felt et al., Wissenschaftsforschung, S. 67.
236   Vgl. Sichweh, Wissenschaft, Universität, Professionen, S. 61 und Holl, Produktion und Distribution, S. 14–15.
237   Vgl. Storer, Kritische Aspekte, S. 106, Steiner, Dargestellte Autorschaft, S. 9, J. Schneider, Wissenschaftliche Öffentlichkeit, S. 5 sowie Fleck, Entstehung und Entwicklung, S. 157.
238   Vgl. Stehr, Mertons Wissenschaftssoziologie, S. 14.
239   Vgl. J. Schneider, Wissenschaftliche Öffentlichkeit, S. 19 und 31.
240   Vgl. Weingart, Wissenschaftssoziologie, S. 32–34.
241   J. Schneider, Wissenschaftliche Öffentlichkeit, S. 12.

macht eine spezifische Sanktionierbarkeit von Normverletzungen möglich. Die Sanktionen betreffen die Eigenschaft als Wissenschaftler – nicht Menschen schlechthin – und können bis zum Verlust dieser Eigenschaft und damit nicht zuletzt der Existenzgrundlage gehen.[242]

Über die wissenschaftliche Öffentlichkeit wird wissenschaftliche Kommunikation kontrollier- und steuerbar. Hierbei verknüpfen sich kognitive und soziale Aspekte miteinander, indem die Publikation zunächst die individuelle Forschungsleistung anerkennt, was weiter zur Grundlage von Reputationszuweisung wird.[243] Die Reputation eines Wissenschaftlers aber ordnet ihn im hierarchischen Gefüge der Wissenschaft ein:

> Die Publikation ist das Produkt, in dem sich die wissenschaftliche Leistung eines Wissenschaftlers niederschlägt. Sie ist, wenn nicht die alleinige, so doch die unumstritten wichtigste Form der Dokumentation von wissenschaftlicher Produktivität und damit das Beurteilungskriterium für einen Wissenschaftler schlechthin.[244]

Reputation ist symbolisches Kapital, auf dem wissenschaftliche Karrieren aufbauen. Stellenzuweisungen und Ressourcenvergaben richten sich nach dem Ansehen eines Wissenschaftlers. Außerdem weist Reputation einen gewissen Kredit auf Wissenschaftlichkeit zu. Dieses Phänomen hat Merton als ‚Matthäus-Effekt‘ beschrieben.[245] Renommierte Namen gelten im unüberschaubaren Publikationenmeer als Orientierungshilfen und Selektionskriterien bei der Lektürewahl. Mit der Veröffentlichung erhebt der Autor einen Prioritätsanpruch, der in der Wissenschaftsgeschichte immer wieder zu gewichtigen Streitfällen führt,[246] da die Anerkennung der Eigenleistung letztlich nicht nur Reputation, sondern auch akademische Stellung und ökonomischen Nutzen sichert.[247]

Gleichzeitig ist Wissenschaft auf Kooperation angewiesen. Ethisch ist der Wissenschaftler am stärksten der Uneigennützigkeit verpflichtet, sie bildet die ‚Illusio‘ des wissenschaftlichen Feldes. In Prioritätsstreitfällen kann es daher im Selbstverständnis des Wissenschaftlers nie um seinen Ruhm oder seinen öko-

---

242 J. Schneider, Wissenschaftliche Öffentlichkeit, S. 12.
243 Vgl. Luhmann, Selbststeuerung der Wissenschaft, S. 163.
244 Schubert, Der Wissenschaftler und seine Publikationen, S. 36.
245 Vgl. ausführlich das Kapitel *Der Matthäus-Effekt in der Wissenschaft* bei Merton, Entwicklung und Wandel, S. 147–171. Der Name des Phänomens bezieht sich auf die Stelle im Matthäus-Evangelium: „Denn wer da hat, dem wird gegeben werden, und er wird die Fülle haben; wer aber nicht hat, dem wird auch, was er hat, genommen werden." (Mt 25, 29)
246 Vgl. ausführlich das Kapitel über die *Ambivalenz des Wissenschaftlers* bei Merton, Entwicklung und Wandel, S. 117–146.
247 Vgl. Steiner, Dargestellte Autorschaft, S. 40. Da naturwissenschaftliche Ergebnisse industriell genutzt werden (können), sind Prioritätsansprüche auch in ihrer finanziellen Auswirkung von Bedeutung. Auch hierbei setzen Wissenschaftler auf die Schnelligkeit der Fachzeitschriften.

nomischen Nutzen gehen. Den Widerstreit zwischen dem Verlangen nach Anerkennung und der Verpflichtung zur Uneigennützigkeit hat Merton als ‚Ambivalenz des Wissenschaftlers' beschrieben. Allerdings stellen diese Gegenkräfte im Sinne der Wissenschaftlichkeit keinen Widerspruch dar:

> Das Interesse an Anerkennung steht also im allgemeinen nicht im Widerspruch zur Hingabe an die Wissenschaft, es ist im Gegenteil ein direkter Ausdruck dieser Haltung. Das wird nur deutlich, wenn man sich nicht damit begnügt, dieses Interesse als Ausdruck von Eitelkeit oder Selbstverherrlichung zu bezeichnen, sondern weitergeht und erkennt, daß die Anerkennung von Leistung durch sachkundige Andere soziologisch gesehen einen Mechanismus zur gesellschaftlichen Bestätigung dieser Leistung darstellt. Die Wissenschaft ist in sich eine soziale Welt, keine Ansammlung solipsistischer Welten. Kontinuierliche Bewertung von geleisteter Arbeit und Anerkennung von guter Arbeit bilden einen der Mechanismen, die die Welt der Wissenschaft zusammenhalten.[248]

Konkurrenz und Kooperation dynamisieren das moderne Wissenschaftssystem und garantieren gleichermaßen seine Funktionstüchtigkeit. Und: „Das Medium von Konkurrenz und Kooperation ist vor allem die wissenschaftliche Literatur."[249] Im nächsten Unterkapitel wird sich zeigen, dass die Dynamisierung durch gegenläufige Motivationen sich, analog zur Ambivalenz des Wissenschaftlers, in den Strukturen des wissenschaftlichen Buchmarktes wiederfindet.

2.2.3   Der wissenschaftliche Buchmarkt

Der wissenschaftliche Buchmarkt hat sich parallel zum modernen Wissenschaftssystem ausdifferenziert.[250] Es entstand ein höchst leistungsfähiges Publikationssystem, auf das die Wissenschaft mit Selbstverständlichkeit zurückgreift, ja mit Sorglosigkeit, die wiederum die Funktionstüchtigkeit des Systems bekundet.[251] Knut Borchardt vertritt sogar die These, „daß die Organisation des deutschen wissenschaftlichen Schrifttums an der Weltgeltung der deutschsprachigen

---

248   Merton, Entwicklung und Wandel, S. 132.
249   Borchardt, Wissenschaftliche Literatur, S. 9.
250   Da sich die einzelnen Disziplinen unterschiedlich schnell differenzierten, wurde die Spezialisierung der Verlage von denjenigen angetrieben, die sich im Verlauf des 19. Jahrhunderts relativ früh oder rasch als Disziplin etablierten: Jura, Medizin, Naturwissenschaften, Ingenieur-/Technikwissenschaften. Vgl. Jäger, Georg: Der Universal-, Fakultäten- und Universitätsverlag. IN: Geschichte des deutschen Buchhandels im 19. und 20. Jahrhundert. Das Kaiserreich 1870–1918 [sic!], Teil 1. Hrsg. von Georg Jäger. Frankfurt/Main: Buchhändler-Vereinigung 2001, S. 406–422; (im Folgenden: Jäger, Universalverlag), hier S. 406, Remmert/Schneider, Eine Disziplin und ihre Verleger, S. 13 und 21.
251   Vgl. Borchardt, Wissenschaftliche Literatur, S. 27 und Remmert/Schneider, Eine Disziplin und ihre Verleger, S. 10.

Beiträge einen großen Anteil gehabt hat."[252] Die Funktionalität des wissenschaftlichen Publikationssystems aber lässt sich daran messen, wie gut es seine Hauptaufgaben der Materialisierung und Verbreitung wissenschaftlicher Kommunikation erfüllt.[253]

Wissenschaftliche Publikationen wurden zunächst in Universalverlagen realisiert, die sowohl wissenschaftliche als auch belletristische Literatur verlegten. Universitäts- oder Fakultätsverlage, die sich zwar auf wissenschaftliche Werke konzentrierten, richteten ihre Verlagsprogramme aber an den lokalen Kommunikationsbedürfnissen der Universität ihrer Stadt aus.[254] In den 1860er Jahren setzte dann eine Spezialisierung der Verlagsprofile auf einzelne oder wenige Disziplinen ein, die lokale Bindung wurde zugunsten einer disziplinären Ausrichtung vernachlässigt.[255] Dies ist zum einen zu verstehen als Reaktion der Verlage auf die steigende Publikationsflut, die nicht nur auf Seiten der Wissenschaft eine Herausforderung hinsichtlich der quantitativen Bewältigung darstellte. Zum anderen verwirklichten die Verlage damit eine qualitative Profilierung gegenüber der Konkurrenz und dem Buchhandel.[256]

Der Wandel zum Spezialverlag korrespondierte mit einer allgemeinen Wachstumsphase des Buchmarktes,

> dessen Grundlage im wesentlichen ein expandierendes und sich pluralisierendes Buch-, Zeitschriften- und Zeitungswesen bildete. Der Markt als „Basisinstitution", als treibende Kraft wie als Regulator kulturellen Lebens, erreichte [...] spätestens seit der Reichsgründung nahezu alle Institutionen des Geisteslebens und machte auch vor dem finanzpolitisch stark an den Staat gebundenen Bildungswesen nicht halt.[257]

Im gleichen Zuge formierte sich die wilhelminische Öffentlichkeit zur marktrelevanten Größe.[258] Mit gezielter staatlicher Forschungsförderung sowie einem

---

252 Borchardt, Wissenschaftliche Literatur, S. 10.
253 Vgl. Ronneberger, Das wissenschaftliche Buch, S. 210.
254 Vgl. Jäger, Universalverlag, S. 406–422.
255 Vgl. Knappenberger-Jans, Verlagspolitik und Wissenschaft, S. 11, Estermann, Monika und Ute Schneider: Wissenschaft und Buchhandel. Wechselwirkungen. Einleitung. IN: Wissenschaftsverlage zwischen Professionalisierung und Popularisierung. Hrsg. von Monika Estermann und Ute Schneider. Wiesbaden: Harrassowitz 2007. (= Wolfenbütteler Schriften zur Geschichte des Buchwesens, 41), S. 7–12; (im Folgenden: Estermann/Schneider, Wissenschaft und Buchhandel), hier S. 8.
256 Vgl. Schneider, Ute: Mathematik im Verlag B.G. Teubner. Strategien der Programmprofilierung auf einem Teilmarkt während des Kaiserreichs. IN: Wissenschaftsverlage zwischen Professionalisierung und Popularisierung. Hrsg. von Monika Estermann und Ute Schneider. Wiesbaden: Harrassowitz 2007. (= Wolfenbütteler Schriften zur Geschichte des Buchwesens, 41), S. 129–145; (im Folgenden: Schneider, Mathematik), hier S. 130.
257 Müller, Wissenschaft und Markt, S. 5. Müller bezieht sich hier auf Hans-Ulrich Wehler.
258 Vgl. ebd., 213.

generellen Erstarken kapitalistischer Kräfte stellte der Zeitraum von 1890 bis 1914 damit die „entscheidende Formierungsphase für das großbetriebliche Bildungs- und Wissenschaftssystem" [259] dar. Helen Müller spricht in diesem Zusammenhang auch von einer Industrialisierung oder Kapitalisierung der Wissenschaft.[260]

Das ökonomische Moment des wissenschaftlichen Buchhandels wurde Anfang des 20. Jahrhunderts erstmals im sog. ‚Bücher-Streit' auf institutioneller Ebene öffentlich diskutiert.[261] Hierbei trat auch die Branchenmacht der Wissenschaftsverleger zu Tage, die auf ihrer Bindung an die starke Autonomie des Wissenschaftssystems und ihrer relativen Unabhängigkeit vom Sortimentsbuchhandel basierte.[262] Wissenschaftlich spezialisierte Buchhandlungen spielten in Universitätsstädten eine Rolle, sonst weniger. Der Zwischenhandel hatte sich dagegen gar nicht spezialisiert.[263] Die Verlage stehen daher – und auch als direkte Verhandlungspartner der wissenschaftlichen Autoren – im Fokus der folgenden Betrachtungen. Für den wissenschaftlichen Buchmarkt ist außerdem wichtig, dass die Hauptabnehmer wissenschaftlicher Literatur die wissenschaftlichen Bibliotheken sind. Diese wurden zunächst von den Professoren geleitet. Mit Anstieg der Publikationsflut bedurfte es einer anderen personellen Lösung, so dass sich ab 1870 das Berufsbild des hauptamtlichen Bibliotheksleiters ausdifferenzierte.[264]

Die Wirtschaftskrise nach dem Ersten Weltkrieg forderte die ökonomische Kompetenz des wissenschaftlichen Buchmarkts in besonderem Maße, es kam zu „grundlegenden Strukturveränderungen".[265] Der Prozess der Spezialisierung setzte sich in dieser Phase als Konzentrationsbewegung fort.[266] Dabei konnten mehrere Verlage unter einem Dach vereint werden, wobei die einzelnen Verlage weiterhin unter ihrem etablierten Namen firmierten, womit die Profilierung gewahrt blieb (de Gruyter). Auch vertikale Diversifikation durch Ankäufe herstellender Betriebe stärkte die Marktmacht (Springer).

---

259 Müller, Wissenschaft und Markt, S. 7.
260 Vgl. ebd.
261 Vgl. zum ‚Bücher-Streit': Fritzsch, Alexandra (2006): Wissenschaft, Verlage und Buchhandel. Der Bücher-Streit 1903. IN: Olaf Blaschke (Hrsg.): Geschichtswissenschaft und Buchhandel in der Krisenspirale? Eine Inspektion des Feldes in historischer, internationaler und wirtschaftlicher Perspektive. München: Oldenbourg, S. 21–32; (im Folgenden: Fritzsch, Bücher-Streit).
262 Vgl. Beck, Der wissenschaftliche Verleger, S. 464 und Jäger, Buchhandel und Wissenschaft, S. 6.
263 Vgl. ebd., S. 29.
264 Vgl. Finger, Heinz: Bücher und Gelehrte an der Wende vom 19. zum 20. Jahrhundert. Der große Wandel im Kommunikationssystem der Universitäten. IN: Gutenberg-Jahrbuch 68/ 1993, S. 356–370, hier S. 359–360.
265 Knappenberger-Jans, Verlagspolitik und Wissenschaft, S. 12.
266 Vgl. Schneider, Der wissenschaftliche Verlag, S. 389.

Das Selbstverständnis der Wissenschaftsverleger wurde im 19. Jahrhundert maßgeblich dadurch geprägt, dass sie derselben gesellschaftlichen Schicht, dem Bildungsbürgertum angehörten wie ihre Autoren. In den Universitätsstädten war der gesellschaftliche Umgang von Universitätsprofessoren und Verlegern alltäglich. Man fühlte sich denselben bildungsbürgerlichen Werten verpflichtet. Zu diesen gehörte selbstverständlich auch der allgemeine Wissenschaftsglaube und Fortschrittsoptimismus.[267] Verstanden sich Verleger generell als Kulturträger der Nation, so wurde dies durch die direkte Bindung an die Wissenschaft – als wichtigste Quelle der Bildung – noch verstärkt. Das begründete auch die dominante Stellung der Wissenschaftsverleger in ihrer Branche.[268]

Im Verlegerberuf verbinden sich stets Wirtschaft und Idealismus miteinander.[269] Der Wissenschaftsverleger steht im Dienst der Wissenschaft, muss aber immer auch ökonomisch handeln. Alle verlegerischen Entscheidungen finden in diesem grundsätzlichen Spannungsfeld zwischen Idealismus und Ökonomie statt und sind im Einzelnen mal mehr von der einen, mal mehr von der anderen Größe gelenkt. Gewöhnlich löst sich diese Spannung für den Verleger mit dem Bekenntnis zur Mischkalkulation auf.[270]

Durch seine Verdienste für die Wissenschaft wächst die Reputation des Verlegers. Da er denselben Werten verpflichtet ist, bildet seine Reputation einen Orientierungspunkt im Publikationssystem und stabilisiert gleichzeitig das Wertesystem.[271] Genauso dient ihm die Reputationsverteilung im Wissenschaftssystem als Orientierungshilfe: Renommierte Autorennamen stützen und mehren die Reputation des Verlags. Hat der Verlag selbst wissenschaftlich relevantes Ansehen erlangt, stützt und mehrt er das Ansehen seiner Autoren. Diese wechselseitige Reputationszuweisung kann symbolhaft gipfeln in der Vergabe von Ehrendoktorwürden an Verleger: „Der Ehrendoktor zählte für den Wissenschaftsverleger zur gängigen Abrundung seines Lebenslaufs. Er besiegelte den geglückten Brückenschlag zwischen dem Verlag und der Wissenschaft."[272] Ähnlich wie in der Wissenschaft ist die Reputation des Verlegers als Kredit zu verstehen. Ein renommierter Verlagsname beeinflusst die Einkaufsentscheidung von Bibliotheken und dient als Kriterium bei der Lektüreselektion. Dieser Vertrauensvorschuss bildet symbolisches Kapital und wird daher nicht leichtsinnig verspielt werden.[273]

---

267 Vgl. Müller, Wissenschaft und Markt, S. 61.
268 Vgl. ebd., S. 80, Jäger, Der Verleger und sein Unternehmen, S. 232 und 235 sowie Nissen, Populäre Geschichtsschreibung, S. 79–85.
269 Vgl. Müller, Wissenschaft und Markt, S. 5.
270 Vgl. Jäger, Der Verleger und sein Unternehmen, S. 216.
271 Vgl. Fohrmann, Gelehrte Kommunikation, S. 15.
272 Jäger, Der Verleger und sein Unternehmen, S. 238. Vgl. auch Schneider, Mathematik, S. 141: Die Ausschreibung von Wissenschaftspreisen durch Verleger ist analog zu bewerten.
273 Vgl. Borchardt, Wissenschaftliche Literatur, S. 14.

Gemäß seiner Grundfunktion übernimmt der wissenschaftliche Buchmarkt die Herstellung und Vertreibung wissenschaftlicher Publikationen, wobei er den unterschiedlichen Kommunikationsbedürfnissen mit geeigneten Editionsformen begegnet.[274] Volker Remmert und Ute Schneider konnten am Fallbeispiel der Mathematik aufzeigen, dass Verlage darüber hinaus auch eine soziale Funktion hinsichtlich der Konsolidierung und Kodifizierung von Disziplinen übernehmen.[275] Doch auch der gegenläufige Prozess ist beobachtbar, wie Knappenberger-Jans am Fallbeispiel des Verlags J. C. B. Mohr (Paul Siebeck) feststellen konnte:

> Der Verlag bemerkte die nachlassende Bedeutung einer etablierten Fachrichtung am zurückgehenden Absatz und reagierte mit dem Abbau der angelegten Strukturen: Er konzentrierte zum Beispiel die Themenfelder mehrerer Spezialzeitschriften auf einen einzigen Titel, verweigerte neue Auflagen von Sammelwerken oder bot schlechtere Honorarbedingungen an.[276]

Wissenschaftsverleger unterstützen die Wissenschaft damit nicht nur durch reaktive Dienstleistungen. Durch unterschiedliche Publikationsformen, wie bspw. wissenschaftliche Reihen oder Fachzeitschriften, sowie die systematische Ausrichtung ihrer Verlagsprogramme organisieren sie wissenschaftliche Kommunikation und tragen zur Ordnung des Wissens bei, indem sie „der scientific community ihr Spiegelbild in Form von Publikationen [vorhalten]".[277] Darüber hinaus werden Manuskripte von Verlegern angeregt.[278] Allerdings können Verlage keine Forschung initiieren, „sondern lediglich die literarische Verarbeitung von wissenschaftlichen Ergebnissen."[279]

Des Weiteren stellt der wissenschaftliche Buchmarkt dem Wissenschaftssystem seine ökonomische und logistische Kompetenz zur Verfügung. Damit ist weit mehr gemeint, als dass Verlage und Sortimenter aus der materiellen Auswertung wissenschaftlicher Kommunikation Profite schlagen. Programmgestaltung und in geringerem Maße Sortimentsauswahl bilden wichtige Selektionspunkte, die durchaus eine Rückwirkung auf die Wissenschaft haben können. Der wissenschaftliche Buchmarkt fungiert somit als „ökonomischer Filter".[280] Keineswegs banal ist die Feststellung, dass der Buchmarkt Werbung für das

---

274   Vgl. Schneider, Mathematik, S. 129, Holl, Produktion und Distribution, S. 11 sowie Knappenberger-Jans, Verlagspolitik und Wissenschaft, S. 12–13.
275   Vgl. Remmert/Schneider, Eine Disziplin und ihre Verleger, S. 10 und 43 sowie Schneider, Mathematik, S. 129.
276   Knappenberger-Jans, Verlagspolitik und Wissenschaft, S. 16.
277   Schneider, Mathematik, S. 144.
278   Vgl. Meyer-Dohm, Wissenschaftliche Literatur, S. 23 und Estermann/Schneider, Wissenschaft und Buchhandel, S. 7.
279   J. Schneider, Wissenschaftliche Öffentlichkeit, S. 256.
280   Vgl. Holl, Produktion und Distribution, S. 20.

wissenschaftliche Buch macht, was dem Wissenschaftler aufgrund seiner ethischen Verpflichtung zu Bescheidenheit und Uneigennützigkeit nur in begrenztem Maße möglich ist. Im Gegenzug ist die Bindung der Verleger an die Werte und Strukturen der Wissenschaft vorteilhaft, auch wenn

> die Bedingungen der Verlagstätigkeit […] nicht unabhängig von der spezifischen Ware [sind], die dem ökonomischen Handel gewisse Grenzen auferlegt, und die nicht unbedingt mit den auf dem allgemeinen Warenmarkt üblichen Mitteln verändert werden können.[281]

Mit anderen Worten wirken sich die Vorgaben des recht autonomen Wissenschaftssystems gegenüber den ökonomischen Zielgrößen hemmend aus. Dennoch stellt das wissenschaftliche Publikationswesen einen lukrativen Markt dar. In quantitativer Hinsicht sichert die von Wissenschaftsseite so oft beklagte Publikationsflut als nicht abreißender Strom von Manuskripten die Produktion.[282] Zudem ist die Wissenschaft selbst beständiger Hauptabnehmer ihrer eigenen literarischen Produkte. Marktstrukturen und Zielgruppen sind für den Verleger gut kalkulierbar. Qualitativ kann man wissenschaftlicher Literatur einen gewissen Monopolcharakter zusprechen,[283] der sich aus Verlegersicht positiv auf die Preisgestaltung auswirkt. Aus der Bindung an das wissenschaftliche Ethos kann der Verleger zudem symbolisches Kapital in Form von Reputation ‚erwirtschaften‘.

Kapitaltransformationen im bourdieuschen Sinne lassen sich anhand des wissenschaftlichen Buchmarktes sehr gut beschreiben: Wissenschaftler verfügen über kulturelles Kapital in Form von Bildung. Diese ist über einen zeitintensiven individuellen Lern- und Ausbildungsprozess stark mit der Person verbunden, d. h. inkorporiert. Wird das inkorporierte Kulturkapital in akademische Titel transformiert, ist es institutionalisiertes Kulturkapital. Eine weitere Übertragungsmöglichkeit liegt in wissenschaftlichen Publikationen, die objektiviertes Kulturkapital sind.[284]

Über den Marktwert eines Wissenschaftlers entscheidet,

> daß der Besitz eines großen kulturellen Kapitals als „etwas besonderes" aufgefaßt wird und deshalb zur Basis für weitere materielle und symbolische Profite wird: Wer über eine bestimmte Kulturkompetenz verfügt, […], gewinnt aufgrund seiner

---

281   J. Schneider, Wissenschaftliche Öffentlichkeit, S. 217.
282   Vgl. Holl, Produktion und Distribution, S. 27.
283   Vgl. Meyer-Dohm, Wissenschaftliche Literatur, S. 29–33.
284   Vgl. Bourdieu, Kapital, S. 185–190.

Position in der Verteilungsstruktur des kulturellen Kapitals einen Seltenheitswert, aus dem sich Extraprofite ziehen lassen.[285]

Die Bildung eines Wissenschaftlers besitzt umso mehr Monopolcharakter, je spezieller sein Wissen ist. Aus der Sicht des Verlegers ist er als Autor nicht austauschbar:

> Selten wird ein Autor von sich aus seine Verpflichtung lösen, aber nur allzu oft stirbt er, bevor sein Vertrag erfüllt ist. Manche Aufträge sind freilich schon dadurch an die Person gebunden, daß es keinen zweiten Gelehrten gibt, dem man die Erfüllung zutrauen könnte.[286]

Auf dem wissenschaftlichen Buchmarkt kann sich Bildung als Manuskript von der Person des Wissenschaftlers lösen und in Form eines Buches zur Handelsware werden.[287] Der Doppelcharakter des Buches kommt im Falle wissenschaftlicher Publikationen insofern zum Tragen, dass sie als objektivierte Kulturgüter somit auch zum ökonomischen Kapital werden. Für diesen Transformationsprozess muss Arbeit aufgewendet werden, Ort der Leistungserbringung ist das Feld des wissenschaftlichen Buchmarktes, auf dem Wissenschaftler und Verleger kooperieren und miteinander ringen. Darüber hinaus können Verleger personell gebundene Kulturkompetenz für ihr Unternehmen ökonomisch nutzbar machen, indem sie Wissenschaftler als Berater, Herausgeber und Redakteure beschäftigen. Nicht zuletzt in dieser personellen Kooperation zeigt sich das Ineinandergreifen wissenschaftlicher und ökonomischer Motive.

Sowohl Verleger als auch Wissenschaftler agieren immer aufgrund beider Motivationen: Der Verleger stellt sich in den Dienst der Wissenschaft, muss aber immer auch ökonomisch handeln;[288] der Wissenschaftler wird vom wissenschaftlichen Ethos geleitet, verfolgt aber ebenso ökonomische Interessen, indem bspw. Publikationen Grundlage seiner Reputation sind, die ihm akademische Stellung verschafft und damit seine Existenzgrundlage sichert.[289] Dennoch ist der einzelne Akteur einer Motivation stärker verschrieben, was sich vor allem im konkreten Fall und besonders gut in (ökonomischen) Krisenzeiten zeigt.

Die grundsätzliche Spannung zwischen Idealismus und Ökonomie entlädt sich auch auf dem wissenschaftlichen Buchmarkt nicht selten in den Autor-Verleger-Korrespondenzen. Dabei weisen Streitpunkte und Argumentationen Parallelen zum belletristischen Autor-Verleger-Verhältnis auf. Ein Verleger kann sich Mischkalkulation nur in begrenztem Rahmen leisten, letztlich bleibt er

---

285   Bourdieu, Kapital, S. 187.
286   Beck, Der wissenschaftliche Verleger, S. 467.
287   Vgl. Holl, Produktion und Distribution, S. 20–21.
288   Vgl. Meyer-Dohm, Wissenschaftliche Literatur, S. 15.
289   Vgl. bspw. Borchardt, Wissenschaftliche Literatur. S. 23.

der Ökonomie verpflichtet. Dies wird ihm vom Autor nicht selten als Unverständnis für das den Autor bindende Ideal ausgelegt. Gleichzeitig haben Wissenschaftler eine hohe Erwartungshaltung gegenüber ihren Verlegern;[290] dass diese ebenfalls nach dem Ideal der Wissenschaft handeln, setzen sie als selbstverständlich voraus. Dabei fehlt ihnen mitunter das Verständnis für die wirtschaftlichen Zwänge des Verlegers.

In Krisenzeiten – wie bspw. der sog. ‚Bücher-Streit' oder die Inflation nach dem Ersten Weltkrieg – entladen sich die Spannungen kollektiv und stellen die Strukturen des Marktes in Frage. Aus Sicht der Wissenschaft erscheint es als vielversprechende Alternative, ihr Publikationswesen selbst in die Hand zu nehmen. Entsprechende Bestrebungen in Form von alternativen Distributionswegen oder gar Selbstverlagen scheitern langfristig an der fehlenden oder mangelhaften ökonomischen Kompetenz der Autoren oder weil unterschätzt wird, dass buchhändlerische Betätigung nur unzureichend als Nebentätigkeit betrieben werden kann.[291]

Auch wenn die Kapitalarten grundsätzlich transformierbar sind, geht wissenschaftlicher Erfolg nicht zwangsläufig mit ökonomischem Erfolg einher. Da über den wissenschaftlichen Erfolg einzig die Wissenschaft selbst entscheidet, ist dieser sogar unabhängig vom ökonomischen Erfolg. Wissenschaft ist darauf angewiesen, dass Verleger im Zuge der Mischkalkulation auch unprofitable, aber wissenschaftlich bedeutsame Publikationen realisieren. Dazu wird der Verleger bereit sein, wenn dies sein Ansehen steigert, woraus sich gelegentlich wieder ökonomischer Nutzen ziehen lässt. Fehlt die Bereitschaft gänzlich, können Publikationen auch über Subventionen finanziert werden.

Gewissermaßen als Ausgleich zu prestigeträchtigen, aber unrentablen Veröffentlichungen, nutzt der Verleger seine Chance zu wirtschaftlich mehr versprechenden Publikationen. Solche erschließen einen größeren Absatzmarkt, wie es bei Lehrbüchern oder auch im Bereich populärwissenschaftlicher Literatur der Fall ist; oder einfacher: immer dort, wo der Verleger Kommunikationsbedürfnisse aufgreifen oder wecken kann.

Die Ausdifferenzierung der populärwissenschaftlichen Literatur vollzog sich in der zweiten Hälfte des 19. Jahrhunderts und ist als Reaktion auf ein steigendes Kommunikationsbedürfnis, welches eine neue Form der Vermittlung zwischen Wissenschaft und Öffentlichkeit verlangte, zu verstehen.[292] Die moderne Wissenschaft war zu einer das nationale Selbstwertgefühl stützenden Größe[293] und zum integrativen Leitmotiv der bürgerlichen Gesellschaft geworden; die Industrialisierung machte wissenschaftliche Erkenntnisse alltäglich

---

290 Vgl. Remmert/Schneider, Eine Disziplin und ihre Verleger, S. 127.
291 Vgl. Jäger, Der wissenschaftliche Verlag, S. 424 und Fritzsch, Bücher-Streit, S. 29.
292 Vgl. Daum, Wissenschaftspopularisierung, S. 241.
293 Vgl. Nipperdey, 1866–1918, S. 602.

erfahrbar.[294] Andererseits war die Gesamtheit des Wissens nicht mehr in der Person *eines* Universalgelehrten zu finden, sondern wurde kollektiv von einer professionalisierten ‚scientific community' generiert, verhandelt und verwaltet. Gleichzeitig war öffentliche Kommunikation zu einer gesellschaftlich relevanten Größe erstarkt. Getragen wurde diese Entwicklung von „der Erweiterung des Schulwesens, der Ausdehnung eines engmaschigen Netzes an bürgerlichen Vereinen und Etablierung spezieller Bildungsinstitutionen"[295] sowie der Expansion des Buchmarktes. Das öffentliche Interesse an naturwissenschaftlichen Themen nahm zu, doch die starke Spezialisierung und zunehmende Fachsprache brachten es mit sich, dass wissenschaftliche Erkenntnisse nur schwer einer breiten Öffentlichkeit vermittelbar waren. Diese Kommunikationsfunktion sollte zunehmend von populärwissenschaftlicher Literatur übernommen werden, die sich somit als Bestandteil eines sich ausdifferenzierenden öffentlichen naturkundlichen Bildungsangebots entwickelte.[296] Von Anfang an stand sie dabei im Spannungsfeld von Öffentlichkeit und Wissenschaft. Ihre schwierigste Aufgabe wurde es, dem Wunsch nach gemeinverständlicher Wissensvermittlung gerecht zu werden, ohne dem Vorwurf des Dilettantismus von Seiten der Wissenschaft zu erliegen.[297] Dabei wurde „ein allumfassendes wissenschaftliches ‚Weltbild'" zunehmend „zur Sache von Dilettanten und von Wissenschaftspopularisatoren"[298], weil die Wissenschaft selbst immer weniger zur Synthesenbildung fähig war.

Bei populärwissenschaftlicher Literatur geht es also nicht einfach nur um die Vermittlung von Wissen nach außen, sondern es gibt ein echtes Kommunikationsbedürfnis der Öffentlichkeit gegenüber der Wissenschaft. Über dieses Kommunikationsbedürfnis wird die Funktion zum homogenisierenden Moment des sehr heterogenen Erscheinungsbildes populärwissenschaftlicher Literatur.[299] Nach Daum „läßt sich Popularität bestimmen als Befriedigung eines kommunikativen Bedürfnisses, d.h. als Antwort auf den Wunsch nach naturwissenschaftlicher Information jenseits der Erwartung oder Chance, akademische Texte zu rezipieren."[300]

---

294   Vgl. Nipperdey, 1866–1918, S. 676.
295   Daum, Wissenschaftspopularisierung, S. 237.
296   Vgl. Daum, Andreas: Naturwissenschaften und Öffentlichkeit in der deutschen Gesellschaft. Zu den Anfängen einer Populärwissenschaft nach der Revolution von 1848. IN: Historische Zeitschrift 267/1998, S. 57–90, hier S. 67.
297   Vgl. Daum, Wissenschaftspopularisierung, S. 255.
298   Schnädelbach, Philosophie in Deutschland, S. 95.
299   Vgl. Daum, Wissenschaftspopularisierung, S. 245–249.
300   Ebd., S. 249.

Aus ihrer Kommunikationsfunktion ergeben sich einige typische Merkmale populärwissenschaftlicher Literatur.[301] Durch die Homogenität von Autorengruppe und Leserschicht im wissenschaftlichen Buchhandel, kann die Kommunikationsstruktur dort als ‚dialogisch' verstanden werden. Dem Laien ist die Beteiligung am wissenschaftlichen Diskurs nicht möglich. Daher ist es Aufgabe der Popularisierung, wissenschaftliche Inhalte aus der wissenschaftsimmanenten Dialogstruktur zu lösen. Dies geschieht einerseits mittels sprachlicher Aufbereitung wissenschaftlicher Inhalte für ein fachlich nicht vorgebildetes Laienpublikum. Andererseits soll Wissen durch Lektüre, nicht durch Studium erwerbbar gemacht werden. Deshalb wird auf Beschreibung des wissenschaftlichen Vorgehens, sowie auf Zitation zur Einbettung in den wissenschaftlichen Diskurs weitgehend verzichtet.

Populärwissenschaftliche Autoren müssen daher doppelt qualifiziert sein; neben einer fundierten Fachkenntnis ist sprachliches Talent unabdingbar. Daum unterscheidet professionelle, okkasionelle und universitäre Popularisierer, wobei Letztere im Gegensatz zu den Profis populärwissenschaftliche Titel nur in Nebentätigkeit schreiben und sich von beiden anderen Typen durch die institutionelle Bindung an die Hochschulen unterscheiden.[302] Universitäre Popularisierer sind also immer auch wissenschaftliche Autoren.

Allerdings erschien ein popularisierender Wissenschaftler zunächst keineswegs selbstverständlich, „denn wer bei uns gemeinverständlich für die Allgemeinheit schreibt, der erscheint als Gelehrter nahezu verdächtig."[303] Eine Betätigung als Autor populärwissenschaftlicher Bücher schadete der Hochschullaufbahn eher als sie zu fördern: Popularisierer standen unter dem Verdacht, beim Erklimmen der universitären Karriereleiter steckengeblieben oder gar gescheitert zu sein.[304] Zudem gehörte Gemeinverständlichkeit nicht zu den notwendigen Qualifikationen eines Universitätsprofessors.[305] Auch kommt hier die allzu deutsche Auffassung zum Tragen, dass das wahrhaft Niveauvolle schwerlich der Unterhaltung dienen könne, und wenn, dann doch nur einer Elite der entsprechend Gebildeten.

Dennoch wuchs zum Ende des 19. Jahrhunderts in universitären Kreisen die Bereitschaft, wissenschaftliche Erkenntnisse für ein Laienpublikum aufzubereiten.[306] Dazu trug zum einen eine wachsende Wissenschaftsskepsis bei, die

---

301 Vgl. hierzu den „Idealkatalog" bei Daum, Wissenschaftspopularisierung, S. 251–252; vgl. auch Reichelt, Dieter: Zum Charakter und der Spezifik der populärwissenschaftlichen Literatur. IN: Zentralblatt für Bibliothekswesen 95/1981, S. 53–62, 102–109; (im Folgenden: Reichelt, Charakter und Spezifik), hier S. 54.
302 Vgl. Daum, Wissenschaftspopularisierung, S. 383.
303 Eimer (1887) zitiert nach ebd., S. 245. Vgl. auch ebd., S. 422.
304 Vgl. ebd., S. 379 und 425.
305 Vgl. ebd., S. 423.
306 Vgl. ebd., S. 424.

vermehrte Legitimierung der Wissenschaft gegenüber der Öffentlichkeit verlangte.[307] Zum anderen waren die „einzelnen Fächer" aufgrund der zunehmenden Spezialisierung „nun ihrerseits auf die Transparenz anderer Disziplinen angewiesen".[308]

Auch wenn der Popularisierungsprozess Wissen auf Textebene aus der dialogisch-wissenschaftlichen Struktur löst und in eine monologisch-vermittelnde Darstellung überführt, ist die Funktion populärwissenschaftlicher Literatur nicht auf bloße Wissensvermittlung reduzierbar. Sie ist vielmehr Ausdruck der Wechselwirkung zwischen Öffentlichkeit und Wissenschaft, wodurch ein Markt entsteht, der durch das öffentliche Interesse an Wissenschaft mitgestaltet wird:

> Ist ein solches „objektives" Gesellschaftsinteresse überhaupt anders als durch einen breiten, demokratisch zustandegekommenen Consensus zu bestimmen, also wiederum durch einen Markt, nämlich den Markt der Meinungen? Dieser Meinungsmarkt muß zwar nicht identisch mit dem durch Buchpreise bestimmten Markt sein, angesichts des Warencharakters des Buches ist er aber mit diesem Markt bis zur Unkenntlichkeit verschränkt.[309]

Der populärwissenschaftliche Kommunikationsprozess wird auf Empfängerseite also von den Marktregulativen Angebot und Nachfrage bestimmt. Hier werden wissenschaftliche Inhalte – anders als in der Wissenschaft – demokratisch verhandelt. Dabei werden sie freilich auch aus ihrer wissenschaftlichen Form gelöst. Auch wenn Aussage und Wahrheitsgehalt gleich bleiben, ist das populär vermittelte Wissen nicht mehr wissenschaftlich im eigentlichen Sinn. Es ist zum Allgemeinwissen geworden. Somit trägt populärwissenschaftliche Literatur zur Kanonisierung der ‚Allgemeinbildung' bei, indem sie es vermag, „die jeweiligen fachwissenschaftlichen Erkenntnisse in den Gesamtzusammenhang des menschlichen Wissens einzuordnen und die gesellschaftlichen Konsequenzen der Wissenschaft sichtbar zu machen."[310]

Im populärwissenschaftlichen Kommunikationsraum weisen Natur- und Geisteswissenschaften Unterschiede auf, die sich zum einen aus der historischen Entwicklung des modernen Wissenschaftssystems sowie unterschiedlicher Disziplinenkulturen ergeben: Die Naturwissenschaften waren früher spezialisiert und durch eine abstrakte Fachsprache für den öffentlichen Kommunikationsraum unzugänglich; dagegen mussten sich die Geisteswissenschaften zunächst über Spezialisierung vom öffentlichen Raum distanzieren und professionalisieren.[311] Zum anderen wird den Geisteswissenschaften eine gewisse ‚Deu-

---

307   Vgl. Nipperdey, 1866–1918, S. 678 und Daum, Wissenschaftspopularisierung, S. 330.
308   Ebd., S. 429.
309   Ronneberger, Das wissenschaftliche Buch, S. 206.
310   Reichelt, Charakter und Spezifik, S. 60.
311   Vgl. Estermann/Schneider, Wissenschaft und Buchhandel, S. 11.

tungskompetenz' zugesprochen; sie sind mit den politisch-kulturellen Entwicklungen der Gesellschaft enger verknüpft und der ‚Allgemeinbildung' inhaltlich näher als die Naturwissenschaften. Geisteswissenschaftliche Verlage haben daher ein anderes Verhältnis zu populärwissenschaftlicher Literatur und nehmen diese in ihre Programme auf:

> In den weltanschaulich aufgeladenen Geisteswissenschaften, insbesondere in der Philosophie, Pädagogik und Theologie, reagieren die Verlage gerade zum Ende des [19.] Jahrhunderts zunehmend auf den kulturellen Orientierungsbedarf ihres Publikums, der nicht mehr zwangsläufig an den „akademischen" Status einer (Universitäts-)Disziplin gekoppelt sein musste.[312]

Naturwissenschaftliche Verlage richten ihr Programm dagegen strenger an den Disziplinen aus und überlassen die Populärliteratur den Sachbuchverlagen.[313] Verlage nehmen die Kommunikationsbedürfnisse sowohl der Wissenschaft als auch der Öffentlichkeit ernst, ihr ökonomisches Kalkül setzt an der Befriedigung dieser Bedürfnisse an. Zugleich leisten sie eine wichtige Vermittlungsrolle in beide Richtungen. Denn die Einforderung von Wissenstransfer zwingt auch die Wissenschaft immer wieder zur Reflexion ihrer gesellschaftlichen Aufgabe.

2.3   Der wissenschaftliche Autor

Wenn dem wissenschaftlichen Autor in der Forschungsliteratur gelegentlich besondere Aufmerksamkeit zuteilwird, tun sich aufgrund der fehlenden Definition schnell Grauzonen hin zum Sachbuchautor oder Wissenschaftspopularisierer auf, die sich vor allem dadurch ergeben, dass die definitorische Perspektive nicht reflektiert wird. Eine mögliche Perspektive ist, den wissenschaftlichen Autor als Produzenten wissenschaftlicher Literatur zu verstehen, d. h. den Autortypus von der Textsorte her zu definieren. Hierbei wäre die zentrale Frage, was als wissenschaftliche Literatur zu gelten habe. Dass sich „die spezifische Berufsrolle der wissenschaftlichen Autoren" gerade aus dieser Perspektive schnell dem definitorischen Zugriff entzieht, zeigt sich beim Beitrag von Rolf Parr (unter Mitarbeit von Jörg Schönert) über Autoren in der *Geschichte des deutschen Buchhandels*.[314] Hier wird nicht geklärt, ob und wie wissenschaftliche Bücher gegenüber populärwissenschaftlicher Literatur abgegrenzt werden.

---

312   Müller, Wissenschaft und Markt, S. 9.
313   Vgl. ebd. sowie Knappenberger-Jans, Verlagspolitik und Wissenschaft, S. 13.
314   Parr, Rolf: Autoren. Unter Mitarbeit von Jörg Schönert. IN: Geschichte des deutschen Buchhandels im 19. und 20. Jahrhundert. Band 1: Das Kaiserreich 1871–1918, Teil 3. Hrsg. von

In welchem definitorischen Verhältnis ‚Fachbuch', ‚Sachbuch', ‚populärwissenschaftliches' bzw. ‚Wissenschaftsbuch' zueinander stehen, ist aufgrund der Dehnbarkeit der einzelnen Begriffe eine stets offene Frage, deren Beantwortung immer wieder vorgenommen werden muss. Aufgrund der vorangegangenen Ausführungen kann für wissenschaftliche Literatur gelten, dass sie den Vorgaben der Wissenschaftlichkeit genügt und in erster Linie der Kommunikation der wissenschaftlichen Öffentlichkeit dient. Populärwissenschaftliche Literatur beginnt dort, wo ein Leserkreis außerhalb der Wissenschaft adressiert und die Wissenschaftlichkeit zugunsten einer allgemeineren Verständlichkeit aufgeweicht wird, wobei sich die Anpassung zunächst auf die Form bezieht. Dem Inhalt wird also nicht der Wahrheitsgehalt entzogen, sondern seine wissenschaftliche Form. Allerdings werden Inhalte oft in größeren Zusammenhängen dargestellt, wobei Differenzierungen im Wahrheitsgehalt, die der spezialisierte wissenschaftliche Zugriff wahrnimmt, aufgrund der Reduktion von Spezialisiertheit verwaschen. Diese Tendenz, Inhalte aus ihrer spezialisierten wissenschaftlichen Form zu lösen und in einen allgemeineren Aussagezusammenhang rückzuübersetzen, beginnt schon innerhalb der Wissenschaft. Hierbei sollte man aber besser von ‚allgemeinwissenschaftlicher Literatur' sprechen, noch nicht von populärwissenschaftlicher. Die Grenze wird anhand des Zielpublikums definiert.

Das Sachbuch ist ein populärwissenschaftliches Buch; der Begriff ist freilich im aktuellen Sprachgebrauch verbreiteter, wenn auch definitorisch besonders schwer zu packen.[315] Hier soll das Sachbuch verkürzt verstanden werden als vollendete populärwissenschaftliche Literaturform, bei der wissenschaftliche Inhalte korrekt, aber losgelöst aus ihrer wissenschaftlichen Form direkt an das allgemeine Lesepublikum adressiert dargestellt werden. Analog richtet sich das Fachbuch an ein berufsspezifisches Fachpublikum. Hierbei ist also das Zielpublikum klarer umrissen; die wissenschaftliche Form wird zugunsten der Anschaulichkeit der Inhalte reduziert. Es besteht eine gewisse Verwandtschaft zwischen Fach- und Lehrbuch, deren Grad davon abhängt, ob man Studierende als ‚Fachpublikum' oder bereits dem Wissenschaftssystem zugehöriger Nachwuchs verstehen will.[316]

Georg Jäger. Berlin und New York: de Gruyter 2010. S. 342–408; (im Folgenden: Parr/Schönert, Autoren), über wissenschaftliche Autoren: S. 385–387. Zitat: S. 385.
315   Vgl. hierzu den ersten Band der Zeitschrift Non Fiktion 1/2006: Die Popularität des Sachbuchs sowie Hahnemann, Andy und David Oels: Einleitung. IN: Sachbuch und populäres Wissen im 20. Jahrhundert. Hrsg. von Andy Hahnemann und David Oels. Frankfurt/Main u. a.: Peter Lang 2008, S. 7–25.
316   Zu den fließenden Grenzen zwischen Sach- und Fachbuch vgl. Beck, Der wissenschaftliche Verleger, S. 463.

Der Ansatz, bei dem eine Definition des wissenschaftlichen Autors über die Textsorte versucht wird, sensibilisiert durch sein Scheitern für das tendenzielle Verschwimmen am Rande der oben skizzierten Begriffsfelder. Und auch, wenn die Festlegung von wissenschaftlicher Literatur gelingt, erschöpft sich die Definition des wissenschaftlichen Autors nicht in dem Kurzschluss, dass er der Produzent wissenschaftlicher Literatur sei. Da wissenschaftliche Literatur das essenzielle Kommunikationsmittel der Wissenschaft ist, sind ihre Autoren in der Regel Wissenschaftler, d. h. wissenschaftliche Literatur wird von einer spezifischen Berufsgruppe erzeugt.[317] Allerdings gilt ebenso wenig der Umkehrschluss, dass alles, was Wissenschaftler schreiben, auch wissenschaftliche Literatur sei. Die Definition wird erst klar, wenn als dritter Parameter der Adressatenkreis zum Tragen kommt: Demnach ist ein wissenschaftlicher Autor ein Wissenschaftler, der im Rahmen seiner Berufsausübung wissenschaftliche Werke verfasst, die er wiederum an die Wissenschaft adressiert. Er übernimmt damit eine kommunikative Funktionsrolle innerhalb der Wissenschaft; da das (öffentliche) wissenschaftliche Kommunikationssystem aber vom Buchmarkt realisiert wird, ist der wissenschaftliche Autor gleichzeitig eine ökonomische Handlungsrolle auf dem wissenschaftlichen Buchmarkt. Der wissenschaftliche Autor ist ein Wissenschaftler, der schreibend und veröffentlichend zugleich wissenschaftlich und ökonomisch handelt.

In dieser Doppelbestimmtheit des wissenschaftlichen Autors konzentriert sich das moderne Moment seiner Erscheinungsform. Felix Steiner spricht für die Zeit um 1800 vom Wandel hin zur „bürgerlich-leistungsorientierten Figur des Wissenschaftlers";[318] die Leistungsorientierung bildet letztlich die Zugriffsmöglichkeiten des Wirtschaftssystems auf die Wissenschaft. Hierbei ist in erster Linie natürlich an die industrielle Nutzung wissenschaftlicher Erkenntnisse zu denken; darüber hinaus knüpft am Leistungsgedanken das Prinzip moderner Arbeitsteilung an und letztlich korrespondieren in ihm die bürgerlichen Werte von Wissenschaftlern und Verlegern. In den unterschiedlichen Textsorten, wie sie oben definitorisch skizziert wurden, kommt das ökonomische Kalkül unterschiedlich stark zum Tragen. Die tendenzielle Verschiebung zwischen den Begriffen entsteht durch das jeweilige Mischungsverhältnis von wissenschaftlicher und ökonomischer Ausrichtung.

Wissenschaftlicher Autor zu sein ist eine Funktion des Wissenschaftler-Berufs. Oftmals wird angemerkt, das Schreiben sei eine Nebentätigkeit des Wissenschaftlers, da er im Gegensatz zum Schriftsteller nicht vom Ertrag seiner

---

317   Zur Berufsgruppe der Wissenschaftler gehören nicht nur Hochschullehrer, sondern auch Forscher, die in der Industrie oder anderen außeruniversitären Forschungseinrichtungen Anstellung finden.
318   Steiner, Dargestellte Autorschaft, S. 96.

Publikationen leben müsse.[319] Dieses Argument hinkt auf zwei Beinen: Zum einen gab und gibt es unzählige Schriftsteller, die eben nicht von ihrer Kunst leben konnten und können. Der Broterwerb zusätzlich zur Schriftstellerei ist eher Regel als Ausnahme. Zum anderen ist es für den Wissenschaftler nicht unerheblich, Autor zu sein.[320] Er kann auf das Schreiben nicht verzichten. Aufgrund der essenziellen Bedeutung von Publikationen im modernen Wissenschaftssystem bestimmt die Publizität eines Wissenschaftlers seine wissenschaftliche Identität.[321] Im Unterschied zum Schriftsteller aber ist sein Beruf nicht der des Autors, sondern der des Wissenschaftlers. Hieraus bezieht er sein professionelles Selbstverständnis, sein Ansehen und seinen Lebensunterhalt.

Auch wenn das Schreiben und Veröffentlichen eine wesentliche Funktion seines Berufs ist, ist der Wissenschaftler ökonomisch unabhängig von seinen Publikationen. Parr und Schönert gehen soweit zu sagen, wissenschaftliche Autoren seien aus diesem Grund eigentlich die wahren freien Schriftsteller,[322] ein Schluss, der nur auf der definitorisch unzureichenden Basis möglich, wenn auch verständlich ist. Doch weist er nochmals auf die unterschiedlichen System-Strukturen hin: Während im Wissenschaftssystem das Ethos institutionalisiert und damit Wissenschaftlichkeit professionalisiert ist, fand die Professionalisierung des literarischen Schriftstellers nie statt. Der Erfolg des Wissenschaftlers wird innerhalb der Wissenschaft bestimmt; dem Buchmarkt kann er somit wesentlich nüchterner begegnen als der Schriftsteller, dessen literarischer Erfolg auf dem Markt verhandelt wird. Das bedeutet nicht, dass sich literarischer Erfolg ökonomisch messen ließe – im Gegenteil: Der ökonomisch erfolgreiche Schriftsteller macht sich hinsichtlich seiner literarischen Qualität verdächtig. Aber es gibt, anders als beim wissenschaftlichen Autor, keine vom literarischen Markt unabhängige Instanz, die literarisches Ansehen objektiviert.

Der wissenschaftliche Autor ist kein selbständiges Berufsbild, sondern eine berufsspezifische Handlungsrolle. Erkenntnisleitende Frage kann also nicht sein, wer wissenschaftlicher Autor ist, sondern vielmehr, (wann und) wie Wissenschaftler als Autoren in Erscheinung treten. Dieser trivial anmutete Unter-

---

319 Vgl. Ronneberger, Das wissenschaftliche Buch, S. 27; Beck, Der wissenschaftliche Verleger, S. 467 dreht die Kausalität – aus Sicht des Verlegers verständlich, in der Sache aber nicht richtig – um: „Regelmäßig haben die Gelehrten ein Amt, zumal sie von ihren Honoraren allein nicht leben könnten."

320 Vgl. Borchardt, Wissenschaftliche Literatur, S. 9.

321 Dies gilt übrigens auch dann, wenn bspw. einzelne Lehrerpersönlichkeiten sich im Wissenschaftsbetrieb auf die Lehre konzentrieren und publizistisch kaum in Erscheinung treten. Vgl. zur Mündlichkeit in der Mathematik Remmert/Schneider, Eine Disziplin und ihre Verleger, S. 44.

322 Vgl. Parr/Schönert, Autoren, S. 386 widersprechen ihrem eigenen Argument, wenn sie auf S. 344 den freien Schriftsteller als „Spezialist in Sachen Nicht-Spezialisierung" beschreiben. Wer wäre mehr spezialisiert als der wissenschaftliche Autor?

schied bekommt analytische Relevanz angesichts der Tatsache, dass Wissenschaftler ihr kulturelles Kapital auch als Herausgeber, Berater, Übersetzer und Redakteure geltend machen. Funktionell sind sie vielfältig mit dem Buchmarkt verknüpft. Zur Frage, wie ein Wissenschaftler als Autor in Erscheinung tritt, gehört auch die Analyse seiner sonstigen Handlungsrollen auf dem Buchmarkt. Zudem ist damit ein zentraler Unterschied zum Schriftsteller festgestellt, denn obschon der ‚Schriftsteller' als Berufsbild nicht professionalisiert ist, erhebt er den Anspruch einer eigenständigen Tätigkeit nachzugehen.[323]

Der wissenschaftliche Autor hingegen agiert immer im Bezugsfeld der Wissenschaft. Das ist auch der Grund, warum der Wissenschaftler zwar vielerlei Handlungsrollen auf dem Buchmarkt übernehmen kann, nie aber die des Verlegers. Einerseits macht sich ein sich selbst verlegender Wissenschaftler verdächtig, nicht genug wissenschaftliche Relevanz zu besitzen, um seine Texte in einen renommierten Wissenschaftsverlag platzieren zu können. Andererseits scheitert der Selbstverleger entweder an der ökonomischen Herausforderung oder meistert diese auf Kosten seiner wissenschaftlichen Tätigkeit. Bourdieu unterscheidet zwischen zwei Formen wissenschaftlichen Kapitals, die unterschiedlichen Akkumulationsgesetzen folgen: das ‚reine' wissenschaftliche Kapital in Form von anerkannten Beiträgen (meist Publikationen) zum Fortschritt der Wissenschaft und das ‚institutionelle' wissenschaftliche Kapital in Form von Stellung, Position und Mitgliedschaften. Grundsätzlich stehen die Kapitalsorten hinsichtlich ihrer Akkumulation in zeitlicher Konkurrenz zueinander.[324] Während die Funktionsrolle Autor unmittelbar das reine wissenschaftliche Kapital anstrebt, mehren Tätigkeiten als Herausgeber, Berater usw. das institutionelle Kapital. Obschon der Wissenschaftler seine begrenzte Arbeitszeit sinnvoll verteilen muss, ist die parallele Ausübung der genannten Handlungsrollen möglich. Die Rolle eines Verlegers hingegen scheint, will sie professionell erfüllt werden, nicht als Teilfunktion wahrnehmbar zu sein.[325]

Ein Wissenschaftler steht aufgrund seiner unterschiedlichen Handlungsrollen in der Regel mit mehreren Verlegern in kooperierendem Verhältnis; dadurch haben wissenschaftliche Autoren „zumeist ein sachlicheres Verhältnis zu ihren Verlegern"[326] als belletristische Autoren. Der Schriftsteller hat keinen vergleichbaren Bezugsrahmen wie der Wissenschaftler und steht dem Buchmarkt als

---

323 Da sich der Schriftsteller auf kein institutionalisiertes Berufsbild beziehen kann, ringt er stets um die Festlegung seiner Handlungsrolle.

324 Vgl. hierzu Bourdieu, Vom Gebrauch der Wissenschaft, S. 31–33 und 38.

325 Ergänzend sei erwähnt, dass Analoges für die Funktion des Buchhändlers gilt. Zum einen überwiegt in dieser Handlungsrolle das ökonomische Moment; zum anderen zeigt sich historisch, dass das Gleichgewicht des Systems ins Wanken geriet, wenn Wissenschaftler vertreibend tätig wurden (so im Falle der studentischen ‚Bücherämter').

326 Sarkowski, Wissenschaftsverleger, S. B134.

individueller Marktpartner gegenüber. Für ihn ist deshalb die Bindung an *einen* Verlag und mehr noch die kontinuierliche Betreuung durch den Lektor ungleich wichtiger als für den wissenschaftlichen Autor. Auch wenn es durchaus üblich ist, dass ein Wissenschaftler in verschiedenen Verlagen publiziert, kann es doch zu langjährigen Bindungen mit den typischen Konfliktpotenzialen zwischen Autor und Verleger kommen, die sich aus den Spannungen zwischen den Grundmotivationen ergeben.[327]

Es wurde bereits erörtert, dass die scheinbare Gegenläufigkeit von unternehmerischem Kalkül und wissenschaftlichem Ideal nicht nur ein Konfliktpotenzial darstellt, sondern im positiven Sinne die Dynamik des wissenschaftlichen Buchmarktes ausmacht. Diese produktive Harmonie zweier widerstreitender Kräfte wird in einem großen Maß ermöglicht durch die ökonomische Unabhängigkeit des Wissenschaftlers in seiner Autorenrolle. Dies wird vor allem im Blick auf die historischen Momente deutlich, in denen diese Harmonie grundsätzlich ins Wanken kam. Während im sog. ‚Bücher-Streit' erstmals ökonomische Machtverhältnisse im wissenschaftlichen Buchhandel auf institutioneller Ebene verhandelt wurden,[328] setzte sich die Diskussion in der wirtschaftlichen Krisenzeit der 1920er Jahren angesichts der ‚Not der geistigen Arbeiter' fort: Als die ökonomische Sicherheit des Wissenschaftlerberufs wegbrach, sahen sich viele wissenschaftliche Autoren gezwungen, den ökonomischen Aspekt ihrer Handlungsrolle (neu) zu reflektieren.[329] Hatte ihr Ethos die Wissenschaftler bislang zu ökonomischem Understatement verpflichtet,[330] wurde die Einforderung höherer Honorare nun zur praktischen Überlebensstrategie:

> Die Rolle des wissenschaftlichen Verlags als Geldgeber gewann [...] für die Autoren und ihre Familien in der sozioökonomischen Krise der Nachkriegszeit stark an Bedeutung, ohne daß der Verlag allerdings mit seinen verkleinerten finanziellen Spielräumen deren ökonomische Defizite aus anderen Bereichen auch nur annähernd kompensieren konnte.[331]

Der Verleger galt dem Autor gewissermaßen als Anwalt in ökonomischen Belangen; viele Wissenschaftler forderten vom Verleger die Lösung ihrer wirtschaftlichen Krise, ohne weitreichend genug zu realisieren, dass diese letztlich von derselben Krise betroffen waren. Dabei verstanden die Autoren die ökonomische Anerkennung auch als Indiz für die ideelle Wertschätzung ihrer geistigen Arbeit,[332] so dass Honorarforderungen in erster Linie zwar mit neuem

---

327 Vgl. Estermann/Schneider, Wissenschaft und Buchhandel, S. 8.
328 Vgl. Müller, Wissenschaft und Markt, S. 14.
329 Vgl. hierzu Knappenberger-Jans, Verlagspolitik und Wissenschaft, S. 554–563.
330 Vgl. Merton, Wissenschaft und demokratische Struktur, S. 51.
331 Knappenberger-Jans, Verlagspolitik und Wissenschaft, S. 589.
332 Vgl. ebd., S. 560.

ökonomischem Bewusstsein, gleichzeitig aber an den ‚Anstand' der Verleger appellierend formuliert wurden.[333] Von Seiten der Verleger wurde die Materialisierung des Autor-Verleger-Verhältnisses beklagt, wobei auch sie sich auf ideelle Grundmotive beriefen.[334]

Ernst Fischer hat kritisiert, die These von der Kommerzialisierung des Literaturbetriebs suggeriere, erst im letzten Drittel des 19. Jahrhunderts sei das Verhältnis zwischen Autor und Verleger ökonomisch geworden, und weist zu Recht darauf hin, dass dieses Verhältnis per se eine Geschäftsbeziehung ist und Autoren immer auch ökonomische Ziele verfolgten.[335] Zwar argumentiert Fscher für den literarischen Markt, doch kann sein Argument auch für den wissenschaftlichen Buchmarkt geltend gemacht werden, wobei hier die ökonomischen Motive des Autors vom wissenschaftlichen Ethos stark überlagert werden. Zudem steht der Wissenschaftler in erster Linie in einem Angestelltenverhältnis, so dass seinem Nebenverdienst naturgemäß weniger Aufmerksamkeit zuteilwird als im Fall des gänzlich frei handelnden Schriftstellers.

Oder anders: Das ökonomische Understatement konnten sich die wissenschaftlichen Autoren leisten, solange sie ihre ökonomischen Interessen innerhalb der Wissenschaft in Rechnung stellen konnten. Bei allem Understatement haftet auch der Handlungsrolle des wissenschaftlichen Autors ein ökonomisches Moment an, dessen sich die Wissenschaftler in den ersten Jahrzehnten des 20. Jahrhunderts zunehmend bewusst wurden. Die Gründung des *Akademischen Schutzvereins* – als erste offizielle Vertretung wissenschaftlicher Autoren – war institutionalisierter Ausdruck hierfür.[336] Dabei war der Schutzverein einer von vielen ‚Schriftsteller'-Verbänden dieser Zeit, und interessant ist, dass in der Selbstreflexion der wissenschaftliche Autor sehr wohl als eigenständiges Berufsbild wahrgenommen wurde sowie dass man sich selbst durchaus als ‚Schriftsteller' bezeichnete. Die Reflexion der eigenen ökonomischen Handlungsrolle geschah im Zuge einer allgemeinen öffentlichen Auseinandersetzung mit der Schriftsteller-Rolle. Die begriffliche und definitorische Trennung des wissenschaftlichen Autors vom Schriftsteller erlangt somit erst retrospektiv Klarheit, indem der wissenschaftliche Autor als Funktionsrolle des Wissenschaftlers verstanden wird.

Die literarische Schaffenskraft des Schriftstellers bleibt als Teil seines Künstlertums dem unmittelbaren Zugriff verwehrt. Der Schaffensprozess des

---

333   Vgl. ebd., S. 601.
334   Vgl. Knappenberger-Jans, Verlagspolitik und Wissenschaft, S. 561.
335   Vgl. Fischer, Ernst: „…diese merkwürdige Verbindung als Freund und Geschäftsmann". Zur Mikrosoziologie und Mikroökonomie der Autor-Verleger-Beziehung im Spiegel der Briefwechsel. IN: Leipziger Jahrbuch zur Buchgeschichte 15/2006, S. 245–280; (im Folgenden: Fischer, Autor-Verleger-Beziehung), hier S. 247.
336   Vgl. Fritzsch, Bücher-Streit, S. 31.

wissenschaftlichen Autors dagegen ist wesentlich transparenter und muss dies sogar sein. Für die Wissenschaftlichkeit eines Textes ist es zwingend, dass Gedankengänge sichtbar und nachvollziehbar dargestellt werden. Als reine Textproduzenten sind wissenschaftliche Autoren austauschbar;[337] die Verschriftlichung ihres Wissens ist erlernbares Handwerk und weniger einer ästhetischen Ausdruckskunst verpflichtet. Ein erfolgreicher Wissenschaftler muss kein stilistisch guter Autor sein. Als Autor wertvoll wird er durch die Inhalte seiner Texte. In diesem Sinne haben hochspezialisierte Experten eine Monopolstellung. Ihre wissenschaftliche Bildung stärkt als singuläres inkorporiertes kulturelles Kapital ihre Marktmacht.[338]

Prominente Wissenschaftler gar verfügen mit ihrem großen Namen über eine Kulturkompetenz, die sich im Feld des wissenschaftlichen Buchmarktes vielfältig geltend machen lässt, indem sie sie hinsichtlich ihrer wissenschaftlichen (Matthäus-Effekt), ökonomischen (Marken-Effekt) und öffentlichen (Glaubwürdigkeit) Wirkung mit (besonders hohem) Kredit ausstattet. Prominente Wissenschaftler heben sich aufgrund ihrer starken Öffentlichkeitswirkung von den normalen Gesetzmäßigkeiten des wissenschaftlichen Buchmarktes ab. Die Quelle ihrer wissenschaftlichen Leistung entzieht sich für das öffentliche (und oft auch das wissenschaftliche) Publikum der Nachvollziehbarkeit und kann nur als Genie gedeutet werden. In diesen Fällen sucht auch die Wissenschaftsforschung nach im Mythischen verborgenen Verbindungen zwischen Leben und Werk, die das Genie greifbar machen. In dieser Hinsicht werden große Wissenschaftler behandelt wie die literarischen Klassiker. Gerade der Öffentlichkeit erscheinen sie nicht als reine Wissenslieferanten, sondern übernehmen darüber hinaus häufig eine sinnstiftende oder weltdeutende Funktion.[339]

Doch schon im ‚normalen‘ Maß ist Reputation ein wichtiger, weil das schnelllebige und hochdynamische wissenschaftliche Publikationssystem stabilisierender Faktor. Renommierte Autoren- und Verlagsnamen stehen als Garanten jener Werte, die das System verfolgt. Sie werden zu Fixpunkten und Orientierungshilfen an den unterschiedlichen Selektionsstellen des Marktes: Verleger bevorzugen namhafte Autoren, Autoren suchen namhafte Verlage. Sowohl die Kaufentscheidungen der Bibliotheken als auch die Lektürewahl des einzelnen Wissenschaftlers orientieren sich an renommierten Autoren- und Verlagsnamen. Daran schließt sich eine gewisse Interessen-Schizophrenie des Wissenschaftlers an: Als Leser ist er angewiesen auf funktionierende Selektionsmechanismen, um der viel beklagten Publikationsflut Herr zu werden, als Autor hat er ein Interesse, dass seine Texte veröffentlicht werden. Dies motiviert wiederum

---

337 Vgl. Schnädelbach, Philosophie in Deutschland, S. 94 spricht von der „Vertretbarkeit in der Autorschaft".
338 Vgl. Beck, Der wissenschaftliche Verleger, S. 467.
339 Vgl. Steiner, Dargestellte Autorschaft, S. 41–42.

dazu, in unterschiedlichen Handlungsrollen Einfluss auf das Publikationssystem zu nehmen, damit auch im eigenen Sinne im besten Fall wissenschaftlich relevante Texte die ökonomischen Filter passieren.

Auf den Punkt gebracht: Die Merkmale des wissenschaftlichen Autors

- Wissenschaftlicher Autor zu sein ist eine *Teilfunktion des Berufs des Wissenschaftlers*. Wenn Wissenschaftler Texte für die Wissenschaft schreiben, so agieren sie als wissenschaftliche Autoren.[340]

- Durch die professionelle Einbindung gelten für die Funktion des wissenschaftlichen Autors *dieselben Zugangsregeln* (akademische Ausbildung) wie für den Beruf des Wissenschaftlers.

- Aufgrund der essenziellen Bedeutung von Publikationen im modernen Wissenschaftssystem, bestimmt die Publizität eines Wissenschaftlers seine *wissenschaftliche Identität*.

- Mit der Veröffentlichung überantwortet der Autor seine Erkenntnisse in die *wissenschaftliche Öffentlichkeit*. Gleichzeitig sichert sie sein *geistiges Eigentum*. Die Publikation wird somit *Grundlage für Leistungsanerkennung und Reputation*, aber auch für den ‚organisierten Skeptizismus' der Wissenschaft.

- Da der wissenschaftliche Wert einer Publikation im Wissenschaftssystem bestimmt wird, ist er unabhängig vom ökonomischen Erfolg der Veröffentlichung. Zudem sind wissenschaftlicher wie ökonomischer Erfolg unabhängig vom sprachlich-stilistischen Gehalt des Textes: *Wissenschaftliche Geltung, ökonomischer Erfolg und sprachlich-stilistisches Vermögen eines wissenschaftlichen Autors stehen in keinem unmittelbaren kausalen Zusammenhang*.

- Der wissenschaftliche Autor steht mit seinem Text in einem *synchronen und diachronen Kommunikationszusammenhang*, den er durch Zitation belegt. Er ist hinsichtlich der Wahl von Publikationsform und Inhalt nicht frei.

- Der wissenschaftliche Autor ist auch eine *ökonomische Handlungsrolle*, wobei der Wissenschaftler aber in der Regel *von seiner Publikationstätigkeit wirtschaftlich unabhängig* ist. Zudem verpflichtet ihn das wissenschaftliche Ethos zu *ökonomischem Understatement*. Demnach misst er seinem Honorar weniger Bedeutung zu.

---

340 Wissenschaftler können darüber hinaus im informellen Kommunikationszusammenhang oder populärwissenschaftlich schreiben; damit agieren sie in einer anderen Funktionsrolle, nicht aber als wissenschaftlicher Autor.

- Wissenschaftler agieren in *verschiedenen Handlungsrollen* auf dem Buchmarkt: Sie sind immer Leser, Kritiker und Autor, können aber auch als Herausgeber, Übersetzer, Redakteur, Verlagsberater und Vermittler tätig werden.
- *Die Funktionsrollen des Buchhändlers und des Verlegers entziehen sich dem Kompetenzbereich des Wissenschaftlers.*
- Wissenschaftliche Autoren haben ein *nüchterneres Verhältnis zu ihren Verlegern* als Schriftsteller. Dennoch sind langjährige Autor-Verleger-Beziehungen von ähnlichen Spannungen gekennzeichnet wie auf dem literarischen Markt. Diese Spannungen herrschen zwischen den unterschiedlichen Grundmotivationen im Feld, und sie entladen sich im Einzelfall an den typischen Streitpunkten wie Terminierung (Manuskriptabgabe, Erscheinungstermine), Herstellungskosten, Honorar, Ausstattung, Ladenpreis, Verfügbarkeit usw.

3 Wissenschaft im Rampenlicht: Albert Einstein (1879–1955)

Mit mir hat man seit dem Bekanntwerden der Lichtkrümmung einen Kultus getrieben, daß ich mir vorkomme wie ein Götzenbild.[1]

Zu Beginn des 20. Jahrhunderts war die theoretische Physik eine noch sehr junge Disziplin, die sich erst nach 1870 akademisch institutionalisiert hatte. In Deutschland stellte sie als theoretische Reflexion der Experimentalphysik einen Teil der Disziplin Physik dar und hatte sich damit gegenüber der von Mathematikern betriebenen Physik etabliert.[2] Noch genoss die Experimentalphysik das größere Ansehen[3] und war den ordentlichen Professoren vorbehalten. Forschung und Lehre der theoretischen Physik dagegen lagen in den Händen von Privatdozenten und Extraordinarien. Somit wurde die theoretische Physik meist als Zwischenstation auf der akademischen Karriereleiter wahrgenommen.[4] Eckert sieht den Grund, „daß die theoretische Physik [...] eine in Deutschland großgewordene Disziplin darstellte", gerade in ihrer institutionellen Existenz als Privatdozentenfach, da sie „für eine größere Zahl von akademischen Physikern zum Berufsalltag gehörte".[5]

Für die Jahre zwischen 1905 und 1930 spricht man vom *Goldenen Zeitalter der deutschen Physik*,[6] in dem die bedeutenden Gedankengebäude der Relativitätstheorie und der Quantentheorie entstanden. Die eruptive Entfaltung der theoretischen Physik verhalf dem vormals wenig anerkannten Fach innerhalb weniger

---

1   Einstein in einem Brief an Heinrich Zangger, Anfang 1920; zitiert nach Fölsing, Einstein, S. 515.

2   Vgl. Stichweh, Zur Entstehung, S. 361–362. Zum Unterschied zwischen theoretischer Physik und angewandter Mathematik vgl. Hermann, Funktion und Bedeutung, S. XXXIV–XXXV.

3   Vgl. Hermann, Einstein, S. 107.

4   Vgl. Stichweh, Zur Entstehung, S. 344 und 392–393 und Eckert, Atomphysiker, S. 18.

5   Ebd., S. 32 und 33.

6   Die Bezeichnung geht auf Arnold Sommerfeld zurück. Vgl. Hermann, Armin: Das goldene Zeitalter der Physik. IN: Deutsch als Wissenschaftssprache im 20. Jahrhundert. Vorträge des Internationalen Symposions vom 18./19. Januar 2000. Hrsg. von Friedhelm Debus, Franz Gustav Kollmann und Uwe Pörksen. Mainz bzw. Stuttgart: Akademie der Wissenschaften und der Literatur sowie Franz Steiner 2000. (= Abhandlungen der Geistes- und sozialwissenschaftlichen Klasse, Nr. 10, 2000), S. 209–227; (im Folgenden: Hermann, Goldenes Zeitalter), hier S. 223–224. Die gemeinte Zeitspanne variiert sowohl in den Selbstreflexionen der Physiker als auch in der Literatur; bspw. betrachteten die Quantenphysiker das Jahr 1927 als eigentlichen Beginn des Goldenen Zeitalters. Vgl. Hermann, Einstein, S. 315.

Jahrzehnte zu dem Selbstbewusstsein, „das eigentliche Kern- und Grundlagen-
fach für die gesamten Naturwissenschaften zu sein".[7]

Albert Einstein wurde 1879 in Ulm geboren, beendete seine Schulausbil-
dung aber in der Schweiz. 1900 schloss er sein Studium am Zürcher Polytechnikum ab und hoffte als diplomierter Fachlehrer auf eine Assistentenstelle an einer Hochschule. Seine Bewerbungen innerhalb der Schweiz, nach Deutschland,
Holland und Italien blieben erfolglos. Einsteins Hoffnung, die erste Sprosse der
institutionellen Karriereleiter zu erklimmen, schwand; auch ein Promotionsver-
such an der Universität Zürich scheiterte. Nach einigen sporadischen Beschäfti-
gungen war der inzwischen junge Familienvater froh, im Jahr 1902 eine Anstellung am Berner Patentamt zu erhalten.[8]

Daneben verlor Einstein die akademische Physik nicht aus den Augen,
forschte nach Dienstschluss weiter und veröffentlichte seine wissenschaftlichen
Beiträge in den renommierten *Annalen der Physik* und zahlreiche Rezensionen in
den *Beiblättern* dieser Fachzeitschrift.[9] Dennoch war sein Name in Fachkreisen
weitgehend unbekannt, als Einstein 1905 in rascher Folge drei Arbeiten ein-
reichte, die die Physik des 20. Jahrhunderts nachhaltig befruchten sollten.[10]

Die erste Arbeit *Über einen die Erzeugung und Verwandlung des Lichts betreffenden
heuristischen Gesichtspunkt*[11] wurde von Einstein selbst als „sehr revolutionär"[12]
bewertet. Ihm gelang die mathematische Erklärung des photoelektrischen Ef-
fekts, und er bestätigte so die 1900 von Planck aufgestellte Quantenhypothese.
Dafür bekam Einstein später den Nobelpreis für 1921 zugesprochen.[13] Außerdem wurde er mit dieser Arbeit zum Mitbegründer der Quantentheorie.

In der zweiten Arbeit behandelte Einstein die sogenannte Brownsche Bewegung. Die spätere experimentelle Bestätigung der darin entwickelten Gesetze
trug „wesentlich dazu bei, die damals noch zahlreichen Zweifler von der physikalischen Wirklichkeit der Atome zu überzeugen."[14] Das von den Chemikern
weitgehend anerkannte Atommodell wurde von vielen Physikern lediglich als
Arbeitshypothese benutzt.

---

7   Hermann, Goldenes Zeitalter, S. 219.
8   Vgl. zu diesem Abschnitt von Einsteins Biographie bspw. das Kapitel „*Gott schuf den Esel und
     gab ihm ein dickes Fell*" bei Fölsing, Einstein, S. 87–111.
9   Vgl. Neffe, Einstein, S. 129 und 139.
10   Vgl. Einsteins Annus mirabilis, S. 10.
11   Einstein, Albert: Über einen die Erzeugung und Verwandlung des Lichts betreffenden
     heuristischen Gesichtspunkt. IN: Annalen der Physik, 17/1905, S. 132–184.
12   Einstein in einem Brief an Konrad Habicht, vermutlich März 1905. Vollständig abgedruckt
     IN: Seelig, Carl: Albert Einstein und die Schweiz. Zürich, Stuttgart und Wien: Europa Verlag
     1952. S. 76–77, hier S. 77.
13   Der Nobelpreis für 1921 wurde erst 1922 verliehen.
14   Einsteins Annus mirabilis, S. 93.

Die dritte Arbeit *Zur Elektrodynamik bewegter Körper*[15] beinhaltete schließlich die Grundlagen der Speziellen Relativitätstheorie.[16] Einstein gelang es, den scheinbaren Widerspruch zwischen der Maxwellschen Wellentheorie und der klassischen Newtonschen Mechanik, der um 1900 als ‚Ätherkrise' ein ungelöstes Grundlagenproblem darstellte, zu beheben. Unter dem Postulat des Relativitätsprinzips und der Konstanz der Lichtgeschwindigkeit durchdrang Einstein die physikalischen Grundbegriffe ‚Raum', ‚Zeit' und ‚Gleichzeitigkeit' gedanklich neu und schuf ein neues physikalisches Weltbild, in dem sowohl die Wellentheorie als auch die klassische Mechanik harmonisch aufgingen. Als Zugabe präsentierte Einstein im September die aus der Speziellen Relativitätstheorie gefolgerte Masse-Energie-Äquivalenz.[17]

Ebenfalls 1905 hatte Einstein seine Dissertation[18] an der Zürcher Universität eingereicht, wofür ihm im Januar des Folgejahres der Doktortitel verliehen wurde. Man hat später in Anlehnung an Isaac Newton von Einsteins ‚annus mirabilis' gesprochen,[19] da die explosionsartige Entfaltung seines Genies wundersam anmutete,[20] und „alle diese Arbeiten [...] im Alleingang entstanden."[21] Einstein wird oft als Revolutionär der Physik bezeichnet und sein Name in einer Reihe mit Euklid, Kopernikus, Galilei und Newton genannt. Jedoch setzte seine Wirkung nicht sofort ein, sondern es „sollte klar sein, dass die Arbeiten Einsteins aus dem Jahr 1905, so grundlegend sie waren, jene Revolution des zwanzigsten Jahrhunderts weder ausgelöst haben noch die endgültige Fassung der neuen Theorien darstellen."[22] Vielmehr hatte Einstein eine ganze Reihe von

---

15 Einstein, Albert: Zur Elektrodynamik bewegter Körper. IN: Annalen der Physik, 17/1905, S. 891–921.

16 Der Name *Spezielle Relativitätstheorie* wurde erst 1915 von Einstein zur Unterscheidung von der *Allgemeinen Relativitätstheorie* eingeführt. Bis dahin sprach man zumeist vom Relativitätsprinzip. Im Folgenden wird vereinfachend der Begriff Relativitätstheorie benutzt. Vgl. hierzu Einsteins Annus mirabilis, S. 122.

17 Einstein, Albert: Ist die Trägheit eines Körpers von seinem Energieinhalt abhängig? IN: Annalen der Physik, 18/1905, S. 639–641. Der mathematische Ausdruck dieser Äquivalenz ist die berühmte Formel $E=mc^2$.

18 Einstein, Albert: Eine neue Bestimmung der Moleküldimensionen. Dissertation, Universität Zürich. Bern: Gedruckt bei K.J. Wyss 1905. Diese Arbeit erschien später in leicht geänderter Form auch in den Annalen der Physik, 19/1906, S. 289–305, da Drude vor Abdruck einen Nachtrag verlangte (vgl. Fölsing, Einstein, S. 150–151), und erfuhr fünf Jahre später eine Brichtigung: Einstein, Albert: Berichtigung zu meiner Arbeit: ‚Eine neue Bestimmung der Moleküldimension'. IN: Annalen der Physik, 34/1911, S. 591–592. Zu Paul Drude siehe Anm. 47 dieses Kapitels.

19 Der Ausdruck ‚annus mirabilis' bezeichnete originär Newtons Wunderjahr 1666. Vgl. hierzu ausführlich Einsteins Annus mirabilis, S. 27–33.

20 Vgl. Hermann, Einstein, S. 151.

21 Meyenn, Einsteins Dialog, S. 467.

22 Einsteins Annus mirabilis, S. 10. Siehe zum Revolutionscharakter der Relativitätstheorie auch Anm. 162 dieses Kapitels.

Grundsteinen gelegt, auf denen die theoretische Physik im folgenden ‚Goldenen Zeitalter' zu einem imposanten Gebäude wuchs.[23]

Doch an dieser Entwicklung hatte die gesamte scientific community Anteil, nachdem die renommierte Fachwelt die Impulse des jungen ‚Laien' nach und nach aufgenommen hatte. Max Planck[24] war der erste gewesen, und Einsteins Kontakte mit der physikalischen Fachwelt nahmen allmählich zu.[25] 1907 korrespondierte er mit Planck, Max von Laue[26], Wilhelm Wien[27] und Hermann Minkowski.[28]

Den entscheidenden Durchbruch brachten Einstein die Jahre 1908/09. Im September 1908 fand in Köln die *Jahresversammlung der Deutschen Naturforscher und Ärzte* statt, der Einstein wie schon im Vorjahr aufgrund seiner Arbeit am Patentamt bzw. dem daraus resultierenden Erholungsbedarf nicht beiwohnte.[29] Hermann Minkowski[30] hatte die Spezielle Relativitätstheorie mathematisch ausgearbeitet und stellte in seinem Vortrag die vierdimensionale Raum-Zeit vor.[31] Damit trug er nicht nur wesentlich zur Akzeptanz Einsteins innerhalb der versammelten Fachwelt bei, sondern lieferte auch einen wichtigen Beitrag zur spä-

---

23   Vgl. Neffe, Einstein, S. 166.
24   Max Planck (1858–1947) war ab 1889 als Nachfolger Robert Kirchhoffs an der Friedrich-Wilhelm-Universität in Berlin; 1892 wurde seine außerordentliche Professur in einen Lehrstuhl für theoretische Physik umgewandelt. Seit 1894 war er ordentliches Mitglied der Preußischen Akademie der Wissenschaften, 1912 Beständiger Sekretar der physikalisch-mathematischen Klasse, 1913 Rektor der Friedrich-Wilhelm-Universität, 1926 wurde Planck emeritiert. 1930–37 war er Präsident der *Kaiser-Wilhelm-Gesellschaft* (spätere *Max-Planck-Gesellschaft*), 1905–09 sowie 1915–16 Vorsitzender der DPG, 1921–22 erster Vorsitzender der *Gesellschaft der Deutschen Naturforscher und Ärzte*. 1918 bekam Planck den Nobelpreis für Physik. Vgl. DBE, Bd. 7, S. 684–685.
25   Vgl. Meyenn, Einsteins Dialog, S. 468.
26   Max von Laue (1879–1960) promovierte 1903 und habilitierte sich 1906 bei Planck in Berlin. Ab 1909 war er Privatdozent in München, 1912 übernahm er eine Professur an der Universität Zürich, wurde 1919 Professor für theoretische Physik an der Universität Berlin sowie stellvertretender Direktor des Kaiser-Wilhelm-Instituts für Physik. 1943 erfolgte seine Emeritierung. 1914 bekam von Laue den Nobelpreis für Physik. Vgl. DBE, Bd. 6, S. 266–267.
27   Wilhelm Wien (1864–1928) war seit 1896 Professor der Physik in Aachen. 1899 wechselte er nach Gießen, ein Jahr später nach Würzburg. Ab 1920 war Wien in München tätig; 1911 bekam er den Nobelpreis verliehen. Vgl. DBE, Bd. 10, S. 485–486.
28   Vgl. Einsteins Annus mirabilis, S. 135.
29   Einstein sagte seine Teilnahme 1908 ab, weil er den Urlaub dringend zur Erholung bräuchte. Vgl. Hermann, DPG, F-69.
30   Hermann Minkowski (1864–1909) war 1896 Ordinarius an der ETH in Zürich; Einstein besuchte während seines Studiums eine Veranstaltung bei ihm. 1902 ging Minkowski nach Göttingen. Vgl. DBE, Bd. 7, S. 147.
31   Der Vortrag ist später abgedruckt worden IN: Lorentz, Hendrik A., Albert Einstein und Hermann Minkowski: Das Relativitätsprinzip. Eine Sammlung von Abhandlungen. (= Fortschritte der mathematischen Wissenschaften in Monographien), 2). Leipzig: Teubner 1913. Vgl. auch Meyenn, Einsteins Dialog, S. 470.

teren Verallgemeinerung der Relativitätstheorie.[32] Die allgemeine Anerkennung Einsteins kam auch dadurch zum Ausdruck, dass eigens für ihn an der Zürcher Universität ein Extraordinariat eingerichtet wurde, in das er im Mai 1909 berufen wurde.[33]

Der erste Kongress, an dem Einstein persönlich teilnahm, war die *Jahresversammlung der Deutschen Naturforscher und Ärzte*, die im September 1909 in Salzburg stattfand. Einstein debütierte als einer der Hauptredner und referierte *Über das Wesen und die Konstitution der Strahlung.*[34] Max Born[35] hatte den Eindruck, dass „von der versammelten Gelehrsamkeit Einsteins Leistung abgestempelt"[36] wurde.

Nun war Einstein zur hoffnungsvollsten Größe der theoretischen Physik avanciert. Um seine akademische Laufbahn brauchte er sich nicht mehr zu sorgen; Stellen wurden jetzt für ihn maßgeschneidert. Im April 1911 folgte Einstein einem Ruf nach Prag, wo er bereits als ‚Star' erwartet wurde.[37] Doch schon im nächsten Jahr kehrte er nach Zürich zurück, diesmal an die ETH,[38] wo ein neuer Lehrstuhl für theoretische Physik für ihn eingerichtet wurde.[39] Max Planck und Walther Nernst[40] wollten Einstein jedoch unbedingt nach Berlin holen und unterbreiteten ihm bei einem gemeinsamen Besuch in Zürich folgendes Angebot: eine Stellung an der Akademie der Wissenschaften in Berlin, inklusive einer Professur an der Friedrich-Wilhelm-Universität ohne Lehrverpflichtung, aber mit dem Recht, Vorlesungen und Seminare zu halten. Zu-

---

32 Vgl. Fölsing, Einstein, S. 283.

33 Vgl. Hermann, Einstein, S. 203. Ausführlich wird die Einrichtung des Extraordinariats dargestellt bei Fölsing, Einstein, S. 284–289.

34 Vgl. Hermann, DPG, F-70.

35 Max Born (1882–1970) studierte in Breslau, Heidelberg, Zürich und Göttingen; 1906 Promotion, 1909 Habilitation. Born war zunächst außerordentlicher Professor an der Universität Berlin, ab 1919 Ordinarius in Frankfurt am Main, 1921 ging Born nach Göttingen und machte das dortige Institut zusammen mit dem Experimentalphysiker James Franck zum bedeutenden Standort der Physik. 1924 habilitierte sich Born bei Werner Heisenberg. 1933 musste er vor den Nationalsozialisten fliehen und lebte in Cambridge und Edinburgh. 1954 kehrte es nach Deutschland zurück, im selben Jahr erhielt er den Nobelpreis für Physik. 1958 wurde Born Ehrenmitglied der *Deutschen Akademie der Naturforscher Leopoldina*. Vgl. DBE, Bd. I, S. 840–841.

36 Born zitiert nach Fölsing, Einstein, S. 295. Vgl. auch Hermann, DPG, F-70, Hermann, Einstein, S. 159 und Meyenn, Einsteins Dialog, S. 471.

37 Vgl. Fölsing, Einstein, S. 320.

38 Das Polytechnikum war inzwischen in *Eidgenössische Technische Hochschule* (ETH) umbenannt worden.

39 Vgl. Hermann, Einstein, S. 187.

40 Walther Nernst (1964–1941) war ab 1905 Extraordinarius für physikalische Chemie in Berlin und Mitglied der Akademie, 1922–24 Präsident der Berliner Physikalisch-Technischen Reichsanstalt, 1924 Direktor des Physikalischen Instituts der Universität Berlin sowie Mitinitiator der Gründung der *Kaiser-Wilhelm-Gesellschaft* (1912). Vgl. DBE, Bd. 7, S. 364–365.

sätzlich würde für ihn ein Kaiser-Wilhelm-Institut für physikalische Forschung gegründet werden. Seine jährliche Vergütung sollte sich auf M 12.000,-, plus M 900,- Ehrensold belaufen.[41] Einstein zog 1914 nach Berlin, dem er fast 20 Jahre die Treue hielt, obwohl er den Hass der Nationalisten und Antisemiten zunehmend am eigenen Leib spürte und sogar Attentatsdrohungen erhielt. 1933 emigrierte er in die USA, wo er bis zu seinem Tod in Princeton lebte und wirkte.

3.1   Einstein als fachwissenschaftlicher Autor

Die bedeutendste physikalische Zeitschrift um 1900 waren die *Annalen der Physik*, deren Vorläufer, das *Journal der Physik,* bereits 1790 gegründet worden war.[42] Bis auf einen kurzen Verlagswechsel zwischen 1799 und 1809 wurden die *Annalen* bei Johann Ambrosius Barth verlegt.[43]

Unter dem dritten Herausgeber Johann Christian Poggendorff[44], der von 1824 bis 1877 für die Zeitschrift verantwortlich war, wurden die *Annalen* zur wichtigsten physikalischen Zeitschrift Mitteleuropas. Seit Mitte des Jahrhunderts wurde auf Übersetzungen aus fremdsprachigen Zeitschriften und Rezensionen zunehmend verzichtet, sodass in den *Annalen* nur noch Originalbeiträge erschienen.[45] Nach Poggendorffs Tod 1877 wurde die Herausgabe von Gustav Wiedemann als Hauptredakteur und Hermann von Helmholtz als Mitredakteur

---

41   Die jährliche Vergütung entsprach dem Maximalgehalt für preußische Professoren und wurde je zur Hälfte von der Akademie und von dem Industriellen Leopold Koppel aufgewendet. Vgl. Hermann, Einstein, S. 190 und Fölsing, Einstein, S. 372.

42   Das *Journal* wurde bereits im Verlag von J. A. Barth begründet und von Friedrich Albrecht Carl Gren herausgegeben, ab 1795 als *Neues Journal der Physik* weitergeführt. Seit 1799 erschien die Zeitschrift unter dem Namen *Annalen der Physik*, im 19. Jahrhundert mit wechselnden Namenszusätzen. 1900 besann sich der Herausgeber Paul Drude auf den ursprünglichen Titel. Vgl. Stichweh, Zur Entstehung, S. 432, Anm. 89. Im Folgenden wird der Einfachheit halber von den *Annalen der Physik* die Rede sein.

43   Vgl. Wiecke, Klaus: Vorwort. IN: 200 Jahre Annalen der Physik. Ergänzung zum 502. Band, 7. Folge der Annalen der Physik. Leipzig und Heidelberg: Barth 1990. S. 7–8; (im Folgenden: Wiecke, Vorwort), hier S. 7. Zur Geschichte der *Annalen der Physik* vgl. auch Stichweh, Entstehung, S. 432–440.

44   Johann Christian Poggendorff (1796–1877) war Physiker und Wissenschaftshistoriker. Er absolvierte zunächst eine Apothekerlehre, bevor er in Berlin studierte. 1823 fand er eine Anstellung an der Preußischen Akademie der Wissenschaften und war Privatgelehrter. Er übernahm 1824 die Annalen der Physik, die er auf einen exakt wissenschaftlichen Kurs einschwor. Unter seiner Ägide erschienen 160 Bände. 1830 wurde Poggendorff zum ,Königlichen Professor' ernannt. Vgl. Andreas Kleinert IN: DBE, Bd. 8, S. 3.

45   Vgl. Hund, Friedrich: Die Annalen im Wandel ihrer Aufgabe. Zweihundert Jahre. IN: 200 Jahre Annalen der Physik. Ergänzung zum 502. Band, 7. Folge der Annalen der Physik. Leipzig und Heidelberg: Barth 1990, S. 11–18, hier S. 12.

übernommen. Die Zeitschrift erschien nun unter Mitwirkung der *Physikalischen Gesellschaft zu Berlin*.[46]

1895 übernahm Max Planck die Mitredaktion; ab 1900 fungierte Paul Drude[47] als Hauptredakteur. Damit begann die *vierte Folge*, mit der die *Annalen* „den Gipfel ihrer Bedeutung"[48] erlangten. Unter Drudes und Plancks Leitung entfaltete die Zeitschrift einen sehr liberalen Charakter. Beide Wissenschaftler scheuten die Gefahr, ein bedeutendes Manuskript zu verkennen und vorschnell abzulehnen.[49]

1890 hatte Arthur Meiner den Verlag J. A. Barth erworben, wobei die renommierten Fachzeitschriften – neben den *Annalen der Physik* das *Journal der praktischen Chemie* – einen Kaufanreiz darstellten.[50] Mit der Überzeugung, „daß in einem Zeitalter wissenschaftlicher Spezialisierung auch der Verleger sich auf bestimmte Gebiete konzentrieren muß"[51], setzte Meiner den Schwerpunkt des Verlages, ausgehend von den beiden Zeitschriften, auf Physik und Chemie.

Die *Annalen der Physik* spielten auch in der Anfangsphase von Einsteins wissenschaftlicher Karriere eine bedeutende Rolle. Als Patentamtsangesteller konnte er seine physikalischen Überlegungen hier veröffentlichen und die Verbindung zur Zeitschrift durch Rezensionen in den *Beiblättern* stabilisieren. So blieb der Freizeit-Physiker in Kontakt mit der Fachwelt. Dass seine Beiträge von 1905 trotz ihres revolutionären Inhalts in den *Annalen* abgedruckt wurden, kann auf die liberale Haltung Drudes und Plancks zurückgeführt werden.[52] Bis 1914 veröffentlichte Einstein den Großteil seiner Arbeiten in den *Annalen der Physik*, andere Zeitschriften nutzte er nur sporadisch. Auffallend ist die breite Streuung im Jahr 1913 (siehe Tab. 1. nächste Seite).

Die zunehmende Beachtung durch die Fachwelt ermutigte Einstein, erneut eine akademische Laufbahn anzustreben.[53] 1907 versuchte er, an der Berner Universität eine kumulative Habilitation zu erwirken. Statt einer originären

---

46   Vgl. Wiecke, Vorwort, S. 8.
47   Paul Drude (1863–1906) hatte ab 1900 eine Professur in Gießen inne, 1905 wurde er Professor in Berlin, Leiter des Physikalischen Instituts und Mitglied der Akademie der Wissenschaften. Vgl. DBE, Bd. 2, S. 627.
48   Herman, DPG, F-62.
49   Vgl. ebd., F-66.
50   Vgl. Wiecke, Vorwort, S. 8.
51   200 Jahre Johann Ambrosius Barth. Leipzig: Barth 1980, S. 55. Vgl. zur Schwerpunktbildung Jäger, Der wissenschaftliche Verlag, S. 430.
52   Vgl. Fölsing, Einstein, S. 170, betont vor allem Plancks liberale Gesinnung als Mitredakteur, während Hermann, Einstein, S. 133–134 und DPG, F-66, annimmt, dass die Entscheidung über die Einsteinschen Beiträge von Drude allein getroffen wurde. Allerdings hatte Drude zuvor eine Arbeit Einsteins abgelehnt, was diesen sehr verärgerte. Vgl. Neffe, Einstein, S. 130.
53   Vgl. im Folgenden Hermann, Einstein, S. 149–150.

Tabelle 1:   Einstein – Zeitschriftenartikel, 1901–1913, die Anfangsjahre in Bern, Zürich, Prag und wieder Zürich

	1901	1902	1903	1904	1905	1906	1907	1908	1909	1910	1911	1912	1913
Annalen der Physik	—	=	—	—	‖‖‖	‖‖‖	‖‖‖	=	=	≡	‖‖‖	‖‖‖	—
Zeitschr. f. Elektrochemie u. angew. physik. Chemie							—	—					
Jahrbuch der Radioaktivität und Elektronik							—		=				
Physikalische Zeitschrift								—	=				—
Verhandlungen der DPhG									—				
Archives des sciences physiques et naturelles											—		
Vierteljahresschrift der Naturforschenden Ges. Zürich										≡			
Verhandlungen der deutschen Bunsengesellschaft											—		
Journal de Physique											—		—
Zeitschrift für Mathematik und Physik													—
Naturwissenschaften													—
Vierteljahresschrift für gerichtliche Medizin													—

Quelle: eigene Darstellung basierend auf Fölsing, Einstein. S. 928–931

Habilitationsschrift reichte er neben Lebenslauf, Dissertation und Promotions-urkunde 17 Sonderdrucke seiner Zeitschriftenartikel ein. Einsteins Gesuch wur-de abgelehnt. Noch bildeten die Befürworter der Relativitätstheorie erst ein „bescheidenes Häuflein",[54] zu dem die Professoren, die Einsteins Gesuch prüf-ten, offensichtlich nicht gehörten, da sie den „„substantiellen Beitrag' zum Fort-schritt der Wissenschaft",[55] den bei einer kumulativen Habilitation die beigefüg-ten Veröffentlichungen bezeugen müssen, nicht erkannten und auf einer Habili-tationsschrift bestanden. Nachdem Einstein eine solche verfasst hatte,[56] wurde er zu Beginn des nächsten Jahres habilitiert und war nun Privatdozent an der Universität Bern. Seine Vorlesungen hielt er außerhalb der Dienststunden.[57]

Die anekdotische Schilderung von ‚Einsteins *annus mirabilis* 1905' sugge-riert, Einstein sei durch drei revolutionäre Zeitschriftenaufsätze über Nacht vom Außenseiter zum anerkannten Genie der scientific community avanciert. Tatsächlich aber war der Einfluss von Einsteins frühen Publikationen auf seine akademische Laufbahn nur ein indirekter. Die liberale Einstellung der *Annalen*-Herausgeber ermöglichte ihm die Teilnahme am wissenschaftlichen Diskurs. Seine Arbeiten von 1905 überzeugten zunächst nur wenige Fachkollegen, die sich dann aber engagiert für die Akzeptanz der neuen Ideen in der scientific community einsetzten. Für die Relativitätstheorie sind vor allem Max Planck und Hermann Minkowski zu nennen. Einsteins Insider-Reputation wuchs, bis sie 1909 einen ersten Höhepunkt erreichte. Für seine Habilitation und den Ein-stieg in die akademische Laufbahn konnte er diese Anerkennung jedoch noch nicht nutzen.

Nachdem Einstein nach Berlin gewechselt war, nutzte er hauptsächlich die Sitzungsberichte der Akademie, um seine wissenschaftlichen Erkenntnisse zu publizieren, wie es den Gepflogenheiten der Akademie entsprach (Siehe Tab. 2, nächste Seite). Daneben fallen regelmäßige Beiträge in den *Naturwissenschaften* (seit 1.1913, Berlin: Springer) sowie dem englischen Pendant *Nature* (seit 1.1869/70, London: Nature Publishing Group) und in den *Verhandlungen der Deutschen Physikalischen Gesellschaft* bzw. der *Zeitschrift für Physik* auf. In den ersten Berliner Jahren pflegte Einstein zudem eine gewisse Treue zu den *Annalen* und zur *Physikalischen Zeitschrift* (1.1899/1900– 45.1944/45,[58] Leipzig: Hirzel).

---

54   Planck zitiert nach Hermann, Einstein, S. 138.
55   Ebd., S. 149.
56   Titel der Arbeit war: Folgerungen aus dem Energieverteilungsgesetz der Strahlung schwarzer Körper, die Konstitution der Strahlung betreffend. Vgl. Hermann, Einstein, S. 150.
57   Vgl. ebd., S. 151.
58   Das *Jahrbuch der Radioaktivität und der Elektronik,* ab 1904 von Johannes Stark herausgegeben, ging 1924 in der *Physikalischen Zeitschrift* auf.

Tabelle 2:   Einstein – Zeitschriftenartikel, 1914–1932, die Berliner Jahre

	1914	'15	'16	'17	'18	'19	'20	'21	'22	'23	'24	'25	'26	'27	'28	'29	'30	'31	'32	'33
Annalen der Physik	−	−	=	−	−				−											
Physikalische Zeitschrift	=		−	−	=															
Verhandlungen der DPhG		−	=	−	=															
Zeitschrift für Mathematik und Physik	−	−																		
Naturwissenschaften	=	−	=	=	=	−	−		=		−		−	−			=		−	
Astronomische Nachrichten	=																			
Sitzungsberichte	=	≡	≣	=	≣	≡	=	≡	≡	≣	−	≡	≡	≡	=	≡	≣	≡	=	
Zeitschrift für Physik									≡	=	=	−								
Nature								−		−										
Forschungen und Fortschritte														−		−				
Zeitschrift für angewandte Chemie													−	−	−			−	−	
Mathematische Annalen											−			−		−	−			
Science																−		−		
Physical Review																		−		

Quelle: eigene Darstellung basierend auf Fölsing, Einstein, S. 931–939

In seiner Berliner Zeit begann auch Einsteins editorisches Engagement. Von 1920 bis 1928 war er Mitherausgeber der *Mathematischen Annalen*, die bis 1919 im Teubner Verlag und ab 1920 bei Springer erschienen.[59] Als Präsident der DPG (1916–1918) besaß Einstein Einfluss auf die Herausgabe der *Verhandlungen*, der *Fortschritte der Physik* sowie der *Annalen der Physik* und war maßgeblich an der Gründung der *Zeitschrift für Physik* beteiligt.

In den letzten Jahrzehnten des 19. Jahrhunderts war der Markt physikalischer Fachzeitschriften quantitativ stark angeschwollen. Neugegründete Institutionen (1845 *Physikalische Gesellschaft zu Berlin*, 1899 *Deutsche Physikalische Gesellschaft*, 1919 *Deutsche Gesellschaft für technische Physik*) traten mit neuen Publikationsorganen in Erscheinung oder positionierten sich über Einflussnahme auf etablierte Blätter. Um das Fachzeitschriftensystem übersichtlich und effizient zu halten, fanden bis 1900 und in der Folge Zusammenlegungen, Ausgliederungen und Verlagswechsel statt. Ambitionierte Verleger konnten sich durch Übernahme und Wiederflottmachung überlasteter Publikationsorgane einen Namen auf dem Physik-Markt machen.[60]

So wurden die *Verhandlungen der Deutschen Physikalischen Gesellschaft*, die ab 1891 zunächst im Verlag von Georg Reimer erschienen, von 1899 bis 1902 bei Barth verlegt und 1903 schließlich vom Vieweg Verlag übernommen. Unter Karl Scheel, der seit 1901 als Herausgeber fungierte,[61] entwickelten sich die *Verhandlungen* „zu einem zentralen Publikationsorgan der modernen Physik".[62]

In Fachkreisen war eine übersichtliche Zahl von bedeutenden Fachblättern erwünscht. Sowohl eine inhaltliche als auch eine regionale Aufsplitterung sollte vermieden werden. So wurde 1910 die Idee zu einer eigenen Zeitschrift für theoretische Physik nicht umgesetzt.[63] Planck äußerte seine Bedenken:

> Einerseits wäre es für die Annalen vielleicht ganz gut von dem Andrange theoretischer Arbeiten etwas mehr entlastet zu werden, anderseits aber ist mir eine schärfere Trennung der theoretischen von der experimentellen Forschung gar nicht sympathisch.[64]

Mit dem Ziel der Gleichstellung der auswärtigen und der Berliner Mitglieder wurde die DPG 1920 neu organisiert. Gauvereine sollten als regionale Zweigstellen der Gesellschaft gegründet werden, um eine selbständige Organisation der auswärtigen Mitglieder zu vermeiden. Die neue Satzung betonte die konzep-

---

59   Vgl. Buchge, Wilhelm (Hrsg.): Der Springer-Verlag. Katalog seiner Zeitschriften 1843–1992. Berlin u. a.: Springer 1994. S. 48. Vgl. auch Sarkowski, Springer, S. 252.

60   Vgl. Flatau, Einstein, S. 21–25.

61   Vgl. Dreisigacker/Rechenberg, Karl Scheel, F-135.

62   Ebd., F-136.

63   Vgl. Hermann, DPG, F-70.

64   Max Planck an Wilhem Wien, 13. Juni 1910; zitiert nach ebd.

tionelle und strukturelle Bindung an die DPG und untersagte den Gauvereinen die Herausgabe eigener Fachzeitschriften.[65]

Trotzdem konnten sich die vorhandenen Zeitschriften für den wachsenden Publikationsbedarf nicht beliebig weit ausdehnen. Der stetig anschwellende Umfang der *Verhandlungen* belastete zunehmend den Verlag,[66] sodass Vieweg 1919 eine Reform der Zeitschrift vorschlug: Der Inhalt der *Verhandlungen* sollte auf geschäftliche Mitteilungen und kurze Referate über die Vorträge der Gesellschaft reduziert werden. Zur Ergänzung sollte eine neue *Zeitschrift für Physik* gegründet werden.[67]

In Physikerkreisen stieß die Idee keineswegs auf ungeteilte Begeisterung. Arnold Sommerfeld[68] missfiel vor allem der Name. Er schlug die Bezeichnungen ‚Sitzungsberichte' für die geschäftlichen Mitteilungen und ‚Verhandlungen' für das neue Publikationsorgan vor.[69] Den bekannten Titel *Verhandlungen* für die neue Zeitschrift zu übernehmen, lehnte der Verlag allerdings als „buchhändlerisch unwirksam"[70] ab. Wilhelm Wien, der seit 1906 Herausgeber der *Annalen der Physik* war,[71] drohte sogar mit seinem Austritt aus der DPG, da er die neue Zeitschrift „als Unfreundlichkeit gegen die Ann[alen]"[72] empfand. Die renommierte Zeitschrift war jedoch zunehmend schwerfällig geworden. Einstein klagte:

> Aber die Unzufriedenheit über die Redaktion und über den Verleger der Annalen ist allgemein und berechtigt. Die Annalen drucken langsam, wählen so gut wie gar nicht aus, lassen unnötige Längen zu. Wenn man vom Verlag das Sonderdruckrecht für eine Arbeit will, dann macht er Schwierigkeiten; derselbe ist überhaupt

---

65   Vgl. Hermann, DPG, F-78.

66   Vgl. Scheel, Hilfsmittel der Physik, S. 46.

67   Vgl. Hermann, DPG, F-79.

68   Arnold Sommerfeld (1868–1951) war ab 1906 Professor für theoretische Physik in München. Unter ihm entwickelt sich München zum Zentrum für theoretische Physik. Sommerfeld galt als charismatische Lehrerpersönlichkeit (Schüler: P. Debye, W. Pauli, W. Heisenberg, H. Bethe), leistete wichtige Beiträge zur Theorie der Röntgenstrahlen, zur Quanten- und Relativitätstheorie sowie zur modernen Festkörperphysik und verfasste die sog. „Bibel der Atomphysiker" (Hermann, Goldenes Zeitalter, S. 220) *Atombau und Spektrallinien,* 1919. Vgl. DBE, Bd. 9, S. 370–371.

69   Sommerfeld an Einstein, 13. Dezember 1919. Einstein – Sommerfeld. Briefwechsel. 60 Briefe aus dem goldenen Zeitalter der modernen Physik. Hrsg. und kommentiert von Armin Hermann. Basel und Stuttgart: Benno Schwabe 1968; (im Folgenden: BW Einstein – Sommerfeld), S. 59.

70   Einstein an Sommerfeld, 18. Dezember 1919; ebd., S. 60.

71   Vgl. Hermann, Goldenes Zeitalter, S. 221.

72   Sommerfeld an Einstein, 13. Dezember 1919; BW Einstein – Sommerfeld, S. 59.

inkulant bei jeder Gelegenheit. Wenn *wir* keine brauchbare Zeitschrift zustande kriegen, dann wird sie sofort von Springer begründet.[73]

Zudem war mit Wilhelm Wien der liberale Geist der *Annalen* verschwunden, da er die neuen Ideen der Quantentheorie zunehmend ablehnte, die meist von den jüngeren Physikern vertreten wurden.[74] So wurde die Gründung der *Zeitschrift für Physik* im Jahre 1920 von der wissenschaftlichen Avantgarde begrüßt. Vieweg konnte die Zeitschrift nur wenige Jahre halten. Ab 1921 übernahm Springer die Mitverantwortung, und 1925 wechselte die *Zeitschrift für Physik* ganz in seinen Verlag.[75] Schon bald überflügelte das neue Fachblatt sowohl die *Verhandlungen* als auch die *Annalen* und wurde zum geschätzten Forum der jungen Quantenphysiker. Nach der Machtergreifung der Nationalsozialisten 1933 und der damit einhergehenden Emigration deutsch-jüdischer Wissenschaftler konnte die *Zeitschrift für Physik* ihre international führende Position noch einige Jahre halten,[76] wurde dann aber von der amerikanischen Zeitschrift *Physical Review* abgelöst.[77]

Tabelle 3:   Einstein – Zeitschriftenartikel, 1933–1955, die Zeit in Princeton

	1933	'34	'35	'36	'37	'38	'39	'40	'41	'42	'43	'44
Proc. Akad. van wetenschappen	II											
Science		I		I								
Physical Review			II	I								
Ann. of Math.							II	I	I		I	II
Can. Journal of Math.												

	1945	'46	'47	'48	'49	'50	'51	'52	'53	'54	'55
Proc. Akad. van wetenschappen											
Science											
Physical Review										I	
Ann. of Math.	I	I								I	
Can. Journal of Math.					I	I					

Quelle: eigene Darstellung basierend auf Fölsing, Einstein, S. 939–941

---

73   Einstein an Sommerfeld, 18. Dezember 1919; BW Einstein – Sommerfeld, S. 60–61. (Hervorhebung im Original.) Einstein war seit 1916 Vorsitzender der DPG. Vgl. Hermann, DPG, F-76.

74   Vgl. Hermann, Goldenes Zeitalter, S. 220–221 und Hermann, DPG, F-87.

75   Vgl. Dreisigacker/Rechenberg, Karl Scheel, F-137.

76   Vgl. Hermann, Goldenes Zeitalter, S. 224.

77   Vgl. Hermann, DPG, F-138.

1933 erschienen nur zwei Einsteinsche Arbeiten und zwar im Publikationsorgan der niederländischen Akademie (siehe Tab. 3, vorige Seite). Im Dezember 1932 war Einstein in die USA gereist; im März kehrte er zwar nach Europa zurück, erklärte aber offiziell, nicht mehr nach Deutschland zurückzukommen.[78] Die Zeit bis zu seiner Übersiedlung nach Princeton verbrachte er in Belgien und England.[79] Ab 1934 publizierte Einstein nur noch in amerikanischen Zeitschriften. Die führende amerikanische Fachzeitschrift war die *Physical Review*, die Einstein allerdings lange Zeit mied, nachdem die Herausgeber ihm 1936 eine Arbeit über Gravitationswellen mit Gutachten und Verbesserungsvorschlägen zurückgesandt hatten.[80] Die meisten seiner Beiträge erschienen in den *Annals of Mathematics*.

Seine Beiträge zum wissenschaftlichen Diskurs leistete Einstein von Anfang an und fast ausschließlich über Fachzeitschriften und bediente sich dabei der üblichen renommierten Publikationsorgane. Sein umfangreicher schriftlicher Nachlass bezeugt, dass Einstein mit vielen seiner Kollegen stetig korrespondierte.[81] Bei Kongressen trat er von Anfang an als Hauptredner auf. Einsteins Einbindung in das Kommunikationsnetz der scientific community entspricht dem eines renommierten Physikers, der aufgrund seiner außerordentlichen Leistungen ein hohes Ansehen genoss. Dass er seine wissenschaftlichen Erkenntnisse hauptsächlich in Fachzeitschriften publizierte, ist innerhalb der Naturwissenschaften absolut üblich. Dass Einstein darüber hinaus wenig Ambitionen zeigte, seinen renommierten Namen auch für monographische Werke zu nutzen, wurmte vor allem die Verleger.

Schon vor 1908 wurden die Verleger auf Einstein aufmerksam und versuchten, ihn als Buchautor zu gewinnen. Die ersten Angebote kamen von Teubner, Hirzel und Springer.[82] Die Verleger bewiesen geschäftliches Gespür. Lange bevor Einstein zur ‚lebenden Legende‘ wurde, besaß er ein großes Renommee, das ihm bald einen Sonderstatus innerhalb der scientific community sicherte. Nicht nur die Wissenschaftler, auch die Wissenschaftsverleger wollten von seinem Potential profitieren. Zum Bedauern vieler Verleger, schlug Einstein die meisten Angebote aus. „Einstein war kein Buchautor."[83] In der Tat hat er weder ein Überblickswerk noch ein Lehrbuch geschrieben.

---

78 Vgl. Hermann, Einstein, S. 389.
79 Vgl. hierzu ebd., S. 716–763.
80 Vgl. Fölsing, Einstein, S. 382. Die Arbeit erschien 1937. Einstein, Albert und Nathan Rosen: On gravitational waves. IN: The Journal of the Franklin Institute 223/1937, S. 43–54. Vgl. Fölsing, Einstein, S. 939, 1937a.
81 Vgl. Goenner, Einstein in Berlin, S. 213.
82 Vgl. hierzu Flatau, Einstein, S. 32 und 53.
83 Sarkowski, Springer, S. 268.

Die monographischen Werke, die unter Einsteins Namen erschienen sind, bilden eine kleine Schar von acht Titeln.[84] Bei genauerer Betrachtung kann man neben seiner Dissertation nur einen Titel ausmachen, dessen Manuskript exklusiv für die Buchausgabe entstand: *Über die spezielle und die allgemeine Relativitätstheorie*, 1917 erstmals bei Vieweg erschienen.[85] Bei allen anderen Einstein-Büchern handelt es sich um Sonderdrucke oder veröffentlichte Vorträge. Das Manuskript entstand nicht originär für die Buchausgabe, auch wenn es im Fall der Vorträge zur Drucklegung überarbeitet oder gar neugeschrieben wurde. Für *Die Evolution der Physik* fungierte Einstein zwar als Koautor, trug de facto jedoch kein Wort zum Text bei.[86]

3.2 Einsteins Versuch als Popularisierer

Im wissenschaftlichen Buchhandel bedeutet Popularisierung vor allem Erweiterung des Leserkreises und damit einhergehende sprachliche und thematische Anpassung. Diese popularisierende Tendenz beginnt bereits innerhalb der wissenschaftlichen Klientel. Als Beispiel mag hier die Zeitschrift *Die Naturwissenschaften* dienen, die Arnold Berliner[87] seit 1913 im Springer-Verlag herausbrachte. Sie sollte „jeden naturwissenschaftlich Tätigen (als Forscher oder als Lehrer) über das orientieren, was ihn *außerhalb seines eigenen Faches* interessiert" und ihm damit „eine stets *aktuelle* und ihn *interessierende* Übersicht über den Fortschritt auf dem Gesamtgebiet der Naturwissenschaften"[88] geben.

Zum Erfolg der Zeitschrift trugen einerseits die guten Kontakte Berliners zu den namhaften Wissenschaftlern der Zeit bei. Andererseits konnte Springer den Abonnentenstamm der von Vieweg eingestellten *Naturwissenschaftlichen Rundschau* übernehmen.[89] Anlässlich Berliners siebzigsten Geburtstags fand Einstein viele lobende Worte für den Herausgeber der *Naturwissenschaften*. Die Spezialisierung der Wissenschaften führe zur „unfreiwilligen Beschränkung auf

---

84 Siehe Anhang 2.

85 Einstein, Albert: Über die spezielle und die allgemeine Relativitätstheorie (Gemeinverständlich). Braunschweig: Vieweg 1917. (= Sammlung Vieweg, Nr. 38). Der Titel wird oft verkürzt wiedergegeben als *Über die spezielle und [...] allgemeine Relativitätstheorie*. Vgl. bspw. Fölsing, Einstein, S. 933, 1917d und Hermann, Einstein, S. 526.

86 Vgl. zur Entstehung dieses Buches ausführlich Infeld, Leopold: Leben mit Einstein. Kontur einer Erinnerung. Wien, Frankfurt/Main und Zürich: Europa Verlag 1969; (im Folgenden: Infeld, Leben mit Einstein), S. 77–90 sowie Flatau, Einstein, S. 33.

87 Arnold Berliner (1862–1942). Nach dem Physikstudium war Berliner 25 Jahre Direktor des Glühlampenwerks der AEG; danach wurde er Herausgeber der *Naturwissenschaften* und Fachberater des Julius Springer Verlags. Vgl. DBE, Bd. 1, S. 458.

88 Berliner zitiert nach Sarkowski, Springer, S. 192. (Hervorhebungen im Original)

89 Vgl. ebd., S. 193.

einen immer engeren Kreis des Verstehens, das den Forscher der großen Perspektiven zu berauben"[90] drohe. Diese großen Perspektiven können von Zeitschriften vermittelt werden:

> Er [i. e. Berliner; EF] erkannte, daß die vorhandenen populären Zeitschriften wohl hinreichten, um dem Laien Belehrung und Anregung zu verschaffen. Er sah aber auch, daß ein besonders sorgfältig und systematisch geleitetes Organ notwendig sei zur wissenschaftlichen Orientierung der Forscher [...]. BERLINERS Kampf um Klarheit und Übersicht hat ungemein dazu beigetragen, die Probleme, Methoden und Resultate der Wissenschaft in vielen Köpfen lebendig werden zu lassen.[91]

Die Buchreihe *Verständliche Wissenschaft*, die ab 1927 ebenfalls im Springer-Verlag erschien, war explizit populärwissenschaftlich konzipiert und weniger profitabel.[92] Die größte Schwierigkeit lag darin, aus dem Kreise der renommierten Wissenschaftler talentierte und bereitwillige Autoren zu gewinnen, die ihre wissenschaftlichen Forschungen einem Laienpublikum vermitteln konnten und wollten. Der Herausgeber der Reihe, Richard Goldschmidt, sah ein,

> daß die Abfassung solcher Bücher sehr schwer ist, viel schwerer als die einer wissenschaftlichen Abhandlung. Andererseits wissen wir aus reicher Erfahrung..., wie groß der Hunger nach naturwissenschaftlicher Information ist, falls sie in angenehm lesbarer Form geboten wird.[93]

Die beiden Vieweg-Reihen *Die Wissenschaft* und *Sammlung Vieweg* suchten ihre Leser innerhalb der Wissenschaft, aber fächerübergreifend. In Ersterer erschienen zwischen 1904 und 1967 127 Monographien zu naturwissenschaftlichen, mathematischen und technischen, aber hauptsächlich physikalischen Themen.[94] Die *Sammlung Vieweg* wurde in ihrem Gründungsjahr 1914 mit folgendem Text beworben:

> Die „Sammlung Vieweg" hat sich die Aufgabe gestellt, Wissens- und Forschungsgebiete, Theorien, chemisch-technische Verfahren usw., *die im Stadium der Entwicklung stehen*, durch zusammenfassende Behandlung unter Beifügung der wichtigsten Literaturangaben weiteren Kreisen bekanntzumachen und ihren *augenblicklichen Entwicklungstand zu beleuchten*. Sie will dadurch die Orientierung erleichtern und die Richtung zu zeigen suchen, welche die weitere Forschung einzuschlagen hat.[95]

---

90   Einstein, Berliner, S. 913.
91   Ebd. (Hervorhebung im Original)
92   Vgl. Sarkowski, Springer, S. 293.
93   Goldschmidt 1927, zitiert nach Sarkowski, Springer, S. 291.
94   Vgl. Friedr. Vieweg & Sohn 1786–1986, S. 33.
95   Vieweg-Archive der UB Braunschweig, V 3:1.3.2.3 Werbeanzeigen 1911–20. (Hervorhebungen im Original, dort teilweise gesperrt bzw. fett)

Zwei Aspekte weisen auf einen popularisierenden Anspruch der Reihe hin: Einerseits die Ansprache „weiterer Kreise", andererseits die Angabe „der wichtigsten Literaturangaben", die die Titel der Reihe mehr überblicksvermittelnd als diskursiv charakterisiert. In der *Sammlung Vieweg* erschien 1917 als Nr. 38 Einsteins Buch *Über die spezielle und die allgemeine Relativitätstheorie*, das trotz des aktuellen Anspruchs der Reihe diese als ihre prominenteste Schrift bis heute überlebt hat.

3.2.1   Einsteins *Büchlein* im Vieweg Verlag

Bereits Eduard Vieweg hatte den Verlag Friedrich Vieweg & Sohn auf naturwissenschaftliche Literatur ausgerichtet. Diese Tradition wurde von seinem Sohn Heinrich fortgeführt, der vermehrt wissenschaftliche Periodika in das Verlagsprogramm aufnahm.[96] Nach Heinrichs Tod wurde der Verlag von seiner Witwe und seiner Tochter Helene übernommen. 1891 heiratete Letztere Bernhard Tepelmann, der als dritter Teilhaber in das Geschäft einstieg. Unter Tepelmanns Leitung (1891–1919) wurden mehrere Zeitschriften neugegründet bzw. von anderen Verlagen übernommen. Auch die Gründung der Reihen *Die Wissenschaft* (1904) und *Sammlung Vieweg* (1914) fiel in diese Zeit.[97]

Die Korrespondenz zwischen Einstein und dem Vieweg Verlag ist erst ab Mai 1918 erhalten. Einsteins Motivation für das Buch sowie die Anbahnung des Vertragsabschluss sind nur indirekt, vor allem aus anderen Briefwechseln, zu folgern. Die Entwicklung der Allgemeinen Relativitätstheorie ist in Einsteins fachwissenschaftlichen Zeitschriftenartikeln dokumentiert; allerdings sind diese Artikel „vom Charakter vorläufiger Werkstattberichte geprägt, teils aufeinander aufbauend, teils korrigierend oder widerrufend, was zuvor gedruckt wurde."[98] Da selbst seine Kollegen Einsteins Gedanken auf dieser schriftlichen Grundlage nur schwerlich folgen konnten, fehlte eine zusammenfassende Darstellung, die schließlich im März 1916 als *Grundlage der allgemeinen Relativitätstheorie*[99] in den *Annalen der Physik* erschien.[100]

Anfang 1916 schrieb Einstein an seinen Freund Michele Besso:

> Ich gehe ernsthaft mit der Absicht um, in der nächsten Zeit über spezielle und allgemeine Relativitätstheorie ein Buch zu schreiben, bringe mich allerdings schwer zum anfangen, wie bei allen Dingen, die nicht von einem heissen Wunsche getra-

---

96   Vgl. Friedr. Vieweg & Sohn 1786–1925, S. 31.
97   Vgl. ebd., S. 34.
98   Fölsing, Einstein, S. 424.
99   Siehe Anhang 2.
100 Vgl. Fölsing, Einstein, S. 424.

gen werden. Aber wenn ich es nicht thue, wird die Theorie nicht verstanden werden, so einfach sie im Grunde nun ist.[101]

Diese Briefpassage wird sowohl vom Herausgeber des Briefwechsels, Pierre Speziali, als auch von Albrecht Fölsing als auf den zusammenfassenden Artikel hinweisend gedeutet.[102] Könnte sie nicht aber auch Zeugnis für erste monographische Ambitionen Einsteins sein? Immerhin spricht er von einem Buch, nicht von einem Aufsatz. Außerdem erscheint es wenig verständlich, warum Einstein seine Absicht, einen zusammenfassenden Fachartikel schreiben zu wollen, so ausdrücklich als „ernsthaft" unterstreichen, ja rechtfertigen sollte. Auffallend ist auch, dass in der Formulierung „über spezielle und allgemeine Relativitätstheorie ein Buch zu schreiben" bereits der spätere Titel des *Büchleins* anklingt, auch wenn dieser im Vertrag zunächst anders formuliert wurde.[103]

Der Brief vermittelt Einsteins generelles Bedürfnis, seine Theorie verstanden zu wissen. Nachdem er zehn Jahre lang alle Verlagsangebote ausgeschlagen hatte, war Einstein nun zum Vertragsabschluss mit Vieweg bereit. Aus der späteren Korrespondenz ist keine persönliche Bindung Einsteins an seinen Verleger abzulesen, das Verhältnis blieb stets rein geschäftlicher Natur. Das ist zum Teil darauf zurückzuführen, dass die Briefe seitens des Verlags in dieser Zeit mit dem Firmennamen signiert wurden, sodass die Autoren keinen persönlichen Ansprechpartner hatten.[104] Vermutlich hat sich auch Viewegs Angebot von anderen Verlagsofferten nicht sonderlich unterschieden.[105] Am wahrscheinlichsten – und unspektakulärsten – ist es darum, dass Vieweg Einstein das Angebot schlicht zum richtigen Zeitpunkt machte. Aus dem Brief an Michele Besso[106] wissen wir, dass Einstein mindestens seit Anfang 1916 mit dem Gedanken spielte, die Relativitätstheorie in Buchform darzustellen. Es ist denkbar, dass bereits ein Teil des Manuskripts geschrieben war, als Einstein den Vertrag mit Vieweg am 20. Dezember des Jahres unterzeichnete; dafür spricht die recht kurze Frist, die in § 1 für die Manuskriptabgabe vereinbart wurde: Demnach

---

101   Einstein an Besso, 3. Januar 1916. Speziali, Pierre (Hrsg.): Albert Einstein – Michele Besso. Correspondence 1903–1955. Paris: Hermann 1972; (im Folgenden: BW Einstein – Besso), S. 63. Michele Besso (1873–1955), studierte Mathematik und Physik in Rom und Zürich; er begegnete Einstein 1896 und war seitdem ein enger Freund. Vgl. CPAE, Vol. 1, S. 378–379.

102   Vgl. die Anm. 1 zum zitierten Brief: BW Einstein – Besso, S. 66 und Fölsing, Einstein, S. 424.

103   Im Verlagsvertrag ist der Arbeitstitel angeben mit: „Die Grundgedanken der speziellen und allgemeinen Relativitätstheorie in gemeinverständlicher Darstellung" (siehe Anhang 3a).

104   Vgl. hierzu Lütjen, Die Viewegs, S. 311, inkl. Anm. 1083.

105   An dieser Stelle muss zu Fölsing, Einstein, S. 558 und zu Holls Ausführungen in seinem *Exkurs: Springer und Einstein* (Vgl. Holl, Produktion und Distribution, S. 99 und 113) präzisierend angemerkt werden, dass Einstein nicht von Anfang an 20% für sein Vieweg-Buch erhielt, sodass dies keinen Anreiz zum Vertragsabschluss darstellen konnte. Siehe hierzu ausführlich S. 152–153.

106   Siehe Anm. 4 dieses Kapitels.

hatte Einstein nach Vertragsabschluss nur einen guten Monat Zeit, „das Manuskript vollständig druckfertig und gut leserlich [...] zu liefern".[107] Dass Einstein selbst nach einem Verlag suchend sich an Vieweg wandte, kann zwar nicht widerlegt werden, erscheint aber äußerst unwahrscheinlich. Möglicherweise spielte Arnold Berliner als Herausgeber der Reihe eine vermittelnde Rolle.[108] Die Verlagswahl wurde vielleicht auch dadurch begünstigt, dass Vieweg Einstein schon einmal ein Angebot unterbreitet hatte, welches dieser aber ablehnte. Statt seiner verfasste Max von Laue den Titel *Das Relativitätsprinzip*, das von Einstein sehr gelobt wurde.[109]

Dieses Werk empfiehlt Einstein im *Büchlein* neben seiner eigenen *Grundlage der allgemeinen Relativitätstheorie* und der Anthologie *Das Relativitätsprinzip*[110] zur Vertiefung der mathematischen Grundlagen.[111] Dagegen beschreibt er den Adressatenkreis seines Buches im Vorwort wie folgt:

> Das vorliegende Büchlein soll solchen eine möglichst exakte Einsicht in die Relativitätstheorie vermitteln, die sich vom allgemein wissenschaftlichen, philosophischen Standpunkt für die Theorie interessieren, ohne den mathematischen Apparat der theoretischen Physik zu beherrschen. Die Lektüre setzt etwa Maturitätsbildung und – trotz der Kürze des Büchleins – ziemlich viel Geduld und Willenskraft beim Leser voraus.[112]

Zugunsten der Deutlichkeit habe die Eleganz der Darstellung aufgrund vieler Wiederholungen gelitten. Besso gesteht er: „Die Darlegung ist ziemlich hölzern herausgekommen. Die Schriftstellerei werde ich in Zukunft dem anderen überlassen, dem die Rede leichter fällt als mir, und der mehr Ordnung im Leibe hat."[113]

Tatsächlich kommen mathematische Formeln nur in reduzierter Form zum Einsatz und sind vom mit schulischer Mathematik und „Geduld und Willenskraft" ausgestatteten Leser nachvollziehbar. Dankbarer ist der Rezipient allerdings für eine Reihe einfacher und anschaulicher Gedankenexperimente, die die logische Entfaltung von Einsteins Gedanken bis hin zu kosmologischen Betrachtungen im Rahmen der Allgemeinen Relativitätstheorie illustrieren. Der

---

107 Siehe Anhang 3a.
108 Vgl. Rowe, *Allies and Enemies*, S. 237.
109 Laue, Max von: *Das Relativitätsprinzip*. (= Die Wissenschaft, Nr. 38). Braunschweig: Vieweg 1911. Vgl. Fölsing, *Einstein*, S. 353 und Hermann, DPG, F-69.
110 Siehe Anm. 31 dieses Kapitels.
111 Im Folgenden wird Bezug genommen auf den Nachdruck von 2001 des *Büchleins*: Einstein, Albert: *Über die spezielle und die allgemeine Relativitätstheorie*. Nachdruck der 23. Auflage von 1988. Berlin, Heidelberg und New York: Springer 2001; (im Folgenden: Einstein, *Über die Relativitätstheorie* 2001).
112 Einstein, *Über die Relativitätstheorie* 2001, S. V.
113 Einstein an Besso, 9. März 1917; BW Einstein – Besso, S. 102.

Verständlichkeit wirkt aber Einsteins Unvermögen oder auch Nichtbereitschaft entgegen, sich bei seinen Ausführungen sprachlich genügend von der logisch-mathematischen Abstraktion zu lösen. Dabei trägt er der wissenschaftlichen Exaktheit seiner Argumentation Rechnung, versäumt aber, bestimmte Fachbegriffe dem Leser zu übersetzen.[114] Dies verschärft sich zwangsläufig mit zunehmender Komplexität des Themas im Verlauf des Buches und gipfelt etwa in Formulierungen wie dieser:

Tabelle 4:   Einsteins Honorare für
            Über die Spezielle und die Allgemeine Relativitätstheorie

Auflage	Erscheinungsdatum	Auflagenhöhe	Honorar (in M)	Honorar (in M)/Ex.
1	1917	1.500	750	0,50
2	1917	2.000	1.000	0,50
3	1918	3.000	1.500	0,50
4	Nov. 1919	3.000	1.500	0,50
5	Jan. 1920	4.500	2.250	0,50
6	Feb. 1920	4.500	2.250	0,50
7	März 1920	4.500	2.250	0,50
8	April 1920	6.000	3.000	0,50
9	Juni 1920	6.000	3.000	0,50
10*	Aug. 1920	10.000	14.400**	0,80***
11	Nov. 1920	5.000	7.200	
12	März 1921	5.000	7.200	
13	Nov. 1921	5.000	10.000	
14	Aug. 1922	5.000	50.000	

*   Ab der 10. Auflage bekam Einstein 20% vom Ladenpreis, der inzwischen 4 M betrug.

**   Die Höhe des Honorars ergibt sich mit Ladenpreis 4 M und Teuerungszuschlag 80% wie folgt:
       4 M x 10.000 Ex x 1,8 x 0,2 = 14.400.

*** 4 M x 0,2 = 0,80. Der Teuerungszuschlag darf hier nicht berücksichtigt werden, da sich die
       Beteiligung generell auf den Grund-Ladenpreis bezog; der Teuerungszuschlag hätte zu dem
       Zeitpunkt ja auch 70% oder 90% betragen können.

Quellen: Hermann, Einstein, S. 250–251; der Verlagsvertrag (Anhang 3a) sowie die Honorarabrechnungen des Verlags: AE-DA Zürich, 42-1-3.00, 42-1-9.00, 42-1-18.00, 42-1-26.00, 42-1-30.00, 42-1-34.00, 42-1-49.00, 42-1-55.00, 42-1-78.00, 42-2-87.00, 42-2-113.00, 42-2-142.00.

---

114   Bspw. den Unterschied zwischen ‚schwerer' und ‚träger' Masse. Vgl. Einstein, Über die Relativitätstheorie 2001, S. 43.

Das GAUSSsche Koordinatensystem ist eine logische Verallgemeinerung des kartesischen Koordinatensystems. Es ist auch auf nicht-euklidische Kontinua anwendbar, allerdings nur dann, wenn kleine Teile des betrachteten Kontinuums mit Bezug auf das definierte Maß („Abstand") sich mit desto größerer Annäherung euklidisch verhalten, je kleiner der ins Auge gefaßte Teil des Kontinuums ist.[115]

Den „lieben Leser" spricht Einstein immer mal wieder als fiktiven kritischen Dialogpartner an[116] und setzt bei ihm damit dieselbe Auffassungsgabe und argumentative Logik wie bei sich selbst voraus. Die meisten Leser werden sich allerdings überfordert fühlen; manchem mag gar die Hoffnung schwinden, wenn es zu Beginn des § 29 heißt: „Ist der Leser allen bisherigen Überlegungen gefolgt, so bereitet ihm das Verstehen der zur Lösung des Gravitationsproblems führenden Methoden keine Schwierigkeiten mehr."[117]

Später sah Einstein ein, sein *Büchlein* hätte genauso gut den Titelzusatz „gemein unverständlich"[118] tragen können, und gab damit Max Plancks Kommentar recht: „Einstein glaubt, seine Bücher werden dadurch leichter verständlich, dass er von Zeit zu Zeit die Worte ‚Lieber Leser' einstreut."[119]

Die Erstausgabe von *Über die spezielle und die allgemeine Relativitätstheorie* erschien 1917; noch im selben Jahr druckte Vieweg die zweite Auflage.[120] Die dritte

---

115 Einstein, Über die Relativitätstheorie 2001, S. 60. (Hervorhebung im Original)
116 Vgl. bspw. ebd., S. 14–15.
117 Ebd., S. 66.
118 Zitiert nach Fölsing, Einstein, S. 425. Vgl. auch Hermann, Einstein, S. 47.
119 Zitiert nach Fölsing, Einstein, S. 425.
120 Hermann, Einstein, S. 250, gibt die Auflagenhöhen mit 2.000 (1. Aufl.) und 1.500 Exemplaren (2. Aufl.) an, ohne diese Zahlen zu belegen. Die Abrechnungen der ersten beiden Auflagen sind nicht erhalten. Da mit der 11. Auflage aber das 50. Tausend vollendet werden sollte (vgl. Vieweg an Einstein, 18. November 1920; Zürich, ETH, AE-DA, 42-1-78.00), ergibt sich, dass die ersten Auflagen zusammen 3.500 Exemplare umfasst haben müssen. (Siehe Tab. 4, S. 150) Im Verlagsvertrag vom 21. Dezember 1916 war in § 2 eine Erstauflage mit 1.500 Exemplaren vereinbart worden; § 3 hielt fest, dass Einstein für jede Auflage à 1.500 Stück ein pauschales Honorar von 750 Mark sowie 20 Freiexemplare erhalten sollte. Die Auflagenstärke von 1.500 Exemplaren war somit vertraglich vereinbarte Bezugsgröße, und bis Mitte 1920 waren die Auflagenhöhen meist ein Vielfaches hiervon. Für die dritte Auflage plante man zunächst „die nächsten 1500 Exemplare" (vgl. Vieweg an Einstein, 15. Mai 1918; Zürich, ETH, AE-DA, 42-1-1.00), sollte man genug Papier auftreiben können, wolle man 3.000 Exemplare drucken, wie es dann ja auch geschah (Vieweg an Einstein, 29. August 1918; Zürich, ETH, AE-DA, 42-1-3.00). Meines Erachtens sprechen diese Indizien dafür, dass die erste Auflage in der geplanten Höhe von 1.500 Exemplaren gedruckt und die zweite auf 2.000 Stück erhöht wurde, als man merkte, wie gut sich die Erstauflage verkauft hatte, während die vorsichtige Planung der dritten lediglich dem Papiermangel geschuldet war, man aber auch diese Auflage erhöhte, als man das Papier für 3.000 Exemplare auftreiben konnte. Eine Korrektur der von Hermann vorgeschlagenen Zahlen erscheint mir somit sinnvoll.

Auflage erhielt eine inhaltliche Ergänzung[121] und als Vieweg Mitte September 1919 die vierte Auflage plante,[122] kündigte Einstein nochmals Änderungen an.[123] Fünf Tage später trafen die Korrekturen im Verlag ein, und Anfang November lag die vierte Auflage vor.[124]

Nach der Bestätigung der Allgemeinen Relativitätstheorie 1919 erfuhr das *Büchlein* eine regelrechte Auflagenexplosion. Dass der Bucherfolg auf das positive Ergebnis der Sonnenfinsternis-Expedition zurückzuführen ist und nicht mit der Verleihung des Nobelpreises an Einstein 1922[125] zusammenhängt, stellte bereits Goenner klar heraus.[126] Allein 1920 ließ Vieweg 45.500 Exemplare drucken.[127] Fast monatlich war ein Nachdruck nötig. Die Höhe der sechsten Auflage im Februar 1920 begrenzte Vieweg auf 4.500 Exemplare, denn „mehr erlaubt uns zur Zeit unser Papiervorrat nicht."[128] So konnte lediglich der chronische Papiermangel die rasche Folge der Nachdrucke drosseln.[129]

Da das Buch inhaltlich keine Veränderungen mehr erfuhr, einigte man sich ab der sechsten Auflage darauf, Einstein die Autorenexemplare ab sofort auszubezahlen. Sein Honorar betrug pauschal 750 Mark pro Auflage à 1.500 Exemplaren, also M 0,50 pro gedrucktem Exemplar. Beim geplanten Umfang von 6 Druckbogen ist das pauschale Honorar mit M 125,- pro Bogen durchaus in der üblichen Größenordnung. Allerdings wird ein Bogenhonorar einmalig gezahlt; der von Einstein handschriftlich ergänzte Zusatz, wonach sich die Auflage auf jeweils 1.500 Exemplare bezieht, machte sein „Bauschhonorar" gegenüber dem gängigen Bogenhonorar vorteilhafter. Beim anfänglichen Ladenpreis des *Büchleins* von M 2,80 entsprachen 50 Pfennig pro Exemplar immerhin einer Beteiligung am Ladenpreis von gut 17,85%; als der Ladenpreis auf M 4,- angehoben wurde, allerdings nur noch 12,5%. Durch die Kopplung des Honorars an die Stückzahl wirkte sich die Erhöhung des Ladenpreises zwar nicht negativ auf Einsteins absolute Vergütung aus, aber eben auch nicht positiv, wie es bei einer erfolgsorientierten Honorarart der Fall gewesen wäre.

121   Vgl. Vieweg an Einstein, 29. August 1918; Zürich, ETH, AE-DA, 42-1-3.00. Die *Betrachtungen über die Welt als Ganzes* (§§ 30–32) wurden dem Text angeschlossen und fortlaufend paginiert bzw. die Paragraphen (= Kapitel) weitergezählt. Spätere Ergänzungen wurden als ‚Anhang' aufgenommen.
122   Vieweg an Einstein, 15. September 1919; Zürich, ETH, AE-DA, 42-1-4.00.
123   Vgl. Einstein an Vieweg, 18. September 1919; Zürich, ETH, AE-DA, 42-1-5.00/6.00.
124   Vgl. Vieweg an Einstein, 3. November 1919; Zürich, ETH, AE-DA, 42-1-9.00.
125   Einstein wurde der Nobelpreis für 1921 erst 1922 zugesprochen und verliehen.
126   Vgl. Goenner, Hubert: The Reception of the Theory of Relativity in Germany as Reflected by Books Published Between 1908 and 1945. IN: Studies in the History of General Relativity. Hrsg. von Jean Eisenstaedt und A. J. Knox. Boston, Basel und Berlin: Birkhäuser 1988. (= Einstein Studies, 3), S. 15–38; (im Folgenden: Goenner, The Reception), hier S. 19.
127   Vgl. Hermann, Einstein, S. 250–251.
128   Vieweg an Einstein, 5. Februar 1920; Zürich, ETH, AE-DA, 42-1-23.00.
129   Vgl. Vieweg an Einstein, 28. April 1920; Zürich, ETH, AE-DA, 42-1-37.00.

Inzwischen war das Manuskript von Einsteins Antrittsrede zu seiner Gast-professur in Leiden im Springer Verlag eingegangen, welches unter dem Titel *Äther und Relativitätstheorie* erscheinen sollte.[130] Bezüglich der Honorierung über-ließ Springer Einstein die Wahl zwischen einer Vergütung in Höhe von 20% vom Ladenpreis oder einer 50%igen Beteiligung am Reingewinn.[131] Einstein entschied sich bei *Äther und Relativitätstheorie* für die 50%ige Beteiligung, wäh-rend er für *Geometrie und Erfahrung,* welches Springer ein knappes Jahr später herausbrachte,[132] mit 20% des Ladenpreises vergütet wurde.[133]

Das vor dem Ersten Weltkrieg weit verbreitete feste Bogenhonorar wich in den inflationsgezeichneten Nachkriegsjahren zugunsten erfolgsorientierter Ho-norierungsarten zurück.[134] Springer ließ seine Autoren üblicherweise zwischen einem 15%igen Anteil am Ladenpreis aller verkaufter Exemplare und einer 50%igen Beteiligung am Reingewinn wählen.[135] Schon eine 15%ige Beteiligung am Ladenpreis war außergewöhnlich hoch.[136] Dass Springer Einstein 20% offe-rierte, kann als Indiz für seine Hoffnung gesehen werden, Einstein von Vieweg abwerben zu können. In jedem Fall bestärkte Einstein der Vertragsabschluss von 1920 mit Springer, auch für sein Vieweg-*Büchlein* eine höhere, weil erfolgs-orientierte Beteiligung zu fordern.

Für die englische Ausgabe hatte Einstein inzwischen einen Nachtrag ge-schrieben, der auch für die deutsche Ausgabe verwendet werden sollte. Diese Erweiterung gab ihm den passenden Anlass, seine neuen Honorierungswünsche zum Ausdruck zu bringen.[137] Vieweg zeigte sich zwar prinzipiell bereit, Einstein 20% einzuräumen, doch bat man die inzwischen verschärfte Konkurrenzsitua-tion zu bedenken,[138] eine Sorge, die freilich nicht unberechtigt war. Nach Goen-ners Statistik erschienen zwischen 1908 und 1945 312 deutschsprachige Bücher über Relativitätstheorie, wovon ein Großteil – 1920–22 etwa 3/4 der Titel – populärwissenschaftlichen, naturphilosophischen oder antirelativistischen Cha-rakter hatte. Goenner konstatiert weiterhin den Höhepunkt des publizistischen

---

130 Siehe Anhang 2.
131 Vgl. Springer an Einstein, 23. April 1920; Zürich, ETH, AE-DA, 41-12-1059.00. Vgl. auch
      Davidis, Michael: Wissenschaft und Buchhandel. Der Verlag von Julius Springer und seine
      Autoren. Briefe und Dokumente aus den Jahren 1880–1946. Ausstellungskatalog. München:
      Deutsches Museum 1985; (im Folgenden: Davidis, Wissenschaft und Buchhandel), S. 56.
132 Vgl. Springer an Einstein, 7. März 1921; Zürich, ETH, AE-DA, 41-12-1067.00.
133 Vgl. Einstein an Springer, 8. März 1921; Zürich, ETH, AE-DA, 41-12-1068.00. Die Wahl-
      möglichkeiten sind bei Holl, Produktion und Distribution, S.99 vertauscht wiedergegeben.
      Er bezieht sich auf Davidis, Wissenschaft und Buchhandel, S. 56, wo die Alternativen aber
      richtig zugeordnet sind, da dort Quellenauszüge abgedruckt sind.
134 Vgl. Holl, Produktion und Distribution, S. 72–73.
135 Vgl. ebd., S. 78.
136 Vgl. ebd., S. 75.
137 Vgl. Einstein an Vieweg, 1. Mai 1920; Zürich, ETH, AE-DA, 42-1-38.00.
138 Vgl. Vieweg an Einstein, 5. Mai 1920; Zürich, ETH, AE-DA, 42-1-40.00.

Interesses an der Relativitätstheorie zwischen 1920 und 1922, sowie einen Ein-
bruch um 1924/25, wobei dies zum Teil auch auf ökonomische Faktoren zurückzuführen sein könne.[139]

Nachdem Vieweg das Papier für 6.000 Exemplare vorrätig hatte, wurde jedoch zunächst die neunte Auflage gedruckt und im Juni 1920 nach den bestehenden Bedingungen abgerechnet.[140] Erst der nächsten Auflage waren die beiden Nachträge angefügt, auf deren Vergütung mit 20% Einstein bestanden
hatte.[141] Die zehnte Auflage wurde im August in einer Höhe von 10.000 Stück
gedruckt. Der Verkaufspreis betrug 4 Mark zuzüglich eines inflationsbedingten
80%igen Verlagsaufschlages, sodass sich Einsteins Honorar auf M 14.400,-
belief.[142]

Auch in den Verhandlungen der Übersetzungsrechte erwies sich Einstein
als selbstbewusster und ökonomisch verständiger Vertragspartner. 1920 erschien die erste, englische Übersetzung des *Büchleins* beim Londoner Verlag
Methuen.[143] Dieser waren Konditionsverhandlungen vorausgegangen, die für das
Verhältnis zwischen dem prominenten Autor und seinem deutschen Verleger
eine Zerreißprobe dargestellt hatten. Einstein war sich seines Marktwertes bewusst und scheute sich nicht, diesen gegenüber Vieweg durchzusetzen, auch
wenn „der Erlös aus dem Verkauf des Uebersetzungsrechts" laut Vertrag „zwischen Verfasser und Verlagshandlung hälftig geteilt"[144] werden sollte. Im Zwei-
felsfall drohte Einstein mit Weggang, konnte er doch sicher sein, bspw. von
Springer mit offenen Armen und vorteilhaften Konditionen aufgenommen zu
werden.

Letztlich kam Einsteins Selbstbewusstsein auch Vieweg zugute, denn die
Zwistigkeiten um die Bedingungen für die englische Übersetzung lösten sich zu
beidseitigem Wohlgefallen auf, als der Übersetzer unerwartet ein besseres Angebot machte, als Autor und Verlag erwartet hatten.[145] Einstein hatte Recht
behalten, die Marktchancen einer Übersetzung optimistischer einzuschätzen als
der Verlag, der die Konkurrenzlage oft überschätzte und zögerlich argumentierte. Nachdem man die ersten Übersetzungen erfolgreich verhandelt hatte, spielte
sich ein Muster ein: Der Verlag informierte Einstein über eingetroffene Angebote, und dieser wies Vieweg an, gemäß der üblichen Bedingungen zu verhan-

---

139 Vgl. Goenner, The Reception, S. 19–21 und Einstein in Berlin, S. 155.
140 Vgl. Vieweg an Einstein, 7. Juni 1920; Zürich, ETH, AE-DA, 42-1-49.00.
141 Vgl. Einstein an Vieweg, 1. Juni 1920; Zürich, ETH, AE-DA, 42-1-44.00/45.00.
142 Vgl. Vieweg an Einstein, 21. Juni 1920; Zürich, ETH, AE-DA, 42-1-55.00. Siehe S. 150,
     Tab. 4. Vgl. auch Ilse Einstein an Vieweg, 8. September 1920; Zürich, ETH, AE-DA, 42-1-
     56.00. Einsteins Stieftochter Ilse war von 1920–1928 seine Sekretärin.
143 Einstein, Albert: Relativity, the special and the general theory. A popular exposition. Autho-
     rized translation by Robert W. Lawson. London: Methuen & Co. 1920.
144 Siehe Anhang 3a, § 7.
145 Vgl. ausführlicher zu den Übersetzungen Flatau, Einstein, S. 62–68.

deln.[146] Danach wurden die Erlöse aus den Übersetzungen zu 2/3 an Einstein und 1/3 an Vieweg verteilt; diese Aufteilung hatte Einstein mit der englischen Ausgabe durchgesetzt. Allerdings setzte bei Einstein im Lauf der Jahre eine gewisse Verhandlungsmüdigkeit ein und er überließ die Abwicklung immer mehr seinem Verleger. Auffallend ist, dass Einstein stets daran gelegen war, dass auch die Übersetzer gut entlohnt würden, vor allem, wenn er diese persönlich kannte. Überhaupt richtete sich Einsteins Engagement sehr nach seiner Sympathie für den betreffenden Verlag, den Übersetzer oder auch der Sprache, in die übersetzt werden sollte.

Im August 1922 erschien die 14. und letzte deutsche Vorkriegsauflage des *Büchleins*.[147] Während des NS-Regimes wurde Einstein vom fahnentreuen Vieweg Verlag mehr und mehr verleugnet. In den Werbeschriften ab 1935 taucht sein Name nicht mehr auf, die Nr. 38 der *Sammlung Vieweg* scheint nicht existent.[148] In der Jubiläumsschrift zum 150-jährigen Bestehen des Verlags 1936 wird Einsteins Verdienst um die Wissenschaft geschmälert.[149] Nach dem Zweiten Weltkrieg versuchte der Verlag erstmals 1947, die Beziehungen zu Einstein wieder aufzunehmen,[150] was Einstein zunächst entschieden ablehnte: „Nach dem Massenmord der Deutschen an meinen jüdischen Brüdern will ich es nicht, dass noch Publikationen von mir in Deutschland herauskommen."[151] Erst sieben Jahre später stimmte Einstein der Neuauflage des *Büchleins* zu.[152]

Die Korrespondenz zwischen Einstein und dem Vieweg Verlag ist von der rein geschäftlichen Beziehung der Vertragspartner gekennzeichnet. Aus dem Material lassen sich jedoch einige Facetten des Autors Einstein ablesen. Auch wenn sein Buch-Projekt zunächst „nicht von einem heissen Wunsche getragen"[153] war, bewies Einstein nach Realisation Verantwortung für die verlegerische Pflege seines *Büchleins*. So hat er durch regelmäßige Korrekturen und Ergänzungen für die Aktualität des Buchs gesorgt. Im Fall der seit 1916 im Verlag

---

146 Vgl. bspw. Ilse Einstein an Vieweg, 22. März 1922; Zürich, ETH, AE-DA, 42-2-131.00. Sie teilt darin dem Verlag mit, man solle bezüglich einer estnischen Übersetzung wie gehabt verhandeln.

147 Vgl. Vieweg an Einstein, 5. November 1921 und 8. August 1922; Zürich, ETH, AE-DA, 42-2-113.00 bzw. 42-2-142.00.

148 Vgl. Vieweg-Archive der UB Braunschweig, V 3:1.3.2.5 bis V 3:1.3.2.8.

149 Vgl. Dreyer, Fried. Vieweg & Sohn in 150 Jahren, S. 49–50.

150 Vgl. Vieweg an Einstein, 12. Februar 1947; Vieweg-Archive der UB Braunschweig, V I E:18.

151 Einstein an Vieweg, 25. März 1947; Vieweg-Archive der UB Braunschweig, V I E:18. Mit ähnlichem Wortlaut hatte Einstein bereits 1946 die Bitte Meiners abgelehnt, die *Grundlage der Relativitätstheorie* neu herausbringen zu dürfen. Vgl. Meiner an Einstein, 3. Mai 1946 und Einstein an Meiner, 15. Juni 1946; Zürich, ETH, AE-DA, 41-12-1007.00 bzw. 41-12-1008.00.

152 Nach Einsteins Tod wurde das Copyright mit der 17. Auflage auf den Nachlassverwalter Otto Nathan geändert, und noch im selben Jahr wurden die Rechte an die *Hebrew University of Jerusalem* übertragen Vgl. Einstein, Über die Relativitätstheorie 2001, Impressum.

153 Einstein an Besso, 3. Januar 1916. Siehe Anm. 101 dieses Kapitels.

von J. A. Barth erschienenen *Grundlage der Relativitätstheorie*[154] bat Einstein ausdrücklich, die ursprüngliche Jahreszahl auch für die Nachdrucke beizubehalten, da er für korrigierende oder ergänzende Aktualisierung keine Zeit fand.[155] Aus demselben Anspruch resultierte sein Wunsch auf Streichung des § 7 des neuen Verlagsvertrages, als *Über die spezielle und die Allgemeine Relativitätstheorie* nach dem Zweiten Weltkrieg wieder aufgelegt werden sollte. Nach diesem Paragraph wäre Vieweg berechtigt gewesen, nach Einsteins Tod einen anderen Sachverständigen mit der Betreuung des Buches zu beauftragen. Unter seinem Namen sollten nur Inhalte publiziert werden, die in seinem Sinne dem aktuellsten Stand der Physik entsprachen. Ebenso war Einstein an adäquaten und qualitätsvollen Übersetzungen seines Buches und angemessener Vergütung der Übersetzer gelegen. Wann immer er einen Kollegen im Ausland am Erfolg seines Buches teilhaben lassen konnte, zeigte er sich großzügig.

Bei den Verhandlungen für die englischen Übersetzungsrechte wurde der Status quo zwischen Verlag und Autor geklärt. Aus der Zerreißprobe hat Einstein Konsequenzen gezogen: Für den zweiten Vieweg-Titel[156] übertrug er dem Verlag nur noch die Rechte an der deutschen Ausgabe[157] und trat für die Verhandlungen der Übersetzungsrechte selbst mit ausländischen Firmen in Kontakt. Er bestand sogar darauf, dass die amerikanische Ausgabe vor der deutschen erscheinen solle. Zudem vertrat er seine Forderungen gegenüber seinem Verleger mit geschärftem Selbstbewusstsein. Als Vieweg nicht bereit schien, die geforderten 20% des Ladenpreises für die *Vier Vorlesungen über Relativitätstheorie* zu zahlen, bot Einstein das Manuskript spontan Ferdinand Springer an.[158] Der Verlag hatte Einsteins Honorarwünsche jedoch längst akzeptiert, schloss in § 3 des Vertrags aber aus, dass sich die 20% auch auf etwaige Teuerungszuschläge erstreckten.[159]

Springers wiederholte Angebote, mit denen der Verleger Einstein vom Vieweg Verlag abwerben wollte, haben das Bewusstsein des Autors für seinen Marktwert bestärkt. Das gilt für seine 20%-Forderung für das *Büchlein* sowie für sein Verhandlungsgespür bezüglich der Übersetzungsrechte. Hierbei kamen Einsteins selbstbewusste Forderungen letztlich auch Vieweg zugute.

Viele Jahrzehnte besaß der Name Einstein für den Vieweg Verlag symbolischen Wert. Anlässlich des 200-jährigen Jubiläums des Verlages wurde der Vie-

---

154 Siehe Anhang 2.
155 Vgl. Hermann, Einstein, S. 249 und Barth an Einstein, 22. Mai 1920; Zürich, ETH, AE-DA, 41-2-998.00.
156 Einstein, Albert: Vier Vorlesungen über Relativitätstheorie. Braunschweig: Vieweg 1922. Siehe Anhang 2, Titel 7a.
157 Siehe Anhang 3b, § 1.
158 Vgl. zur Publikationsgeschichte von *Vier Vorlesungen über Relativitätstheorie* ausführlich Flatau, Einstein, S. 68–72.
159 Siehe Anhang 3b.

weg-Autor Einstein als Aushängeschild benutzt.[160] In Vergessenheit gerät dabei schnell, dass der Verlag seinen Autor während des Nationalsozialismus verleugnet.

3.2.2 Medienpräsenz und Mythologisierung Einsteins

Am 29. Mai 1919 beobachteten britische Forscher in Sobral, Brasilien, eine Sonnenfinsternis. Die Ergebnisse wurden als Bestätigung der von der Allgemeinen Relativitätstheorie vorausgesagten Werte interpretiert.[161] Obwohl Einstein die Theorie bereits 1915 abgeschlossen hatte, wurde sie durch ihre Bestätigung, die sich zudem an das nicht alltägliche Ereignis einer Sonnenfinsternis koppelte, zum medialen Tagesthema und von der Öffentlichkeit als wissenschaftliche Revolution wahrgenommen.[162] Die Meldung wurde im In- und Ausland unterschiedlich aufgenommen, sodass letztlich die deutsche, französische, englische und amerikanische Rezeption jeweils andere Bestandteile zum *Relativitätsrummel* beitrugen.

In den USA wurde das Ereignis als Sensation rezipiert, allerdings auf verängstigte und empörte Weise.[163] Die Relativitätstheorie schien die Stabilität der Welt in Frage zu stellen und durch ihre Unverständlichkeit einer Elite vorbehalten zu sein, die durch den Gebrauch dieser ‚Geheimformel' die Welt manipulieren könnte. Zudem sah man die Unverständlichkeit als Affront gegen das amerikanische Demokratieverständnis. Da alle Menschen die gleichen Rechte haben, müssten Wissenschaftler ihre Theorien so formulieren, dass jeder sie verstehen könne. Beunruhigung und Empörung wichen der Begeisterung für den Wissenschaftler, als Einstein 1921 erstmals die USA bereiste.[164] Der Mythos der Unverständlichkeit blieb.

---

160 Vgl. bspw. Meyer, Hermann: Wo Gottfried Keller antichambrierte und Albert Einstein verlegte. IN: Börsenblatt 1986, Nr. 33, S. 1202–1209. Illustres Beispiel ist auch der Umschlag der Schrift Friedr. Vieweg & Sohn 1786–1986: Auf dem Umschlag ist die ‚9' der ‚1986' durch einen gerade gefallenen Würfel dargestellt, dessen Trudelspur durch ein regenbogenfarbenes Band nachgezeichnet ist. Daneben steht in Anlehnung an ein berühmtes Einstein-Zitat „…ob der liebe Gott würfelt".

161 Auch Isaac Newton hatte eine Ablenkung der Lichtstrahlen in Sonnennähe vermutet, sein prognostizierter Wert (0,87 Bogensekunden) entsprach etwa der Hälfte von Einsteins Vorhersage (1,74 Bogensekunden).

162 Strenggenommen hatte die Relativitätstheorie – vor allem nach Einsteins Verständnis – keinen revolutionären Charakter, da sie bestehende Theorien nicht widerlegte, sondern in sich vereinte. Dennoch wurde sie sowohl in der Fachwelt als auch in der Öffentlichkeit als Revolution rezipiert, was sich zum offiziell legitimierten Missverständnis entwickelt hat. Vgl. zum *Revolutionscharakter der Relativitätstheorie* ausführlich Hentschel, Interpretationen und Fehlinterpretationen, S. 106–121.

163 Vgl. im Folgenden Missner, Why Einstein became famous, S. 272–279.

164 Vgl. ebd., S. 281–282.

In der britischen Presse wurde objektiver berichtet; hier stand die Entscheidung zwischen Newton und Einstein im Fokus des Interesses.[165] Indem sie die Theorie eines deutschen Wissenschaftlers bestätigte, setzte sich die *Royal Society* über nationale Ressentiments hinweg und trug damit der Neutralität der Wissenschaft Rechnung.[166] Tatsächlich gab es aber sowohl in der Öffentlichkeit als auch in Wissenschaftlerkreisen chauvinistische und antideutsche Vorurteile gegen die Relativitätstheorie, in Frankreich stärker als in England.[167]

Dabei war Einsteins Nationalität keineswegs klar: Zwar in Deutschland geboren, war er seit 1901 Schweizer und zudem jüdischer Abstammung. Zur Zeit des Ersten Weltkriegs vertrat er eine oppositionelle Meinung, fühlte sich aber der deutschen scientific community zugehörig.[168] Während der Großteil der deutschen Professoren sich öffentlich neutral verhielt,[169] bekundete Einstein stets seine politischen, moralischen und pazifistischen Ansichten. Jedes dieser Details konnte je nach Bedarf für oder wider Einstein instrumentalisiert werden.[170]

In den Jahren nach dem Ersten Weltkrieg verhalf Einstein durch viele Reisen der deutschen Wissenschaft im Ausland zu neuem Ansehen. Damit wirkte er dem ‚Boykott' der deutschen Wissenschaft entgegen.[171] Darüber hinaus sollten die Reisen auch die Verbreitung seiner Relativitätstheorie unterstützen.[172] Doch das schürte wiederum den Hass seiner deutschnational gesinnten Kollegen, für die er in erster Linie Jude war. Antisemitische Argumente wurden auch gegen die Relativitätstheorie laut. Unter anderem bezichtigte man Einstein des

---

165   Vgl. Fölsing, Einstein, S. 492–493 und 500.

166   Vgl. ebd., S. 503–504.

167   Vgl. zu „*Deutschenhaß*"/*Chauvinismus* ausführlich Hentschel, Interpretationen und Fehlinterpretationen, S. 123–130, zusammenfassend S. 130.

168   Vgl. zum Politikum um Einsteins Staatsbürgerschaft Goenner, Einstein in Berlin, S. 64–67.

169   Vgl. Sontheimer, Die deutschen Hochschullehrer, S. 217.

170   Vgl. Hentschel, Interpretationen und Fehlinterpretationen, S. 122. Einstein kommentierte die wechselnde nationale Zuordnung meist humorvoll, vgl. Einstein in einem Brief an *The Times*, 1919, zitiert nach Pais, Intuition, S. 199. Vgl. auch Hermann, Einstein, S. 430, der einen Brief Max von Laues an Einstein aus dem Jahr 1939 zitiert, in dem Laue mitteilt, nun versuche man, Henri Poincaré als Mitbegründer der Relativitätstheorie zu beweisen, um sie „im Dritten Reich hoffähig zu machen."

171   Vgl. zum Boykott ausführlich Desser, Michael: Zwischen Skylla und Charybdis. Die „scientific community" der Physiker, 1919–1939. Wien: Böhlau 1991, S. 11–19, zur vermittelnden Funktion Einsteins ebd., S. 20–25. Die Siegermächte des Ersten Weltkrieges versuchten, Deutschland (und Österreich) u. a. wissenschaftlich zu isolieren. Der Boykott wurde organisatorisch vom *Conseil International de Recherche* getragen. Zu den Maßnahmen gehörten die Loslösung internationaler wissenschaftlicher Einrichtungen aus deutscher Verantwortung, Ausschluss deutscher Wissenschaftler von Kongressen und Publikationsmärkten sowie Ablehnung des Deutschen als führende Wissenschaftssprache. Der Boykott bestand zwischen 1919 und 1925/26.

172   Vgl. Neffe, Einstein, S. 300.

Plagiats, und seine Medienpräsenz wurde ihm als Reklamesucht vorgeworfen.[173] Die von Juden kontrollierte Presse fördere die Verbreitung der Relativitätstheorie, deren wissenschaftliche Bedeutung man leugnete.[174]

Als ein trauriger Höhepunkt der Kontroverse kann die *Jahresversammlung der Deutschen Naturforscher und Ärzte* 1922 gelten, die aus Anlass des 100-jährigen Jubiläums der Gesellschaft in der Gründungsstadt Leipzig stattfand. Aus Sorge um seine Sicherheit musste Einstein die Teilnahme absagen, sein Vortrag über Relativitätstheorie wurde von Max von Laue übernommen. In einem Flugblatt kritisierten die Einstein-Gegner, dass die Relativitätstheorie überhaupt Gegenstand wissenschaftlicher Diskussion auf der Versammlung sein sollte.[175] Paradoxerweise trug die Hetze gegen Einstein noch zu dessen Medienpräsenz bei.[176]

Andererseits stellte Einstein eine nationale Hoffnung dar, denn „[von] der Verachtung für alles Deutsche wurde nur die Wissenschaft ausgenommen."[177] Im Ausland wurde Einstein vor allem als Repräsentant der deutschen Wissenschaft betrachtet, und seine Auslandsreisen vom Auswärtigen Amt als Erfolge verbucht. Bereits 1920 galt er als „Kulturfaktor ersten Ranges"[178] und agierte als „heimlicher Außenminister"[179].

Neben dem enormen Interesse an der Relativitätstheorie und dem Wunsch, diese zu verstehen, ist der Eindruck, den Einstein durch seine Persönlichkeit auf die Menschen machte, nicht zu unterschätzen. Seine öffentlichen Vorträge waren meist stark frequentiert, wobei die referierten Inhalte vielen als nebensächlich galten; man erwartete ein gesellschaftliches Ereignis:

> Alles wollte den weltberühmten Mann sehen, der die Gesetze des Universums umgestürzt und die ‚Krümmung' des Raumes bewiesen hatte. [...] Aber das Publikum war viel zu aufgeregt, um sich überhaupt zu bemühen, dem Vortrag zu folgen. Man wollte nicht verstehen, sondern einem aufregenden Ereignis beiwohnen.[180]

---

173 Vgl. zur antisemitischen Argumentation gegen die Relativitätstheorie ausführlich Hentschel, Interpretationen und Fehlinterpretationen, S. 131–149, zu den Plagiatsvorwürfen ausführlich ebd., S. 150–162.

174 Vgl. Hermann, Einstein, S. 282 sowie zur Rolle der Presse Rowe, Einstein and Relativity, S. 221–225.

175 Vgl. Hermann, Einstein, S. 282.

176 Vgl. ebd., S. 246.

177 Ebd., S. 264 und 298.

178 Der deutsche Geschäftsträger in London an das Auswärtige Amt, 2. September 1920; zitiert nach Kirsten, Christa und Hans-Jürgen Treder (Hrsg.): Albert Einstein in Berlin 1913–1933. Teil I: Darstellung und Dokumente. Berlin (Ost): Akademie-Verlag 1979. (= Studien zur Geschichte der Akademie der Wissenschaften der DDR, 6), S. 207, Dok. 126.

179 Neffe, Einstein, S. 303.

180 Frank, Einstein, S. 285. Vgl. auch Fölsing, Einstein, S. 560 sowie Goenner, Einstein in Berlin, S. 163.

Einsteins Berühmtheit hat eine Legendenbildung erfahren, die ihn zum Mythos machte. Der Mythos erscheint als zeitlose Verlängerung der originären Berühmtheit, setzt die Medienpräsenz der Person fort und besteht letztlich aus dem Namen, dem Bild und den dadurch ausgelösten Assoziationen.[181] Das bekannteste Einstein-Portrait zeigt ihn mit herausgestreckter Zunge als das geniale ‚Enfant terrible' der Wissenschaft, dessen Relativitätstheorie dem ‚Normalsterblichen' unverständlich ist.[182]

Auch wenn der Mythos einer stark verkürzten, plakativen Sicht auf die historische Persönlichkeit entspricht, wurzeln letztlich alle seine Elemente in der Biographie selbst, vor allem wenn es sich schon um zeitgenössische Fehlinterpretationen handelt. Doch wird eine berühmte Person nur dann zum Mythos, wenn ihrem Ruhm jenes irrationale Element aneignet, das man ‚Charisma' nennen könnte.[183] Ein besonderer Wert der frühen Einstein-Biographien liegt in der Dokumentation, wie Einsteins Persönlichkeit auf seine Mitmenschen gewirkt hat. Alexander Moszkowskis „schwülstiger Stil"[184] verliert sich dabei zuweilen im Pathetischen:

> Über alle Zweifel des Vortragenden [Henri Poincaré] hinweg bestürmte mich der Eindruck eines gewaltigen Erlebnisses, und dieser entzündete in mir zwei Wünsche: mich mit den Forschungen Einsteins, soweit mir dies gelingen könnte, näher bekanntzumachen und womöglich: ihn einmal leibhaftig zu erblicken. Das Abstrakte verschmolz für mich mit dem konkret Persönlichen. Mir schwebte es wie ei-

---

181   Vgl. Hermann, Einstein, S. 529, behauptet, Einsteins Portrait sei zur Allegorie der Wissenschaft geworden. Vgl. hierzu auch Fischer, Genie, S. 1, berichtet von einem Experiment mit Grundschulkindern, die aufgefordert wurden, einen Wissenschaftler zu malen, und deren Zeichnungen eine auffällige Ähnlichkeit mit Einstein zeigten. Hierzu muss allerdings kritisch angemerkt werden, dass man bereits vor Einstein eine gewisse Vorstellung vom typischen Äußeren eines Wissenschaftlers hatte. So beschrieb bspw. die *Cleveland Press* Einstein – anlässlich eines Besuches in den USA – als „typischen Professor. Er hat graues Haar, das er ziemlich lang trägt". (Cleveland Press, 25. Mai 1921, zitiert nach Neffe, Einstein, S. 399.) Sicherlich passte Einstein aber gut zum bestehenden Klischee und hat die Vorstellung vom ‚typischen (oft zerstreuten) Professor' nachhaltig mitgeprägt.

182   Einstein bezeichnete sich selbst als Enfant terrible. Vgl. Hermann, Einstein, S. 534. Überhaupt hat Einstein durchaus zu seinem Image beigetragen: Das berühmt gewordene Foto, das ihn mit herausgeschreckter Zunge zeigt, hat er selbst vervielfältigt und als Grußkarte verschickt; vgl. Neffe, Einstein, S. 441.

183   Vgl. Goenner, Einstein in Berlin, S. 229, vermutet, dass Einstein so populär wurde, „nicht weil er ein genialer Physiker war, sondern" weil er als „liebenswerter Mensch mit großer Ausstrahlung" erschien.

184   Hermann, Einstein, S. 256.

ne Ahnung vor und wie ein Glück, in irgendwelcher Zukunft seine Lehre aus seinem Munde zu vernehmen.[185]

Rudolf Kayser bemühte sich 1930 im biographischen Portrait seines Schwiegervaters um eine objektivere Erklärung für Einsteins Wirkung und konstatierte dabei auch eine gewisse ,Magie':

> The legend of a man, the immense popularity of a name in all parts of the world – these facts as they reappear in history from epoch to epoch, find explanation only in the one miracle of history and life, namely the magic of a great personality. Every fame that lasts more than a day, every real human legend has this magic for its cause.[186]

Ein wesentlicher Aspekt des Mythos Einstein ist die Bewunderung für das Genie. Einstein verfügte über ein gesundes Selbstbewusstsein, zu dem auch gehörte, die eigene Intelligenz als selbstverständlich und normal wahrzunehmen.[187] Während Einstein also seine Intelligenz nicht außergewöhnlich oder bemerkenswert fand, wurde er von seinen Zeitgenossen als Genie verehrt, inklusive der mit dem Begriff ,Genie' einhergehenden mythischen Verklärung.

Schon seine Fachkollegen, oft selbst Koryphäen der Physik, wiesen ihm eine Sonderstellung innerhalb der scientific community zu. Max Planck war der erste, der ihn mit Kopernikus verglich.[188] Nachdem Einstein seine Außenseiterposition überwunden hatte, überstieg die Anerkennung durch die Fachwelt schnell das normale Maß von kollegialem Respekt. Dass Universitäten Stellen für ihn schufen, kann als Indiz für eine besondere Erwartungshaltung gelten. Seine Mitgliedschaft an der Berliner Akademie honorierte nicht nur seine bisherigen Leistungen, sondern war auch mit der Hoffnung verbunden, das außerordentliche Talent für die Akademie nutzbar zu machen.[189]

Diese Sonderstellung innerhalb der scientific community wurde und wird aus der Sicht der Öffentlichkeit noch überstrahlt von spektakulären Szenen aus Einsteins Biographie, die dem Lebenslauf eines Genies angemessen erscheinen.

---

185 Moszkowski, Einstein, S. 16. Moszkowski schildert seine Eindrücke von einem Vortrag Poincarés im Oktober 1910 in Berlin, bei dem der französische Mathematiker auch auf Einsteins „neue Mechanik" einging. Vgl. ebd., S. 15.
186 Reiser, Einstein, S. 159.
187 Vgl. Hermann, Einstein, S. 546.
188 Vgl. Hermann, DPG, F-67 und Fölsing, Einstein, S. 309.
189 Vgl. Plancks Wahlvorschlag für Albert Einstein. IN: Physiker über Physiker. Wahlvorschläge zur Aufnahme von Physikern in die Berliner Akademie 1870 bis 1929 von Hermann v. Helmholtz bis Erwin Schrödinger. Bearbeitet von Christa Kirsten und Hans-Günther Körber; hrsg. von Heinrich Scheel. Berlin (Ost): Akademie-Verlag 1975. (= Studien zur Geschichte der Akademie der Wissenschaften der DDR, 6), S. 201–203, hier S. 202. Vgl. auch Hermann, Einstein, S. 187–192 und Fölsing, Einstein, S. 371.

Dazu gehören die retrospektive Bewertung des Jahres 1905 als ‚Wunderjahr eines Hobbyphysikers', die sensationelle Bestätigung der Allgemeinen Relativitätstheorie durch die Sonnenfinsternis-Expedition 1919 und Einsteins Status als ‚lebende Legende' in Princeton.

Zwar institutionell in das Wissenschaftssystem eingebunden, blieb Einstein als Forscher Zeit seines Lebens „Einspänner".[190] In seinem Fall klingt im Mythos Genie auch das Bild des Denkers im Elfenbeinturm an. Als theoretischer Physiker war Einstein für seine Forschungen nicht auf aufwendige Apparaturen angewiesen. Nach eigener Aussage konnte er seine Arbeiten jederzeit aufnehmen und unterbrechen.[191] Moszkowski beschreibt Einsteins Arbeitszimmer in Berlin:

> Nichts gemahnt in der Aufmachung des Raumes an transterrestrische Erhabenheit, keine instrumentale noch bibliothekarische Fülle tritt uns entgegen, und man wird bald inne, daß hier ein Denker waltet, der zu seiner weltumspannenden Arbeit nichts anderes braucht, als seinen eigenen Kopf, allenfalls noch ein Blättchen Papier und einen Schreibstift.[192]

Einsteins außergewöhnliche Begabung, seine Intelligenz, kurz das, was ihn besonders machte, schien in seinem Kopf verborgen. Unterstützt wurde diese Fokussierung noch durch den unkonventionellen Haarschopf.[193] Nach Kayser ist die Verehrung des Genies ein natürliches Bedürfnis des Menschen.[194] Damit verbunden ist der Wunsch, das Geniale begreifbar zu machen. Auf welche Weise denkt das Genie anders als ‚normale' Menschen?[195]

Vor allem die Laienwelt erwartete vom Genie aber nicht nur wissenschaftliche Erkenntnisse, sondern darüber hinaus Lebensrat und dass das Genie die Welt besser verstehe als sie selbst. Seine öffentlichen Stellungnahmen zu moralischen und politischen Fragen sowie seine humorvolle und informelle Erscheinung trugen dazu bei, dass Einstein als Weltweiser galt.[196]

---

190   Vgl. Meyenn, Einsteins Dialog, S. 480.
191   Vgl. Moszkowski, Einstein, S. 18.
192   Ebd., S. 99. Vgl. auch Hermann, Einstein, S. 357.
193   Vgl. hierzu auch Neffe, Einstein, S. 24.
194   Vgl. Reiser, Einstein, S. 167.
195   Im Februar 1951 wurden Einsteins Hirnströme gemessen, beim Ausruhen und während des Denkprozesses; vgl. Pais, Intuition, S. 293. Nach Einsteins Tod wurde sein Leichnam eingeäschert, das Gehirn war bei der Autopsie entnommen worden (ebenso Einsteins Augen) und wurde so Gegenstand einer ganz eigenen postumen Verehrung. Vgl. Hermann, Einstein, S. 548.
196   Vgl. Fölsing, Einstein, S. 469 und Hermann, Einstein, S. 504.

Tatsächlich schien Einstein auf der Suche nach der Weltformel zu sein.[197] Mit der Speziellen und Allgemeinen Relativitätstheorie gelangen Einstein wesentliche Schritte auf dem Weg der Vereinheitlichung,[198] den er bis an sein Lebensende weiter verfolgte:

> Einsteins erklärtes Ziel war es damals [1919], die Allgemeine Relativitätstheorie durch Einbeziehung anderer Naturkräfte zu einer „Weltformel" zu erweitern. Das ist bis heute nicht gelungen. Sollte es eines Tages eine umfassende Theorie aller Naturkräfte geben, würde dadurch die Allgemeine Relativitätstheorie nicht außer Kraft gesetzt, sondern bliebe als Näherung weiter gültig.[199]

Einstein ging von einer Realität der Natur aus, die unabhängig von ihrer wissenschaftlichen Erfassung existiere. Der Physiker versucht demnach, mit seiner Beschreibung der Realität möglichst nahe zu kommen. Als Leitmotiv dient ihm die Harmonie der Natur; die Schönheit und Einfachheit einer Formel sah Einstein auch als Indiz für deren Richtigkeit.[200] Das Gewahrwerden der Harmonie hat Einstein oft mit einem religiösen Gefühl verglichen.[201]

Einstein ist stets ein entschiedener Kritiker der Quantenphysik geblieben. Er glaubte nicht, dass sie die physikalische Realität vollständig beschreibe, und forderte die Suche nach einer umfassenderen Formulierung der Welt. Jedoch lehnten die Quantentheoretiker das von Einstein postulierte Realitätskriterium ab. Die Wissenschaft solle die beobachtete Welt adäquat beschreiben, und dies leistete die Quantenphysik; theoretische Überlegungen über die Realität – als einer vor der Beobachtung existenten bzw. nicht beobachtbaren – fanden in der Quantenphysik keinen Platz.[202]

Beim *Solvay-Kongress* 1927 lieferten sich Einstein und Bohr ein wahres Wort-Duell, aus dem Bohr als Sieger hervorging. Während vor allem die jüngere Generation der scientific community die Quantenphysik, die bereits seit 1911 das zentrale Thema des physikalischen Diskurses darstellte, weiterentwickelte, blieb Einstein seinen wissenschaftlichen Prinzipien treu, suchte weiter nach der einheitlichen Feldtheorie und galt seit 1927 als fachlicher Außenseiter und Einzelgänger.[203]

---

197 Vgl. zur ‚Weltformel' Klein, Etienne und Marc Lachièze-Rey: Die Entwirrung des Universums. Physiker auf der Suche nach der Weltformel. Stuttgart: Klett-Cotta 1999; (im Folgenden: Klein/Lachièze-Rey, Entwirrung des Universums), v.a. S. 44–46 und 68. (Franz. Original 1996)

198 Vgl. ebd. S. 77.

199 Hermann, Einstein, S. 345.

200 Vgl. Fölsing, Einstein, S. 790–791.

201 Vgl. Einstein, Albert: Mein Weltbild. [Hrsg. von Rudolf Kayser]. Querido. Amsterdam 1934, S. 43.

202 Vgl. hierzu ausführlich Klein/Lachièze-Rey, Entwirrung des Universums, S. 104–109.

203 Vgl. Hermann, Einstein, S. 314–317.

Erneuten Medienrummel verursachten Einsteins Überlegungen *Zur einheit-lichen Feldtheorie*, die er im Januar 1929 der Berliner Akademie vorlegte. Bereits zuvor hatte die *New York Times* gemeldet: „Einsteins neue Theorie liefert den Schlüssel zum Universum".[204] Die *Sitzungsberichte* erreichten eine Rekordauflage von 3.000 Exemplaren. Im Schaufenster eines Londoner Kaufhauses hatte man die sechs Seiten der Einstein-Arbeit ausgehängt.[205] Einstein ärgerte sich über den Presserummel, zumal seine Arbeit letztlich nicht dem nächsten Schritt in Richtung Weltformel entsprach.

Einsteins unermüdliches Streben nach einer einheitlichen Feldtheorie hat kein Ziel gefunden. Doch die internationale Öffentlichkeit erwartete von ihm täglich die Lösung des Welträtsels.

> Es gibt ein einziges Geheimnis der Welt, und dieses Geheimnis findet Platz in ei-nem Wort; das Universum ist ein Stahltresor, zu dem die Menschheit die Chiffre sucht. Einstein hat sie fast gefunden. Darin besteht der Einsteinmythos.[206]

Der Mythos Einstein birgt die Weltformel als unausgesprochene und ewig uner-füllte Hoffnung: Nur für ein Genie wird sie erreichbar, doch schon der Weg des Genies bleibt dem durchschnittlich Begabten unverständlich.

Wissenschaftliche Theorien werden dann als schwer verständlich angese-hen, wenn entweder ihr Inhalt mit dem alltäglich Erfahrbaren schwer zu ver-einbaren ist oder sie in einer wissenschaftlichen Sprache formuliert sind, die nur mit inhaltlichen Vergröberungen übersetzt werden kann. Im Fall der Relativi-tätstheorie trifft beides zu.

Pais begründet die Faszination der Massen für die Relativitätstheorie unter anderem damit, dass deren Inhalte mit der Alltagssprache ausgedrückt werden konnten, ohne dadurch den Inhalt leichter verständlich zu machen.[207] Einsteins *Büchlein* ist hierfür der beste Beweis: Seine anschaulichen Gedankenexperimente gingen in den öffentlichen Diskurs ein, ohne dass man durch sie allein die exak-te wissenschaftliche, vor allem mathematische Dimension der Relativitätstheorie erfassen könnte.[208] Unter dem gekrümmten Raum, der vierten Dimension oder dem endlichen Universum konnte man sich einiges vorstellen, aber nicht unbe-dingt das von Einstein Gemeinte.[209] Am meisten trug wohl der Name der Theo-rie zum Missverständnis bei: Die Relativität im Sinne des der Theorie zugrunde liegenden Prinzips wurde mit dem ethisch-philosophischen Relativismus ver-

204   Zitiert nach Pais, Intuition, S. 288.
205   Vgl. Fölsing, Einstein, S. 686.
206   Barthes, Roland: Mythen des Alltags. Frankfurt/Main: Suhrkamp 1976. (= edition suhrkamp, 92), S. 25.
207   Vgl. Pais, Intuition, S. 194.
208   Vgl. Rowe, Einstein and Relativity, S. 216.
209   Vgl. Missner, Why Einstein became famous, S. 273.

wechselt oder in Einklang gebracht. Die Hauptaussage Einsteins schien zu sein, dass alles relativ sei:

> Tatsächlich wurde aber schon sehr bald nach der 1919 massiv einsetzenden Vulgarisierung die Phrase *Alles ist relativ* zum geflügelten Wort, das für den 'Mann auf der Straße' bald zur Quintessenz der neuen Theorie wurde, von der man ihm weismachte, daß er außer diesem Allgemeinplatz von ihr sowieso nichts verstehen könne.[210]

Die Physik hatte ein Stadium erreicht, in dem ihre Inhalte nicht mehr in anschaulicher Alltagssprache und zugleich wissenschaftlich exakt dargestellt werden konnten. „Für ein tieferes Verständnis waren und sind eine gehörige mathematische Vorbildung und eine entsprechende Abstraktionsfähigkeit unabdingbar."[211] Die Sprache der theoretischen Physik war die höhere Mathematik, die sich auch Einstein erst aneignen musste.

1909 hatte Hermann Minkowski der Fachwelt in seinem berühmten Kölner Vortrag die vierdimensionale Raum-Zeit vorgestellt. Er hatte der Speziellen Relativitätstheorie ihre mathematische Gestalt gegeben, durch die sie einem weiteren Kreis von Fachleuten erst zugänglich wurde.[212] Ihrem Schöpfer schien sie allerdings entfremdet: „Seit die Mathematiker über die Relativitätstheorie hergefallen sind, verstehe ich sie selbst nicht mehr."[213]

Einstein hatte die höhere Mathematik stets etwas vernachlässigt,[214] brauchte sie nun aber zur Verallgemeinerung der Relativitätstheorie. Er holte sich Unterstützung von seinem Freund Marcel Grossmann,[215] der die von Riemann, Ricci und Levi-Cività entwickelte Tensorenrechnung als mathematisches Handwerkszeug fand.[216] Die für die Allgemeine Relativitätstheorie benutzte Mathematik war schließlich so komplex, dass selbst Fachkollegen sich die neuen Rechenmethoden erst aneignen mussten, bevor sie die Theorie gänzlich erfassen konnten.[217] Das tiefere Verständnis der Allgemeinen Relativitätstheorie war somit tatsächlich einem kleineren Kreis vorbehalten. Dies wurde von der *New York Times* zur Legende zugespitzt, die Relativitätstheorie sei nur von zwölf Weisen zu verstehen.[218]

---

210 Hentschel, Interpretationen und Fehlinterpretationen, S. 94. (Hervorhebung im Original fett). Vgl. zur *Relativismus-Debatte* ausführlich ebd., S. 92–105.
211 Hermann, Einstein, S. 220.
212 Vgl. Hentschel, Interpretationen und Fehlinterpretationen, S. 24.
213 Einstein zitiert nach Fölsing, Einstein, S. 283.
214 Vgl. Hermann, Einstein, S. 105.
215 Marcel Grossman (1878–1936), studierte 1896–1900 Mathematik an der ETH, wo er Einstein kennenlernte. Vgl. CPAE, Vol. 1, S. 381–382.
216 Vgl. Hermann, Einstein, S. 196.
217 Vgl. ebd., S. 221.
218 Vgl. Pais, Intuition, S. 193.

Einstein räumte ein, dass die Relativitätstheorie für den Laien schwer zu begreifen sei, betonte aber auch, dass seine Studenten in Berlin sie verstünden. Somit war zwar die Relativitätstheorie schwierig zu verstehen, Einstein selbst aber nicht. 1910 hatten seine Zürcher Studenten per Petition versucht zu verhindern, ihren Professor an die Prager Universität zu verlieren: „Herr Professor Einstein versteht in bewunderungswürdiger Weise, die schwierigsten Probleme der theoretischen Physik so klar und verständlich darzustellen, daß es für uns ein großer Genuß ist, seinen Vorlesungen zu folgen."[219]

Wer also bereit war, die mathematische Sprache und die physikalische Abstraktion zu erlernen, war sehr wohl in der Lage, die Relativitätstheorie zu begreifen. Wurde Einstein gebeten, seine Theorie kurz oder in einem Satz zu erklären, flüchtete er sich meist ins Humoreske.[220] Laien, die nicht erst Physik und Mathematik studieren wollten, erwarteten aber eine populäre Darstellung der Relativitätstheorie ohne verwirrende mathematische Formeln oder unverständliche Fachausdrücke.

Interessant ist, dass Einstein selbst die angebliche Unverständlichkeit der Relativitätstheorie für die Massenfaszination verantwortlich machte:

> Ob mir das lächerlich vorkommt, diese hier wie dort festzustellende Aufregung der Massen über meine Theorien, von denen die Leute doch kein Wort verstehen? [...] Ich bin sicher, daß es das Mysterium des Nicht-Verstehens ist, was sie so anzieht [...], es hat die Farbe und die Anziehungskraft des Mysteriösen [...], und dann ist man begeistert und aufgeregt. [221]

Die Relativitätstheorie als Inbegriff der Unverständlichkeit trägt bis heute ganz wesentlich zum Mythos Einstein bei.

Unmittelbar nach der Bestätigung der Allgemeinen Relativitätstheorie fungierte die Presse als Motor bei der Entstehung von Einsteins Weltruhm. Zeitungen nahmen das aktuelle Interesse an der neuen wissenschaftlichen Theorie und schließlich auch an deren Schöpfer auf, machten Einstein und die Relativitätstheorie zum Tagesthema und schürten damit wiederum das öffentliche Interesse.

Daraus entstand eine große Nachfrage nach einer allgemeinverständlichen Erklärung der Relativitätstheorie. 1920 schrieb die amerikanische Zeitschrift *Scientific American* einen Wettbewerb aus und bot für die beste populärwissen-

---

219   Zitiert nach Hermann, Einstein, S. 161–162.
220   So diktierte Einstein seiner Sekretärin folgende Erklärung zur Weitergabe an Laien und Reporter: „Eine Stunde mit einem hübschen Mädchen vergeht wie eine Minute, aber eine Minute auf einem heißen Ofen scheint eine Stunde zu dauern." Zitiert nach Calaprice, Alice (Hrsg.): Einstein sagt. Zitate, Einfälle, Gedanken. München: Piper 2000, S. 154.
221   Einstein zitiert nach Pais, Intuition, S. 196.

schaftliche Darstellung der Relativitätstheorie in maximal 3.000 Worten eine Gewinnprämie von 5.000 Dollar.[222] Bei Abdruck des Siegertextes räumte man ein:

> Viele werden auch nach dieser Aufklärung in den Kern der Einsteinschen Gedankenwelt nicht eingedrungen sein, aber das liegt wohl daran, daß schwierige mathematische Probleme, zumal wenn sie wissenschaftliches Neuland berühren, nicht allgemein verständlich erörtert werden können.[223]

Längst hatte sich ein Teufelskreis in Gang gesetzt: Unzählige Autoren bemühten sich um eine populärwissenschaftliche Darstellung der Relativitätstheorie, wobei viele schon im Vorwort die Unmöglichkeit ihres Vorhabens betonten;[224] der Großteil der Texte erreichte ein verständliches Niveau jedoch nur über Vulgarisierung des Inhalts.[225] Die Nachfrage blieb somit größtenteils unbefriedigt: „Es stimmt zwar, daß es unzählige populäre Darstellungen der Relativitätstheorie gibt, aber im allgemeinen hören sie genau an dem Punkt auf, verständlich zu sein, wo sie anfangen, etwas von Bedeutung zu sagen."[226]

Seit 1917 lag mit Einsteins Buch *Über die spezielle und die allgemeine Relativitätstheorie* eine gemeinverständliche Darstellung aus erster Hand vor. Dazu meldete sich Alfred Döblin 1923 im *Berliner Tageblatt* äußerst kritisch zu Wort. „Nicht einmal, sondern dutzendmal, absatzweise und im ganzen" habe er das Buch gelesen:

> Es begann scheinbar populär; nach einigen Seiten brachen die Formeln los, die infamen kabbalistischen Zeichen der Mathematik. [...] Ich hörte von allen Seiten, hier würden Dinge verhandelt, die zu den allerwichtigsten für einen denkenden Menschen gehören. Vorstellungen würden hier evident gemacht, die eine Umwälzung des gesamten Weltbildes nach sich zögen. [...] diese neue Lehre aber schließt mich und die ungeheure Menge der Menschen, auch der denkenden, auch der gebildeten, von ihrer Erkenntnis aus! [...] Jedoch hat sich dieser Verfasser, und es haben sich alle diejenigen, die ihm recht geben (oder recht zu geben scheinen) ge-

---

222 Vgl. Fölsing, Einstein, S. 558–559 und Hentschel, Interpretationen und Fehlinterpretationen, S. 62–64.

223 Zitiert nach ebd., S. 64.

224 Vgl. ebd., S. 58.

225 Hentschel unterscheidet für die Publikationsflut über Relativitätstheorie eine vierstufige Text-Hierarchie: Unter *Primärliteratur* versteht er rein fachwissenschaftliche Beiträge; die eigentliche *Sekundärliteratur* basiere auf genauer Kenntnis der Primärliteratur und sei meist von denselben Autoren verfasst. *Tertiärliteratur* verzichte meist vollständig auf Mathematik, ohne die Inhalte zu verfälschen. Der Großteil der Texte gehöre aber der *Quartärliteratur* an, die durch Miss- oder Unverständnis zur Vulgarisierung der Relativitätstheorie, d. h. zur Verfälschung ihrer Inhalte, beigetragen habe. Vgl. ebd., S. 57.

226 Bertrand Russell (1925) zitiert nach ebd., S. 66.

irrt, wenn sie glauben, ich lasse mich um mein angeborenes Recht auf Erkenntnis der Welt prellen.[227]

Während Döblin seine Frustration über die Verschleierung wissenschaftlicher Erkenntnisse durch Mathematisierung als Empörung zum Ausdruck brachte, erkannte Moszkowski die Überlegenheit des Genies demütig an und stellte sein Unverständnis in den Dienst der Verehrung:

> Und doch mußte ich auf Momente an eine männliche Sphinx denken, an das Rätselvolle hinter dieser ausdrucksreichen Stirn. [...] plötzlich spüre ich es wie das Walten eines denkerischen Geheimnisses, an das man sich nur herantasten darf, ohne es zu ergründen.[228]

Ob nun mit dem Anspruch oder der Hoffnung auf Erkenntnis, die Nachfrage nach populärwissenschaftlichen Büchern über die Relativitätstheorie ist bis heute vorhanden.[229] Zum einen erfordert die Schwierigkeit der populären Darstellung immer neue Versuche, zum anderen hält der Mythos Einstein ein generelles Interesse an seiner Person und seinem wissenschaftlichen Werk aufrecht.

3.3   Die Marktmacht des Stars

Als fachwissenschaftlicher Autor war Einstein beinahe prototypisch in das Kommunikationssystem seines Faches eingebunden. Seine schreibende Tätigkeit stellte er in erster Linie in den Dienst seiner wissenschaftlichen Erkenntnisse. Dass die Wissenschaft Einsteins primärer Bezugsrahmen war, zeigt sich besonders deutlich in der Anfangsphase seiner Karriere. Zwar konnte er mittels Zeitschriftenaufsätze am wissenschaftlichen Diskurs teilnehmen, gewann aber die Anerkennung der Fachwelt erst allmählich, nachdem diese den enormen Erkenntnisfortschritt seiner Arbeiten von 1905 erkannt hatte.

---

227   Döblin, Alfred: Die abscheuliche Relativitätslehre. IN: Berliner Tageblatt, 24. November 1923, Nr. 543, S. 5.

228   Moszkowski, Einstein, S. 16–17.

229   Bspw. Bührke, Thomas: E=mc². Einführung in die Relativitätstheorie. München: dtv 1999; oder das Jugendbuch von Frank Vermeulen: Der Herr Albert. Ein Roman über Einsteins Gedankenexperimente. Hildesheim: Gerstenberg 2003; sowie eine Reihe von Büchern, die den Namen Einstein hauptsächlich aus werbestrategischen Gründen im Titel führen, mit Einsteins Leben und Werk aber wenig bzw. gar nichts zu tun haben, u.a. Wolke, Robert L.: Was Einstein seinem Koch erzählte. Naturwissenschaft in der Küche. München: Piper 2003; ders.: Was Einstein seinem Friseur erzählte. Naturwissenschaft im Alltag. München: Piper 2002. Einen letzten Boom an Einstein-Literatur gab es im Jubiläums-Jahr 2005, in dem sich Einsteins Todestag zum 50. Mal jährte und die Relativitätstheorie 100 Jahre alt wurde.

Für den Einstieg in die akademische Laufbahn unterlag Einstein also dem Fortschrittszwang. Dieser Zwang wandelte sich aber schon bald in Hoffnung. Dass er als Genie auch in Zukunft wichtige Beiträge zur Wissenschaft liefern würde, stand gewissermaßen außer Frage. Auch der Publikationszwang scheint in Einsteins Fall außer Kraft gesetzt zu sein. Rückblickend hat er seine Zeit am Berner Patentamt als Segen bezeichnet, da er ohne Publikationszwang seinen physikalischen Überlegungen nachgehen konnte. In seiner Rede in der Londoner *Royal Albert Hall* am 3. Oktober 1933 brachte er zum Ausdruck, wie schädlich der Zwang für junge Wissenschaftler sein könne:

> Selbst wenn ein junger Mensch das Glück hat, für eine bestimmte Zeit über ein Stipendium zu verfügen, steht er unter dem Druck, so schnell wie möglich klare Ergebnisse vorlegen zu müssen. In der Grundlagenforschung kann dieser Druck nur Schaden stiften.[230]

Zwar agierte Einstein innerhalb der scientific community als Einzelgänger, war sich aber bewusst, dass er auf den wissenschaftlichen Diskurs und die Beiträge seiner Kollegen angewiesen war.[231] In einer Arbeit Ende 1923[232] skizzierte er einen Lösungsansatz, „die Quantenstruktur aus einer Überbestimmung durch Differentialgleichungen"[233] abzuleiten. Für das komplizierte mathematische Vorgehen hoffte er, über seinen Aufsatz Mathematiker als Mitstreiter zu gewinnen.[234]

Doch spätestens ab 1927 hatte Einstein sich aus dem aktuellen wissenschaftlichen Diskurs gelöst und suchte im Alleingang nach der einheitlichen Feldtheorie. Seine Reputation war unangefochten, beruhte aber schon längst mindestens im gleichen Maße auf seinem Weltruhm wie auf seinen wissenschaftlichen Leistungen. Einstein war eine gesellschaftspolitische Größe der internationalen Öffentlichkeit geworden. Wissenschaftlich galt er nun als Außenseiter; in Princeton war er „mehr Denkmal als Wegweiser".[235] Zwar suchten einzelne junge Forscher seine Zusammenarbeit, im Allgemeinen wurde aber geraten, in Hinsicht auf die eigene Karriere „wäre es besser, nicht mit Einstein zu

---

230 Einstein zitiert nach Pais, Intuition S. 255.
231 Vgl. Neffe, Einstein, S. 11.
232 Einstein, Albert: Bietet die Feldtheorie Möglichkeiten für die Lösung des Quantenproblems? IN: Sitzungsberichte der Preußischen Akademie der Wissenschaften zu Berlin 1923. S. 359–364.
233 Einstein an Max Born, 3. März 1920; Albert Einstein – Hedwig und Max Born. Briefwechsel 1916–1955. Kommentiert von Max Born. München: Nymphenburger Verlagshandlung 1969, S. 49. Vgl. auch Fölsing, Einstein, S. 650.
234 Vgl. ebd., S. 651.
235 Ebd., S. 781.

arbeiten."[236] Seine wiederholten kritischen Einwände gegen die Quantentheorie wurden zuweilen mit spöttischem Unterton kommentiert:

> Einstein hat sich wieder einmal zur Quantenmechanik öffentlich geäußert. [...] Bekanntlich ist das jedes Mal eine Katastrophe, wenn es geschieht. [...] Immerhin möchte ich ihm zugestehen, daß ich, wenn mir ein Student in jüngeren Semestern solche Einwände machen würde, diesen für ganz intelligent und hoffnungsvoll halten würde.[237]

Wissenschaftliche Reputation und gesellschaftliches Ansehen sicherten ihm eine Stellung innerhalb der institutionellen Strukturen der Wissenschaft. Seine Prominenz versetzte ihn in die privilegierte Lage, frei von äußeren Verpflichtungen seinen Forschungen nachzugehen. Einstein musste zwar nicht mehr publizieren, um seine Position als Wissenschaftler, wohl aber um seine wissenschaftliche Identität zu behaupten.

Die meisten Verlagsangebote zum Verfassen eines Buches lehnte Einstein zum Bedauern der interessierten Verleger aus Zeitmangel ab. Auch beteiligte er sich nicht an Projekten, wenn er nicht garantieren konnte, für die gewissenhafte Erfüllung der zu übernehmenden Verpflichtung genug Zeit aufbringen zu können. Umso engagierter widmete sich Einstein seinem Vieweg-*Büchlein*. Er pflegte den Text durch kontinuierliche Korrekturen und Ergänzungen und gewährleistete damit dessen Aktualität. Gegenüber seinem Verleger trat er als zuverlässiger Vertragspartner auf, der seine Beiträge schnell lieferte.

Während die Honorierung des wissenschaftlichen Autors in der Regel einen nebensächlichen Nutzen seiner Veröffentlichungen darstellt, muss Einsteins extrem hohe Vergütung für das *Büchlein* als klare Ausnahme gelten. Seine Forderungen gegenüber Vieweg bezeugen, dass er sich seines Marktwertes bewusst war. Überhaupt scheute sich Einstein nie, aus seinem Namen Kapital zu schlagen; dem öffentlichen Interesse an seiner Person begegnete er offenherzig und charmant, bisweilen auf kokette Art naiv.[238]

Ein populärwissenschaftliches Buch zu schreiben, widersprach nicht Einsteins Selbstverständnis als Wissenschaftler. In seiner Jugend hatte er unter anderem Ludwig Büchners *Kraft und Stoff* gelesen und war zu der Überzeugung gelangt, „daß vieles in den Erzählungen der Bibel nicht stimmen konnte."[239] Seine Lektüreerfahrung deckt sich damit mit denen des Lesepublikums popu-

---

236   Infeld, Leben mit Einstein, S. 52. Vgl. auch Neffe, Einstein, S. 12.
237   Wolfgang Pauli an Werner Heisenberg, 15. Juni 1935; zitiert nach Hermann, Funktion und Bedeutung, S. XLI.
238   Vgl. Goenner, Einstein in Berlin, S. 277.
239   Einstein, Albert: Autobiographisches. IN: Albert Einstein als Philosoph und Naturforscher. Hrsg. von Paul Schilpp. Kohlhammer. Stuttgart 1955. S. 1–35, hier S. 1.

lärwissenschaftlicher Titel Ende des 19. Jahrhunderts, und Einstein erkannte die aufklärende Funktion dieser Literaturgattung an.[240]

Reicht aber sein Anspruch aus, ihn als populärwissenschaftlichen Autor zu bezeichnen, zumal Einstein selbst seinen Versuch als gescheitert bewertete? Die doppelte Qualifikation des Autors scheint gegeben. Seine fachliche Kompetenz steht dabei außer Frage. Auch sein sprachlicher Stil war in Fachkreisen anerkannt und wurde oft lobend erwähnt.[241] Die sprachliche Aufbereitung der Relativitätstheorie für ein Laienpublikum fiel ihm dennoch schwer. Dies lag zum einen daran, dass sich die Relativitätstheorie aufgrund ihrer Komplexität nur schwerlich als populärwissenschaftlicher Stoff eignete. Zum anderen löste sich Einstein nur ungern von der mathematisch-abstrakten Argumentation, um die wissenschaftliche Exaktheit seiner Darlegung zu gewährleisten. Bereits im Vorwort fordert er vom Leser ein gewisses mathematisches Verständnis. Damit ist ein wesentliches Merkmal populärwissenschaftlicher Literatur nicht erfüllt: Die Lektüre des Buches allein reichte nicht aus, einem nicht vorgebildeten Publikum die Relativitätstheorie nahezubringen.

Dagegen fiel Einstein der Verzicht auf Zitation umso leichter; er kommt in seinem Buch sogar gänzlich ohne aus. Da er grundlegende Elemente der Physik betrachtete, genügten Verweise innerhalb des Textes auf die Namen großer Kollegen. Doch gerade das Grundlegende seiner Theorie erschwerte wiederum die Einbettung des behandelten Stoffs in das Weltbild des Lesers. Die Relativitätstheorie bedeutete eine evidente Veränderung des Weltbildes, und nicht alle Leser mögen verstanden haben, dass es sich bei dieser Veränderung um eine erweiternde Interpretation der klassischen physikalischen Aussagen handelte und die Relativitätstheorie letztlich nur einen größeren Rahmen darstellte, in dem das Weltbild der klassischen Mechanik (sowie die neueren Erkenntnisse der Wellentheorie) als Näherung beinhaltet war.[242]

Durch die immense Nachfrage nach populären Darstellungen der Relativitätstheorie in den Jahren nach der Bestätigung ist das *Büchlein* zum Bestseller geworden. Die Nachfrage hat nach dem ‚Relativitäts-Boom‘ zwar nachgelassen, ist aber bis heute vorhanden. Der Werbeeffekt des Mythos Einstein ist dabei immer noch wirksam.

Letztlich erfüllt das *Büchlein* einige wichtige Merkmale populärwissenschaftlicher Literatur gar nicht oder nur unzureichend.[243] Ein missglückter populärwissenschaftlicher Versuch erscheint nicht ausreichend, Einstein im Sinne Daums als universitären Popularisierer zu verstehen.[244] Der Erfolg des *Büchleins*

---

240   Vgl. Neffe, Einstein, S. 344.
241   Vgl. Hermann, Einstein, S. 330–331.
242   Vgl. ebd., S. 526.
243   Vgl. Infeld, Leben mit Einstein, S. 78.
244   Daum, Wissenschaftspopularisierung, S. 383.

begründete sich eher in der Popularität Einsteins als Wissenschaftler und öffentliche Persönlichkeit. Trotzdem hat Einstein die Relativitätstheorie mit seinem Buch weiteren Kreisen nahegebracht, auch wenn die Gefahr des Miss- oder Unverständnisses groß war.

Durch seine sichere Sonderstellung war es Einstein möglich, den Inhalt seiner Forschungen selbst zu bestimmen. Als der Princetoner Institutsdirektor Abraham Flexner ihn Anfang 1934 fragte, welchen Inhalten er sich im kommenden Jahr widmen wolle, antwortete Einstein flapsig: „Was würde eine Frau sagen, wenn sie eine programmatische Erklärung darüber abgeben sollte, was für Kindern sie in den nächsten fünf Jahren das Leben zu schenken gedenkt?"[245] Das *Institute for Advanced Study* in Princeton war 1933 von Flexner gegründet worden. Er hatte sich um Einsteins Beteiligung bemüht, weil damit die Anerkennung des neuen Instituts gesichert wäre.[246]

Mit einer Mischung aus Bescheidenheit und Naivität sträubte Einstein sich gegen den Personenkult und leugnete jedwede konstatierte Besonderheit seiner Person. Dabei übersah er in fast koketter Manier, dass seine Freiheit als Wissenschaftler in hohem Grad Resultat seines eigenen Mythos war, wozu sein ungebrochenes Selbstbewusstsein beigetragen haben mag:

> Ich habe mich eigentlich niemals aus Eitelkeit im Spiegel beguckt. Jetzt, wo Sie mir den Spiegel vorhalten, frage ich mich, weshalb bin ich denn so berühmt? Verdiene ich das? – Ich glaube nicht. Ich habe mein Leben lang probiert, *einen* Gedanken zu Ende zu denken. Das ist mir nicht ein einziges Mal gelungen. Was ich versucht habe, hätte doch jeder andere gekonnt; darüber so viel Lärm zu schlagen, ist mir unverständlich.[247]

Auch wenn Einstein in seinen letzten Jahrzehnten nur noch bedingt am aktuellen Wissenschaftsdiskurs teilnahm, steht sein Einfluss auf die Physik außer Frage. Das wird schon durch die Publikationsflut deutlich, die seine Arbeiten auslösten.[248] Wie jeder andere Forscher war er darauf angewiesen, Autor wissenschaftlicher Publikationen zu sein. Positiv formuliert kann dies auch als Beweis für die Autonomie des wissenschaftlichen Kommunikationsnetzes gelten. Zwar haben sie durch seinen Mythos eine Verzerrung erfahren, doch haben die Merkmale des wissenschaftlichen Autors auch im prominenten Fall Einstein Geltung.

---

245   Einstein an Abraham Flexner, 29. Januar 1934; zitiert nach Hermann, Einstein, S. 421.
246   Vgl. ebd., S. 377–378.
247   Einstein zu János Plesch, 1955; zitiert nach ebd., S. 546. (Hervorhebung im Original)
248   Vgl. Fölsing, Einstein, S. 614.

4   Halbgott in Weiß: Ferdinand Sauerbruch (1875–1951)

Trotzdem bin ich mit Stolz und Freude Verleger dieses Buches.[1]

1875 in Barmen geboren, wächst Ernst Ferdinand Sauerbruch beim Großvater in Elberfeld auf, wohin seine Mutter mit ihm nach dem frühen Tod des Vaters (1877) zurückgekehrt ist. Als mäßiger Schüler kämpft er sich bis zum Abitur durch und beginnt 1895 in Marburg wenig ambitioniert das Studium der Naturwissenschaften. Erst jetzt erwächst sein leidenschaftliches Interesse an der Medizin; Sauerbruch wechselt das Fach und studiert in Leipzig unter anderem bei Wilhelm His[2], welcher Sauerbruchs Talent und Fleiß erkennt. His unterstützt den mittellosen Studenten durch freie Kost und Logis in der Klinik. Weitere finanzielle Zuwendung erfährt Sauerbruch, als sich der Vater seines tödlich verunglückten Freundes Ritter seiner – gewissermaßen an des Sohnes statt – annimmt und ihm während des Studiums einen monatlichen Betrag zukommen lässt.[3]

Das Staatsexamen legt Sauerbruch im Februar 1901 ab; eine weitere wissenschaftliche Karriere, die zunächst eine unbezahlte Stellung als Volontärarzt vorsehen würde, bleibt ihm aufgrund der fehlenden finanziellen Mittel verwehrt. Seine ersten Anstellungen führen ihn von einer Landarztpraxis bei Erfurt über das Hessische Diakonissenhaus in Kassel an das städtische Krankenhaus in Erfurt. Hier wird er chirurgisch und wissenschaftlich gefördert, promoviert 1902 mit *Einem Beitrag zum Stoffwechsel des Kalks und der Phosphorsäure bei infantiler Osteomalazie*[4] und veröffentlicht erste wissenschaftliche Zeitschriftenbeiträge,[5] deren Inhalte aus dem Klinikalltag inspiriert sind. Seine Abhandlung über die *Pathogenese der subkutanen Rupturen des Magen-Darmtraktes* erscheint 1903 in den

---

1   Springer an Sauerbruch, 2. August 1918; Berlin, ZLB, SVA, B S 45 II. Für den Zusammenhang siehe S. 215.

2   Wilhelm His (1863–1934) studierte Medizin in Genf, Bern und Straßburg. 1885 promovierte er in Leipzig, 1891 erfolgte die Habilitation für Innere Medizin. 1895 wurde er außerordentlicher Professor, 1901 Oberarzt am Krankenhaus Friedrichstadt in Dresden. 1902 ging er als Ordinarius nach Basel, 1906 nach Göttingen, 1907 nach Berlin, wo er bis zu seiner Emeritierung 1932 blieb. His widmete sich vor allem den Stoffwechsel- und Herzkrankheiten. Vgl. DBE, Bd. 4, S. 890.

3   Vgl. im Folgenden zur Biographie Sauerbruchs: Genschorek 1989, Sauerbruch.

4   Sauerbruch, Ferdinand: Ein Beitrag zum Stoffwechsel des Kalks und der Phosphorsäure bei infantiler Osteomalazie. Dissertation. Leipzig: Druck von Bruno Georgi 1902. Siehe Anhang 4a.

5   Siehe Anhang 4d.

renommierten *Mitteilungen aus den Grenzgebieten der Medizin und Chirurgie* und erfüllt ihn mit Stolz und neuer Zuversicht. Auf eigene Kosten lässt er einen Sonderdruck anfertigen, um sich mit seiner Hilfe an verschiedenen Kliniken zur wissenschaftlichen Laufbahn empfehlen zu können. Tatsächlich ermöglicht ihm die Schrift zunächst einen Wechsel an die pathologisch-anatomische Anstalt des Krankenhauses Berlin-Moabit und von dort weiter zu Johannes von Mikulicz[6] an die chirurgische Universitätsklinik Breslau. Die unbezahlte Volontärsstelle kann Sauerbruch nur dank der erneuten finanziellen Unterstützung durch Vater Ritter antreten.

Mikulicz hatte unter anderem bei Theodor Billroth[7] gelernt, die Chirurgische Klinik in Breslau 1890 übernommen und zu einem bedeutenden chirurgischen Zentrum aufgebaut. Er wurde Sauerbruchs prägender Lehrer und hochverehrter wissenschaftlicher Mentor.[8] In Mikuliczs Klinik geht Sauerbruch durch eine harte, aber exzellente Schule, nach deren Vorbild er später seine eigenen Kliniken organisieren und führen wird. Die strenge Hierarchie ordnet je zwei Volontäre einem Assistenzarzt unter; dieser soll durch die Untergebenen soweit vom Klinikalltag entlastet werden, dass er sich den von Mikulicz erwünschten wissenschaftlichen Arbeiten widmen kann. Ein direkter Kontakt zum Klinikchef ist für die Volontäre noch nicht vorgesehen.[9]

Dennoch kennt Mikulicz seine Schüler genau und wird schon bald auf Sauerbruch aufmerksam. Er betraut ihn mit einer schwierigen Aufgabe: Nachdem die Chirurgie im 19. Jahrhundert durch die Einführung der Narkose sowie der Entdeckung der Antisepsis und Asepsis einen enormen Aufschwung erfahren hatte, entzogen sich zu Beginn des 20. Jahrhunderts lediglich der Brustkorb und das Gehirn dem chirurgischen Zugriff. Der Thorax des Menschen kann nicht ohne Weiteres geöffnet werden, da die Ausdehnung der Lunge durch ei-

---

6   Johannes von Mikulicz-Radecki (1850–1905) hatte in Wien Medizin studiert und 1875 mit
     Promotion abgeschlossen. Zunächst wurde er Assistenzarzt an der Chirurgischen Klinik un-
     ter Theodor Billroth. 1880 erfolgte die Habilitation, 1881 wurde er Privatdozent. Ein Jahr
     später ging Mikulicz nach Krakau, 1887 als Leiter der Chirurgischen Universitätsklinik nach
     Königsberg. 1889 wurde er zum Geheimen Medizinalrat ernannt, 1890 wurde er Ordinarius
     für Chirurgie in Breslau. Mikulicz war einer der Ersten, die Operationen mit Mundschutz
     und sterilen Handschuhen durchführten. Vgl. DBE, Bd. 7, S. 104.

7   Christian Albert Theodor Billroth (1829–1894) war einer der großen Schulbegründer der
     Chirurgie. Er hatte Medizin in Greifswald, Göttingen und Berlin, u.a. bei Bernhard von Lan-
     genbeck, studiert und 1852 mit Promotion abgeschlossen. Nachdem er als praktischer Arzt
     in Berlin zunächst nicht Fuß fassen konnte, holte ihn von Langenbeck an die Charité, wo er
     sich 1856 habilitierte. 1860 wurde er Ordinarius für Chirurgie in Zürich. Vgl. Fritz Hartmann
     IN: DBE, Bd. 1, S. 662–663.

8   Siehe zur Einbettung Sauerbruchs in die Genealogie der großen Chirurgenschulen sowie
     Aufbau seiner eigenen Schule Abb. 1, S. 175.

9   Vgl. Genschorek 1989, Sauerbruch, S. 20–21.

Abbildung 1:   Chirurgenschule Billroth – Mikulicz – Sauerbruch

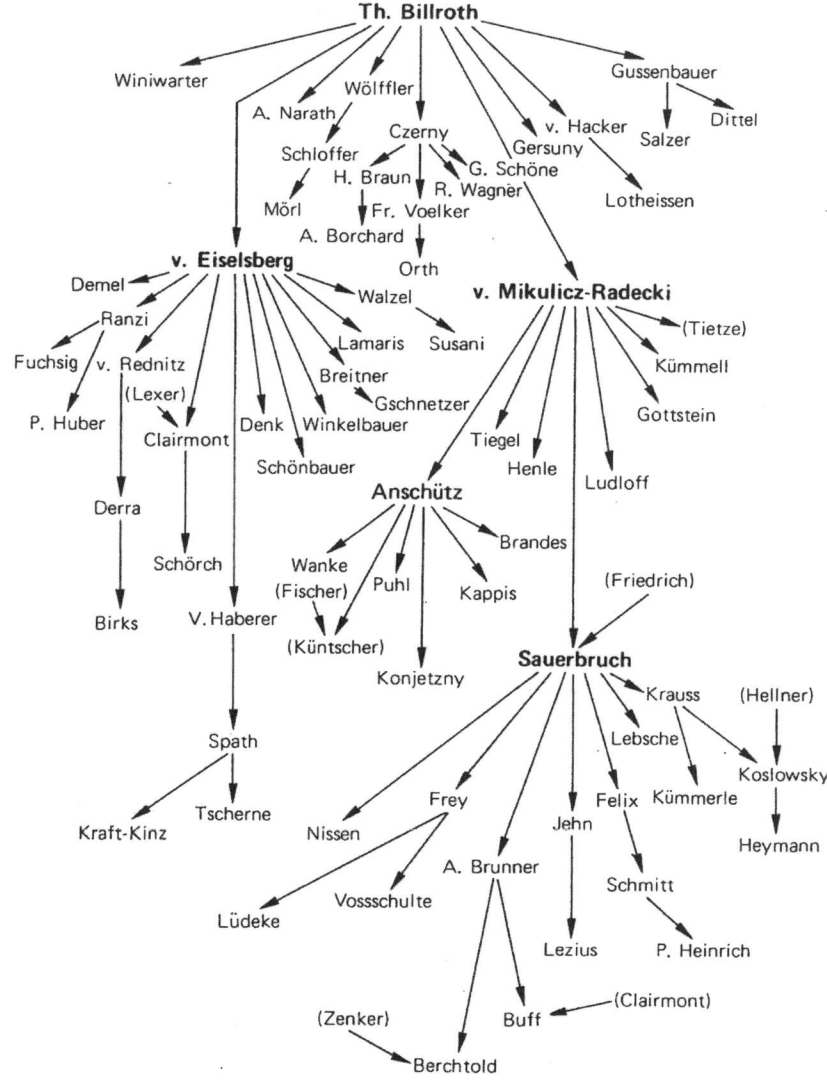

Quelle: Killian, Meister der Chirurgie, S. 46

nen im Brustkorb herrschenden Unterduck aufrechterhalten wird; bei der Öffnung des Thorax wird der Unterduck durch eindringende Luft aufgehoben und
die Lunge kollabiert, der sogenannte Pneumothorax entsteht. Eine technische

Lösung dieses Problems war noch nicht gefunden; Lunge und Herz, aber auch ein Teil der Speiseröhre konnten nicht operativ behandelt werden.

Mikulicz war sehr bewandert auf dem Gebiet der Magen- und Darmchirurgie und operierte Speiseröhrenkrebs in der Höhe des Halses. Nun wollte er die Voraussetzungen für einen operativen Eingriff bei thorakalem Oesophaguscarzinom – also Speiseröhrenkrebs im Bereich des Brustkorbs – schaffen und beauftragte Sauerbruch mit der Suche nach einer technischen Lösung des Problems. Die herkulische Herausforderung weckte Sauerbruchs Ehrgeiz; zunächst studierte er die wissenschaftliche Literatur zu diesem Thema, kristallisierte das Phänomen des Pneumothorax als Hauptschwierigkeit heraus und kam schließlich auf eine mögliche Lösung des Problems: Mit Hilfe zweier Laboranten entwickelte Sauerbruch einen Unterdruckzylinder, der so groß war, dass ein Hund darin Platz fand. Der Glaszylinder war mit drei Öffnungen versehen, eine für den Kopf des Versuchstieres und zwei für die Hände des Operateurs. Diese Öffnungen mussten hermetisch abgedichtet werden, um in der entstehenden Kammer einen Unterdruck erzeugen zu können, der dem im Brustkorb entsprach. Dann, so glaubte Sauerbruch, könne er den Thorax des Hundes öffnen, ohne dass eine Druckveränderung die Lunge kollabieren ließe. Der erste Versuch scheiterte, als die Verschlussmembran an einer der Öffnungen riss, bestätigte aber zuvor, dass Sauerbruchs Grundidee richtig war. Alle weiteren Operationen in einem neuen Apparat glückten.

Ausgerechnet als Sauerbruch seine Unterdruckapparatur erstmals Mikulicz vorstellte, misslang die Operation. Mikulicz verbot Sauerbruch, mit seinen Versuchen fortzufahren, und entließ ihn aus der Klinik. Sauerbruch kam an einer Privatklinik unter und entwickelte seine Idee weiter. Als seine Ergebnisse soweit gediehen waren, dass er sie Mikulicz nochmals vorführen wollte, fand er in dessen Schwiegersohn Willy Anschütz[10] einen namhaften Vermittler. Die erneute Präsentation glückte und Sauerbruch wurde von Mikulicz rehabilitiert und als sein engster Assistent an die Klinik zurückgeholt, wo Mikulicz und Sauerbruch zusammen an der Methode weiterarbeiteten. 1904 stellten sie sie schließlich auf dem Chirurgenkongress erstmals im Fachkreis vor, was in einem Triumph des jungen Sauerbruch gipfelte. Nun sollte das Verfahren auf den Menschen übertragen werden, wofür vor allem eine größere Kammer konstruiert werden musste, in der nicht nur der Patient, sondern auch der Operateur Platz fand. Anfang

---

10   Willy (Wilhelm Alfred) Anschütz (1870–1954) studierte Medizin in Halle und Marburg und promovierte 1896 in Tübingen. Zunächst war er Assistenzarzt in Halle, ab 1898 an der Chirurgischen Universitätsklinik in Greifswald. Ab 1902 war er Privatdozent, ab 1906 außerordentlicher Professor. 1907 folgte er einem Ruf nach Marburg, ging aber noch im selben Jahr nach Kiel, wo er die chirurgische Klinik leitete. 1930 wurde er in die *Deutsche Akademie der Naturforscher Leopoldina* aufgenommen. Er war Mitherausgeber des *Zentralblatts für Chirurgie* sowie der *Deutschen Zeitschrift für Chirurgie*. Vgl. DBE, Bd. 1, S. 184.

Juli 1904 gelang Mikulicz in der von Sauerbruch entwickelten Unterdruckkammer die erste Operation im menschlichen Brustkorb, bei der er einer Patientin einen am Brustbein wuchernden Tumor entfernte.

Die überaus fruchtbare Zusammenarbeit von Sauerbruch und seinem Lehrer endete, als Mikulicz im Juni 1905 starb. Kurz zuvor hatte Sauerbruch sich habilitiert[11] und wechselte nun zu seinem ehemaligen Leipziger Lehrer Paul Leopold Friedrich[12] nach Greifswald. Als Friedrich 1907 nach Marburg berufen wurde, folgte ihm Sauerbruch als sein erster Oberarzt. Während seiner Zeit in Greifswald und Marburg wandte sich Sauerbruch auch anderen Forschungsgebieten wie der Parabiose[13] oder den Bruchoperationen zu, beschäftigte sich aber weiterhin mit den Problemen und Herausforderungen der Thoraxchirurgie. Auf diesem Gebiet galt er längst „als Spezialist mit internationalem Ruf. Ebenso sah man in ihm einen Fortführer der von Mikulicz begründeten Chirurgie der Speiseröhre."[14] In einem von Ludwig Wullstein[15] und Max Wilms[16] herausgegebenen *Lehrbuch der Chirurgie*, das 1908 bei G. Fischer in Jena erschien, verfasste

---

11   Sauerbruch, Ferdinand: Experimentelles zur Chirurgie des Brustteils der Speiseröhre. Habilitation. Breslau: Schlesische Druckerei-Genossenschaft 1905. Im selben Jahr unter ähnlichem Titel veröffentlicht in *Bruns Beiträgen*, siehe Anhang 4a.

12   Paul Leopold Friedrich (1864–1916) schloss sein Medizinstudium 1888 mit Promotion ab. In Berlin wurde er Assistenzarzt unter Robert Koch in der Pathologisch-Bakteriologischen Abteilung des Kaiserlichen Gesundheitsamtes. 1892 wechselte er zu Carl von Thiersch an die Chirurgische Universitätsklinik in Leipzig. Hier erfolgte 1894 die Habilitation, 1896 wurde er außerordentlicher Professor und Leiter der Chirurgischen Poliklinik, 1903 schließlich ordentlicher Professor und Direktor der Chirurgischen Universitätsklinik. 1907 ging er nach Marburg, 1911 nach Königsberg. Vgl. DBE, Bd. 3, S. 559.

13   Parabiose bezeichnet die Interaktion zweier miteinander verwachsener Organismen. Dieses Phänomen kommt in der Natur bspw. bei manchen Fischarten regelmäßig vor, aber auch als Defekt wie bei Siamesischen Zwillingen. In der medizinischen Forschung wurden Parabiosen bspw. durch Zusammennähen zweier Versuchstiere chirurgisch hergestellt. Diese Form von Tierversuchen ist in Deutschland seit 1987 verboten. Sauerbruch praktizierte dergleichen in Marburg an Ratten und Kaninchen. Vgl. Genschorek 1989, Sauerbruch, S. 53–54.

14   Ebd., S. 54.

15   Ludwig Karl August Wullstein (1864–1930) studierte Medizin in Leipzig, Würzburg und Berlin und promovierte 1891. Zunächst war er Assistent am Pathologischen Institut der Universität Göttingen, 1894 wechselte er an das Chirurgische Institut in Halle. Zwischen 1898 und 1911 brachten ihn Forschungsreisen nach Bern, Paris und Brüssel; 1902 habilitierte sich Wullstein und war ab 1908 in Halle Chirurg und Orthopäde, seit 1906 als Titularprofessor. 1913 wechselte er als Chefarzt nach Bochum und praktizierte ab 1918 in Essen. Vgl. DBE, Bd. 10, S. 766.

16   Max (Karl Maximilian Wilhelm) Wilms (1867–1918) war nach dem Medizinstudium, das er 1890 mit Promotion abschloss, zunächst Assistenzarzt in Gießen, dann in Köln. 1897 wechselte er nach Leipzig, wo er sich 1899 habilitierte. 1907 ging er als außerordentlicher Professor nach Basel. Schließlich war er von 1908–1918 Lehrstuhlinhaber in Heidelberg. Sein Spezialgebiet war die Röntgenbehandlung von Tuberkulose. Vgl. DBE, BD. 10, S. 654.

Sauerbruch das Kapitel über „Pharynx und Oesophagus".[17] Im selben Jahr wurde er zum Professor ernannt und von der Amerikanischen Gesellschaft für Chirurgie zu einer Vortragsreise in die USA eingeladen.

Der entscheidende Wendepunkt hinsichtlich seiner akademischen Karriere stellte sich ein, als Sauerbruch 1910 als Nachfolger Rudolf Ulrich Krönleins[18] nach Zürich berufen wurde. Hier wurde er ordentlicher Professor der Chirurgie an der Hochschule und Direktor der chirurgischen Klinik und Poliklinik des Kantonsspitals Zürich. „Von Sauerbruch erhoffte man sich in der Schweiz Erfolge in der chirurgischen Behandlung von Lungenkrankheiten und damit eine Hebung des internationalen Ansehens des sich hier konzentrierenden Heilstättenwesens."[19]

Einen Schwerpunkt in Sauerbruchs Züricher Zeit bildete somit die Weiterentwicklung der sogenannten Thorakoplastik, bei der durch Entfernen von Rippen(-stücken) der Effekt des Pneumothoraxes gezielt ausgenutzt wird, um tuberkulöse Teile der Lunge stillzulegen. Das befallene Gewebe kann im Ruhezustand ausheilen.

> Mit Sauerbruchs wachsenden Erfolgen bei der chirurgischen Behandlung der Lungentuberkulose wurde die Züricher Klinik zum Mekka nicht nur der Mediziner aus aller Welt, sondern auch zum Ort der Hoffnung vieler Patienten, die – so weit sie es sich finanziell leisten konnten – ebenfalls aus allen Teilen der Welt kommend, bei Sauerbruch Hilfe suchten.[20]

Daneben betrieb Sauerbruch eine Privatklinik und verfasste zusammen mit seinem Oberarzt Emil Dagobert Schumacher[21] sein erstes monographisches

17   Sauerbruch, Ferdinand: Pharynx und Oesophagus. IN: Lehrbuch der Chirurgie. Hrsg. von
      Ludwig Wullstein und Max Wilms. 1. Band: Allgemeiner Teil. Chirurgie des Kopfes, des
      Halses und der Wirbelsäule. Jena: G. Fischer 1908. S. 434–463. Später ist Sauerbruch an der
      Herausgabe der 10. Auflage dieses Standardwerkes beteiligt. Siehe Anhang 4c.
18   Rudolf Ulrich Krönlein (1847–1910) schloss sein Medizinstudium in Zürich 1872 mit Pro-
      motion ab. Bereits seit 1870 war er Assistent bei Edmund Rose. Als Privatdozent wechselte
      er 1874 nach Berlin zu Bernhard von Langenbeck. 1878/79 war Krönlein stellvertretender
      Ordinarius für Chirurgie in Gießen, bevor er zurück in Berlin außerordentlicher Professor
      wurde. 1881 wurde er als Nachfolger Roses ordentlicher Professor und Direktor der Chirur-
      gischen Klinik und Poliklinik des Kantonspitals Zürich. 1886–1888 war Krönlein hier Rektor
      der Universität und wurde 1905 Vorsitzender der *Deutschen Gesellschaft für Chirurgie*. Krönlein
      führte vor allem viele neue Operationsmethoden ein. Vgl. DBE, Bd. 6, S. 77.
19   Genschorek 1989, Sauerbruch, S. 59.
20   Ebd., S. 62.
21   Emil Dagobert Schumacher (1880–1914) schloss sein Medizinstudium 1906 mit dem Staats-
      examen ab und promovierte 1908. Zunächst war er als Schiffsarzt tätig und wurde dann As-
      sistenzarzt an der Chirurgischen Klinik in Zürich unter Krönlein und Sauerbruch. 1910 habi-
      litierte er sich. Schumacher starb im Alter von nur 34 Jahren. Vgl. Biographisches Lexikon
      hervorragender Ärzte der letzten fünfzig Jahre. Hrsg. von Isidor Fischer. Band 2. Berlin und

Werk zur *Technik der Thoraxchirurgie*.[22] Die verschiedenen Aufgaben bewältigte Sauerbruch mit Hilfe eines gut strukturierten Tagesablaufs.

Am frühen Morgen ging Sauerbruch zur Klinik, führte Visiten durch und nahm Operationen vor, um nach dem Mittagsessen zahlreiche Privatpatienten zu Hause zu versorgen. Danach ging er wieder zur Klinik. Wenn er am späten Abend zurückkehrte, war sein Arbeitstag keineswegs beendet, denn nun widmete er sich bis in die Nachtstunden der wissenschaftlichen und publizistischen Tätigkeit.[23]

Nach dem Ausbruch des Ersten Weltkriegs meldete sich Sauerbruch freiwillig und wurde als Beratender Chirurg im Lazarett Singen eingesetzt. In diesem Zusammenhang zeigte sich beispielhaft Sauerbruchs chirurgische Kreativität, mit der er auf praktische medizinische Problemstellungen reagierte: Die große Zahl von Kriegsverwundeten, die Arme oder Beine verloren hatten, animierte Sauerbruch zur Entwicklung einer willkürlich bewegbaren Handprothese. Dabei bestand die chirurgische Herausforderung darin, den Armstumpf so zu präparieren, dass die noch vorhandenen Muskelimpulse für die Bewegung einer Prothese genutzt werden konnten; andererseits musste die technische Lösung einer entsprechenden Prothese entwickelt werden. Die Problemstellung und erste Lösungsansätze fasste Sauerbruch in seiner zweiten monographischen Veröffentlichung zusammen.[24]

Nach dem Krieg folgte Sauerbruch dem Ruf nach München, wo eine große Klinik mit gutem Renommee ihm die Möglichkeit bot, seine Schule zu verbreitern und zu vergrößern.[25] Regelmäßig fuhr er weiterhin nach Davos, um Operationen durchzuführen, mit deren Hilfe er den Schuldenberg, den seine Züricher Privatklinik letztlich hinterlassen hatte, abbezahlte. In der Münchner Phase veröffentlicht Sauerbruch die zweite und stark erweiterte Auflage seines Hauptwerkes[26] und verfasste den zweiten Band der *Willkürlich bewegbaren Hand*.

Sauerbruchs spektakulärste chirurgische Leistung der Münchner Zeit ist seine sogenannte Umkipp-Plastik. War ein Oberschenkelknochen von einer bösartigen Geschwulst zerfressen, musste das gesamte Bein ab der Hüfte amputiert werden; ein Verlust, der prothetisch kaum befriedigend ausgeglichen werden konnte. Sauerbruch setzte auf die enormen Selbstheilungskräfte des Kör-

---

Wien: Urban & Schwarzenberg 1933; (im Folgenden: Biographisches Lexikon hervorragender Ärzte, 1933), S. 1421.

22 Sauerbruch, Ferdinand und Emil Dagobert Schumacher: Technik der Thoraxchirurgie. Berlin: Springer 1911. Siehe Anhang 4a.

23 Genschorek 1989, Sauerbruch, S. 63.

24 Sauerbruch, Ferdinand: Die willkürlich bewegbare Hand. Band 1. Berlin: Springer 1916. Vgl. Genschorek 1989, Sauerbruch, S. 75–76. Siehe Anhang 4a.

25 Vgl. Nissen, Erinnerungen eines Chirurgen, S. 146.

26 Jetzt unter dem Titel *Die Chirurgie der Brustorgane* und in zwei Bänden. Siehe Anhang 4a.

pers,[27] indem er den kranken Oberschenkelknochen aus dem Gewebe heraus-
schälte und stattdessen den gesunden Unterschenkelknochen nach oben um-
kippte, nachdem auch dieser freigelegt und vom Fuß getrennt worden war.
Tatsächlich heilte der Unterschenkel im Hüftgelenk ein und dem Patienten
konnte ein Oberschenkelstumpf erhalten und besser prothetisch versorgt werden.[28]

Als Sauerbruch 1927 an die Berliner Charité berufen wurde, stand er diesem Wechsel zunächst skeptisch gegenüber. Die räumliche Ausstattung der
Klinik war veraltet und die Charité stand im Schatten der renommierteren Universitätsklinik in der Ziegelstraße. Doch Sauerbruchs Ruf war mittlerweile international so bedeutend, dass er Bedingungen stellen konnte, die ihm letztlich
zugesagt wurden: Somit sollte die Berufung auch für den Lehrstuhl der Klinik in
der Ziegelstraße gelten, also Sauerbruch nach einer Übergangszeit die Nachfol-
ge August Biers[29] antreten. Zudem sollten beide Kliniken umfassend umgebaut
werden. Allerdings wurde die Klinik in der Ziegelstraße nach Biers Emeritierung geschlossen; Sauerbruch hatte in der Zwischenzeit die Charité zur führenden chirurgischen Klinik gemacht.[30]

In Berlin, wo Sauerbruch bis zu seinem Tod blieb, wurde er zum Inbegriff
des ‚Halbgottes in Weiß‘. Um den großen Chirurgen entstand ein von seinen
Leistungen, seinem Charisma und zahlreichen Anekdoten getragener Mythos.
Sein Verhältnis zum Nationalsozialismus ist nicht eindeutig; weder kann Sauerbruch als Gegner oder gar Widerständler gelten, noch als Sympathisant oder
Nazi festgemacht werden. Er war ein erklärter Gegner des Antisemitismus und
hat sich für seine jüdischen Mitarbeiter eingesetzt, war aber hinsichtlich seiner
eigenen akademischen Stellung ein Mitläufer. Den größten Vorwurf, den man

---

27   Vgl. Knake, Else: Erinnerungen an Sauerbruch. IN: Studium Berolinense. Aufsätze und
     Beiträge zu Problemen der Wissenschaft und zur Geschichte der Friedrich-Wilhelms-
     Universität zu Berlin. Gedenkschrift der Westdeutschen Rektorenkonferenz und der Freien
     Universität Berlin zur 150. Wiederkehr des Gründungsjahres der Friedrich-Wilhelm-Uni-
     versität zu Berlin. Hrsg. von Hans Leussink und Eduard Neumann und Georg Kotowski.
     Berlin: de Gruyter 1960, S. 241–250; (im Folgenden: Knake, Erinnerungen an Sauerbruch),
     hier S. 247.

28   Diese Operationsmethode ist für den interessierten Laien plastisch geschildert in Jaeckel,
     Gerhard: Die Charité. Geschichte eines Weltzentrums der Medizin. Ungekürzte Ausgabe,
     3. Auflage. Frankfurt/Main und Berlin: Ullstein 1991, S. 515–517.

29   Karl Gustav August Bier (1861–1949) studierte Medizin in Berlin, Leipzig und Kiel, wo er
     1888 promovierte. Nach seiner Habilitation 1889 wurde er Assistenzarzt von Friedrich von
     Esmach. 1894 ging Bier als außerordentlicher Professor nach Kiel, 1899 übernahm er eine
     ordentliche Professur in Greifswald. 1903 ging er nach Bonn und 1907 schließlich an die
     Berliner Universität. Hier leitete er die Chirurgische Universitätsklinik in der Ziegelstraße
     und wurde einer der führenden Chirurgen seiner Zeit. Vgl. DBE, Bd. 1, S. 653–654.

30   Die Schließung des Klinikums in der Ziegelstraße entwickelte sich 1931/32 zum Politikum,
     da man in ihr eine Intrige Sauerbruchs erkennen wollte. Vgl. hierzu Nissen, Erinnerungen
     eines Chirurgen, S. 125–128.

Sauerbruch machen kann, ist dass er nicht die Notwendigkeit erkannt hat, seine Stellung zum Nationalsozialismus öffentlich klar zu vertreten. Allerdings lebte er so sehr in seiner eigenen Welt und regierte in seiner Klinik wie ein Souverän, dass ihm diese Welt unantastbar erschien.

Nach dem Ende des Zweiten Weltkriegs arbeitete Sauerbruch ununterbrochen an der Charité weiter. Eine fortschreitende Demenz schränkte seine geistige Klarheit zunehmend ein. Kunstfehler häuften sich in bedrohlicher Weise und konnten nicht immer von Sauerbruchs Assistenten abgefangen werden, so dass er 1949 schließlich in den ,freiwilligen' Ruhestand gedrängt wurde.[31] 1951 starb Sauerbruch in Berlin.

Sauerbruch gehört zu den herausragenden deutschen Chirurgen in der ersten Hälfte des 20. Jahrhunderts. Das von ihm entwickelte Unterdruckverfahren hatte den operativen Zugriff in den Thorax ermöglicht, war aber bereits in den 1920er Jahren überholt und von der künstlichen Beatmung (Intubation) abgelöst. Dennoch hat Sauerbruch die Thoraxchirurgie bis zur Mitte des Jahrhunderts entscheidend mitgeprägt und galt weltweit als Experte. Der schon öfter angesprochene Mythos zeugt von der hohen Strahlkraft Sauerbruchs. Sein Ruhm stützt sich gleichermaßen auf die chirurgischen Leistungen wie auf seine beeindruckende Persönlichkeit, da sich Sauerbruch als Mediziner mit Leib und Seele verstand und man kaum zwischen Arzt und dem privaten Sauerbruch unterscheiden kann. Wie der Eindruck seiner Persönlichkeit Sauerbruchs Wirken und Wesen zusammenhielt, bezeugt Rudolf Geißendörfers Nachruf auf ihn:

> Wer einmal als Student oder als Teilnehmer eines Kongresses seinem schwungvollen und formvollendeten Vortrag gefolgt ist, wird dies nie vergessen, ebenso wie seine überströmende Persönlichkeit im geselligen Kreise. Auch wenn sein Lebensbild gelegentlich im Strudel der Zeiten umstritten war, eines steht fest, er war eine über den Alltag sich weit erhebende Persönlichkeit, ein mitreißender Lehrer, der stets ein warmes Herz für seine Schüler hatte, schließlich eine immer vorwärtsdrängende Forscher- und Gelehrtenpersönlichkeit, die stets befruchtend wirkte und jeden in seinen [sic!] Bann zog, wo sie in Erscheinung trat. Ein Kranz von Legenden wand sich um diese Persönlichkeit, die, wenn sie auch nicht alle zutreffen, immerhin wahr sein könnten, wie es kürzlich einmal so treffend charakterisiert worden ist.[32]

---

31 Vgl. hierzu Thorwald, Die Entlassung, S. 170–175: Da Sauerbruch sich seines eigenen Krankheitsbildes nicht bewusst war, empfing er weiterhin privat Patienten, die in ungetrübter Hoffnung zu ihm pilgerten, und operierte gelegentlich im eigenen Wohnzimmer. Vgl. hierzu auch Schagen, Der Sachbuchautor, S. 114–116.

32 Geißendörfer, Rudolf: Ferdinand Sauerbruch [Nachruf]. IN: Bruns Beiträge 183/1951, S. 1–2, hier S. 1.

Nach dem Vorbild seines Lehrers Mikulicz und dessen Klinikorganisation gestaltete Sauerbruch seine Welt als Klinikchef. Der Stab seiner Ober-, Stations- und Volontärsärzte war in einer klaren Hierarchie aufgestellt, durch deren militärische Strenge zum einen der reibungslose Ablauf des Klinikalltags, zum anderen die Schulung jedes Mitarbeiters in Sauerbruchs Sinne gewährleistet wurde. Der gesamte Apparat war perfekt auf den ‚Chef', wie Sauerbruch von allen genannt wurde, eingespielt.

> Undenkbar, daß einmal nicht alles bis ins Letzte vorbereitet gewesen wäre, wenn er kam. Unvorstellbar, daß er jemals auch nur minutenlang in der Klinik auf irgendetwas hätte warten müssen. Alles war da, an alles hatten seine erfahrenen Oberärzte gedacht, jede Möglichkeit war von ihnen vorausgesehen und einkalkuliert worden.[33]

Sauerbruch verlangte von seinen Ärzten mehr, als sie zu geben vermochten, um wenigstens das Maximum aus ihnen herauszuholen,[34] und erwartete „uneingeschränkte, bedingungslose Hingabe an den ärztlichen Beruf."[35] Sein Personal empfing ihn bereits, wenn er in die Klinik kam, und ging nie vor ihm; Sauerbruch duldete nur widerstrebend verheiratete Mitarbeiter, die nicht in der Klinik wohnten.[36] Natürlich war nicht jeder Kandidat fähig – oder gewillt – dieses enorme Arbeitspensum zu leisten, welches sich daher eignete, in Sauerbruchs Sinn zwischen Spreu und Weizen zu trennen. Wer sich aber der Sache verschrieb, sah die Vorteile, die die harte Schule ihm bot:

> Sauerbruchs Auftreten war schwungvoll, oft stürmisch, immer energiegeladen. Seine bloße Gegenwart versetzte seine ganze Umgebung in einen elektrisierten Zustand erhöhter Aufmerksamkeit und Arbeitsbereitschaft. [...]
> Für Außenstehende scheint es oft unverständlich gewesen zu sein, wie Sauerbruch sein gewalttätiges Regiment ausüben konnte, ohne daß ihm alle davonliefen; [...].
> Die Erklärung ist verblüffend einfach: Sauerbruch bezwang jeden, an dessen Mitarbeit ihm gelegen war, durch seine kraftvolle Persönlichkeit und entwaffnete alle durch Überlegenheit und Charme. [...] Jeder war stolz und fühlte sich geehrt, an der Seite dieses Mannes arbeiten zu dürfen.[37]

Wer sich die Gunst des Chefs sichern konnte, dem fiel es „schwer, die liebenswerten Seiten von Sauerbruchs Wesen zu übertreiben."[38] Er forderte nicht nur viel von seinen Schülern, sondern förderte sie auch, indem er bspw. eine seiner

---

33   Knake, Erinnerungen an Sauerbruch, 242.
34   Vgl. ebd.
35   Ebd., S. 243.
36   Vgl. Nissen, Erinnerungen eines Chirurgen, S. 148.
37   Knake, Erinnerungen an Sauerbruch, S. 243.
38   Nissen, Erinnerungen eines Chirurgen, S. 155.

Meinung nach überfällige Habilitationsschrift einklagte.[39] Wie Mikulicz hielt Sauerbruch seine Mitarbeiter zur wissenschaftlichen Forschung an,[40] wobei er über jede Publikation wachte[41] und die Manuskripte prüfte. So lernten seine Mitarbeiter das wissenschaftliche Schreiben ebenso wie das chirurgische Handwerk.[42] In Sauerbruchs Verständnis war beides untrennbar miteinander verbunden. Chirurgisches Handeln, vor allem die Weiterentwicklung operativer Techniken, folgte für ihn aus der Kenntnis der Medizingeschichte.[43]

> An seine eigenen Publikationen legte er natürlich einen noch strengeren Maßstab. Das Manuskript wurde von ihm mit einem dazu auserwählten Oberarzt zahllose Male gründlich durchgearbeitet. Es wurde unermüdlich gefeilt, verbessert, verkürzt und vereinfacht, bis eine Arbeit von ihm selbst in den Druck ging.[44]

Sauerbruchs glänzender Stil in Schrift und Rede wurde vielerorts gelobt und erweckte den Eindruck müheloser Selbstverständlichkeit, war aber das Resultat sorgsamer und mühevoller Vorbereitung.[45] Dass seine Antrittsvorlesung in der Berliner Charité ungewohnt reserviert aufgenommen wurde, führt Nissen unter anderem darauf zurück, dass Sauerbruch das Manuskript nicht mit der gewohnten Akribie vorbereiten konnte.[46]

4.1 Sauerbruch im Publikationsnetz der Medizin

Im 19. Jahrhundert setzte die Ausdifferenzierung des medizinischen Buchmarktes als Reaktion auf das wachsende Wissenschaftsgebiet ein. Ab den 1820/30er Jahren spezialisierten sich die medizinischen Fachrichtungen mit eigenen Kliniken und Lehrstühlen und benötigten jeweils eigene Publikationsforen. Die Zahl der deutschen Ärzte stieg bis 1885 auf 16.000; 1890 gab es 9.000 Medizinstudenten.[47] Viele Verlage hatten die Medizin als lukratives Betätigungsfeld entdeckt und neue Programmschwerpunkte gesetzt; so versuchte bspw. Springer

---

39 Vgl. Nissen, Erinnerungen eines Chirurgen, S. 91.
40 Vgl. Genschorek 1989, Sauerbruch, S. 139.
41 Nissen, Erinnerungen eines Chirurgen, S. 60–61, berichtet, wie er einmal Sauerbruchs Unmut weckte, als er ‚hinter seinem Rücken' publizierte.
42 Vgl. Knake, Erinnerungen an Sauerbruch, S. 244.
43 Vgl. Genschorek 1989, Sauerbruch, S. 93 u.nd 95. Siehe zu Sauerbruchs Auffassung zu Funktion und Qualität medizinischer Publikationen S. 193–194.
44 Knake, Erinnerungen an Sauerbruch, S. 245.
45 Vgl. Nissen, Erinnerungen eines Chirurgen, S. 147–148.
46 Vgl. ebd., S. 114. Sauerbruch vertrat sich nach seinem Wechsel in München selbst, bis ein Nachfolger gefunden war. Somit fehlte ihm die Zeit für eine gründlichere Vorbereitung.
47 Vgl. Estermann/Schneider, Wissenschaft und Buchhandel, S. 10.

ab den 1880er Jahren seine medizinische Verlagssparte auszubauen.[48] Andere, wie der Leipziger Verlag F. C. W. Vogel unter der Leitung von Carl Lampe-Vischer[49] oder der Wiesbadener Verlag von J. F. Bergmann[50], konzentrierten sich ganz auf die Medizin. Daneben wurden die ersten Verlage gegründet, die sich von Anfang an als reine Medizinverlage verstanden, so als erster Georg Thieme 1886.[51]

Auch bei der Ausdifferenzierung und Spezialisierung des medizinischen Buchmarktes spielten Zeitschriften-Übernahmen und -Neugründungen eine zentrale Rolle. Die Gründungsbasis des Georg Thieme Verlags bestand aus dem *Reichs-Medizinalkalender* sowie der *Deutschen Medizinischen Wochenschrift,* die er von Reimer übernommen hatte.[52] Die *Münchener Medizinische Wochenschrift* war das Aushängeschild des Münchner Verlegers Lehmann.

Die Produktion medizinischer Publikationen stieg vor allem im letzten Drittel des 19. Jahrhunderts und im Vergleich zum Gesamtbuchmarkt überdurchschnittlich stark an. Diese Verlagssparte machte 1871 mit 459 Titeln 4,1% der Gesamttitelproduktion aus, 1880 mit 790 Titeln waren es 5,3% und im ersten Spitzenjahr 1892 mit 1.828 Titeln 7,2%. 1912 war das Jahr mit der höchsten absoluten Titelzahl (2.060).[53] Bis zum Ersten Weltkrieg war die Medizin hinter der Theologie und den Rechts- und Staatswissenschaften die wichtigste wissenschaftliche Fachsparte der Verlage.[54] Innerhalb der Sparte repräsentierte die Chirurgie eine der stärksten Gruppen, deren Titel durch kostspielige Abbildun-

---

48 Vgl. Sarkowski, Springer, S. 122.
49 Vgl. Jäger, Georg: Medizinischer Verlag. IN: Geschichte des deutschen Buchhandels im 19. und 20. Jahrhundert. Das Kaiserreich 1870–1918 [sic!], Teil 1. Hrsg. von Georg Jäger. Frankfurt/Main: Buchhändler-Vereinigung 2001, S. 473–485; (im Folgenden: Jäger, Medizinischer Verlag), hier S. 473.
50 Vgl. Götze, Heinz: J.F. Bergmann. IN: Von Göschen bis Rowohlt. Beiträge zur Geschichte des deutschen Verlagswesens. Festschrift für Heinz Sarkowski zum 65. Geburtstag. Hrsg. von Monika Estermann und Michael Knoche. Wiesbaden: Harrassowitz 1990. (= Beiträge zum Buch- und Bibliothekswesen, 10), S. 150–157; (im Folgenden: Götze, Bergmann), hier S. 150.
51 Vgl. Jäger, Medizinischer Verlag, S. 473.
52 Vgl. Stürzbecher, Manfred: Medizinische Verlage mit besonderer Berücksichtigung Berlins. in: Von Göschen bis Rowohlt. Beiträge zur Geschichte des deutschen Verlagswesens. Festschrift für Heinz Sarkowski zum 65. Geburtstag. Hrsg. von Monika Estermann und Michael Knoche. Wiesbaden: Harrassowitz 1990. (= Beiträge zum Buch- und Bibliothekswesen, 10), S. 140–149, hier S. 145; vgl. auch Stöckel, Sigrid: Veränderungen des Genres „Medizinsche Wochenschrift" ? Deutsche medizinische Wochenschrift, Münchner medizinische Wochenschrift und The Lancet im Vergleich. IN: Das Medium Wissenschaftszeitschrift seit dem 19. Jahrhundert. Verwissenschaftlichung der Gesellschaft – Vergesellschaftung von Wissenschaft. Hrsg. von Sigrid Stöckel, Wiebke Lisner und Gerlind Rüve. Stuttgart: Franz Steiner 2009. (= Wissenschaft, Politik und Gesellschaft, 5), S. 139-162, hier S. 147.
53 Vgl. Kastner, Statistik, Bd. 1, T. 2, S. 306, 320 und 324.
54 Vgl. ebd., S. 323, 333 und 355.

gen relativ hochpreisig waren.[55] Nach dem Ersten Weltkrieg konnte sich die Produktion medizinischer Titel nicht mehr auf das Vorkriegsniveau erholen; mit 1.674 Titeln war 1920 das stärkste Jahr. Inzwischen hatte sich die schöngeistige Literatur als führende Verlagssparte im Gesamtbuchmarkt durchgesetzt. Die Medizin bildete zusammen mit mathematisch-naturwissenschaftlichen, geographischen, philologischen und historischen Publikationen das Mittelfeld, das etwa ein Drittel des Gesamtbuchmarkts ausmachte.[56] Der Anteil medizinischer Fachliteratur an der Gesamtproduktion lag bei ca. 3,7%; der Anteil der Erstauflagen nahm zwischen 1918 und 1933 kontinuierlich ab. Die Ladenpreise lagen in dieser Sparte immer noch verhältnismäßig hoch.[57]

Zu Beginn des 20. Jahrhunderts bestand ein funktionstüchtiges medizinisches Publikationsnetz, in dem die etablierten Verleger in den kommenden Jahrzehnten im Wesentlichen den Markt bestimmten.[58] Dabei setzte sich der Prozess der Konzentration durch Machtverschiebungen innerhalb des Feldes fort. Manche Verlage investierten nicht weiter in ihre medizinischen Programmsegmente und stießen einzelne Projekte an die Spezialverlage ab, wie bspw. die Verlagsgruppe Walter de Gruyter & Co, die 1921 *Virchows Archiv für pathologische Anatomie und Physiologie und für klinische Medizin* an Springer verkaufte.[59] Parallel zur Entwicklung der medizinischen Disziplinen differenzierten die Medizinverlage ihre Programme und Schwerpunkte. Vor allem die Abgabe und Übernahme sowie die Zusammenführung von Zeitschriften spiegeln die Dynamik des Marktes wider.[60]

Als Ferdinand Springer (d. J.; 1881–1965) 1907 zusammen mit seinem Vetter Julius (d. J.; 1880–1968) die Leitung des Julius Springer Verlags übernahm,[61] hatte er sein verlegerisches Interesse bereits auf den konsequenten Ausbau eines medizinischen Programms gerichtet. Dabei verfolgte er von Anfang an eine klare Strategie, die maßgeblich davon geprägt war, dass sich Springer nicht nur über die Kommunikationsfunktion der einzelnen wissenschaftlichen Publikationsformen, sondern auch über deren Nutzen für seinen Verlag im Klaren war.[62] Durch die Herausgabe von Handbüchern bspw., die die vorläufigen Ergebnisse einer noch jungen medizinischen Fachrichtung erstmals zusammenfassten, sicherte sich Springer auf dem Gebiet der Neurologie oder auch der inneren

---

55 Vgl. Kastner, Statistik, Bd. 1, T. 2, S. 339.
56 Vgl. Kastner, Statistik, Bd. 2, T. 1, S. 343–346, 350.
57 Vgl. Kastner, Der Buchverlag, S. 255–264.
58 Vgl. Götze, Bergmann, S. 153.
59 Vgl. Schneider, Der wissenschaftliche Verlag, S. 391.
60 Vgl. ebd., S. 425.
61 Ferdinand war bereits 1904 in den Verlag eingetreten; die Vettern teilten sich die Verlagsarbeit ebenso wie ihre Väter auf. Da Ferdinand Springer für die Medizin und die generelle verlegerische Linie verantwortlich war, wird im Folgenden hauptsächlich von ihm die Rede sein.
62 Vgl. Sarkowski, Springer, S. 164.

Medizin nicht nur einen renommierten Start und damit wichtige Kontakte innerhalb des Faches, sondern trug zudem zur Etablierung des Faches selbst bei, was wiederum seinem Ansehen bei den Wissenschaftlern zugutekam.[63] Die Gründung einer entsprechenden Zeitschrift war ein weiterer konsequenter Schritt.

Überhaupt verfolgte Springer mit großem Engagement und Ehrgeiz den Aufbau eines umfassenden Zeitschriften-Systems, welches er als Basis seiner verlegerischen Tätigkeit für die Medizin verstand.[64] Wirtschaftlich war dieses Zeitschriften-System ein Investitionsprojekt, das sich aber für das Verlagsrenommee und damit langfristig wirtschaftlich bezahlt machte, da es Springer ein weitverknüpftes Netzwerk von Beratern, Herausgebern und Autoren sicherte, aus dem immer wieder lukrative Buchprojekte entstanden.

Seinen Weg an die Spitze der deutschen Medizinverlage konnte Springer durch einige strategisch wichtige Beteiligungen und Ankäufe beschleunigen und stabilisieren.[65] Mit dem Verlag von J.F. Bergmann in Wiesbaden stand er in engem und freundschaftlichem Kontakt; beide Verleger beteiligten sich ab 1909 an der Druckerei Stürtz in Würzburg.[66] Als Bergmann aus gesundheitlichen Gründen die Zukunft seines Unternehmens absichern musste, fand er in Springer einen starken Partner. 1914 wurde der Verlag J.F. Bergmann in eine offene Handelsgesellschaft umgewandelt, an der sich Springer beteiligte. Nach dem Tod Bergmanns 1917 übernahm Springer dessen Anteile und die Verlagsleitung zum 1. Januar 1918;[67] 1920 wurde der Verlagsstandort nach München verlegt, womit Springer nicht zuletzt ein zusätzliches Standbein in Süddeutschland gewann.

Auf jeden Fall trug die Übernahme von Bergmann wesentlich zur Profilierung des Springer-Verlages im Medizinbereich bei. Sie wurde planmäßig weiterentwickelt und führte im Jahre 1921 zur Übernahme von August Hirschwald und 1931 zur Eingliederung des F.C.W. Vogel-Verlages.[68]

Die Verlage A. Hirschwald (Berlin) und F.C.W. Vogel (Leipzig) hatten ihre Glanzzeit als Medizinverlage bereits im 19. Jahrhundert erlebt und konnten der steigenden Konkurrenz langfristig nicht mehr standhalten. Mit der Übernahme des Verlags A. Hirschwald kam 1921 das dazugehörige Sortiment in Springers

---

63   Vgl. Sarkowski, Springer, S. 174–175.
64   Vgl. ebd., S. 180.
65   Vgl. Schneider, Der wissenschaftliche Verlag, S. 395.
66   Vgl. zur Beteiligung an Stürtz Sarkowski, Springer, S. 214–217.
67   Vgl. zur Übernahme von J.F. Bergmann ebd., S. 234–236. Die letzten Anteile wurden laut Sarkowski erst 1929 von Bergmanns Neffen Gecks gekauft, vgl. ebd. S. 235–236, während Götze, Bergmann, S. 154, es so darstellt, als seien alle Anteile bereits 1918 übernommen worden.
68   Ebd., S. 155.

Besitz, welches in den folgenden Jahren zur größten wissenschaftlichen Versandbuchhandlung Deutschlands ausgebaut und damit zu einem wichtigen Standbein des Unternehmens wurde.[69] Als Springer knapp zehn Jahre später den Verlag F. C. W. Vogel übernahm, geschah dies fast stillschweigend; vermutlich wollte Springer die Übernahme diskret handhaben, da die Expansion seines Unternehmens mittlerweile von verschiedenen Seiten mit kritischem Auge beobachtet wurde.[70] So urteilte Lutz Franz 1927 über *Die Konzentrationsbewegung im deutschen Buchhandel*: „Ein Unternehmen, so weitverzweigt wie das von Springer, muß sich vor einem Zuviel an Ausdehnung naturgemäß hüten. Denn auch im Buchhandel gibt es Optima, über die hinaus das Gesetz vom abnehmenden Ertrag wirksam werden kann."[71] Otto Lubarsch, der als Herausgeber und Schriftleiter viele Jahre für Bergmann und Springer tätig war, war sich hingegen sicher, „daß in der Nachkriegszeit und besonders der Zeit des Währungsverfalls nur diese großen Unternehmer das Durchhalten besonders des streng wissenschaftlichen Zeitschriftenwesens ermöglicht haben."[72]

Das solide Erbe als Basis in Kombination mit der konsequenten Verfolgung der eigenen Verlagsstrategie und dem unternehmerisch glücklichen Nutzen sich bietender Chancen machten letztlich Springers Erfolg aus. Dass sich der Verlag im Zuge der Konzentrationsbewegung in den ersten Jahrzehnten des 20. Jahrhunderts an die Spitze des medizinischen Buchmarktes durchsetzte, kann nicht nur als Resultat dieser Machtverschiebungen, sondern zugleich als deren Motor verstanden werden.

4.1.1   Sauerbruch als Autor und Herausgeber medizinischer Zeitschriften

Ein auf eigene Kosten gedruckter Sonderdruck über die *Pathogenese der subkutanen Rupturen des Magen-Darmtraktes*[73] hatte Sauerbruch die Tür in die Breslauer Klinik geöffnet; möglicherweise hatte dabei Mikuliczs Interesse unterstützt, dass der Originalartikel in der von ihm mitbegründeten und herausgegebenen Zeitschrift erschienen war. Nachdem Sauerbruch 1904 an die Breslauer Klinik zurückgekehrt war und sich bei seinem Lehrer endgültig rehabilitiert hatte, wurde er von Mikulicz ermutigt, die bisherigen Ergebnisse seines Unterdruckverfah-

---

69   Vgl. Sarkowski, Springer, S. 246–249, Schneider, Der wissenschaftliche Verlag, S. 395–396.

70   Vgl. Sarkowski, Springer, S. 312.

71   Franz, Lutz: Die Konzentrationsbewegung im deutschen Buchhandel. Buchhändlerische Zusammenschlüsse in ihrer Projektion auf Assoziationstendenzen allgemeinen Charakters. Heidelberg: Carl Winters Universitätsbuchhandlung 1927, S. 126.

72   Lubarsch, Otto: Ein bewegtes Gelehrtenleben. Erinnerungen und Erlebnisse, Kämpfe und Gedanken. Berlin: Springer 1931, S. 474.

73   Sauerbruch, Ferdinand: Pathogenese der subkutanen Rupturen des Magen-Darmtraktes. IN: Mitteilungen aus den Grenzgebieten der Medizin und Chirurgie. Jena: G. Fischer 12/1903, Heft 1, S. 92–152.

rens zu veröffentlichen. Wieder boten sich die *Mitteilungen aus den Grenzgebieten der Medizin und Chirurgie* (seit 1896, Jena: G. Fischer) als Publikationsort an.[74]

Mit Sauerbruchs Veröffentlichungen sollte auf Anraten von Mikulicz ihr gemeinsames Auftreten auf dem bevorstehenden Chirurgenkongreß vorbereitet werden. Hier wollten sie Gelegenheit nehmen, der Fachwelt die neuen Erkenntnisse vorzuführen.[75]

Noch vor dem Kongress kam es zur Rivalität mit Ludolph Brauer[76] und dem Heidelberger Chirurgen Walther Petersen, die parallel eine Apparatur mit Überdruckverfahren entwickelt hatten.[77] Die drohende Kontroverse auf dem Chirurgenkongress wurde durch den triumphalen Erfolg der vorgeführten – und geglückten – Operation an einem Hund abgewendet. Mikulicz selbst nahm die Operation vor, während Sauerbruch assistierte und sich im Anschluss dem Plenum stellte.[78] Sauerbruch veröffentlichte noch drei weitere Artikel in den *Mitteilungen*,[79] bevor er 1912 selbst Mitherausgeber der Zeitschrift wurde und es bis zum letzten Band (47/1944) blieb, ohne jemals wieder in dem Blatt zu publizieren.

---

74   Sauerbruch, Ferdinand: Zur Pathologie des offenen Pneumothorax und die Grundlagen meines Verfahrens zu seiner Ausschaltung. Mitteilungen aus den Grenzgebieten der Medizin und Chirurgie. Jena: Fischer 13/1904, Heft 3, S. 399–482.

75   Genschorek 1989, Sauerbruch, S. 36.

76   August Ludolf Brauer (1865–1951) war Internist, der in Bonn, München und Freiburg/Br. studiert hatte. Er promovierte 1892, 1897 habilitierte er sich in Heidelberg und wurde dort außerordentlicher Professor. Ein Jahr später ging er als ordentlicher Professor nach Marburg, wo er auch Direktor der Medizinischen Klinik war. 1910 übernahm er die Leitung des Krankenhauses Hamburg-Eppendorf und wurde 1919 Professor an der dortigen Universität, deren Rektor er 1930/31 war. Während des Ersten Weltkriegs bereiste er als beratender Internist Polen, Palästina und die Türkei. Brauer widmete sich der Tuberkuloseforschung, gilt als wissenschaftlicher Begründer des Pneumothorax' und gründete nach seiner Emeritierung (1934) in Wiesbaden ein Institut für Altersgestaltung und Altern. Seit 1947 war er Direktor des Tuberkulose-Forschungsinstituts in München, seit 1932 Mitglied der *Deutschen Akademie der Naturforscher Leopoldina*. Vgl. DBE, Bd. 2, S. 7.

77   Vgl. Wolff, H.: Zwei wissenschaftliche Kontroversen, die die Entwicklung der Chirurgie im 20. Jahrhundert mitbestimmten. IN: Zentralblatt für Chirurgie 125/2000, S. 387–393. Auch Brauer erkannte später die Überlegenheit des Unterdruckverfahrens an, das seine Vorrangstellung beibehielt, bis die Technik der künstlichen Beatmung (Intubation, im Prinzip eine Variante des Überdruckverfahrens) soweit fortgeschritten war, dass die Unterdruckkammer keine Rolle mehr spielte. Schon Sauerbruch setzte sie in München nicht mehr ein. Für den größeren Zusammenhang vgl. Schober, Karl-Ludwig: Wege und Umwege zum Herzen. Über die frühe Geschichte der Chirurgie des Thorax und seiner Organe. IN: The Thoracic and Cardiovascular Surgeon 41/1993, Supplement II, S. 155–256. Schober, S. 199/200 meint, dass es zu einem echten Prioritätenstreit zwischen Sauerbruch und Brauer/Petersen nicht gekommen sei.

78   Vgl. Genschorek 1989, Sauerbruch, S. 39.

79   Siehe Anhang 4d.

Viele medizinische Zeitschriften der Zeit stützen ihr Erscheinen auf einen großen Herausgeber-Stab, der hauptsächlich aus den leitenden Professoren der Universitätskliniken bestand. Mit ihrem Namen trugen die Professoren zum Renommee der Zeitschrift bei und banden die Veröffentlichung der Ergebnisse aus ihren Kliniken im jeweiligen Fachgebiet an das Blatt.[80] Auf diesem Weg verknüpften sich die unterschiedlichen Schulen mit ‚ihren' Publikationsorganen.

Nachdem Sauerbruch 1910 als Klinikchef nach Zürich gewechselt war, begann damit seine Karriere als sogenannter „Polyeditor".[81] Auf diese Weise war Sauerbruch mit einigen der wichtigsten medizinischen Zeitschriften zumindest namentlich verbunden, wobei er in den meisten Fällen nicht redaktionell aktiv wurde. Lediglich für die *Deutsche Zeitschrift für Chirurgie* reüssierte er als leitender Herausgeber.[82]

Auffallend ist die Diskrepanz zwischen Herausgebertätigkeit und Autorschaft bei der von ihm 1913 mitbegründeten *Zeitschrift für die gesamte experimentelle Medizin*. Für die ersten beiden Bände fungierte Sauerbruch neben Clemens von Pirquet[83] als Redaktionsleiter, danach ist er zwar bis 1944 weiterhin als Herausgeber aufgeführt, doch in dieser Zeitschrift ist nie ein Artikel von ihm erschienen.[84] Eine mögliche Erklärung ist, dass Sauerbruch zum Zeitpunkt der Gründung dem Experiment noch stärker verbunden war, sich seine Karriere seitdem aber eher praktisch entwickelte.

Bei der statistischen Auswertung seiner Zeitschriften-Beiträge (siehe Tab. 5 nächste Doppelseite) kristallisieren sich fünf Zeitschriften als Hauptpublikationsorte für Sauerbruch heraus: Das *Zentralblatt für Chirurgie* (seit 36/1909 Leipzig: Barth), die *Münchener Medizinische Wochenschrift* (*MMW;* seit 33/1886 München: Lehmann), *Bruns Beiträge zur klinischen Chirurgie* (anfangs Tübingen: Laupp, ab 101/1916 Berlin und Wien: Urban & Schwarzenberg), das *Archiv für klinische Chirurgie* (anfangs Berlin: A. Hirschwald, ab 118/1921 Berlin: Springer) sowie die *Deutsche Zeitschrift für Chirurgie* (anfangs Leipzig: F.C.W. Vogel, ab

---

80   Vgl. Sarkowski, Springer, S. 281, auch S. 170–171.

81   Ebd., S. 171.

82   Siehe Kap. 4.1.2.

83   Clemens von Pirquet (1874–1929) schloss sein Studium der Theologie, Philosophie und Medizin 1900 mit Promotion ab. 1908 habilitierte er sich an der Universitäts-Kinderklinik in Wien. 1909 ging er als Extraordinarius nach Baltimore, 1910 nach Breslau und 1911 zurück nach Wien, wo er Leiter der Kinderklinik wurde. 1929 wählte Pirquet den Freitod. Vgl. DBE, Bd. 7, S. 849.

84   1909 hatte Sauerbruch einen Artikel in der *Zeitschrift für Experimentelle Pathologie und Therapie* veröffentlicht, die im Verlag A. Hirschwald erschien. Siehe Anhang 4d, Titel 24. Nach der Übernahme A. Hirschwalds durch Springer, ging diese Zeitschrift ab 1921 in der *Zeitschrift für die gesamte experimentelle Medizin* auf.

Tabelle 5: Sauerbruch – Zeitschriftenartikel

	1902	1903	1904	1905	1906	1907	1908	1909	1910	1911	1912	1913	1914	1915	1916	1917	1918
Correspondenzbl. d. ärztl. Vereins v. Thüringen	—	—															
Mitteilungen a. d. Grenzgeb. d. Med. und Chir.		—							—	—							
Zentralblatt für Chirurgie			≡	—	—		=				—						
Verhandl. des Kongresses für Innere Medizin			—									—					
Archiv für klinische Chirurgie			—		—				—								
Verhandlungen der Dt. Ges. für Chirurgie				—		—							—				
(Bruns) Beiträge zur klinischen Chirurgie						—						≡			—		
MMW					—	—				—			—	—		—	
DMW					—			=		—							
Dt. ZS f. Chirurgie							—										
Medizinische Klinik													=				
Journal of the American medical Association								—									
Monatsschrift für Psychiatrie und Neurologie								—									
ZS für experimentelle Pathologie und Therapie								—									
Correspondenz-Blatt für Schweizer Ärzte										=		—					
Wiener klinische Rundschau																	
Schweizerische Rundschau für Medizin														—			
ZS für angew. Anatomie und Konstitutionslehre																	—

	1920	1921	1922	1923	1924	1925	1926	1927	1928	1929	1930	1931	1932	1933	1934	1935	1936	1937	1938
Zentralblatt für Chirurgie							—			—		—							—
Verhandl. des Kongresses für Innere Med.																			
Archiv für klinische Chirurgie			—	—	—	—	=	=	—	—		≡	—	—	—	—	—	—	
(Bruns) Beiträge zur klinischen Chirurgie		—	—	—	—				—	—									—
MMW	=		≡	—	—		—	—	=		—								
DMW									—		—								
Dt. ZS f. Chirurgie			—				≡	—	—	=	—	—					—		
Medizinische Klinik									—										
Monatsschrift für Psychiatrie und Neurol.																	—		
Wiener medizinische Wochenschrift			—		—					—									
ZS für ärztliche Fortbildung				—															
Klinische Wochenschrift										—	—						—	—	
Archiv für orthopädische und Unfall-Chir.											—								
Die medizinische Welt												—							
Acta Chirurgica Scandinavia													—						
Deutsche Forschung														—					
Schweizerische Medizinische Wochenschr.															—	—			
Beträge zur Klinik der Tuberkulose															—				
Süddeutsche Monatshefte																	—		
Zeitschrift für Krebsforschung																	—		

	1942	1943	1944	1945	1946	1947
Zentralblatt für Chirurgie						≡
Dt. ZS f. Chirurgie	—	=				

Grau unterlegte Felder bedeuten, dass die Zeitschrift in diesen Jahren nicht erschien.

Quelle: eigene Darstellung nach Anhang 4d

230/1931 Berlin: F.C.W. Vogel, ab 255/1942 Berlin: Springer),[85] wobei bei Letzterer der Anteil rein redaktioneller Beiträge aufgrund der Funktion Sauerbruchs als hauptverantwortlicher Herausgeber naturgemäß relativ hoch ist.[86] Auch für die anderen vier Zeitschriften fungierte Sauerbruch bis zu seinem Tod 1951 namentlich als Mitherausgeber: seit 1913 für *Bruns Beiträge*, ab 1919 für die *MMW* und nach seinem Wechsel nach Berlin ab 1928 für das *Zentralblatt für Chirurgie* und das *Archiv für klinische Chirurgie*.

Abbildung 2:   Genealogie – *Deutsche Zeitschrift für Chirurgie*

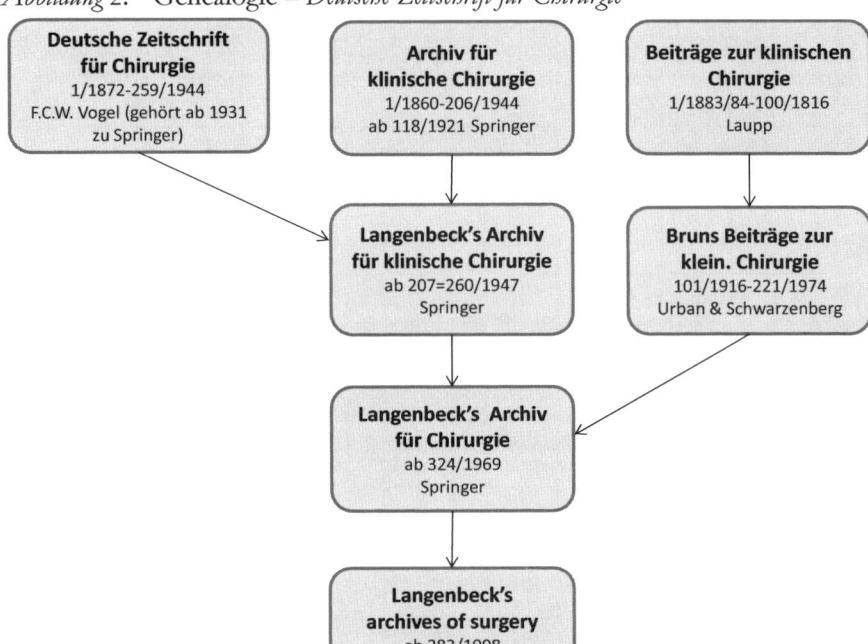

Quelle: eigene Darstellung

---

85   Siehe Abb. 2: Die drei letztgenannten Titel werden in der weiteren Zeitschriften-Genealogie zusammenfließen: Das *Archiv für klinische Chirurgie* und die *Deutsche Zeitschrift für Chirurgie* vereinen sich 1947 (nach einer Erscheinungspause seit 1944) zum 260. Band unter dem Titel *Langenbeck's Archiv für klinische Chirurgie*, wobei die *Deutsche Zeitschrift für Chirurgie* die weitere Bandzählung bestimmt; mit Band 324/1969 erfolgt die Umbenennung in *Langenbeck's Archiv für Chirurgie*, in dem *Bruns Beiträge* 1975 aufgehen.
86   Siehe Anhang 4e.

4.1.2   ‚Sauerbruchs' *Deutsche Zeitschrift für Chirurgie*

Nach dem Tod des langjährigen (1910–1924) Chefredakteurs Albert Narath[87], übernimmt Sauerbruch 1924 die Funktion des leitenden Herausgebers. Bereits im Mai 1924 bemängelt er in einem Brief an den Verlagsleiter Lampe-Vischer, dass die *Deutsche Zeitschrift für Chirurgie* bogenweise auf unterschiedlichem und qualitativ schlechtem Papier gedruckt wird. Für Druckbogen mit hohem Bildanteil wird zugunsten der Abbildungsqualität Kunstdruckpapier verwendet. Die Oberfläche dieses Papiers ist beschichtet, was es glatter, glänzender und schwerer macht. In Band 185 (1924) finden sich sogar drei verschiedene Papiere. Nach Sauerbruchs Beschwerde lässt Lampe-Vischer die Zeitschrift ab Heft 3 und 4 des 186. Bandes (1924) einheitlich auf Kunstdruckpapier[88] drucken.

Doch nicht nur hinsichtlich der äußeren Ausstattung der Zeitschrift hegte der Herausgeber Bedenken. Auch wenn Sauerbruch sich einen möglichst stabilen Preis für das Periodikum wünschte, forderte er insgesamt mehr Qualität:

> Der Preis allein ist aber nicht […] das Wichtigste für die Zukunft, sondern ausschliesslich die Güte des Inhalts der Zeitschrift. Da bin ich nun freilich der Meinung, dass man noch mehr sieben sollte und rücksichtslos mittelmässige Arbeiten ablehnen sollte. Dann gelingt es von vorneherein, gute Arbeiten entsprechend besser auszugestalten.
>
> Die deutsche med. Publizistik ist auf einem Tiefstand angelangt, dass wir uns gegenüber dem Ausland schämen müssen. Wer das nicht sieht, kennt die Auslandsliteratur nicht oder wehrt sich gegen diese Einsicht aus falschem nationalem Stolz.[89]

1925 äußerte Sauerbruch auf der 49. Tagung der *Deutschen Gesellschaft für Chirurgie* Kritik an der ärztlichen Publizistik.[90] Es würde zu viel in zu schlechter Qualität

---

87   Albert Narath (1864–1924) war nach seiner Promotion 1890 zunächst Assistenzarzt, bevor er 1896 Ordinarius in Utrecht wurde. Ab 1906 war er Leiter der Chirurgischen Klinik in Heidelberg, 1910 legte er krankheitsbedingt das Lehramt nieder, setzte seine wissenschaftlichen Studien aber fort und wurde Hauptschriftleiter der *Deutschen Zeitschrift für Chirurgie*. Vgl. Biographisches Lexikon hervorragender Ärzte, 1933, S. 1101.

88   Lampe Vischer nennt dieses Papier ‚Hochglanzpapier'. Der heute üblichere Ausdruck ist ‚Kunstdruckpapier', welches zur Gruppe der gestrichenen Papiere gehört. Im Gegensatz dazu handelt es sich bei der Gruppe der ‚Werkdruckpapiere' um maschinenglatte Papiere, die ihre Oberflächenqualität lediglich durch die mechanische Glättung durch den Kalander erhalten. Lampe-Vischer nennt dieses Papier ‚Dickdruckpapier'. Vgl. hierzu die entsprechenden Einträge IN: Hiller, Helmut und Stephan Füssel (Hrsg.): Wörterbuch des Buches. Siebte, grundlegend überarbeitete Auflage mit online-Aktualisierung. Frankfurt/Main: V. Klostermann 2006.

89   Sauerbruch an Lampe-Vischer, 28. Mai 1924; Berlin, ZLB, SVA, B S 46 II.

90   Vgl. Sauerbruch, Ferdinand: Kritische Worte über die heutige ärztliche Publizistik. IN: Zentralblatt für Chirurgie 52/1925, S. 1212–1213; (im Folgenden: Sauerbruch, Kritische Worte). Es handelt sich um ein zusammenfassendes Protokoll seines Vortrags bei der 49. Tagung der *Deutschen Gesellschaft für Chirurgie*.

geschrieben: „Viele wissenschaftliche Arbeiten entstehen nicht mehr aus innerer Notwendigkeit, sondern weil wissenschaftlich gearbeitet werden soll und muß."[91] Die von mehreren Autoren geschriebenen Lehrbücher ließen „die Einheitlichkeit der pathologischen und therapeutischen Grundauffasung vermissen"[92]. Übersichtsreferate würden von unerfahrenen, jungen Kollegen verfasst, Monographien seien inhaltlich oft nicht ausgereift, und experimentellen Arbeiten fehle die Basis genauer Beobachtung und zuverlässiger Versuche. Zudem kritisierte Sauerbruch die „schwülstige und dabei unverständliche Darstellung und die oft vorhandene Mißhandlung der deutschen Sprache. Die Sprache der medizinischen Veröffentlichungen ist oft häßlich und unklar."[93] Wer schon kein guter Stilist sei, solle sich doch wenigstens verständlich ausdrücken.

Als Gründe für den von ihm analysierten Missstand nannte Sauerbruch, dass in Folge des Krieges vielen jungen Kollegen die Zeit zur allmählichen Reifung fehle und sie ihre Karrieren schnell vorantreiben müssten; allerdings: „Entlastend für den einzelnen ist die allgemeine Lage der heutigen Medizin, deren treuestes Spiegelbild die wissenschaftliche Arbeit ist."[94] Man befände sich nach einer Hochzeit nun in einer Übergangsperiode, die sich durch „Überwuchern des Spezialistentums"[95] und Überschätzung der technischen Leistungen auszeichne. Es fehlten die zusammenfassenden Ideen.

Im weiteren Briefwechsel äußerten sowohl Verleger als auch Herausgeber immer wieder den Wunsch, sich hinsichtlich des zukünftigen inhaltlichen Kurses der Zeitschrift persönlich auszutauschen, doch kam ein solches Treffen in den nächsten Jahren noch nicht zustande. So erschien der 200. Band 1927 zum großen Stolz des Verlegers, der sich vor allem darüber freute, „daß sie [i. e. die Zeitschrift; EF] vom I. Band ihres Erscheinens bis zum heutigen Tage immer die führende Stellung unter den Fachzeitschriften auf chirurgischem Gebiete innegehabt hat."[96] Doch Sauerbruch konnte seine Bedenken trotz des Jubiläums nicht unterdrücken:

> Wenn ein solcher Markstein in der langen Entwicklungsreihe einer Zeitschrift erfolgt, so ist es selbstverständlich, dass sich Verleger und Herausgeber offen ins Gesicht sehen und in gegenseitiger Fühlungnahme über die weitere Entwicklung ihres Sorgenkindes sich aussprechen.[97]

---

91   Sauerbruch, Kritische Worte, S. 1212.
92   Ebd.
93   Ebd., S. 1213.
94   Ebd.
95   Ebd.
96   Lampe-Vischer an Sauerbruch, 15. März 1927; Berlin, ZLB, SVA, B S 46 II.
97   Sauerbruch an Lampe-Vischer, 20. März 1927; Berlin, ZLB, SVA, B S 46 II.

Für die schöne Ausstattung des Jubiläumsbandes aber bedankte er sich herzlich. Doch schon bald wurde wieder die Qualität des Papiers thematisiert. Seit den Bänden 203/204 von 1927 war die *Deutsche Zeitschrift für Chirurgie* wieder auf zwei verschiedenen Papiersorten gedruckt worden.[98] Da die glänzende Oberfläche des Kunstdruckpapiers von vielen Lesern bemängelt worden sei, habe sich Lampe-Vischer entschieden, für Beiträge mit niedrigem Bildanteil wieder unbeschichtetes Papier zu verwenden.[99] Dieser Wechsel wurde größtenteils wohlwollend aufgenommen; Lampe-Vischer war aber zu Ohren gekommen, dass ausgerechnet sein Star-Herausgeber an dem ‚neuen' Papier keinen Gefallen fand.[100]

Dies beunruhigte den Verleger immerhin so stark, dass er Sauerbruch in einem langen Brief vom Papierwechsel überzeugen wollte und dabei zunächst die oben dargestellten Argumente anführte. Am Schluss seines Schreibens offenbarte er den eigentlichen Grund für seine Besorgnis.

> Ich möchte Sie, hochgeehrter Herr Geheimrat, dringend bitten, dieses neue Druckpapier auch für die „Deutsche Zeitschrift für Chirurgie" anerkennen zu wollen. Ich habe einen größeren Abschluß mit meinem Papierfabrikanten vorgenommen und dabei berücksichtigt, daß auch die „Deutsche Zeitschrift für Chirurgie" in Zukunft für die abbildungslosen Druckbogen dieses Papier verwendet. Ich hätte aber keine volle Verwendung, wenn die „Deutsche Zeitschrift für Chirurgie" ausfiele.[101]

Hier wird deutlich, welch großen Einfluss Sauerbruch als Herausgeber nicht nur auf die inhaltlichen Belange, sondern auch auf die Ausstattung der Zeitschrift hatte. Zwar ist es unwahrscheinlich, dass Sauerbruch bei der Papierwahl sein Veto geltend gemacht hätte, doch zeigt die Besorgnis des Verlegers, wie viel Lampe-Vischer an einem guten und harmonischen Verhältnis zu seinem renommierten Herausgeber gelegen war.

Im Mai 1928 schrieb Sauerbruch an seinen Verleger einen Brief, in dem er Lampe-Vischer in erster Linie um eine höhere Vergütung Georg Schmidts[102] ersuchte: Sein Oberarzt bekam jährlich M 4.000,- für die Herausgabe der Zeit-

---

98   Bereits der Jubiläumsband hatte ein „Gesamt-Verfasser- und Sachverzeichnis" für die Bände 101 bis 200 enthalten (auf 230 eigenständig paginierten Seiten am Ende des 200. Bandes von 1927), das auf recht rauem und voluminösem nicht gestrichenem Papier gedruckt worden war.

99   Vgl. Lampe-Vischer an Sauerbruch, 30. Juni 1927; Berlin, ZLB, SVA, B S 46 II.

100 Vgl. Lampe-Vischer an Sauerbruch, 30. Juni 1927; Berlin, ZLB, SVA, B S 46 II.

101 Lampe-Vischer an Sauerbruch, 30. 6. 1927; Berlin, ZLB, SVA, B S 46 II.

102 Sauerbruch kannte Georg Schmidt bereits seit seiner Zeit in Breslau. Nach dem Ersten Weltkrieg kam er als Oberarzt zu Sauerbruch nach München und folgte diesem nach Berlin. Sauerbruch würdigte Schmidt und dessen Verdienste für die Zeitschrift 1934 in einem Nachruf. Vgl. Sauerbruch, Ferdinand: Georg Schmidt zum Gedächtnis. IN: Deutsche Zeitschrift für Chirurgie 242/1934, S. I–II.

schrift, im Vergleich mit der Bezahlung anderer Zeitschriften-Leiter empfand
Sauerbruch die Summe als zu gering:

> Ich darf in diesem Zusammenhang darauf hinweisen, dass ich für meine Mühewal-
> tung überhaupt gar keine Entschädigung bezogen habe, freilich auch ausdrücklich
> zu Gunsten meines Mitarbeiters darauf verzichtet habe.
> Die Leitung der Zeitschrift soll doch in Zukunft so vor sich gehen, dass nach wie
> vor Herr Professor *Schmidt* die Hauptarbeit der Redaktion leistet, ich dagegen die
> grosse Linie, auf der die Zeitschrift sich bewegen soll angebe und grundsätzliche
> Fragen selbst behandle. [...]
> Aber ich als Herausgeber der Zeitschrift, der weiss, wie belastet *Schmidt* ist und was
> er für Verdienste an der Zeitschrift hat, muss darauf bestehen, dass die Besoldung
> eine ganz andere wird. [...]
> Ich würde Ihnen vorschlagen, Herrn Professor *Schmidt*, einschliesslich seiner Aus-
> lagen für Schreibhilfe u.s.w. 10.000,- im Jahre auszusetzen. Dafür würde ich auf ei-
> ne Honorierung verzichten, wenn Sie Herrn Professor *Schmidt* in dieser Weise ent-
> gegenkommen.[103]

Neben der Honorarforderung gibt dieser Brief Aufschluss über die redaktionelle Zusammenarbeit Sauerbruchs und Schmidts. Sauerbruch stand vor allem mit
seinem Namen als Hauptherausgeber für die Zeitschrift Pate und verhandelte
mit dem Verleger über inhaltliche Konzeption und äußere Ausstattung des
Blattes. Als Chefredakteur verfasste er redaktionelle Beiträge anlässlich Jubiläen
oder Nachrufe auf verstorbene Kollegen. Da die eigentliche und alltägliche Arbeit des Schriftleiters in Schmidts Händen lag, verzichtete Sauerbruch zu dessen
Gunsten auf ein Honorar. Sein Engagement bestärkte Sauerbruchs Selbstverständnis als Zeitschriftenherausgeber; er empfand sich als von Verleger unab-
hängiger Spiritus rector ,seiner' Zeitschrift.[104]

Lampe-Vischer erklärte sich zwar grundsätzlich bereit, Sauerbruchs Wünschen zu folgen, wies aber darauf hin, dass eine Erhöhung um 150% aus kauf-
männischer Sicht nicht tragbar sei. Vor allem gab er zu bedenken, dass die von
Sauerbruch angeführten Periodika sich nicht zum Vergleich eigneten.

> Interessant wäre mir zu wissen – und das ist wohl auch der ausschlaggebende Ver-
> gleich –, was Springer beim „Archiv für klinische Chirurgie" Honorar zahlt. Ich er-
> kläre mich ohne weiteres bereit, falls ich tatsächlich hinter dieser Zeitschrift zu-
> rückstehen sollte, das gleiche Honorar wie bei dieser zu zahlen.[105]

---

103 Sauerbruch an Lampe-Vischer, 6. Mai 1928; Berlin, ZLB, SVA, B S 46 II. (Hervorhebungen
       im Original gesperrt)
104 Vgl. hierzu auch Sarkowski, Springer, S. 312.
105 Lampe-Vischer an Sauerbruch, 8. Mai 1928; Berlin, ZLB, SVA, B S 46 II.

Zu diesem Zeitpunkt war Springer längst *der* Verleger der deutschen Chirurgie; alle Publikationsorgane der *Deutschen Gesellschaft für Chirurgie* erschienen in seinem Haus. Die gesellschaftliche und fachliche Dominanz dieser Vereinigung resultierte aus der strengen Hierarchie der Chirurgenschulen. Die Präsidentschaft galt als gesellschaftlicher Höhepunkt einer Chirurgenlaufbahn. Die einflussreichsten Herausgeber chirurgischer Fachblätter besetzten auch innerhalb der *Gesellschaft* führende Funktionen. Neben August Bier, Erwin Payr[106] und August Borchard[107] gehörte auch Sauerbruch zur Riege dieser gewichtigen Editoren. Die Tagungen der *Gesellschaft* fanden in Berlin statt, und Springer hatte sich vertraglich zusichern lassen, dass die Hirschwaldsche Buchhandlung als einzige bei diesen Zusammentreffen Bücher ausstellen durfte. Spätestens ab 1929 wurden hier auch Bücher verkauft. Somit verfügte Springer über glänzende Kontakte und war stets am Puls der Deutschen Chirurgie.[108]

Es ist somit nur zu verständlich, dass Lampe-Vischer sich in erster Linie an der Konkurrenz aus dem Hause Springer orientierte. Dass er Sauerbruch für Schmidt eine Erhöhung um immerhin 75%, also auf M 7.000,- jährlich, anbot, erklärt sich wohl daraus, dass ihn ein anderer Inhalt von Sauerbruchs Brief viel mehr beunruhigte. Neben der Honorarforderung hatte Sauerbruch geschrieben, dass es sein

> Wunsch wäre, doch noch weit aus mehr als bis her geschehen ist, [dass] die Zeitschrift die Führung der Deutschen Chirurgie übernimmt. Ich erfahre soeben, dass eine Zeitschrift für Chirurgie im Verlag *Springer* erscheinen soll, die in sehr grosszügiger Weise ihren Weg gehen soll. Wir müssen unbedingt unseren Lesern über das bisherige Maaß [sic!] genaue Zusammenfassungen und allgemeine Ergebnisse

---

106 Erwin Payr (1871–1946) studierte in Wien und Innsbruck Medizin. 1894 promovierte er, 1899 folgte die Habilitation. Payr war zunächst in Graz tätig, 1907 wurde er Ordinarius für Chirurgie in Greifswald, 1910 nach Königsberg. Von 1911 bis 1937 wirkte er in Leipzig. 1930 wurde er Mitglied der *Deutschen Akademie der Naturforscher Leopoldina.* Vgl. DBE, Bd. 7, S. 712.

107 August Bochard (1864–1940) war wie Sauerbruch Sprössling der Billroth-Schule. Er hatte in Freiburg/Br., München, Würzburg und Jena Medizin studiert und 1888 promoviert. Zunächst wurde er Assistenzarzt in Marburg, ging dann nach Königsberg, wo er Oberarzt wurde. 1895 wurde er leitender Arzt der Chirurgischen Abteilung im Diakonissenkrankenhaus in Posen. Dann ging er als Chirurg nach Berlin, wo er 1908 Professor und 1912 zum Geheimen Medizinalrat ernannt wurde. Seit 1930 war Borchard Mitglied der *Deutschen Akademie der Naturforscher Leopoldina.* Vgl. DBE, Bd. 1, S. 831.

108 Vgl. hierzu Kloepfer, Katrin: Der „Chirurg". Gründungsgeschichte einer medizinischen Zeitschrift. Masch. Magisterarbeit, Universität München, 1990; (im Folgenden: Kloepfer, Der „Chirurg"), S. 19–21. Es wurde ein Belegexemplar dieser Arbeit im Springer-Archiv eingesehen.

vorsetzen, und entsprechende Arbeiten bringen. Alles das soll aus Freude an der grossen Aufgabe geschehen.[109]

Was sich da im Springerschen Verlag anbahnte, war die Gründung der Fachzeitschrift *Der Chirurg*. Für dieses Projekt hatte Springer trotz einer allgemein weit verbreiteten Skepsis gegenüber weiteren Zeitschriften-Neugründungen bereits einen beeindruckenden Herausgeber-Stab unter der Leitung Martin Kirschners[110] gewinnen können. Lediglich Sauerbruch, August Borchard und Victor Schmieden[111] verweigerten die Mitarbeit; Sauerbruch empfand die neue Zeitschrift als direkte Konkurrenz zu ‚seiner' Zeitschrift.[112] August Borchard, der das *Zentralblatt für Chirurgie* (Leipzig: Barth) herausgab, begegnete der drohenden Konkurrenz aktiv, indem er Victor Schmieden überzeugte und Erwin Payr zu überreden versuchte, sich nicht am Herausgeber-Stab der neuen Zeitschrift zu beteiligen. Später warb er Autoren ab, und die Konkurrenz zwischen *Chirurg* und *Zentralblatt* wurde zum persönlichen Machtkampf zwischen Borchard und Kirschner.[113]

Auch Lampe-Vischer zeigte sich besorgt, wenn er auch – angeblich – weniger die Konkurrenz fürchtete:

> Was Sie mir über die geplante Springer'sche Konkurrenz-Zeitschrift schreiben, hat mich ziemlich erregt, weniger aus Besorgnis der event. zu erwartenden Rivalität, als daß ich es geradezu frevelhaft finde, in der jetzigen wirtschaftlich sorgenvollen Zeit ein Unternehmen ins Auge zu fassen, für das absolut keine Notwendigkeit vorliegt. Von allen Seiten wird über das geradezu unwürdige Auf-den-Markt-werfen von wissenschaftlichen Neuerscheinungen geklagt. So haben wir seit Anfang dieses Jahres 4 neue medizinische Zeitschriften hinzu bekommen, von denen wohl kaum einer eine längere Lebensfrist beschieden sein wird. Wie oft haben Herr Geheimrat

---

109 Sauerbruch an Lampe-Vischer, 6. Mai 1928; Berlin, ZLB, SVA, B S 46 II. (Hervorhebung im Original gesperrt)

110 Martin Kirschner (1879–1942) studierte Medizin in Freiburg/Br., Straßburg, Zürich und München. 1904 promovierte er, war zunächst Assistent in Greifswald und ging 1910 nach Königsberg, dort habilitierte er sich. Kirschner war im Ersten Weltkrieg als Chirurg im Felddienst. 1916 wurde er außerordentlicher Professor in Königsberg, 1927 in Tübingen. Ab 1934 leitete er die Heidelberger Universitätsklinik. Vgl. DBE, Bd. 5, S. 650.

111 Victor Schmieden (1874–1945) studierte Medizin in Freiburg/Br., München, Berlin und Bonn. Nach der Promotion 1897 war er Assistent in Göttingen, Berlin und Bonn. 1903 folgte die Habilitation. 1907 wechselte er als Titularprofessor nach Berlin; 1913 ging er nach Halle. 1919 wurde er schließlich ordentlicher Professor und ging als Direktor an die Chirurgische Klinik nach Frankfurt/Main. 1916 wurde er in die *Deutsche Akademie der Naturforscher Leopoldina* aufgenommen und trat 1937 der NSDAP bei. Vgl. DBE, Bd. 9, S. 66–67.

112 Vgl. Sarkowski, Springer, S. 312.

113 Vgl. Kloepfer, Der „Chirurg", S. 83–84.

Friedrich von Müller[114], Krehl[115] – und ich glaube auch Ihren Namen gelesen zu haben –, diesen aufdringlichen jüdischen Wettbewerb bekämpft. Es wäre wirklich an der Zeit, daß einmal auf der Naturforscherversammlung gegen solche Auswüchse des wissenschaftlichen Verlags energisch Front gemacht würde. Ich bitte mir diese offene Aussprache nicht zu verübeln, hochgeehrter Herr Geheimrat, aber tatsächlich war mir Ihre Mitteilung über die neu zu gründende chirurgische Zeitschrift eine tiefgreifendere als die Honorarfrage selbst.[116]

Allerdings war der *Chirurg* nicht mehr aufzuhalten. Der erste Band erschien 1928, und die Zeitschrift wurde ein großer Erfolg.[117] Immerhin bewirkte die Konkurrenz, dass die Ausstattung der *Deutschen Zeitschrift für Chirurgie* ab dem 213. Band 1929 durch einheitliches Papier (durchgehend Kunstdruck) endlich eine deutliche Besserung erfuhr.

In der Honorarfrage aber bestand Sauerbruch weiterhin auf seiner Forderung.[118] Er habe vom Reichswirtschaftsministerium erfahren, dass die *Deutsche Zeitschrift für Chirurgie* neben dem *Zentralblatt für Chirurgie* die meist gelesene Zeitschrift im Ausland sei; das müsse doch bei der Abnehmerzahl zu spüren sein. Außerdem ließe sich der Absatz steigern,

wenn wir meinen Vorschlag, zusammenfassende Referate hier und da zu bringen praktisch durchführen. Es soll alles geschehen, um die Zeitschrift zu heben und zu fördern. Aber Sie, sehr verehrter Herr Doktor, müssen meinen berechtigten

---

114 Friedrich von Müller (1858–1941) studierte Medizin in München und Würzburg, 1882 promovierte er. 1888 habilitierte er sich für Innere Medizin in Berlin und wurde dort Extraordinarius. 1892 übernahm er eine ordentliche Professur in Marburg, wechselte 1899 nach Basel und 1902 schließlich nach München. 1922 wurde er Mitglied der *Deutschen Akademie der Naturforscher Leopoldina*. Von Müller war seit 1926 Herausgeber der *Mitteilungen aus den Grenzgebieten der Medizin und der Chirurgie*. Vgl. *DBE*, Bd. 7, S. 251.

115 Ludolf von Krehl (1861–1937) studierte Medizin in Leipzig, Jena. Heidelberg und Berlin. Nach der Promotion 1886 wurde er Assistenzarzt an der Medizinischen Klinik in Leipzig. 1888 habilitierte sich Krehl für Innere Medizin. In den folgenden Jahren arbeitete er an den Polikliniken in Jena, Marburg und Greifswald, bevor er ab 1902 die Medizinischen Kliniken in Tübingen leitete. 1904 ging er nach Straßburg, 1907 nach Heidelberg. Er war Mitbegründer des *Kaiser-Wilhelm-Instituts* für Medizinische Forschung und noch nach seiner Emeritierung 1931 Leiter der Abteilung für Pathologie. 1903 wurde Krehl geadelt, 1925 Mitglied des Ordens *Pur le Mérite*, 1926 der *Deutschen Akademie der Naturforscher Leopoldina*. Sein Forschungsschwerpunkt waren die Pathologische Physiologie sowie die Erkrankungen des Herzens. Er bemühte sich auch um die Integration seelischer Symptome in die Diagnostik und fand 1902 bspw. lobende Worte für die Arbeiten Joseph Breuers und Sigmund Freuds. Vgl. Fritz Hartmann IN: DBE, Bd. 6, S. 46–47.

116 Lampe-Vischer an Sauerbruch, 8. Mai 1928; Berlin, ZLB, SVA, B S 46 II.

117 Vgl. Sarkowski, Springer, S. 283.

118 Vgl. Sauerbruch an Lampe-Vischer, 11. Mai 1928; Berlin, ZLB, SVA, B S 46 II.

Wunsch, der sich nicht auf mich, sondern auf einen anderen bezieht, entsprechen, und das werden Sie gewiss tun.[119]

Der Verleger schlug einen Kompromiss vor. Da er mit einer durchschnittlichen Vergütung von M 1.200,- pro Band rechne, wäre er bereit, Schmidt jährlich M 9.600,- zu zahlen, wenn die Anzahl der Bände von sechs auf acht pro Jahr erhöht würde. Das Mehr an Umfang erreiche man durch die von Sauerbruch geforderten Referate.[120] Letztlich bedeutete dieser Kompromiss für Schmidt zwar mehr Geld, aber auch mehr Arbeit, und Sauerbruch sah in dieser Lösung „kein Ideal", willigte aber dennoch ein, da „wir in der Zeit der Kompromisse leben."[121]

Somit war eine Einigung erzielt, doch als Lampe-Vischer das erhöhte Honorar gegenüber Schmidt nochmals – wohl in Sauerbruchs Ohren kleinlich klagend – zur Sprache brachte, wurde er von Sauerbruch scharf zurechtgewiesen:

> Zweitens muss ich Sie sehr bitten, diese ewigen Klagen über die Honorarkosten zu unterlassen. Ganz besonders peinlich hat mich die Bemerkung über das erhöhte Redaktionshonorar berührt, einem Mann gegenüber, der Anspruch auf eine Erhöhung hatte.
>
> Diese Zeitschrift ist durch die Übernahme der Redaktion durch *Schmidt* und mich so in den Vordergrund gerückt und hat sich so entwickelt, dass, ich zweifle nicht daran, Sie als Verleger auf Ihre Kosten kommen. Wenn das nicht der Fall ist, und Ihr Verlag zu sehr durch die Zuschüsse belastet wird, so schlage ich vor, wir lassen die Deutsche Zeitschrift für Chirurgie eingehen, oder [Sie müssen] einen anderen Herausgeber suchen. Jedenfalls ist es für mich unmöglich, immer diese unerfreuliche Korrespondenz auf die Dauer zu ertragen.[122]

Lampe-Vischer zeigte sich durch Sauerbruchs harte Worte getroffen, bemühte sich aber dennoch um eine Wiederherstellung der Harmonie.[123] Eine spätere Meinungsverschiedenheit mag als Beispiel dienen, dass sich auch Sauerbruch gelegentlich um seinen Verleger bemühte. Leider ist der auslösende Brief nicht erhalten, in welchem Sauerbruch wohl zu harte Kritik an der Ausstattung eines Separatabdrucks geübt hatte.

> Ich bedaure aufrichtig, einen Brief dieses Inhalts von Ihnen erhalten zu haben. Er bedrückt mich, weil er einen neuen Beweis dafür liefert, wie lose das Verhältnis zwischen Autor und Verlag geworden ist. Früher, und an die Zeiten denke ich mit Freude zurück, was so etwas nicht möglich und kam nicht vor. Gleichgültig ob ich

---

119 Sauerbruch an Lampe-Vischer, 11. Mai 1928; Berlin, ZLB, SVA, B S 46 II.
120 Vgl. Lampe-Vischer an Sauerbruch, 14. Mai 1928; Berlin, ZLB, SVA, B S 46 II.
121 Sauerbruch an Lampe-Vischer, 25. Mai 1928; Berlin, ZLB, SVA, B S 46 II.
122 Sauerbruch an Lampe-Vischer, 28. Juni 1928; Berlin, ZLB, SVA, B S 46 II. (Hervorhebung im Original gesperrt)
123 Vgl. Lampe-Vischer an Sauerbruch, 30. Juni 1928; Berlin, ZLB, SVA, B S 46 II.

mich betroffen fühle oder nicht, so sind Ihre Beschuldigungen eines Separatabdruckes wegen doch wirklich zu hart. Gerade der Verlag F.C.W. Vogel darf sich rühmen, eine Ausstattung seinen Werken und Zeitschriften angedeihen zu lassen, wie sie von anderer Seite nicht so leicht erreicht wird.[124]

Nun war es an Sauerbruch, die Wogen zu glätten:

> Warum Sie nur immer solche Mitteilungen von mir so wenig sachlich und immer gleich tragisch nehmen. Ich muß es Ihnen doch mitteilen im Interesse des Verlags und des ganzen deutschen Buchhandels. Kein Mensch hat irgend etwas über Ihre Bücher gesagt. Sondern es handelt sich nur um die Zeitschriften. [...]
> Wo sollen wir hinkommen, wenn ich nicht einmal so etwas Ihnen schreiben darf und Sie immer gleich so traurig und beleidigt sind. Mir liegt es ferner nicht, Ihnen irgendwie persönlich zu nahe zu treten. Aber sachliche Kritik ist nicht erlaubt, sondern notwendig.
> So, nun sein [sic!] Sie wieder vergnügt.[125]

Der Briefwechsel zwischen Sauerbruch und Lampe-Vischer spiegelt eine Geschäftsbeziehung wider, die atmosphärisch von der eher devoten Haltung des Verlegers gegenüber seinem Star-Herausgeber geprägt ist. Auffallend ist auch Lampe-Vischers Orientierung am marktführenden Unternehmen Springer, was vielleicht schon als Vorbote der späteren Übernahme interpretiert werden kann. Jedenfalls tritt Lampe-Vischer in seinem Briefwechsel mit Sauerbruch nicht als Marktgestalter in Erscheinung, sondern wie ein Verleger, der auf das Marktgeschehen reagiert. In dieser Beziehung fällt es Sauerbruch nicht schwer, auch als Herausgeber mit der gewohnten Souveränität eines Chefchirurgen aufzutreten.

Aus Sauerbruchs Auftreten als Herausgeber lässt sich sehr gut ablesen, dass die medizinischen Fachblätter die soziale Struktur der Ärzteschaft widerspiegelten.[126] Besonders die Chirurgenschulen bildeten hier Zugehörigkeiten. Meist lag es im Interesse der Verleger im Herausgeberstab großer Zeitschriftenprojekte möglichst Vertreter unterschiedlicher und vor allem der wichtigsten Schulen zu versammeln; nur solche Fachorgane hatten die Chance auf eine die gesamte chirurgische Gesellschaft umfassende Verbreitung.

Von daher war es nicht unerheblich, dass Springer mit Borchard und Sauerbruch zwei der gewichtigsten Vertreter der Billroth-Schule nicht für seine neue Zeitschrift *Der Chirurg* gewinnen konnte.[127] Zudem war es sicherlich kein Zufall, dass Schmieden 1927, Sauerbruch 1928 Mitherausgeber des *Zentralblatts für Chirurgie* (seit 1908 Leipzig: Barth) geworden waren. Eine Frontenbildung

---

124 Lampe-Vischer an Sauerbruch, 29. November 1929; Berlin, ZLB, SVA, B S 46 II.
125 Sauerbruch an Lampe-Vischer, 7. Dezember 1929; Berlin, ZLB, SVA, B S 46 II.
126 Vgl. Stöckel, Verwissenschaftlichung der Gesellschaft, S. 18.
127 Vgl. Sarkowski, Springer, S. 281–282.

zwischen *Chirurg* und *Zentralblatt* war somit vorhersehbar; hinzu kam aus Sauerbruchs Perspektive noch die Konkurrenzsituation zu seiner *Zeitschrift für Chirurgie*.

In diesem Zusammenhang geben drei Dokumente, eins aus dem Springer-Verlagsarchiv, zwei aus dem Archiv des Johann Ambrosius Barth Verlags[128], Einblick in die machtpolitischen Überlegungen hinter den Fachzeitschriften. Im Mai 1928 berichtete ein Mitarbeiter des Springer-Verlags Martin Kirschner von einer Unterredung mit Sauerbruch,[129] der angesichts der schlechten Qualität des gesamten medizinischen Schrifttums gegen eine Zeitschriftenneugründung sei. Allerdings habe er dann gescherzt, „er würde ein Jahr abwarten; wenn es sich dann zeigen sollte, dass unsere Zeitschrift der deutschen Chirurgie nütze, so wolle er uns gern seine Sachen übergeben."[130]

Im Juli 1928 versammelten sich in Borchards Wohnung Schmieden, Sauerbruch und Willy Anschütz sowie der Barth-Verleger Arthur Meiner und sein Sohn Wolfgang.[131] Bei dieser Zusammenkunft sprachen die Beteiligten frei ihre Sorgen und Wünsche hinsichtlich des weiteren Kurses des *Zentralblattes* aus, um es vor allem gegen die Springersche Konkurrenz, das etablierte *Zentralorgan für die gesamte Chirurgie und ihre Grenzgebiete* sowie den geplanten *Chirurgen*, zu wappnen. Sauerbruch vertrat die Meinung, das *Zentralblatt* müsste als das verbreiteste Referateblatt mit einer entsprechenden Qualität aufwarten. Bezüglich des neuen Blattes wunderte man sich vor allem, dass es zu dieser Neugründung kommen sollte, obwohl die *Gesellschaft für Chirurgie* beschlossen hatte, keine neue Zeitschrift einzurichten.

Acht Jahre später trafen sich Borchard, Wolfgang Meiner und C. Berger, um sich über die bestehenden Alternativen für die Redaktionsnachfolge Borchards auszutauschen.[132] Borchard hatte Otto Nordmann[133] als Kandidat ins Rennen gebracht und bei diesem bereits „vorgefühlt". Nordmann, der zu dieser Zeit noch Mitherausgeber des *Chirurgen* war, habe „ihm auf seine Frage geantwortet, wenn in dieser Beziehung jemand an ihn herantreten würde, dann

---

128 Im Sächsischen Staatsarchiv Leipzig. An dieser Stelle gilt mein Dank Dr. Thekla Kluttig für die Zusendung der entsprechenden Kopien.

129 Ein Verlagsmitarbeiter an Kirschner, 8. Mai 1928; Berlin, ZLB, SVA, C 27.

130 Ein Verlagsmitarbeiter an Kirschner, 8. Mai 1928; Berlin, ZLB, SVA, C 27.

131 Vgl. – auch für das Folgende – das Protokoll der Zusammenkunft am 19. Juli. 1928; Sächsisches Staatsarchiv; 21101 Johann Ambrosius Barth Verlag, Leipzig, Nr. 557.

132 Vgl. – auch im Folgenden – Bergers Protokoll der Besprechung am 13. November 1936; Sächsisches Staatsarchiv; 21101 Johann Ambrosius Barth Verlag, Leipzig, Nr. 557. C. Berger war ein nicht näher zu identifizierender Verlagsmitarbeiter.

133 Otto Karl Wilhelm Nordmann (1876–1946) schloss sein Medizinstudium 1901 mit Promotion ab. Nach einigen Jahren in Göttingen wechselte nach Berlin, wo er 1918 zum Professor ernannt wurde. Zusammen mit Martin Kirschner brachte Nordmann das Handbuch *Die Chirurgie* heraus (6 Bde, Berlin und Wien: Urban & Schwarzenberg 1926–30, ²1940–49). Zuletzt wirkte er in Holzminden. Vgl. DBE, Bd. 7, S. 504.

würde er sofort mit Springer brechen!"[134] Nun kam man nochmals auf die Frage zurück, warum der *Chirurg* eigentlich gegründet worden sei. Borchard vertrat die Ansicht, „der „Chirurg" sei eine Gründung von *Körte*, der die Absicht gehabt und auch durchgeführt hätte, dass seine Schüler einmal redaktionell beschäftigt würden. Dazu gehören in erster Linie *Kirschner, Hübner* [135]und *Nordmann*."[136] Dann allerdings, so Berger, müsse man Nordmann für charakterlos halten und sich seitens des Verlags Sorgen machen, wie verlässlich Nordmann als Herausgeber sein würde.

Auf Verlagsseite konnte man sich Sauerbruch als Nachfolger Borchards vorstellen, wobei Borchard aber vor Sauerbruchs wankelmütigem Charakter warnte. Auch Konrad Middeldorpf aus Sauerbruchs Ärzteschaft kam Borchards Meinung nach in Betracht, doch gab Berger zu Bedenken, dass „solange Middeldorpf von Sauerbruch abhängig ist und die Redaktion der „Deutschen Zeitschrift für Chirurgie" führt, wird Sauerbruch niemals zugestehen, dass M. [i. e. Middeldorpf; EF] Unterredakteur von Nordmann wird."[137]

Die Quellen bezeugen, dass es bei diesen Zusammenkünften weniger darum ging, die marktpolitischen Gründe für Zeitschriftengründungen zu erforschen oder wissenschaftliche Publikationsbedürfnisse abzuwägen, sondern vielmehr die machtpolitischen Motive von Bedeutung waren. Schulenzugehörigkeiten, persönliches Temperament und hierarchische Abhängigkeiten nahmen auf Entscheidungen Einfluss, der ‚Gegenseite' wurde unterstellt, lediglich den eigenen wissenschaftlichen Nachwuchs ‚redaktionell versorgen' zu wollen. Deutlich wird auch, dass die Bestellung der Herausgeber keineswegs in der alleinigen Entscheidungsgewalt der Verleger lag, sondern Machtzuweisungen der Wissenschaftler untereinander entsprach.

---

134 Bergers Protokoll der Besprechung am 13. November 1936; Sächsisches Staatsarchiv; 21101 Johann Ambrosius Barth Verlag, Leipzig, Nr. 557.

135 Arthur Hübner (1887–1961) war Unfallchirurg in Berlin. Hier schloss er 1913 sein Medizinstudium mit Promotion ab. Er kämpfte im Ersten Weltkrieg und sammelte an der Charité praktische Erfahrungen. 1926 folgte die Habilitation. Seit 1927 Privatdozent, wurde Hübner 1930 außerordentlicher Professor an der Universität Berlin. 1933 gründete er ein eigenes Unfallambulatorium, dessen Leiter er bis 1960 blieb. Während des Zweiten Weltkriegs war Hübner Chefarzt des Reservelazaretts, dem späteren *Krankenhaus in der Heerstraße*, dessen Direktor er bis 1952 war. Von 1928 bis zu seinem Tod war Hübner Schriftleiter des *Chirurgen*. Vgl. DBE, Bd. 5, S. 177.

136 Bergers Protokoll der Besprechung am 13. November 1936; Sächsisches Staatsarchiv; 21101 Johann Ambrosius Barth Verlag, Leipzig, Nr. 557. (Hervorhebungen im Original gesperrt)

137 Bergers Protokoll der Besprechung am 13. November 1936; Sächsisches Staatsarchiv; 21101 Johann Ambrosius Barth Verlag, Leipzig, Nr. 557. (Hervorhebungen im Original gesperrt) Über Konrad Middeldorpf konnte leider nichts Näheres in Erfahrung gebracht werden, außer dass es 1937 und 1938 Mitherausgeber der *Deutschen Zeitschrift für Chirurgie* war.

4.2   Sauerbruch als Buchautor

Neben seiner Dissertation und Habilitationsschrift sowie der umstrittenen Autobiographie hat Sauerbruch sieben monographische Werke verfasst.[138] Schon mit dem 1911 bei Springer erschienenen, zusammen mit Emil Dagobert Schumacher verfassten Buch *Technik der Thoraxchirurgie* wurde der Grundstein für Sauerbruchs späteres, viel beachtetes, mehrbändiges Monumentalwerk[139] über *Die Chirurgie der Brustorgane* gelegt. Daneben druckte der Verlag einen Vortrag über *Kriegschirurgische Erfahrungen*, den Sauerbruch 1916 auf dem schweizerischen Chirurgentag gehalten hatte, und brachte die zwei Bände des – nach dem berühmten Hauptwerk – bekanntesten Sauerbruch-Buches über *Die willkürlich bewegbare Hand* heraus.

Nach Abschluss der Herausgabe der mehrbändigen *Chirurgie der Brustorgane* war das Autor-Verleger-Verhältnis so erschöpft, dass der Plan für ein weiteres Werk über allgemeine Chirurgie nicht mehr im Springer-Verlag realisiert wurde. Dieses Projekt verwirklichte Sauerbruch (zusammen mit Rudolf Nissen[140] als Koautor) erst 1933 unter dem Titel *Allgemeine Operationslehre* bei J. A. Barth in Leipzig. Daneben erschienen drei weitere kleinere Schriften in verschiedenen Verlagen.

Leider ist heute nicht mehr im Detail nachzuvollziehen, wie Springer Sauerbruch als Buchautor gewann, da über das Zustandekommen der *Technik der Chirurgie* keine Quellen vorliegen. Der Kontakt zwischen dem Chirurgen und Springer bestand aber spätestens, seit Sauerbruch im ersten Band der *Ergebnisse der Chirurgie* seinen Artikel *Über den Stand des Druckdifferenzverfahrens* veröffentlicht hatte.[141] Auch in diesem Fall könnte also die Strategie Springers Früchte getra-

---

138   Für die genauen bibliographischen Angaben der im Folgenden genannten Bücher siehe Anhang 4a.

139   Als umfassend erweiterte zweite Auflage der *Technik der Thoraxchirurgie* erschienen nun unter dem Titel *Die Chirurgie der Brustorgane* zunächst zwei Bände (Band 1: *Die Erkrankungen der Lungen*, 1920; Band 2: *Die Chirurgie des Herzens*, 1925). In der dritten, weiter überarbeiteten Auflage wurde die erste Band nochmals in zwei Teilbände untergliedert (Band 1: *Die Erkrankungen der Lungen*, Teil 1: *Anatomie*, 1928; Teil 2: *Chirurgische Behandlungen der Lungentuberkulose*, 1930).

140   Rudolf Nissen (1896–1981) studierte Medizin in Breslau, München und Marburg. 1922 promovierte er und wurde Assistenzarzt bei Sauerbruch in München, wo er sich 1926 habilitierte. 1927 folgte er Sauerbruch nach Berlin und wurde 1930 Extraordinarius an der Universität. 1933 musste Nissen emigrieren und ging an die Universität Istanbul. 1939 ging er in die USA und kehrte 1952 nach Europa zurück. Er lehrte bis 1967 an der Basler Universität. Seit 1963 war Nissen Mitglied der *Deutschen Akademie der Naturforscher Leopoldina*. Vgl. DBE, Bd. 7, S. 482.

141   Sauerbruch, Ferdinand: Der gegenwärtige Stand des Druckdifferenzverfahrens. IN: Ergebnisse der Chirurgie und Orthopädie. Hrsg. von Erwin Payr und Hermann Küttner. 1. Band. Berlin: Springer 1910, S. 356–412. Siehe Anhang 4b, Titel 2.

gen zu haben, aus dem Netz seiner Zeitschriften-Mitarbeiter Buchautoren zu gewinnen.[142] Schon vor der genaueren Betrachtung lässt sich konstatieren, dass die Zusammenarbeit von Sauerbruch und Springer am Resultat gemessen äußerst fruchtbar war und vor allem mit der *Chirurgie der Brustorgane* ein prächtiges Grundlagenwerk der chirurgischen Literatur hervorbrachte.

4.2.1 Exposition

Die ältesten aus dem Springer-Archiv herangezogenen Dokumente[143] versetzen den Leser in das Jahr 1916; zu diesem Zeitpunkt steht die Drucklegung der *Willkürlich bewegbaren Hand* unmittelbar bevor, im April ist die erste Auflage des Buches fertig gedruckt.[144] Bereits Ende desselben Monats denkt Springer an ein weiteres Projekt: Er möchte den Vortrag, den Sauerbruch auf dem schweizerischen Chirurgentag gehalten hat, herausbringen und unterbreitet Sauerbruch einen Vorschlag bzgl. der Konditionen.[145]

Das Manuskript hatte Sauerbruch bereits geschickt,[146] nun sollte der Autor Wünsche hinsichtlich der Ausstattung äußern sowie zwischen einem Bogenhonorar von M 200,- und einer 50%igen Gewinnbeteiligung wählen. Des Weiteren schlug Springer 1.200 Exemplare (plus 150 Frei-, Beleg- und Autorenexemplare) als Erstauflagenhöhe sowie gleiche Bedingungen für einen eventuellen Nachdruck vor. Die vorgeschlagenen Bedingungen akzeptierte Sauerbruch und nach zweimaliger ausgiebiger Korrektur der Fahnenabzüge war die gedruckte Version des Vortrags über *Kriegschirurgische Erfahrungen* im Juli 1916 realisiert.[147]

Im August schmiedete der Autor neue Pläne: Auf dem Gebiet der Armprothesen hatten sich inzwischen so viele technische Fortschritte eingestellt, dass Sauerbruch eine erweiterte zweite Auflage der *Hand* anstrebte und sich bei Springer nach dem Absatz des Buches erkundigte.[148] Darauf antwortete Springer:

> Was den Absatz Ihres Buches über die künstliche Hand angeht, so ist er bisher nicht schlecht gewesen, hat aber doch nicht den Umfang erreicht, den wir beide eigentlich erwartet hatten: von der Auflage von 2000 Exemplaren sind nicht mehr als 500 bisher als fast verkauft anzusehen. Unter diese Umständen dürfte mit der Möglichkeit einer *neuen Auflage* in nächster Zeit nicht zu rechnen sein. Hingegen

---

142 Allerdings sprach Springer 1917 in einem Brief an Sauerbruch von „den fast 10 Jahren unserer Beziehungen" (siehe S. 209, inkl. Anm. 162), woraus zu schließen wäre, dass sie sich schon vor 1910 kannten.
143 Berlin, ZLB, SVA, B S 45 II.
144 Vgl. interner Aktenvermerk, 21. April 1916; Berlin, ZLB, SVA, B S 45 II.
145 Vgl. Springer an Sauerbruch, 29. April 1916; Berlin, ZLB, SVA, B S 45 II.
146 Vgl. Sauerbruch an Springer, 16. April 1916; Berlin, ZLB, SVA, B S 45 II.
147 Vgl. Springer an Sauerbruch, 26. Juli 1916; Berlin, ZLB, SVA, B S 45 II.
148 Vgl. Sauerbruch an Springer, 14. August 1916; Berlin, ZLB, SVA, B S 45 II.

liesse sich Ihr Plan vielleicht in der Form ausführen, dass wir eine Art Nachtrag zu dem Buch herausbringen, etwa unter dem Titel: „Neue technische Erfahrungen über die willkürlich bewegbare künstliche Hand" oder dergleichen. Vielleicht sind Sie so gut, sich diese Frage zu überlegen und mir Ihre Meinung mitzuteilen.[149]

Nach Sauerbruchs Erwartungen „müsste die Zahl der verkauften Bücher [zwar] grösser sein",[150] er erklärt sich aber einverstanden, noch bis zum Ende des Jahres zu warten. Allerdings wäre ihm eine zweite Auflage lieber als ein Ergänzungsband.[151]

Aus den Briefen Anfang 1917 geht hervor, dass parallel die Überarbeitung der *Technik der Thoraxchirurgie* geplant wurde. Der inzwischen verstorbene Ludwig von Muralt[152] hatte einen Beitrag geschrieben, dessen Manuskript, von Karl Ernst Ranke[153] durchgesehen, nun im Verlag eingegangen war und die Frage seiner Verwertung aufwarf. Grundsätzlich ging es dabei um die Überlegung, ob die Arbeit zunächst als separate Monographie veröffentlicht werden solle oder man sie direkt für die Neuauflage des Sauerbruchschen Werkes verwenden wolle. Springer hielt in jedem Fall das Erscheinen des zweiten Bandes der *Hand* für dringlicher.[154]

Nachdem diese Frage von Sauerbruch dahingehend entschieden worden war, den Muraltschen Beitrag direkt in die Neuauflage einfließen zu lassen, und er dem Verlag sein Manuskript für Anfang August angekündigt hatte,[155] wartete Springer bis Ende des Jahres jedoch vergebens auf eine Nachricht des Autors.[156] Erst Anfang Dezember ließ Sauerbruch wieder, verstimmt über die Abrechnung aus dem Verkauf der *Hand,* von sich hören:

---

149   Springer an Sauerbruch, 17. August 1916; Berlin, ZLB, SVA, B S 45 II. (Hervorhebung im Original gesperrt)

150   Sauerbruch an Springer, 21. August 1916; Berlin, ZLB, SVA, B S 45 II.

151   Vgl. Sauerbruch an Springer, 21. August 1916; Berlin, ZLB, SVA, B S 45 II.

152   Ludwig von Muralt (1869–1917) unternahm nach seiner Promotion 1893 krankheitsbedingt mehrere Schiffs- und Kurreisen. Später wurde er Assistenzarzt bei Eugen Bleuler am *Burghölzli* in Zürich. 1905 übernahm von Muralt die Leitung des Sanatoriums Davos-Dorf, 1916 die des Sanatoriums Turban. Vgl. Biographisches Lexikon hervorragender Ärzte, 1933, S. 1092.

153   Karl Ernst Ranke (1870–1926) unternahm nach seiner Promotion 1896 eine Forschungsreise nach Brasilien und war danach als Assistenzarzt in München an der Kinderklinik tätig. Er erkrankte an Tuberkulose und widmete fortan auch seine Forschungen dieser Krankheit. Nachdem Ranke sechs Jahre als Arzt in einem Sanatorium in Arosa gearbeitet hatte, kehrte er 1906 nach München zurück, wo er sich 1915 habilitierte. 1921 wurde er außerordentlicher Professor. Vgl. Neue Deutsche Biographie. Hrsg. von der Historischen Kommission bei der bayrischen Akademie der Wissenschaften. Berlin: Duncker & Humblot. Seit 1953; (im Folgenden: NDB), Band 21, S. 144.

154   Vgl. Springer an Sauerbruch, 22. Mai 1917; Berlin, ZLB, SVA, B S 45 II.

155   Vgl. Sauerbruch an Springer, 1. Juni 1917; Berlin, ZLB, SVA, B S 45 II.

156   Vgl. Springer an Sauerbruch, 30. August 1917; Berlin, ZLB, SVA, B S 45 II.

Sie kennen mich und wissen, dass dieses Buch lediglich im Interesse der Sache geschrieben wurde und Sie dürfen mir glauben, wenn ich Ihnen sage, dass weder ich noch einer der beteiligten Autoren dabei Geld verdienen wollten.[157] Sie erinnern sich vielleicht noch, dass ich sagte, man solle den Ertrag dem Lazarett Singen zur Verfügung stellen. Sie haben den Vorschlag gemacht, dass 3/5 für die Autoren und 2/5 für den Verlag zur Verrechnung kommen sollten. Diesen Vorschlag haben wir ohne weiteren Vertrag angenommen. Nun sind wir aber alle erstaunt, über die Art wie die Abrechnung erfolgt ist. Sie ziehen von vorneherein von der Einnahme alle Ihre Unkosten ab und von dem was übrig bleibt noch 2/5 für sich. Das ist nun meiner Meinung nach doch eine Rechnung, bei der nur der Verlag und nicht auch die Autoren berücksichtigt werden. Es erscheint mir in hohem Masse ungerecht zu sein, wenn wir für die grosse Mühe und Arbeit die wir mit Abfassung des Buches, mit der Herstellung der Bilder und dergl. gehabt haben, in keinerlei Weise entschädigt werden, Sie aber für die Herstellung des Buches Ihre Unkosten voll bezahlt erhalten und ausserdem noch teilhaben am Reingewinn. Nach meiner Meinung konnte die Abrechnung doch nur so erfolgen, dass entweder unsere Unkosten, – in diesem Falle hätte es sich um die Bezahlung des Manuskriptes und um die Bilder, speziell diejenigen von Ruge[158] und Felix[159] gehandelt –, genau wie die Ihrigen verrechnet würden oder aber, dass Sie uns ein Honorar für den Bogen zugebilligt hätten.

Es ist mir sehr peinlich gewesen, meinen Mitarbeitern diese Abrechnung zuzustellen. Man sieht aus dieser Auffassung des Verlages, wie gering die Autorenarbeit an sich gewertet wird.

Die Tatsache dieser Abrechnung hat uns nun veranlasst, auf die Herstellung einer zweiten Auflage zu verzichten. Es erscheint uns im Interesse der Sache viel zweckmässiger wenn wir in Zeitschriften unsere Arbeit veröffentlichen, wo ausserdem die Verbreitung eine noch grössere sein dürfte.

Diese Erfahrung zwingt mich nun aber auch, Sie um Unterlagen zu bitten für die Abfassung eines Vertrages über das Lungenbuch. Dieses Lungenbuch kann nach der jetzigen Ausdehnung des Materials und nach dem ganzen Umfang nicht als 2. Auflage angesehen werden, es ist vielmehr ein klinisch chirurgisches Lehrbuch geworden.

---

157 Das Buch enthielt anatomische Beiträge von Georg Ruge und Walter Felix.

158 Georg Ruge (1852–1919) machte sich als Anatom vor allem auf dem Gebiet der Primatenmorphologie einen Namen. Ruge hatte in Jena und Berlin studiert. Nach seiner Promotion 1875 wurde er zunächst Assistenzarzt in Heidelberg, wo er sich 1878 für Anatomie habilitierte. 1882 wurde er außerordentlicher Professor, 1888 ging er als ordentlicher Professor nach Amsterdam. 1897 wechselte er als Direktor des Anatomischen Instituts an die Universität in Zürich. Seit 1887 war Ruge Mitglied der *Deutschen Akademie der Naturforscher Leopoldina*. Vgl. DBE, Bd. 8, S. 621.

159 Walter Felix (1860–1930) hatte sein Medizinstudium in Würzburg 1889 mit Promotion abgeschlossen, bevor er als Assistenzarzt und Prosektor der Anatomie an die Universität Zürich ging. 1891 folgte die Habilitation. 1896 wurde er außerordentlicher Professor, 1919 schließlich Ordinarius. Vgl. DBE, Bd. 3, S. 268.

Ich möchte Sie erstens bitten, mir den Abschluss über den bisherigen Verkauf des Buches „Thoraxchirurgie" mitzuteilen und zweitens auch einen Entwurf zu übersenden für den Vertrag dieses Buches.
Ich hoffe, dass Sie meine Reklamation, die ich im Namen aller Mitarbeiter der willkürlichen Hand vorbringe, verstehen und nicht in irgend einer Weise beleidigt sein werden.[160]

Der Brief wird an dieser Stelle beinahe in seiner vollen Länge zitiert, weil in ihm bereits ein grundlegendes Missverständnis zwischen Autor und Verleger zum Ausdruck kommt, welches später das die Krise beschleunigende Moment der Auseinandersetzung sein wird. Genauer muss man dieses Moment als Unverständnis Sauerbruchs identifizieren. Aus dem Brief geht hervor, dass man sich zu einem früheren Zeitpunkt auf eine Gewinnaufteilung zu 60% für den Autor und 40% für den Verlag geeinigt hatte; Springer war hier also bereits über seine übliche Offerte einer 50%igen Gewinnbeteiligung hinausgegangen, vielleicht um der Besonderheit Rechnung zu tragen, dass Sauerbruch nicht als alleiniger Autor auftrat, sondern ein Autorenteam repräsentierte.[161]

Seitens Sauerbruch kumulieren nun zwei unterschiedliche Fehlannahmen zum eigentlichen Unverständnis: Erstens geht er bei aller Beteuerung, das „Buch lediglich im Interesse der Sache geschrieben zu haben", davon aus, dass ihm sämtliche Kosten, die die Erstellung eines druckfertigen Manuskriptes mit sich bringt, vom Verlag erstattet werden müssten. Dabei fällt es ihm schwer, zwischen solchen Kosten zu unterscheiden, die auf die eigentliche wissenschaftliche Arbeit zurückzuführen sind, und solchen, die unmittelbar mit der publizistischen Arbeit zusammenhängen.

Zweitens klingt in Sauerbruchs Äußerungen ein gewisses Unvermögen durch, die ökonomischen Parameter der Buchpublikation richtig zu beurteilen. Grundsätzlich mag ihm zwar klar gewesen sein, dass sich – zumindest bei einem erfolgreichen Buch – die Gewinnbeteiligung für den Autor mehr auszahlen kann als das fixe Bogenhonorar; doch nach dem mäßigen Erfolg des eigenen Buches erscheint ihm nun doch das Bogenhonorar handfester und vor allem leichter auf seine Mitarbeiter verteilbar.

Darüber hinaus ist bereits erkennbar, wie unberechenbar Sauerbruch für den Verlag in organisatorischen Belangen war. Nachdem er das Manuskript bereits für August angekündigt hatte, lag es Springer Ende des Jahres immer noch nicht vor. Stattdessen stellte er den vereinbarten Honorarmodus sowie die laufenden Projekte in Frage.

160　Sauerbruch an Springer, 2. Dezember 1917; Berlin, ZLB, SVA, B S 45 II.
161　Vgl. zur Honorierung im Springer-Verlag Sarkowski, Springer, S. 152–154 sowie Holl, Produktion und Distribution, S. 78.

In seinem Antwortbrief versuchte Springer ganz offen die beanstandeten Honorierungsmodalitäten zu erläutern und die weitere Zusammenarbeit mit Sauerbruch auf ein klares Fundament zu bringen. Zwar beteuerte er eingangs, er fühle sich durch Sauerbruchs Brief keineswegs beleidigt, doch klingt seine Missstimmung unüberhörbar durch:

> Nur muss ich sagen, dass es auch mir peinlich ist zu sehen, wie wenig es mir in den fast 10 Jahren unserer Beziehungen gelungen ist, das Verhältnis zwischen Autor und Verleger zu einem auf beiden Seiten unerschütterlich vertrauensvollen zu machen. Ich bedaure lebhaft, dass Sie auch nur einen Augenblick der Auffassung sein konnten, ich werte Ihre Autorenschaft gering und ich schlüge Ihnen Bedingungen vor, die Ihr Interesse nicht wahrnehmen. Das gerade Gegenteil ist der Fall: ich habe es mir bei meiner ganzen verlegerischen Tätigkeit absolut zum Grundsatz gemacht, keine Verträge abzuschliessen, auch mit dem jüngsten Anfänger nicht, die einseitig die Verlegerinteressen berücksichtigen. Wie sollte ich da einem meiner allergeschätztesten Autoren gegenüber anders verfahren!
>
> Ich kann mir nur denken, dass die irrtümliche Auffassung, die aus Ihrem Schreiben hervorgeht, Folge einer Unterhaltung mit Herrn Professor *Ruge* ist. Ich besinne mich deutlich, wie, als wir unseren ersten Vertrag abschlossen, der von Ihnen zugezogene Professor Ruge mir mit einem Misstrauen entgegenkam, das mir ungewohnt und peinlich war und das zu überwinden mir anfänglich schwer wurde. Herr Ruge hat mir dann später, nach Ueberwindung aller Schwierigkeiten, mitgeteilt, dass er in der Tat misstrauisch geworden sei, da er mit seinem eigenen Verleger schlechte Erfahrungen gemacht habe. Das scheint mir auch noch jetzt nachzuwirken.[162]

Auch in der folgenden Korrespondenz bemüht sich Springer immer wieder, Sauerbruchs Vertrauen in dem Maße zu gewinnen, wie er es aus seinem Selbstverständnis als Verleger zu verdienen meinte. Durch größtmögliche Transparenz in allen pekuniären Belangen sowie unbedingte Offenheit hinsichtlich seiner verlegerischen Prinzipien möchte Springer seine Ehrenhaftigkeit und Großzügigkeit als Kaufmann und Verleger beweisen.

Im weiteren Wortlaut des Briefes erläutert er Sauerbruch die verschiedenen Honorierungsmöglichkeiten und weist auf die jeweiligen Vor- und Nachteile für den Autor hin; kurz gefasst: mehr Sicherheit bei Bogenhonorar, dagegen mehr Risiko bei Gewinnbeteiligung, aber gleichzeitig besserer Verdienst bei Erfolg. Dann rechnet er Sauerbruch am Streitobjekt den Unterschied vor: Während das Bogenhonorar (bei 9 ganzen und 6/16 Bogen, mit M 120,- pro Bogen) nur M 1.125,- für den Autoren ergebe, komme Sauerbruch bei einer Beteiligung von 3/5 am Reingewinn – bei Verkauf der Gesamtauflage – auf M 4.230,-.

---

162   Springer an Sauerbruch, 11. Dezember 1917; Berlin, ZLB, SVA, B S 45a. (Hervorhebung im Original gesperrt). Georg Ruge publizierte vor allem bei Engelmann in Leipzig, der hier als Verleger gemeint sein könnte.

Es würde mir lieb sein, wenn Sie dieses Schreiben einmal einem Ihnen bekannten Herrn vorlegen würden, der in kaufmännischen Dingen etwas Erfahrung besitzt. Ich denke dabei zum Beispiel an Herrn Dr. *Haas* von der Elektrobank, der sein Buch unter gleichen Bedingungen bei mir verlegt hat.[163] Aber jeder Kaufmann wird in der Lage sein, die Angelegenheit zu beurteilen.

Immerhin ziehe ich aus der ganzen Angelegenheit die Lehre, wenigstens bei meinen medizinischen Autoren den Modus der Gewinnbeteiligung nicht mehr vorzuschlagen, sondern nur auf ihn einzugehen, wenn der betreffende Autor selbst den Vorschlag macht. Die Ingenieure, die ihre Bücher bei mir verlegen und die ja in ihrem Beruf viel mit kaufmännisch praktischen Dingen zu tun haben, wählen, wenn ich ihnen beides vorschlage, fast regelmässig die Gewinnbeteiligung.[164]

Des Weiteren schlägt Springer vor, bei der *Hand* von Gewinnbeteiligung auf Bogenhonorar umzuschwenken; sollte die gesamte Auflage verkauft werden, würde er noch einmal M 80,- pro Bogen zahlen. Ebenso könne man bei der *Thoraxchirurgie* verfahren, für die er M 150,- Bogenhonorar vorschlägt; bei Gesamtkosten von M 15.260,- und Einnahmen von bislang M 16.141,55 (aus dem Verkauf von 929 Exemplaren) läge der Gewinn derzeit noch unter M 900,-.

Am Ende des Briefes wies Springer mit gekränktem Stolz darauf hin, dass auch der Verleger bisweilen ideellen Beweggründen folge:

Mit dem Moment des Erscheinens der zweiten Auflage müssen natürlich die verbleibenden ca. 1000 Exemplare der ersten Auflage makuliert werden. Es ist mir eine gewisse Genugtuung, darauf hinweisen zu können, wie ausserordentlich bescheiden der Gewinn des Verlegers in diesem Falle ist, und wie er, um dem Autor die literarische Fortentwicklung seiner grundlegenden Arbeit zu ermöglichen, ohne mit der Wimper zu zucken die Hälfte der mit grosser Mühe und grossen Kosten hergestellten Auflage in der Versenkung verschwinden lässt.[165]

Zwar verkörperte das Haus Springer ein Verlagsunternehmen, das sich auf die ökonomischen Herausforderungen der Zeit erfolgreich einzustellen und seine Marktkompetenz lukrativ einzusetzen vermochte; dennoch verstand sich Ferdinand Springer in der Tradition der deutschen Wissenschaftsverleger stehend, die im 19. Jahrhundert auch Hüter und Vermittler bürgerlicher Werte waren. Sein ökonomisches Agieren unterstellte Springer einem ideellen Wert, in dem er

---

163   Gemeint ist Haas, Robert: Die Rückstellungen bei Elektrizitätswerken und Straßenbahnen. Ein Lehrbuch aus der Praxis für Betriebsverwaltungen, Ingenieure, Kaufleute und Studierende. Berlin: Springer 1916.

164   Springer an Sauerbruch, 11. Dezember 1917; Berlin, ZLB, SVA, B S 45a. (Hervorhebung im Original gesperrt)

165   Springer an Sauerbruch, 11. Dezember 1917; Berlin, ZLB, SVA, B S 45a.

es durch die Orientierung am wissenschaftlichen Ethos veredelte und damit auch legitimierte.[166]

Anfang des neuen Jahres war die Meinungsverschiedenheit beigelegt und Sauerbruch arbeitete mit Nachdruck an dem Manuskript für die Neuauflage der *Thoraxchirurgie*, welches er Springer im März ankündigte:

> Wir sind gerade damit beschäftigt noch eine Generaldurchsicht zu veranstalten um Ihnen dann das Manuskript zuzuschicken, bezw., zu bringen. Es wird notwendig sein, wie wir das damals schon besprochen, zunächst nur den Lungenband herauszubringen, weil die ganze intrathorakale Chirurgie zu lang wird. Das Manuskript umfasst etwa 1400 Schreibmaschinenseiten (Folio) nach meiner Schätzung also etwa 700 Druckseiten, ohne Bilder. Durch die Einfügung derselben in den Text, dürfte wohl die Zahl der Druckseiten auf 900 ansteigen.
>
> Nun habe ich eine grosse Bitte, dass Sie Ihrerseits alles tun, damit das Buch sobald als möglich herauskommt, vor allen Dingen deshalb, weil ich dem verstorbenen Kollegen v. Muralt gegenüber doch weitgehend verpflichtet bin, das sein Beitrag publiziert wird. Die Frau und Freunde des Verstorbenen drängen sehr, wenn sie auch den Kriegsverhältnissen Rechnung tragen.
>
> [...]
>
> Sehr schwer drückt mich auch der II. Band der künstlichen Hand, da ich aber nicht 2 Kinder von verschiedenen Vätern auf einmal gebären kann, müssen Sie mir noch etwas Zeit lassen. So wie ich die Situation übersehe, ist ja die Tragzeit etwas kürzer als bei der Lungenchirurgie. Vielleicht drücke ich mich 14 Tage hier vom Betrieb und finde an einem ruhigen Platze die Musse, auch dieses Kind noch in die Welt zu setzen bevor der Sommer kommt.[167]

Sauerbruchs fast naive Zuversicht, beide großen Projekte noch im selben Jahr abschließen zu können, veranlasste Springer aufgrund seiner Erfahrungen mit Sauerbruch zu einer hoffentlich vorbeugenden Ermahnung seines Autors:

> Nur um eines möchte ich von vornherein bitten, auch mit Rücksicht auf die zur Zeit erschwerte Arbeit der Druckerei: Lässt es sich diesmal vermeiden, im fertigen Satz so erhebliche Aenderungen anzubringen, wie das früher der Fall gewesen ist? Sie haben sich zwar jedes Mal in liebenswürdiger Weise bereit erklärt, die über das normale Mass hinausgehenden Korrekturen aus eigener Tasche zu bezahlen, doch habe ich grundsätzlich hiervon niemals Gebrauch gemacht, weil mir das widerstrebt. Ich hoffe also, Sie werden diesmal mit den normalen Korrekturen auskommen.[168]

---

166 Vgl. zu Springers Selbstverständnis als Verleger Remmert/Schneider, Eine Disziplin und ihre Verleger, S. 128 und 305.

167 Sauerbruch an Springer, 7. März 1918; Berlin, ZLB, SVA, B S 45 II.

168 Springer an Sauerbruch, 15. März 1918; Berlin, ZLB, SVA, B S 45 II.

Bemerkenswert ist Sauerbruchs wohl früher erklärte Bereitschaft, für die zusätzlichen Korrekturkosten selbst aufzukommen, da genau dieser Vorschlag in der späteren Krise von Springer wieder aufgegriffen wird. Noch aber schien die Drucklegung des ersten Bandes in greifbarer Nähe und so ließ sich Springer von Sauerbruchs Zuversicht anstecken:

> Ich beginne sogleich mit der Drucklegung des I. Bandes der neuen Auflage Ihrer „Thoraxchirurgie" und fördere sie so schnell, wie das die Verhältnisse irgend gestatten. Der baldigen Zusendung des vollständigen Manuskriptes sehe ich entgegen. Die Abbildungen sind vollzählig in meinen Händen.[169]

Verleger und Autor sind sich einig, dass der neue Band reich bebildert sein soll und dafür gegebenenfalls auch einen höheren Ladenpreis in Kauf zu nehmen. Sauerbruch beauftragt seinen Assistenzarzt Bösch[170], „in allen die Drucklegung der zweiten Auflage der Sauerbruch'schen „Thoraxchirurgie" und insbesondere in allen das umfangreiche Abbildungsmaterial betreffenden Fragen den Briefwechsel mit [Springer] zu führen."[171] Einen guten Monat später meldete Sauerbruch:

> Der erste Band des Thoraxbuches ist also definitiv fertig. Sie erhalten hier ein Manuskript von 1500 Seiten, wohlgeordnet, durchgearbeitet und korrigiert. Tun Sie jetzt das Ihre mit der Drucklegung, damit es möglichst bald erscheint. Ich verstehe, dass es unter den jetzigen Kriegsverhältnissen Schwierigkeiten haben wird. Ich weiss aber auch, dass Sie alles daran setzen werden, dass das Buch herauskommt.[172]

Auch Springer lag die baldige Drucklegung am Herzen, und um dies zu realisieren, nutzte er auch den Einfluss seines Autors:

> Die Drucklegung wird sich, wenn nicht ausserhalb meiner Macht liegende Umstände eintreten, denke ich, glatt vollziehen. Schwierig hingegen wird die Beschaffung eines wirklich guten Papiers sein. Ich werde hier vielleicht Ihre Mitwirkung in Anspruch nehmen müssen: Der Weg zur Erreichung dieses Zieles führt über Exzellenz *v. Schjerning*, der die Schwierigkeiten durch Ausfüllung eines „Heeresscheines" beheben kann.[173]

---

169 Springer an Sauerbruch, 5. April 1918; Berlin, ZLB, SVA, B S 45a.
170 Über Friedel (Friedrich?) Bösch war leider nichts Näheres herauszufinden.
171 Springer an Bösch, 16. April 1918; Berlin, ZLB, SVA, B S 45 II.
172 Sauerbruch an Springer, 20. Mai 1918; Berlin, ZLB, SVA, B S 45 II.
173 Springer an Sauerbruch, 23. Mai 1918; Berlin, ZLB, SVA, B S 45 II. (Hervorhebung im Original gesperrt). Was genau Springer mit dem „Heeresschein" meinte, konnte nicht herausgefunden werden. Scheinbar handelte es sich hierbei um ein Formular oder Schriftstück, das zur Einfuhr von Papier benötigt wurde oder diese erleichterte. Sauerbruchs Oberarzt Georg Schmidt war während des Ersten Weltkriegs Oberstabsarzt und Adjutant Otto von Schjernings, der Chef des deutschen Feldsanitätswesens war. Diesem oblag die personelle

Der Krieg beeinträchtigte das Projekt auch personell, da Dr. Bösch zum Militärdienst eingezogen wurde, wodurch er für die Korrekturarbeiten ausfiel. Nun wollte Sauerbruch „alles daransetzen, dass [er] selbst die Korrekturen lese"[174]. Springer regte dagegen an, ob nicht Stierlin[175] die Korrekturarbeit übernehmen könne, um Sauerbruch zu entlasten. Hinter diesem frommen Wunsch stand wohl viel eher die Befürchtung, Sauerbruch werde es mit den Korrekturen erneut übertreiben. Obwohl Bösch ab dem 1. August wieder für das Buchprojekt zur Verfügung stand,[176] hielt dies Sauerbruch nicht davon ab, bei den Korrekturen selbst eifrig Hand anzulegen.

Neben diesen organisatorischen Dingen galt es noch die Honorarfrage zu klären; nach einem persönlichen Treffen am 6. Juli 1918 unterbreitete Springer Sauerbruch folgenden Vorschlag:

> Sodann zur Sache: Ich möchte zunächst betonen, dass ich bereit bin, den mir geäusserten Wünschen voll zu entsprechen. Ich bitte aber von vorneherein darauf vorbereitet zu sein, dass das Buch ganz unverhältnismässig teuer wird. Ich schätze seinen Umfang heute auf 40 bis 50 Bogen und vermute, dass ein Preis von mindestens M 100.- herauskommen wird, wenn die mir geäusserten Wünsche erfüllt werden. Es würden dann die Unkosten für Anfertigung des Manuskriptes und der Vorlagen einschliesslich Honorar rund M 2000.- betragen haben. Ich wiederhole, dass ich bereit bin, dieser Forderung zu entsprechen. Ich weiss dabei allerdings, dass ich mich erneut dem Vorwurfe aussetze, der teuerste Verleger zu sein. Es handelt sich jedoch schliesslich hier um ein Buch, das nicht der Studierende, sondern nur der Spezialarzt kauft, und dieser wird sich, wenn auch murrend, in den hohen Preis fügen müssen. Ich erkenne es durchaus als gerechtfertigt an, dass eine angemessene Entlohnung der grossen geleisteten Arbeit folgen muss.[177]

---

und materielle Organisation und Koordination der medizinischen Versorgung des mobilen Heeres. Schjerning war Mitglied der Obersten Heeresleitung und stand in engem Kontakt zu Kaiser Wilhelm II. Nicht zuletzt über Schmidt kannte Sauerbruch also den einflussreichen Feldsanitätschef Schjerning, der einen „Heeresschein" offenbar ausstellen oder besorgen konnte. Vgl. Nissen, Erinnerungen eines Chirurgen, S. 69 und Joppich, Robin: Otto von Schjerning (4.10.1853–28.06.1921). Wissenschaftler, Generalstabsarzt der preußischen Armee und Chef des deutschen Feldsanitätswesens im Ersten Weltkrieg. Unveröffentlichte Dissertation, Universität Heidelberg, 1997.

174 Sauerbruch an Springer, 26. Juni 1918; Berlin, ZLB, SVA, B S 45 II.

175 Eduard Stierlin (1878–1919) schloss das Medizinstudium 1909 mit Promotion ab. Er arbeitete bereits seit 1908 an der Chirurgischen Klinik in Basel und wechselte 1915 an Sauerbruchs Privatklinik in Zürich. 1916 habilitierte sich Stierlin, 1918 folgte er Sauerbruch als Oberarzt nach München, wo er Professor wurde. Vgl. Biographisches Lexikon hervorragender Ärzte, 1933, S. 1513.

176 Vgl. Aktennotiz zu einem Treffen am 6. Juli 1918; Berlin, ZLB, SVA, B S 45 II.

177 Springer an Sauerbruch, 2. August 1918; Berlin, ZLB, SVA, B S 45 II. Der Brief ist in voller Länge im Anhang wiedergegeben. Siehe Anhang 6a.

Seiner grundsätzlichen Zustimmung fügte er zwei Bedingungen hinzu: Erstens möge Sauerbruch für die Entschädigung der Bilder eine fixe Summe festsetzen und zweitens bittet er, alle Beträge in deutscher Währung zahlen zu dürfen, beides um die Abrechnung möglichst einfach zu gestalten.

> Nun zur Frage des Vertrages: Gern bin ich bereit, mich mit Ihnen über einen neuen Vertrag zu verständigen, der an die Stelle des jetzt geltenden zu treten hätte. Ich möchte Ihnen jedoch raten, dass dieser Vertrag nur zwischen Ihnen und mir abgeschlossen wird, und dass Sie mit Ihren Mitarbeitern Ihrerseits Vereinbarungen treffen. Sie müssen unbedingt der alleinige Herr Ihres Buches bleiben. Schliessen wir aber den Verlagsvertrag mit den anderen Herren gemeinsam, so sind alle möglichen Weiterungen denkbar. Stirbt z. B. einer der Mitarbeiter, so haben wir uns mit seinem Erben auseinanderzusetzen, und es besteht unter Umständen die Möglichkeit, dass, falls eine Verständigung nicht erzielt wird, neue Auflagen des Buches überhaupt nicht veranstaltet werden können. [178]

Sauerbruch solle jedem Beiträger M 200,- pro Druckbogen und 25 Sonderdrucke seines Beitrags zusagen. Ebenso sollten beigesteuerte Abbildungen vergütet werden. Es lag Springer aber viel daran, die Rechtslage für etwaige Neuauflagen so einfach wie möglich zu halten. Zum Schluss wollte er noch die Eigentumsrechte an den Diapositiven klären:

> Wenn ich die gesamten Kosten der Herstellung der Diapositive trage, so gehen diese Diapositive natürlich damit in mein Eigentum über. Vielleicht hätte aber die Münchener Klinik ein Interesse daran, die Diapositive von mir zu erwerben. Das würde natürlich dem Preis des Buches zugute kommen. Ebenso steht es mit den Vorlagen, deren Kosten ich getragen habe. [179]

Sauerbruch erklärte sich mit allen Punkten einverstanden und versuchte Springers Befürchtungen hinsichtlich des Ladenpreises abzumildern: „Der Vorwurf, dass Sie der teuerste Verleger sind, dürfte compensiert werden durch die Anerkennung, dass Sie der erfolgreichste und tüchtigste Verleger sind."[180] Im Gegensatz zur Konkurrenz versuchte Springer weder während des Krieges noch später in der Inflation, den sinkenden Absatz durch niedrige Ladenpreise aufzufangen. Unterstützt wurde diese Preispolitik von einem energischen Marktauftreten, in dem Springer sich von der schlechten wirtschaftlichen Lage nicht beirren ließ, sowie dem insgesamt recht gesund positionierten Unternehmen,

---

178   Springer an Sauerbruch, 2. August 1918; Berlin, ZLB, SVA, B S 45 II. Siehe Anhang 6a.
179   Springer an Sauerbruch, 2. August 1918; Berlin, ZLB, SVA, B S 45 II. Siehe Anhang 6a.
180   Sauerbruch an Springer, 5. August 1918; Berlin, ZLB, SVA, B S 45 II.

das einen Großteil seines Umsatzes im Ausland machte.[181] Bis 1920 steigerte Springer seine Buchpreise gegenüber 1913 um fast 470% und deutlich stärker als seine Konkurrenten (G. Fischer, Jena: 192%; Barth, Leipzig: 344%; Enke, Stuttgart: 266%; Hirzel, Leipzig: 226%; Breitkopf & Härtel, Leipzig: 239%; Lehmann, München: 208%).[182] In diesem Zusammenhang schlugen die gut ausgestatteten Medizintitel deutlich zu Buche.[183] 1920 manifestierte sich Springers Ruf als ‚teuerster Verleger' in einem durchschnittlichen Ladenpreis von M 44,64, mit dem er deutlich an der Spitze lag.[184]

Inzwischen war der Koautor der *Thoraxchirurgie*, Schumacher, gestorben. Sauerbruch hatte sich deshalb beim Verleger nach dem Verkauf der ersten Auflage erkundigt, was Springer zunächst falsch verstand: Man habe bislang nur 937 der 2.000 gedruckten Exemplare verkauft. Bei Neuauflage sei der Rest zu makulieren.

> Der materielle Erfolg ist also ein wesentlich geringerer, als wenn das aufgewandte Kapital in mündelsicheren Papieren angelegt worden wäre. Es hätte dann in den sieben Jahren seit Erscheinen etwa M 6000.- Zinsen gebracht. Ich schreibe Ihnen das nur, um Ihnen einen Einblick zu geben, der Ihnen zeigt, dass die materielle Seite, auch der hervorragendsten wissenschaftlichen Bücher häufig anders aussieht, als das manchmal dem Aussenstehenden erscheint! Trotzdem bin ich mit Stolz und Freude Verleger dieses Buches.[185]

Sauerbruch klärte das Missverständnis sogleich auf:

> Was nun unsere Abrechnung mit dem Thoraxbuch (1. Auflage) angeht, so scheinen Sie meinen letzten Brief missverstanden zu haben. Es handelt sich darum den Angehörigen des verstorbenen Professor Schumacher klar mitteilen zu können, ob irgend welche finanziellen Ergebnisse ihnen noch zufallen oder nicht. Wenn das nicht der Fall ist, so sollte doch für die Schumacher'schen Angehörigen in der 1. Auflage, die der 2. zu Gute kommt, noch eine Summe eingestellt werden, die man

---

181 Vgl. Grieser, Thorsten: Buchhandel und Verlag in der Inflation. IN: Archiv für Geschichte des Buchwesens 51/1999, S. 1–188; (im Folgenden: Grieser, Buchhandel und Verlag), hier S. 160–162.

182 Vgl. die Auswertung bei Grieser, Buchhandel und Verlag, S. 174–176.

183 Vgl. hierzu auch Remmert/Schneider, Eine Disziplin und ihre Verleger, S. 165–166.

184 Vgl. Grieser, Buchhandel und Verlag, S. 174. Ende der 1920er Jahre wurden die hohen Preise deutscher Wissenschaftsbücher auch im Ausland kritisiert; vor allem Springers Bücher gaben hierzu Anlass. Springer nahm zu den Vorwürfen 1928 Stellung: Springer, Ferdinand: Die Preise der deutschen wissenschaftlichen Zeitschriften und das Ausland. Nach einem am 9. November 1928 vor der Arbeitsgemeinschaft wissenschaftlicher Verleger gehaltenen Referat. Mit einem Anhang: Beiträge zur Psychologie des In- und Auslandes. Als Manuskript gedruckt. 1928.

185 Springer an Sauerbruch, 2. August 1918; Berlin, ZLB, SVA, B S 45 II. Siehe Anhang 6a.

ihnen auszahlt. Nach meinem Gerechtigkeitsgefühl ist das notwendig. Ich würde Ihnen dankbar sein, wenn Sie mir darüber Vorschläge machen würden.[186]

Springer berief sich zur Klärung der Frage auf die vertraglichen Abmachungen. Demnach wäre bei 1.600 verkauften Exemplaren ein Nachhonorar von M 2.500,- fällig gewesen; dies sei nun aber hinfällig, da ja die zweite Auflage die erste verdrängen werde.

> Sie fragen mich nun nach meiner Meinung über etwaige Verpflichtungen den Angehörigen des verstorbenen Herrn Dr. Schumacher gegenüber. Ich sage Ihnen ganz offen, dass nach meiner Empfindung gewiss moralische Verpflichtungen insofern bestehen, als Teile der Arbeit an der ersten Auflage der zweiten Auflage zugute kommen. Ich meine aber eigentlich, dass diese Verpflichtungen von Ihnen selbst, nicht vom Verleger getragen werden müssen, denn Ihnen kommt ja bei der zweiten Auflage die von Schumacher geleistete Vorarbeit zugute, während der Verleger jede Auflage in entsprechender Weise zu honorieren hat, ohne deren Entstehungsgeschichte im einzelnen zu kennen oder einen Einfluss auf sie auszuüben. Ich bitte Sie freundlichst, mir mit der gleichen Offenheit zu sagen, ob Sie nach nochmaliger Ueberlegung meinen Standpunkt anerkennen können oder nicht.[187]

Anbei sandte Springer den Vertragsentwurf, der dem zuvor Vereinbartem im Wesentlichen entsprach: Der Verlag sollte für alle Herstellungskosten aufkommen, Sauerbruch erhielt ein Bogenhonorar von M 200,- und sollte mit seinen Mitarbeitern gesonderte Abmachungen treffen.

4.2.2   Krisenherde werden sichtbar

Im November 1918 erkundigte sich Sauerbruch, wie es denn mit dem Druck des ersten Bandes liefe, da doch die Arbeit – zumindest seinerseits – im Wesentlichen erledigt sei; mit der nächsten Fahnenkorrektur lieferte er allerdings nochmals neue Bilder nach und war sich den damit einhergehenden Unannehmlichkeiten wohl bewusst:

> Schimpfen Sie nicht gleich, dass der Sauerbruch nun schon wieder mit neuen Bildern kommt. – Es ist mir selbst peinlich, dass ich Sie immer noch einmal mit neuen Bildern drängen muß. Ich fürchte, solange das Buch nicht im definitiven Satz ist, werde ich die Versuchung auch nicht los.[188]

Mittlerweile bangten alle Beteiligten um das „Sorgenkind", wie Sauerbruchs Lungenbuch inzwischen von seiner Sekretärin, Frl. Leske, genannt wurde:

---

186   Sauerbruch an Springer, 5. August 1918; Berlin, ZLB, SVA, B S 45 II.
187   Springer an Sauerbruch, 8. August 1918; Berlin, ZLB, SVA, B S 45 II.
188   Sauerbruch an Springer, 2. März 1919; Berlin, ZLB, SVA, B S 45 II.

„Hoffentlich erleben alle Beteiligten gesund das Erscheinen des Lungenbuches im Herbst – Sie wissen ja, wie viele Opfer es schon gekostet hat!"[189] Der Verleger bangte unter anderem um den noch nicht unterzeichneten Vertrag, der Sauerbruch am 5. Juli zugeschickt worden war. Es stellte sich heraus, dass der Brief im Sauerbruchschen Bürobetrieb in Vergessenheit geraten war, wofür sich Frl. Leske im August nochmals bei Fischer[190] entschuldigte. Manchmal verlasse sie ihr Ordnungssinn

und mein Einfluss [auf Sauerbruch; EF] versagt meistens vollständig. Das werden Ihnen die Revisionsbogen beweisen!! (Diese Mitteilung aber nur ganz streng vertraulich *Ihnen* gegenüber). Ich habe mich in den ersten Tagen dieser erneuten Korrektur direkt gesträubt und mich immer wieder auf Ihre Ermahnungen gestützt. Aber was half mir alles Zaudern? Ich musste. Also, *Sie* sind nun schon etwas darauf vorbereitet wenn die Bogen eintreffen. Ob Herr Springer das so friedlich hinnimmt, weiss ich nicht.[191]

Gut einen Monat später waren nach Sauerbruchs Meinung alle notwendigen Korrekturen erledigt:

Die grosse Arbeit, die mir die erste Hälfte meiner Ferien stark versalzen hat, ist getan. Das Manuskript ist gründlich durchgelesen und die notwendigen Aenderungen sind eingefügt. Ich hoffe, Sie werden mit unserem „Masshalten"! zufrieden sein. Was geändert wurde, war dringend notwendig. Mir ist es eine gewisse Beruhigung dass ein Teil der Aenderungen sich dadurch erklärt, dass der Setzer Konfusion gemacht hat und ganze Abschnitte an Stellen unterbrachte, wo sie nicht hingehörten. Wenn jetzt diese Veränderungen berücksichtigt sind, so dürfte die Arbeit druckfertig sein. Es wäre mir aber eine grosse Beruhigung, wenn ich doch nochmals Revisionsbogen bekäme – nicht etwa um weiter zu korrigieren – darauf zu verzichten verspreche ich Ihnen feierlichst! Sondern um mich nur davon zu überzeugen, dass es auch klappt.[192]

Nach Erhalt der Korrekturen zeigte sich auch Springer erleichtert und zuversichtlich. Tatsächlich waren diese moderat ausgefallen und die gewünschten Änderungen ohne große Schwierigkeiten umzusetzen. Schon sah sich Springer als stolzer Verleger des großen Werkes und dankte Sauerbruch für die gute Zusammenarbeit.[193]

---

189 Leske an Fischer, 11. Juli 1919; Berlin, ZLB, SVA, B S 45 II.
190 Franz Fischer (1878–1926) war seit 1913 Leiter der Herstellungsabteilung im Springer-Verlag und über diese Funktion hinaus im besonderen Maße für die Produktion der Sauerbruch-Bücher tätig. Vgl. Sarkowski, Springer, S. 316 und die dazugehörige Anm. 64, S. 398.
191 Leske an Fischer, 29. August 1919; Berlin, ZLB, SVA, B S 45 II. (Hervorhebungen im Original unterstrichen)
192 Sauerbruch an Springer, 10. September 1919; Berlin, ZLB, SVA, B S 45 II.
193 Vgl. Springer an Sauerbruch, 2. Oktober 1919; Berlin, ZLB, SVA, B S 45 II.

Obwohl Sauerbruch mit Nachdruck am Vorwort, den Abbildungen und Nachkorrekturen feilte, zogen sich die Arbeiten noch bis ins nächste Jahr hinein.[194] Im Mai endlich schwenkte das Bangen in Vorfreude um,[195] und Anfang Mai traf das erste fertige Exemplar bei Sauerbruch ein, wofür er sich sogleich bedankte:

> Dass dieser Dank sich auch auf die ganze Durchführung der gemeinsamen Arbeit, auf Ihr grosses Interesse für mein Gebiet und vor allem Dingen auch auf die ganze Sorgfalt der Ausführung und Ausgestaltung des Werkes bezieht, das habe ich Ihnen ja schon einmal gesagt und werde es Ihnen wohl auch noch einmal sagen.[196]

Nach der schwierigen Geburt des ‚Sorgenkindes' schmiedeten Autor und Verleger sehr bald frohen Mutes neue Pläne; und so kamen in der fortlaufenden Korrespondenz verschiedene Projekte zur Sprache. Zunächst äußerte Sauerbruch Bedenken, dass das jüngst erschienene Werk von Franz Rost[197] seine Pläne, ein Buch über allgemeine Chirurgie zu verfassen, hinfällig mache. Springer ermutigte ihn jedoch in eigenem Interesse:

> Von dem Erscheinen des *Rost*schen Buches hatte ich bereits Kenntnis genommen. Ich bin jedoch nicht der Ansicht, dass es Ihre „Allgemeine Chirurgie" überflüssig macht; Ihr Buch wird immer den Reiz des Subjektiven haben, während das Rostsche Buch doch immerhin eine fleissige Zusammenstellung ist. Ich bitte Sie daher, den alten Plan nicht aufzugeben. Wie steht es mit den „Klinischen Vorlesungen"?[198]

Seit Längerem schon bemühte sich Springer um die Herausgabe von Sauerbruchs berühmten Vorlesungen über allgemeine Chirurgie, die in Zürich und München eine Institution gewesen waren und Hörer über das medizinische Fachpublikum hinaus gefunden hatten. Sauerbruch hatte die wöchentliche Vorlesung genutzt, um seine „chirurgische Weltanschauung"[199] zu verbreiten. In Berlin führte er diese Tradition vermutlich aus Zeitmangel nicht fort.[200]
Die Vorlesungen lagen im Stenogramm vor, und Springer hoffte wohl auf ein schnell und leicht realisierbares Projekt, das bei den Studenten regen Absatz

---

194 Leske an Fischer, 2. April 1920; Berlin, ZLB, SVA, B S 45 II: „Wenn bloss unser Thoraxbuch bald zur Welt kommen könnte. Ehe das nicht heraus ist, bringe ich den Chef zu keiner anderen Arbeit und die ist doch sehr dringend."

195 Leske an Fischer, 4. Mai 1920; Berlin, ZLB, SVA, B S 45 II.

196 Sauerbruch an Springer, 5. Mai 1920; Berlin, ZLB, SVA, B S 45a.

197 Gemeint ist Rost, Franz: Pathologische Physiologie des Chirurgen: experimentelle Chirurgie. Ein Lehrbuch für Studierende und Ärzte. Leipzig: F.C.W. Vogel 1920.

198 Springer an Sauerbruch, 15. Juli 1920; Berlin, ZLB, SVA, B S 45 II. (Hervorhebung im Original gesperrt)

199 Nissen, Erinnerungen eines Chirurgen, S. 116.

200 Vgl. ebd. und 147.

finden würde und endlich mal ein wirklich lukratives Sauerbruch-Buch sein könnte. Um die Manuskripterstellung zu beschleunigen, bot er Sauerbruch sogar die Hilfe seines Verlagsprokuristen und Herstellungsleiters Fischer an.[201]

Gegen Ende des Jahres beauftragte Sauerbruch seinen Oberarzt Georg Schmidt damit,[202] sich um das Vorlesungs-Manuskript zu kümmern. In diesem Sinne schrieb Springer an Schmidt, der mit M 1.000,- dafür honoriert werden sollte, dass er die stenografischen Manuskripte der *Chirurgischen Klinik* und der *Allgemeinen Chirurgie* zur Druckreife brachte.[203] Darüber hinaus wusste Springer den neuen Kontakt für die Zeitschriften seines Verlages zu nutzen:

> Endlich noch folgende Bitte: Wie Sie wohl wissen, ist Herr Geheimrat Sauerbruch Mitherausgeber meiner „Zeitschrift für die gesamte experimentelle Medizin". Ich möchte daher sehr bitten, dass die Arbeiten der Ihnen unterstehenden experimentellen Abteilung der Klinik so weit wie möglich meiner Zeitschrift zur Veröffentlichung übergeben werden. Für die „Deutsche Zeitschrift für Chirurgie" bleibt ja noch genügend klinisches Material übrig.[204]

Der Einfluss seines Starautors kam Springer immer wieder zugute. Anfang der 1920er Jahre waren seine Beziehungen zur *Deutschen Gesellschaft für Chirurgie* noch nicht so eng und als Nichtmediziner brauchte er eine Erlaubnis des Gesellschafts-Vorstandes, um am Chirurgenkongress teilnehmen zu dürfen. Er bat Sauerbruch, sich diesbezüglich für ihn einzusetzen,[205] und erhielt eine Gastkarte schließlich von Schmidt.[206] Man kann also davon ausgehen, dass sein Autor Sauerbruch für Springer ein einflussreicher Türöffner zur *Gesellschaft der Chirurgen* war, die in den folgenden Jahren zur wichtigsten Basis des Verlags bei der Erschließung des chirurgischen Buchmarkts wurde. Die Bande festigten sich spätestens 1922, als Springer die *Verhandlungen der Deutschen Gesellschaft für Chirurgie* von A. Hirschwald übernahm.[207]

Inzwischen war der Einfluss Sauerbruchs auf den Verlag ebenfalls gestiegen. Fünf Jahre nach dem Tod ihres Mannes äußerte die Witwe von Muralts den Wunsch, der Beitrag ihres Mannes am Sauerbruchschen Buch als Sonderdruck herauszubringen.[208] Gleichzeitig bot sich Ranke als Herausgeber an.[209] Zwar sagte Springer Frau von Muralt grundsätzlich zu und stellte ihr wie üblich eine 50%ige Gewinnbeteiligung sowie 10% vom Ladenpreises jedes verkauften

---

201 Vgl. Springer an Sauerbruch, 28. Juli 1920; Berlin, ZLB, SVA, B S 45 II.
202 Vgl. Nissen, Erinnerungen eines Chirurgen, S. 69.
203 Vgl. Springer an Schmidt, 18. November 1920; Berlin, ZLB, SVA, B S 45 II.
204 Springer an Schmidt, 18. November 1920; Berlin, ZLB, SVA, B S 45 II.
205 Vgl. Springer an Sauerbruch, 15. März 1921; Berlin, ZLB, SVA, B S 45 II.
206 Vgl. Springer an Schmidt, 18. März 1921; Berlin, ZLB, SVA, B S 45 II.
207 Vgl. Sarkowski, Springer, S. 279.
208 Vgl. Fr. von Muralt an Springer, 11. April 1921; Berlin, ZLB, SVA, B S 45 II.
209 Vgl. Ranke an Springer, 15. April 1921; Berlin, ZLB, SVA, B S 45 II.

Exemplars zur Wahl, doch legte er auf Sauerbruchs Zustimmung großen Wert: „Halten Sie es für zweckmässig, dass ich ihn [i. e. Ranke; EF] bitte, die Arbeit vor der nochmaligen Publikation durchzusehen und zu ergänzen? Ehe ich ihm antworte, möchte ich Ihre Meinung hierüber kennen."[210]

Im Folgenden verzögert Sauerbruch eine definitive Aussage zur ‚Angelegenheit von Muralt' in auffallender Weise, sodass der ursprünglich anberaumte Termin für das Erscheinen des Sonderdrucks, nämlich Anfang 1922, immer unwahrscheinlicher wurde. Seinem Unmut machte er schließlich in einem Brief vom 7. November Luft, indem er sich endlich äußerte zur

> Angelegenheit mit Frau v. Muralt. Diese Frau fällt einem allmählich auf die Nerven. Wir haben ihr damals zugesagt, dass der Beitrag ihres Mannes separat erscheinen kann und wir müssen das auch halten. Auf der anderen Seite aber müssen wir daraufbestehen [sic!], dass dieses Buch gekennzeichnet wird als Teil unseres gesamten Lungenbuches. Es wird dann wahrscheinlich für einen grossen Teil Interner, die jetzt den Pneumothoraxabschnitt separat kaufen können, das grosse Buch nicht mehr in Frage kommen, aber das ist ja gleichgiltig [sic!].[211]

Aus einem späteren Brief wird deutlich, dass Sauerbruch bei seiner ablehnenden Haltung nicht nur die Interessen seines eigenen Werks im Sinn hatte, sondern auch persönliche Ressentiments gegenüber Frau von Muralt hegte. Vor allem befürchtete er, die Witwe werde den umgearbeiteten Beitrag ihres verstorbenen Mannes später nicht für eine zweite Auflage des Buches zur Verfügung stellen.[212] Um die Angelegenheit zu einem für alle Seiten befriedigendem Abschluss zu bringen, machte Springer folgenden Vorschlag, der im Wesentlichen dann auch so realisiert wurde:

> Wenn Sie der Meinung sind, es wäre sachlich eigentlich geboten, die Pneumothoraxarbeit auf den heutigen Stand zu bringen, so würde ich doch im Interesse des Erfolges der Sonderausgabe unbedingt dazu raten müssen. Ich würde dann vorschlagen, die Sonderausgabe davon abhängig zu machen, dass
> 1. eine zeitgemässe Bearbeitung erfolgt – darf ich fragen, ob Professor Ranke eine solche vornehmen soll? – und
> 2. dass Frau von Muralt sich verpflichtet, ihre Zustimmung zu geben, dass das Kapitel auch für etwaige weitere Auflagen Ihres grossen Buches zur Verfügung gestellt wird.[213]

Parallel dazu führten Sauerbruch und Springer eine grundsätzliche Diskussion über die Honorierung wissenschaftlicher Autoren, die Ende des Jahres 1920

---

210 Springer an Sauerbruch, 12. Mai 1921; Berlin, ZLB, SVA, B S 45 II.
211 Sauerbruch an Springer, 7. November 1921; Berlin, ZLB, SVA, B S 45 II.
212 Vgl. Sauerbruch an Springer, 21. November 1921; Berlin, ZLB, SVA, B S 45 II.
213 Springer an Sauerbruch, 23. November 1921; Berlin, ZLB, SVA, B S 45 II.

durch Sauerbruchs Klage über die hohen Preise deutscher Bücher im Ausland eingeleitet worden war.[214] Hintergrund hierbei war die Branchenpolitik, mit der man den in der Folge des Ersten Weltkriegs eingebrochenen deutschen Buchexport begegnen wollte. Vor allem die Wissenschaftsverlage waren hiervon betroffen. Hatte der Anteil deutschsprachiger Bücher an der internationalem Wissenschaftsliteratur vor dem Krieg aufgrund der dominanten Stellung der deutschen Wissenschaft ca. 40% betragen, beklagten die deutschen Wissenschaftsverleger nach dem Krieg einen Rückgang ihrer Exporte um bis zu 50%.[215]

Die meisten Verleger reagierten in den ersten Nachkriegsjahren mit einer eher zurückhaltenden Preispolitik auf die einsetzende Inflation. Sie befürchteten, mit zu hohen Preisen den ohnehin sinkenden Absatz zusätzlich zu gefährden. Gleichzeitig fiel die Mark im Vergleich zu den stabilen Auslandwährungen auf ein Fünftel bis ein Zehntel ihres Vorkriegswertes. Das führte dazu, dass deutsche Verlagsprodukte im Ausland verhältnismäßig billig zu erwerben waren. Immer mehr befürchtete man einen „Ausverkauf der deutschen Bücher"[216]; 1920 trat die *Verkaufsordnung für Auslandlieferungen* in Kraft. Darin sah der Börsenverein zwei alternative Modalitäten für den Absatz im Ausland vor: eine Abrechnung in der Fremdwährung, was einen nachgelagerten Inflationsverlust hatte, da Deviseneinnahmen zu 40% in Reichsmark umgetauscht werden mussten, oder eine Rechnungsstellung mit einem Valuta-Aufschlag, der je nach Exportland zwischen 200 und 340% lag. Hinzu kamen die generellen Teuerungszuschläge auf den Inlandspreis. Während die Preise deutscher Wissenschaftsbücher somit an die ausländischen Verhältnisse angepasst waren, erschienen die Exportpreise gegenüber den Inlandspreisen durchschnittlich vierfach so hoch.

Springer stellte in seiner Antwort an Sauerbruch zunächst seine Meinung diesbezüglich offen dar:

> Ich bin vom ersten Tage an ein absoluter Gegner der Valutazuschläge, zum mindesten in der festgesetzten Höhe, gewesen. Nach meiner Meinung haben wir eine glänzende Gelegenheit versäumt, dem deutschen wissenschaftlichen Buche eine bisher nicht gekannte Verbreitung im Ausland zu verschaffen und damit der deutschen Sache mehr zu dienen, als durch irgendeine andere mögliche Massnahme. Leider aber hat die Regierung im Verein mit in unserer buchhändlerischen Organisation einflussreichen Herren die entgegengesetzte Politik verfolgt. Es ist zuzugeben, dass für diese Politik nahe liegende Gründe angeführt werden können, ich halte aber trotzdem die getroffene Entscheidung für einen Mangel an Weitblick, der ja in unserer Wirtschaftspolitik immer wieder zum Ausdruck kommt. Alles, was ich jetzt tun kann, ist dahin zu wirken, dass die Aufschläge so viel und so rasch wie irgend möglich abgebaut werden. Dass das Auslandsgeschäft bereits ganz er-

---

214   Vgl. Sauerbruch an Springer, 21. Oktober 1920; Berlin, ZLB, SVA, B S 45 II.
215   Vgl. Grieser, Buchhandel und Verlag, S. 123.
216   Ebd., S. 124.

heblich zurückgegangen ist, kann ebenfalls keinem Zweifel unterliegen, und so ist, wie Sie ganz richtig annehmen, zu hoffen, dass auf die Dauer auch die Mehrzahl der Verleger und Buchhändler die Notwendigkeit des teilweisen oder völligen Abbaus einsehen wird.[217]

Aus Springers Kommentar geht hervor, dass er mit den Branchen-Regelungen des Auslandsgeschäftes nicht einverstanden war. Tatsächlich war sein Onkel Fritz Springer einer der wortführenden Gegner in der Diskussion, die die Exportregelungen begleitete.[218] Der Verlag Springer hatte sich von Anfang an sowohl hinsichtlich der Erhöhung der Inlandspreise als auch bei der Abwicklung seiner Auslandgeschäfte nicht wie das Gros seiner Konkurrenten verhalten. Da er schon seine Inlandspreise überdurchschnittlich stark erhöht hatte, war er weniger auf die hohen Valuta-Aufschläge angewiesen; im Gegenteil bewirkten die Valuta-Aufschläge eine übermäßige Verteuerung seiner ohnehin schon höherpreisigen Bücher. Stattdessen bevorzugte er die elegantere und für ihn günstigere Variante, Exportgeschäfte in ausländischen Devisen abzurechnen, vorzugsweise in Schweizer Franken oder Dollar. Lagerten die Einnahmen auf Auslandkonten, umging er sogar den 40%igen Zwangsumtausch, konnte aber bei Bedarf Devisen mit Inflationsgewinn in Mark tauschen.[219] Nach der Umstellung auf das Schlüsselzahlensystem behielt er einen Valutaaufschlag von 25% bei.[220] Das Auslandsgeschäft war ein starkes und stabiles Standbein des Springer-Unternehmens während der Wirtschaftskrise und in der Inflationszeit. Es erscheint verständlich, dass er sich hierin nicht Vorgaben aus der Branche unterordnen wollte und sich selbst als sachverständiger empfand.

Auf die hohen Auslandsbuchpreise kam Sauerbruch erst im August 1921 wieder zu sprechen:

> Es wird mir mitgeteilt, dass das Thoraxbuch erneut um 15% teurer geworden ist, wenigstens in der Lieferung für meine Herrn. Ausserdem ist erneut Klage darüber geführt worden, dass im Auslande das Buch so ausserordentlich teuer verkauft wird. Zunächst bedaure ich im Interesse der Verbreitung des Buches, diesen Aufschlag. Wenn die Herrn Verleger wissen würden, wie sehr dem Deutschen Ansehen durch diese übertriebenen Forderungen – sie sind übertrieben – geschadet

---

217 Springer an Sauerbruch, 23. Oktober 1920; Berlin, ZLB, SVA, B S 45 II.
218 Vgl. Grieser, Buchhandel und Verlag, S. 127–128. Fritz Springer gehörte zudem einer 1919 eingesetzten Kommission an, die die Position der Verleger im Börsenverein stärken wollte; in der weiteren Entwicklung trat der Verlegerverein 1922 aus dem Börsenverein aus, um seine Interessen von nun an selbständig vertreten zu können. Vgl. Titel, Volker: Vereine und Verbände. IN: Geschichte des deutschen Buchhandels im 19. und 20. Jahrhundert. Band 2: Die Weimarer Republik 1918–1933. Teil 1. Hrsg. von Ernst Fischer und Stephan Füssel. München: K. G. Saur 2007, S. 223–264, hier S. 241.
219 Vgl. Holl, Produktion und Distribution, S. 123.
220 Vgl. Sarkowski, Springer, S. 238–239 und Grieser, Buchhandel und Verlag, S. 160–162.

wird, so würde es wohl geändert werden. Sie haben mir zwar vor einiger Zeit aus-einander gesetzt, dass nicht die Verleger, sondern die Buchhändler diese hohen Preise fordern. Aber es sollte doch den Verlegern möglich sein, hier einen Druck auszuüben und diese übertriebenen Forderungen zu mässigen. Nun haben aber diese Mehrforderungen noch eine andere, eine juristische Seite. Ich bin damit be-traut worden, das Verhältnis der Autoren gegenüber den Verlegern in dieser wich-tigen Frage mitzuregelen [sic!]. Sie wissen ja, dass Bestrebungen im Gange sind, um einen grundsätzlichen Einfluss der Autoren auf den Preis zu gewinnen; es ist doch nicht zu verstehen, dass die Bücher im Auslande so ausserordentlich teuer verkauft werden, dass erneut Aufpreise im Inlande, entstehen und nur der Autor von allem diesen, sehr beträchtlichen Mehreinnahmen nichts erhält. Ich schreibe Ihnen das nicht in meiner Eigenschaft als Autor des Thoraxbuches, sondern nur als Vertreter der Aerztlichen Wissenschaft, einem Verleger gegenüber. Wir Autoren müssen uns mit Nachdruck gegen die immer geringere Einschätzung unserer Arbeit wehren und trotz unserer freundschaftlichen Beziehungen, müsste ich das auch Ihnen ge-genüber im Interesse der Sache tun, gerade für die Klärung dieser ausserordentlich schwierigen Frage, die nächstens in breiter Öffentlichkeit besprochen werden soll, wäre die Feststellung Ihres Standpunktes für mich von grosser Wichtigkeit. Die ganze bevorstehende Auseinandersetzung bezieht sich natürlich auch auf die Ent-lohnung der Referate. Es wäre wünschenswert, wenn Sie mir auch hierüber Ihre grundsätzliche Meinung mitteilen wollten. Es ist schade, dass wir gelegentlich Ihres letzten Besuches diese Dinge nicht besprechen konnten, da sie noch nicht ange-schnitten waren.[221]

Interessant ist, dass Sauerbruch sich betont nicht in eigener Sache äußerte, son-dern als berufener Anwalt der Ärzteschaft als Autoren verstand. Seiner Argu-mentation gegenüber Springer scheinen Diskussionen in seinem unmittelbaren wissenschaftlichen Umfeld vorangegangen zu sein. Leider ist nicht zu rekon-struieren, von wem und mit welchem Auftrag genau Sauerbruch „betraut wor-den" war, sich für die Belange der wissenschaftlichen Autoren einzusetzen. Eine entsprechende Diskussion war aber unter den Autoren im Gange, denn im Folgejahr erschien die zweibändige Studie über *Die geistigen Arbeiter*.[222] Sauer-bruchs Stellungnahme geschah also vor dem Hintergrund der allgemeinen Sen-sibilisierung der wissenschaftlichen Autoren für die ökonomische Würdigung ihrer geistigen Leistung.

Springer antwortete Sauerbruch hierauf in einem sehr ausführlichen und recht offenen Brief, von dem er sich wohl versprach, seinen Autor endlich da-von zu überzeugen, dass man letztlich dieselben Ziele verfolge. Zunächst stellte er klar, dass der 15%ige Aufschlag für Sauerbruchs Mitarbeiter zu Unrecht er-hoben wurde und selbstverständlich erstattet werde; allerdings sei es richtig,

---

221 Sauerbruch an Springer, 8. August 1921; Berlin, ZLB, SVA, B S 45 II.
222 Sinzheimer, Ludwig (Hrsg.): Die geistigen Arbeiter. 2 Bände. München und Leipzig: Dun-cker und Humblot 1922. Siehe hierzu auch Kap. 2.2.3.

dass sich der Preis des Buches um 15% erhöht habe. Dann setzte er Sauerbruch auseinander, wie es in Kriegszeiten zu den sogenannten ,Sortimenterzuschlägen' und der ,Notstandsordnung' gekommen war.[223]

> Nun waren die im Jahre 1920 erschienenen wissenschaftlichen Bücher nur mit einem Rabatt von 25% kalkuliert, und es musste daher auf diese Bücher zum Ausgleich ein 15%iger Teuerungsaufschlag erhoben werden, der also nicht dem Verleger, sondern nur dem Sortimenter, oder vielmehr der Aufrechterhaltung des vom Verleger festgesetzten Ladenpreises zu gute kommt.[224]

Ob der Buchhandelsrabatt von 40% zu hoch bemessen sei, stellte Springer nicht unbedingt in Frage.

> Ich ziehe aber daraus die Folgerung – und hierin stehe ich im Buchhandel ziemlich allein und werde deswegen vielfach angegriffen –, dass ich den Zwischenhandel dort ausschalte, wo er nicht absolut zum Vertriebe eines Buches oder einer Zeitschrift gebraucht wird. Auf diesem Wege verbillige ich bei allen meinen Zeitschriften und Zentralblättern, die als Gesellschaftsorgane bezeichnet sind, den Bezug für die Abnehmer, die ja fast durchweg Mitglieder der Gesellschaften sind, um die volle Spannung [sic!] des Sortimenterrabattes.[225]

Springer machte damit vom § 3 Absatz 5 der Verkehrsordnung Gebrauch, wonach es Verlegern gestattet war, in Ausnahmefällen größere Partien an Behörden und Gesellschaften zu ermäßigten Preisen zu liefern. Diese Regelung hatte einst sein Vater durchgesetzt; da sie zudem gerade für einen Verlag wie den Springerschen, der geschäftlich mit vielen Behörden und Institutionen zu tun hatte, besonders vorteilhaft war, sprach man auch vom ,Springer-Paragraphen'.[226] Darüber hinaus besaß Springer als wissenschaftlicher Verlag naturgemäß eine höhere Unabhängigkeit vom Sortiment. Da er diesen Vorteil aktiv förderte, wurden 1932 nur noch 4% des Inlandsumsatzes über das Barsortiment abgewickelt. Einen Großteil des Umsatzes erzielte der Verlag mit einigen wenigen Firmen, die er direkt belieferte.[227] Da er schon 1921 von einer weiteren Entwicklung in diese Richtung ausging, habe er

---

223 Vgl. Springer an Sauerbruch, 10. August 1921; Berlin, ZLB, SVA, B S 45 II. Der Brief ist im Anhang in Gänze wiedergegeben bzw. paraphrasiert. Siehe Anhang 6b.

224 Springer an Sauerbruch, 10. August 1921; Berlin, ZLB, SVA, B S 45 II. Siehe Anhang 6b.

225 Springer an Sauerbruch, 10. August 1921; Berlin, ZLB, SVA, B S 45 II. Siehe Anhang 6b.

226 Vgl. Sarkowski, Springer, S. 140–141, Jäger, Georg: Von der Krönerschen Reform bis zur Reorganisation des Börsenvereins 1928. IN: Der Börsenverein des Deutschen Buchhandels 1825–2000. Ein geschichtlicher Aufriss. Hrsg. von Stephan Füssel und Georg Jäger und Hermann Staub. Frankfurt/Main: Börsenverein des Deutschen Buchhandels e.V. 2000, S. 60–90, hier S. 70.

227 Vgl. Sarkowski, Springer, S. 318.

allen ständigen Mitarbeitern meines Verlages, d. h. auch den sehr zahlreichen Referenten der verschiedenen Zentralblätter, das Recht eingeräumt, Bücher und Zeitschriften meiner drei Firmen Springer, Bergmann und Hirschwald zum Buchhändlernettopreise unmittelbar von mir zu beziehen. Auf diese Weise wird für den grössten Teil der jüngeren Wissenschaftler Deutschlands der Zwischenhandel ausgeschaltet und der Bezug verbilligt.[228]

Allerdings glaube Springer nicht, dass man generell auf den Sortimentsbuchhandel verzichten könne, da die Verlage die Mehrarbeit auch nur mit Mehrkosten aufbringen könnten. Die Valutaaufschläge fürs Ausland halte er angesichts der schwachen Mark für nicht zu hoch. Des Weiteren setzte er Sauerbruch nochmals die Unterschiede zwischen den einzelnen Honorierungsarten auseinander, und dass er diese in der Reihenfolge Gewinnbeteiligung, Ladenpreis-Beteiligung und Bogenhonorar (dieses jedoch vorrangig bei Sammelwerken) bevorzuge. Schließlich beteuerte er, dass er all seine medizinischen Zeitschriften ohne Gewinn kalkuliere und wies darauf hin, dass sich für die Referenten die Vorteile des günstigen Buchbezuges ergäben. Seinen Brief schloss Springer in der Hoffnung, bei den anstehenden Verhandlungen in Sauerbruch einen verständigen Diskussionspartner zu finden:

> Es wäre so dringend erwünscht, dass eine völlig offene Aussprache zwischen massgebenden Autoren und Verlegern über alle schwebenden Fragen stattfände. Ich habe durchaus den Eindruck, dass die Stellungnahme der weitblickenden Verleger den Autoren gegenüber durch Misstrauen öfters unnötig erschwert und Ansätze zur Durchführung notwendiger Reformen durch Ungeschicklichkeit zerstört werden. Ich begrüsse es deshalb ausserordentlich, dass Sie in etwa zu führenden Verhandlungen eine Rolle spielen werden; denn Sie werden – hoffe ich – nicht zu den Autoren gehören, die sich von ihrem Verleger schlecht und verständnislos behandelt oder gar ausgenutzt fühlen.
>
> Was soll nun weiter geschehen? Sollen Verhandlungen von einer Autorengruppe zu einer Verlegergruppe geführt werden? Ich bitte Sie vor allen Dingen, dass nicht etwa mit dem Börsenverein Deutscher Buchhändler oder mit dem Deutschen Verlegerverein verhandelt wird, sondern dass die wissenschaftlichen Autoren Fühlung mit bedeutendsten wissenschaftlichen Verlegern suchen. Nur dann kann etwas vernünftiges herauskommen.[229]

Deutlich wird, dass Springer vielmehr die Loyalität mit seinen Autoren suchte als branchenintern mit der Verlegervertretung oder gar mit den Sortimentern. Ähnlich wie sein Vater glaubte Ferdinand Springer nicht daran, dass die Kräfte des Marktes von den Buchhandelsorganisationen reglementiert werden sollten, sondern setzte auf das Zusammenwirken der einflussreichen Marktverständi-

---

228 Springer an Sauerbruch, 10. August 1921; Berlin, ZLB, SVA, B S 45 II. Siehe Anhang 6b.
229 Springer an Sauerbruch, 10. August 1921; Berlin, ZLB, SVA, B S 45 II. Siehe Anhang 6b.

gen. Sein Vertrauen, dass ein vernünftiger Interessenaustausch zwischen Vertretergruppen eher zu einer praktikablen Lösung führe, erwuchs sicherlich auch aus seinem Bewusstsein, dass er als einer der führenden Wissenschaftsverleger ein maßgeblicher Bestandteil einer etwaigen Interessenvertretung sein würde. Den Einfluss seines Starautors wollte er für sich nutzbar machen, indem er Sauerbruch mit seiner offenen Darstellung der Sachlage in seinem Sinne mit Marktverstand ausstattete.

Indes Springers Hoffnung erfüllte sich nicht. Als Sauerbruch endlich auf seinen langen Brief antwortete, ging er gar nicht auf Springers Erläuterungen ein, sondern wiederholte lediglich seine Beschwerde. Zwar betonte er, er und Springer haben sich im Einzelfall ja immer einigen können, aber zum Schulterschluss mit seinem Verleger zur Klärung der generellen Problemlage war er nicht bereit. Sauerbruch seinerseits setzte auf die Loyalität der Autoren im Kampf gegen Buchhändler und Verleger:

> Bei dieser Gelegenheit möchte ich auf Ihren ausführlichen Brief zurückkommen, der uns Autoren keineswegs befriedigen kann in der sehr wichtigen Frage der Entlohnung. Ich habe Ihnen damals schon geschrieben, dass ich nicht für mich, sondern grundsätzlich im Interesse aller medizinischen Autoren mich an Sie gewandt habe, weil man mir das Vertrauen geschenkt hat in dieser Frage Klärung zu schaffen.
>
> Es ist doch wirklich unerhört, wenn man wieder sieht – Ich denke hier gerade an das Handbuch das jetzt erscheint – wie gegenüber den Buchhändlern und vielleicht gegenüber den Verlegern die *Autoren* schlecht bezahlt sind. Ich möchte ausdrücklich hinzufügen, dass ich nicht auf Grund der Erfahrungen mit Ihnen spreche, denn wir haben uns ja noch immer verständigt und ich habe ja auch immer das Entgegenkommen Ihrer Firma mir gegenüber, gebührend anerkannt. Es wird Sie vielleicht interessieren zu erfahren, dass einige Mediziner daran denken einen Selbstverlag zu gründen um Zeitschriften und Bücher dort erscheinen zu lassen. Ich halte das ja für eine Wahnidee aber es mag Ihnen die Erbitterung zeigen die bei vielen Medizinern herrscht.[230]

Springer erwiderte, er vermisse immer noch eine Antwort auf seinen ausführlichen Brief, „der mich erhebliche Arbeit und Zeit gekostet hat".[231] Solange er nicht wisse, was Sauerbruch daran auszusetzen habe, könne er auf dessen Kritik nicht eingehen. Wie sich später zeigen sollte, war er über die ausbleibende Antwort tatsächlich nachhaltig verärgert. Ansonsten betonte er, dass er sich immer um einen gerechten Interessenausgleich zwischen Autor und Verleger sowie eine faire Honorierung bemühe. Des Weiteren schlug er eine persönliche Aussprache bei Gelegenheit vor und schloss leicht zynisch:

---

230 Sauerbruch an Springer, 7. November 1921; Berlin, ZLB, SVA, B S 45 II. (Hervorhebung im Original gesperrt)
231 Springer an Sauerbruch, 9. November 1921; Berlin, ZLB, SVA, B S 45 II.

> Ich würde es begrüssen, wenn von Seiten der Wissenschaftler der Versuch gemacht würde, einen Selbstverlag zu gründen, denn sie würden sich dadurch in kurzer Zeit die Sachkenntnisse erwerben, die zur Beurteilung der Verhältnisse im Buchhandel doch unbedingt erforderlich ist, wenn man nicht über die berechtigte Verurteilung der Misstände [sic!] hinaus zu schiefen Ansichten gelangen will.[232]

Für die buchwissenschaftliche Betrachtung ist es sehr bedauerlich, dass die hier aufkeimende Grundsatzdebatte letztlich durch die fehlende Bereitschaft Sauerbruchs, sich wirklich objektiv für eine Klärung der aufgeworfenen Frage zu engagieren, fast ebenso schnell wieder abflaute, wie sie entstanden war. Man erkennt an dieser Episode recht gut, wie Sauerbruch stets impulsiv aus seinem unmittelbaren Erlebnisraum heraus agierte und argumentierte. Jegliche Abstraktion auf eine objektivere Diskussionsebene, wie sie Springer anstrebte, war ihm widernatürlich; Springers Bemühungen in diese Richtung perlten gewissermaßen an Sauerbruch ab. Genauso wenig ist zu erwarten, dass er sich tatsächlich innerhalb einer Interessenvertretung für die gemeinsame Sache engagiert hätte, schon gar nicht auf einem Nebenschauplatz seines eigentlichen Wirkens. Man kann daher keineswegs von einem inhaltlichen Streit zwischen Autor und Verleger sprechen, wie Sauerbruchs versöhnlicher und vorläufiger Schlusskommentar zeigt:

> Ihr Wunsch, es möchten die Wissenschaftler den Versuch machen einen Selbstverlag zu gründen, ist von der Erfüllung nicht so weit entfernt wie Sie vielleicht denken und ich glaube auch nicht, dass unsere Ansichten von unserem Standpunkte aus so schief sind, wie Sie das hinstellen. Sie sollten doch bei Ihrer allgemeinen Einstellung den Wissenschaftlern gegenüber dafür Verständnis haben und Sie haben es auch. Ich bin überzeugt, wir würden uns, wenn wir die Sache allein zu regeln hätten, bald verständigen.[233]

Dennoch wird dieser Briefwechsel während der Krise wieder eine Rolle spielen, da die Art und Weise der Diskussionsführung bei beiden eine grundsätzliche Verstimmung hinterlassen hatte.

4.2.3 Die Krise

Unterdessen liefen die Vorbereitungen für den zweiten Band der *Hand* sowie für den zweiten Band der *Chirurgie der Brustorgane* auf vollen Touren. Für das *Hand*-Projekt war C. ten Horn[234] aus Sauberbruchs Ärztestab abgestellt, der im Folgenden die alltägliche Korrespondenz mit Fischer führte.

---

232 Springer an Sauerbruch, 9. November 1921; Berlin, ZLB, SVA, B S 45 II.
233 Sauerbruch an Springer, 12. November 1921; Berlin, ZLB, SVA, B S 45 II.
234 Über C. ten Horn konnte leider nichts Näheres in Erfahrung gebracht werden; vielleicht handelte es ich um Carel Hendrik ten Horn (1884–1964).

Für beide Bände mussten neue Bilder hergestellt werden; bislang hatte man die Abbildungen beim Münchener Kunstzeichner Felix Eisengräber[235] in Auftrag gegeben. Eisengräber hatte nun nach dem Ersten Weltkrieg einen Großteil seiner Stammkunden verloren und war auf die Aufträge der Münchener Klinik angewiesen. Sauerbruch stellte Springer die Idee vor, den Künstler fest einzustellen, um einerseits dessen Einkommen zu sichern und ihn andererseits voll in den Dienst der gemeinsamen Buchprojekte zu stellen. Für M 2.000,- monatlich sollte Eisengräber an der Klinik fest angestellt werden, wobei der Verlag die Gehaltszahlungen übernehmen sollte.[236]

Da ein solches Arrangement im Verlag durchaus üblich war,[237] erklärte sich Springer mit dem Vorschlag einverstanden, wobei er darauf hinwies, es müsse sichergestellt werden, dass die Bilder auch tatsächlich für Springer-Titel benutzt würden. Zum 15. November 1921 trat Eisengräber in ein festes Angestelltenverhältnis zur Klinik, wo er nun hauptsächlich für die Herstellung der Abbildungsvorlagen für die Sauerbruchschen Bücher zuständig war.[238] Das monatliche Gehalt von M 2.000,- orientierte sich an dem eines Krankenwärters und wurde bis auf Weiteres von Springer übernommen. Für die Gehaltsabrechnungen war in der Klinik Dr. Baur zuständig, während Schmidt und Leske die Abbildungen in einer Liste verzeichneten, die Springer regelmäßig zugeschickt wurde.[239] Die korrekte Verbuchung der entstehenden Kosten bereitete im Verlag allerdings Probleme, da die Zuordnung der nun fixen Kosten auf die einzelnen Verlagswerke schwer fiel.[240] Im April 1922 einigte man sich auf folgende Regelung: Alle Bilder waren Springer-Eigentum; sie wurden in München aufbewahrt, wobei gewährleistet werden musste, dass Springer jeder Zeit darauf zu-

---

235 Karl Felix Eisengräber (1874–1940) hatte in Leipzig und München Kunst studiert und gehörte der *Luitpold-Gruppe* an, die sich 1892 von der *Münchner Künstlergenossenschaft* abgespalten hatte und für eine hohe künstlerische Qualität eintrat. Eisengräber beteiligte sich an Ausstellungen im Glaspalast. Sein bevorzugtes Genre waren Landschaftsbilder, in denen er im impressionistischen Stil die Umgebung Münchens, am Chiemsee und in Tirol verewigte. Vgl. Thieme/Becker, Bd. 10, S. 432–433 sowie die Wikipedia-Beiträge: http://de.wikipedia.org/wiki/Felix_Eisengr%C3%A4ber und http://de.wikipedia.org/wiki/ Luitpold-Gruppe; beide zuletzt eingesehen am 27.10.2013. Für einen Vergleich der Signatur auf seinen Ölgemälden und in den Illustrationen in Sauerbruchs Büchern siehe Anhang 5a und Anhang 5b. Weitere Zeichnungen im Buch sind mit „felix" signiert; diese stammen von Sauerbruchs Oberarzt Willi Felix, der vermutlich nicht identisch mit Walter Felix ist, und über den nichts Näheres herausgefunden werden konnte.

236 Vgl. Sauerbruch an Springer, 21. November 1921; Berlin, ZLB, SVA, B S 45 II.

237 Vgl. Sarkowski, Springer, S. 310, sowie S. 317 und die dazugehörige Anm. 65, S. 399.

238 Vgl. Baur an Springer, 25. Januar 1922; Berlin, ZLB, SVA, B S 45 III.

239 Vgl. Baur an Springer, 13. Februar 1922; Berlin, ZLB, SVA, B S 45 III.

240 Vgl. Fischer an Baur, 1. März 1922; Berlin, ZLB, SVA, B S 45 III.

rückgreifen konnte und die Bilder nicht ohne Springers Einverständnis an ande-
re Verlage weitergegeben wurden.[241] Dennoch war es Springer nicht ganz recht, dass sich die Beschäftigung Eisengräbers ganz seiner Kontrolle entzog. Seine Bedenken äußerte er regelmäßig:

> Nur muss ich die Sache natürlich in letzter Linie *geschäftlich* behandeln, d. h. ich
> muss sicher sein, dass die Leistungen des Herrn Eisengräber mit Bestimmtheit von
> mir verlegerisch verwertet werden können. Ich bin manchmal etwas in Sorge, dass
> Herrn Eisengräber, nur um ihn zu beschäftigen, Arbeit überwiesen werden könnte,
> die sachlich doch in letzter Linie für mich nicht verwertet werden kann. In diesem
> Zusammenhang ist auch die Befürchtung nicht von der Hand zu weisen, dass – um
> Herrn Eisengräber zu beschäftigen – mehr Bilder angefertigt werden, als für die
> betreffenden Bücher unbedingt notwendig ist. Das kann natürlich unter den heuti-
> gen Verhältnissen zu Schwierigkeiten führen. Mein Standpunkt ist, wie ich zur
> Vermeidung von Missverständnissen ausdrücklich betonen möchte, dass ich Herrn
> Eisengräber die wirklich verwertbare und nötige Arbeit für die Bücher, die Herr
> Geheimrat Sauerbruch herausgibt, angemessen zu bezahlen bereit bin.[242]

Schmidt versicherte Springer, dass Eisengräber genug für den Verlag verwertba-
re Arbeit leistete. Für jedes Bild müsse Eisengräber ja auch Skizzen anfertigen,
manche Bilder würden nach der kritischen Inaugenscheinnahme durch den
Chef verworfen. Monatlich fertige Eisengräber 10 bis 15 Bilder an, die den Verlag frei berechnet wesentlich teurer kämen.[243] Später kamen die Arbeiten Eisengräbers auch anderen Verlagen (Vogel, Barth, Hirzel) zugute, sodass Springer
nur noch 80% des Gehaltes übernahm und die Klinik die restlichen 20% sowie
die Materialkosten trug.[244]

Schwierigkeiten bereitete mitunter auch das künstlerische Gemüt Eisengräbers. So hatte sich Springer beschwert, dass Eisengräber seinen Namen innerhalb der Bilder angebracht habe,[245] worauf Schmidt zu vermitteln versuchte:

> Ihr Wunsch dass der Künstler H. Eisengräber [,H.' steht hier für ,Herr'; EF] seinen
> Namen nicht mehr in seine Zeichnungen hineinsetzen soll, hat diesen sehr betrübt,
> zumal es sonst ja allgemein üblich ist. H. Eisengräber möchte natürlich auch gern
> durch die Schöpfungen seiner Kunst bekannt werden, zumal durch solche, die in
> Werken Ihres so vorteilhaft bekannten und allgemein geschätzten Verlages. Wenn
> Sie also keinen wesentlichen Gegengrund haben, möchte ich doch bitten, dem ver-
> dienten fleissigen Künstler, auch aus wirtschaftlicher Voraussicht für späteres

241 Vgl. Springer an Schmidt, 1. April 1922; Berlin, ZLB, SVA, B S 45 III.
242 Springer an Schmidt, 19. Oktober 1922; Berlin, ZLB, SVA, B S 45 II. (Hervorhebung im
     Original gesperrt)
243 Vgl. Schmidt an Springer, 11. Dezember 1922; Berlin, ZLB, SVA, B S 45 II.
244 Vgl. Schmidt an Springer, 29. Dezember 1922; Berlin, ZLB, SVA, B S 46 I und Schmidt an
     Springer, 30. November 1923; Berlin, ZLB, SVA, B S 45 IV.
245 Vgl. Fischer an Leske, 31. Juli 1922; Berlin, ZLB, SVA, B S 45 III. Siehe Anhang 5a.

Fortkommen, die Zeichnung mit seinem Namen in unauffälliger Form zu gestatten.[246]

Springer schlug vor, Eisengräber solle sich ein Kürzel zulegen, und wies auch auf die Möglichkeit hin, den Künstler im Vorwort oder einer Fußnote umfassend zu würdigen.[247] Im Sommer des nächsten Jahres erbat Schmidt für Eisengräber eine monatliche Sondervergütung, damit dieser „auf seine Kosten die Mittagsmahlzeit in der Clinik sich verschaffen kann. Mit einer einfachen kalten Mahlzeit um die Mittagszeit herum (mitgebrachte Butterbrote) vermag Herr Eisengräber nicht auszukommen, da er an nervösen Magenstörungen leidet."[248] Eisengräber müsse von früh bis spät in der Klinik bleiben und könne nicht zur Mittagsmahlzeit nach Hause gehen. Vom wahren Hintergrund dieser Sondervergütung berichtete Fischer von einem Besuch in München:

> Mit Prof. Jehn bin ich wiederholt zusammengetroffen und bereits beim ersten Male versicherte er, daß Eisengräber in den nächsten Tagen überschnappen wird. Die Ursache sei die allgemeine Hetzerei. Am anderen Morgen, gerade als ich bei S. [i. e. Sauerbruch; EF] war, kam er mit der Nachricht, daß der kritische Moment eingetreten ist, Eisengräber einen Zusammenstoß mit Schmidt gehabt habe u. unter Protest die Klinik verlassen will, jedenfalls weitere Arbeit ablehnen. Nachdem S. zunächst eine Kritik an Jehns und Schmidts Verhalten geübt hatte – beide scheinen übrigens nicht besonders gut miteinander zu stehen[249] – hat er allein mit E. gesprochen, ihn wieder zur Vernunft gebracht, aber auch eine Zulage von 100000 M versprochen (über das Krankenwärter-Gehalt hinaus). Ich habe daraufhin gleich erklärt, daß ich nicht die Vollmacht habe, für unseren Anteil der Erhöhung zuzustimmen, habe aber S. versprochen, daß ich sie bei Ihnen befürworten will. Tatsächlich ist ja auch das Krankenwärter-Gehalt für einen Zeichner wie Eisengräber nicht sehr hoch u. ich würde mich daher freuen, wenn Sie sich mit der Zulage einverstanden erklärten. Schmidt hat mir im Zusammenhang mit diesem Fall E. in sehr ernstem Ton erklärt, daß er stets die Interessen des Verlegers vertritt u. Nachlässigkeiten oder „Künstlerlaunen" niemals durchgehen lassen wird. Ich meinerseits habe Sauerbruch gebeten, E. bei einer einmal angefangenen Arbeit nun auch zu lassen und nicht heute die schleunige Fertigstellung dieser angefangenen Zeich-

---

246 Schmidt an Springer, 8. August 1922; Berlin, ZLB, SVA, B S 45 III.
247 Eisengräber signierte seine Zeichnungen nun mit seinen Initialen (siehe Anhang 5c) und wurde im Vorwort des Buches lobend erwähnt.
248 Schmidt an Springer, 5. Juni 1923; Berlin, ZLB, SVA, B S 45 III.
249 Gemeint sind vermutlich Sauerbruch und Jehn, vgl. Nissen, Erinnerungen eines Chirurgen, S. 66; wobei sich auch das Verhältnis zwischen Sauerbruch und Schmidt im Laufe der gemeinsamen Publikationsarbeit immer mehr anspannte, worauf im Folgenden noch eingegangen wird.

nung, morgen jener zu verlangen, dadurch wird E. in seiner Produktivität unbedingt gehemmt.[250]

Bei anderer Gelegenheit drängt sich jedoch der Verdacht auf, der Kunstmaler sei bis an die Grenzen seiner physischen Belastbarkeit ausgelaugt worden:

> Obwohl der Herr Geheimrat Sauerbruch selbst zurzeit einige Tage verreist ist, geht der Betrieb der Klinik und auch die Arbeit an der „Thoraxchirurgie" unverändert weiter. Dafür bürgt Ihnen schon meine Anwesenheit hierselbst. Infolgedessen ist auch bis auf die heutige Stunde Herr Eisengräber dauernd unverändert in diesem Sinne beschäftigt. Er vollendet die letzten Bilder, die für das im Druck befindliche Thoraxbuch in Betracht kommen, insbesondere die Bilder, die noch für die Beiträge des Herrn Professor Jehn und den Abschnitt Thymus (Oberarzt Lebsche) ausstehen. Freilich wird Herr Eisengräber, der dann auch an das Ende seiner Kräfte gelangt sein wird und jetzt bereits stark heruntergekommen ist, wie jeder andere Angestellte einen Urlaub nötig haben, zumal ihm ein solcher bereits zu Weihnachten, Ostern und Pfingsten von meinem Chefs glatt abgeschlagen worden ist, mit Rücksicht auf den ununterbrochenen Fortgang der Arbeiten an der Thoraxchirurgie.[251]

Die praktische Umsetzung des grundsätzlich vernünftigen Arrangements mit Eisengräber wurde mit einsetzender Inflation vor die zusätzliche Schwierigkeit gestellt, das feste Gehalt sinnvoll an die galoppierende Geldentwertung anzugleichen. Dazu wurde es dem Gehalt der Krankenwärter gleichgesetzt; über die monatliche Höhe des Gehaltes informierte Schmidt den Verlag, der die Summe anwies. Der Umweg den das Eisengräbersche Gehalt über den Verlag nahm, führte zu nochmaligem Wertverlust, sodass Springer auf zweiwöchentliche Vorauszahlungen überging.[252]

Größere Sorgen allerdings bereitete Springer angesichts der Inflation jede zeitliche Verzögerung der Drucklegung durch die wiederholten Korrekturen:

---

250 Fischer an Springer, 8. Juni 1923; Berlin, ZLB, SVA, B S 45 III. Über Wilhelm Jehn (1883–1935) konnte darüber hinaus nur herausgefunden werden, dass er von 1926 bis 1935 Klinikdirektor des Mainzer Allgemeinen Krankenhauses (heute Universitätsklinik) war. Vgl. http://de.wikipe dia.org/wiki/Hadamar (09.12.2013).

251 Schmidt an Springer, 18. August 1923; Berlin, ZLB, SVA, B S 45 III. Max von Lebsche (1886–1957) studierte Medizin in München und Würzburg. In München erfolgte 1914 die Promotion, 1927 die Habilitation. Dort war er Mitarbeiter Sauerbruchs und spezialisierte sich auf Lungen- und Handchirurgie. 1936 wurde er außerordentlicher Professor an die Universität München, seit 1930 war er Leiter der Maria-Theresia-Klinik. Während des Nationalsozialismus wurde Lebsche vom Dienst suspendiert und kehrte 1947 in eine ordentliche Professur an die Münchner Universität zurück. Vgl. DBE, Bd. 6, S. 298.

252 Vgl. Baur an Springer, 16. Oktober 1923; Berlin, ZLB, SVA, B S 45 III und Springer an Baur, 18. Oktober 1923; Berlin, ZLB, SVA, B S 45 III. Vgl. zur Honorarabrechnung während der Inflation auch Sarkowski, Springer, S. 240–242.

Nachdem diese Bogen [i. e. das Vorwort; EF] bereits in der *dritten* Korrektur vorliegen, hatte ich bestimmt damit gerechnet, dass sie nur noch ganz geringfügige Änderungen erfordern werden und gleich zum Druck gegeben werden können; ich bin daher von dem grossen Umfang der jetzt noch gewünschten Korrekturen ausserordentlich überrascht und bitte Sie, mir ein offenes Wort dazu zu gestatten. In früheren Zeiten habe ich alle Autorenkorrekturen ohne weiteres ausführen lasse, habe selbst einschneidende Änderungen des Satzes stillschweigend in Kauf genommen und bin wegen einer Kürzung der Korrekturen wohl niemals an einen meiner Herren Autoren herangetreten. Gern würde ich in der gleichen Weise auch heute noch vorgehen, doch zwingen mich die gegenwärtigen Verhältnisse dazu, mehr als je darauf bedacht zu sein, dass die Herstellungskosten eines Buches und damit sein Verkaufspreis nicht zu hoch werden. Die nachträglichen Korrekturen bilden nun einen Posten, der ausserordentlich verteuernd wirkt, und ich halte mich daher im Interesse der Käufer des Buches für verpflichtet darauf hinzuweisen, wenn Korrekturen weit das bei der Herstellung eines Buches vorgesehene Mass überschreiten. Ein derartiger Fall liegt hier vor, [...]. [253]

Das altbekannte Problem keimte wieder auf, doch Sauerbruch und ten Horn zeigten sich von Springers Ermahnung wenig beeindruckt und stellten vielmehr klar:

Diese Abänderungen sind alle auf Wunsch des Geh. Sauerbruch angebracht. Da Herr Geh. Sauerbruch als Herausgeber des Buches genannt wird, wie es, wie ich annehmen darf, auch Ihren Wünschen entspricht, glaube ich wohl annehmen zu dürfen, dass Sie sich mit diesen Abänderungen einverstanden erklären. Ich möchte noch bemerken, dass letztere keinesfalls als unwesentlich zu betrachten sind, wie Sie es vielleicht angenommen haben. Die Abänderungen tragen, abgesehen von ihrem Werte als Stilverbesserungen, in hohem Masse zur Klärung und Präzisierung bei. Das Buch wird dadurch bereichert. Wie Sie weiter ersehen, sind keine neuen Abschnitte zugefügt worden und der Inhalt nicht erweitert.[254]

Auch wenn Springer nun kleinlaut zugestand, selbstverständlich alle Änderungen umzusetzen,[255] verzögerte sich der endgültige Druck Anfang 1923 wegen Überlastung der Druckerei sowie einer Stromsperre um weitere vier Wochen und war erst im März abgeschlossen. Zwar habe man sich auf eine 60-40-Gewinnaufteilung geeinigt, doch habe Sauerbruch in der Vergangenheit so viele Probleme gehabt, die nach und nach eingehenden Zahlungen auf seine Mitarbeiter zu verteilen, dass Springer sich nun zu einer einmaligen Zahlung von 3 Mio. Mark bereit erklärte. Da sich Sauerbruch derweil im Ausland aufhielt, traf

---

253 Springer an ten Horn, 27. September 1922; Berlin, ZLB, SVA, B S 45 III. (Hervorhebung im Original gesperrt)
254 Ten Horn an Springer, 27. September 1922; Berlin, ZLB, SVA, B S 45 III.
255 Vgl. Springer an ten Horn, 18. Oktober 1922; Berlin, ZLB, SVA, B S 45 III.

seine Antwort mit starker Verzögerung ein. Springer erhöhte die Summe bereitwillig:

> Ich bin überzeugt, dass Sie nicht daran zweifeln, dass mein Honoraranerbieten die Interessen der Autoren soweit berücksichtigte, wie ich das mit verlegerischen Grundsätzen, nach denen ich doch in letzter Linie arbeiten muss, vereinbaren konnte. Inzwischen ist die Geldentwertung weiter fortgeschritten, und die Buchhändler-Schlüsselzahl von 2000 auf 2500 gestiegen. Ich würde gern bereit sein, dem Rechnung zu tragen und das Honorar auf M 4.000.000,- zu erhöhen. Das scheint mir allerdings die oberste Grenze dessen, was möglich ist, wenn es bei der Zahlung des Honorars in *einer* Summe bleiben soll.[256]

Sauerbruch akzeptierte die einmalige Zahlung von 4 Mio. Mark und kündigte sogleich das fertige Manuskript für den zweiten Band der *Chirurgie der Brustorgane* an. Zur persönlichen Übergabe und Besprechung solle man sich in Berlin treffen. Er erwarte „ein Buch von grosser Ausdehnung und mit gewaltigem Bildermaterial geworden. Viel Neues und Erfreuliches!"[257] Anfang Juni 1923 traf sich Fischer mit Sauerbruch und berichtete seinem Chef, dass er „das nahezu vollständige Manuskript nebst der Literatur" erhalten habe. Außerdem habe Sauerbruch beteuert, „dass es vollkommen druckfertig sei und keinesfalls Korrekturen im Umfange wie bei den früheren Werken zu erwarten"[258] seien. Morgen fahre er nach Würzburg, um das Manuskript persönlich in der Druckerei abzugeben.

> Ich habe Sauerbruch grösste Eile zugesagt (eine Neusatzmenge von 4-5 Bogen pro Woche) und darf wohl Ihr Einverständnis voraussetzen, dass ich im Interesse des Sauerbruch'schen Buches das eine oder andere Werk bei Stürtz zurückstellen lasse. Wie wohl auch Ihnen Sauerbruch erzählt hat, fährt er möglicherweise im Herbst nach Indien und schon mit Rücksicht hierauf muss ja die erste und zweite Korrektur sehr beschleunigt werden.[259]

Alle Hoffnungen auf einen reibungslosen Ablauf zerplatzten mit den ersten zurückgesandten Korrekturbogen, wozu Sauerbruch wohlwissentlich anmerkte:

> Nun werden Sie angesichts der Verbesserungen wahrscheinlich einen leichten, vielleicht einen grossen Schrecken bekommen und sagen, es ist also doch so: die eigentliche Bearbeitung fängt also bei den Korrekturen an. Aber ich kann Sie versichern, dass das gewiss nicht zutrifft. Dass die allgemeine Pathologie nach einmal

---

256 Springer an Sauerbruch, 28. April 1923; Berlin, ZLB, SVA, B S 45 III. (Hervorhebung im Original gesperrt)
257 Sauerbruch an Springer, 11. Mai 1923; Berlin, ZLB, SVA, B S 45 III.
258 Fischer an Springer, 1. Juni 1923; Berlin, ZLB, SVA, B S 45 III.
259 Fischer an Springer, 1. Juni 1923; Berlin, ZLB, SVA, B S 45 III.

Abbildung 3:   Sauerbruch – Korrekturfahne

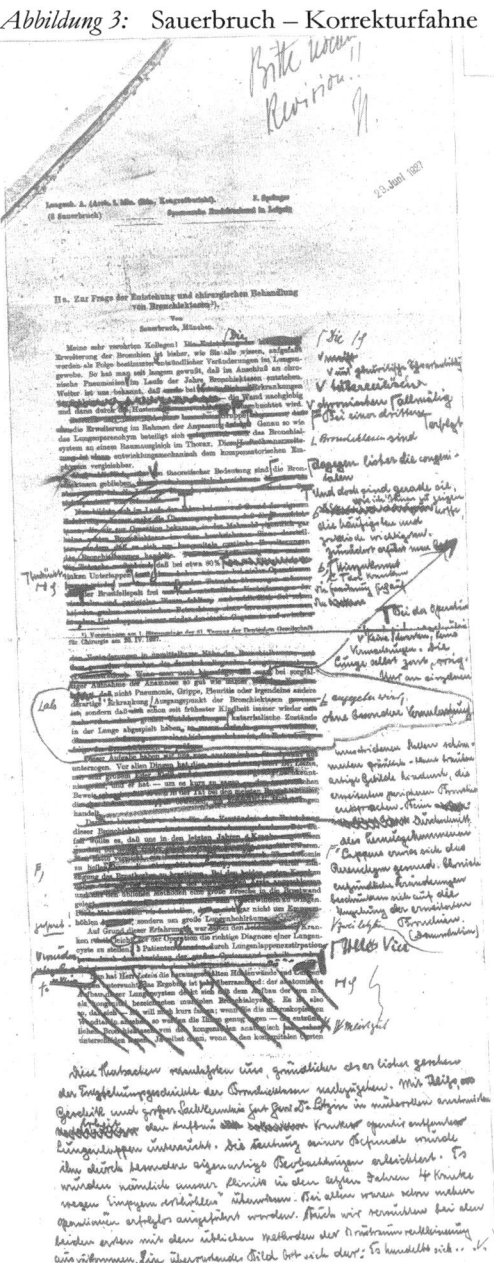

Quelle: Berlin, ZLB, SVA, B S 45 IV

umgearbeitet werden musste, hat besondere Gründe. Es war das schlechteste und das schwierigste Kapitel.

[…] und ich glaube, dass Sie noch erstaunt sein werden, wie bescheiden wir mit unseren Korrekturen sind.[260]

Im November hatte sich Sauerbruch einen Vertragsentwurf für den zweiten Band erbeten; dies erschien dem Verleger jedoch überflüssig, da der bestehende Vertrag über die Neuauflage der *Thoraxchirurgie* ja den zweiten Band mit abdecke.[261]

Inzwischen sorgte erneut die Verzögerung aufgrund der vielen Korrekturen für beidseitige Verstimmung. Vor allem der Beitrag von Jehn war noch einmal in hohem Maße umgearbeitet worden.[262] Im Februar 1924 wusste sich Fischer, der auf Verlagsseite hauptsächlich mit der Herstellung des Sauerbruch-Buches betraut war, nicht anders zu helfen, als Schmidt seine Bedenken offen darzulegen. Er sei angesichts der heiklen Lage mit seinem Latein am Ende. Dass trotz aller Versprechungen die Korrekturen weit umfangreicher ausgefallen seien, wolle er gar nicht beklagen.

Worüber ich aber nicht hinweggehen kann, das ist, dass nun auch die *Bogen*abzüge des erst nach vielen Fahnenrevisionen umbrochenen Satzes geändert und das Abbildungsmaterial umgestellt wird. Ich glaube, sehr verehrter Herr Doktor, Sie unterschätzen die Schwierigkeiten und Kosten dieser Umbruchskorrekturen, und ich fürchte, Herr Geheimrat *Sauerbruch* wird sehr unangenehm überrascht sein, wenn ich ihm nach der Beendigung der Arbeiten einmal eine Aufstellung zeigen werde, nach der die Korrekturen einen Betrag erfordert haben, der etwa das drei- bis vierfache der reinen Satzkosten ausmacht und ihm dann ausrechne, um wie viel teurer dadurch der Band geworden ist. Ich bitte Sie, sich doch nur einmal zu vergegenwärtigen, dass jeder Buchstabe ein einzelnes schmales Bleistückchen ist, dass die einfachste Aenderung oder Umstellung die Verschiebung zahlreicher derartiger kleiner Teile zur Folge hat und dann daran zu denken, wie oft eine Seite vorgenommen und geändert werden musste. [263]

Bei allem Verständnis halte er es doch für seine Pflicht, „einmal das zu sagen, was hemmend auf den Gang der Arbeiten und verteuernd auf den Preis des Buches wirkt."[264]

---

260 Sauerbruch an Springer 13. Juni 1923; Berlin, ZLB, SVA, B S 45 III.
261 Vgl. Springer an Sauerbruch, 7. Dezember 1923; Berlin, ZLB, SVA, B S 45 IV.
262 Vgl. Springer an Sauerbruch, 7. Dezember 1923; Berlin, ZLB, SVA, B S 45 IV.
263 Fischer an Schmidt, 11. Februar 1924; Berlin, ZLB, SVA, B S 45 IV. (Hervorhebungen des Namens im Original gesperrt, die andere unterstrichen). Der Brief ist in größerem Umfang im Anhang wieder gegeben. Siehe Anhang 6c. Siehe zur Illustration des Ausmaßes von Sauerbruchs Fahnenkorrekturen Abb. 3, S. 234.
264 Fischer an Schmidt, 11. Februar 1924; Berlin, ZLB, SVA, B S 45 IV. Siehe Anhang 6c.

Der sich anbahnenden Krise ungeachtet erbat sich Sauerbruch für den anstehenden Chirurgenkongress zwei saubere provisorische Exemplare des Buches.[265] Nach dem Kongress konnte Schmidt dem Verlag immerhin von einem großen Erfolg berichten:

> Wie Sie wohl wissen, hat Herr Geheimrat Sauerbruch den Hauptvortrag über die Entwicklung der Brustchirurgie in den letzten 20 Jahren soeben auf der Chirurgentagung gehalten. Es sind dabei gegen 80 grosse Tafeln vorgezeigt worden, die Vergrösserungen der Bilder des II. Bandes darstellen.
> Wir sind von vielen Seiten zu diesen Bildern beglückwünscht und gefragt worden, ob sie dem II. Band angehören, was wir bejahen konnten. Durch den Vortrag des Herrn Geheimrats Sauerbruch und diesen zahlreichen von Herrn Eisengräber hergestellten Vergrösserungen ist somit unverkennbar das Interesse für diesen Band vor dem breitesten Forum der Fachchirurgen geweckt worden. Das dürfte dem Vertrieb des Buches sehr zu statten kommen.[266]

Während Sauerbruch und Schmidt bereits an den Verkauf dachten, arbeiteten Verlag und Druckerei mit Hochdruck an der Herstellung des Buches. Als sich Sauerbruch nochmals Korrekturbogen erbat, spitzte sich die Lage weiter zu, bis ein Ausbruch der Krise nicht mehr zu verhindern war. Sauerbruch explodierte als Erster. War er zuvor kaum auf die Mahnungen seitens des Verlages eingegangen, macht er nun seinem Unmut mit einer deutlichen Kampfansage Luft.

> Als Ihr Prokurist Herr Fischer vor kurzem hier weilte, hat er uns zugesichert, dass der Verlag Alles tun würde, damit keine Verzögerung im Druck mehr eintreten. Ich habe mich in den letzten Osterferien und in diesem Semester ganz auf die Erledigung der Korrekturen eingestellt und alle anderen zum Teile dringenden Arbeiten zurücktreten lassen. Leider muss ich es erleben, dass immer und immer wieder grössere Pausen im Druck eintreten. Auf der anderen Seite hat mich das zunehmende Interesse, das die Thoraxchirurgie allerwärts findet, zu folgender Überlegung gebracht:
> Da das Buch, wenn es so weiter geht, in absehbarer Zeit noch nicht erscheint, möchte ich eine kurz zusammenfassende Monographie ohne Abbildungen drucken und erscheinen lassen, wenn es auch bedauernswert bleibt, dass dann der Absatz des später herauskommenden grossen Buches verkleinert wird. Ich bin vom 1. Juli an nicht mehr in der Lage, mich um das Buch zu kümmern, und müsste dann also, wie ich Ihnen bereits telegrafisch andeutete, bitten, die Drucklegung zum Herbst zu verschieben.

---

265 Vgl. Protokoll des Treffens zwischen Sauerbruch und Fischer am 4. März 1924; Berlin, ZLB, SVA, B S 45 IV.
266 Schmidt an Springer, 29. April 1924; Berlin, ZLB, SVA, B S 45 IV.

Ich bitte um umgehende Nachricht, ob Sie in der Lage sind, nun wirklich endgültig alle weiteren Verzögerungen der Drucklegung zu verhüten, anderenfalls müsste ich zu dem oben angedeuteten Ausweg greifen.[267]

Nun konnte auch Springer nicht länger an sich halten und wies zunächst unmissverständlich darauf hin, dass entgegen Sauerbruchs Vorhaltungen von Seiten des Verlages alles getan worden sei, das Buch vertragsgemäß zu realisieren, und dass die Verzögerung einzig und allein auf die übermäßigen Korrekturen seitens des Autors zurückzuführen sei. Weiterhin gab Springer zu bedenken, „dass eine stark beanspruchte Druckerei wie die Stürtzsche ihren Betrieb nicht nur auf meine Ansprüche oder die eines meiner Autoren einstellen kann, sondern auch die Wünsche ihrer anderen Auftraggeber berücksichtigen muss."[268] Auf den Satz des zweiten Bandes seien bereits so viele Arbeitsstunden entfallen, wie etwa der Jahresleistung zweier Setzer entspräche. In der zweiten Hälfte des Briefes wird deutlich, dass sich Springer über den sachlichen Streitpunkt hinaus persönlich und in seiner kaufmännischen Ehre getroffen fühlte.

Auf jeden Fall ist von seiten meiner Firma und meiner Herren ebenso wie von seiten der Druckerei mehr geleistet worden als normalen Anforderungen entspricht. Ich möchte Sie daher bitten, die ganze Angelegenheit nicht vom Standpunkt einer augenblicklichen Missstimmung [sic!] darüber zu betrachten, dass der Gang der Dinge nicht vollkommen Ihren Erwartungen entspricht. Ich kann Sie versichern, dass ich mich bisher stets mit Erfolg bemüht habe, unerfreuliche Empfindungen zu unterdrücken, die der Verlauf der Drucklegung bei mir und meinen Herren hervorgerufen hat. In meiner gesamten verlegerischen Tätigkeit habe ich derartige Schwierigkeiten bei der Drucklegung eines Werkes noch niemals erfahren müssen. Woran ich aber in Ihrem Brief vom 12. 6. ganz besonders Anstoss nehmen muss, das ist der Mangel an Billigkeitsgefühl. Sie haben allein die Verantwortung für die ausserordentlich lange Dauer der Drucklegung – ich bin jederzeit gerne bereit, Ihnen das durch das Urteil eines unparteiischen Sachverständigen nachzuweisen. Nun verlieren Sie die Geduld und drohen mir mit einer Massnahme, von der Sie nicht nur wissen, dass Sie für mich eine schwere Schädigung bedeuten würde, sondern die auch gegen unseren Vertrag verstösst.
Ich hoffe, dass Sie bei ruhiger Ueberlegung der Vorgänge mir recht geben werden. Zugleich aber gebe ich der Erwartung Ausdruck, dass bei Ihnen das Gefühl für die völlige Parität des angesehenen Autors und des angesehenen Verlegers zurückkehrt, das ich seit einiger Zeit bei Ihnen vermissen muss. Ich erkläre ausdrücklich, dass ich es ablehne, ein Diktat von Ihnen entgegenzunehmen.[269]

---

267 Sauerbruch an Springer, 12. Juni 1924; Berlin, ZLB, SVA, B S 45 IV.
268 Springer an Sauerbruch, 16. Juni 1924; Berlin, ZLB, SVA, B S 45 IV. Der Brief ist in voller Länge im Anhang wiedergegeben. Siehe Anhang 6d.
269 Springer an Sauerbruch, 16. Juni 1924; Berlin, ZLB, SVA, B S 45 IV. Siehe Anhang 6d.

Doch auch Sauerbruch fühlte seine Arbeit als Autor unzureichend gewürdigt. In seinem Antwortschreiben stellte er daher zunächst seinen Anspruch dar, den er hinter den umfassenden Korrekturen erkannt wissen wollte.

> Sie werden selbst anerkennen müssen, dass es sich um eine ganz besondere Arbeit bei diesem Buche handelt. Es wird zu 1. Mal der schwierige Versuch gemacht, eine eigene Darstellung der Entwicklung der Brustchirurgie in den letzten 20 Jahren zu geben. Dass dieses Buch in jeder Beziehung gut sein muss, darin besteht mein Ehrgeiz. Dass es wesentlich besser wird, als der 1. Band, darauf lege ich besonderen Wert. Das Ziel kann eben nur erreicht werden, wenn man immer und immer wieder den schweren Stoff durcharbeitet und Stil und Inhalt zu einem harmonischen Ganzen zurechtfeilt.
> Es tut mir sehr leid, dass Ihr Verlag diese Auffassung nicht geteilt hat und darum andauernd Schwierigkeiten entstanden sind, die ich gerade bei Ihnen für ausgeschlossen gehalten hätte. Ich habe mich bei meiner grossen Tätigkeit ausserordentlich anstrengen müssen, um der schwierigen Aufgabe immer wieder erneuter Korrekturlesungen zu genügen und habe dabei einschliesslich meiner Herren mehr geopfert als Sie ahnen. [270]

Auch aus dem weiteren Wortlaut dieses Briefes zeigt sich, dass der Konflikt inzwischen längst eine persönliche Dimension gewonnen hatte. Sauerbruch fühlte sich in seinem persönlichen Engagement für die Sache missverstanden und seinen wissenschaftlichen Anspruch zu wenig gewürdigt; Springer hingegen fühlte sich in seiner unternehmerischen Integrität beleidigt. Sauerbruch erschien eine weitere Zusammenarbeit unmöglich.

> Besonders bedauern muss ich den Schlussteil Ihres Briefes, in dem Sie von einer Drohung sprechen. Sie sind sich vielleicht doch nicht darüber im Klaren, was Sie mit diesem Vorwurf aussagen. Ich habe nicht gedroht, sondern nur bei Ihnen angefragt, ob es möglich sei, angesichts der Verzögerung der Drucklegung vorher einen Auszug zu veröffentlichen. Ich habe dabei die Bedenken, die dem entgegenstehen, nicht unterdrückt, sondern sogar ausdrücklich hervorgehoben. Wenn Sie von einem Diktat meinerseits sprechen und ein solches ablehnen, so muss ich Ihnen aber noch deutlicher erklären, dass ich ganz gewiss nicht von Ihnen mich vergewaltigen lasse. So wie die Dinge jetzt sich entwickelt haben, halt ich ein gedeihliches Weiterarbeiten über den 2. Band hinaus für ausgeschlossen. Sie werden wohl meiner Auffassung zustimmen. [271]

Auch er bedaure, dass die Zusammenarbeit so ende, doch dass das Vertrauensverhältnis zerstört sei, läge allein daran, wie sich Springers Einstellung gegenüber seinem Autor verändert habe.

---

270 Sauerbruch an Springer, 20. Juni 1924; Berlin, ZLB, SVA, B S 45 IV. Der Brief ist im Anhang in voller Länge wiedergegeben. Siehe Anhang 6e.
271 Sauerbruch an Springer, 20. Juni 1924; Berlin, ZLB, SVA, B S 45 IV. Siehe Anhang 6e.

Alle Beteiligten versuchten nun das Ihre, die Krise zu beheben, um das Buch doch noch zu Stande zu bringen. In seiner Verzweiflung wandte sich Fischer privat an Ada Sauerbruch.[272] In der Hoffnung, Frau Sauerbruch könne mehr Verständnis für die Bestrebungen und Sorgen des Verlags aufbringen und vermittelnd auf ihren Mann einwirken, legte Fischer ihr den Kern der Auseinandersetzung dar.[273] In ihrem Antwortschreiben beteuerte Frau Sauerbruch ihre Wertschätzung für Fischers Engagement für das Buch und bedauerte, dass gerade er zu Unrecht unter dem Konflikt zu leiden habe. Sicherlich klage der Verlag zu Recht über die Schwierigkeiten, die durch die Korrekturen entstünden, aber sie warb auch für Verständnis für die Verstimmung ihres Mannes, der alles daransetze, ein außerordentliches Werk zu schaffen. Auch sie verwies deutlich auf die persönliche Dimension des Konflikts.

> So sind auf beiden Seiten Schwierigkeiten, die man vielleicht hätte überbrücken können, die aber durch die ganze Sachlage leider nur verschärft wurden. Ich habe Ihnen ja schon damals gesagt, dass zwischen Ihrem Chef und meinem Mann nicht mehr das alte Verhältnis besteht. Ich habe das im Interesse der beiden Menschen und der Sache immer sehr bedauert. Früher war es für meinen Mann immer eine Freude, wenn er mit Herrn Springer zusammen kam. Er hielt sehr viel auf ihn und seinen Verlag und hatte eine directe [sic!] Freundschaft für ihn. Was dazwischen kam, kann ich natürlich nicht beurteilen. Aber zwei Menschen, wie Ihr Chef und mein Mann, die an so prominenter Stelle im Leben stehn [sic!] haben natürlich viel Feinde und Neider und es giebt [sic!] darunter immer welche, die es geschickt verstehen zu hetzen; und Freude haben wenn solch ein gutes Verhältnis getrübt wird. Mein Mann hält heute noch sehr viel von Herrn Springer, das weiss ich wohl, aber er ist sehr gekränkt durch die wenig persönliche Art mit der seine Briefe beantwortet wurden und durch die ewigen Hinweise auf die Geldverhältnisse. Ausserdem hat er das Gefühl, das [sic!] man sich nicht mehr genügend für seine Sache in Ihrem Verlag einsetzt.[274]

Ada Sauerbruchs Brief verdeutlicht, wie sich die Ebene der Auseinandersetzung verschoben hatte. Längst ging es nicht mehr nur um die problematische Sachlage. Im Konflikt war das fruchtbare Zusammenspiel von wissenschaftlichem Anspruch und ökonomischen Zielen aufgebrochen, Autor und Verleger stützten sich in der Argumentation vermehrt auf ihre jeweilige Hauptmotivation, die sie vom anderen unterminiert sahen. Nun rangen Sauerbruch und Springer um die Anerkennung ihres jeweiligen Rollenverständnisses als Autor bzw. Verleger. Hinzu kamen offenbar persönliche Missverständnisse.

---

272 Ada war Sauerbruchs erste Ehefrau, sie hatten 1908 geheiratet, bekamen vier gemeinsame Kinder und wurden 1941 geschieden. Vgl. Genschorek 1989, Sauerbruch, S. 186.
273 Vgl. Fischer an Frau Sauerbruch, 29. Juni 1924; Berlin, ZLB, SVA, B S 45 IV.
274 Ada Sauerbuch an Fischer, 2. Juli 1924; Berlin, ZLB, SVA, B S 45 IV.

Parallel zu den Bestrebungen aller Beteiligten, das Projekt doch noch zu einen guten Ende zu führen, bemühte sich Springer, die persönliche Differenz zu klären. Dabei nahm er vor allem Anstoß an der Schlussbemerkung in Sauerbruchs Brief vom 20. Juni,[275] und beteuerte zunächst, dass sich seine Gesinnung und Einstellung Sauerbruch gegenüber keineswegs geändert habe. Daraus folge jedoch nicht,

> dass ich mich jederzeit jeder Kritik Ihres Verhaltens gegenüber meiner Firma oder mir selbst zu enthalten hätte. Zu solcher Kritik fühle ich mich herausgefordert, wenn Sie auf einen langen sachlichen Brief meiner Firma, in dem Ihnen die durch die masslosen Korrekturen entstehenden technischen Schwierigkeiten dargelegt werden, nach Art eines Diktators antworten: „Ich bitte meinen Anweisungen zu folgen oder die weitere gemeinsame Arbeit mit mir abzulehnen".
> [...]
> Hat sich nicht vielleicht *Ihre* Gesinnung und *Ihre* Einstellung mir gegenüber im Laufe verändert? Seit Sie in das Münchener Milieu hereingelangt sind, glaube ich diese Wahrnehmung gemacht zu haben. [276]

Mit dem ‚Münchener Milieu' spielte Springer vermutlich auf den Münchner Medizinverleger J. F. Lehmann an, der die *Münchener Medizinische Wochenschrift (MMW)* herausbrachte, [277] in seinem Verlagsprogramm aber auch politische Zeitschriften mit nationalistischer Gesinnung führte. Nachdem der von Springer übernommene Bergmann Verlag 1920 nach München übersiedelte, konkurrierte man an diesem Standort nun direkt mit Lehmann. Springer hatte Sauerbruch über den Ortswechsel informiert: „Wir glauben dort bessere Entwicklungsmöglichkeiten zu finden als im besetzten Gebiet und denken auch, dass es in Süddeutschland an einem grossen wissenschaftlichen Verlage fehlt."[278] Nach seinem Amtsantritt in München gehörte Sauerbruch seit 1919 und bis zu seinem Tod 1951 zum Herausgeberstab der *MMW*, ohne je eine schriftführende Rolle zu spielen. Springer empfand die *MMW* als direkte Konkurrenz zur *Klinischen Wochenschrift (KliWo)*, die er mit A. Hirschwald übernommen hatte und die seit 1922 unter Springers Signet erschien. Die Konkurrenz der beiden Wochenschriften klingt im Briefwechsel Sauerbuch-Springer immer wieder an.[279] Als

---

275   Vgl. Sauerbruch an Springer, 20. Juni 1924; Berlin, ZLB, SVA, B S 45 IV. Siehe Anhang 6e.
276   Springer an Sauerbruch, 30. Juni 1924; Berlin, ZLB, SVA, B S 45 IV. (Hervorhebungen im Original gesperrt). Der Brief ist im Anhang in voller Länge wiedergegeben. Siehe Anhang 6f.
277   Vgl. zur *MMW* Heidler, Mario: Die Zeitschriften des J. F. Lehmanns Verlages bis 1945. IN: Die „rechte Nation" und ihr Verleger. Politik und Popularisierung im J. F. Lehmanns Verlag. Hrsg. von Sigrid Stöckel. Berlin: Lehmanns Media 2002, S. 47–101, hier S. 48–50 und 97–98.
278   Springer an Sauerbruch, 24. November 1919; Berlin, ZLB, SVA, B S 45 II.
279   Im direkten Konkurrenzverhältnis standen beide Zeitschriften zudem mit Georg Thiemes *Deutscher Medizinischen Wochenschrift* und der *Medizinischen Klinik,* die bei Urban & Schwarzenberg erschienen. Vgl. Hahn, Susanne: Erfolge des Verlages. IN: Die „rechte Nation" und ihr

Franz Fischer im Juni 1923 das Manuskript für den 2. Band der *Chirurgie der Brustorgane* bei Sauerbruch abgeholt hatte, sah er bei Prof. Jehn zufällig

> ein Manuskript für die Münchner medizinische Wochenschrift liegen und fragte ihn daraufhin, warum er es dieser Zeitschrift anstatt der Kliwo übergeben will. Nach einigem Hin und Her hat er es mir für die klinische Wochenschrift zur Verfügung gestellt und ich gestatte mir es gleichzeitig zu übermitteln.[280]

Weniger Tage später musste Jehn das Manuskript allerdings zurückfordern, denn Sauerbruch war mit dem Wechsel des Publikationsorts keineswegs einverstanden:

> Der Grunde ist der: Wie ich anfangs schon vorhatte, sie in der M.M.W. zu publizieren, mochte auch Herr Geh. Rat Sauerbruch, dass sie dort erscheint. Es veranlasst ihn in erster Linie die Rücksicht auf Geh. Rat v. Müller, den Herausgeber, der ihn dringend um Artikel aus unserer Klinik gebeten hat.
> Neben diesen persönlichen Gründen ist es vor allem ein sachlicher: bei dem Charakter Ihrer *wissenschaftlichen* Zeitschrift ist diese zurzeit noch in erster Linie die Literatur der Kliniken und Krankenhäuser. Mein Artikel will aber vor allen Dingen den praktischen Arzt vor dem „Pneumothorax" warnen. [281]

Der sachliche Grund war sicherlich nicht der entscheidende, sondern von Jehn eher angeführt worden, um von den persönlichen Absprachen abzulenken. In einem späteren internen Bericht Fischers über ein Treffen in München im März 1925 gab Fischer folgende Äußerung Sauerbruchs wieder: „Ursprünglich waren wir in München etwas besorgt wegen des Fortbestehens der Münchener Zeitschrift und fürchteten, dass die Kliwo sie erdrücken wird, jetzt haben wir aber die Kliwo geschlagen und brauchen sie nicht mehr zu fürchten".[282] An dieser Stelle enthält der Bericht eine Randnotiz Springers: „Dr. Salle mitteilen!" Salle war in dieser Zeit Hauptschriftleiter der *KliWo*.

Springers Ressentiments gegen das ‚Münchener Milieu' griffen sicherlich breiter, aber es schien ihn mit zu verstimmen, dass Sauerbruch als Herausgeber wenig Loyalität gegenüber seinem Buchverleger empfand, sondern hierin vielmehr in seinen Rollen als Herausgeber und Autor differenzierte. Denkbar ist natürlich auch, dass die Auseinandersetzungen mit Springer Sauerbruch gegen die Springerschen Zeitschriften einnahm.

Verleger. Politik und Popularisierung im J. F. Lehmanns Verlag. Hrsg. von Sigrid Stöckel. Berlin: Lehmanns Media 2002, S. 31–45, hier S. 33 sowie Sarkowski, Springer, S. 280.

280 Fischer an Springer, 1. Juni 1923; Berlin, ZLB, SVA, B S 45 II.

281 Jehn an Springer, 3. Juni 1923; Berlin, ZLB, SVA, B S 45 II. (Hervorhebung im Original unterstrichen)

282 Interner Bericht Fischers über ein zufälliges Treffen mit Sauerbruch und Schmidt in München; Berlin, ZLB, SVA, B S 45 II.

In seinem Brief vom 30. Juni 1924 ärgerte sich Springer besonders darüber, dass Sauerbruch ihn nicht als ebenbürtigen Partner behandele, und beklagte sich, dass er auf die Anfragen seines Autors mit ausführlichen Briefen reagiere, die ihn viel Zeit und Mühe kosteten, die seitens Sauerbruchs aber unbeantwortet blieben. Zudem fühle er sich persönlich gekränkt: „Ich erinnere Sie auch an Ihre nicht sonderlich freundlichen Aeusserungen mir und anderen gegenüber bei Gelegenheit der Verleihung des Ehrendoktors der Universität Frankfurt an mich."[283] Dennoch wolle er „heute in aller Ruhe" klarstellen,

> dass in Ihrem Brief vom 12. Juni von einer Anfrage an mich „ob es möglich sei, angesichts der Verzögerung der Drucklegung vorher einen Auszug zu veröffentlichen" nicht wohl die Rede sein kann. Wenn Sie diesen Brief erneut lesen, so werden Sie finden, dass Sie geschrieben haben: „Ich möchte eine kurz zusammenfassende Monographie ohne Abbildungen drucken und erschienen lassen, wenn es auch bedauernswert bleibt, dass dann der Absatz des später herauskommenden grossen Buches verkleinert wird". Auch die letzten Worte dieses Briefes lauten: „andernfalls müsste ich zu dem oben angedeuteten Ausweg greifen.". Sie werden mir zugeben, dass das keine Anfrage, sondern etwas ist, was ich nicht anders als eine Drohung auffassen konnte.[284]

Nachdem Springer eingestanden hatte, sich persönlich beleidigt zu fühlen, und nochmal dargelegt hatte, dass er mit Recht gekränkt sei, kam er zur eigentlichen Sache zurück, um wieder ganz Geschäftsmann zu argumentieren. Des Weiteren wies er darauf hin, dass die übermäßigen Korrekturen nicht nur zur Verzögerung der Drucklegung, sondern auch zu einer Steigerung des Ladenpreises führten, da er ahnte, dass dies letztlich wiederum auf Sauerbruchs Kritik stoßen würde. Besonders empfindlich reagierte er darauf, dass ihm zu Ohren gekommen war, Sauerbruch sei mit seinem Honorar unzufrieden. „Wenn ich mir aber das materielle Ergebnis unserer bisherigen gemeinsamen Tätigkeit ansehe, so kann ich feststellen, dass ich jedenfalls dem Verfasser gegenüber nicht bevorzugt gewesen bin." [285] Am Schluss des Briefes bat Springer um eine gelegentlich persönliche Aussprache unter vier Augen. Sauerbruch antwortete in einem ebenso ausführlichen Brief, in dem er zunächst auf die persönlichen Komponenten der Auseinandersetzung zu sprechen kam:

---

283 Springer an Sauerbruch, 30. Juni 1924; Berlin, ZLB, SVA, B S 45 IV. Siehe Anhang 6f. Vgl. hierzu Sarkowski, Springer, S. 254: Ferdinand Springer hatte am 11. Januar 1922 von der Universität Frankfurt/Main für seine Verdienste um die medizinische Publizistik die Ehrendoktorwürde verliehen bekommen.

284 Springer an Sauerbruch, 30. Juni 1924; Berlin, ZLB, SVA, B S 45 IV. (Hervorhebungen im Original gesperrt). Siehe Anhang 6f.

285 Springer an Sauerbruch, 30. Juni 1924; Berlin, ZLB, SVA, B S 45 IV. Siehe Anhang 6f.

Meine Bemerkung zur Verleihung des Ehrendoktor durch die Universität Frankfurt an Sie. Bei dieser Auszeichnung waren Viele sehr überrascht, haben es Ihnen aber vielleicht nicht gesagt, oder sogar sich gegensätzlich ausgedrückt. Sie wissen, dass ich den Leuten offen meine Meinung zu sagen pflege und habe darum auch Ihnen meine Ansicht deutlich zum Ausdruck gebracht, wie sich das bei unserem Verhältnis gehörte.[286]

Leider konnte nicht eruiert werden, *welche* Meinung Sauerbruch bezüglich der Würdigung Springers geäußert hatte. Offensichtlich aber stieß weder die Auszeichnung auf seine Zustimmung noch stand Sauerbruch mit seiner Ansicht allein da. Dies ist insofern erstaunlich, als die Vergabe von Ehrendoktoraten an Wissenschaftsverleger nicht unüblich war. Möglicherweise zeigte sich hier eine spezielle Empfindlichkeit der praktizierenden Ärzteschaft, für die der Doktortitel über den rein akademischen Grad hinaus ja auch als unmittelbare Berufsbezeichnung gilt. Vielleicht monierte man, dass ein Ehrendoktor schwerlich zur Patientenbetreuung herangezogen werden, geschweige denn eine Operation durchführen könne. Dies bleibt aber spekulativ. Möglich ist auch, dass Sauerbruch beanstandete, dass Springer die Doktorwürde ausgerechnet für seinen Einsatz zur „Förderung der Deutschen Medizinischen Wissenschaft, der er in schwerster Zeit die Verbreitung ihrer Forschungsergebnisse und die Kenntnis der Medizinischen Weltliteratur ermöglichte,"[287] verliehen bekam, denn Sauerbruch hatte Springer ja gerade für seine Exportpolitik und die hohen Auslandspreise kritisiert.

Diesen Kritikpunkt wiederholte Sauerbruch jetzt, indem er sich auf die erklärenden Briefe Springers bezüglich der hohen Preise deutscher Bücher im Ausland bezog:

Gerade bei dieser Gelegenheit habe ich aber gesehen, – vielleicht zum ersten Mal – dass wir uns nicht mehr verstanden. Sie haben sich lediglich auf dem Geschäftsstandpunkt gestellt und haben mir eine Reihe von Zahlen überwiesen, die wohl zutreffen mögen, die aber an der Tatsache nichts ändern, dass das deutsche Buch im Ausland unerhört teuer war und dass uns sehr viele Sympathien und Einfluss dadurch im Auslande verloren gegangen sind.[288]

Sauerbruch zeigte sich hier erneut völlig unempfänglich für die wirtschaftlichen Zusammenhänge. Er zweifelte nicht die Richtigkeit der Zahlen an, die Springer zur Argumentation herangezogen hatte, konnte aber nicht tolerieren, dass das verlegerische Handeln von diesen Zahlen abhängig sei. Für Sauerbruch zählte

---

286 Sauerbruch an Springer, 4. Juli 1924; Berlin, ZLB, SVA, B S 45 IV. Der Brief ist im Anhang in Gänze wiedergegeben bzw. paraphrasiert. Siehe Anhang 6g.
287 Der Wortlaut der Verleihungsurkunde ist abgedruckt in Sarkowski, Springer, S. 254.
288 Sauerbruch an Springer, 4. Juli 1924; Berlin, ZLB, SVA, B S 45 IV. Siehe Anhang 6g.

nur die Feststellung, dass das deutsche Buch im Ausland zu teuer war; an der Lösung des Problems war er dagegen objektiv nicht interessiert.

Ich komme nun zu dem Verhalten des Verlages bei der Drucklegung des 2. Bandes. Hier handelt es sich um eine ganz besonders schwierige Arbeit, auf einem Gebiete, das bisher überhaupt noch nicht im Zusammenhange dargestellt worden ist. Ich konnte nicht, wie das sonst bei Lehrbüchern meistens geschieht, andere früher erschienene zu Hilfe nehmen, sondern ich musste meine eigenen Erfahrungen mit den Einzelergebnissen anderer verschmelzen und einheitlich gestalten. Dass ich dabei den grössten Wert darauf lege, auch stilistisch und formal das Professorendeutsch zu vermeiden, sodass das ganze auch in dieser Beziehung meinen Anforderungen entspricht, werden Sie wohl als Angelegenheit des Autors anerkennen müssen. [...] Es ist aber für einen Autor, der sich mit grosser Liebe seiner Arbeit unterzieht, unerträglich, immer mit solchen sehr engen geschäftlichen Bemerkungen das Verlages gepeinigt zu werden; ich kann Ihnen sagen, Sie haben mir durch diese lästigen Briefe gründlich die Freude an der Arbeit verdorben. Es ist vorgekommen, dass ich viele Wochen, die ich mir für die Arbeit freigemacht hatte, dasass [sic!] und keine Korrekturen erhielt, so z.B. zu Beginn des Semesters. Ist es zuviel verlangt, dass ein so grosser und leistungsfähiger Verlag wie der Ihrige, einen sonst vielbeschäftigten Autor derartige Enttäuschungen erspart?[289]

Diese Passage des Briefes verdeutlicht Sauerbruchs Arbeitsweise und sein Selbstverständnis als Autor. Angesichts seiner hohen Arbeitsbelastung musste er eine praktische Lösung zur Integration seiner Schreibtätigkeit finden. Das erreichte er zum einen durch die Hilfe und Zuarbeit seiner Mitarbeiter, zum anderen in dem er Freizeit opferte. Im autokratisch organisierten Klinikalltag war das Schreiben ein integraler Bestandteil. Innerhalb seines Herrschaftsbereichs nahm Sauerbruch weder Rücksicht auf die Freizeit seiner Mitarbeiter noch auf seine eigene. Auch lag es ihm fern, die wissenschaftliche Arbeit unter ökonomischen Gesichtspunkten zu betrachten. Seinen Verleger sah er nicht als gleichrangigen Geschäftspartner, sondern als Dienstleister für seine wissenschaftlichen Publikationen. In dieser Funktion musste sich Springer nach Sauerbruchs Vorstellung seinem Schreibprozess unterordnen. So sollte der Verlag die unzähligen Überarbeitungsgänge – als Korrekturen getarnt – mittragen. Das Ökonomische war Sache des Verlegers und mochte von diesem gelöst werden, ohne den Autor damit zu behelligen. Vielmehr solle er dem Autor den Rücken freihalten.

Nun kam Sauerbruch auf die Honorarfrage zu sprechen. Das hieraus überhaupt ein Streitpunkt geworden war, ist vor allem auf ein Missverständnis des Autors zurückzuführen. Zum einen hatte Sauerbruch scheinbar den Überblick über die bestehenden Verträge verloren, zum anderen mischte er in die Hono-

---

289   Sauerbruch an Springer, 4. Juli 1924; Berlin, ZLB, SVA, B S 45 IV. Siehe Anhang 6g.

rarfrage erneut seinen Unmut über die hohen Auslandspreise. Er erwartete, dass die Mehreinnahmen aus dem Export, zumindest indirekt, dem Autor zugute-kommen. Dies alles beanstande er aber nicht wegen des Geldes, sondern der offenbar fehlenden Wertschätzung als Autors durch den Verlag.

> Aber Sie können von mir nicht verlangen, dass ich mit einem Verlage arbeite, der mir derartige Schwierigkeiten bei der Durchführung des Buches macht, wie es von Ihnen geschehen ist. Meine Bemerkung: „ich bitte meine Weisungen zu befolgen oder die weitere gemeinsame Arbeit mit mir abzulehnen", ist kein Diktat, sondern eine berechtigte Abwehrmassnahme gewesen. Niemals werde ich mehr ein Buch schreiben, bevor nicht der Verlag, dem ich es anvertraue, Garantie gibt, dass ich so viele Korrekturen vornehmen kann, wie mir notwendig erscheint. [290]

Des Weiteren hoffe er, man könne das Buch ohne weitere Diskussionen zu Ende bringen, darüber hinaus sei jedoch keine weitere Zusammenarbeit mehr möglich. Er bedaure das Ende ihrer Beziehungen, Springer müsse dies aber nicht „auf das „Münchener Milieu" schieben, sondern einsehen, dass Sie selbst Schuld haben."[291]

Tags zuvor hatte Sauerbruch an Fischer geschrieben, um ihn vom unab-wendbaren Geschäftsabbruch zu unterrichten. Daneben sprach Sauerbruch Fischer seinen persönlichen Dank für dessen Bemühungen für das Buch aus.

> Dass die Fertigstellung des 2. Bandes mit so grossen Schwierigkeiten verknüpft ist, konnten Sie nicht verhindern, weil auch Sie unter dem Einfluss Ihres Chefs [an dieser Stelle steht am linken Rand der handschriftliche Kommentar „,!taktlos!"; EF] und des Verlages stehen, der grundsätzlich meine Arbeitsweise als eine Unmög-lichkeit ansieht. Dieses Buch wird mir durch die andauernden Schwierigkeiten und diese unerträglichen Briefe geradezu ekelhaft und daran ist ganz gewiss nicht nur die Schwierigkeit der Materie und die saure Arbeit an ihr sondern auch das man-gelnde Verständnis des Verlags schuld. Es ist mir unmöglich, mich noch einmal solcher Bevormundung und solchen Nörgeleien auszusetzen […].[292]

Wenn Sauerbruch – ob bewusst oder unbewusst – versuchte, einen Keil zwi-schen Springer und seinen Mitarbeiter zu treiben, sah sich Fischer dazu angehal-ten, in zwei privaten Briefen an Sauerbruch[293] sowie an Ada Sauerbruch seine Loyalität gegenüber dem Verlag im allgemeinen und seinen Chef im Besonderen zum Ausdruck zu bringen. Da sich Sauerbruch mehrfach darüber beschwert hatte, dass ihm Springer nicht persönlich auf seine Briefe geantwortet hatte, erklärte Fischer zunächst, dass Springer der Autorenkorrespondenz stets große

---

290 Sauerbruch an Springer, 4. Juli 1924; Berlin, ZLB, SVA, B S 45 IV. Siehe Anhang 6g.
291 Sauerbruch an Springer, 4. Juli 1924; Berlin, ZLB, SVA, B S 45 IV. Siehe Anhang 6g.
292 Sauerbruch an Fischer, 3. Juli 1924; Berlin, ZLB, SVA, B S 45 IV.
293 Vgl. Fischer an Sauerbruch, 13. Juli 1924; Berlin, ZLB, SVA, B S 45 IV.

Bedeutung zugesprochen hatte, mit steigendem Zuwachs der Geschäftstätigkeit aber nicht mehr alle persönlich führen könnte, sondern seinen Prokuristen überantwortet hätte.

> Ich darf vielleicht hierzu erwähnen, dass es im Verlage Springer kein Buch gibt, bei dem während aller Stadien der Herstellung in so eingehender Weise mit allen Beteiligten die Arbeiten besprochen worden sind, und dass es auch kein Buch gibt, nach dem Herr Dr. Springer sich so häufig erkundigt hat wie nach dem Sauerbruchschen. [294]

Parallel liefen die Arbeiten für die Drucklegung des Buches weiter. Ende August schlug Sauerbruch Fischer gegenüber einen recht versöhnlichen Ton an und beteuerte, dass er und seine Mitarbeiter „sämtlich auf Urlaub und Erholung" [295] verzichten, um die Arbeiten an den Bogen schnellstmöglich abzuschließen.

Springer dagegen war verstummt und bereitete sich auf einen erneuten Klärungsversuch vor.[296] Fischer erklärte Sauerbruch das Schweigen seines Chef so, dass dieser „noch mehr Distance zu dem leidigen Briefwechsel"[297] gewinnen wolle. Allmählich befürchteten Sauerbruchs Mitarbeiter, das anhaltende Schweigen des Verlegers könne ihren Chef erneut erzürnen, wobei dieser sich doch gerade wieder beruhigt hatte: „Nachdem im Ganzen die Wogen der Verärgerung in letzter Zeit offensichtlich wieder etwas abgeflaut haben, wäre es sehr erwünscht, wenn durch solche Verzögerung nicht neue Schwierigkeiten auftauchen.[298]

Derweil wandte sich Springer an Geheimrat Willstätter[299], der sich als Vermittler zwischen den beiden Kontrahenten angeboten hatte. Dankend nahm Springer dieses Angebot an, in der Hoffnung, doch wieder mit seinem renommierten Autor ins Reine zu kommen. Willstätter stand sowohl mit Springer in engem Kontakt und hatte diesen nach dem Krieg bei der Autorensuche beraten, und war zudem mit Sauerbruch freundschaftlich verbunden.[300] Als Basis für die

---

294   Fischer an Frau Sauerbruch, 10. Juli 1924; Berlin, ZLB, SVA, B S 45 IV.
295   Sauerbruch an Fischer, 29. August 1924; Berlin, ZLB, SVA, B S 45 IV.
296   Vgl. Fischer an Sauerbruch, 19. Juli 1924; Berlin, ZLB, SVA, B S 45 IV.
297   Fischer an Sauerbruch, 11. September 1924; Berlin, ZLB, SVA, B S 45 IV.
298   Schmidt an Fischer, 30. Oktober 1924; Berlin, ZLB, SVA, B S 45 IV.
299   Richard Willstätter (1872–1942) studierte in München Chemie. 1894 promovierte er, 1896 folgte die Habilitation. 1902 wurde er in München Extraordinarius. 1905 wechselte er als Ordinarius an die ETH in Zürich. 1915 erhielt Willstätter den Nobelpreis für Chemie; 1919 wurde er in die *Deutsche Akademie der Naturforscher Leopoldina* aufgenommen und 1933 Ehrenmitglied. Von 1912 bis 1916 leitete er die organische Abteilung des KWI für Chemie in Berlin und war Professor an der Universität. Dann ging er zurück nach München; 1924 wurde er Privatgelehrter und emigrierte 1939 in die Schweiz. Vgl. Horst Remane IN: DBE, Bd. 10, S. 651.
300   Vgl. Sarkowski, Springer, S. 229, Genschorek 1989, Sauerbruch, S. 110 und Nissen, Erinnerungen eines Chirurgen, S. 103.

Vermittlung sandte Springer Willstätter verschiedene Unterlagen zum Fall Sauerbruch zu und fasste dessen Kritikpunkte zusammen:

> Zunächst sei er der Meinung, dass unser bisheriges geschäftliches Verhältnis, was wenigstens das Materielle anbetrifft, einseitig zu meiner Bevorzugung geführt habe. Sodann fühle er sich durch die für den gegenwärtig in Druck befindlichen II. Band bisher getroffenen vertraglichen Vereinbarungen benachteiligt, vor allem aber wohl gekränkt durch die in diesen materiellen Verabredungen gelegene scheinbare Unterbewertung seines Lebenswerkes gegenüber anderen wissenschaftlichen Büchern, die nicht auf der gleichen Höhe stehen. Endlich sei er der Ansicht, dass ich bei der Drucklegung des jetzt laufenden II. Bandes es an Entgegenkommen habe fehlen lassen, insbesondere in der Frage der Korrekturen.[301]

Im Folgenden stellte Springer zunächst eine genaue Gewinn-Verlust-Rechnung dem jeweiligen Honorar Sauerbruchs aus den einzelnen Verlagswerken gegenüber und kam summa summarum auf einen Gesamtverlust für den Verlag von M 9.878,50, dem das Gesamthonorar inkl. Unkostenerstattungen für Sauerbruch und seine Mitarbeiter von M 9.453,45 gegenüberstand. Ausdrücklich wies Springer Sauerbruchs Vorwurf zurück, „der Verlag habe ganz ausserordentliche Gewinne beim Verkauf an das Ausland erzielt"[302] und den Autor an diesen Einnahmen nicht gebührend beteiligt. 90% der Auflage seien während der Inflationszeit im Inland verkauft und darüber hinaus mehr als 200 Exemplare des Buches an Sauerbruchs Schüler „zum ursprünglichen festgesetzten Papiermarkpreis von M 180.- geliefert"[303] worden.

In seinem zweiten Punkt ging der Verleger auf die vertraglichen Vereinbarungen, insbesondere die Honorierung für den 2. Band ein.

> Herr Geheimrat *Sauerbruch* und ich haben unter dem 7. Juli 1919 für diesen Band einen neuen Vertrag geschlossen, der ein Bogenhonorar von M 200.- für den Druckbogen vorsieht. Dieser Betrag war damals ein Papiermarkbetrag. Ich habe mich ohne weiteres bereit erklärt, diesen Betrag in Goldmark umzuwandeln und der Honorierung zugrunde zu legen. Ich tue hiermit wesentlich mehr als den Mitte 1924 getroffenen Vereinbarungen zwischen den Verlegerorganisationen einerseits und den Autorenorganisationen andererseits entspricht.[304]

---

301 Springer an Willstätter, 6. November 1924; Berlin, ZLB, SVA, B S 45 IV. Der Brief ist in voller Länge im Anhang wiedergegeben. Siehe Anhang 6h.

302 Springer an Willstätter, 6. November 1924; Berlin, ZLB, SVA, B S 45 IV. Siehe Anhang 6h.

303 Springer an Willstätter, 6. November 1924; Berlin, ZLB, SVA, B S 45 IV. Siehe Anhang 6h.

304 Springer an Willstätter, 6. November 1924; Berlin, ZLB, SVA, B S 45 IV. (Hervorhebung im Original gesperrt). Siehe Anhang 6h.

Er sei sogar bereit, das Honorar nach den Vorstellungen des Autors weiter anzuheben, allerdings müsse „das Mehrhonorar in Verbindung mit dem Absatz gebracht werden."[305] Sauerbruchs Unzufriedenheit mit seiner Vergütung resultierte hauptsächlich aus dem direkten Vergleich mit dem Honorar des Geheimrats Döderlein, welches diesem für eine Nachauflage seiner *Operativen Gynäkologie* gezahlt worden sei.[306] Die beiden Werke ließen sich aber nicht miteinander vergleichen. Döderleins Lehrbuch habe sich längst amortisiert und sei insgesamt leichter verkäuflich als Sauerbruchs „Spezialbuch".[307]

Nachdem Springer die pekuniären Streitpunkte erörtert und seine generelle Großzügigkeit versichert hatte, kam er ausführlich auf den eigentlichen Streitpunkt zu sprechen. Der Vorwurf Sauerbruchs, Springer zeige bei der Drucklegung des 2. Bandes nicht genügend Engagement und reagiere auf die Wünsche und Arbeitsweise kleinlich und hemmend, hatte den Verleger empfindlich in seiner Ehre als Geschäftsmann getroffen. Vor allem Sauerbruchs Versuch, Fischer gegen seinen Chef einzunehmen, wies Springer entschieden zurück.

> Herr *Fischer*, der meine Anschauungen über den Verkehr mit den Autoren meines Verlages bis ins kleinste kennt, und der deshalb völlig selbständig zu handeln befugt ist, hat von mir noch den speziellen Auftrag erhalten, bei „Sauerbruch" alles zu tun, was technisch überhaupt möglich und zu verantworten ist. In dieser Tendenz habe ich ihn auch während der ganzen Drucklegung nicht einen Moment beirrt. Ich stelle fest, dass der Brief vom 12. Februar 1924, in dem die ernsten Vorstellungen bezüglich des Uebermasses an Korrekturen erhoben wurden, von Herrn *Fischer* beantragt und diktiert, von mir aber des äusseren Eindrucks wegen selbst unterschrieben worden ist. Die Situation war tatsächlich so, dass Herr *Fischer* als verantwortlicher Leiter der Herstellungsabteilung nicht mehr aus noch ein wusste und mir daher die Absendung des erwähnten Schreibens vorschlug.[308]

Auch bezüglich der Korrekturkosten zog Springer nun konkrete Zahlen heran, um den Streitpunkt zu objektivieren. Während bei wissenschaftlichen Werken die Kosten für Korrekturen für gewöhnlich ca. 10% der gesamten Satzkosten

---

305 Springer an Willstätter, 6. November 1924; Berlin, ZLB, SVA, B S 45 IV. Siehe Anhang 6h. Springer bezieht sich auf die im Mai 1924 zwischen dem *Akademischen Schutzverein* und dem *Verband der Deutschen Hochschulen* einerseits und dem *Deutschen Verlegerverein* andererseits verhandelten *Richtlinien für die Behandlung älterer Verlagsverträge und daraus erwachsender Honorarverpflichtungen*. Darin wurden die Autorenvergütungen aus Verträgen, die vor Inflation und Währungsreform abgeschlossen worden waren, geregelt. Vgl. Meiner, Annemarie: Der Deutsche Verlegerverein 1886–1935. Leipzig: Deutscher Verlegerverein 1936, S. 182–185.

306 Gemeint ist das Buch Döderlein, Albert: Operative Gynäkologie. Leipzig: Thieme ¹1905. 1924 erschien die 5. Auflage.

307 Springer an Willstätter, 6. November 1924; Berlin, ZLB, SVA, B S 45 IV. Siehe Anhang 6h.

308 Springer an Willstätter, 6. November 1924; Berlin, ZLB, SVA, B S 45 IV. (Hervorhebungen im Original gesperrt). Siehe Anhang 6h.

ausmachten, hatten sie beim ersten Band der *Hand* 30%, beim deren zweiten Band 47%, beim ersten Band der Zweitauflage der *Chirurgie der Brustorgane* 52% betragen und seien beim zweiten Band bereits auf 115% angestiegen. Dabei sei er gegenüber Sauerbruch überaus großzügig gewesen und habe darauf verzichtet – wie es durchaus üblich sei –, den Autor die Mehrkosten für Korrekturen, die über das übliche Maß hinausgingen, tragen zu lassen.

> Ich kann es aber nicht als eine Notwendigkeit ansehen, wenn in der 9., 10. und 11. Korrektur Aenderungen vorgenommen werden, die rein stilistischer Art sind (Ersatz von „der" durch „welcher" und umgekehrt, Verdeutschung des Wortes „Mediatinum" in „Mittelfell" usw.). Hätte es sich um Aenderungen gehandelt, die durch neue wissenschaftliche Forschungen hervorgerufen worden wären, ich hätte auch mit keiner Wimper gezuckt. Schliesslich ist der Verleger aber doch nicht nur eine Maschine, die auf Diktat des Autors zu arbeiten hat, sondern er trägt in gleichem Masse wie der Autor, wenn auch auf anderem Gebiete, die Verantwortung für das Gelingen und den Erfolg des Werkes. Verantwortlich für den *Preis* des Buches wird von der Oeffentlichkeit, ja auch vom Autor selbst, doch lediglich der *Verleger* gemacht![309]

Schließlich kam Springer auf das persönliche Moment der Auseinandersetzung zu sprechen.

> Wenn ich meinerseits mir eine Erklärung für die Entstehung des Konfliktes geben soll, so wäre es die, dass es Herrn Geheimrat *Sauerbruch* ausserordentlich schwer fällt, sich zu irgend welchen Konzessionen an die reale Umwelt bewegen zu lassen, sodass er dem, der notgedrungen bei der Drucklegung des Buches ihm gegenüber auch praktische Fragen vertreten und unterstreichen muss, Mangel an Verständnis und Rücksicht vorwirft und sich allmählich in einen Groll gegen ihn hineinsteigert.[310]

Ende November traf sich Willstätter mit Sauerbruch und berichtete Springer am nächsten Tag schriftlich von Verlauf und Resultat des Schlichtungsversuchs. Zunächst wies er darauf hin, „dass manche unrichtige Meinungen entstanden waren".[311] Seitens Springer sei dies, Sauerbruch stünde unter Einfluss des ‚Münchener Milieus'. Allerdings habe auch Sauerbruch falsche Annahmen gemacht, beispielsweise in Bezug auf den Gewinn des Verlags, wobei er zwar nach wie vor Zweifel an einzelnen Angaben Springers habe, dies zu klären wäre aber zu müßig.

---

309 Springer an Willstätter, 6. November 1924; Berlin, ZLB, SVA, B S 45 IV. (Hervorhebungen im Original unterstrichen). Siehe Anhang 6h.
310 Springer an Willstätter, 6. November 1924; Berlin, ZLB, SVA, B S 45 IV. (Hervorhebung im Original gesperrt). Siehe Anhang 6h.
311 Willstätter an Springer, 27. November 1924; Berlin, ZLB, SVA, B S 45 IV.

Auch hinsichtlich des sehr wichtigen Punktes III (Korrekturen) hat sich Herr S. [i. e. Sauerbruch; EF] nicht mehr der Erkenntnis verschliessen können, dass er Ihrer Firma mit seinen Korrekturen zu viel zugemutet hat. Er war doch sehr überrascht von der Höhe der dadurch hervorgerufenen Kosten und es war ihm auch ganz neu, dass die technische Ausführung des Werkes durch die Korrekturen Schaden gelitten hat. Er scheint jetzt in der Tat die grossen Misstände [sic!] zu bedauern, die die Korrekturen herbeigeführt haben. Auf der anderen Seite macht es ihm seine anstrengende Tätigkeit als Vorstand der so grossen Klinik, freilich auch seine Methode zu arbeiten unmöglich, auf das Recht zu verzichten, nach seinem Ermessen Korrekturen zu machen. Ich habe den bestimmten Eindruck, dass die für Ihre Firma so schwer erträglichen Vorkommnisse bei der letzten Druckarbeit sich künftig nicht mehr wiederholen können. Die gelegentlich gefallenen zu temperamentvollen Äusserungen des Herrn S. in dieser Frage sollten, wie mir scheint, einer Erneuerung guter Beziehungen nicht mehr im Wege stehen.[312]

Des Weiteren sei Sauerbruch hinsichtlich des Honorars nicht richtig informiert gewesen und dachte, die Vereinbarungen bezögen sich noch auf den Vertrag von 1916. Willstätter riet Springer, von sich aus auf Sauerbruch zuzugehen, da Sauerbruch sich nicht entschließen könne, auf einem bestimmten Betrag zu bestehen.

Wenn Sie mir erlauben wollen, Ihnen meine Meinung in dieser Frage zu sagen, so hatte ich den Eindruck, dass es Herrn Geheimrat Sauerbruch sehr erwünscht und dass es auch für Ihr Verhältnis zu ihm von grossem Einfluss wäre, wenn Sie sich entschliessen könnten, selbst die Initiative zu einer nachträglichen Erhöhung des am 7. Juli 1919 vereinbarten Bogenhonorars zu ergreifen.[313]

Willstätters Schlichtungsversuch brachte die nötige objektive Basis, auf der die strittigen Details überwunden und eine Einigung im Sinne der Sache angestrebt werden konnte. Springer wusste die Bemühungen Willstätters zu würdigen.[314] An Sauerbruch wandte sich der Verleger in sehr sachlichem, aber immer noch verschnupftem Ton. So konnte er sich nicht verkneifen, bei einer vorläufigen Kalkulation des Ladenpreises auf immerhin M 200,- bis 250,- nochmals auf die „erschreckend" hohen Kosten hinzuweisen. Bei dem hohen Ladenpreis erwarte er einen entsprechend schwerfälligen Absatz der Auflage.[315] Bezüglich der Vergütung schlug Springer ein sofortiges Bogenhonorar von M 200,- vor und eine Nachzahlung von je M 100,- pro Bogen nach Verkauf von 1.000 und 1.500 Exemplaren. Damit hatte er sein Entgegenkommen vom Ab-

---

312 Willstätter an Springer, 27. November 1924; Berlin, ZLB, SVA, B S 45 IV.
313 Willstätter an Springer, 27. November 1924; Berlin, ZLB, SVA, B S 45 IV.
314 Vgl. Springer an Willstätter, 3. Dezember 1924; Berlin, ZLB, SVA, B S 45 IV.
315 Vgl. Springer an Sauerbruch, 3. Dezember 1924; Berlin, ZLB, SVA, B S 45 IV.

satz des Buches abhängig gemacht.[316] In der Hoffnung, auch die persönliche
Beziehung zu seinem Autor in naher Zukunft wieder zu bereinigen, schloss
Springer mit der Bitte, „sich ganz unumwunden zu diesem Brief zu äussern und
darf betonen, dass ich in einer offenen Aussprache jederzeit das beste Mittel zur
Aufrechterhaltung gegenseitigen Verständnisses erblicke.“[317]

In seinem Antwortschreiben zeigte sich auch Sauerbruch versöhnlich,
gleichzeitig wird aber deutlich, dass der kühle und immer noch aufrechnende
Ton Springers bei ihm nicht gut angekommen war. Eingangs stellte er sogleich
fest, dass er sich zu den geschäftlichen Angelegenheiten

> nur als Autor ohne Kenntnis der geschäftlichen Unterlagen äussern kann.
> Nach allem, was Sie schreiben, kann ich ja nicht anders, als Ihrem Vorschlag zu-
> stimmen und tue das hiermit. Bei dieser Gelegenheit möchte ich Ihnen aber noch
> einmal ausdrücklich sagen, dass es sich bei unserer Diskussion in der Hauptsache
> darum gehandelt hat, dass der Verleger immer und immer wieder auf die grossen
> Kosten des Druckes hinwies und nach meiner Meinung viel zu wenig Verständnis
> für die mühevolle Arbeit des Autors zeigte. Auch in Ihrem jetzigen Schreiben ist
> das nicht anders geworden.
> Ich verkenne die Schwierigkeiten Ihres Unternehmens keineswegs und bin mir
> auch bewusst, dass die Herausgabe eines so umfangreichen und schön ausgestatte-
> ten Werkes für Sie allerhand Risiko bringt in den jetzigen Zeiten. Wenn man aber
> bedenkt, dass der Preis zwischen 200 und 250 Mk. schwankt, so ist ja wirklich –
> auf die Gesamtzahl von 2000 Exemplaren berechnet – die Bezahlung des Autors
> gering. Verstehen Sie mich recht, – ich bin mit Ihrem Vorschlag durchaus einver-
> standen und für mich ist die Sache erledigt. Leid tut mir nur, – ganz allgemein ge-
> sprochen –, dass geistige Arbeit geschäftlich so ausserordentlich gering gewertet
> wird.[318]

Die ökonomischen Zusammenhänge interpretierte Sauerbruch nach wie vor
falsch, indem er davon ausging, dass sich die gesamte Auflage garantiert verkaufen und der Verlag den vollen Ladenpreis als Gewinn einstreichen werde. Aus
dieser Fehlannahme heraus fühlte er sich als Autor zu gering gewürdigt und
vermischte dabei die wirtschaftliche mit der ideellen Ebene. Wollte er von der
Kostenseite nicht mit ökonomischen Belangen behelligt werden, maß er die
Wertschätzung seiner Leistung durchaus auch am Honorar.

Zwar konnte man sich nun in den einzelnen sachlichen Streitpunkten einigen, doch ging es darüber hinaus auch Springer immer noch ums Prinzip:

> Erlauben Sie mir zu bemerken, dass ich von seinem [i. e. Sauerbruchs Brief; EF] In-
> halt noch nicht voll befriedigt bin, da ich die Empfindung habe, dass Sie meinen

---

316 Vgl. Springer an Sauerbruch, 3. Dezember 1924; Berlin, ZLB, SVA, B S 45 IV.
317 Springer an Sauerbruch, 3. Dezember 1924; Berlin, ZLB, SVA, B S 45 IV.
318 Sauerbruch an Springer, 7. Dezember 1924; Berlin, ZLB, SVA, B S 45 IV.

Vorschlag nur um die Sache zu Ende zu bringen annehmen ohne dabei die innere Ueberzeugung zu haben, dass ich als Verleger mit ihm getan habe was ich tun konnte. Ich möchte sehr wünschen, dass die Gelegenheit zur mündlichen Aussprache sich bald ergibt. Vielleicht ist es dann möglich, dass ich Sie doch davon überzeuge, dass ich die Arbeit des Autors nicht unterschätze, dass vielmehr das, was Ihnen als Unterschätzung erscheint, nichts weiter als die Wirkung wirtschaftlicher Gesetze ist, denen jedes Mitglied des wirtschaftlichen Lebens sich unterordnen muss.[319]

Dass der Verleger hier nochmals insistierte, um seinem Autor restlos zu überzeugen, weist darauf hin, dass er nicht nur das laufende Projekt retten wollte, sondern dass es ihm in erster Linie um die Anerkennung seines Rollenverständnisses durch Sauerbruch ging. Darüber hinaus hoffte er vielleicht auf eine weitere Zusammenarbeit mit dem renommierten Arzt. Zudem war ihm sicherlich daran gelegen, seinen Ruf an solch prominenter Stelle zu sichern. Ein Zerwürfnis mit Sauerbruch konnte ihm auch bei anderen medizinischen Publikationen schaden.

Um nicht wieder der persönlichen Note der Auseinandersetzung Platz zu machen, wandte sich Springer erneut an Willstätter, der die Honorarvorschläge des Verlegers prüfen sollte.[320] Willstätter fand das Angebot Springers mehr als recht und billig und konnte Sauerbruchs Verstimmung nicht verstehen. Dieser habe schließlich den Vertrag von 1919 unterschrieben und könne froh sein, wenn der Verleger ihm bereitwillig entgegenkomme.[321] Auch Sauerbruchs Meinung, Springer honoriere seine geistige Arbeit nicht genügend, konnte Willstätter nicht teilen, Sauerbruchs Aufrechnung von Kosten und Autorenhonorar blieb ihm unverständlich: „Ich finde es durchaus einleuchtend, dass ein solches gelehrtes Werk nicht besonders einträglich ist."[322]

Zwar erfüllte sich Sauerbruchs Wunsch – „Hoffendlich [sic!] wird das Buch noch vor Weihnachten fertig, damit wir ins neue Jahr diese Last nun nicht mehr mitschleppen brauchen."[323] – nicht ganz, doch konnten die Kontrahenten zum Weihnachtsfest bereits versöhnliche Grüße austauschen.

Ich hoffe zuversichtlich, dass trotz allem, was zwischen uns an Hindernissen sich auftürmte, die gemeinsame Arbeit in Zukunft möglich sein wird.

319   Springer an Sauerbruch, 9. Dezember 1924; Berlin, ZLB, SVA, B S 45 IV.
320   Vgl. Springer an Willstätter, 9. Dezember 1924; Berlin, ZLB, SVA, B S 45 IV.
321   Vgl. Willstätter an Springer, 14. Dezember 1924; Berlin, ZLB, SVA, B S 45 IV.
322   Willstätter an Springer, 14. Dezember 1924; Berlin, ZLB, SVA, B S 45 IV.
323   Sauerbruch an Springer, 7. Dezember 1924; Berlin, ZLB, SVA, B S 45 IV.

Herrn Geheimrat Willstätter, der heute Abend (1. Weihnachtsabend) mein Gast ist werde ich diesen guten Verlauf mitteilen und er wird sich sicher ganz besonders darüber freuen.[324]

Auch Springer war erleichtert und äußerte Hoffnung auf eine gelegentliche persönliche Aussprache sowie zukünftige Buchprojekte.[325] Fast sieben Jahren waren seit der ersten Planung einer Neuauflage des Thoraxbuches vergangen, als das ‚Sorgenkind' endlich im Januar 1925 erschien. Die große Mühe, die auf die Herstellung des Bandes verwendet worden war, hatte sich offenbar gelohnt. Voller Stolz kündigte Springer Sauerbruch das baldige Eintreffen des ersten druckfertigen Exemplars an.

Ich muss sagen, dass mir der Band nun als fertiges Ganze doch ganz ausserordentlich imponiert, und dass er mir doch ein sehr erfreuliches und schönes Zeugnis für eine der grössten Leistungen der modernen Medizin erscheint, ich möchte sehr hoffen, dass Sie an dem Buch nach allen Schwierigkeiten seinen Werdens nun künftig nur noch reine Freude erleben.[326]

Und Sauerbruch äußerte seinen besten Dank „für die geradezu wundervolle Ausstattung, die Sie dem Buches gegeben haben und für das Interesse, das Sie trotz allem der Arbeit treu geblieben sind!"[327]

4.2.4 Die vermeintliche Ruhe nach dem Sturm

Anfang 1925, der zweite Band der *Chirurgie der Brustorgane* war gerade nach einer nervenaufreibenden Krise doch noch zustande gekommen, schmiedeten Verlag und Autor bereits Pläne für neue Projekte. Dass man sich beinahe auf ewig entzweit hätte, schien vergessen; der beiderseitige Stolz über die vortreffliche Ausstattung des Buches ermutigte vor allem den Verleger zu der Hoffnung, Konfliktpotenziale für die Zukunft, wenn nicht ganz ausgelöscht zu haben, so doch nun genau zu kennen und somit bei weiteren Projekten von vorne herein unschädlich machen zu können.

Zu diesem Zeitpunkt lagen zwei unterschiedliche verlegerische Projekte mit Sauerbruch an: Zum einen sollten Sauerbruchs Vorlesungen über *Spezielle Chirurgie* veröffentlicht werden; zum anderen musste auch der erste Band der *Chirurgie der Brustorgane* neu aufgelegt werden, um das Gesamtwerk lieferbar zu

---

324 Sauerbruch an Springer, 25. Dezember 1924; Berlin, ZLB, SVA, B S 45 IV.
325 Vgl. Springer an Sauerbruch, 29. Dezember 1924; Berlin, ZLB, SVA, B S 45 IV.
326 Springer an Sauerbruch, 20. Januar 1925; Berlin, ZLB, SVA, B S 45 IV.
327 Sauerbruch an Springer, 23. Januar 1925; Berlin, ZLB, SVA, B S 45 IV.

halten.[328] Über beide Pläne tauschte sich Fischer bei einem Treffen mit Schmidt und Sauerbruch im März 1925 erstmals konkret aus.

Aus verschiedenen Gründen kam eine direkte publizistische Zusammenarbeit Sauerbruchs mit seinem Oberarzt Schmidt nicht mehr in Frage. Gegenüber Fischer äußerte Schmidt bei allen Vorschlägen Vorbehalte, seinen Chef nicht im gewünschten Sinn beeinflussen zu können „und erklärt „Dazu ist der Chef nicht zu bringen", „Das macht er nicht" usw.".[329]

> Nach der Unterhaltung mit Schmidt und einer reichlich langen Wartezeit rief mich *Sauerbruch* und sagte sofort, dass er mit Schmidt zusammen nie wieder ein Buch schreiben werde, da dieser Mann ihn tot mache. Er hat daher die Neuauflage des I. Bandes zwischen *Lebsche* und *Brunner* aufgeteilt und ist überzeugt, dass auf diese Weise ein glatteres Arbeiten zu erreichen sein wird.[330]

Da Sauerbruchs Vorlesungen über spezielle Chirurgie im Stenogramm vorlagen, versprach man sich eine rasche Veröffentlichung bewerkstelligen zu können. Aus Fischers Bericht geht hervor, dass Sauerbruch zu dem Zeitpunkt etwa 600 Studenten hatte, die eine sichere Abnehmerschaft für die Vorlesungen darstellten. Sauerbruch ging wohl davon aus, dass er selbst bei dieser Veröffentlichung nicht stark involviert sein würde, da er Schmidt mit der Zusammenstellung des Manuskriptes beauftragte. Alle weiteren Absprachen sollten zwischen Schmidt und dem Verlag getroffen werden.[331]

Allerdings sorgte sich Sauerbruch um die Motivation seines Oberarztes, da dieser „offenbar lieber selbst ein Buch schreiben möchte, als das Sauerbruchsche herauszugeben."[332] Daher erklärte Sauerbruch: „Wenn Schmidt weiter Schwierigkeiten macht, dann nehme ich ihm den Auftrag weg und gebe ihn Jehn. Die Herren wollen nur eigene Werke verfassen."[333] Eine Randnotiz an dieser Stelle des Berichts zeigt, dass auch Springer wenig Interesse an einer Zu-

---

328   Vgl. Springer an Sauerbruch, 20. Januar 1925; Berlin, ZLB, SVA, B S 45 IV.
329   Interner Bericht Fischers, 10. März 1925; Berlin, ZLB, SVA, B S 45 IV.
330   Interner Bericht Fischers, 10. März 1925; Berlin, ZLB, SVA, B S 45 IV. (Hervorhebungen im Original gesperrt)
       Alfred Brunner (1890–1972) studierte Medizin in Lausanne, Zürich, Berlin und Wien und schloss 1917 mit Promotion ab. Von 1915 bis 1923 war er Assistenz unter Sauerbruch in Zürich und München; er habilitierte sich bei Sauerbruch. 1923 wurde er Oberarzt der Chirurgischen Universitätsklinik und Privatdozent in München. 1926 wechselte er als Chefarzt nach St. Gallen. 1941 wurde er Professor für Chirurgie und Direktor der Universitätsklinik in Zürich. 1952 wurde Brunner in die *Deutschen Akademie der Naturforscher Leopoldina* aufgenommen. Vgl. DBE, Bd. 3, S. 268.
331   Vgl. interner Bericht Fischers, 10. März 1925; Berlin, ZLB, SVA, B S 45 IV.
332   Interner Bericht Fischers, 10. März 1925; Berlin, ZLB, SVA, B S 45 IV.
333   Sauerbruch zitiert im internen Bericht Fischers, 10. März 1925; Berlin, ZLB, SVA, B S 45 IV.

sammenarbeit mit Schmidt hatte: „Ist mit Schmidt irgend etwas definitives vereinbart[?] *Jehn* wäre mir tausendmal lieber".[334]

Zunächst blieb der Oberarzt jedoch Hauptansprechpartner für den Verlag. Darüber hinaus mussten andere personelle Vereinbarungen getroffen werde, etwa, ob der Kunstzeichner Eisengräber weiterhin in gleichem Umfang beschäftigt sein würde. Offenbar war Frl. Leske nicht mehr als Sekretärin Sauerbruchs eingestellt, denn Schmidt und Sauerbruch wünschten sich für sie ein ähnliches Arrangement wie für Eisengräber:

> Schmidt und auch Sauerbruch fragen, ob wir nicht für Fräulein Leske eine Tätigkeit schaffen können. S. setzt sich nach wie vor sehr stark für sie ein. Frau Geheimrat S. warnt, und ich glaube, sie hat recht. [Randnotiz Springers: „Bin *ganz* dagegen!"; EF] Immerhin müssen wir wenigstens pro forma uns bemühen. Zunächst wird man ihr die Abschriften des Manuskriptes für die „Spezielle Chirurgie" übergeben. Auf diese Weise wird sich auch Sauerbruch zur mehrmaligen Durchsicht der Schreibmaschinenschrift verstehen, was er grundsätzlich, wenn auch nicht leichten Herzens, mir bereits zugesagt hat.[335]

In Sachen Leske ging Springer schließlich einen Kompromiss ein. Zwar weigerte er sich, sie in eine feste Anstellung zu nehmen, wollte aber die Schreibkosten bis zu M 800,- tragen.[336] Bemerkenswert ist, dass Springer damit bereitwillig Kosten übernahm, die eigentlich Sauerbruch hätte übernehmen müssen, denn immerhin verpflichtet sich der Autor gemeinhin zur Abgabe eines druckfertigen Manuskriptes. Wie dieses zustande kommt und ob dafür eine Schreibkraft eingesetzt wird, ist normalerweise nicht Belang des Verlegers. Offenbar rechnete Springer nicht mehr damit, von Sauerbruch je ein druckfertiges Manuskript erwarten zu können, und gab sich der Illusion hin, mit diesem Kunstgriff die Korrekturen und damit verbundene Mehrkosten zu einem großen Teil auf das maschinenschriftliche Manuskript ablenken zu können.

Mit ca. 200 Seiten Umfang und einfarbigen Abbildungen sollte die Erstauflage mit 3.000 Exemplaren unter dem Titel *Klinische Vorlesungen über spezielle Chirurgie* noch vor dem Wintersemester erscheinen. Das Honorar blieb zunächst offen: Sauerbruch schwebten 300,- bis 400,- Mark pro Bogen vor, wobei er aber über die Auswirkung seines Honorars auf den Ladenpreis unterrichtet werden wollte. Für die Neuauflage des ersten Bandes der *Chirurgie der Brustorgane* einigte man sich dagegen auf eine Beteiligung von 15% des Ladenpreises jedes verkauften Exemplars, wobei jedoch 5% bereits bei Erscheinen gezahlt werden sollten;

---

334 Springers Randnotiz zum internen Bericht Fischers, 10. März 1925; Berlin, ZLB, SVA, B S 45 IV. (Hervorhebung im Original handschriftlich unterstrichen)
335 Interner Bericht Fischers, 10. März 1925; Berlin, ZLB, SVA, B S 45 IV. (Hervorhebung im Original handschriftlich unterstrichen)
336 Vgl. interner Bericht Fischers, 18. April 1925; Berlin, ZLB, SVA, B S 45 IV.

mit anderen Worten 5% jedes erschienenen und 10% jedes verkauften Exemplars. Sauerbruch erbat sich auch für dieses Projekt eine Schreibkraft, eventuell könne zusätzlich hier Frl. Leske eingesetzt werden.[337]

In den folgenden Monaten wurden in der Sauerbruchschen Klinik an beiden Publikationen gearbeitet, wobei für den Verlag nicht immer klar war, zu welchen Anteilen bspw. Frl. Leske an den Projekten beteiligt war. Ein Vertrag für die Vorlesungen lag immer noch nicht vor. Gegen Ende des Jahres wurde Fischer zunehmend nervös, wandte sich zunächst an Frau Sauerbruch, da der Vertrag nicht unterzeichnet sei, man sich doch aber einig gewesen wäre, dass das Formale vorher geklärt werden sollte,[338] und äußerte dann gegenüber Schmidt seine Bedenken, wie der Verlag nun noch Sauerbruchs Wünsche nach einem Erscheinen zum Wintersemester und zudem zu einem niedrigen Preis erfüllen solle.[339]

Ende 1925 trat auch Lampe-Vischer mit dem Anliegen an Sauerbruch heran, die Münchner Vorlesungen über allgemeine Chirurgie verlegen zu wollen. Allerdings hegte er kaum Hoffnung auf eine Zusage, wiederholte nun aber sein bereits mündlich vorgetragenes Bemühen in schriftlicher, ehrerbietiger Form. Offensichtlich wollte er seinen Starherausgeber auch als Buchautor gewinnen. Dass er dabei in unmittelbarer Konkurrenz zu Springer stand, war ihm wohl bewusst, vielleicht hatte er aber von den Reibereien zwischen Sauerbruch und dem Berliner Verleger gehört:

> Ich dürfte vielleicht gegenüber einem anderen Verleger von Ihnen bevorzugt werden können, denn ich habe gezeigt, dadurch, daß ich die Redaktion der „Deutschen Zeitschrift für Chirurgie" unter Ihre großzügige Leitung gestellt habe, welche Bedeutung Sie für mich haben und es liegt mir viel daran, unsere Verbindungen zu noch engeren zu gestalten.[340]

Aus dem vermeintlich unkomplizierten Projekt war derweil längst ein neues Sorgenkind geworden. Erst im Mai des nächsten Jahres lag ein Vertragsentwurf vor, welcher ein Bogenhonorar von M 200,- vorsah. Um das Erscheinen der Vorlesungen zu beschleunigen, sollten sie nun als Heftreihe erscheinen, die später in einem Band zusammengefasst werden könnte.[341] Tatsächlich erschien noch im selben Jahr *Ausgewählte chirurgisch-klinische Krankheitsbilder nach Sauerbruchs Klinischen Vorlesungen* als erstes Heft, das zugleich das einzige bleiben sollte.[342]

---

337   Vgl. interner Bericht Fischers, 18. April 1925; Berlin, ZLB, SVA, B S 45 IV.
338   Vgl. Fischer an Frau Sauerbruch, 13. November 1925; Berlin, ZLB, SVA, B S 45 IV.
339   Vgl, Fischer an Schmidt, 30 November 1925; Berlin, ZLB, SVA, B S 45 IV.
340   Lampe-Vischer an Sauerbruch, 17. Dezember 1925; Berlin, ZLB, SVA, B S 45a.
341   Vgl. Vertragsentwurf, 19. Mai 1926; Berlin, ZLB, SVA, B S 45 IV.
342   Ausgewählte chirurgisch-klinische Krankheitsbilder nach Sauerbruchs Klinischen Vorlesungen. Bearbeitet von Georg Schmidt. Erstes Heft. Berlin: Springer 1926. Nissen berichtet in

Im Oktober 1926 hatten die Schreibkosten, die Frl. Leske verursachte, die Grenze von M 800,- längst überschritten und betrugen M 4.000,-, die sich nicht differenzierbar auf beide Projekte verteilten. Hatte sich Springer erhofft, die maschinenschriftliche Vorarbeit werde die Kosten insgesamt senken, wuchsen nun die Ausgaben, ohne dass ein annähernd druckreifes Manuskript vorlag.[343] Im Gegenzug war Sauerbruch enttäuscht darüber, dass der Verlag noch nicht mit den Reproduktionen der Abbildungen für den 1. Band der *Chirurgie der Brustorgane* angefangen hatte, aber ständig das Manuskript anmahne.

> Aber vielleicht hat es für Ihren Verlag gar kein Interesse den ersten Band noch einmal zu drucken. Das will mir fast so scheinen. Dann aber ersparen Sie uns die Arbeit. Ich persönlich, das kann ich Ihnen versichern, lege keinen Wert darauf, dass der I. Band noch einmal erscheint. Man könnte ja ruhig das, was man über die Fortentwicklung der Thoraxchirurgie zu sagen hat, – und das ist ziemlich viel – auch in Einzelarbeiten oder kleineren Monographien veröffentlichen. Sie könnten dann die Arbeit Chaouls über die Röntgendiagnostik ja ruhig für sich herausgeben und die anderen klinischen Publikationen würde ich dann in anderer Form erscheinen lassen.[344]

Der Verleger hatte sich scheinbar entschlossen, in der Auseinandersetzung mit Sauerbruch ganz nüchtern zu bleiben und sich nicht wieder zu prinzipiellen Diskussionen hinreißen zu lassen. So erklärte Springer: „Dass ich nicht mehr wie früher mich darauf einlassen möchte, die Abbildungen jahrelang vor Drucklegung des Manuskriptes fertigzustellen beruht auf den von mir gemachten Erfahrungen."[345] Es sei nicht im Interesse der Bildstöcke, dass diese bis zum Einsatz durch Oxidation beschädigt würden. „Auch habe ich gerade bei Ihren Büchern die Erfahrung machen müssen, dass jahrelang vorher fertiggestellte Stöcke vielfach geändert oder verworfen wurden."[346] Doch sei er

---

seinen Lebenserinnerungen, dass Sauerbruch ihm die Manuskripte seiner Vorlesungen überließ. Nissen übergab sie später dem holländischen Verlag Sythoff in Leiden; das Erscheinen des Buches wurde aber durch Hitlers Einmarsch in Holland vereitelt. Vgl. Nissen, Erinnerungen eines Chirurgen, S. 116.

343 Vgl. Springer an Schmidt, 11. Oktober 1926; Berlin, ZLB, SVA, B S 45 V.
344 Sauerbruch an Springer, 29. Dezember 1926; Berlin, ZLB, SVA, B S 45 V.
     Henri Chaoul (1887–1964) gilt als Pionier der Röntgentechnik. Er war zunächst Röntgenologe bei Sauerbruch in Zürich, München und Berlin. 1939 wurde er Professor an der Berliner Universität und zugleich Direktor der Röntgenabteilung des Krankenhauses Moabit. 1944 übernahm er zudem das Röntgeninstitut der Charité. Ein Jahr später verließ er Deutschland und war zunächst in Ägypten, dann im Libanon tätig. Chaoul war Mitglied der *Deutschen Röntgengesellschaft*, Ehrenmitglied der *Royal Society of Medicine* und erhielt 1957 das Bundesverdienstkreuz. Vgl. Biographisches Lexikon hervorragender Ärzte der letzten fünfzig Jahre. Begründet von Isidor Fischer. Band 3. Hildesheim, Zürich und New York: Georg Olms 2002; (im Folgenden: Biographisches Lexikon hervorragender Ärzte, 2002), S. 247.
345 Springer an Sauerbruch, 3. Januar 1927; Berlin, ZLB, SVA, B S 45 V.
346 Springer an Sauerbruch, 3. Januar 1927; Berlin, ZLB, SVA, B S 45 V.

jederzeit gern bereit, mit voller Energie die Drucklegung des Buches aufzunehmen, sobald das gesamte Manuskript in meinen Händen ist. Ich wäre Ihnen dankbar für eine bindende Auskunft darüber, bis wann ich nunmehr mit voller Sicherheit auf die Ablieferung rechnen kann.[347]

Im Januar 1927 hatte Rudolf Nissen „für Herrn Prof. Schmidt die Weiterführung literarischer Aufgaben der Klinik übernommen. Dazu gehört auch die redaktionelle Besorgung der 3. Auflage des 1. Bandes der „Thoraxchirurgie"."[348] Die personelle Zuordnung von Sauerbruchs Mitarbeitern auf die einzelnen Projekte war in der Praxis aber nicht so strikt, wie es hier den Anschein erweckt. Aus späteren Briefen geht hervor, dass Schmidt nach wie vor für die Herausgabe der Vorlesungen verantwortlich zeichnete und darüber hinaus an der Überarbeitung des 1. Bandes der *Chirurgie der Brustorgane* beteiligt war.[349] Die Korrespondenz mit dem Verlag übernahm in den wichtigen Fragen von nun an Nissen und erwies sich dabei als geschickter und einsichtiger Verhandlungspartner, der zwischen den beiden Parteien zumindest so gut vermitteln konnte, dass der 1. Band der *Chirurgie der Brustorgane* schon bald reale Gestalt annahm.

Zunächst bemühte sich Nissen um ein Entgegenkommen Springers, mit dem Satz schon anzufangen, bevor das Manuskript komplett vorläge, da durch die maschinenschriftliche Abschrift durch Frl. Leske Pausen entstünden, die schon effektiv für Satzkorrekturen genutzt werden könnten.[350] Springer erklärte sich einverstanden mit dem Satz zu beginnen, wenn die Hälfte des Manuskriptes vorliege und ein verbindlicher Abgabetermin für den Rest eingehalten werde. Trotz oder gerade wegen der bereits hohen Kosten für Leskes Schreibarbeiten müsse Springer „sicher sein, dass die Manuskripte, so wie sie mir zugehen, die endgültige Fassung darstellen, sonst würde es das kleinere Uebel bleiben, alles noch einmal abzuschreiben und Herrn Geheimrat *Sauerbruch* zum Umarbeiten vorzulegen."[351]

Nissen konnte die Bedenken des Verlegers hinsichtlich der hohen Kosten für Frl. Leske verstehen, versicherte aber, dass die Arbeit unumgänglich sei:

[D]amit werden meiner Ansicht nach die Korrekturen des *Neudruckes* weitgehend entlastet. Die Schreibmaschinenkosten sind dann wohl sicher im ganzen geringer

---

347   Springer an Sauerbruch, 3. Januar 1927; Berlin, ZLB, SVA, B S 45 V.
348   Nissen an Springer, 17. Januar 1927; Berlin, ZLB, SVA, B S 45 V.
349   Vgl. Schmidt an Springer, 27. Juni 1927 und Springer an Schmidt, 28. Juni 1927; Berlin, ZLB, SVA, B S 45 V.
350   Vgl. Nissen an Springer, 17. Januar 1927; Berlin, ZLB, SVA, B S 45 V.
351   Springer an Nissen, 25. Januar 1927; Berlin, ZLB, SVA, B S 45 V. (Hervorhebung im Original gesperrt)

als die Kosten vielfacher Korrekturrevisionen; gerade die letzteren haben ja den Preis des 2. Bandes stark beeinflusst.[352]

Damit hatte Nissen die Überlegungen Springers genau getroffen und sicherte weiterhin zu, in Kürze die erste Hälfte des Manuskriptes zur Drucklegung einschicken zu können. „Für die ununterbrochene Weiterarbeit in der Korrektur des übrigen Teiles kann ich einstehen. Wenn alles so fortschreitet wie bisher, dann ist anzunehmen, daß bis Ostern die Korrektur des ganzen Bandes abgeschlossen ist."[353]

Als müsse er verdeutlichen, dass er trotz des eingegangenen Kompromisses weiterhin Strenge walten lassen müsse, brachte Springer seine grundsätzliches Misstrauen gegenüber Sauerbruchs Versprechungen zum Ausdruck: „Auf die Frage der Garantieen [sic!] für die ununterbrochene Förderung der gesamten Drucklegung darf ich mir wohl noch vorbehalten zurückzukommen."[354]

Ende März war das Manuskript zum Großteil fertig und „es ist alles auch vom Chef 3mal durchkorrigiert worden".[355] Und der Chef selbst kündigte seinem Verleger an:

Sie werden also morgen durch einen meiner Herren ca. 2/3 der Arbeit in druckfertigem Zustande erhalten. Sie werden, wenn Sie das Manuskript durchsehen, erkennen, welch grosse Mühe die Umarbeitung und Erweiterung des Buches gemacht hat. Es hat sich in den letzten Jahren ausserordentlich viel verändert, was berücksichtigt werden musste.

Ich fahre heute mit Dr. Nissen in Urlaub, um den Rest des Buches fertigzustellen, sodass Sie bestimmt damit rechnen können, am 1. Mai das ganze Manuskript in den Händen zu haben.

Ich bitte Sie, nun aber auch dafür zu sorgen, dass die Drucklegung sofort beginnt, und dass keine weitere Verzögerung entsteht.[356]

Als würden Autor und Verleger bereits ahnen, dass es wieder zu den bekannten Differenzen kommen würde, forderte Sauerbruch die zügige Drucklegung, während Springer nochmals darauf hinwies, die Korrekturen im Satz so gering wie möglich zu halten.

Ich darf nun nochmals die stets wiederholte Bitte aussprechen, – ich hoffe, Sie nehmen sie nicht mit Ungeduld auf – dass auch seinerzeit die Korrekturen Zug um Zug erledigt werden, und dass grössere Aenderungen, die nicht durch die Schuld des Setzers notwendig werden, unterbleiben. Vielleicht würde es Ihnen selbst ein

---

352 Nissen an Springer, 3. Februar 1927; Berlin, ZLB, SVA, B S 45 V. (Hervorhebung im Original unterstrichen)
353 Nissen an Springer, 3. Februar 1927; Berlin, ZLB, SVA, B S 45 V.
354 Springer an Nissen, 7. Februar 1927; Berlin, ZLB, SVA, B S 45 V.
355 Nissen an Springer, 25. März 1927; Berlin, ZLB, SVA, B S 45 V.
356 Sauerbruch an Springer, 29. März 1927; Berlin, ZLB, SVA, B S 45 V.

Rückhalt sein, um Ihre eigenen nach immer weiteren Verbesserungen gehenden Wünsche zu unterdrücken, wenn wir vereinbaren könnten, dass die Kosten für Autorenkorrekturen, soweit sie 10% der Satzkosten überschreiten, den Autoren selbst zur Last fallen und von der Druckerei unmittelbar mit diesen zu verrechnen wären. Sie können versichert sein, dass eine solche Fessel der Sache zugute käme, und zwar sowohl mit Bezug auf die Zeit der Drucklegung wie auch auf den endgültigen Verkaufspreis.[357]

Obwohl Sauerbruch schon früher einmal zu einer Teilübernahme der Korrekturkosten bereit gewesen war, reagierte er zunächst nicht auf Springers Vorschlag. Alle Ermahnungen halfen nichts; als die ersten Fahnenkorrekturen vorlagen, bahnte sich eine erneute Krise an.

> In ihnen [i. e. den Fahnenkorrekturen; EF] sind wieder derart starke Aenderungen vorgenommen, dass die Druckerei, die ich um ein Gutachten gebeten habe, mir schreibt, im Grunde genommen sei völliger Neusatz nicht teurer als Ausführung dieser Korrekturen.
> Ich darf Sie darauf aufmerksam machen, dass ich erst mit der Drucklegung begonnen habe, nachdem mir mitgeteilt worden war, Sie hätten das Manuskript dreimal durchgearbeitet, und des seien nun erhebliche Korrekturen nicht mehr zu erwarten. Zur Vermeidung dieser Korrekturen habe ich Ihnen ja jahrelang eine Schreibkraft zur Verfügung gestellt. Eine weitere Belastung des Buches durch Korrekturen in diesem Mass ist leider sachlich nicht tragbar. Ich verstehe vollständig Ihren Wunsch, jedes Mal wenn Ihnen Ihre Arbeit wieder zu Gesicht kommt, noch zu verbessern und zu feilen. Eine Erfüllung dieses Wunsches wäre aber ein Luxus, der wirtschaftlich nicht verantwortet werden kann.[358]

Springer wiederholte seinen Vorschlag bzgl. einer Beteiligung des Autors an den Korrekturkosten. Er sei bereit 10% der Kosten zu übernehmen, auch wenn er eigentlich davon ausgegangen sei, dass diese Mehrkosten durch die zusätzliche Schreibkraft vermieden werden sollten. Sauerbruch hatte scheinbar beschlossen, alle weiteren Verhandlungen mit dem Verleger Nissen zu überlassen. Dieser erklärte nun, dass Sauerbruch „ausserordentlich verwundert"[359] über Inhalt und Form von Springers Brief sei.

> Zunächst muß ich hervorheben, dass ich als Assistent und Mitarbeiter meines Chefs seinen Standpunkt Ihrem Schreiben gegenüber durchaus begreifen kann. Wenn er bei seiner wirklich übergroßen Arbeitslast sich dennoch dazu versteht, die Durchsicht der Neuauflage so oft und gewissenhaft vorzunehmen, daß er selbst Erholungsurlaub, Nachtstunden und jede freie Minute am Tage und während der

---

357 Springer an Sauerbruch, 30. März 1927; Berlin, ZLB, SVA, B S 45 V.
358 Springer an Sauerbruch, 14. Juni 1927; Berlin, ZLB, SVA, B S 45 V.
359 Nissen an Springer, 17. Juni 1927; Berlin, ZLB, SVA, B S 45 V.

Konsultationsreisen dazu benutzt um an dem Werke zu feilen, dann ist es begreif-
lich, daß er sich durch Ihre Zeilen tief verletzt fühlt.
Er hat Grund, die Thoraxchirurgie und ihre Entwicklung als einen Hauptteil seines
Lebenswerkes zu betrachten. Darum ist es ihm Bedürfnis, Erfahrungen und Ergebnisse seiner wissenschaftlichen und praktischen Chirurgenarbeit der Öffentlichkeit in der vollendetsten [sic!] Form zu übergeben. Es bedeutet eine völlige
Verkennung seiner ganzen Persönlichkeit, seiner Leistungen und auch seiner Auffassung von wissenschaftlicher Tätigkeit, wenn man seine publizistische Arbeit so
engherzig abmisst.[360]

Frl. Leske sei hauptsächlich mit der Abschrift der Vorlesungen beschäftigt gewesen. Springer habe offenbar keine Vorstellung davon, wie viel Mühe die inhaltliche Überarbeitung des Bandes bereitet habe. Schließlich habe man die wissenschaftliche Literatur der letzten sechs Jahre durchgearbeitet und die neuen
Erkenntnisse harmonisch in den bestehenden Text integrieren müssen.[361]

Wenn nun jetzt beim Durchlesen der Fahnenabzüge manches und häufig vieles im
Text verbesserungsbedürftig erscheint, wenn es sich beim fließenden Überlesen
herausstellt, daß einiges umgestellt und auch dem Sinne nach geändert werden
muß, so ist das bei der Größe des Gebietes und den vielfachen Beziehungen, die
zwischen den einzelnen Kapiteln bestehen, fast selbstverständlich, und es geht unter keinen Umständen an, daß man bei der Beurteilung redaktioneller Tätigkeit ein
so umfassendes und grundlegendes Werk mit Druckschriften, die ein eng um-
grenztes Gebiet behandeln, auch nur vergleichen darf. Daß gerade in dem Ein-
gangskapiteln die Umänderungen erheblich sind, liegt daran, daß es sich da um eine knapp und infolgedesssen besonders schwierige Abhandlung über pathologische Physiologie handelt, die für das Verständnis *beider Bände* des Werkes notwendig ist.[362]

Auf Springers Vorschlag, den Autor an den Korrekturkosten zu beteiligen, ließe
sich Sauerbruch jedenfalls nicht ein.[363] Springer dankte Nissen für sein Bemühen um Verständigung, doch könne er seinen eigenen Standpunkt nicht verlassen: „Ich muss nach den ausserordentlich schlechten Erfahrungen, die ich im
Lauf der vergangenen Jahre gemacht habe, an dem Recht des Verlegers festhal-
ten, ein völlig druckfertiges Manuskript zu bekommen."[364] Sonst beschwere
sich Sauerbruch wieder über die Verzögerung der Drucklegung und die Höhe
des Preises. Sauerbruch habe den hohen Preis des 2. Bandes des Öfteren auf

---

360 Nissen an Springer, 17. Juni 1927; Berlin, ZLB, SVA, B S 45 V.
361 Vgl. Nissen an Springer, 17. Juni 1927; Berlin, ZLB, SVA, B S 45 V.
362 Nissen an Springer, 17. Juni 1927; Berlin, ZLB, SVA, B S 45 V. (Hervorhebung im Original
     unterstrichen)
363 Vgl. Nissen an Springer, 17. Juni 1927; Berlin, ZLB, SVA, B S 45 V.
364 Springer an Nissen, 18. Juni [1927]; Berlin, ZLB, SVA, B S 45 V. Dieser Brief ist falsch auf
     das Jahr 1926 datiert, der inhaltliche Bezug ist aber eindeutig.

den Verlag geschoben und Springer habe von so vielen Seiten Anfeindungen erfahren, dass „ich mir fest vorgenommen habe, von mir aus alles zu tun, was die Wiederholung solcher Vorgänge zu verhindern geeignet ist."[365]

> Wenn ich die Situation, wie sie jetzt zwischen Herrn Geheimrat *Sauerbruch* und mir besteht, kurz charakterisieren darf, so ist es die: Ich bin als Angehöriger des Wirtschaftslebens den Gesetzen des Wirtschaftslebens unterworfen. Die Herausgabe eines Buches bedeutet den Eintritt des Resultates wissenschaftlicher Arbeit in das Wirtschaftsleben. Es müssen also bei seiner Herausgabe in letzter Linie die Gesetze des Wirtschaftslebens befolgt werden. Hier mit muss der Autor, und sei er auch ein Mann von dem wissenschaftlichen Rang des Herrn Geheimrat *Sauerbruch*, rechnen.[366]

Nun wandte sich Springer erneut an Willstätter mit der Bitte um Hilfe und Vermittlung, um eine erneute Auseinandersetzung oder gar einen Bruch mit Sauerbruch abzuwenden. Im weiteren Briefwechsel zwischen Springer, Sauerbruch und Willstätter wird der eigentliche Kern des Missverständnisses zwischen Autor und Verleger deutlich und erstmals offen formuliert.

Sauerbruch zeigte nicht nur kein Verständnis dafür, dass der Verleger wirtschaftlich denken und handeln müsse, vielmehr interpretierte er den Geschäftssinn Springers als offenen Verrat an der Wissenschaft.

> Es ist für einen Autor, der nicht nur Bücher schreibt, sondern daneben auch noch allerhand zu tun hat, unerträglich, immer und immer wieder Schwierigkeiten mit der Erledigung seiner Korrekturen durch den Verleger zu bekommen. Noch unerträglicher ist es aber, wenn ein Verleger von dem Range Springer in dem letzten Briefe an Dr. Nissen schreibt, er müsste vom wirtschaftlichen Gesichtspunkte aus die Herstellung eines Buches betreiben. – Dieses Ihr freimütiges Bekenntnis erklärt nun natürlich alles. – Ich hoffe aber, Sie verstehen, dass diese Auffassung vom Autor nicht geteilt werden kann oder wenigsten nicht geteilt zu werden braucht.[367]

Hinsichtlich einer möglichen Beteiligung als Autor an den Korrekturkosten lehnte Sauerbruch Springers Vorschlag entschieden ab:

> Ich würde Sie also bitten, auf diese Gewaltmassnahme, die Sie in so kategorischer Form vorgeschlagen haben, zu verzichten: ich muss ihre Berechtigung ablehnen. Sollten Sie anderer Auffassung sein, so bin ich bereit, mich einem Schiedsgericht zu unterwerfen, dessen Zusammensetzung von Ihnen und mir zu bestimmen wäre.[368]

---

365   Springer an Nissen, 18. Juni [1927]; Berlin, ZLB, SVA, B S 45 V.
366   Springer an Nissen, 18. Juni [1927]; Berlin, ZLB, SVA, B S 45 V. (Hervorhebungen im Original gesperrt)
367   Sauerbruch an Springer, 4. Juli 1927; Berlin, ZLB, SVA, B S 45 V.
368   Sauerbruch an Springer, 4. Juli 1927; Berlin, ZLB, SVA, B S 45 V.

Nun sah Springer keine Möglichkeit zu einer weiteren Verständigung, denn

> wenn Sie es als unerträglich bezeichnen, dass der Verleger bei der Drucklegung ei-
> nes Buches sich in letzter Linie wirtschaftlichen Gesetzen unterwirft, so ist eine
> Diskussion überhaupt nicht mehr möglich. Vielleicht ist Herr Geheimrat *Willstätter*
> geduldiger und glücklicher als ich in dem Versuch, Sie davon zu überzeugen, dass
> zwar Charakter und Innenleben eines Menschen durchaus unter dem Gesetz des
> Ideellen stehen können, dass aber jede Lebensäusserung nach aussen hin, sofern
> sich aus ihr praktische Beziehungen zur Umwelt ergeben, wirtschaftlichen Geset-
> zen unterworfen ist.[369]

Zwar lehnte Sauerbruch einen erneuten Vermittlungsversuch Willstätters ab,
doch konnte dieser immerhin aufklären, dass Sauerbruch nicht 90% der Gesamtsatzkosten tragen solle, sondern lediglich die Mehrkosten, die über 10% der
Gesamtsatzkosten hinausgingen. Willstätter konnte Springer nur folgenden Rat
für den Umgang mit Sauerbruch geben: „Man muss im Verkehr mit Herrn Sauerbruch wohl beachten, in welchem Masse seine Art die eines Künstler, eines
genialen Menschen, ist und wie sehr sie von dem Wesen anderer Vertragspartner abweicht. Das ist fürchte ich, unabänderlich."[370] Wenn Springer mit
Sauerbruch klar kommen möchte, müsse er dessen künstlerische Seele strei-
cheln. Dabei hatte sich Springer gerade um einen sachlicheren Ton im Umgang
mit Sauerbruch bemüht.

> [Ich] bin jedenfalls wesentlich zurückhaltender geworden. Dass das geschehen ist,
> erklärt sich aus meinem Bestreben, einem Mann von dem gesteigerten Selbstbe-
> wusstsein des Herrn Geheimrat *Sauerbruch* gegenüber meine eigene Persönlichkeit
> und meine eigene Würde zu wahren.[371]

Dass es zu keiner erneuten Krise kam, lag wohl vor allem daran, dass Autor und
Verleger darauf verzichteten, sich erneut über ihr prinzipielles Verhältnis zu
streiten. Springer konzentrierte sich ganz auf eine sachliche Handhabung. Auf
der anderen Seite stand ihm mit Nissen ein umgänglicher Verhandlungspartner
gegenüber.

Ende des Jahres 1927 wechselte Sauerbruch an die Charité nach Berlin,
wohin er Nissen mitnahm, während Schmidt in München blieb.[372] Die Arbeit
an der Drucklegung des 1. Bandes lief parallel weiter. Der direkte Kontakt zwischen Sauerbruch und Springer war verstummt. Nun versuchte Springer erneut,

---

369 Springer an Sauerbruch, 7. Juli 1927; Berlin, ZLB, SVA, B S 45 V. (Hervorhebung im Original gesperrt)
370 Willstätter an Springer, 11. Juli 1927; Berlin, ZLB, SVA, B S 45 V.
371 Springer an Willstätter, 13. Juli 1927; Berlin, ZLB, SVA, B S 45 V. (Hervorhebung im Original gesperrt)
372 Vgl. Nissen, Erinnerungen eines Chirurgen, S. 100.

die Honorarfrage zu klären; Nissen schlug eine persönliche Aussprache in Berlin vor. Nach einer Unterredung mit Springer konnte Nissen Sauerbruch zur Einsicht bewegen, und man einigte sich schließlich darauf, dass der Verlag die Korrekturkosten bis zu einer Höhe von M 4.000,- übernahm. Alle Kosten, die darüber hinaus anfielen, sollten mit dem Autorenhonorar verrechnet werden.

Die Fertigstellung des Buches zog sich noch bis Ende 1928 hin; Ende November lag endlich das erste druckfrische Exemplar vor.[373] Der Preis betrug 188,- Mark; von der vereinbarten Regelung machte Springer keinen Gebrauch und übernahm die Korrekturkosten komplett. Seine Strenge hatte sich letztlich für die Sache ausgezahlt; das Verhältnis zu seinem Autor war aber irreparabel zerrüttet. Nachdem 1930 noch der 2. Teil der Neuauflage des 1. Bandes der *Chirurgie der Brustorgane* erschienen war, sollte es zu keiner weiteren Zusammenarbeit mehr kommen.

4.3   Der Autokrat mit der Künstlerseele

Sauerbruch führte seine Klinik wie ein Patriarch; sein ganzes Sein und Tun war von seiner impulsiven Persönlichkeit durchdrungen. Wie ein Autokrat beherrschte er sein Umfeld, sowohl beruflich als auch privat, was ohnehin nicht klar zu trennen war. Diese äußere Organisation korrespondierte mit seiner Egozentrik, die ihm von vielen Zeitgenossen attestiert wurde. Auf der anderen Seite schätzte der Großteil seiner Zeitgenossen sein großzügiges Wesen und seinen charismatischen Charme. Die paradoxe Mischung wurde zusammengehalten von Sauerbruchs unbestrittenen chirurgischen Leistungen. Seine außerordentliche handwerkliche Begabung korrespondierte mit einer hohen Sensibilität, die ihn immer wieder zu impulsiven Reaktionen hinriss. Willstätter hatte ihm „die Art [...] eines Künstler, eines genialen Menschen"[374] attestiert, und auch Ada Sauerbruch wusste, dass man

> einen so temperamentvollen Menschen, wie meinen Mann [...] nicht in eine Norm zwingen [kann], und wenn man es versucht erreicht man bei ihm gerade das Gegenteil. Mit einem liebevollen verständnisvollen Eingehen auf seine Eigenart erreicht man viel mehr und er selbst wird dann auch nachgiebig und es ist leicht mit ihm zu arbeiten.[375]

Sauerbruch passte mit Leib und Seele in das Konzept der Chirurgenschulen, deren militärisch strenge Hierarchien noch aus der Zeit stammten, als Operatio-

---

373   Vgl. Springer an Sauerbruch, 22. November 1928; Berlin, ZLB, SVA, B S 45 V.
374   Willstätter an Springer, 11. Juli 1927; Berlin, ZLB, SVA, B S 45 V.
375   Ada Sauerbruch an Fischer, 2. Juli 1924; Berlin, ZLB, SVA, B S 45 IV.

nen ohne Narkosen durchgeführt wurden. Die Eingriffe mussten zum Wohl des Patienten schnell und präzise durchgeführt werden. Um den reibungslosen Ablauf zu gewährleisten, verschaffte sich der Chirurg mitunter lautstark Gehör – schon um die Schmerzensschreie des Patienten zu übertönen.[376] Der militärische Charakter – auch im Sprachgebrauch – rührte vom großen Einsatz der Chirurgie bei Kriegsverletzungen her.

In der neutralen Schweiz war man gegenüber dem deutschen Militärton allergisch, und so protestierte Sauerbruchs Züricher Ärztestab gegen die „preußischen Befehls- und Unterordnungsverhältnisse"[377] mit Arbeitsniederlegung. Der Schweizer Regierungsrat, der die Angelegenheit prüfte, sah „zwar die Notwendigkeit einer straffen Organisation und Leitung einer Chirurgischen Klinik, sprach aber Sauerbruch sein Mißfallen über das autokratische Verhalten aus"[378].

In München legte Sauerbruch umso mehr Wert auf die Etablierung einer eigenen Schule, „sein ganzes akademisches Walten"[379] orientierte sich an diesem Ziel. Dazu gehörte nicht nur die Entwicklung des chirurgischen Handwerks, sondern auch die wissenschaftliche Arbeit. Sauerbruch schrieb der Publikation große Bedeutung zu und „hat außerordentlich viel geschrieben"[380]. Am Anfang seiner Karriere hatte ihm ein Sonderdruck die Tür zur klinischen, wissenschaftlichen Laufbahn geöffnet, und den entscheidenden Vorsprung vor Brauer und Petersen hatte er sich sowohl auf Kongressen als auch in Publikationen gesichert. Seine operativen Lösungen entwickelte Sauerbruch stets aus der gründlichen Konsultation der Literatur. Die ihm untergeordneten Ärzte hielt er zu wissenschaftlicher Arbeit an und forderte Publikationen ein. Dabei wachte er nicht nur darüber, was geschrieben wurde, sondern auch wer wann und wo publizierte. Von Nissen verlangte er zu Beginn seiner Karriere bei Sauerbruch Rechtfertigung, da Nissen ohne sein Wissen einen Artikel ausgerechnet in der *KliWo* veröffentlicht hatte.[381]

Sauerbruch identifizierte sich sehr mit ‚seinen' Zeitschriften und stand 1928 der neuen Springer-Zeitschrift *Der Chirurg* nicht als Herausgeber zur Verfügung. Dies ist einerseits auf sein zu diesem Zeitpunkt schon zerrüttetes Verhältnis zum Verleger zurückzuführen als auch auf seine Loyalität zur *Deutschen Zeitschrift für Chirurgie*, die er in direkter Konkurrenz zum *Chirurgen* sah und die ironischerweise 1931 von Springer übernommen wurde. Damit wurde Sauerbruch gewissermaßen unfreiwillig *Springer*-Herausgeber, was ihm vielleicht da-

---

376 Vgl. Nissen, Erinnerungen eines Chirurgen, S. 149.
377 Genschorek 1989, Sauerbruch, S. 70.
378 Ebd.
379 Nissen, Erinnerungen eines Chirurgen, S. 146.
380 Killian, Hans: Meister der Chirurgie. 2. neubearbeitete Auflage. Stuttgart: Thieme 1980; (im Folgenden: Killian, Meister der Chirurgie), S. 338.
381 Vgl. Nissen, Erinnerungen eines Chirurgen, S. 60–61.

durch erleichtert wurde, dass die *Zeitschrift* zunächst weiterhin unter Vogelschem Verlagssignet erschien.[382] An seine eigenen Publikationen stellte Sauerbruch einen hohen Anspruch, nicht nur hinsichtlich des Inhalts, der auch bei Autorenteams Einheitlichkeit aufweisen sollte, sondern auch bezüglich der Darstellung – unterstützt von hochwertigen Abbildungen – und der Sprache. Unverständliches Mediziner-deutsch war Sauerbruch zuwider. Am selben Anspruch maß er die medizinische Literatur allgemein. Seine Kritik 1925 richtete sich vor allem gegen Schriften, die nur der Veröffentlichung wegen, also aus Prestige- oder Karrieregründen, geschrieben wurden. Für Sauerbruch war jede Veröffentlichung mit medizini-schem Fortschrittsdenken verbunden.

Sauerbruchs Schreibtätigkeit war in den Klinikalltag integriert, dergestalt dass seine Mitarbeiter auch für seine Publikationen eingespannt wurden. Sie betätigten sich als Koautoren[383] oder übernahmen die alltägliche redaktionelle Arbeit für die Zeitschriften, die Sauerbruch herausgab. Seine Sekretärin und ein eigens angestellter Kunstmaler komplettierten das Sauerbruchsche Publikati-onsheer. Dabei nahm der Chef weder Rücksicht auf seine eigene Freizeit noch auf Feierabende und Urlaubszeiten seiner Mitarbeiter.

In dieser Konstellation kam es zwangsläufig für alle Beteiligten zu einer Vermischung ihrer Rollen hinsichtlich Stellung, Autorschaft und als Privatper-son. Der Briefwechsel zwischen Klinik und Verlag bestand aus mehreren Kor-respondenzen zwischen Sauerbruch und seinen Mitarbeitern auf der einen und Springer und seinen Mitarbeitern auf der anderen Seite. Das Gros der alltägli-chen, praktischen Angelegenheiten regelten die Mitarbeiter, über die wichtigen Dinge verhandelten die Chefs persönlich. Beide führten ihr ‚Geschäft' mit pat-riarchalem Verständnis und waren gewohnt, Aufgaben ohne Chef-Priorität zu delegieren. Es nimmt daher nicht wunder, dass es Springer verärgerte, als Sau-erbruch seinen Brief bezüglich der Auslandspreise ‚unbeantwortet' ließ. Und auch Sauerbruch reagierte empfindlich, wenn er in wichtigen Angelegenheiten mit Briefen des Prokuristen abgespeist wurde.[384]

Allerdings gab es im gegenseitigen Verhältnis ein von Sauerbruch klar wahrgenommenes Gefälle zu seinen Gunsten, dem Springer immer wieder sein

---

382 Vgl. Sarkowski, Springer, S. 312.
383 Dies spiegelt sich in der Sauerbruchs Bibliographie wider: Bei 25 von 109 Zeitschriftenarti-keln hatte Sauerbruch mindestens einen Koautor. Siehe Anhang 4d.
384 In den Mappen 45 und 45a des SVA sind insgesamt 2.595 Schriftstücke archiviert; davon sind 242 Briefe von Springer direkt an Sauerbruch, 133 von Sauerbruch an Springer. Nur zwei Briefe an Sauerbruch stammen von Dritten. Somit hat Sauerbruch deutlich mehr Briefe erhalten, als er persönlich beantwortete. Es ist aber anzunehmen, dass viele der Springer-Briefe von Fischer verfasst und von Ferdinand Springer unterzeichnet wurden. Auf Verlags-seite machte das in der Sache keinen Unterschied, Sauerbruch aber vermisste das persönliche Moment.

dem Autor ebenbürtiges Selbstverständnis entgegenstellte und dessen Anerkennung er von Sauerbruch einforderte. Als Autokrat aber war Sauerbruch es gewohnt, dass sich sein Umfeld nach ihm ausrichtete, ihm zuarbeitete. Das erwartete er auch von seinem Verleger. Dies wurde sicherlich dadurch begünstigt,
dass die Publikationen für Sauerbruch zwar wichtig, aber eben doch nur Teil
seines Wirkens waren. So wie Sauerbruch von seinen Assistenzärzten schier
Unmögliches verlangte, forderte er von seinem Verleger unbedingtes Engagement und zwar vor allem unabhängig von wirtschaftlichen Faktoren.

Sauerbruch fehlte jedes Verständnis – und dies sowohl mit der Konnotation ‚akzeptierend' als auch ‚begreifend' – für das wirtschaftliche Kalkül des Verlegers. Es war ihm unbegreiflich, dass die höchste Bezugsinstanz des verlegerischen Agierens nicht die Wissenschaft, sondern die Ökonomie sein muss. Die
einzige ökonomische Größe, die er gelten ließ, war sein Honorar, und selbst
dies missverstand er immer wieder. Die jeweiligen Vor- und Nachteile von Bogenhonorar oder Beteiligungen am Ladenpreis bzw. Gewinn nahm Sauerbruch
lediglich in ihrer unmittelbaren Auswirkung auf ihn wahr; d.h. zahlte sich eine
Gewinnbeteiligung bei schwachem Absatz für ihn nicht aus, erschien ihm das
Bogenhonorar gerechter. Dann wieder rechnete er Springer vor, wie viel dieser
an einer (vollständig) verkauften Auflage verdiene und fühlte sich übervorteilt.
Die wirkliche ökonomische Kalkulation hinter den Honorarmodellen, deren
Beurteilung ja nur mit einer realistischen Marktvorstellung gelingen kann, blieb
ihm verschlossen.[385]

Vor allem zwei Missverständnisse Sauerbruchs waren immer wieder Basis
seines Unmuts: Erstens hielt er den Umsatz aus der vollständig verkauften Auflage für den Gewinn. Wenn Springer ihm vorrechnete, dass der Gewinn sich
aus dem Erlös der tatsächlich verkauften Exemplare abzüglich der Herstellkosten ergab, protestierte Sauerbruch zweitens dagegen, dass nicht auch seine Unkosten bei der Gewinnermittlung Berücksichtigung fänden. Offensichtlich fiel
es Sauerbruch schwer, den Verlag als eigenständiges *(und)* wirtschaftliches Unternehmen wahrzunehmen. Dieses Missverständnis wurde sicherlich dadurch
unterstützt, dass Springer teilweise tatsächlich Kosten, die in der Klinik entstanden, übernahm und bspw. für das Gehalt von Eisengräber oder Frl. Leske aufkam.

Auch hinsichtlich der Auslandspreise argumentierte Sauerbruch impulsiv
und ohne objektive Orientierung über die Sachlage. Viele wissenschaftliche
Autoren beklagten sich über die Valuta-Aufschläge, die die Bücher teurer mach

---

385 Dass Sauerbruchs Wesen ökonomische Kalkulationen fernstanden, deutet sich in seinem
     Umgang mit Geld an. Schon in Zürich hatte er sich mit dem Kauf zweier Villen finanziell
     übernommen (vgl. Genschorek 1989, Sauerbruch, S. 81); in München gewöhnte er sich an
     einen gehobenen Lebensstil und lebte tendenziell über seine Verhältnisse (vgl. Genschorek
     1989, Sauerbruch, S. 112 und Killian, Meister der Chirurgie, S. 340).

ten, die ihnen aber nicht zu Gute kamen.[386] Sauerbruch schloss sich dieser Klage an, ohne zu realisieren, dass Springer seine Autoren durch absatzabhängige Honorierungen sehr wohl am Valuta-Aufschlag beteiligte. Dass der Verleger allerdings kaum Einfluss auf die Sortimenterzuschläge hatte, ließ Sauerbruch erst gar nicht gelten.

Interessant ist, dass es Springer immer wieder gelang, seine Honorierungsgepflogenheiten, die er gegenüber den Autoren als gerecht und großzügig empfand, in den Verträgen mit Sauerbruch durchzusetzen. Die Honorargestaltung bspw. für die klinischen Vorlesungen sah eine 15%ige Beteiligung am Ladenpreis vor, wovon 5% bei Erscheinen und 10% pro verkauftes Exemplar gezahlt wurden. Die sofort ausgezahlten 5% gaben Sauerbruch die Berechenbarkeit eines quasi-Bogenhonorars, die absatzabhängigen 10% entsprachen Springers bevorzugten Honorarmodi. Man muss anerkennen, dass Springer – wenn er auch im Umgang mit Sauerbruch zwischenzeitlich seinen üblichen Langmut gegenüber schwierigen Autoren verlor[387] – in den Fragen des Honorars, besonders während der auch abrechnungstechnisch schwierigen Inflationszeit, stets großzügig und entgegenkommend blieb.

Das schwierige Verhältnis zwischen Sauerbruch und Springer ist hauptsächlich darauf zurückzuführen, dass Sauerbruch die Rolle des Verlegers falsch verstand. In seinem autokratischen Herrschaftsbereich konnte kein Platz für einen ebenbürtigen Geschäftspartner sein. Für Sauerbruch war der Verleger nicht mehr als ein Dienstleister des Wissenschaftlers. Im Dienst der Sache sah sich Springer gemäß seiner ideellen Anbindung an die Wissenschaft durchaus,[388] doch stieß es ihm bitter auf, dass Sauerbruch darüber den Geschäftsmann in ihm verkannte. Vermutlich gestaltete sich Sauerbruchs Verhältnis zum Lampe-Vischer deshalb so viel harmonischer, da dieser ihm gegenüber viel unterwürfiger auftrat.

Für das Autor-Verleger-Verhältnis ist es nicht unerheblich, dass Sauerbruch seine ärztliche Identität nicht in erster Linie aus seinen Publikationen ableitete. Zwar maß er seinen Publikationen eine hohe Wichtigkeit zu und spielte Publizität für den Aufbau seiner Schule eine stabilisierende Rolle. Auch die Rolle des Herausgebers erfüllte Sauerbruch gewissenhaft und mit einem klar vertretenen Qualitätsanspruch. Sein Verständnis von der Funktion wissenschaftlicher Publikationen leitete sich aus dem generellen Anspruch der Medizin ab, die sich durch ihr Schrifttum auch als wissenschaftliche Disziplin klar positionieren wollte. Dieses Bestreben hatte sie im 19. Jahrhundert über das rein praktische Dasein als Heilkunst hinausgeführt. Aber letztlich resultierte Sauer-

---

386 Vgl. Holl, Produktion und Distribution, S. 122.
387 Vgl. Sarkowski, Springer, S. 165.
388 Vgl. Springers Lebensbericht, zitiert bei Remmert/Schneider, Eine Disziplin und ihre Verleger, S. 305.

bruchs Identität und Autorität als Arzt aus seinem primären Wirkungsfeld, dem Operationssaal. Seine Publikationen dienten der wissenschaftlichen Dokumentation seines medizinischen Wirkens, sie veredelten dieses Wirken mit wissenschaftlichen Status, aber seine berufliche Autorität gründete in der Praxis.

Sauerbruchs Verlegerbild kam sehr deutlich während einer Auseinandersetzung mit Springer im Jahr 1926 zum Ausdruck. Sauerbruch hatte sich in einer Rede über das starke Anzeigenaufkommen in den medizinischen Zeitschriften beschwert und dafür applaudierende Zustimmung der versammelten Ärzte bekommen.[389] Dies konnte Springer nicht unkommentiert lassen, zumal er in punkto Anzeigen durch eine Auseinandersetzung mit dem Großindustrieverband sensibilisiert war.[390] Springer warf Sauerbruch vor, ohne Sachverständnis für die wirtschaftliche Notwendigkeit der Inserate Stimmung gemacht zu haben.

> Für mich als Verleger jedenfalls, der sich in ungerechtfertigter Weise angegriffen fühlen musste, war dieser Beifall der Beweis für eine von Ihnen sicher nicht gewollte billige demagogische Wirkung. Ich habe es ausserordentlich bedauert, wieder einmal bei Ihnen Mangel an Verständnis für den Verleger feststellen zu müssen, der sich Ihnen von Anfang an in aufopfernder Weise zur Verfügung gestellt hat, und der ohne materiellen Gewinn, ja sogar bisher mit materiellen Opfern, zur Verbreitung Ihrer Arbeiten in würdiger Form über die ganze Erde und damit zum Ansehen Ihres Namens beigetragen hat.[391]

Sauerbruch konterte,

> dass diese Art der Reklame, wie sie jetzt in den Zeitschriften sich breit macht, des ärztlichen Standes unwürdig ist. Sie nennen das Mangel an Verständnis für den Verleger, ich nenne es etwas höhere Einschätzung des Aerztestandes. Und in diesem Zusammenhange will es mir scheinen, als ob Ihr Hinweis auf die Aufopferung Ihres Verlages meiner Person oder meinen wissenschaftlichen Arbeiten gegenüber nicht sehr glücklich gewählt ist. Wenn Sie durch die Publikationen meiner Arbeiten mir genützt haben; mein Name hat Ihrem Verlag jedenfalls nicht geschadet. Nur der, der mit mir das Hinunterrutschen des deutschen Aerztestandes und der deut-

---

389 Die Rede wurde unter dem Titel *Heilkunst und Naturwissenschaft* abgedruckt IN: Die Naturwissenschaften. Berlin: Springer 14/1926, Heft 48/49, S. 1081–1090.

390 Dabei ging es um die inhaltliche Verträglichkeit der Anzeigen mit der in den medizinischen Zeitschriften vertretenen Fachmeinung. Eine chemische Firma hatte den Sonderdruck einer Zeitschrift missbraucht, um ein Präparat zu bewerben, gegen das sich im Text der Zeitschrift ausgesprochen wurde. In der Folge hatte Springer versucht, auch den Anzeigenteil der *Therapeutischen Monatshefte* einer strengen wissenschaftlichen Redaktion zu unterziehen; die Zeitschrift wurde daraufhin vom Großindustrieverband boykottiert, was Springer „jährlich mehr als M 100.000.- kostete" (Springer an Sauerbruch, 8. Oktober 1926; Berlin, ZLB, SVA, B S 45a). Seitdem herrschten Spannungen zwischen dem Verlag und dem Verband. Springer hielt weiterhin an einer gewissen Qualitätskontrolle der Anzeigen fest. (Rekonstruktion aus der Korrespondenz, vgl. Berlin, ZLB, SVA, B S 45a)

391 Springer an Sauerbruch, 8. Oktober 1926; Berlin, ZLB, SVA, B S 45a.

schen ärztlichen Wissenschaft fühlt, kann verstehen, was ich mit meinem Vortrage wollte. Beifalls oder demagogischer Wirkung wegen, habe ich sicherlich nicht gesprochen. Dazu sollten Sie mich eigentlich besser kennen. Wer sich entschliesst, einen so heiklen Fragenkomplex öffentlich anzuschneiden, der muss eher auf scharfe Ablehnung als auf Beifall gefasst sein. Wären die Verleger, wie es früher einmal war, die verständnisvollen Mitarbeiter führender Aerzte, dann wäre manches anders. Führende Aerzte aber gibt es heute leider nicht mehr; und die Verleger denken – das geht auch wieder aus Ihrem Briefe hervor – lediglich wirtschaftlich. Ueber allem wirtschaftlichen Denken und Ueberlegen, das unsere Zeit charakterisiert, ist eben vieles verloren gegangen, was unseren Aerztestand früher auszeichnete.

[…]

Nur die Offenheit und Ausführlichkeit mit der Sie mir geschrieben haben, und die langjährigen Beziehungen, die uns verbinden machen es mir möglich, Ihren Brief als freie Aeusserung zwischen zwei langjährig befreundeten Männern anzunehmen; denn zweifellos sind Sie als Verleger dem Autor gegenüber doch etwas zu weit gegangen.[392]

Klar forderte Sauerbruch hier die Unterordnung des Verlegers unter die Führung des Arztes und beschwor damit ein seiner Meinung nach verlorenes Ideal. Seine Vorstellung passt sicherlich besser zum Universitätsverleger des 19. Jahrhunderts, der der Universität seiner Stadt als fächerübergreifender Publikationsort zur Verfügung stand und dabei meist auch mit den Professoren gesellschaftlich, oft freundschaftlich verkehrte.[393] Sauerbruch beklagte den Niedergang des Ärztestandes und dass die Verleger nur noch wirtschaftlich denken.

Wieder bat Springer einen Dritten um Vermittlung; Prof. Heubner[394], der zu dem Zeitpunkt, auf den sich die Auseinandersetzung bezieht, Leiter der fraglichen Zeitschrift war. Heubner schrieb gewissermaßen einen Zeugenbericht in Form eines Briefes (30. Dezember 1926 an Springer), wovon Springer Sauerbruch einen Auszug in Abschrift zukommen ließ. Hierzu schrieb er:

Wenn Sie diese Darstellung zur Kenntnis nehmen, so werden Sie sehen, dass der Verleger, dh. also der Geschäftsmann, dem Sie zuweilen den Vorwurf machen, es

---

392 Sauerbruch an Springer. 23. November 1926; Berlin, ZLB, SVA, B S 45a.

393 Vgl. Jäger, Universalverlag, S. 406.

394 Otto Leonhard Wolfgang Heubner (1877–1957) studierte Medizin und Chemie in Göttingen, Marburg, Straßburg, München und Zürich. 1903 promovierte er, 1908 folgte die Habilitation. Er wurde zunächst außerordentlicher, 1911 ordentlicher Professor in Göttingen. In den folgenden Jahren wechselte er nach Düsseldorf und Heidelberg. 1932 wurde er Direktor des Pharmakologischen Instituts an der Berliner Universität, 1936 Mitglied der *Deutschen Akademie der Naturforscher Leopoldina*. Nach dem Zweiten Weltkrieg leitete er als Direktor das Hygienische Institut der Humboldt-Universität, 1950 wechselte er an die Freie Universität Berlin. Heubner half, die Pharmakologie von den Nachbardisziplinen abzugrenzen. Vgl. DBE, Bd. 4, S. 805.

seien für seine Handlungsweise immer nur wirtschaftliche Erwägungen massgebend, in durchaus unkaufmännischer Weise gehandelt und im Interesse der Unabhängigkeit der medizinischen Publizistik einen kostspieligen Kampf geführt hat, bei dem ihm die Aerzteschaft selbst auf die Dauer vollkommen im Stich liess.[395]

Damit nahm Springer Bezug auf den Boykott, mit dem der Großindustrieverband seine *Therapeutischen Monatshefte* belegt hatte, nachdem Springer versuchte hatte, deren Anzeigenteil einer wissenschaftlichen Redaktion zu unterziehen. Dieser Boykott kostete ihn nach eigenen Angaben M 100.000,- jährlich.[396] Die genauen Zusammenhänge konnte Sauerbruch dem Ausschnitt aus Heubners Brief entnehmen.[397] Des Weiteren konnte es sich Springer nicht verkneifen, auf das Persönliche anzuspielen: „Sollte ich in meinem Brief vom 8.10. in der Form zu scharf gewesen sein, so bitte ich Sie das freundlichst mit Gründen des Temperaments zu entschuldigen, die Sie ja gelegentlich auch für sich in Anspruch nehmen."[398] Es wird deutlich, wie dünnhäutig der Verleger mittlerweile auf Sauerbruch nicht nur in der Sache, sondern auch persönlich reagierte.

In weiteren Passagen seines Briefs, von denen Sauerbruch freilich keine Abschrift erhielt, wies Heubner Springer auf einen weiteren Aspekt des Anzeigenstreits hin: nämlich dass die Preise der Inserate auch die Arzneimittelpreise in die Höhe schnellen ließen. Er empfinde es daher

> als eine moralische Belastung der Aerzte, dass sie sich ihre literarisch fachliche Orientierung in letzter Instanz zum grössten Teil von ihrem Patienten bezahlen lassen, denn die enormen Kosten der Reklame machen ja bekanntlich den Hauptteil bei der Kalkulation des Preises für viele neuere Arzneimittel aus.[399]

Sauerbruch habe somit intuitiv, aber unwissentlich den Kern der Sache getroffen. Abschließend brachte Heubner die Problematik von Sauerbruchs Auftreten auf den Punkt:

> Es ist ja überhaupt das Charakteristische für seinen [i. e. Sauerbruchs, EF] Vortrag, dass er sich über allerlei Dinge ausgelassen hat, ohne hinreichend orientiert zu sein. Ich habe mich beim Anhören in Gegenwart vieler geistiger Kapazitäten auf verschiedenen Gebieten der Wissenschaft, bitter geschämt, dass ein Mann, der sich zweifellos zu den Führern der deutschen Aerzte rechnet, es wagen konnte, über wichtige Probleme in einer so oberflächlichen und so wenig durchdachten Weise zu sprechen. Das habe ich viel trauriger empfunden als die allgemeine Stellungnahme gegen die Naturwissenschaft, die er ja selbst wieder abgeschwächt hat,

---

395 Springer an Sauerbruch. 31. Dezember 1926; Berlin, ZLB, SVA, B S 45a.
396 Siehe Anm. 390 dieses Kapitels.
397 Die Abschrift von Heubners Brief vom 30. Dezember 1926 ist erhalten in Berlin, ZLB, SVA, B S 45a.
398 Springer an Sauerbruch, 31. Dezember 1926; Berlin, ZLB, SVA, B S 45a.
399 Heubner an Springer, 30. Dezember 1926; Berlin, ZLB, SVA, B S 45a.

wenn auch natürlich der Eindruck erstrebt war und bestehen bleibt, dass die Medizin bereits zu naturwissenschaftlich geworden sei. Es liesse sich viel über die zahlreichen Punkte mangelhafter Orientierung und falschen Urteiles in *Sauerbruch's* Rede sagen – und zwar sowohl auf logischer wie auf „intuitiver" Grundlage – aber es hat ja wenig Wert.
[…]
Wenn es *Sauerbruch* gelingen würde, mit seiner impulsiven und für viele Leute imponierenden Persönlichkeit die Aerzte in der Richtung einer grösseren Opferbereitschaft zu Gunsten dieser allgemeinen Fragen zu beeinflussen, so würde er sicher ein gutes Werk tun, und ich glaube, dass Du nach Deiner früheren Haltung und auch nach der Aeusserung Deines jetzigen Schreibens an *Sauerbruch* dieses ebenfalls nur begrüssen würdest. Dass *Sauerbruch* die in diesem Punkte von Dir bewiesene „Weltunklugheit" für sich in Anspruch nimmt, ist übrigens ein amüsantes und charakteristisches Zeichen seines egozentrischen Denkens.[400]

Trotz des schwierigen Verhältnisses zwischen Sauerbruch und Springer, das immer wieder von energischen Kontroversen auf die Probe gestellt wurde, hegten die beiden Männer doch eine grundsätzliche Sympathie füreinander. So bekam Sauerbruch 1935 zu seinem 60. Geburtstag von Springer die 17. Fahnen-Korrektur seines Werkes geschenkt. Obwohl dem Scherz gewiss ein wenig Boshaftigkeit beiwohnte, deutete Else Knake ihn als Unterwerfungsgeste: „Auch hierin zeigt sich übrigens, daß selbst diejenigen, die von ihm unabhängig waren, ihm nachgaben. Wer sich für Sauerbruch entschied, ordnete sich ganz unter, gab seine eigenen Regeln auf und passte sich ihm an; selbst sein Verleger."[401]

---

400 Heubner an Springer, 30. Dezember 1926; Berlin, ZLB, SVA, B S 45a. (Hervorhebungen im Original gesperrt). Springer hatte sich in seinem Brief an Sauerbruch als „weltunklug" bezeichnet, was Sauerbruch in seinem Gegenbrief auf sich selbst bezogen hatte.
401 Knake, Erinnerungen an Sauerbruch, S. 245–246.

5 Siegeszug am Rande der Wissenschaft: Sigmund Freud (1856–1939)

Die vollkommenste Anpassung finden wir beim Genie,
das sich sein Milieu selbst schafft.[1]

Sigmund Freud lebte die längste Zeit seines Lebens in Wien und hatte zur Stadt – wie viele Wiener – ein ambivalentes Verhältnis. Seine wissenschaftliche Ausbildung absolvierte er an der Wiener Universität, die in jenen Jahren großes Ansehen genoss und vor allem auf dem Gebiet der Medizin über international renommierte Kapazitäten verfügte.[2] Es war Freuds Ziel, ein bedeutender Wissenschaftler zu werden: „Freud gestaltete sein Leben aus einem titanischen Lebensgefühl heraus. Er wollte sein Leben und das seiner Epoche formen."[3]

Freuds akademische Karriere entwickelte sich hingegen zögerlich. Mit seinen psychoanalytischen Erkenntnissen, auf die er seit den letzten Jahren des 19. Jahrhunderts all seinen Ehrgeiz konzentrierte, konnte er an der Universität nicht recht überzeugen. Da er die Psychoanalyse aber zu einem unabhängigen und einheitlichen Gedankengebäude ausbauen wollte, schuf er ihr kurzerhand mit der – noch informellen – *Mittwochsgesellschaft* und schließlich mit der *Internationalen Psychoanalytischen Vereinigung (IPVereinigung)* eigene Strukturen, wobei er sich am Wissenschaftssystem orientierte und vor allem die Funktionalität wissenschaftlicher Publikationen instrumentalisierte, um seine Ziele zu erreichen. Freuds Bewusstsein für die Macht der Publikation gipfelte schließlich in der Gründung des *Internationalen Psychoanalytischen Verlags (IPVerlag)*.

Damit war Freud als Autor und Verleger auf dem österreichischen Buchmarkt aktiv, der seit jeher eng mit dem deutschen korrelierte. Die Buchhändler in der seit 1866 bestehenden Doppelmonarchie Österreich-Ungarn identifizierten sich aufgrund des gemeinsamen Sprachraums stark mit dem deutschen Buchmarkt und orientierten sich organisatorisch an ihm; ab 1888 war der *Verein der österreichischen Buchhändler* Mitglied des Börsenvereins,[4] sodass die Krönersche

---

1   Viktor Tausk zitiert nach Lieberman, Otto Rank, S. 180.
2   Vgl. Haynal, André: Einleitende Bemerkungen. IN: BW Freud – Ferenczi, Bd. I/1, S. 17–39, hier S. 28.
3   Kornbichler, Thomas: Die Entdeckung des siebten Kontinents. Der bürgerliche Revolutionär Sigmund Freud. Zu seinem 50. Todestag. Frankfurt/Main: Fischer-Taschenbuch-Verlag 1989, S. 18.
4   Vgl. zu den folgenden Ausführungen Bachleitner, Nobert, Franz M. Eybl und Ernst Fischer: Geschichte des Buchhandels in Österreich. Wiesbaden: Harrassowitz 2000. (= Geschichte

Reform von 1889 inklusive der Ladenpreisbindung auch in Österreich Fuß fasste. Jedoch blieb der Buchhandel in Österreich zunächst konzessionspflichtig.

Der gemeinsame Absatzmarkt, der durch den deutschen Sprachraum besteht,[5] entfaltet eine starke integrative Kraft und führte zu einem regen Import-/Export-Aufkommen zwischen österreichischem und reichsdeutschem Buchmarkt. Dennoch kam es aufgrund der politischen Staatsgrenzen zu leicht unterschiedlichen Entwicklungen. Die österreichische Buchbranche konzentrierte sich auf Wien, stand zugleich in starker Abhängigkeit vom reichsdeutschen Buchmarkt, und Leipzig war der wichtigste Umschlagplatz, insbesondere für den Export ins anderssprachige Ausland. Wissenschaftliche Werke waren auf den Export nach und über Deutschland angewiesen, und ca. 70 bis 75% der belletristischen Produktion wurden nach Deutschland verkauft.

Aufgrund der starken Abhängigkeit musste der österreichische Buchhandel nicht nur die eigene Inflation überstehen, sondern die stärkere und länger andauernde Inflation in Deutschland wirkte sich zusätzlich auf den österreichischen Markt aus. Notgedrungen übernahm man das Grund- und Schlüsselzahlensystem, wobei die Schlüsselzahlen an die eigenen Marktverhältnisse angepasst wurden. Charakteristisch für die Zeit zwischen 1918 und 1924/25 war auf dem österreichischen Buchmarkt eine Welle meist kurzlebiger Neugründungen; die Gründung einer Aktiengesellschaft war zur Kapitalbeschaffung beliebt, was allerdings die Existenz der Firmen nur bedingt sichern konnte. Nur ein Bruchteil der registrierten Firmen war Vollbuchhandlung bzw. Vollverlag, viele betätigten sich als Auch-Buchhändler. Demzufolge gab es viele gemischte Unternehmen, gerne Kombinate aus Musikalienhandel und Verlag. Der Vergleich mit Deutschland zeigt, dass die Spezialisierung der deutschen Verlage schon viel weiter fortgeschritten war.

Diese turbulenten Zeiten des Ersten Weltkriegs und der inflationsbeschwerten Nachkriegszeit überstanden vor allem die gut aufgestellten und spezialisierten Wissenschaftsverlage. Zusammen mit den Fach- und Schulbuchverlagen kam ihnen unter den österreichischen Verlagen eine besondere Bedeutung zu. Die meisten Unternehmen, die gemessen an der Titelproduktion im Ranking mit deutschen Verlagen konkurrieren konnten, setzten auf ein wissenschaftliches Programm, vor allem in den Sparten Medizin und Rechtswissenschaft. So lag Franz Deuticke 1922 mit 85 Titeln an 37. Stelle, 1929 mit 55 Titeln noch auf dem 88. Platz. Urban & Schwarzenberg verbesserten sich vom 81. Rang mit 55 Titeln auf den 74. Platz 1929 mit 60 Titeln. Julius Springer eröffnete 1924 eine

---

des Buchhandels, 6); (im Folgenden: Bachleitner et al., Buchhandel in Österreich), S. 201–323.

5   Hierzu gehören natürlich auch die deutschsprachigen schweizerischen Gebiete. Österreich ist aber das Land mit der größten Produktion deutschsprachiger Bücher außerhalb Deutschlands.

Wiener Zweigstelle; 1929 konnte er sich mit 81 Titeln auf dem 47. Rang platzieren. Der Berliner Hauptsitz führte dieselbe Liste mit 462 Titeln an.[6]
Nach dem Ende der Ersten Republik beeinträchtigte der neue Ständestaat seit 1934 den Handel mit Deutschland, da nationalsozialistische Literatur in Österreich zunächst verboten war. Deutschland verhängte daraufhin eine Warensperre gegen Österreich. Ein Abkommen zwischen Schuschnigg und Hitler lockerte 1936 die Situation etwas; 1938 führte der Anschluss Österreichs an Hitlerdeutschland dann zu einem radikalen Einschnitt. Die Liquidierung jüdisch geführter Buchhandlungen und Verlage ging in Österreich weit radikaler und schneller vonstatten als im Deutschen Reich. Die Liquidationen glichen teils brutalen Raubzügen, teils perfiden Vermögenstransaktionen.

Ab 1938 kann die österreichische als deutsche Buchhandelsgeschichte verstanden werden. Die Österreichische Reichsschrifttumskammer wurde eingerichtet, der Konzessionszwang endgültig aufgehoben. Dass das vormalige Exportgebiet nun zum Inlandsmarkt gehörte, war in erster Linie ein Vorteil der deutschen Verlage. Einen Aufschwung erlebte der österreichische Buchmarkt durch den Kriegsbuchhandel. Im totalen Krieg kam die Produktion dann fast gänzlich zum Erliegen. 1945 markiert das Ende der Gleichschaltung und den Neubeginn des österreichischen Buchhandels nach dem Zweiten Weltkrieg.

In die skizzierten Strukturen des österreichischen Buchmarkts war auch der *IPVerlag* eingebunden.[7] Dagegen agierte die psychoanalytische Bewegung zunehmend außerhalb des Wissenschaftssystems, sodass ihre Wissenschaftlichkeit in Frage gestellt werden muss. Dies ist auf unterschiedliche Weise geschehen. In Kapitel 5.2 werden zunächst die Grundzüge der Kontroverse skizziert, um dann zwei Aspekte näher zu betrachten, die für die Einordnung Freuds als wissenschaftlicher Autor relevant sind.

5.1 Freud als Patriarch der psychoanalytischen Bewegung

Die Geschichte der Psychoanalyse ist eng mit der Biographie Sigmund Freuds verwoben, ja nicht getrennt von dieser zu betrachten. Die Entstehung einer neuen wissenschaftlichen Idee ist naturgemäß an die Person ihres geistigen Vaters gebunden;[8] dass aber auch die folgende Entwicklung dieser Idee derart stark vom persönlichen und wissenschaftlichen Werdegang ihres Begründers bestimmt wird, erscheint im Falle der Psychoanalyse als besonders und ist da-

---

6   Vgl. hierzu die Auswertungen bei Bachleitner et al., Buchhandel in Österreich, S. 262.
7   Vgl. Huppke, Geschichte des IPVerlags, S. 29: Der *IPVerlag* gehörte zum Verbund der österreichischen Buch-, Kunst- und Musikverleger.
8   Vgl. Jones, Leben und Werk, Bd. I, S. 10.

rauf zurückzuführen, dass Freud im institutionellen Gefüge der Wissenschaft nie richtig Fuß fassen konnte. Freuds Ausbildung und seine ersten wissenschaftlichen Forschungen spielen sich noch im üblichen akademischen Rahmen ab. Von 1873 bis 1881 studiert er Medizin, lernt und arbeitet von 1876 bis 1882 am Physiologischen Institut von Ernst Wilhelm von Brücke[9]; seine ersten wissenschaftlichen Abhandlungen auf dem Gebiet der Zoologie und der Physiologie erscheinen in den gängigen medizinischen Zeitschriften seines akademischen Umfelds (siehe Tab. 6). Freuds wissenschaftliche Ambitionen werden von Anfang an von seinem akademischen Ehrgeiz und seinem immensen Selbstbewusstsein getragen. Er fühlt sich zum berühmten Wissenschaftler berufen.[10]

Tabelle 6: Freud –Zeitschriftenartikel 1877–1888

	1877	1878	1879	1880	1881	1882	1883	1884	1885	1886	1887	1888
Sitzungsbericht Akad. Wiss. Wien	II	I				I						
Zbl. Med. Wiss.		I				I						
Anzeiger Akad. Wiss. Wien				I								
Wiener Med. Wschr.								I	II	III	I	II
Brain								I				
Arch. Anat. Physiol.								I				
Jb. Psychiat. Neurol.								I				
Medical News							II					
Zschr. Therap.										I		
Med.-chir. Zbl.								I				
Neurol. Zbl.										I	I	
Wiener Med. Presse										I	I	
Mschr. Ohrenheilk.											I	
Wiener med. Blätter											I	

Quelle: eigene Darstellung basierend auf Meyer-Palmedo/Fichtner, Freud-Bibliographie

Allerdings muss der mittellose Freud die akademische Laufbahn zunächst verlassen, als er mit Mitte 20 eine Familie gründen will. Das nötige Geld kann er nur als praktizierender Arzt verdienen. Eine Stellung am Krankenhaus lässt ihm

---

9   Ernst Wilhelm von Brücke (1819–1892) war ein bedeutender Physiologe. Von Brücke hatte in Heidelberg und Berlin studiert, 1842 promoviert. Zwei Jahre später habilitierte er sich und wurde Privatdozent. 1848 ging er als ordentlicher Professor nach Königsberg, ein Jahr später nach Wien. Dort wurde er 1873 geadelt. Er war Mitglied der Akademie der Wissenschaften, des Ordens *Pour le mérite* und ab 1852 der *Deutschen Akademie der Naturforscher Leopoldina.* Vgl. Wolfgang U. Eckart IN: DBE, Bd. 2, S. 111–112.
10   Vgl. Lohmann, Sigmund Freud, S. 16–18, Jones, Leben und Werk, Bd. II, S. 28.

genug Zeit zu weiteren Forschungen, bei denen er sich schließlich auf die Neuropathologie spezialisiert. Anfang 1885 wird Freud aufgrund seiner bisherigen Publikationen habilitiert[11] und erhält eine Privatdozentur an der Wiener Universität.

Freuds Forschungsbeiträge sichern ihm eine stete Unterstützung von Seiten der Universität, meist in Form von Reisestipendien.[12] Er hofft auf den Durchbruch, auf einen wissenschaftlichen ‚Wurf‘, der ihm Ruhm und Anerkennung langfristig sichert. Mit seinen Arbeiten über Kokain schlittert er knapp an diesem Erfolg vorbei, muss den Ruhm einem anderen überlassen.[13] Eine Studienreise nach Paris 1885/86 leitet die entscheidende Wendung in Freuds wissenschaftlicher Karriere ein. Zunehmend verfolgt er seinen eigenen Weg, der ihn zunächst in die Isolation führt, ihm aber letztlich den erhofften Ruhm bringen wird.

Mit der Begründung der Psychoanalyse setzt Freud eine wissenschaftliche Idee in die Welt, die am Rande der akademischen Wissenschaft zu einer selbständigen Bewegung gedeiht. Als geistiger Vater wacht Freud zunächst über die Konstituierung der psychoanalytischen Bewegung, der er zunehmend als charismatischer Patriarch vorsteht. Wie stark die Strahlkraft seiner Persönlichkeit ist, bezeugt Freuds erster und zeitgenössischer Biograph Fritz Wittels[14], der sein Buch mit der Versicherung seiner objektiven Stellung zum Sujet seiner Darstellung eröffnet:

> Ich habe niemals aufgehört, mich mit Psychoanalyse zu beschäftigen, die ja als wissenschaftliche Methode von der Person ihres Entdeckers unabhängig ist. Durch meine entfernte Stellung entgehe ich der überschattenden Nähe einer mächtigen Persönlichkeit, bin kein hypnotisierter Jasager, sondern ein kritischer Zeuge.[15]

---

11   Eissler, Kurt R.: Sigmund Freud und die Wiener Universität. Über die Pseudo-Wissenschaftlichkeit der jüngsten Wiener Freud-Biographik. Bern und Stuttgart: Verlag Hans Huber 1966; (im Folgenden: Eissler, Freud und die Wiener Universität), S. 13.

12   Vgl. Grubrich-Simitis, „Selbstdarstellung", S. 127–129.

13   Vgl. Jones, Leben und Werk, Bd. II, S. 16 sowie Roazen, Freud und sein Kreis, S. 83–86.

14   Fritz Wittels (1880–1950) studierte in Wien Medizin und promovierte 1904. Er war Assistenzarzt bei Julius Wagner von Jauregg (seit 1902 Leiter der Psychiatrischen Klinik im Allgemeinen Krankenhaus) und besuchte die Vorlesungen Freuds. Von 1906 bis 1910 war er Miglied der *Wiener Psychoanalytischen Vereinigung* und 1907/08 Mitarbeiter der von Karl Kraus herausgegebenen Satire-Zeitschrift *Die Fackel*. Nach vorübergehender Entzweiung wurde Wittels 1927 erneut Mitglied der *IPVereinigung;* 1932 übersiedelte er nach New York. Vgl. Mühlleitner, Elke: Biographisches Lexikon der Psychoanalyse. Die Mitglieder der Psychologischen Mittwoch-Gesellschaft und der Wiener Psychoanalytischen Vereinigung 1902–1938. Tübingen: edition diskord 1992; (im Folgenden: Mühlleitner, Biographisches Lexikon), S. 369–372.

15   Wittels, Sigmund Freud, S. 7.

Zwei Aspekte klingen in dem Zitat an: Wittels sieht in der Psychoanalyse eine wissenschaftliche Methode, die in ihrer Funktionstüchtigkeit von Freud unabhängig sei. Der Begriff ‚Entdecker' ist in diesem Zusammenhang bemerkenswert, kann doch nur entdeckt werden, was per se existent ist – im Gegensatz dazu betonen die Begriffe ‚Begründer' oder ‚geistiger Vater' das konstruierende Moment, wie es ja einer wissenschaftlichen Methode aneignet. Weiter sagt Wittels, es bedürfe der Distanz zum psychoanalytischen Kreis, um der hypnotischen Wirkung Freuds zu entgehen. Damit bestätigt er ungewollt, dass die Psychoanalyse eben nicht unabhängig von der Person Freuds ist. Wittels Widerspruch kann nur aufgelöst werden, wenn man zwischen der Psychoanalyse als Methode, die also unabhängig von Freud sei, und der psychoanalytischen Bewegung, die von der Persönlichkeit Freuds ‚überschattet' wird, trennt.

Beide Aspekte führen zur Gretchenfrage der Psychoanalyse, nämlich was sie denn eigentlich sei: Therapieform oder eigenständige Wissenschaft? Diese Frage ist bis heute nicht eindeutig geklärt[16] und löst die kritische Diskussion nach der Wissenschaftlichkeit der Psychoanalyse aus.[17]

Nach seinem ersten Besuch in Wien schrieb C.G. Jung 1907 an Freud:

> Immerhin habe ich doch das Gefühl, einen ganz wesentlichen innern Fortschritt gemacht zu haben, seitdem ich Sie persönlich kennengelernt habe, denn es ist mir, als könne man Ihre Wissenschaft niemals ganz verstehen, wenn man Ihre Person nicht kennt. Wo uns Fernerstehenden noch so vieles dunkel ist, kann einem nur der Glaube helfen; der beste und wirksamste Glaube erscheint mir aber das Wissen um Ihre Persönlichkeit. Mein Besuch in Wien war mir darum eine eigentliche Konfirmation.[18]

Das Verständnis der Psychoanalyse erschien Jung von der Bekanntschaft mit Freud abhängig; die Psychoanalyse entbehrte also zumindest zu diesem Zeitpunkt noch der Selbständigkeit einer wissenschaftlichen Idee. Auffallend ist auch das religiöse Motiv: Nur über die Persönlichkeit Freuds eröffnete sich dem Gläubigen der esoterische Kreis der psychoanalytischen Gemeinschaft.

Man muss Jungs Äußerung seines persönlichen Eindrucks gar nicht derart überspitzt kritisch interpretieren, um in ihr ein Indiz dafür zu erkennen, dass die Entwicklung der Psychoanalyse – sowohl als Methode wie auch als ‚wissenschaftliche' Bewegung – eng verwoben ist mit der Biographie Freuds und dass sich darin ganz wesentlich ihr eigenes Dilemma begründet. Freuds Stellung zur Wissenschaft bedingt damit letztlich die Stellung der Psychoanalyse zur Wissenschaft; beides spiegelt sich aber unmittelbar in den Kommunikationsformen und Publikationsgebaren der psychoanalytischen Bewegung wider.

---

16   Lohmann, Sigmund Freud, S. 38.
17   Siehe hierzu ausführlicher Kap. 5.2.
18   Jung an Freud, 11. April 1907; BW Freud – Jung, S. 32.

5.1.1   Isolation und Konstitution

Auch von seiner Studienreise nach Paris 1885/86 – zum berühmten Hysterie-Forscher Jean-Martin Charcot[19] an der *Salpêtrière* – versprach sich Freud den ersehnten Durchbruch und schrieb an seine Verlobte:

> O wie schön wird das sein! Ich […] gehe dann nach Paris und werde ein großer Gelehrter und komme dann mit einem großen, großen Nimbus nach Wien zurück, und dann heiraten wir bald, und ich kuriere alle unheilbaren Nervenkranken […].[20]

Zunächst war Freud in der großen Schar externer Ärzte, die an der *Salpêtrière* hospitierten, einer von vielen. Erst als er sich dem berühmten Forscher als Übersetzer anbot, bekam er direkten Zugang zu Charcot und seiner Arbeit. Noch im selben Jahr, 1886, erschienen Charcots *Vorlesungen über die Krankheiten des Nervensystems* in Freuds deutscher Übersetzung im Verlag von Franz Deuticke.[21] Damit war der erste Kontakt zu dem Unternehmer geknüpft, den Freud später seinen „Urverleger"[22] nennen sollte.

Der Verlag *Toeplitz & Deuticke* bestand seit 1878 und firmierte nach Ausscheiden des Partners ab 1886 unter dem Namen Franz Deuticke (1850–1919). Von Anfang an konzentrierte sich Deuticke auf wissenschaftliche Publikationen, wobei seine persönliche Neigung durch die lokale Nähe zur Hochschule unterstützt wurde. Viele renommierte Vertreter der Wiener Medizin konnte Deuticke als Autoren für seinen Verlag sichern. Neue Wissensgebiete steckte er durch Reihen ab und verschaffte dem Verlag ein zusätzliches Standbein im Schulbuchbereich.[23]

---

19   Jean-Martin Charcot (1825–1893) war seit 1872 Professor in Paris und übernahm 1882 die Leitung der Nervenheilanstalt *Hospice de la Salpêtrière*, die er zu internationalem Ansehen führte. Charcot stellte die Neurologie auf pathologisch-anatomische Grundlage und widmete sich insbesondere der Hysterie- und Hypnotismusforschung. Vgl. Brockhaus. 21. Auflage in 30 Bänden. Leipzig und Mannheim: F. A. Brockhaus 2006; (im Folgenden: Brockhaus 212006), Band 5, S. 464.

20   Sigmund Freud an Martha Bernays, 20. Juni 1885; Sigmund Freud: Brautbriefe. Briefe an Martha Bernays aus den Jahren 1882–1886. Hrsg. von Ernst L. Freud. Frankfurt/Main: S. Fischer 1968, S. 94.

21   Charcot, Jean-Martin: Neue Vorlesungen über die Krankheiten des Nervensystems insbesondere über Hysterie. Leipzig und Wien: Toeplitz & Deuticke 1886. Siehe auch Anhang 7b.

22   Sigmund Freud an Oskar Pfister, 9. Dezember 1912; Sigmund Freud – Oskar Pfister. Briefe 1909–1939. Hrsg. von Ernst L. Freud und Heinrich Meng. Frankfurt/Main: S. Fischer 1963, S. 58.

23   Vgl. Verlag Franz Deuticke Wien. Gesamtkatalog 1878–1978. Wien: Franz Deuticke 1978, S. III–IV sowie Grubrich-Simitis, Ilse: Urbuch der Psychoanalyse. Hundert Jahre „Studien über Hysterie" von Josef Breuer und Sigmund Freud. IN: Psyche 49/1995, S. 1117–1155, hier S. 1120.

Sein Gespür für neue Forschungsströmungen bewies Deuticke durch die Herausgabe der wichtigsten Werke der französischen Hysterieforschung in deutscher Sprache. Neben den Schriften der Pariser Schule um Charcot (Gilles de la Tourette, Pierre Janet)[24] verlegte er auch die Gegenschule aus Nancy; 1889 erschienen die Schriften Hippolyte Bernheims,[25] wiederum eine Übersetzungsarbeit Sigmund Freuds. Wenige Jahre später veröffentlichte Freud seine erste monographische Studie *Zur Auffassung der Aphasien*[26] im Verlag von Franz Deuticke. In den folgenden Jahren trugen „Deutickes Interesse an der Psychoanalyse wie auch sein verlegerisches Geschick [...] einen großen Anteil zur Schaffung einer wissenschaftlichen Öffentlichkeit für die sich formierende psychoanalytische Bewegung bei."[27]

Der Haupteffekt von Freuds Parisreise war aber der enorme Eindruck, den die Forscherpersönlichkeit Charcot und dessen Arbeiten auf ihn machten. Voller Enthusiasmus kehrte Freud zurück und erlebte mit zwei Vorträgen, die er vor der Wiener Ärztegesellschaft hielt, eine herbe Enttäuschung. Rückblickend kommentierte er seinen zweiten Vortrag:

> Diesmal klatschte man mir Beifall, nahm aber weiter kein Interesse an mir. Der Eindruck, daß die großen Autoritäten meine Neuigkeiten abgelehnt hätten, blieb unerschüttert; ich fand mich mit der männlichen Hysterie und der suggestiven Erzeugung hysterischer Lähmungen in die Opposition gedrängt. Als mir bald darauf das hirnanatomische Laboratorium versperrt wurde und ich durch Semester kein Lokal hatte, in dem ich meine Vorlesung abhalten konnte, zog ich mich aus dem akademischen und Vereinsleben zurück.[28]

24　　Nach dem französischen Neurologen Georges Gilles de la Tourette (1857–1904) ist die bekannteste Tic-Störung, das Tourette-Syndrom, benannt. Vgl. Brockhaus 212006, Band 27, S. 613.
　　　Pierre Janet (1859–1947) war Psychologe und von 1890 bis 1894 Assistent bei Charcot an der *Salpêtrière*. 1890 wurde er Professor am Collège de France in Paris. Neben der Hysterieforschung widmete er sich insbesondere der Intelligenz-, Gedächtnis- und Persönlichkeitsforschung. Vgl. Brockhaus, Band 13, S. 742.
25　　Siehe Anhang 7b. Bernheim, Hippolyte: Die Suggestion und ihre Heilwirkung. Teil I. Wien: Deuticke 1888; sowie vier Jahre später: Bernheim, Hippolyte: Neue Studien über Hypnotismus, Suggestion und Psychotherapie. Leipzig und Wien: Deuticke 1892.
　　　Hippolyte Marie Bernheim (1840–1919) war ein französischer Internist, der in Nancy als Professor lehrte. Er setzte sich für die wissenschaftliche Anerkennung der Hypnose als Therapiemethode ein und geriet darüber in eine Kontroverse mit Charcot. Ab 1909 war Bernheim Präsident des *Internationalen Vereins für medizinische Psychologie und Psychotherapie*. Vgl. Brockhaus 212006, Band 13, S. 742.
26　　Freud, Sigmund: Zur Auffassung der Aphasien. Eine kritische Studie. Wien: Deuticke 1891. Siehe Anhang 7a.
27　　Marinelli, Geschichte des IPVerlags, S. 11–12.
28　　Freud, Selbstdarstellung, S. 39.

Auf dieser Einschätzung der Ereignisse fußt die Legende, Freud sei aktiv aus dem universitären Kreis ausgestoßen und in die wissenschaftliche Isolation gedrängt worden. Die historischen Tatsachen weisen aber vielmehr darauf hin, dass Freud lediglich die Isolierung empfand, in die er sich gewissermaßen selbst manövriert hatte.

Ellenberger klärt zunächst auf, dass Charcot in Wien sehr wohl bekannt und sogar einigermaßen populär war; allerdings konnten ihm die Wiener Autoritäten in seinen Ansichten seit 1882 nicht mehr unkritisch folgen. Dass Freuds Vortrag also nicht auf die erhoffte Begeisterung stieß, lag zum einen daran, dass die Inhalte für die Wiener Ärzteschaft keine spektakulären Neuigkeiten darstellten, zum anderen an der selbstgefälligen Art des jungen Kollegen.[29] Auch, dass ihm „das hirnanatomische Laboratorium versperrt wurde"[30], war keine (zeitlich) unmittelbare Folge seines Vortrags, sondern resultierte vielmehr aus seinem Bruch mit Theodor Meynert.[31] Schließlich blieb Freud der Wiener Ärzteschaft weiterhin verbunden und war seit 1887 Mitglied der Gesellschaft.[32]

In obigem Zitat raffte Freud eine Reihe von Einzelaspekten zu dem Eindruck, den die folgende Lebensphase im Rückblick bei ihm hinterlassen hatte. Aus Paris zurückgekehrt, betrat Freud seinen eigenen wissenschaftlichen Pfad. In seiner Praxis machte er die Erfahrung, dass er seinen meist hysterischen Patientinnen mit den herkömmlichen Behandlungsmethoden nicht helfen konnte. Freud suchte Rat bei dem ihm seit seiner Zeit im Labor von Brückes freundschaftlich verbundenen und in Wien wohl renommierten Internisten Josef Breuer.[33]

Zwischen 1880 und 1882 hatte Breuer eine an schwerer Hysterie erkrankte Patientin behandelt und mit dieser gemeinsam eine besondere Form der ‚Rede-

---

29 Vgl. Jones, Leben und Werk, Bd. I, S. 274, Ellenberger, Entdeckung des Unbewußten, S. 601 und Lohmann, Sigmund Freud, S. 24.

30 Freud, Selbstdarstellung, S. 39.

31 Vgl. Ellenberger, Entdeckung des Unbewußten, S. 603 und Jones, Leben und Werk, Bd. I, S. 278.
Theodor Meynert (1833–1892) wurde in Dresden geboren und absolvierte sein Medizinstudium in Wien, wo er 1861 promovierte, 1965 habilitierte. Zunächst war er an der Wiener Irrenanstalt tätig; 1868 erweiterte er seine Venia Legendi auf Psychiatrie und wurde 1870 außerordentlicher, 1874 ordentlicher Professor der Psychiatrie und in diesem Jahr auch Direktor der Wiener Psychiatrischen Klinik. Ab 1875 war Meynert Leiter der neuen Psychiatrischen Universitätsklinik im Allgemeinen Krankenhaus Wien; er gab das *Psychiatrische Centralblatt* sowie die *Jahrbücher für Psychiatrie* heraus. Vgl. DBE, Bd. 7, S. 117–118.

32 Vgl. Ellenberger, Entdeckung des Unbewußten, S. 602.

33 Joseph Breuer (1842–1925) war seit 1871 praktischer Arzt in Wien. 1880 bis 1882 behandelte er seine Patientin Bertha Pappenheim (‚Anna O.'), die mit einem nervösen Leiden zu ihm gekommen war, mittels einer speziellen Gesprächstherapie (‚talking cure'), die er gemeinsam mit Freud zur ‚Kathartischen Methode' weiter entwickelte. Vgl. DBE, Bd. 2, S. 71–72.

kur' entwickelt. An den Fall der ‚Anna O.'[34] erinnerte sich Freud nun wieder und befragte Breuer eingehend zu der gefundenen kathartischen Methode. In der Folgezeit arbeiteten Freud und Breuer eng zusammen; Breuer unterwies Freud gewissermaßen als Supervisor in der neuen Methode, welche Freud nun an seinen Patientinnen erprobte.

Die Zusammenarbeit gipfelte in der Veröffentlichung der *Studien über Hysterie.*[35] Auch dieser Titel erschien bei Franz Deuticke und fügte sich vielversprechend in die junge psychologische Programmsparte des Verlags ein. Die *Studien über Hysterie* werden von der Psychoanalysehistoriographie oftmals als ‚Urbuch der Psychoanalyse' verstanden; dennoch endete damit die Kooperation Freuds und Breuers. Die Gründe für den Bruch sind natürlich vielschichtiger als hier darstellbar, aber inhaltlich wollte oder konnte Breuer Freud im Hinblick auf die wesentliche Rolle, die dieser der Sexualität bei der Entstehung von Neurosen zusprach, nicht folgen. Mit seiner Hypothese, „dass der Ursprung der Hysterie immer und regelhaft auf sexuellen Missbrauch in der Kindheit zurückgehe"[36], glitt er nun tatsächlich in die wissenschaftliche Isolation.[37] Dass er, angetrieben durch seine Hypothese, seine PatientInnen intensiv zu ihrem Sexualleben befragte, wirkte sich zudem nicht eben förderlich auf den Ruf seiner Praxis aus.[38]

In den folgenden Jahren ging Freud durch eine schwierige Phase, in der er sowohl persönliche als auch wissenschaftliche Krisen durchlebte und in der sein einziger Vertrauter Wilhelm Fließ[39] war, zu dem er über Jahre eine intime Freundschaft pflegte. In diese Zeit fällt zudem Freuds Selbstanalyse, die seinen Anhängern als Heldentat gilt[40] und die neutraler als entscheidender Katalysator in Freuds ringendem Kampf um Verständnis der von ihm beobachteten Phänomene aufgefasst werden kann.

---

34   ‚Anna O.' war das Pseudonym für die Patientin Bertha Pappenheim (1859–1936).
35   Freud, Sigmund und Joseph Breuer: Studien über Hysterie. Leipzig und Wien: Deuticke 1895. Siehe Anhang 7a.
36   Lohmann, Sigmund Freud, S. 32.
37   Vgl. auch Jones, Leben und Werk, Bd. II, S. 17–18.
38   Vgl. Jones, Leben und Werk, Bd. I, S. 294. Im Kapitel *Opposition* schildert Jones (ebd., Bd. II, S. 134–155) die feindseligen Angriffe, denen die Psychoanalyse und Freud aus den Reihen der Psychiater und Neurologen ausgesetzt waren, seit die psychoanalytische Bewegung nicht mehr ignoriert werden konnte (ab ca. 1905). Vor allem Freuds Betonung des Sexuellen wurde als ungehörig und sittenwidrig aufs Schärfste kritisiert, die Bedeutung des Sexuellen für die Hysterie im Gegenteil geleugnet.
39   Wilhelm Fließ (1858–1928) absolvierte nach seiner Promotion 1883 in Berlin die Facharztausbildung zum Physiologen, bevor er sich als praktizierender Arzt niederließ. Fließ forschte über den Zusammenhang von Nase und weiblichen Geschlechtsorganen und entwickelte eine eigene Periodenlehre. Sein Briefwechsel mit Freud (1887–1902) dokumentiert dessen Selbstanalyse (siehe Anm. 140 in Kapitel 1.2.3). Vgl. DBE, Bd. 3, S. 390.
40   Vgl. Jones, Leben und Werk, Bd. II, S. 15.

Ellenberger interpretiert, dass Freud in dieser Phase von der „schöpferischen Krankheit"[41] befallen war, und meint damit einen durchaus schmerzlichen Zustand, in dem der Betroffene auf der intensiven Suche nach einer umfassenden Erkenntnis ist.[42] Dieses Bild beschreibt letztlich den beim Genie oder Künstler vermuteten kreativen Schöpfungsakt und suggeriert den Topos von der ‚Geburt' einer großen Idee. Dieses von Ellenberger angebotene Konstrukt erlaubt es, Freuds Selbstwahrnehmung dieser Phase besser zu verstehen. Es löst das Paradoxon auf, dass Freud sich zwar isoliert fühlte, es hinsichtlich seiner Forschungsinhalte partiell sehr wohl, in seiner äußeren Anknüpfung an den Wissenschaftsbetrieb de facto aber nicht war.[43]

Seine Isoliertheit empfand Freud hinsichtlich der psychoanalytischen Theorie, die – freilich als solche noch nicht benannt – in ihm heranreifte, um deren Formulierung er gewissermaßen innerlich rang. Im Rückblick stellte er die Vorteile seiner „splendid isolation"[44] fest:

> Ich entschloß mich zu glauben, daß mir das Glück zugefallen war, besonders bedeutungsvolle Zusammenhänge aufzudecken, und fand mich bereit, das Schicksal auf mich zu nehmen, das mitunter an solches Finden geknüpft ist. […] Ich hatte keine Literatur zu lesen, keinen schlecht unterrichteten Gegner anzuhören, ich war keinem Einfluß unterworfen, durch nichts gedrängt. […] Meine Veröffentlichungen, für die ich mit einiger Mühe auch Unterkunft fand, konnten immer weit hinter meinem Wissen zurückbleiben, durften beliebig aufgeschoben werden, da keine zweifelhafte „Priorität" zu verteidigen war.[45]

1896/97 stürzte Freud in eine Erkenntniskrise, als er sich selbst zugestehen musste, dass seine Hypothese zur Rolle des Sexuellen bei der Neurosenbildung so nicht haltbar war. Zwar hatte er in jedem beobachteten Fall Hinweise auf sexuelle Kindheitserlebnisse erhalten, doch widersprach die statistische Wahrscheinlichkeit der Annahme, dass in jedem dieser Fälle ein realer Missbrauch stattgefunden habe. In seiner Selbstanalyse erkannte er dann die Mechanismen des Ödipuskomplexes und verstand, dass das frühkindliche sexuelle Erleben auf der psychischen Ebene der Phantasie stattfand.[46] Durch diese Erkenntnis gelangte Freud zu der Überzeugung, dass er, wenn er die sich in der Phantasie äußernden Seelenregungen ernst nahm, über diese Zugang zum Unbewussten

---

41 Ellenberger, Entdeckung des Unbewußten, S. 610.
42 Vgl. hierzu auch Jones, Leben und Werk, Bd. II, S. 15–16.
43 Vgl. Ellenberger, Entdeckung des Unbewußten, S. 611 sowie Lieberman, Otto Rank, S. 162.
44 Freud, Geschichte der psychoanalytischen Bewegung, S. 60. Freud bediente sich damit eines Ende des 19. Jahrhunderts im deutschen Sprachgebrauch populär gewordenen Ausdrucks, welcher ursprünglich in Bezug auf die politische Situation Großbritanniens gegenüber Kontinentaleuropa gemeint gewesen war. Vgl. BW Freud – Jung, S. 112, Anm. 4.
45 Freud, Geschichte der psychoanalytischen Bewegung, S. 60.
46 Vgl. Lohmann, Sigmund Freud, S. 33.

des Menschen finden konnte. Die Deutung seiner eigenen Träume wurde zu einem wesentlichen Bestandteil seiner Selbstanalyse.

Damit hatte sich noch ein weiterer wichtiger Schritt vollzogen: Längst ging es Freud nicht mehr primär um die therapeutische Heilung psychisch kranker Patienten, sondern er strebte nach der Entschlüsselung des menschlichen Seelenlebens per se. Sein Interessenfokus hatte sich von der Psychopathologie zur Normalpsychologie hin verschoben. Von nun an bestand sein wissenschaftliches Hauptziel darin, eine umfassende Theorie zur Erklärung der menschlichen Psyche aufzustellen.

Der erste Schritt in diese Richtung war die Veröffentlichung der *Traumdeutung*[47], des Buches, das zugleich Zeugnis für Freuds Selbstanalyse und literarischer Ausgangspunkt der psychoanalytischen Bewegung ist.[48] Obschon es bereits im November 1899 erschien, hatte der Verleger Deuticke ‚1900' auf das Titelblatt setzen lassen und damit einen hellsichtigen, symbolischen Schritt ins nächste Jahrhundert getan. Tatsächlich entwickelte sich Freuds *Traumdeutung* zu einem der kulturhistorisch bedeutendsten Werke des 20. Jahrhunderts.[49]

Obwohl die ersten Reaktionen auf sein Buch nach Freuds Einschätzung wenig befriedigend waren[50] und die Erstauflage von 600 Stück keinen reißenden Absatz fand – erst 1908 erschien die 2. Auflage[51] – war Freud mit der Veröffentlichung der *Traumdeutung* mit neuem Selbstbewusstsein aus seiner ‚splendid isolation' herausgetreten. Dieser Wendepunkt in Freuds Leben wird von drei weiteren Ereignissen markiert: Er beendete die an Abhängigkeit grenzende Freundschaft zu Wilhelm Fließ, überwand eine mysteriöse innere Hemmung und unternahm endlich die langersehnte Romreise. Zurück in Wien leitete Freud seine Ernennung zum außerordentlichen Professor aktiv in die Wege.[52]

---

47   Freud, Sigmund: Die Traumdeutung. Wien: Deuticke 1900. Siehe auch Anhang 7a.

48   Vgl. Marinelli/Mayer, Träume nach Freud, S. 7 und Jones, Leben und Werk, Bd. II, S. 18.

49   Vgl. Freud Handbuch, S. 58.

50   Vgl. Sulloway, Biologe der Seele, S. 615: Zwar wurden Freuds Schriften durchaus besprochen, die *Traumdeutung* wurde aber von der medizinischen Fachpresse nicht als medizinisches Buch eingestuft, daher blieb eine anerkennende Resonanz, wie Freud sie sich gewünscht hätte, aus.

51   Vgl. Marinelli, Geschichte des IPVerlags, S. 11 sowie Freud Handbuch, S. 58 und McGuire, William: Einleitung. IN: BW Freud – Jung, S. XI–XXXVII; (im Folgenden: McGuire, Einleitung), hier S. XII

52   Vgl. Ellenberger, Entdeckung des Unbewußten, S. 611. Freud war bereits 1887 für den Professorentitel vorgeschlagen worden; warum er so lange auf seine tatsächliche Ernennung (1902) warten musste, ist in der Forschungsliteratur kontrovers diskutiert worden. Manche Autoren vermuten antisemitische Motive (vgl. Freud Handbuch, S. 4), andere vertreten die Meinung, er selbst habe sich diese Verzögerung zuschulden kommen lassen (vgl. Gicklhorn, Josef und Renée Gicklhorn: Sigmund Freuds akademische Laufbahn im Lichte der Dokumente. Wien: Urban & Schwarzenberg 1960). Eine neutralere Erklärung vermutet bürokratische und personalpolitische Hemmnisse, die Freud schließlich durch Geltendmachung seiner

Vor allem aber konnte er nun eine Anhängerschaft um sich sammeln, und mit der Gründung der *Mittwochsgesellschaft* begann 1902 die Konstituierungsphase der psychoanalytischen Bewegung.

> Von 1900 an erscheint Freuds Persönlichkeit in neuem Licht. Die Selbstanalyse hatte den unsicheren jungen Psychiater in den selbstsicheren Begründer einer neuen Lehre und Schule verwandelt, der überzeugt war, eine große Entdeckung gemacht zu haben, und er sah es als seine Aufgabe an, diese Entdeckung der Welt zu schenken.[53]

Im ersten Jahrzehnt des 20. Jahrhunderts fand die Kommunikation der psychoanalytisch Interessierten in Briefwechseln, in der *Mittwochsgesellschaft* und bei anderen persönlichen Treffen statt. Seit Erscheinen der *Traumdeutung* erregten Freuds Arbeiten in Zürich an der psychiatrischen Klinik Burghölzli die Neugier des Klinikleiters Eugen Bleuler[54] sowie seines Oberarztes Carl Gustav Jung[55]. Bleuler und Jung waren die ersten renommierten Wissenschaftler, die die Psychoanalyse mit ihrer Aufmerksamkeit bedachten und ab 1906 den Dialog mit Freud suchten.[56]

1908 wurde aus der *Mittwochsgesellschaft* die *Wiener Psychoanalytische Vereinigung*; im selben Jahr tagte in Salzburg der erste psychoanalytische Kongress, der in Freuds Augen aber eher privaten Charakter hatte, ging es doch hauptsächlich um ein persönliches Zusammentreffen mit den Züricher Kollegen.[57] Der Kongress wurde von Jung organisiert und Freud überlegte sogar, selbst gar nicht teilzunehmen und den Vorsitz vielmehr Bleuler zu überlassen. Damit wollte er als Person hinter seine Idee zurücktreten und den geschätzten Züricher Kollegen besonders würdigen. Letztlich war ein erster psychoanalytischer Kongress

---

Beziehungen zum Ministerium überwinden konnte (vgl. Eissler, Freud und die Wiener Universität, in Reaktion auf Gicklhorn).

53 Ellenberger, Entdeckung des Unbewußten, S. 628.
54 Paul Eugen Bleuler (1857–1939) studierte Medizin in Zürich und München. 1886 wurde er Direktor der Pflegeanstalt Rheinau bei Zürich, 1896 Ordinarius für Psychiatrie und Leiter des Burghölzli, der seit 1870 bestehenden, angesehenen Heilanstalt der Universitätspsychiatrie in Zürich. Bleuler gilt als einer der Wegbereiter der dynamischen Psychiatrie. Vgl. DBE, Bd. 1, S. 570–571.
55 Carl Gustav Jung (1875–1962) studierte Medizin in Basel. 1900 wurde er Assistenzarzt am Burghölzli, 1905 bis 1909 war er dort Oberarzt. Als Privatdozent lehrte er von 1905 bis 1913 an der Züricher Universität, zwischen 1933 und 1942 an der ETH, dort 1935 als Titularprofessor. 1943/44 war Jung in Basel Ordinarius für medizinische Psychologie. Seit 1909 führte er auch eine eigene Praxis. Nach dem Bruch mit Freud entwickelte Jung seine eigene Richtung der analytischen Psychologie und prägte bspw. den Begriff des ‚kollektiven Unbewusste‘. Vgl. DBE, Bd. 5, S. 378.
56 Vgl. McGuire, Einleitung, S. XIII–XVIII.
57 Vgl. Jones, Leben und Werk, Bd. II, S. 58.

ohne Freud jedoch undenkbar, während Bleuler sich gerade an dem eher privaten Rahmen der Zusammenkunft stieß.[58]

Auf dem Salzburger Kongress verständigte man sich darüber, zukünftig regelmäßig Kongresse an wechselnden Orten abzuhalten.[59] Ebenso wurde die
Gründung einer psychoanalytischen Zeitschrift beschlossen. Dies stellte einen
bedeutenden Schritt hinsichtlich der „Institutionalisierung der frühen Psychoanalyse"[60] dar, über dessen Wichtigkeit sich Freud sehr bewusst war. Während
Jung befürchtete, das Publikum sei noch zu negativ gegenüber der Psychoanalyse eingestellt,[61] wollte Freud mit der Zeitschriftengründung gezielt einen offen-
siven Schritt gehen. Die Idee hatte Freud erstmals Anfang Juni 1907 gegenüber
Jung entfaltet:

> Dann wäre das Nächstliegende, eine Zeitschrift zu gründen, etwa ‚für Psychopa-
> thologie und Psychoanalyse' oder, frecher, nur ‚Psychoanalyse'. Der Verleger dürf-
> te sich finden, Redakteur können nur Sie sein, Bleuler wird es hoffentlich nicht ab-
> schlagen, neben mir als Herausgeber zu fungieren. Andere Mitarbeiter haben wir ja
> noch nicht. Aber so was wirbt. An Material werden wir keinen Mangel haben,
> nichts wird uns mehr Mühe machen, als das Wählen, Kürzen und Abweisen der
> Beiträge. Mit unseren eigenen Analysen (von uns beiden) füllen wir leicht im Jahr
> mehr als einen Band. Und wenn das Sprichwort recht hat: Wer schimpft, der kauft,
> dann wird der Verleger ein gutes Geschäft machen.[62]

Im folgenden Briefwechsel kommt die Gründung einer Zeitschrift immer wieder zur Sprache, wobei Freud optimistisch-treibend das Thema regelmäßig auf-
greift, während Jung die Idee grundsätzlich befürwortet, der realen Umsetzung
jedoch skeptischer gegenüber steht. Seiner Einschätzung nach würde es schwierig, einen Verleger zu finden.

Im Mai 1908 war die Planung so weit fortgeschritten, dass die Verlagsfrage
konkret wurde. Jung hatte bei Marhold in Halle ein „sehr günstiges Angebot"[63]
eingeholt, während Freud schon länger betonte: „Deuticke wäre gewiß bereit"[64],
er bevorzuge aber einen deutschen Verlag, um das neue Unternehmen nicht

---

58 Vgl. hierzu Freud an Jung, 8. Dezember 1907; BW Freud – Jung, S. 113, Jungs Einladung
    zum Kongress im Januar 1908, BW, S. 122–123 sowie Freud an Jung, 17. und 18. Februar
    1908; BW Freud – Jung, S. 133–135.

59 Vgl. generell zur Rolle der Kongresse für die Institutionalisierung der psychoanalytischen
    Bewegung Fallend, Sonderlinge, S. 29–40.

60 Marinelli, Psyches Kanon, S. 252.

61 Vgl. Jung an Freud 12. Juni 1907; BW Freud – Jung, S. 70.

62 Freud an Jung, 6. Juni 1907; BW Freud – Jung, S. 65.

63 Jung an Freud, 4. Mai 1908; ebd., S. 162. Im Verlag von Carl Marhold waren bereits zwei
    Bücher von Jung erschienen: *Die psychologische Diagnose des Tatbestandes* (1906) und *Über die Psy-
    chologie der Dementia praecox* (1907).

64 Freud an Jung, 17. Februar 1908; BW Freud – Jung, S. 132.

ausgerechnet in Wien zu begründen.[65] Deuticke stellte pikiert fest, er verstehe sich sehr wohl als ‚deutscher' Verleger[66] und machte letztlich ein noch besseres Angebot als Marhold.[67] Beide Männer hatten also zunächst ihre Hausverleger in Betracht gezogen und sich dann für die besseren Bedingungen entschieden.

Mit Deuticke war Freud sich darüber einig, dass die Zeitschrift als öffentliche Manifestation der Bewegung verstanden und damit nicht zu eng an seine Person gebunden sein sollte.[68] Zu diesem Zeitpunkt setzte Freud bereits große Hoffnungen in C. G. Jung, den er nicht nur als seinen ‚Kronprinz'[69] etablieren wollte, sondern von dem er sich vor allem die Verbindung zur akademischen Wissenschaft versprach. Mit den Züricher Mitstreitern Bleuler und Jung bekam die Psychoanalyse ein hoffnungsvolles Standbein im akademischen Rahmen. Die Öffentlichkeit sollte die Psychoanalyse nicht als Privatinitiative Freuds wahrnehmen, sondern als breite Bewegung, die von der akademischen Wissenschaft mitgetragen wurde. So erschien das *Jahrbuch für psychoanalytische und psychopathologische Forschungen* erstmals 1909 unter der Schriftleitung C. G. Jungs; Bleuler und Freud teilten sich in der Herausgeberschaft.

Das *Jahrbuch* sollte zweimal im Jahr erscheinen und übernahm kommunikationspolitisch wichtige Funktionen: Zum einen präsentierte sich darin die Psychoanalyse als eigenständige wissenschaftliche Bewegung, zum anderen entstand ein Forum der öffentlichen schriftlichen Kommunikation der Psychoanalyse. Hier sammelten sich auf der Autorenseite die Fachvertreter aus den unterschiedlichen Disziplinen, auf Leserseite entstand ein psychoanalytisches Fachpublikum, was einen fortlaufenden schriftlichen Dialog erst ermöglichte:

> Ich habe mir gesagt, daß ich seit dem Erscheinen des ‚Jahrbuchs' die Darstellungsweise meiner Arbeiten ändern darf. Es gibt jetzt ein [psychoanalytisches] Publikum, und ich darf für dieses schreiben und mir das jedesmalige Eingehen auf die elementaren Voraussetzungen und die Zurückweisung der primitivsten Einwendungen ersparen.[70]

Freud konnte nun für ein psychoanalytisch vorgebildetes Publikum schreiben, sodass er einerseits grundlegende Aussagen seiner Lehre nicht in jedem Text neu erläutern musste, sondern als bekannt voraussetzen durfte, andererseits konnte er auf eine grundsätzliche Aufgeschlossenheit des Lesers gegenüber seinen Theorien zählen, sodass eine prophylaktische Entschärfung etwaiger Kritik

---

65   Vgl. Freud an Jung, 17. Februar 1908; ebd., S. 132 und Freud an Jung, 3. Mai 1908; ebd., S. 161.
66   Vgl. Freud an Jung, 4. Mai 1908; ebd., S. 163.
67   Vgl. Jung an Freud, 14. Mai 1908; ebd., S. 167.
68   Vgl. Marinelli, Zu den Anfängen, S. 253–254.
69   Vgl. Jones, Leben und Werk, Bd. II, S. 50.
70   Freud an Jung, 17. Oktober 1909; BW Freud – Jung, S. 280.

entfiel. Dadurch konnte sich Freud im facheigenen Periodikum auf das wesentlich Neue seiner Lehre konzentrieren.[71]

1910 tagte der internationale psychoanalytische Kongress in Nürnberg, der einen wesentlich formelleren Charakter hatte als die erste Zusammenkunft in Salzburg. Nun wurde die *Internationale Psychoanalytische Vereinigung* gegründet und Jung zu deren Präsident gewählt. Freud und Sándor Ferenczi[72] wollten Jung auf Lebzeit wählen lassen und mit einer Art Zensorenrecht ausstatten, indem jede Veröffentlichung vorab von ihm geprüft werden sollte. Damit konnten sie sich allerdings nicht gegen die Wiener Gruppe durchsetzen.[73]

Die zentrale Stellung, die Freud dem Züricher zudachte, stieß den Wiener Analytikern von Anfang an bitter auf und schürte die Rivalität zwischen den Lagern. Freud war mit seinen Wiener Anhängern zunehmend unzufrieden. Um diese nun mehr in die Verantwortung zu nehmen und damit besser unter Kontrolle zu bringen, trat er zugunsten Alfred Adlers[74] vom Vorsitz der Wiener Ortsgruppe zurück. Außerdem wurde auf dem Kongress die Gründung des *Zentralblatts für Psychoanalyse* beschlossen, dessen Redaktion Adler und Wilhelm Stekel[75] übernehmen sollten.[76]

---

71 Vgl. hierzu auch Roazen, Freud und sein Kreis, S. 185: Auch in der *Mittwochsgesellschaft* konnte Freud freier reden als bei seinen Vorlesungen an der Universität, da er im eigenen Kreis weniger Gefahr lief, missverstanden zu werden.

72 Sándor Ferenczi (1873–1933) studierte Medizin in Wien. Nach seiner Promotion 1896 kehrte er in seine ungarische Heimat zurück und praktizierte als Arzt in Budapest. 1908 lernte Ferenczi Freud persönlich kennen und wurde Mitglied der *Wiener Psychoanalytischen Vereinigung*. 1910 initiierte er die Gründung der *IP Vereinigung*, deren Präsident er 1918 wurde. 1913 gründete er die *Ungarische Psychoanalytische Vereinigung*, der er bis zu seinem Tod vorstand. 1919 hatte er die kurzlebige Professur für Psychoanalyse an der Budapester Universität inne. Vgl. Mühlleitner, Biographisches Lexikon, S. 96–99.

73 Vgl. BW Freud – Ferenczi, Bd. I/1, S. 236, Anm. 1.

74 Alfred Adler (1870–1937) studierte Medizin in Wien und promovierte 1895. Auf Empfehlung Stekels war er Gründungsmitglied der *Mittwochsgesellschaft* und ab 1910 Obmann der *Wiener Psychoanalytischen Vereinigung*. Nach seinem Bruch mit Freud gründete Adler 1911 den *Verein für freie psychoanalytische Forschung* (ab 1913: *Verein für Individualpsychologie*) und war ab 1924 Professor am Wiener Pädagogischen Institut. Vgl. Mühlleitner, Biographisches Lexikon, S. 17–19.

75 Wilhelm Stekel (1868–1940) wurde in Rumänien geboren und studierte Medizin in Wien, wo er 1893 promovierte. Er absolvierte eine neurologische Ausbildung an der Klinik von Richard Krafft-Ebing und eröffnete eine Privatpraxis als Nervenarzt. 1902 regte er Freud zur Gründung der *Mittwochsgesellschaft* an. Stekel war auch einer der ersten praktizierenden Psychoanalytiker neben Freud. Sein besonderes Interesse galt dem Deuten von Träumen und Symbolen, wobei er nach Meinung Freuds und anderer Psychoanalytiker jedoch zu unseriös und populär wurde. Nachdem er 1912 aus der *Wiener Psychoanalytischen Vereinigung* ausgeschieden war, gründete er 1923 die *Organisation der unabhängigen ärztlichen Analytiker*. 1938 emigrierte er über Zürich nach England, wo er 1940 Selbstmord beging. Vgl. Mühlleitner, Biographisches Lexikon, S. 320–324.

Deuticke lehnte die Herausgabe der neuen Zeitschrift ab, da er Stekel für nicht vertrauenswürdig und das Blatt als solches für nicht wissenschaftlich hielt.[77] Als Verleger fand sich schließlich Bergmann in Wiesbaden.[78] Das *Zentralblatt* erschien ab 1910 monatlich, informierte über die aktuellen Ereignisse innerhalb der Bewegung und diente als Referateorgan. Im programmatischen Vorwort „An unsere Leser"[79] hieß es:

> Die Literatur der neuen Wissenschaft [i. e. die Psychoanalyse; EF] war einst leicht zu überschauen [...]. Jetzt ist es dem einzelnen gar nicht möglich, der wachsenden Flut von Arbeiten gerecht zu werden und seinen orientierenden Überblick über die komplizierte Wissenschaft der Psychoanalyse und ihre Errungenschaften zu gewinnen. Das schon im zweiten Jahrgange erscheinende *„Jahrbuch für Psychoanalyse"* bringt in weiten Zwischenräumen grössere Arbeiten, die wohl meist für den Vorgeschrittenen und Wissenden bestimmt sind. *„Das Zentralblatt für Psychoanalyse"* verfolgt einen im wesentlichen didaktischen Zweck. Es will nicht nur die Anhänger und Gegner über die erscheinende Literatur rasch orientieren, sondern auch durch Originalartikel einzelne psychoanalytische Probleme von praktischer Bedeutung vertiefen und einem weiteren Kreise zugänglich machen. So sollen *„Jahrbuch"* und *„Zentralblatt"* einander ergänzen.[80]

Einerseits ergänzte das *Zentralblatt* das *Jahrbuch* und übernahm Funktionen, die dieses nicht leisten konnte; andererseits wurde es von Jung,[81] aber auch von Freud als Konkurrenzblatt gesehen: „Jung ist vielleicht durch die Gründung des Zentralblattes missgestimmt worden. – Es ist jedenfalls gut, zwei Eisen im Feuer zu halten, und die Konkurrenz zwischen Wien und Zürich kann der Sache zugute kommen."[82]

Zugleich wurden die *Korrespondenzblätter* begründet, die ab Juli 1910 von Jung und Franz Riklin[83] in Zürich herausgegeben wurden und lediglich der ver-

---

76 Vgl. Lieberman, Otto Rank, S. 164 und 183 sowie Jones, Leben und Werk, Bd. II, S. 63 und Roazen, Freud und sein Kreis, S. 190. Stekel stellte die Gründung der Zeitschrift in seiner Autobiographie etwas anders da; nachzulesen bei Brome, Vincent: Sigmund Freud und sein Kreis. Wege und Irrwege der Psychoanalyse. München: Paul List 1969; (im Folgenden: Brome, Freud und sein Kreis), S. 52–53.

77 Vgl. Freud an Ferenczi, 24. April 1910; BW Freud – Ferenczi, Bd. I/1, S. 246.

78 Vgl. Freud an Ferenczi, 1. Mai 1910; ebd., S. 250 und Freud an Ferenczi, 17. Mai 1910; ebd., S. 254.

79 Zentralblatt für Psychoanalyse. Medizinische Monatsschrift für Seelenkunde. Wiesbaden: Bergmann 1/1910/11, unpaginiert, zwei Seiten vor S. 1.

80 Ebd. (Hervorhebungen im Original)

81 Vgl. hierzu Marinelli, Psyches Kanon, S. 257 sowie Jung an Freud, 6. November 1911; BW Freud – Jung, S. 502.

82 Freud an Ferenczi, 12. Juni 1910; BW Freud – Ferenczi, Bd. I/1, S. 265.

83 Franz Riklin (1878–1938) war Schweizer Psychiater und zunächst an der Psychiatrischen Klinik in Rheinau tätig. Später war er Jungs Mitarbeiter am Burghölzli. 1910 wurde er der erste Sekretär der *IPVereinigung*. Nach dem Bruch mit Freud schloss sich Riklin Jung an. Vgl.

einsinternen Kommunikation dienen sollten. Im Wesentlichen enthielten sie organisatorische Mitteilungen des Präsidenten und umfassten nur wenige Seiten.[84] Jung fand das Auftreten der Blätter von Anfang an „trottelhaft und ziemlich gegenstandlos"[85], sodass er Freuds Vorschlag im Frühjahr 1911 begrüßte, das *Zentralblatt* angesichts des internationalen Wachstums der Vereinigung durch Angliederung der *Korrespondenzblätter* zu stärken und zum offiziellen *Organ der Internationalen Psychoanalytischen Vereinigung* zu machen.[86] Dies wurde auf dem nächsten Kongress in Weimar im selben Jahr beschlossen; bis zu diesem Zeitpunkt waren sechs Hefte der *Korrespondenzblätter* erschienen.

5.1.2   Publikationen als Machtinstrument

Mit den ersten psychoanalytischen Zeitschriften änderte sich auch Freuds Publikationsverhalten. Seine voranalytischen Schriften hatte er in den gängigen medizinischen Fachjournalen veröffentlicht.[87] Nachdem die Psychoanalyse zur Bewegung geworden war und Freud „seine Forschungen außerhalb des akademischen Kontexts fortgesetzt hatte, änderte er zielstrebig auch seine Publikationspolitik."[88] Er schrieb nur gelegentlich für Zeitschriften, vielmehr erschienen in dieser Phase einige seiner bedeutenden frühen Monographien.[89] Sobald sich mit dem *Jahrbuch* und dem *Zentralblatt* eine eigene psychoanalytische Plattform bot, publizierte Freud „alle eigenen Schriften, welche nicht sogleich eigenständig erschienen und sofern es sich nicht um Gelegenheitsarbeiten für andere Zeitschriften oder Sammelwerke handelte, in den erwähnten Organen"[90].

Viele seiner Arbeiten erfuhren eine Zweitverwertung in den Reihen *Sammlung kleiner Schriften zur Neurosenlehre*[91] und *Schriften zur angewandten Seelenkunde*. Während Erstere Freud-Texte der Jahre 1893 bis 1906 zusammenführte, waren die *Schriften* eine Buchreihe, die – mit Freud als Herausgeber – 1907 zunächst

      Roudinesco, Élisabeth und Michel Plon (Hrsg.): Wörterbuch der Psychoanalyse. Namen, Länder, Werke, Begriffe. Wien und New York: Springer 2004; (im Folgenden: Wörterbuch der Psychoanalyse), S. 857.

84   Vgl. BW Freud – Jung, S. 489.
85   Jung an Freud, 29. Oktober 1910; ebd., S. 401.
86   Vgl. Freud an Jung, 1. März 1911; ebd., S. 441 sowie Marinelli, Zu den Anfängen, S. 258.
87   Vgl. Grubrich-Simitis, Zurück zu Freuds Texten, S. 35.
88   Ebd., S. 37–38.
89   Zur Psychopathologie des Alltagslebens. Berlin: S. Karger, 1904; Der Witz und seine Beziehung zum Unbewußten. Leipzig und Wien: Deuticke 1905; Drei Abhandlungen zur Sexualtheorie. Leipzig und Wien: Deuticke 1905. Siehe Anhang 7a.
90   Grubrich-Simitis, Zurück zu Freuds Texten, S. 38.
91   Die *Sammlung kleiner Schriften zur Neurosenlehre* aus den Jahren 1893–1906 erschien ab 1906 in fünf Folgen, die ersten 3 Folgen zunächst bei Deuticke, die 4. Folge 1918 bei Heller und schließlich (ab 2. Auflage der 4. Folge, 1922) im *IPVerlag*. Vgl. BW Freud – Eitingon, S. 132, Anm. 2.

bei Heller startete, doch schon ab dem zweiten Band, 1908, ebenfalls zu Deuticke wechselte.[92] Die *Sammlung* bildete durch den monographischen Charakter ihrer Einzelbände für Freud ein wichtiges Forum, um seine Abhandlungen jenseits des aktuellen Zeitschriften-Diskurses zu sammeln und für den Buchmarkt zu sichern[93].

Ganz bewusst sorgte Freud damit für ein vollständiges Erscheinen seines Werkes in monographischer Form. Von seiner gezielten Publikationspolitik zeugt eine chronologisch fortgeführte Autobibliographie.[94] Darin verzeichnete er die Erscheinungsdaten seiner Texte und derer Übersetzungen. Freud hatte über das ,alltägliche' Publizieren hinaus stets sein Gesamtwerk im Auge, dokumentierte und plante dessen Entstehen. Dies mag auch auf Eitelkeit zurückzuführen sein, vor allem aber zeigt es das Bewusstsein Freuds, dass die Entwicklung der Psychoanalyse sowohl inhaltlich als auch wirkungsgeschichtlich auf seinen Publikationen basierte.[95]

Freud war sich nicht nur der kommunikationsstrategischen Bedeutung der Zeitschriften bewusst, sondern verstand auch ihre machtpolitische Rolle innerhalb der Bewegung.[96] Während das *Zentralblatt* von der Wiener Gruppe geleitet wurde, befand sich das *Jahrbuch* in den Händen der Züricher. Als es in den Jahren 1911-14 zu den ersten gewichtigen Brüchen innerhalb der psychoanalytischen Bewegung kam, wirkten sich diese auch auf die Zeitschriften aus; mehr noch: Die Publikationsorgane spielten im Machtkampf eine entscheidende Rolle, waren Schauplatz und Waffe zugleich.[97]

Bereits 1911 kam es zum Bruch zwischen Freud und Adler,[98] woraufhin dieser noch vor Abschluss des ersten Bandes aus der Redaktion des *Zentralblatts* ausschied, sodass sein Name erst gar nicht auf dem Titelblatt Platz fand. Auch mit Stekel gab es die ersten Meinungsverschiedenheiten. Dabei ging es vor allem um seine Traumdeutungskonzepte, die auf Freuds Kritik stießen und von denen dieser sich in der dritten Auflage der *Traumdeutung* deutlich distanzierte. Darüber hinaus diente das von Stekel redigierte *Zentralblatt* als Sammelstelle für Traumsymbole,[99] wobei Stekel nach dem Geschmack der Züricher Akademiker

---

92   Vgl. Marinelli, Geschichte des IPVerlags, S. 11.
93   Vgl. Grubrich-Simitis, Zurück zu Freuds Texten, S. 38.
94   Vgl. ebd., S. 32–33.
95   Vgl. ebd., S. 34–35 und 39.
96   Vgl. ebd., S. 39 und Wittenberger, Das „Geheime Komitee", S. 58.
97   Vgl. Schröter, Freuds Komitee, S. 514.
98   Auch wenn der Bruch mit Adler inhaltlich der erste bedeutende war, soll er hier nicht näher erläutert werden, weil seine einzige Auswirkung auf die Publikationen Adlers Ausscheiden aus der Redaktion des *Zentralblatts* war. Mit Stekel verhält es sich beinahe gegenteilig. Siehe die folgenden Ausführungen.
99   Vgl. Marinelli, Zu den Anfängen, S. 258.

zu sehr auf das Deuten von Träumen und Alltagssituationen eines nicht ärztlichen Laienpublikums fokussierte.[100] Denn:

> Hatte sich das Jahrbuch unter Leitung Jungs dem Imperativ ‚exakter‘ Wissenschaftlichkeit verschrieben, so wurde das *Zentralblatt* unter Stekels Schriftführung zum ersten Träger dieser diskursiven Explosion um die Psychoanalyse, in der sich Gerüchte, Tratsch, Deutungsspiele und Alltagspsychologie vermischten.[101]

Um Stekel besser kontrollieren zu können, setzte Freud nach Adlers Ausscheiden Viktor Tausk[102] – und mit ihm einen Kritiker Stekels – in die Redaktion ein. Dabei ging es zwar auch um die inhaltliche Zurechtweisung; viel wichtiger aber war, das inzwischen im Kampf mit Jung so wichtig gewordene Publikationsorgan unter Kontrolle zu bekommen. Freud konnte keinen Schriftleiter mit publizistischem Emanzipationsbestreben gebrauchen. Das *Zentralblatt* war als offizielles Organ der *IPVereinigung* von zu großer kommunikativer Bedeutung, als dass Freud deren Störung durch persönliche Machtrangeleien, die jetzt zwischen Stekel und Tausk aufkamen, dulden konnte.[103] Zur Klärung der Situation wurde im November 1912 der Zentralvorstand der *IPVereinigung* zusammengerufen; noch entschied Freud zu Stekels Gunsten und forderte von Tausk eine Entschuldigung gegenüber Stekel.[104]

Stekel betrachtete das *Zentralblatt* jedoch als ‚sein‘ Blatt und leitete zu dessen Übernahme nun eine gerissene Intrige ein: Er ließ sich von Bergmann zusichern, dass ihm die Redaktion weiter überlassen werde, sollte Freud als Herausgeber zurücktreten. Daraufhin provozierte er Freud zu eben diesem Schritt, der von Stekels Absprache mit Bergmann nichts wusste und darauf vertraute, dass der Verleger mehr Wert auf seine Herausgeberschaft denn auf Stekels Redaktion legen würde. Längst war Stekel für Freud unhaltbar geworden: „Wenig Opfer wären mir zu groß, um ihn loszuwerden."[105] Da die Entfernung Stekels aus dem Blatt nicht möglich war, „warf [Freud] das Blatt mit dem Redakteur

---

100 Vgl. Lieberman, Otto Rank, S. 137: Stekel wurde sogar nachgesagt, Fälle zu erfinden, um seine Theorien zu untermauern. Vgl. in diesem Zusammenhang auch Marinelli/Mayer, Träume nach Freud, S. 20–21.

101 Ebd., S. 51. (Hervorhebung im Original)

102 Viktor Tausk (1879–1919) hatte bereits Jura studiert und als Jurist und Journalist gearbeitet, bevor er 1908 in Wien das Medizinstudium aufnahm, wofür er bei Freud und der *Wiener Psychoanalytischen Gesellschaft* finanzielle Unterstützung fand. 1909 wurde er Mitglied der *Vereinigung*, 1914 promovierte er und eröffnete eine Praxis als Nervenarzt. Schon 1907 hatte sich Tausk in einer Nervenheilanstalt in Behandlung begeben; 1919 wurde er von Freud zur Analyse an Helene Deutsch vermittelt. Noch im selben Jahr nahm sich Tausk das Leben. Vgl. Mühlleitner, Biographisches Lexikon, S. 343–345.

103 Vgl. Lieberman, Otto Rank, S. 189 und Marinelli, Zu den Anfängen, S. 262.

104 Vgl. zu dem Konflikt mit Stekel das von Ernst Federn verfasste Protokoll des Hergangs aus Freuds Sicht, wiedergegeben bei Wittenberger, Das „Geheime Komitee", S. 95–96.

105 Freud an Ferenczi, 20. Oktober 1912; BW Freud – Ferenczi, Bd. I/2, S. 134.

weg"[106]. Zum Jahresende 1912 legte Freud die Herausgeberschaft nieder und schätzte die Überlebensfähigkeit des auf sich gestellten Blattes richtig ein: Noch zwei Jahre konnte sich die Zeitschrift unter dem leicht veränderten Namen *Zentralblatt für Psychoanalyse und Psychotherapie* halten, 1914 erschien die letzte Nummer.[107]

Bei seinem Austritt hatte Freud eine große Zahl Abonnenten und – gegen eine Abfindungssumme – die *Korrespondenzblätter* aus dem *Zentralblatt* mit abgezogen.[108] Diese wurden nun der ersatzweise neu begründeten *Internationalen Zeitschrift für ärztliche Psychoanalyse* angegliedert. Das neue offizielle Organ der *IPVereinigung* erschien ab 1913 im Verlag von Hugo Heller, die Schriftleitung übernahmen Otto Rank[109], Sandor Ferenczi und Ernest Jones[110]. Um den internationalen Charakter des Blattes von Anfang an zu sichern, schrieb Ferenczi „eine Menge Referate für die erste Nummer, besprach lauter ausländische Arbeiten"[111].

Spätestens ab diesem Zeitpunkt hatte Heller Deuticke als Freuds Hauptverleger abgelöst. Hugo Heller,[112] der in erster Funktion Sortimenter war, hatte seine Buchhandlung 1905 begründet und sich rasch zu einem der wichtigen ‚Kulturbuchhändler'[113] Wiens entwickelt. Ausgestattet mit einem energischen Charakter und großem persönlichen Engagement, reichten seine Interessen von Anfang an über den reinen Buchhandel hinaus. Heller engagierte sich in den Vereinen der Branche, sympathisierte mit sozialistischen Parteien und bereicherte sein Geschäft durch zahlreiche Aktivitäten und Initiativen, die der Förderung und Vermittlung von Kunst dienten. In Hellers Buchhandlung fanden Lesun-

---

106 Freud an Jung, 14. November 1912; BW Freud – Jung, S. 575.
107 Vgl. Marinelli, Zu den Anfängen, S. 263. Vgl. zu den Abschlussverhandlungen, die Jung mit dem Verleger Bergmann führte, BW Freud – Jung, S. 584–587.
108 Vgl. Marinelli, Zu den Anfängen, S. 262.
109 Otto Ranks Werdegang wird in Kap. 5.1.3 näher erläutert.
110 Ernest Jones (1879–1958) studierte Medizin in London. Zunächst arbeitete er an Londoner Krankenhäusern, konnte sich aber nicht in die Hierarchien einordnen. Um die *Traumdeutung* im Original lesen zu können, lernte Jones Deutsch. Auf einer Tagung machte er Bekanntschaft mit Jung, der ihn ans Burghölzli holte. 1908 traf er erstmals Freud. Bis 1912 verbrachte Jones mehrere Jahre in Kanada und initiierte dort und in den Vereinigten Staaten psychoanalytische Gesellschaften. Jones war außerdem der Begründer der psychoanalytischen Vereinigung in Großbritannien. Er sah die Verbreitung der Freudschen Lehre im anglo-amerikanischen Raum als seine Lebensaufgabe und leitete die erste Freud-Übersetzung ins Englische in die Wege. Jones war 1920–24 und 1934–49 Präsident der *IPVereinigung*. Vgl. Wörterbuch der Psychoanalyse, S. 501–505.
111 Ferenczi an Freud, 28. November 1912; BW Freud – Ferenczi, Bd. I/2, S. 161.
112 Vgl. zu den folgenden Ausführungen: Fuchs, Sabine: Hugo Heller (1870–1923). Buchhändler und Verleger in Wien. Diplomarbeit, Wien 2004; (im Folgenden: Fuchs, Heller).
113 Der Begriff ist nicht definiert, erscheint aber in apostrophierter Anlehnung an den Begriff des ‚Kulturverlegers' hinsichtlich des Wirkens Hellers gerechtfertigt.

gen und Musikabende statt, wurde bildende Kunst und Kunsthandwerk gezeigt sowie Buchausstellungen veranstaltet. Heller pflegte nicht nur den persönlichen Kontakt mit seinen Kunden, sondern verkehrte in den Künstlerkreisen Wiens mit der literarischen Avantgarde. Schon früh war er gelegentlich als Verleger in Erscheinung getreten,[114] später gliederte er seinem Unternehmen eine Konzert- und Theateragentur an. Hellers Unternehmen wies jene gemischte Form auf, die in der österreichischen Buchbranche typisch war.

Hugo Heller war damit weniger ein Verlagsbuchhändler, der auf die Strömungen seiner Zeit reagierte, sondern war als Initiator von kulturellen Veranstaltungen aktiv am Kunstgeschehen seiner Stadt beteiligt. Dass er auch mit der psychoanalytischen Bewegung in Berührung kam, nimmt daher nicht wunder. Es lässt sich heute nicht mehr genau datierend nachvollziehen, wann Heller der *Mittwochsgesellschaft* als aktives Mitglied beitrat. In den Protokollen wird sein Name erstmals am 10. Oktober 1906 erwähnt, allerdings wurden die Sitzungen überhaupt erst ab dieser Zeit protokolliert.[115] Fest steht, dass die Bande zwischen Heller und Freud in den Jahren 1906/07 merklich gefestigt wurden. 1906 gründeten sie gemeinsam die *Schriften zur angewandten Seelenkunde*, 1907 hielt Freud einen Vortrag in Hellers Buchhandlung und Heller veröffentlichte sowohl einen Freud-Titel als auch Otto Ranks erste Monographie.[116] Ab diesem Zeitpunkt nahm Hellers Betätigung als Verleger merklich zu, und er kann als Freuds Hausverleger gelten; 1912 gliederte er seinem Geschäft offiziell einen Verlag an.

Das Autor-Verleger-Verhältnis war somit von vornherein anders geartet als bei Deuticke und Freud. Als renommierter Wissenschaftsverleger begegnete Franz Deuticke Freud mit dem aus dieser Funktion resultierenden Interesse, während Hellers Verlegerdasein gewissermaßen aus dem persönlichen Kontakt mit Freud erst erwuchs. Das Verlegen blieb bei ihm Nebengewerbe, sein Programm war mehr literarisch-geisteswissenschaftlich orientiert, als regelrechter Wissenschaftsverleger kann er nicht gelten; für die inhaltliche Gestaltung der psychoanalytischen Programmsparte zeichnete Freud maßgeblich verantwortlich.[117] Freud war nicht nur Hellers wichtigster Autor, sondern machte dessen

---

114 Zwischen 1903 und 1906 erschienen vier Titel; ab 1907 kann man von einer regelmäßigen Verlagstätigkeit reden. Bis zur offiziellen Gründung des Verlags (1912) erschienen ab 1907 jährlich fünf bis zehn Publikationen. Vgl. Fuchs, Heller, S. 139–151.

115 Vgl. Lieberman, Otto Rank, S. 131. Fuchs vermutet, dass Heller bereits Ende 1902 an den Sitzungen teilnahm, kann ihre Vermutung aber nicht überzeugend belegen. Vgl. Fuchs, Heller, S. 71. Marinelli, Psyches Kanon, S. 33, zählt Heller gar zu den Gründungsmitgliedern der *Mittwochsgesellschaft*. Nach Handlbauer, Adler-Freud-Kontroverse, S. 37 – hierauf nimmt auch Mühlleitner, Biographisches Lexikon, S. 141 Bezug –, war Heller zwar kein Gründungsmitglied, aber seit der 2. Sitzung mit dabei.

116 Rank, Otto: Der Künstler. Ansätze zu einer Sexual-Psychologie. Wien: Heller 1907.

117 Vgl. Marinelli, Geschichte des IPVerlags, S. 12.

Verlagsgeschäft erst zu einem ökonomisch sinnvollen. Sabine Fuchs kommt zu dem Schluss, dass Heller „eine große wirtschaftliche Aufwertung erzielte [...], als sich Sigmund Freud *dazu bereit erklärte*, seine Bücher bei ihm verlegen zu lassen."[118] Viktor Heller beurteilte Freuds Bedeutung für das Unternehmen seines Bruders ähnlich:

> Auf das Werden Hugo Hellers selbst aber hat außer Viktor Adler vielleicht kein anderer einen so starken Einfluß ausgeübt, wie die große Persönlichkeit Freuds, der Hugo Heller *seines vertrauteren Umgangs für würdig fand* und ihn, wo er konnte, förderte.[119]

Die Beziehung der beiden Männer ging über das reine Autor-Verleger-Verhältnis hinaus. Sie waren innerhalb der psychoanalytischen Bewegung Mitstreiter für die gleiche Sache und pflegten einen privaten, persönlichen Umgang miteinander, wobei Heller jedoch stets Anhänger und Bewunderer Freuds und damit diesem hierarchisch untergeordnet blieb, wie den Einschätzungen von Sabine Fuchs und Viktor Heller zu entnehmen ist.[120]

Seit 1911 hegte Freud den Wunsch, eine nicht medizinische Zeitschrift herauszubringen, womit er im Wesentlichen zwei Ziele verfolgte: Das neue Publikationsorgan sollte die Unabhängigkeit der psychoanalytischen Bewegung vom rein ärztlichen Milieu demonstrieren und damit eine weitere Öffentlichkeit erschließen. Schwierig war es allerdings, einen Verleger für die neue Zeitschrift zu finden. Die Wissenschaftsverleger Deuticke und Bergmann sowie Urban & Schwarzenberg und auch Barth lehnten ab;[121] schließlich realisierte Freud das Projekt mit Hugo Heller.

Die 1912 begründete *Imago* wurde von Freud herausgegeben und von Rank und Hanns Sachs[122] redigiert, von denen die ursprüngliche Idee zu einer *Zeitschrift für Anwendung der Psychoanalyse auf Geisteswissenschaften* – so der Untertitel – ausgegangen war.[123] „Die Gründung der *Imago*" stand nicht „mehr im Zeichen

---

118 Fuchs, Heller, S. 66 (Hervorhebung durch mich; EF)
119 Heller, Viktor: Erinnerungen an Hugo Heller, den Gründer der Bukum A.G. IN: Fünfundzwanzig Jahre Bukum. Literarisches Festalmanach auf das Jahr 1930. Wien: Bukum A.G. [1930], S. 11–17, hier S. 14. (Hervorhebung durch mich; EF)
120 Vgl. hierzu auch Marinelli, Psyches Kanon, S. 30–36.
121 Vgl. Freud an Ferenczi, 21. Oktober 1911; BW Freud – Ferenczi, Bd. I/1, S. 414 sowie Freud an Jung, 2. November 1911; BW Freud – Jung, S. 500.
122 Hanns Sachs (1881–1947) studierte in Wien Jura und promovierte 1904. 1910 wurde er Mitglied der *Wiener Psychoanalytischen Vereinigung*. Neben Rank und Reik war Sachs einer der ersten praktizierenden Laienanalytiker. Nach dem Ersten Weltkrieg ging er zunächst nach Zürich, dann Berlin; 1932 übersiedelte er nach Boston. Vgl. Mühlleitner, Biographisches Lexikon, S. 279–281.
123 Vgl. List, Eveline: Otto Rank, Verleger. IN: IPVerlag, Katalog, S. 31–47; (im Folgenden: List, Otto Rank), hier S. 35 und Freud, Geschichte der psychoanalytischen Bewegung, S. 78.

der wissenschaftlichen Leistungsbeweise der Psychoanalyse",[124] sondern markierte „den Beginn jener euphorischen Phase, in der die Psychoanalyse nicht nur die Grenzen der Medizin verließ, sondern außerhalb derselben Autoren als auch Leser suchte."[125] Sie wurde zum erfolgreichsten Periodikum der psychoanalytischen Bewegung.[126]

Der Verlagswechsel markierte somit auch „den neuen theoretischen Weg"[127] der Psychoanalyse, der die Emanzipation von der Medizin verfolgte und die Öffnung für ein (literarisches) Laienpublikum bedeutete. Freuds einstiger ‚Urverleger' wurde nun „für so manchen Dissidenten zu einem verlegerischen Auffangunternehmen."[128] So blieb Deuticke der Verleger C. G. Jungs, und auch Rank sollte nach seinem Bruch mit Freud bei Deuticke Zuflucht finden.[129]

Parallel zu den Abspaltungsbewegungen, die sich innerhalb der Wiener Gruppe ereignet hatten, bahnte sich der für die internationale Bewegung gewichtigere Bruch mit Jung an. Jung war als Präsident der *IPVereinigung* und als Redakteur des *Jahrbuchs* Inhaber der wichtigsten institutionellen Funktionen der Bewegung; seine Position resultierte aus der Hoffnung, die Freud in ihn als seinen Nachfolger gesetzt hatte. In die Verbindungen zu Bleuler und Jung hatte Freud die Hoffnung gelegt, die Züricher Klinik Burghölzli „könnte so etwas wie eine medizinische Spezialschule [der Psychoanalyse] werden."[130] Durch das Interesse dieser beiden, innerhalb der akademischen Wissenschaft etablierten Männer an der Psychoanalyse wurde diese von dem Verdacht privater Gelehrsamkeit befreit und mit ernsthaftem akademischem Anspruch bedacht. So jedenfalls erhoffte es sich Freud.[131]

Zumindest für Bleuler blieb die Unabhängigkeit der Psychoanalyse von der Universität jedoch stets Beweggrund, sein Engagement innerhalb der psycho-

---

124   Marinelli, Psyches Kanon, S. 259. (Hervorhebung im Original)
125   Ebd., S. 260. Vgl. zum breit gefächerten Inhalt der *Imago* Huppke, Geschichte des IPVerlags, S. 17.
126   Vgl. Marinelli, Zu den Anfängen, S. 260.
127   Marinelli, Psyches Kanon, S. 30.
128   Ebd. S. 33, Anm. 42.
129   Siehe zum Bruch zwischen Freud und Rank S. 315 dieser Arbeit. Nach dem Bruch erschien bei Deuticke: Otto Rank: Die Technik der Psychoanalyse. 3 Bände. Leipzig u. a.: Deuticke 1926–1931.
130   Wittenberger, Das „Geheime Komitee", S. 36. Vgl. auch Jones, Leben und Werk, Bd. II, S. 62. Zum Beginn der Beziehungen zwischen Wien und Zürich vgl. McGuire, Einleitung, S. XIII–XVIII.
131   Vgl. Lieberman, Otto Rank, S. 142 und Freud, Geschichte der psychoanalytischen Bewegung, S. 66–67.

analytischen Bewegung vorsichtig zu dosieren.[132] Die Herausgabe des *Jahrbuchs* schien ihm mit seiner akademischen Stellung vertretbar. Jung hingegen war neben seiner Tätigkeit im Burghölzli wissenschaftlich und institutionell eng mit der Psychoanalyse verwoben und durch Freud zum ‚Kronprinzen‘ erkoren.[133]

Mit dieser Rolle konnte sich Jung letztlich nicht identifizieren. Selbst akademisch-institutionell gebunden, entwickelte er nach Freuds Geschmack (zu) wenig Führungsambitionen innerhalb der psychoanalytischen Bewegung,[134] wenn er auch die Präsidentschaft der *IPVereinigung* innehatte. Gegenüber Ferenczi kritisierte Freud Jungs ungenügendes Engagement bei den Zeitschriften.[135] Dagegen empfand Jung Freud eher als Konkurrenten, von dessen Autorität er sich emanzipieren wollte. Viele Freud-Forscher – vor allem die mit eigenem psychoanalytischem Hintergrund – sehen in der Auseinandersetzung zwischen Freud und Jung einen Vater-Sohn-Konflikt.[136]

Der Konflikt bahnte sich zunächst auf inhaltlich-wissenschaftlicher Ebene an; Jungs Theorien hatten sich bis 1912 zu mit Freuds Lehren unvereinbaren Konzepten entwickelt. Dies allein stellte für Freud allerdings keinen Trennungsgrund dar: „Wenn wir uns zunächst nicht einigen können, ist nicht anzunehmen, daß diese wissenschaftliche Differenz unseren persönlichen Beziehungen Abbruch tun wird."[137] Jung verspielte Freuds Wohlwollen, als er den Konflikt auf die persönliche Ebene zog. Damit war die innere Entzweiung erfolgt; es war nur noch eine Frage, wie sich der äußere Bruch vollziehen würde.[138]

Längst war im Kreis der getreusten Freud-Schüler (Jones, Rank, Ferenczi) die Idee geboren worden, zur Wahrung der reinen Lehre eine Art inneren Zirkel um Freud zu bilden.[139] Damit hatten sie bei Freud offene Türen eingerannt, der sofort die konkrete Beschaffenheit eines solchen ‚Geheimen Komitees‘ bestimmte:

---

132 Vgl. Freud, Geschichte der psychoanalytischen Bewegung, S. 66–67, Wittenberger, Das „Geheime Komitee", S. 52 sowie Marinelli/Mayer, Träume nach Freud, S. 28–29: Bleuler blieb vor allem gegenüber der Wissenschaftlichkeit der Selbstanalyse skeptisch.

133 Vgl. Lohmann, Sigmund Freud, S. 51 und Lieberman, Otto Rank, S. 166.

134 Vgl. bspw. Wittenberger, Das „Geheime Komitee", S. 79–80, 105 und 167 sowie Freud, Geschichte der psychoanalytischen Bewegung, S. 84 und Jones, Leben und Werk, Bd. II, S. 51.

135 Freud an Ferenczi, 3. März 1912; BW Freud – Ferenczi, Bd. I/2, S. 61.

136 Vgl. Lohmann, Sigmund Freud, S. 52. Die psychoanalytische Deutung weist darauf hin, dass sich der Konflikt zwischen Freud und Jung auf verschiedenen Ebenen abspielte, die komplexer miteinander verwoben sind, als an dieser Stelle ausgeführt werden kann. Im Folgenden wird der Verlauf in seinen wesentlichen Schritten skizziert. Ausführlich dargestellt ist er bspw. bei: Wittenberger, Das „Geheime Komitee", S. 198–221, Jones, Leben und Werk, Bd. II, S. 169–185, Gay, Freud, S. 226–277, Thompson, S. 169–178, Brome, Freud und sein Kreis, S. 131–140 und Roazen, Freud und sein Kreis, S. 227–293.

137 Freud an Jung, 13. Juni 1912; BW Freud – Jung, S. 565.

138 Vgl. Schröter, Freuds Komitee, S. 520.

139 Vgl. ebd., S. 521. Zum Gründungsmythos vgl. ebd., S. 515–518.

Was meine Phantasie sofort in Beschlag nahm, war die Idee eines geheimen Konzils, das sich aus den besten und zuverlässigsten unserer Leute zusammensetzen solle, deren Aufgabe es sei, für die Weiterentwicklung der Psychoanalyse zu sorgen und die Sache gegen Persönlichkeiten und Zwischenfälle zu verteidigen, wenn ich nicht mehr da bin. [...] Das Komitee hätte in seiner Existenz und in seinen Handlungen streng geheim zu bleiben.[140]

Als sich der Konflikt mit Jung zuspitzte, trat das *Komitee* im Geheimen,[141] als eingeschworene Gruppe äußerst effektiv in Aktion. Zum *Geheimen Komitee* gehörten Ernest Jones, Sándor Ferenczi, Otto Rank, Hanns Sachs und Karl Abraham[142]; später kam noch Max Eitingon[143] hinzu, nach Ranks Ausscheiden 1927 übernahm Anna Freud[144] dessen Platz.

Die erste gemeinsame Mission war die Entfernung Jungs aus der psychoanalytischen Vereinigung.[145] Dass Jung deren Präsident war, machte die Operation heikel. Dabei spielte die Sorge um das *Jahrbuch* eine zentrale Rolle.[146] Basis für das gemeinsame Vorgehen war die interne Absprache über den gemeinsamen Kurs und die einzelnen strategischen Schritte. Dies geschah per Korres-

---

140 Freud an Jones, 1. August 1912; zitiert nach Wittenberger, Das „Geheime Komitee", S. 199–200.

141 Schröter, Freuds Komitee, S. 537, betont, dass das Komitee deshalb geheim war, weil es sich um eine Intrige gegen Jung handelte.

142 Karl Abraham (1877–1925) studierte Medizin in Würzburg, Berlin und Freiburg, promovierte 1901 und praktizierte ab 1908 als Facharzt für Psychotherapie in Berlin. Er gründete die *Berliner Psychoanalytische Vereinigung* und 1920 das *Psychoanalytische Institut*. Vgl. DBE, Bd. 1, S. 12.

143 Max Eitingon (1881–1943) studierte Medizin in Leipzig und war dann Assistenzarzt bei Bleuler am Züricher Burghölzli. Hier promovierte er und lernte die hiesigen Psychoanalytiker kennen. Er war 1907 der erste, der Freud in Wien besuchte, wo er zwei Jahre blieb; er nahm an den Sitzungen der *Mittwochsgesellschaft* teil und absolvierte bei abendlichen Spaziergängen die erste „Lehranalyse" bei Freud. Dann ging er nach Berlin, wo er die Psychoanalytische Gesellschaft mitbegründete. Eitingons Vater war durch Zucker- und Pelzhandel zu einem Vermögen gekommen, dass er 1929 beim New Yorker Börsenkrach verlor. Bis dahin war Eitingon ein wichtiger Mäzen der psychoanalytischen Bewegung. Er finanzierte die Berliner Poliklinik und unterstützte den *IPVerlag*. Er selbst hinterließ kein bedeutendes Werk, spielte aber innerhalb der psychoanalytischen Organisation eine wichtige Rolle. 1933 ging er nach Jerusalem ins Exil. Vgl. Wörterbuch der Psychoanalyse, S. 208–212.

144 Anna Freud (1895–1982), jüngstes der sechs Kinder Sigmund Freuds, war ausgebildete Lehrerin, besuchte aber die Vorlesungen und Seminare ihres Vaters. 1918–21 sowie 1924 wurde sie von Freud analysiert und eröffnete 1923 ihre eigene psychoanalytische Praxis. Ihr Schwerpunkt galt der Kinderanalyse. Seit 1922 war Anna Freud Mitglied der *Wiener Psychoanalytischen Vereinigung*, ab 1925 war sie am Wiener Lehrinstitut tätig. Sie unterstützte ihren Vater als Sekretärin und Assistentin und emigrierte 1938 mit der Familie nach London, wo sie sich bis zu ihrem Tod um das Erbe ihres Vaters kümmerte. Vgl. Mühlleitner, Biographisches Lexikon, S. 101–103.

145 Vgl. Schröter, Freuds Komitee, S. 514.

146 Vgl. Ferenczi an Freud, 6. August 1912; BW Freud – Ferenczi, Bd. I/2, S. 118.

pondenz und persönlicher Zusammentreffen, vor allem im Vorfeld eines offiziellen Kongresses. Als konkrete Schritte dienten gezielte Publikationen gegen die Züricher Schule; neben dem *Geheimen Komitee* bildete Freud ein Rezensionskomitee, welches vor allem die Artikel des *Jahrbuchs* besprechen sollte. Als Plattform könne das *Zentralblatt* dienen:

> Der inneren Diskussion wollte ich ja nie ausweichen, und da Jung sich ohne Scheu des Jahrbuchs für seine Vertretung bedienen wird, [gedenke ich] das Zentralblatt zum Organ zu nehmen. Das Zentralblatt ist verpflichtet, alle Erscheinungen zu referieren, und hat diese Pflicht gegen das Jahrbuch bisher arg vernachlässigt. Ich will nun diese Kritiken selbst inspirieren, selbst schreiben kann ich sie doch nicht, und mir hier die Leute heraussuchen, vielleicht Reitler, Hitschmann, Tausk, die bereit sind, meine Ansichten zu zeichnen.[147]

Seine Wiener Kollegen sollten also für Freud Rezensionen von Arbeiten der Züricher Schule schreiben und dabei Freuds Ansichten vertreten. Unter anderem sah Freud Tausk als Schreiber vor, woran sich nun aber der finale Konflikt mit Stekel um das *Zentralblatt* entzündete, sodass dieser Plan vorerst vereitelt wurde. Die Gründung eines neuen offiziellen Organs wurde vor diesem Hintergrund umso dringlicher.[148]

Auf dem Münchner Kongress im September 1913 stellte Jung seine ‚Analytische Psychologie‘ vor und sein Amt als Präsident aufgrund der wissenschaftlichen Differenzen zur Disposition. Um jedoch die Meinungsfreiheit innerhalb der psychoanalytischen Bewegung zu demonstrieren und um einen öffentlichen Skandal zu vermeiden, wurde Jung, der noch zu mächtig war, in seinem Amt bestätigt.[149] Überraschend trat er kurz darauf als Redakteur des *Jahrbuchs* zurück.[150] Dies bedeutete einen unerhofften Landgewinn für Freud und seine Anhänger.

---

147 Freud an Ferenczi, 2. Oktober 1912; BW Freud – Ferenczi, Bd. I/2, S. 129.
Rudolf Reitler (1865–1917) studierte Medizin in Wien und betrieb hier ab 1900/01 eine Praxis. Er war Gründungsmitglied der *Mittwochsgesellschaft* und erster praktizierender Psychoanalytiker nach Freud. Vgl. Mühlleitner, Biographisches Lexikon, S. 266–268.
Eduard Hitschmann (1871–1957) studierte Medizin in Wien. Nach seiner Promotion 1895 arbeitete er als Arzt in Wiener Kliniken und in seiner Privatpraxis. 1905 wurde er Mitglied der *Wiener Psychoanalytischen Vereinigung*, deren Obmann er 1911 nach Adlers Ausscheiden wurde. Hitschmann war auch ihr erster Bibliothekar und übernahm innerhalb der Vereinigung wichtige Posten. So war er Direktor des 1922 gegründeten psychoanalytischen Ambulatoriums. 1938 emigrierte er zunächst nach England, später in die Vereinigten Staaten. Vgl. Mühlleitner, Biographisches Lexikon, S. 149–151.
148 Siehe S. 291–293.
149 Vgl. Wittenberger, Das „Geheime Komitee", S. 114.
150 Vgl. hierzu auch die redaktionellen Erklärungen im *Jahrbuch* 5/1913, unpaginierte Seite nach S. 756 [= S. 757]. Bleuler erklärt seinen Rücktritt als Herausgeber, Jung seinen als Redakteur: „Die Gründe für meine Demission sind persönlicher Natur, weshalb ich eine öffentliche

Der Machtkampf wurde auf der Ebene der Veröffentlichungen fortgeführt. Lange im Hintergrund vorbereitet, erschien 1914 die sogenannte ‚kritische Nummer' der *Internationalen Zeitschrift*. Darin meldeten sich die Mitglieder des *Geheimen Komitees* in einer regelrechten Rezensionssalve gegen die Züricher zu Wort. Diesmal ging der Plan auf: Im April 1914 legte Jung sein Amt als Präsident der *IPVereinigung* nieder und kam damit dem nächsten Schachzug der geheimen Drahtzieher erneut zuvor.

Gleichzeitig mit Jung – wenn auch aus anderen Gründen – hatte sich Bleuler aus dem *Jahrbuch* zurückgezogen. Freud hatte darauf die alleinige Herausgeberschaft übernommen, Abraham und Hitschmann sprangen als Schriftleiter ein. Mit dem Erscheinen des nächsten Bandes im Juni 1914 platzte die „Bombe"[151] mit seinem Artikel *Zur Geschichte der psychoanalytischen Bewegung* Freuds polemische Abrechnung mit Adler und Jung. Darin stellte Freud klar, warum weder Adler noch Jung ihre Verfahren als Psychoanalyse bezeichnen dürften:

> Denn die Psychoanalyse ist meine Schöpfung, ich war durch zehn Jahre der einzige, der sich mit ihr beschäftigte, und alles Missvergnügen, welches die neue Erscheinung bei den Zeitgenossen hervorrief, hat sich als Kritik auf mein Haupt entladen. Ich finde mich berechtigt, den Standpunkt zu vertreten, daß auch heute noch, wo ich längst nicht mehr der einzige Psychoanalytiker bin, keiner besser als ich wissen kann, was die Psychoanalyse ist, wodurch sie sich von anderen Weisen, das Seelenleben zu erforschen, unterscheidet, und was mit ihrem Namen belegt werden soll oder besser anders zu benennen ist.[152]

Im Juli trat die Züricher Gruppe geschlossen aus der *IPVereinigung* aus. Auf Wunsch und Vorschlag Freuds – und nach der geheimen Abstimmung im *Komitee* – wurde Karl Abraham zum Interimspräsidenten bis zum nächsten Kongress im September des Jahres gewählt. Der geplante Kongress in Dresden konnte jedoch wegen des ausbrechenden Krieges nicht mehr stattfinden, und auch der erste unter Freuds alleiniger Herausgeberschaft erschienene Band sollte zugleich der letzte des *Jahrbuchs* sein.[153]

In den vergangenen Jahren hatten sich innerhalb der psychoanalytischen Bewegung wichtige Machtdemonstrationen, -kämpfe, -bündelungen und -verschiebungen ereignet, sodass sie unmittelbar vor Ausbruch des Ersten Weltkriegs strukturell neu aufgestellt war. Inhaltlich existierten 1914 drei unterschiedliche

---

Diskussion verschmähe." Der Verlag kündigt den nächsten Band mit Freud als Herausgeber, nebst neuer Redaktion bestehend aus Abraham und Hitschmann, an.

151   Freud an Ferenczi, 24. April 1914; BW Freud – Ferenczi, Bd. I/2, S. 297: „Vielleicht ist er der Salve in der Zeitschrift erlegen, und die Bombe im Jahrbuch kommt zu spät."
152   Freud, Geschichte der psychoanalytischen Bewegung, S. 44.
153   Vgl. Lieberman, Otto Rank, S. 208 und 216.

Schulen: Freuds Psychoanalyse, die Individualpsychologie nach Adler sowie Jungs Analytische Psychologie. War Jung als Präsident der *IPVereinigung* institutioneller Führer und Freud-Erbe in Personalunion gewesen, so wurde das offizielle Amt nun im Wechsel von den Mitgliedern des *Komitees* übernommen.

Existenz und Aktionen des *Komitees* blieben weiterhin geheim, seine wichtigste Funktion war die interne Kommunikation per Rundbriefen und in Einzelkorrespondenzen, Ziel, die Einschwörung auf einen gemeinsamen Kurs in Freuds Sinne zur Wahrung und Verbreitung der ‚reinen Lehre'. Alle institutionell entscheidenden Positionen wurden personell von *Komitee*-Mitgliedern besetzt, so auch die Leitung der psychoanalytischen Publikationsorgane.[154] Da man sich über jede Veröffentlichung zunächst intern absprach, bekam jede Publikation strategisches Gewicht, und die wissenschaftliche Diskussion fand – zumindest zwischen den *Komitee*-Mitgliedern – bereits *vor* der Publikation statt.[155]

Freud hatte nach dem Verlust des Thronfolgers seine Nachfolgerhoffnungen in die Reihen seiner getreusten Mitstreiter gelegt. Selbst hatte er sich im Lauf der letzten Jahre von jeder institutionellen Machtposition zurückgezogen, um sich hauptsächlich inhaltlich seiner Lehre widmen zu können. Das *Geheime Komitee* sicherte, dass dennoch alle wichtigen Positionen von eingeschworenen Anhängern besetzt und alle wichtigen Entscheidungen in Freuds Sinne gehandhabt wurden.

Paradoxerweise bildeten die *Komitee*-Mitglieder zugleich einen intimen Kreis, in dem sich die Macht der psychoanalytischen Bewegung konzentrierte, während sie in vier europäischen Städten, in lokaler Distanz zueinander, als Analytiker tätig waren. Ebenso paradox erscheint, dass Freud als unumstrittene Quelle der Macht im Zentrum der Bewegung stand, obwohl er keine formelle Machtposition innehatte. Seine Autorität als Patriarch sicherte ihm seine Führungsrolle „*de facto*, kraft seiner Leistung und Persönlichkeit, aber nur begrenzt *de iure*"[156]. Das neue Arrangement basierte folglich in erheblichem Umfang auf der unbedingten Treue der *Komitee*-Mitglieder zu Freud und seiner Lehre.[157]

5.1.3   Der *Internationale Psychoanalytische Verlag*

Die Jahre 1914 bis 1918 waren auch für die psychoanalytische Bewegung eine vom Ersten Weltkrieg überschattete Zeit. Die Widrigkeiten des Kriegsgesche-

---

154 Vgl. Schröter, Freuds Komitee, S. 551 und Falzeder, Ernst: Einleitung. IN: BW Freud – Ferenczi, Bd. I/2, S. 7–25, hier S. 21.

155 Vgl. Dupont, Judith: Ein frühes Trauma der psychoanalytischen Bewegung. IN: ebd., Bd. III/1, S. 9–42, hier S. 29–32.

156 Schröter, Freuds Komitee, S. 537. (Hervorhebung im Original)

157 Vgl. Fallend, Sonderlinge, S. 41–67.

hens wirkten sich auf die Einzelschicksale aus und damit mittelbar auf die Bewegung. Freuds engster Mitarbeiter, Otto Rank, war Ende 1915 in den Kriegsdienst berufen worden.[158] Freud klagte gegenüber Ferenczi: „Ich kann ihn, sosehr er mir und den Zeitschriften fehlen wird, nicht zurückhalten [...]".[159] Während Ranks Abwesenheit kümmerte sich Hanns Sachs um die Publikationen. Hinzu kamen generelle Missstände wie die erschwerte Kommunikation zwischen den sich im Krieg miteinander befindenden Ländern; der Kontakt mit Ernest Jones in England war stark eingeschränkt.[160] Im ‚Notwinter' 1917/18 fehlte es der Wiener Bevölkerung an Lebensmitteln und Heizmaterial; im nächsten Winter fielen Tausende Einwohner Hunger und Grippe zum Opfer.[161] In Wien trafen sich die Psychoanalytiker nicht mehr an jedem Mittwoch, statt eines Protokolls wurde lediglich eine Anwesenheitsliste geführt.[162]

Die beiden psychoanalytischen Periodika, die *Internationale Zeitschrift* und die *Imago*, „die alles waren, was von der internationalen psychoanalytischen Bewegung geblieben war"[163], liefen nur noch auf halben Touren, wurden aber mit allen spärlichen Mitteln am Leben gehalten.[164] Hugo Heller konnte seine Buchhandlung relativ sicher durch die schweren Zeiten manövrieren. Dennoch wurde es für ihn immer schwieriger, sein Verlagsgeschäft weiterzuführen; er tat sein Möglichstes, die psychoanalytischen Zeitschriften trotz Papier- und Manuskriptmangels weiter zu verlegen. Freud tat seinerseits alles, das Engagement seines „braven, aber launenhaften Verlegers"[165] aufrechtzuerhalten. Zu Beginn des Krieges, Ende 1914, hatte Freud die berechtigte Vermutung,

> daß Heller zu Neujahr die Einstellung unserer Zeitungen beantragen wird, wogegen sich nichts für ihn Triftiges sagen lassen wird, da es *wenig* Arbeiten, keine Leser und Abonnenten gibt. Die Abbröckelung ist nicht zu vermeiden. Er wird natürlich versprechen, sie nach dem Krieg wiederaufzunehmen. Aber... der Verein ist ja auch tot und nicht mehr zu erwecken. Das „International" in unserem Titel können wir nicht mehr halten.[166]

---

158 Vgl. List, Otto Rank, S. 35 sowie Lieberman, Otto Rank, S. 216.
159 Freud an Ferenczi, 24. Dezember 1915; BW Freud – Ferenczi, Bd II, 1, S. 167.
160 Den Kontakt dennoch aufrecht zu erhalten, gelang über die Vermittlung durch Dritte. Vgl. Jones, Leben und Werk, II, S. 206.
161 Vgl. Freud Handbuch, S. 7.
162 Vgl. Lieberman, Otto Rank, S. 215.
163 Jones, Leben und Werk, Bd. II, S. 226.
164 Zum Rohstoff- und Personalmangel in der Buchherstellung während des Ersten Weltkriegs vgl. Bachleitner et al., Buchhandel in Österreich, S. 228.
165 Freud zitiert nach Grubrich-Simitis, Zurück zu Freuds Texten, S. 39.
166 Freud an Ferenczi, 15. Dezember 1914; BW Freud – Ferenczi, Bd. II/1, S. 95. (Hervorhebung im Original unterstrichen)

Ende 1915 sicherte er dem Verleger zwei Buch-Manuskripte zu, im Gegenzug garantierte Heller den Fortbestand der Zeitschriften.[167] Diese Strategie setzte Freud, der um die Marktmacht seiner Monographien wusste, bewusst ein: „Ich habe gerade den Plan gefaßt, [Heller] sicherer in die Hand zu bekommen, dadurch daß ich ihm die Publikation meiner elementaren Vorlesung überlasse."[168] Die *Vorlesungen zur Einführung in die Psychoanalyse* erschienen 1916 bei Heller;[169] das zweite Buch mit sieben Abhandlungen zur Metapsychologie wollte Heller später bringen, wozu es aber nie kam. Das Manuskript wird seither von der Freud-Forschung als verschollen beklagt.[170]

Im Lauf der folgenden Jahre wurde das Verhältnis zwischen Freud und seinem Verleger zunehmend schwieriger: „Heller macht uns wieder Schwierigkeiten; es ist zu bewundern, wie sehr er sich den Dank für seine Bereitwilligkeit durch seine Verrücktheiten und krummen Wege zu verderben weiß."[171] In der Krisenzeit zeigte sich nun, wie sehr der Fortbestand der Zeitschriften vom persönlichen Einsatz aller Beteiligten abhing: „Sachs ist großartig, aber Heller und alles, was an ihn grenzt, eine schwere Prüfung."[172] Der Papiermangel erschien Freud zunächst wie eine üble Laune seines Verlegers – „Heller hat die Imago ohne Papier gelassen und ist nach Neutralien verreist."[173] –, wurde gegen Ende 1917 jedoch unleugbare Realität für die *Imago*. Nun sah Freud – wenn auch mit zynischem Unterton – ein, dass Heller diesbezüglich die Hände gebunden waren:

> Die Einstellung unserer Zeitschriften ist vorläufig nur Drohung, und zwar nicht von Hellers Seite. Er benimmt sich vielmehr jetzt recht freundlich gegen uns, vielleicht, weil sich seine Feindseligkeit in den Verhältnissen materialisiert hat, so daß er ruhig zuwarten kann, bis uns die Verhältnisse ohne seine Teilnahme und unter seiner Anteilname umgebracht haben.[174]

Letztlich war der Fortbestand der psychoanalytischen Zeitschriften für Heller nicht von so zentraler Bedeutung wie für Freud,[175] daher meinte Heller eher als sein Autor, am Ende seiner Möglichkeiten zu stehen, zumal „der eigenwillige,

---

167 Vgl. Grubrich-Simitis, Zurück zu Freuds Texten, S. 40, inkl. Anm. 3.
168 Freud an Lou Andreas-Salome, 9. November 1915; zitiert nach Marinelli, Psyches Kanon, S. 34.
169 Siehe Anhang 7a.
170 Vgl. zu den verschollenen Abhandlungen Grubrich-Simitis, Zurück zu Freuds Texten, S. 40, inkl. Anm. 3; Marinelli, Psyches Kanon, S. 35.
171 Freud an Ferenczi, 29. April 1916; BW Freud – Ferenczi, Bd. II/1, S. 199.
172 Freud an Ferenczi, 14. Mai 1917; ebd., Bd. II/2, S. 63.
173 Freud an Ferenczi, 8. Juni 1917; ebd., S. 78.
174 Freud an Ferenczi, 27. Dezember 1917; ebd., S. 124.
175 Vgl. Marinelli, Psyches Kanon, S. 35.

exklusive literarische Kleinverlag"[176] von ihm nur unter anderem betrieben wurde. So entstand während der Kriegsjahre bei Freud der Eindruck, seinen Verleger immer wieder antreiben und überzeugen zu müssen. Nach dem Krieg konnte Heller gut an seine früheren Erfolge anknüpfen.[177] 1922 wandelte er sein Unternehmen in die *Bukum AG*, die in den nachfolgenden Jahren zwar durch die Inflation, den frühen Tod Hellers (1923) und anschließend wechselnde Führung geschwächt wurde, doch bis zur Liquidation durch die Nationalsozialisten 1934 fortbestand. Der Festalmanach von 1930 gleicht damit einem Schwanengesang, der noch einmal die vergangenen Verdienste Hugo Hellers würdigt.[178]

Obwohl die Hellersche Buchhandlung also trotz des Krieges ihre Position behaupten konnte und Heller sich für den Fortbestand der psychoanalytischen Zeitschriften einsetzte, strebte Freud zunehmend Unabhängigkeit von seinem Verleger an.[179] Die Gelegenheit dazu war unmittelbar nach dem Krieg günstig. Ausgerechnet ihre therapeutischen Erfolge bei Kriegsneurosen hatten der Psychoanalyse zu offizieller Anerkennung verholfen, sodass die Bewegung sogar gestärkt aus dem Ersten Weltkrieg hervorging.[180] Unter Teilnahme des Militärs fand 1918 ein Kongress in Budapest statt, der einen Höhepunkt in der Entwicklung der *IPVereinigung* markierte. Die Psychoanalyse wurde in der Öffentlichkeit wahrgenommen, 1919 in Budapest kurzzeitig die erste Professur für Psychoanalyse eingerichtet. In den 20er Jahren war sie ein fester Bestandteil des kulturellen Lebens in Wien; 1924 wurde Freud ,Bürger der Stadt'.[181]

Damit hatte die Psychoanalyse jenen paradoxen Schritt ihrer Entwicklung erreicht, ab dem sie zwar von der Öffentlichkeit mit Aufmerksamkeit, ja sogar Anerkennung bedacht, von der Wissenschaft aber verpönt wurde. Jones widmet in seiner Freud-Biographie ein ganzes Kapitel den Anfeindungen, denen Freud und die psychoanalytische Bewegung seitens der Akademiker ausgesetzt waren.[182]

---

176 Marinelli, Psyches Kanon, S. 36.
177 Vgl. Fuchs, Heller, S. 91. Dagegen betont Marinelli, Psyches Kanon, S. 13, dass Hellers Verlag nach dem Krieg stark angeschlagen war. Beides ist richtig: Während das Gesamtunternehmen Hugo Hellers durch seine breite Aufstellung relativ sicher war, hatte der Verlag vor allem durch den Materialmangel große Schwierigkeiten.
178 Fünfundzwanzig Jahre Bukum. Literarischer Festalmanach auf das Jahr 1930. Wien: Bukum A.G. 1930.
179 Vgl. Grubrich-Simitis, Zurück zu Freuds Texten, S. 39 und Schröter, Freuds Komitee, S. 535.
180 Vgl. Lohmann, Sigmund Freud, S. 73, Lieberman, Otto Rank, S. 225 und 227 sowie Kapitel 5: *Erster Weltkrieg und bolschewistische Revolution* bei Zaretsky, Freuds Jahrhundert, S. 171–198.
181 Vgl. Wittenberger, Das „Geheime Komitee", S. 125, Falzeder, Ernst: Einleitung. IN: BW Freud – Ferenczi, Bd. II/2, S. 7–17, hier S. 13 und Freud Handbuch, S. 8.
182 Vgl. Jones, Leben und Werk, Bd. II, Viertes Kapitel: *Opposition*, S. 134–155.

Auf dem Kongress in Budapest verkündete Freud die Absicht, mithilfe der finanziellen Unterstützung des ungarischen Brauereibesitzers Anton von Freud[183] einen psychoanalytischen Verlag gründen zu wollen. Genauer sollte ein Fonds eingerichtet werden, der als Kapitalgrundstock der Verlagsunternehmung dienen sollte und von dessen Zinsen man zugleich einen Preis für psychoanalytische Literatur stiften wollte.[184]

In diesem Schritt einer eigenen Verlagsgründung liefen die bisherige Entwicklung der psychoanalytischen Bewegung und Freuds publikationspolitische Bestrebungen harmonisch zusammen. Mit dem Wechsel von Deuticke zu Heller hatte Freud sich bereits aus der klassischen Autor-Verleger-Beziehung befreit und seinen neuen Verleger von Anfang an nach seinen Bedürfnissen mitgeformt. Zwar konnte Heller der Verlagstätigkeit durch seinen gemischten Betrieb ohne ambitionierte Gewinnabsichten nachgehen, doch war er letztlich wie jeder Verleger der Ökonomie verpflichtet. Zudem war sein Verlagsgeschäft für die weitere Verbreitung der Psychoanalyse zu klein und zu wenig fokussiert.[185] Die großzügige Unterstützung des ungarischen Gönners ermöglichte endlich, Freuds Traum nach finanziell unabhängigem und entscheidungsfreiem Publizieren wahr werden zu lassen.[186] Er sah diesem Schritt mit Genugtuung entgegen: „Ich hoffe, es wird die lang ersehnte Rache an Heller daraus."[187]

Die publizistischen Emanzipationsbestrebungen wurzelten insgeheim noch viel tiefer, denn der *IPVerlag* war von Anfang an eng an das *Geheime Komitee* gebunden. In der Verfügung über die Fondsgelder hatte Freud 1918 gegenüber von Freund schriftlich erklärt:

> Ich halte mich bei der Verwendung dieses Fonds verantwortlich gegen ein Komitee, das aus den Herren Dr. Abraham [...], Dr. S. Ferenczi [...], Dr. Anton von Freund [...], Dr. Ernest Jones [...], Dr. Otto Rank [...], Dr. Hanns Sachs [...] besteht und werde bei wichtigen oder sonst beträchtlichen Verausgabungen die Meinungsäußerungen dieses Komitees einholen.[188]

Dass das hier vorgestellte *Komitee* – mit Ausnahme des Fondsstifters – deckungsgleich mit dem *Geheimen Komitee* war, wussten freilich nur die Verbündeten selbst. Seit seiner Gründung war der *IPVerlag* somit nicht nur ein Befreiungsschlag gegenüber dem wissenschaftlichen Buchmarkt, sondern wurde in-

---

183 Zu Anton von Freunds Verbindung zur Psychoanalyse und Freud vgl. Marinelli, Psyches Kanon, S. 42–45 sowie Windgätter, Zu den Akten, S. 1–2.

184 Vgl. Kongressbericht im Korrespondenzblatt IN: Internationale Zeitschrift für Psychoanalyse 5/1919, S. 55–56 sowie Marinelli, Geschichte des IPVerlags, S. 13–15.

185 Vgl. Marinelli, Psyches Kanon, S. 36.

186 Vgl. Leupold-Löwenthal, Harald: Vorwort. IN: IPVerlag, Katalog, S. 7; (im Folgenden: Leupold-Löwenthal, Vorwort).

187 Freud zitiert nach Windgätter, Zu den Akten, S. 1.

188 Freud an von Freund, 4. November 1918; zitiert nach Marinelli, Psyches Kanon, S. 51.

formell auch innerhalb der psychoanalytischen Bewegung vom eingeschworenen Kreis um Freud kontrolliert.[189]

Otto Rank, geboren 1884, kam Anfang 1905 zur Wiener Gruppe und wurde Freuds engster Vertrauter und zuverlässigster Mitarbeiter.[190] Aus schwierigen familiären Verhältnissen stammend, erwies sich der Gewerbeschüler ohne höheren Schulabschluss dennoch als hoffnungsvolles Talent, dessen akademische Bildung fortan von der Bewegung gefördert wurde.[191] Rank arbeitete als Sekretär der Wiener Gruppe,[192] war aktives, schreibendes Mitglied[193] der Vereinigung und protokollierte deren Mittwochssitzungen; nebenher holte er sein Abitur nach, schloss ein Studium der Philosophie und Germanistik an und promovierte schließlich über *Die Lohengrinsage*[194].

Ranks Forschungsschwerpunkte galten zunächst dem Künstler und den Mythen; er war einer der ersten Nichtmediziner der psychoanalytischen Bewegung und später der erste praktizierende ‚Laienanalytiker.'[195] Seine wissenschaftlichen Arbeiten weiteten sich vom anfänglichen geisteswissenschaftlichen Schwerpunkt aus und umfassten schließlich auch Aspekte der psychoanalytischen Technik und psychodynamischen Theorie.

Rank war als Redakteur der *Imago* und der *Internationalen Zeitschrift für Psychoanalyse* sowie als ständiger Gesprächs- und Diskussionspartner Freuds zentral an den wichtigsten Publikationen der Psychoanalyse beteiligt. Als einziger Freud-

---

189 Vgl. Marinelli, Psyches Kanon, S. 51–52.
190 Vgl. List, Otto Rank, S. 31–32. Vgl. zu Ranks Anfängen in der psychoanalytischen Bewegung: Lieberman, Otto Rank, S. 123–134.
191 Vgl. ebd., S. 178: Auch Viktor Tausk wurde das Studium von der Gesellschaft finanziert.
192 Vgl. ebd., S. 156: 1907 restrukturierte Freud die *Mittwochsgesellschaft*, indem er sie auflöste und sogleich neu gründete, wozu er die Teilnehmer neu einlud. So hatte jeder die Möglichkeit, seine Mitgliedschaft aufzuheben, ohne selbst austreten zu müssen. Bei dieser Gelegenheit wurden Mitgliedsbeträge erhoben, die Ranks Gehalt als Sekretär decken sollten.
193 Vgl. die Rank-Bibliographie IN: ebd., S. 570–576.
194 Rank, Otto: Die Lohengrinsage. Ein Beitrag zu ihrer Motivgestaltung und Deutung. Leipzig und Wien: Deuticke 1911.
195 Als ‚Laienanalytiker' wurden solche Psychoanalytiker bezeichnet, die über keine medizinische Ausbildung verfügten. Freud vertrat den Standpunkt, dass die psychoanalytische Ausbildung sich so speziell vom Medizinstudium unterschied, dass dieses nicht zwingend als Grundlage verlangt werden müsse. Für seine Position stand auch das Argument, dass die Psychoanalyse nicht nur therapeutisch genutzt werden konnte. Dagegen verlangten viele Psychoanalytiker das Medizinstudium als notwendige Voraussetzung, gewissermaßen als Gütesiegel. Diese Position wurde vor allem von den amerikanischen Analytikern vertreten, und in den 1920er Jahren entbrannte eine heftige Debatte zwischen den Befürwortern und Gegnern der Laienanalyse. Freud diskutierte *Die Frage der Laienanalyse* in einem ausführlichen Text, der nicht nur die Argumente beider Seiten zusammenfasst, sondern auch einen lesenswerten Einblick in die Grundlehren der Psychoanalyse bietet. Freud, Sigmund: Die Frage der Laienanalyse. IN: Freud, Sigmund: Gesammelte Werke. 14. Band: Werke aus den Jahren 1925–1931. Reprint. London: Imago Publishing 1948, S. 209–296.

Schüler wurde er durch den Beitrag zweier Kapitel in der 4. Auflage der *Traumdeutung* Koautor Freuds.[196] Es erscheint nur folgerichtig, dass Rank von Anfang an nicht nur an der Gründung des Verlags beteiligt war, sondern tatsächlich die entscheidenden Gespräche mit Anton von Freund führte sowie die Einrichtung des Fonds und den Transfer der Gelder nach Österreich und schließlich die Gründung der tragenden Gesellschaft veranlasste.[197]

Gesellschafter waren Sigmund Freud, Sándor Ferenczi, Anton von Freund und Otto Rank.[198] Letzterer wurde Geschäftsführer und setzte sich in den nächsten Jahren mit hohem persönlichem Engagement für den Verlag ein. Das Verlagsbüro wurde zunächst in Ranks Privatwohnung untergebracht;[199] seine Frau Beate und Freuds Tochter Anna übernahmen Büroarbeiten. Auch im Folgenden rekrutierte der Verlag seine Mitarbeiter aus den Reihen bzw. dem unmittelbaren Umfeld der psychoanalytischen Bewegung. Auf diese Weise wurde der Verlag als Versorgungsmöglichkeit der Laienanalytiker genutzt: Während die Ärzte unter den Psychoanalytikern ihre eigene Praxis betrieben und somit finanziell unabhängig waren, aber für administrative Arbeiten nur begrenzt zur Verfügung standen, verdienten die psychoanalytischen Laien ihren Lebensunterhalt durch Arbeit, die innerhalb der Vereinigung und des Verlags anfiel.[200]

Theodor Reik[201] hatte 1915 von Rank das Amt des Sekretärs übernommen und wurde seinerseits 1927 darin von Anna Freud abgelöst.[202] Bei Heller hatte

---

196 Die Kapitel sind enthalten in den Auflagen von 1914 bis 1922. Vgl. hierzu Marinelli/Mayer, Träume nach Freud, S. 62–63 und Lieberman, Otto Rank, S. 213: Freud wollte eigentlich mit Rank zusammen ein neues Traumbuch verfassen, wozu es aber nie kam. Die Rank-Kapitel in der *Traumdeutung* sind die Überbleibsel dieses Projekts.

197 Vgl. Marinelli, Psyches Kanon, S. 57.

198 Freud und Rank zusammen hatten dabei mit je 26 Stimmen die Mehrheit gegenüber Ferenczi und von Freund mit je 24 Stimmen. Vgl. ebd., S. 53, Anm. 86.

199 Grünangerstraße 3–5. Vgl. ebd., S. 56. Die Forschungsliteratur gibt unterschiedliche Angaben darüber, ob sich das Verlagsbüro neben (vgl. Lieberman, Otto Rank, S. 224) oder in Ranks Privatwohnung befunden hat. Letzteres erscheint plausibel, denn später firmierte der Verlag ebenfalls unter der Privatadresse des zweiten Verlagsleiters Storfer (vgl. List, Otto Rank S. 37). 1921 bezog der Verlag vorübergehend Räume auf der Weißgerberlände 44–46 (vgl. Marinelli, Psyches Kanon, S. 58). Später war der Verlag zusammen mit der psychoanalytischen Klinik in der Berggasse 7 untergebracht, also in unmittelbarer Nachbarschaft zu Freuds Privatwohnung (Berggasse 19). Vgl. Freud, Martin: Mein Vater Sigmund Freud. Heidelberg: Mattes 1999; (im Folgenden: M. Freud, Mein Vater), S. 225–226.

200 Vgl. Marinelli, Geschichte des IPVerlags, S. 16; vgl. auch Marinelli, Psyches Kanon, S. 56.

201 Theodor Reik (1888–1969) studierte an der Wiener Philosophischen Fakultät. 1912 promovierte er mit der ersten psychoanalytischen Doktorarbeit. Seit 1911 war Reik Mitglied der *Wiener Psychoanalytischen Vereinigung* und wurde 1918 deren zweiter Sekretär und Bibliothekar; 1914 arbeite er vorübergehend bei Hugo Heller. Der Laienanalytiker praktizierte zunächst in Wien und ging 1928 nach Berlin. 1933 übersiedelte er nach Holland und emigrierte schließlich 1938 in die USA. Hier konnte er als Laienanalytiker nicht praktizieren und gründete 1948 eine psychoanalytische Vereinigung für Nichtmediziner. Vgl. Mühlleitner, Biographisches Lexikon, S. 260–263.

Reik bereits erste Verlagserfahrungen gesammelt und wurde nun bei Gründung des *IPVerlags* als Mitarbeiter eingestellt, allerdings schon bald wieder aus diesem Amt entlassen.[203] Beate Rank arbeitete an der Seite ihres Mannes in der Redaktion der *Imago*, übersetzte Freuds Werke ins Polnische und fungierte als Gastgeberin seiner ausländischen Gäste.[204] „Die Psychoanalyse hatte damals in mancher Hinsicht den Charakter eines patriarchalischen ‚Familienunternehmens‘, und die Ranks nahmen darin jedenfalls eine zentrale Stellung ein."[205]

Zu den wichtigsten Aufgaben des Verlags gehörten die Sicherung des regelmäßigen Erscheinens der psychoanalytischen Periodika sowie generell die Drucklegung psychoanalytischer Literatur.[206] Der Vertrieb der Zeitschriften und Bücher wurde vorerst weiter von Heller übernommen.[207] Bei der Zielformulierung betonte Freud die Unabhängigkeit von ökonomischen Größen besonders: „[Da der Verlag] kein auf Gewinn zielendes Unternehmen darstellt, kann er die Interessen der Autoren besser in Acht nehmen, als dies von Seite der Buchhändler-Verleger zu geschehen pflegt."[208] Für einen von einem Autor begründeten Verlag ist ein solches Ideal naheliegend.

Das Zitat verdeutlicht zugleich, dass Freud sein Unternehmen als vom ‚Buchhändler-Verlag‘ zu unterscheidendes wahrnahm, ohne einen näher definierenden Begriff zu gebrauchen. Er wusste vor allem, was er *nicht* wollte, nämlich von den an ökonomischen Gesetzmäßigkeiten ausgerichteten Entscheidungen eines Verlegers, die aus der Autorenperspektive leicht mit Willkür verwechselt werden können, weiterhin abhängig zu sein. Der Verlag

> sollte die psychoanalytische Literatur unabhängig machen von der Willkür der Verleger, die an unserer Sache nicht interessiert waren, sollte den Autoren aus unseren Kreisen bequeme Wege in die Öffentlichkeit eröffnen und gleichzeitig ihre Werke

---

202 Vgl. Nunberg, Protokolle, Bd. III: 1910–1911, S. XIV–XV und Mühlleitner, Biographisches Lexikon, S. 101.

203 Vgl. Marinelli, Geschichte des IPVerlags, S. 16, Marinelli, Psyches Kanon, S. 34 und 57, List, Otto Rank S. 37 und Freud an Ferenczi, 6. Januar 1919; BW Freud – Ferenczi, Bd. II/2, S. 201.

204 Vgl. List, Otto Rank S. 35.

205 Ebd.

206 Darüber hinaus fungierte der Verlag als Selbstarchivierungsinstrument der psychoanalytischen Bewegung, indem im sog. *Wiener Museum* neben Geschäftsunterlagen, Rezensionen und Autorenporträts auch psychoanalytische Literatur (diese wurde von der *Literaturstelle* zusammengetragen), Freuds Manuskripte sowie die Rundbriefe des *Geheimen Komitees* gesammelt wurden. Vgl. hierzu Marinelli, Psyches Kanon, S. 24–28.

207 Vgl. Marinelli, Geschichte des IPVerlags, S. 16. Die Verhandlungen mit Heller führte Rank, vgl. hierzu Freud an Ferenczi, 3. Juli 1918; BW Freud – Ferenczi, Bd. II/2 S. 193, Freud an Ferenczi, 1. Januar 1919; ebd., S. 198–199, Freud an Ferenczi, 6. Januar 1919; ebd., S. 201 und Freud an Ferenczi, 3. Februar 1919; ebd., S. 209.

208 Zitiert nach Marinelli, Geschichte des IPVerlags, S. 13.

wie durch eine Art von offizieller Aichung [sic!] von der Masse der pseudoanalytischen Produktionen abheben.[209]

Damit tat Freud dem Engagement seiner bisherigen Verleger Unrecht; vor allem aber wird deutlich, dass in erster Linie inhaltliche Unabhängigkeit angestrebt wurde.[210] Freud sah sich als offizielle und unanfechtbare Instanz in der Frage, was überhaupt als psychoanalytische Literatur gelten dürfe. Ob Freud dabei bewusst war, dass seine neue Freiheit lediglich aus der Verlagerung der ökonomischen Abhängigkeit vom wissenschaftlichen Buchmarkt auf eine den eigenen Reihen entspringenden Kapitalbasis resultierte und dass diese scheinbare ökonomische Unabhängigkeit nur solange bestand, wie das Kapital eben vorhanden war, sei dahingestellt. Zu spüren bekam er den Trugschluss schon bald, als ein unglücklicher Devisenwechsel und die Inflation der Nachkriegszeit die ursprüngliche Fondssumme auf einen Bruchteil ihres Wertes zusammenschrumpfen ließen.[211] Entgegen der anfänglichen Euphorie wurde die Geschichte des Verlages von Anfang an mitgeschrieben von seinen permanenten finanziellen Schwierigkeiten.[212]

Aufgrund des ewigen Geldmangels blieb der Verlag auch personell chronisch unterbesetzt, sodass der Löwenteil der Verlagsarbeit an Otto Rank hängen blieb, der 1920 klagte:

> Die Schwierigkeit des Verlags hier resultiert nur zu einem Teil (natürlich dem Hauptteil) aus dem Mangel an Geld, zum anderen Teil auch aus meiner begrenzten Arbeitskraft, die bis jetzt mit völlig unzureichenden Mitteln (kein Bureau, keine Hilfskraft) *alles, aber auch alles,* von den Kalkulationen bis zum Briefmarkenabschlecken *ganz allein* gemacht hat, aber auch jetzt an ihrem Ende ist, und die immer mehr anschwellenden Arbeiten absolut nicht mehr allein bewältigen kann.[213]

Inzwischen war Rank zudem als Analytiker tätig, wodurch er sein knappes Verlagsgehalt aufbessern konnte.[214]

1919 startete der Verlag also mit den von Heller übernommenen Zeitschriften[215] und neun Buchtiteln, darunter der von Karger übernommene

---

209 Freud zitiert nach Grubrich-Simitis, Zurück zu Freuds Texten, S. 54.
210 Vgl. auch Leupold-Löwenthal, Vorwort.
211 Vgl. ebd., Marinelli, Geschichte des IPVerlags, S. 15, Marinelli, Psyches Kanon, S. 54–56, Huppke, Geschichte des IPVerlags, S. 13 sowie Lieberman, Otto Rank, S. 237–238.
212 Der Briefwechsel zwischen Freud und Ferenczi, Bd. III/1, ist von diesem Thema durchzogen. 1920 bot sich die Chance, den Verlag an Richard Kola zu verkaufen, was schließlich doch nicht realisiert wurde. Vgl. Freud an Ferenczi, 11. Oktober 1920; BW Freud – Ferenczi, Bd. III/1, S. 83–84 sowie Huppke, Geschichte des IPVerlags, S. 14.
213 Otto Rank an Ernest Jones, 4. August 1920; zitiert nach Marinelli, Geschichte des IPVerlags, S. 16. (Hervorhebungen durch Marinelli und so übernommen; EF)
214 Vgl. List, Otto Rank, S. 39.

Freud-Titel *Zur Psychopathologie des Alltagslebens,* nunmehr in der fünften Aufla-ge.[216] Dies war der erste Schritt zur Verwirklichung eines weiteren zentralen Bestrebens: die Zusammenführung des Freudschen Werkes im eigenen Verlag. Zum einen entsprach dieses Ziel Freuds beständiger Pflege seines Œuvres und seinem Kontrollwunsch über jenes. Zum anderen sollte aus der Zusammenfüh-rung einmal eine Gesamtedition resultieren.[217] Des Weiteren – und rein öko-nomisch begründet – bildeten Freuds Werke den wichtigsten Grundstock des Verlages; der Verkauf seiner Titel machte den größten Anteil am Umsatz aus, wobei Freud sein Honorar direkt in den Verlag zurückfließen ließ und nur sel-ten ausgezahlt bekam.[218] Mit Abstand nach Freud waren Rank und Reik die produktivsten Autoren des Verlags.[219]

Das Absatzpotenzial zunächst noch vorsichtig einschätzend, stieg die Erst-auflagenhöhe der Freud-Titel stetig an. *Jenseits des Lustprinzips* erschien 1920 in der Erstauflage von 1.000 Stück, bis 1923 wurden 9.000 Exemplare gedruckt. 1921 startete *Massenpsychologie und Ich-Analyse* bereits mit 5.000 Exemplaren, *Das Ich und das Es* 1923 mit 8.000. Die erfolgreichsten Titel des Verlages, *Die Psycho-pathologie des Alltagslebens* (1919 bis 1929) und *Das Unbehagen in der Kultur* (1930 bis 1932), erreichten jeweils eine Gesamtstückzahl von 27.000. Die anfänglich noch bei Heller verlegten *Vorlesungen zur Einführung in die Psychoanalyse* erschienen von 1917 bis 1930 in einer Gesamtauflage von 45.000 Exemplaren.[220]

Bei diesen Zahlen wird nur allzu deutlich, dass das Publikum des *IPVerlags* kein rein wissenschaftliches gewesen sein konnte, sondern dass die Lehren Freuds via diese Spitzentitel direkt auch von einem Laienpublikum rezipiert wurden. Ein Blick auf das weitere Programm bestätigt, dass der *IPVerlag* nicht als klassischer wissenschaftlicher Verlag eingestuft werden kann. Davon zeugen zwei weitere Erfolgstitel des Unternehmens: Das anonym erschienene *Tagebuch*

---

215   Vgl. Freud an Ferenczi, 11. Oktober 1918; BW Freud – Ferenczi, Bd. II/2, S. 173.

216   Siehe Anhang 7a.

217   Vgl. Mitteilungen des Internationalen Psychoanalytischen Verlags IN: Internationale Zeit-schrift für Psychoanalyse 7/1921, S. 533–534 und BW Freud – Ferenczi, Bd. III/1, S. 222, Anm. 1. Vgl. auch Marinelli, Psyches Kanon, S. 65. Bis 1922 wurden alle Rechte und Restbe-stände der bei Heller erschienen Freud-Titel übernommen; Heller zeigte sich bei der Abgabe weniger sperrig als Deuticke, der seine Rechte (bspw. an der *Traumdeutung* oder den *Drei Ab-handlungen über Sexualtheorie*) behielt (vgl. Huppke, Geschichte des IPVerlags, S. 18) und erst 1923 dem *IPVerlag* die Abdruckrechte für die Gesamtausgabe einräumte (siehe hierzu auch S. 315). Von Heller wurden darüber hinaus andere psychoanalytische Titel übernommen, wie Ranks *Künstler.*

218   Vgl. Freud zitiert nach Marinelli, Geschichte des IPVerlags, S. 25. Zur Bedeutung Freuds als ‚Bestseller-Autor‘ für den *IPVerlag* vgl. Marinelli, Psyches Kanon, S. 93–100.

219   Vgl. Lieberman, Otto Rank, 185: Rank ist nach Freud qualitativ und quantitativ führender Autor.

220   Vgl. Katalog, S. 19. Vgl. für detailliertere Absatzzahlen zu einzelnen Titeln Fallend, Sonder-linge, S. 96–100.

eines halbwüchsigen Mädchens, verfasst von Hermine Hug-Hellmuth,[221] sowie der Skandal-Roman *Der Seelensucher* von Georg Groddeck,[222] der bei der schweizerischen psychoanalytischen Vereinigung derart auf Kritik stieß, dass sich Rank und Freud genötigt sahen, einen zehnseitigen Brief zu schreiben, in dem sie ihre verlegerische Entscheidung verteidigten.[223] Im ersten Jahrzehnt des Verlags erschienen die meisten monographischen Abhandlungen in den vier Reihen *Internationale Psychoanalytische Bibliothek,*[224] *Quellenschriften zur seelischen Entwicklung,*[225] *Imago-Bücher*[226] und *Neue Arbeiten zur ärztlichen Psychoanalyse.*[227]

War es bei der Gründung noch schwierig gewesen, den Namensbestandteil ‚international' bei den Behörden durchzusetzen,[228] wurde der *IPVerlag* ihm schon 1920 durch die Eröffnung einer Zweigstelle in London gerecht. Im September 1919 hatte Jones mit Eric Hiller, der ihm als Verlagsmitarbeiter zur Seite stehen sollte,[229] Rank in Wien getroffen, um die Publikationen der beiden Verlagshäuser zu planen und aufeinander abzustimmen.[230] Auch am Anfang der *International Psycho-Analytic Press* stand eine Zeitschriftengründung: *The International Journal of Psycho-Analysis* wurde offizielles Organ der *IPVereinigung,* womit man der zunehmenden Internationalisierung der Psychoanalyse Rechnung trug.[231]

Es sei vorweggenommen, dass die *Press* bereits 1923 wieder geschlossen wurde. Zum einen entwickelte sie sich zu keinem finanziell tragfähigen Unter-

---

221 [Hug-Hellmuth, Hermine]: Tagebuch eines halbwüchsigen Mädchens. Wien: Internationaler Psychoanalytischer Verlag 1919.

222 Groddeck, Georg: Der Seelensucher. Wien: Internationaler Psychoanalytischer Verlag 1921. Georg Groddeck (1866–1934) schloss sein Medizinstudium 1889 mit Promotion ab, eröffnete 1900 ein Sanatorium in Baden-Baden und gilt als Begründer der psychosomatischen Medizin. Darüber hinaus betätigte er sich als Romancier und verfasste psychoanalytische Essays. Vgl. DBE, Bd. 4, S. 158.

223 Vgl. Marinelli, Geschichte des IPVerlags, S 21 und Lieberman, Otto Rank, S. 238 sowie Huppke, Geschichte des IPVerlags, S. 18–19. Ausführlich auch bei Fallend, Sonderlinge, S. 52–60. Für die Veröffentlichung des Romans musste Groddeck die Herstellungskosten übernehmen. Vgl. ebd. S. 53.

224 1/1919 bis 22/1927. Siehe Anhang 8c.

225 1/1919 bis 3/1924. Siehe Anhang 8d.

226 1/1921 bis 12/1928. Siehe Anhang 8e.

227 1/1924 bis 6/1927. Siehe Anhang 8f.

228 Vgl. Hall, The Fate, S. 91–92 und Windgätter, Zu den Akten, S. 17–18.

229 Vgl. Marinelli, Psyches Kanon, S. 155–156: Bereits vor der Verlagsgründung hatte Jones mit Hilfe des Londoner Buchhändlers Eric Hiller eine *Zentralstelle für psychoanalytische Propaganda* ins Leben gerufen; diese war „eine Mischung aus Leihbibliothek, Buchhandlung und Dokumentationsarchiv" (ebd., S. 155) und sollte psychoanalytische Literatur auf dem englischen Markt zugänglich machen und an englische und amerikanische Verlage vermitteln.

230 Vgl. Lieberman, Otto Rank, S. 224.

231 Vgl. Marinelli, Geschichte des IPVerlags, S. 17 und Wittenberger, Das „Geheime Komitee", Anm. auf S. 89 sowie S. 140–141. Zur Gründungsgeschichte des *Journals* vgl. Marinelli, Psyches Kanon, S. 158–163.

nehmen, was sicherlich auch daran lag, dass Jones sich nicht ansatzweise so aufopfernd um den Verlag bemühte wie Rank, zum anderen kamen Rank und Jones überhaupt nicht miteinander aus. Die Motive der beiden Männer für die Gründung eines englischen Verlags waren grundverschieden: Rank dachte vor allem ökonomisch und erhoffte sich aus dem Verkauf englischsprachiger Titel einer Londoner Zweigstelle inflationsbeständige Devisen.[232] Jones sah in der Londoner *Press* vielmehr ein Gütesiegel für englischsprachige psychoanalytische Literatur, mit dem er dem immensen Interesse im angelsächsischen Raum für Psychoanalyse begegnen wollte. Er befürchtete, dass sich sonst die ‚wilde Analyse‘ verbreiten und die bestehende Nachfrage für sich nutzen würde. Jones wollte den angelsächsischen Raum im Sinne der Psychoanalyse kontrollieren, als ein Mittel hierzu strebte er eine kanonisierte Freud-Übersetzung an.[233]

Damit wurden Jones' Ambitionen dem neuen internationalen Charakter der psychoanalytischen Bewegung gerecht, standen aber konträr zur nach wie vor zentralisierenden Machtpolitik der Wiener Psychoanalytiker. Zudem wurde die *Press* hauptsächlich durch Spendengelder der Mitglieder der britischen Vereinigung finanziert, die daraufhin Mitspracherecht bei den Verlagsangelegenheiten forderten. Dies wies Rank aber entschieden zurück.

Hinzu kamen die persönlichen Spannungen zwischen Rank und Jones. Zwar waren beide ehrgeizig und für die Psychoanalyse hoch engagiert, doch erwuchs für Rank und Jones daraus eher Rivalität als fruchtbringende Kooperation. Ihre Auseinandersetzungen, von denen Verlagsbelange nur einen Teil der Inhalte stellten, standen dabei in einem komplexen Geflecht gruppendynamischer Prozesse, die inzwischen das *Komitee* durchzogen. Hinzu kam, dass sich der Psychoanalyse mit dem anglo-amerikanischen Buchmarkt ein internationaler Resonanzraum erschlossen hatte, der sich der persönlichen Kontrolle Freuds zu entziehen drohte, da vor allem die britischen Mitglieder der *IPVereinigung* mehr Mitspracherecht an der *Press* forderten. Marinelli weist daher zurecht darauf hin, dass

> sich das Unternehmen Press vom ersten Jahr an schon als eine äußerst konfliktträchtige Einrichtung [erwies], die mitten im Spannungsfeld zwischen Wien und London einerseits, Jones und den britischen Mitgliedern andererseits angesiedelt war. Diesen Konflikt auf rein persönliche Differenzen zwischen Jones und Rank zurückführen zu wollen, wie es in der Literatur manchmal versucht wird, scheint angesichts der schwierigen Konstellation ein zu reduktiver Ansatz. Mitten durch die Institution der Press hindurch laufen jene Spannungen, die sich zwischen Wien

---

232 Vgl. Marinelli, Psyches Kanon, S. 154 und 157.
233 Vgl. ebd., S. 155 und 158–159. Vgl. auch Windgätter, Zu den Akten, S. 18: Die *Press* sollte das Monopol auf Übersetzungen sichern.

als dem alten Zentrum der Psychoanalyse und ihren neu entstandenen internationalen Disseminationsorten abzeichnen.[234]

Dennoch kristallisierten sich die unterschiedlichen Konfliktebenen letztlich in der Auseinandersetzung der beiden Protagonisten Rank und Jones. Bis zum Sommer 1923 spitzte sich der Konflikt zwischen den beiden so zu, dass Rank forderte, Jones aus dem *Komitee* auszuschließen.[235]

Nicht nur Rank, auch Freud war mit Jones' Verlagsarbeit unzufrieden. Er vermisste bei Jones das Engagement, das er von Rank gewohnt war. 1922 setzte er Jones unter Druck, weil die englischen Publikationen ins Stocken geraten waren, was auch seine Schriften betraf.[236] Jones' Umgang mit den englischen Übersetzungsrechten an Freuds Texten stieß sowohl bei Freud als auch bei seinem Neffen Edward Bernays, der gelegentlich bei den amerikanischen Veröffentlichungen für Freud vermittelt hatte, auf Kritik;[237] und als der Brite sogar alle englischen Rechte für die *Press* einforderte, fühlte sich Freud geradezu bedroht.[238] Die Qualität der Artikel im *Journal of Psycho-Analysis* wurde sowohl von Rank als auch von Freud kritisiert.[239]

Da Freud in Verlagsangelegenheiten meist im Einklang mit Rank war, hatte Jones wiederum das Gefühl, Rank intrigiere bei Freud gegen ihn. Hiller, der zeitweise als Mittelsmann zwischen den Zweigstellen nach Wien beordert worden war, konnte leider nicht zu einer besseren Verständigung zwischen Rank und Jones beitragen. Vielmehr kritisierte Freud Hiller, der sich weniger als Angestellter der *Press* verstände, sondern in Wien wie ein Abgesandter Jones' auftrete und bei der Verlagsarbeit Fragen der Wirtschaftlichkeit zugunsten kostspieliger Ausstattung vernachlässige.[240]

In einem Rundbrief an die *Komitee*-Mitglieder bezog Freud Stellung „zur Affäre Jones-Rank"[241], die sich an der angeblichen Verlegung des Verlags nach Berlin entzündet hatte.[242] Freud stellte klar, dass Rank der alleinige Direktor des Verlags sei und lediglich die Herstellung nach Berlin verlegt werden solle. Von

---

234 Marinelli, Psyches Kanon, S. 156. Vgl. hierzu auch Huppke, Geschichte des IPVerlags, S. 16.
235 Vgl. Wittenberger, Das „Geheime Komitee", S. 266; zum Konflikt zwischen Rank und Jones vgl. Lieberman, Otto Rank, S. 193–197 und List, Otto Rank S. 39–41.
236 Vgl. Lieberman, Otto Rank, S. 246 und Marinelli, Psyches Kanon, S. 166–167.
237 Vgl. Lieberman, Otto Rank, S. 299.
238 Vgl. ebd., S. 274.
239 Vgl. Brome, Freud und sein Kreis, S. 171, Lieberman, Otto Rank, S. 237 und Marinelli, Psyches Kanon, S. 168.
240 Vgl. Freud an die *Komitee*-Mitglieder, 26. November 1922; vollständig zitiert bei Wittenberger, Das „Geheime Komitee", S. 229–232., hier S. 231. Vgl. zum Streit zwischen Jones und Rank auch Brome, Freud und sein Kreis, S. 166–167.
241 Freud an die *Komitee*-Mitglieder, 26. November 1922; vollständig zitiert bei Wittenberger, Das „Geheime Komitee", S. 229–232, hier S. 230.
242 Vgl. zu den Umzugsplänen des *IPVerlags* auch Marinelli, Psyches Kanon, S. 63–64.

Jones war dies falsch verstanden worden, als habe Rank den Verlag bereits eigenmächtig nach Berlin verlegt. Nachdem Freud betont hatte, dass Rank sich richtig verhalten habe, kam er auf die Schwierigkeiten mit der *Press* zu sprechen. Es sei ein Fehler gewesen,

> die Beziehung von Press und Verlag im Unklaren zu lassen und die Lösung aller möglichen Komplikationen von dem guten Einvernehmen der daran Beteiligten zu erwarten. Die ersten Schwierigkeiten brachte Hiller mit sich, ein braver Junge und gewissenhafter Arbeiter, der aber unbrauchbar war in kaufmännischer und geschäftlicher Hinsicht, das artistische Interesse an Bücherherstellung – nach unserer Meinung – übertrieb, darum viel Geld kostete, wenig einbrachte und nicht kontrolliert werden konnte, da er sich nicht als Angestellter des Verlags, sondern als Ambassador Jones' fühlte und benahm.[243]

Der Kern des Konflikts zwischen Rank und Jones lag in der vollkommen unterschiedlichen Auffassung der Verlegertätigkeit. Während Jones vor allem um die internationalen Beziehungen der psychoanalytischen Bewegung bemüht war, laut Freud für die alltäglichen Verlagsgeschäfte weniger geeignet war und diese einem Dritten überließ, betrieb Rank das Verlagsgeschäft dagegen mit professionellem Anspruch. Dennoch sollten die beiden wie ebenbürtige Partner zusammenarbeiten. Wieder wird deutlich, wie sehr das Gelingen von Freuds Verlagsprojekten von dem persönlichen Engagement und vom Charakter der daran Beteiligten abhing.[244] Denn Rank eckte bei den anderen *Komitee*-Mitgliedern immer wieder durch seine schroffe und bisweilen undiplomatische Art an. Ende 1922 verfasste Rank einen persönlichen Rundbrief, in dem er seine *Komitee*-Kollegen bat,

> sich das Schwierige und Verantwortungsvolle meiner Stellung so intensiv vor Augen zu halten wie ich es täglich und stündlich fühle. Dies wird Euch und mich am sichersten davor schützen, mir in kleinlichen Dingen Vorwürfe oder Schwierigkeiten zumachen, wo ich seit Jahren fast nichts anderes mache, als im Interesse der Psychoanalyse gegen eine Reihe ganz gewaltiger äußerer Schwierigkeiten anzukämpfen; wie ich wohl sagen darf, bis jetzt erfolgreich, allerdings nicht ohne manchmal auch an der Größe der Aufgabe und meinen schwachen Kräften zu verzweifeln und ein Gefühl der lähmenden Ermattung und Müdigkeit zu empfinden.[245]

---

243   Freud an die *Komitee*-Mitglieder, 26. November 1922; vollständig zitiert bei Wittenberger, Das „Geheime Komitee", S. 229–232, hier S. 231.
244   Vgl. hierzu Huppke, Geschichte des IPVerlags, S. 31: „Freud traf kluge und engagierte Menschen, die jeweils ganz in Anspruch zu nehmen er sich nicht scheute."
245   Rank an die *Komitee*-Mitglieder, 20. Dezember 1922; zitiert nach Wittenberger, Das „Geheime Komitee", S. 251.

Rank war innerhalb der psychoanalytischen Bewegung als Funktionär ‚groß'
geworden[246] und ein Teil seines Daseins ging immer noch ganz in der praktischen Arbeit für die Sache auf. Diese alltägliche Arbeit konnte von den anderen
nicht immer im vollen Umfang gewürdigt werden. So wunderte sich Rank 1923
über die verhaltene Reaktion der Komitee-Mitglieder auf die Nachricht, dass
nun alle Rechte für eine Freud-Gesamtausgabe vorlägen:

> Ich empfinde aber doch das Bedürfnis, die Bedeutung dieses Momentes, was ich
> vielleicht überschätzen mag, sollte hervorgehoben und der Verlag […] zu diesem
> Schritt beglückwünscht werden, der mir seit vielen Jahren als unerreichbare Mög-
> lichkeit vorschwebte.[247]

Bereits nach dem Kongress 1922 war klar, dass die *Press* in der bisherigen Form
nicht zu halten war. Als Alternativen zur Schließung boten sich nur die klare
Trennung vom Verlag oder die komplette Vereinigung mit demselben an. Dennoch war Freud bereit, Jones und der *Press* noch eine Chance zu geben; aber
nun platzte Rank der Kragen und er stellte gegenüber Freud klar fest:

> Nicht nur die Press will leben, sondern auch der Verlag und die Bewegung. Bis
> jetzt hat die Press Verlag und Bewegung nur gehemmt. […] Ich als Autor wieder-
> hole meine früheren Äußerungen, daß ich mich absolut in keiner Weise an die
> Press gebunden erachte und frei über das englische Übersetzungsrecht verfüge, da
> ich mich durch die Press, beziehungsweise Jones, der direkt amerikanische Über-
> setzungen von mir verhindert hat, um sie im Englischen dann nicht herauszubrin-
> gen, schon genügend geschädigt erachte. […] Ob Sie trotzdem der Press noch eine
> Gelegenheit gewähren, liegt wirklich ganz bei Ihnen – der Verlag und ich tun es
> nicht mehr.[248]

Längst waren die Auseinandersetzungen um Verlagsangelegenheiten zum Bestandteil des Konfliktpotenzials innerhalb des *Komitees* geworden. Der Verlag
war Freuds liebstes Machtinstrument und Rank stets an seiner Seite. Dies erreg-
te Argwohn und Eifersucht der anderen, weiter entfernten *Komitee*-Mitglieder.[249]
Dieser Aspekt spielte auch eine Rolle, als es 1924 zum endgültigen Bruch zwischen Freud und Rank kam, was an dieser Stelle jedoch nicht weiter ausgeführt
werden kann. Rank wanderte nach Amerika aus und ließ die Wiener Psychoanalytiker hinter sich; dem *IPVerlag* fühlte er sich so stark verbunden, dass er diesem noch im selben Jahr eine Spende von 1.000 Dollar zukommen ließ.[250]

---

246 Vgl. List, Otto Rank, S. 32.
247 Rank an die *Komitee*-Mitglieder, 1. Mai 1923; zitiert nach Wittenberger, Das „Geheime Komi-
      tee", S. 263.
248 Rank an Freud, 26. Oktober 1923; zitiert nach Lieberman, Otto Rank, S. 275.
249 Vgl. Marinelli, Psyches Kanon, S. 65.
250 Vgl. ebd., S. 68.

Die Tendenz zum Schöngeistigen und zur bibliophilen Ausstattung verstärkte sich unter dem zweiten Verlagsleiter Adolf Joseph Storfer[251], der seit 1921 Mitarbeiter, ab 1924 zeichnungsberechtigt war und der die Geschäftsführung 1925 von Otto Rank übernahm.[252] Auch er leitete den Verlag mit hohem persönlichem Engagement und gelegentlich mit finanziellem Einsatz, obwohl er nie Gesellschafter des Verlags wurde. Storfer selbst war kein Psychoanalytiker, stand der Bewegung aber nahe und verkehrte in den Wiener Kaffeehäusern. Editha Sterba wurde seine langjährige, ständige Verlagsmitarbeiterin.[253]

Unter Storfer erlebte der Verlag seine produktivste Phase. 1926 rief Storfer den *Almanach der Psychoanalyse* ins Leben, 1927 verwendete er eine private Erbschaft für die Gründung der *Zeitschrift für psychoanalytische Pädagogik*. Die Zeitschrift erschien im eigens neu begründeten Tochterverlag. Den *Almanach* sollte die zweite Zeitschriften-Neugründung ergänzen: Ab 1929 war Storfer Alleinherausgeber der *Psychoanalytischen Bewegung*, die zweimonatlich erschien.[254]

Durch die buchgestalterischen Bestrebungen Storfers bekam der Verlag zudem ein unverwechselbares Gesicht. Storfer war Mitglied der Bibliophilen Gesellschaft und versuchte über Schmuckausgaben unter den Bibliophilen eine neue Leserschaft zu rekrutieren. Anlässlich der Bibliophilentagung 1928 in Wien wurde Freuds *Teufelsneurose* als Schmuckausgabe Teil des Bücherpakets für die Teilnehmer.[255] Letztlich spalteten Storfers Bemühungen das Publikum des Verlags in zwei Lager: Die Bibliophilen schätzten die Ausgaben, ohne den Inhalt weiter zu würdigen, während die Psychoanalytiker, denen mehr am Inhalt gelegen war, die Prachtausgaben verschmähten.

---

251 Adolf Storfer (1888–1944) studierte in Klausenburg, Wien und Zürich, wo er am Burghölzli erstmals mit der Psychoanalyse in Berührung kam. Nach dem Ersten Weltkrieg übersiedelte er nach Wien und wurde 1919 Mitglied der *Psychoanalytischen Vereinigung*. 1938 änderte Storfer seinen Vornamen in Albert, Ende des Jahres gelang ihm die Flucht nach Shanghai; 1941 übersiedelte er nach Australien. Vgl. Mühlleitner, Biographisches Lexikon, S. 334–336, M. Freud, Mein Vater, S. 216–217 sowie den Aufsatz von Scholz-Strasser, Inge: Adolf Joseph Storfer: Journalist, Redakteur, Direktor des Internationalen Psychoanalytischen Verlags. 1925–1932. IN: IPVerlag, Katalog, S. 57–74; (im Folgenden: Scholz-Strasser, Storfer).

252 Vgl. Katalog, S. 57, Marinelli, Psyches Kanon, S. 59, inkl. Anm. 101. Storfer hatte zuvor bei einem ungarischen Verlag in Wien gearbeitet.

253 Editha Sterba (1895–1986), geb. Radanowicz-Hartmann, stammte aus Ungarn, wurde 1921 an der Wiener Philosophischen Fakultät promoviert und war schon zu Ranks Zeiten Sekretärin im Verlag gewesen. 1926 heiratete sie den Wiener Arzt und Analytiker Richard Sterba. Ihre psychoanalytische Ausbildung schloss sie 1928 ab; 1930 wurde Editha Sterba ordentliches Mitglied der *Wiener Psychoanalytischen Vereinigung*. Ihr Schwerpunkt war die Kinderanalyse. Sterbas emigrierten 1938 zunächst nach Zürich und übersiedelten ein Jahr später in die Vereinigten Staaten. Vgl. Mühlleitner, Biographisches Lexikon, S. 328–330.

254 *Psychoanalytische Bewegung*. Wien: Internationaler Psychoanalytischer Verlag 1/1929 – 5/1933.

255 Vgl. hierzu Fritsch, Georg: Ein Sieben-Kilo-Paket edelster bibliophiler Gaben. IN: IPVerlag, Katalog, S. 49–55; (im Folgenden: Fritsch, Sieben-Kilo-Paket).

Angesichts des Einflusses, den Storfer somit auf die Gestaltung nicht nur der Bücher, sondern auch des Verlagsprogramms nahm, erscheint Marinellis Argumentation, nach der Storfer wenig Entscheidungsfreiheit als Lektor sowie in finanzieller Hinsicht gehabt habe,[256] nicht schlüssig. Richtig ist aber, dass sich mit der personellen Veränderung an der Verlagsspitze auch die strukturelle Aufstellung und institutionelle Anbindung des *IPVerlags* maßgeblich änderte. Einerseits hatte Storfer zwar zuvor bei einem ungarischen Verlag in Wien gearbeitet und brachte somit Verlagserfahrung mit; doch war er weder Psychoanalytiker noch stand er Freud so nahe wie Rank, der über Jahre Freuds kongenialer Schüler, Vertrauter und Mitarbeiter gewesen war. Andererseits war das *Geheime Komitee* seit dem Bruch mit Rank zerrüttet, so dass es „nicht mehr länger einen Referenzrahmen für die Publikationspolitik des Verlags"[257] darstellte.

Die personelle, funktionelle und programmatische Verschmelzung der Interessen des intimen Kreises um Freud mit dem Alltagsgeschäft des *IPVerlags* war nicht mehr gegeben. Für das Verlagsgeschäft bedeutete das, dass Freud nun als Cheflektor mehr Kontrolle übernehmen sollte,[258] und dass Max Eitingon, der seit 1925 Gesellschafter des Verlags und von 1925 bis 1932 Präsident der *IPVereinigung* war und den Verlag als vermögender Gönner immer wieder bezuschusste,[259] zur „grauen Eminenz im Hintergrund des Verlagsgeschehens"[260] avancierte, die über die finanziellen Belange des Unternehmens wachte. Der *IPVerlag* wurde nicht mehr vom geschlossenen Agieren des *Geheimen Komitees* getragen. Hinzu kamen die anhaltenden wirtschaftlichen Engpässe, so dass man nun eine engere ideelle, institutionelle und finanzielle Anbindung des *IPVerlags* an die *IPVereinigung* suchte.[261]

Auch mit dem *Almanach* wollte Storfer ein breiteres Publikum für die Veröffentlichungen des Verlags erschließen.[262] Damit folgte er zum einen seinem eigenen Verständnis der Psychoanalyse, zum anderen bemühte er sich, den durch die Inflation immer bedrohlicher werdenden finanziellen Schwierigkeiten des Verlags zu begegnen. Zu seinem siebzigsten Geburtstag bekam Freud von

---

256 Vgl. Marinelli, Psyches Kanon, S. 71.

257 Ebd.

258 Vgl. ebd., S. 68–70. Marinelli stützt sich in ihrer Argumentation auf Briefe, die zum Zeitpunkt der Einsetzung Storfers als Verlagsleiter gewechselt wurden. Darin vertritt Eitingon die Meinung, Freud müsse nun als Cheflektor fungieren und auch die Redaktion der Zeitschriften übernehmen. Tatsächlich aber ließ Freud dem neuen Verlagsleiter viel mehr Freiraum, wie folgend noch deutlich werden wird.

259 Vgl. Marinelli, Geschichte des IPVerlags, S. 17. Freud nannte Eitingon einen „zweiten Toni" und meinte damit einen zweiten Anton von Freund, vgl. Freud an Ferenczi, 17. Juni 1920; BW Freud – Ferenczi, Bd. III/1, S. 77.

260 Marinelli, Psyches Kanon, S. 70.

261 Vgl. ebd., S. 73.

262 Vgl. Fritsch, Sieben-Kilo-Paket, S. 50. Im *Almanach* kamen namhafte Autoren wie Hermann Hesse, Thomas Mann, Alfred Polgar oder Alfred Döblin zu Wort.

der *IPVereinigung* einen ‚Psychoanalytischen Jubiläumsfonds' überreicht, dessen größten Teil er in den Verlag investierte.[263] 1928 betrauerte Freud seinen verstorbenen Gönner von Freund noch einmal:

> Der Verlag hat jetzt ein schönes Lokal im Börsengebäude, wird von Storfer großzügig geleitet und brauchte eigentlich nur eines oder einen, nämlich einen Anton v. Freund. Daß uns der weggestorben ist! Wir hätten andere soviel besser entbehren können.[264]

Die Geldnöte des Verlags überschatteten Storfers Amtszeit, seine dennoch beherzte Veröffentlichungspolitik stieß daher von Anfang an auf Kritik der führenden Psychoanalytiker.[265] Vor allem Max Eitingon meldete sich kritisch zu Wort. Doch Freud schätzte Storfer und verteidigte ihn jahrelang gegen alle Angriffe. Freud

> tat dies in seinem eigensten Interesse; der Internationale Psychoanalytische Verlag war die Basis für die Veröffentlichungen seiner Schriften und ließ ihm freie Hand in der Publikationspolitik; alle Überlegungen und Vorschläge von Komiteemitgliedern, den Verlag in einen größeren Verbund einzugliedern, lehnte er freundlich aber dezidiert ab. Der Verlag war eines von Freuds wichtigsten Machtinstrumenten, Storfer dabei der eigenwillige, doch kluge und immer loyale Partner [...].[266]

In Storfer hatte Freud einen Verlagsleiter, der angesichts ökonomischer Widrigkeiten nicht die verlegerische Notbremse zog, sondern kreativ und engagiert nach neuen Möglichkeiten suchte, weitere Absatzmärkte zu erschließen. Vor allem trieb Storfer die Herausgabe der *Gesammelten Schriften* Freuds tatkräftig voran.

Seit 1923 waren alle Rechte an Freuds Werk endlich im Verlag vereint. 1924 erschienen die Bände IV, V, VIII und X – noch unter der Mitherausgeberschaft Otto Ranks –, 1925 die Bände I bis III sowie VI und IX; die Bände XI und XII umfaßten die Schriften von 1923 bis 1928 bzw. 1928 bis 1934 und erschienen demnach 1928 und 1934. Das Projekt, das Freuds schreibendem Ego sicherlich geschmeichelt hat, wurde kein Verkaufserfolg, was angesichts der schlechten Wirtschaftslage und der Währungsreform 1924 nicht verwundert.[267] Ende 1925 jammerte Freud in einem Brief an Ferenczi über das „unsinnige Unternehmen", von den 3.000 Exemplaren seien erst „wenig über 100"[268] verkauft. Immerhin waren diese 100 Exemplare binnen eines Jahres abgesetzt wor-

---

263   Vgl. Freud an Ferenczi, 20. Mai 1926; BW Freud – Ferenczi, Bd. III/2, S. 88.
264   Freud an Ferenczi, 13. Mai 1928; ebd., S. 179.
265   Vgl. Marinelli, Psyches Kanon, S. 75.
266   Scholz-Strasser, Storfer, S. 60.
267   Vgl. Marinelli, Psyches Kanon, S. 49.
268   Freud zitiert nach Marinelli, Geschichte des IPVerlags, S. 22.

den. Angesichts der schlechten Wirtschaftslage konnte das sehr wohl als Erfolg verbucht werden, der allerdings von der optimistischen Erstauflagenhöhe gedämpft erscheinen musste.

Die finanzielle Lage des *IPVerlags* hatte sich Ende der 1920er Jahre derart zugespitzt, dass man 1927 erneut in Erwägung zog, den Verlag zu verkaufen. Schon 1920 hatten Freud und Rank mit der *Rikola AG*[269] bzgl. einer Übernahme des noch jungen Verlags verhandelt. Eine Einigung kam damals nicht zustande, weil der Inhaber Richard Kola plante, in Zusammenarbeit mit der Wiener medizinischen Fakultät einen eigenen Medizinverlag aufzubauen. Dies bedrohte die gerade erst gewonnene Unabhängigkeit der Psychoanalytiker; so erklärte Rank, „daß wir auf volle Unabhängigkeit bestünden und überhaupt nicht gerne mit der Fakultät in einen solchen Rahmen gespannt würden, umso mehr als dieser Wunsch auf Gegenseitigkeit beruhen dürfte.“[270]

Nun verhandelte Eitingon mit dem Julius Springer Verlag,[271] der vor allem aufgrund der örtlichen Nähe – Eitingon lebte in Berlin – in Betracht kam. Im Vorfeld der Verhandlungen merkte Freud an:

> Ich glaube nicht, daß es irgendeine Aussicht hätte, hier bei Deuticke anzufragen. Der Kerl ist zu kleinlich. Überdies meine ich, ein deutscher oder Berliner Verlag verdiente den Vorzug, weil Sie und die Redaktion der ‚Zeitschrift‘ es bequemer hätten. Die wichtigste Bedingung der Übernahme schiene mir die Erhaltung des Namens [...]. Die zweite Bedingung wäre die Bestallung eines Vertrauensmannes oder Vermittlers zwischen Verlag und Internationalem Verein [i. e. die *IPVereinigung*, EF], der das entscheidende Wort in der Auswahl der Publikationen haben sollte. Der dritte Punkt wäre die Bezahlung der Schulden des Verlags an die Autoren.[272]

Es nimmt kaum wunder, dass die beherzten Forderungen des stark angeschlagenen ‚David‘ beim Verlags-‚Goliath‘ Springer keine offenen Türen einzurennen vermochten. Dieser hatte bislang ohnehin kaum Interesse an der Psycho-

---

269 Mit der *Rikola AG* hatte sich der Bankier Richard Kola seit 1912 ein Imperium mit mehr als 15 Verlags- und Druckanstalten aufgebaut. Vgl. hierzu Marinelli, Psyches Kanon, S. 164–166 und Bachleitner et al., Buchhandel in Österreich, S. 264–266.

270 Rank an die *Komitee*-Mitglieder, 21. Februar 1921; zitiert nach Marinelli, Psyches Kanon, S. 166.

271 Vgl. hierzu den BW Freud – Eitingon, S. 507–541, insbesondere die Briefe: Eitingon an Freud, 30. März 1927, Freud an Eitingon, 1. April 1927, Eitingon an Freud, 26. Mai 1927, Eitingon an Freud, 6. Juli 1927, Eitingon an Freud, 12. Juli 1927, Freud an Eitingon, 15. Juli 1927, Eitingon an Freud, 3. August 1927, Eitingon an Freud, 6. August 1927, Eitingon an Freud, 6. August 1927 und Freud an Eitingon, 8. August 1927.

272 Freud an Eitingon, 1. April 1927; ebd., S. 509.

analyse bekundet[273] und zog bei den Verhandlungen vielmehr ökonomische Größen als Entscheidungsgrundlage heran:

> Springer hat von mir eine schriftliche Darlegung unserer Forderungen erbeten, ich gab sie ihm, ohne Begeisterung über diese plötzliche Veränderung unserer Verhandlungsweise [...]. Die ganze Art meines Briefes an ihn wird ihn nicht in Zweifel gelassen haben, daß wir ebensowenig [sic!] auf ihn angewiesen sind in diesem Augenblick, wie wir Lust haben, diese Verhandlungen sich noch länger hinziehen zu lassen.[274]

Der Verkauf des *IPVerlags* kam für Freud nur als letzte Notlösung in Frage, denn ihm war klar: „Haben wir den Verlag einmal weggegeben, so bekommen wir ihn nicht wieder."[275] Er hatte unterdessen eine private Geldspende erhalten und hoffte auf eine weitere Zuwendung aus der Rockefeller-Stiftung,[276] was ihn bezüglich des Verhandlungsgebaren Springers ermutigte: „Springers Benehmen lädt nur zur energischen Erledigung des Projekts ein. Verleger scheinen überall dieselben zu sein."[277]

Auslöser für die Verkaufsbestrebungen war die Kündigung Storfers gewesen; als die Verhandlungen mit Springer nun scheiterten, wurde Storfer zur Weiterleitung des *IPVerlags* überredet. Die Lage blieb ernst. 1927/28 bilanzierte der Verlag katastrophal. Bis 1928 wurden alle psychoanalytischen Reihen – die *Imago-Bücher*, die *Internationale Psychoanalytische Bibliothek*, die *Neuen Arbeiten zur ärztlichen Psychoanalyse* sowie die *Quellenschriften zur seelischen Entwicklung* – eingestellt.[278] 1931 kündigte Storfer erneut, verfolgte sogar den Plan, den Verlag zu übernehmen, konnte hierfür aber die nötigen Geldmittel nicht aufbringen.[279] Schließlich musste eine Gläubigerversammlung einberufen werden, um den Konkurs abzuwenden. Anfang 1932 übernahm Freuds Sohn Martin[280] die Leitung des Verlags.[281]

Im Gegensatz zu Storfer verfügte Martin Freud über wirtschaftliche Erfahrungen, die er im Bankwesen gesammelt hatte.[282] Es gelang ihm, die Schulden zu tilgen, doch bilanzierte der Verlag weiterhin mit Defiziten, die von der

---

273   Vgl. Eitingon an Freud, 26. Mai 1927; BW Freud – Eitingon, S. 512.
274   Eitingon an Freud, 3. August 1927; ebd., S. 538.
275   Freud an Eitingon, 15. Juli 1927; ebd., S. 536.
276   Vgl. Freud an Eitingon, 15. Juli 1927; ebd., S. 535–536, inkl. Anm. 3.
277   Freud an Eitingon, 6. August 1927; ebd., S. 539.
278   Vgl. Marinelli, Geschichte des IPVerlags, S. 22.
279   Vgl. Marinelli, Psyches Kanon, S. 77.
280   Jean Martin Freud (1889–1967) war der älteste Sohn Freuds. Er studierte in Wien Jura und war später im Bankwesen tätig. 1939 emigrierte er noch vor seinen Eltern nach London, wo er 1967 starb. Vgl. M. Freud, Mein Vater.
281   Vgl. weiter Marinelli, Geschichte des IPVerlags, S. 25.
282   Vgl. M. Freud, Mein Vater, S. 216–217.

IPVereinigung und privaten Spenden ausgeglichen werden mussten.[283] Spenden ermöglichten es auch, Ranks Anteile am Verlag aufzukaufen und an Freuds Tochter Anna zu überschreiben; damit wurde der *IPVerlag* zum Freudschen Familienunternehmen.[284]

Nach wie vor stellte der Verlag für Freud das zentrale Fundament der gesamten psychoanalytischen Bewegung dar, denn „ohne Verlag wären wir ohnmächtig."[285] 1932 appellierte er an die *IPVereingung*, die Bedeutung des Verlags zu würdigen und sich dem Erhalt desselben zu verpflichten:

> Sie haben gehört, daß der Verlag meine Schöpfung ist, mein Kind [...] und Sie wissen, man will seine Kinder nicht überleben [...]. Wenn die psychoanalytische Bewegung in Deutschland zerbröckelt, wie es nach dem Untergang des Verlags gewiß geschehen würde, werden Sie alle, auch in England, Frankreich und Amerika den Zerfall und die Entwicklungsstörungen zu spüren bekommen.[286]

In seinem Brief wies Freud auf die Bedeutung seiner eigenen Veröffentlichungen für den Verlag hin. Immer wieder hatte er Schriften unabhängig von seinem wissenschaftlichen Publikationsbedürfnis veröffentlicht, um dem Verlag durch den sicheren Absatz zu unterstützen. Dadurch und mithilfe der sofortigen Reinvestition seiner Honorare habe er indirekt anderen Mitgliedern zur Veröffentlichung verholfen.[287]

Ferenczi sprach sich im Namen der *IPVereinigung* zwar grundsätzlich für eine Sanierung des Verlags aus, vor allem für den Erhalt der Zeitschriften sei man zu „größeren Opfern" bereit. So konnte er sich vorstellen, „daß vierzig Mitglieder der Internationalen Vereinigung durch Zahlung von je 500 Dollar vor allem diese Schuld zu tilgen hätten."[288] Allerdings teile er nicht Freuds

> Urteil über den Wert der in den letzten Jahren vom Verlag herausgegebenen Fachwerke, insoferne [sic!] sie nicht Neuerscheinungen oder Neuausgaben Ihrer Werke waren. Außerdem kommen noch zwei oder drei wertvolle Bücher in Betracht, und da die Freud-Werke auch ohne Verlag Absatz fänden, erhebt sich die

---

283   Vgl. Martin Freud, Verlagsbericht. IN: Internationale Zeitschrift für Psychoanalyse 23/1937, Korrespondenzblatt, S. 188–189. Vgl. auch Marinelli, Psyches Kanon, S. 78–79.

284   Vgl. Marinelli, Psyches Kanon, S. 79.

285   Freud an Ferenczi, 24. Januar 1932; BW Freud – Ferenczi, Bd. III/2, S. 278.

286   Freud an die Vorsitzenden der IPVereinigung, Ostern 1932; zitiert nach Marinelli, Geschichte des IPVerlags, S. 25.

287   Vgl. Marinelli, Psyches Kanon, S. 74. Noch 1933 verfasste Freud die *Neue Folge der Vorlesungen zur Einführung in die Psychoanalyse* (Siehe Anhang 7a), die er so nie gehalten hatte, die aber an den Verkaufserfolg der *Vorlesungen* (1916) anknüpfen sollten.

288   Ferenczi an Freud, 21. April 1932; BW Freud – Ferenczi, Bd. III/2, S. 280.

Frage, ob die spärlichen wertvollen Produktionen anderer die Aufrechterhaltung einer Verlagsanstalt rechtfertigen.[289]

Ferenczis Qualitätseinschätzung der übrigen Verlagsproduktion ist bemerkenswert. Der relativ hohe Anteil von Sonderdrucken aus den Zeitschriften am Verlagsprogramm unterstreicht die Bedeutung der Periodika;[290] aber hielt Ferenczi die Buchtitel der letzten Jahre tatsächlich für so unbedeutend? Offenbar glaubte er nicht, dass diese Bücher auch in einem anderen Verlag hätten realisiert werden können. Huppke meint hierzu,

> daß persönliche Qualitäten der Autoren und ein starkes Zugehörigkeitsgefühl zur Psychoanalytischen Bewegung Voraussetzung dafür war, daß Texte im Internationalen Psychoanalytischen Verlag veröffentlicht wurden. Die Texte mußten nicht unbedingt originell sein oder neue Erkenntnisse bringen.[291]

Ferenczis Einschätzung belegt in jedem Fall, dass die Schriften Freuds nicht nur für den Verlag, sondern für die gesamte psychoanalytische Bewegung von zentraler Bedeutung waren, und weist darauf hin, dass die wissenschaftliche Kommunikation der übrigen Mitglieder der *IPVereinigung* hauptsächlich in den Zeitschriften stattfand.

Ferenczis Sanierungsplan wurde nicht realisiert, doch im Herbst 1932 eine Verlags-Kommission gegründet, die als offizielles Bindeglied zwischen *IPVereinigung* und *IPVerlag* über diesen wachen sollte.[292] In den nächsten zwei Jahren wurden von den Mitgliedern der Vereinigung gesonderte Verlagsbeiträge erhoben.[293] Immer öfter mussten die Autoren ihre Publikationen durch Druckkostenbeiträge unterstützen.

Angesichts der desaströsen wirtschaftlichen Lage des Verlags in diesen Jahren, muss die Einschätzung Lohmanns, Freud sei ein erfolgreicher Verleger gewesen, deutlich relativiert werden. Zwar räumt Lohmann ein, der Verlag sei eine „stets zuschussbedürftige Gründung"[294] gewesen, doch begründet er Freuds verlegerischen Erfolg hauptsächlich mit der damit gewonnenen publizistischen Unabhängigkeit. Andererseits darf bei der Erfolgsbilanz die schwierige Wirtschaftslage der Zeit nicht unbeachtet bleiben.[295] Rein ökonomisch betrachtet, war der *IPVerlag* über die meiste Zeit seines Bestehens nicht selbständig überlebensfähig, sondern abhängig von privaten Spenden und Bezuschussung

---

289 Ferenczi an Freud, 21. April 1932; BW Freud – Ferenczi, Bd. III/2, S. 280.
290 Vgl. Huppke, Geschichte des IPVerlags, S. 12.
291 Ebd., S. 13.
292 Vgl. Marinelli, Psyches Kanon, S. 80.
293 Vgl. Marinelli, Geschichte des IPVerlags, S. 25.
294 Lohmann, Sigmund Freud, S. 73.
295 Vgl. Windgätter, Zu den Akten, S. 7, schätzt den Erfolg des Verlags ähnlich wie Lohmann ein, nämlich jenseits aller ökonomischen Parameter.

durch die *IPVereinigung*. Dass der Verlag trotzdem so lange produktiv war und der psychoanalytischen Bewegung als Publikationsbasis zur Verfügung stand, ist allerdings als Erfolg zu verbuchen.

Das Ende des wirtschaftlich ohnehin stark angeschlagenen Verlags wurde schließlich vom politischen Machtwechsel in Deutschland beschleunigt. Freuds Schriften wurden bei der Bücherverbrennung 1933 in die Flammen geworfen,[296] sein Werk 1934 verboten.[297] Als ausländische Firma konnte der Verlag zwar zunächst weiterarbeiten, Produktion und Absatz brachen aber radikal ein. 1936 beschlagnahmte die Gestapo mehr als 7.500 Bände des Verlags aus dem Lager des Leipziger Kommissionärs Volckmar.[298] Mithilfe der österreichischen Botschaft gelang es Martin Freud, die Bestände auf eigene Kosten nach Österreich auszuführen. Paradoxerweise durften die Bücher sogar weiterhin über Leipzig verkauft werden, allerdings nur ins Ausland, der deutsche Markt war längst weggebrochen. Nur ein Jahr später stand der Verlag vor dem Bankrott; als einzige Alternative zur Aufgabe sah Martin Freud die Produktion nicht psychoanalytischer Literatur.

Die politischen Ereignisse kamen einer Entscheidung zuvor: Nach dem Anschluss Österreichs an das Deutsche Reich wurde der Kommissar Anton Sauerwald mit der Liquidierung der *IPVereinigung* und des Verlages beauftragt. Sauerwald bemühte sich, die Liquidation möglichst schonend für Freud abzuwickeln. Mittels Schenkungen an Bibliotheken konnte er einen Teil der Buchbestände retten, des Weiteren sorgte er dafür, dass Freuds Möbel (vor allem seine kostbaren Antiquitäten) sicher in das Londoner Exil der Familie kamen.[299]

Im Exil galt ein Teil der Sorgen, die publizistische Kontinuität zu sichern. Martin Freud wandte sich an den holländischen Verlag Allert de Lange, den er jedoch nicht zur Übernahme der *Imago* bewegen konnte. Doch erschien in diesem Exil-Verlag das letzte Buch Freuds: *Der Mann Moses und die monotheistische Religion.*[300] Nachdem die psychoanalytischen Zeitschriften 1938 nicht erscheinen konnten, war Freud darum bemüht, an die Kontinuität der Periodika auch im Exil wieder anzuknüpfen. Schon 1938 wurde in London die *Imago Publishing*

---

296 Mit den Worten: „Gegen seelenzersetzende Überschätzung des Trieblebens! Für den Adel der menschlichen Seele!"; zitiert nach Marinelli, Geschichte des IPVerlags, S. 27.

297 Von der Bayrischen Politischen Polizei. Vgl. Marinelli, Psyches Kanon, S. 82–84. Zunächst gab es keine einheitlichen gesetzlichen Regelungen oder offizielle Zensurmaßnahmen, der Buchhandel reagierte auf diese unklare rechtliche Lage selbstregulativ. So war es vielmehr das Wegbrechen des deutschen Absatzmarktes als die Zensur direkt, das das Ende des *IPVerlags* beschleunigte.

298 Vgl. Huppke, Geschichte des IPVerlags, S. 28: 80% der Verlagsproduktion lief über Volckmar.

299 Vgl. Hall, The Fate, S. 97–103 und M. Freud, Mein Vater, S. 236.

300 Siehe Anhang 7a. Vgl. Marinelli, Psyches Kanon, S. 88–89.

Company gegründet, für die Marie Bonaparte als finanzstarke Gönnerin Pate
stand. 1939 erschien der erste Band der nun zusammengelegten Zeitschriften
unter dem nüchternen Titel *Internationale Zeitschrift für Psychoanalyse und Imago* mit
folgender Vorbemerkung:

> Der Jahrgang 1938 der „Internationalen Zeitschrift für Psychoanalyse" und der
> „Imago" konnte wegen der politischen Ereignisse in Oesterreich nicht erscheinen.
> Nach mehr als einjähriger Unterbrechung erscheinen die beiden Zeitschriften jetzt
> wieder, nun zu einem Band vereinigt und unter dem gemeinsamen Titel „Interna-
> tionale Zeitschrift für Psychoanalyse und Imago".
> Der vorliegende Band dieser neuen Zeitschrift schliesst als XXIV. Jahrgang (1939)
> an die Bände XXIII (1937) beider Zeitschriften unmittelbar an. Die *eine* Zeitschrift
> wird die Traditionen *beider* unverändert fortsetzen.[301]

Bereits 1941 erschien jedoch der letzte Band. Darüber hinaus trug die *Company*
Sorge, Freuds Werk in deutscher Sprache publizistisch am Leben zu erhalten,
vor allem durch die Herausgabe seiner *Gesammelten Werke*.[302] Das Erscheinen
der ersten Bände erlebte Freud nicht mehr.

5.2   Aspekte der (Un-)Wissenschaftlichkeit der Psychoanalyse

Der Streit um ihren wissenschaftlichen Status ist so alt wie die Psychoanalyse
selbst und hat sich im Laufe der Jahrzehnte zu einem offenbar unentwirrbaren
Argumentationsgeflecht verstrickt. Im Streit um die (Un-)Wissenschaftlichkeit
der Psychoanalyse wird auf wechselnden und ineinander verschwimmenden
Ebenen argumentiert oder aus unvereinbaren Perspektiven aneinander vorbei
diskutiert. Orthodoxe Vertreter der Psychoanalyse schwören diese immer wieder auf den Mythos Freud ein und stehen damit einer gerechten Eingliederung
des historischen Freuds in die Wissenschaftsgeschichte entgegen,[303] denn dies
würde verlangen, die Grundfesten der Psychoanalyse im wissenschaftlichen
Sinne in Frage zu stellen. Auf der einen Seite ist Freud durch die psychoanalytische Geschichtsschreibung idealisiert worden, auf der anderen Seite wurde seine
Person diskreditiert, um den wissenschaftlichen Anspruch der Psychoanalyse im
Keim zu ersticken. Es entwickelte sich eine regelrechte „Hin-und-Her-Pole-

---

301   Vorbemerkung IN: Internationale Zeitschrift für Psychoanalyse und Imago, 24/1939, Heft
      5/6, S. 5. (Hervorhebungen im Original gesperrt)
302   Freud, Sigmund: Gesammelte Werke. 18 Bände. London: Imago Publishing Co. 1940–52
      und Frankfurt/Main: S. Fischer 1960–1968; Nachtragsband. Frankfurt/Main: S. Fischer
      1987.
303   Vgl. Sulloway, Biologe der Seele, S. 32–33.

mik"[304], die in „ideologische[n] Grabenkämpfe[n]"[305] ausgetragen wurde.[306] Versöhnliche oder integrative Ansätze, die den Dialog suchen, fruchten nur in Bezug auf Einzelaspekte, erreichen lediglich Teilgruppen der gegnerischen Fronten oder verhallen im Schlachtlärm, der im Kampf um eine Entweder-Oder-Entscheidung entstanden ist.

Warum wird um Freud und die Wissenschaftlichkeit der Psychoanalyse so unerbittlich gekämpft? Und warum kann es scheinbar keine Lösung geben? Was bei aller leidenschaftlichen Auseinandersetzung nie stattfand, war ein echter wissenschaftlicher Diskurs, der die Psychoanalyse als Gesamtgebilde in das wissenschaftliche System integriert hätte. Auch wenn Einzelaspekte der Psychoanalyse von der akademischen Psychologie, Psychiatrie oder Medizin absorbiert wurden,[307] auch wenn sich die Geisteswissenschaften zuweilen psychoanalytischer Interpretationsmethoden bedienen – ginge es nur um den formalen wissenschaftlichen Status, läge die Antwort auf der Hand: Die Psychoanalyse als Gesamtgebilde hat keinen Platz im wissenschaftlichen System, sie ist keine wissenschaftliche Disziplin.

Dennoch erhebt die Psychoanalyse wissenschaftlichen Anspruch und bezieht sich dabei nicht zuletzt auf Freud als Wissenschaftler, dessen Hypothesen und Theorien sie immer noch und vehement vertritt. Kritiker aus den Reihen der Wissenschaft weisen diesen Anspruch in Hinblick auf die mangelnde wissenschaftliche Methodik der Psychoanalyse zurück. Versöhnlichere Vertreter der Wissenschaft versuchen den methodologischen Mangel dadurch wettzumachen, dass sie einzelne psychoanalytische Hypothesen ernstnehmen und überprüfen, um sie entweder zu widerlegen oder für ihre Disziplin fruchtbar zu machen.

Die (fehlende) wissenschaftliche Methode der Psychoanalyse ist innerhalb des Streits um ihre Wissenschaftlichkeit ein wichtiger Punkt,[308] dessen Klärung dadurch erschwert wird, dass die psychoanalytische Bewegung immer mehr zersplittert, inzwischen aus teils untereinander verfeindeten Gruppen besteht, keine einheitliche Schule darstellt und kein umfassendes Erklärungssystem aufweisen kann.[309] Manche Freud-Gegner machen es sich freilich zu einfach, wenn

---

304 Sieper, Johanna, Ilse Orth und Hilarion G. Petzold: Zweifel an der „psychoanalytischen Wahrheit". Psychoanalyse zwischen Wissenschaft, Ideologie und Mythologie. IN: Sigmund Freud heute, S. 583–649; (im Folgenden: Sieper et al., Zweifel), hier S. 595.

305 Leitner, Anton und Hilarion G. Petzold: Vorwort. IN: Sigmund Freud heute, S. 5–10; (im Folgenden: Leitner/Petzold, Vorwort), hier S. 5.

306 Eine Verschärfung der Diskussion kam mit der Renaissance der (deutschen) Freud-Rezeption in den 1960er Jahren auf.

307 Vgl. Nitzschke, Freud und die akademische Psychologie, S. 11–12.

308 Vgl. Sulloway, Psychoanalyse und Pseudowissenschaft, S. 73.

309 Vgl. Leitner, Anton und Hilarion G. Petzold: Perspektiven der Wissenschaft und der psychotherapeutischen Schulen zu Sigmund Freud und seiner Psychoanalyse. Eine Einführung.

sie die Psychoanalyse auf ihre naturwissenschaftlichen Wurzeln verpflichten wollen. Mit den Maßstäben naturwissenschaftlicher Methodologie gemessen ist schnell eine Antwort gefunden, die nicht falsch ist, aber der Sache nicht gerecht wird. Denn mit der bloßen Feststellung, die Psychoanalyse sei keine Naturwissenschaft – oft kombiniert mit dem falschen kausalen Schluss, dann sei sie gar keine Wissenschaft –, entzieht man sich bequem der weiterführenden Frage, die das Grunddilemma der Psychoanalyse darstellt, nämlich was sie denn eigentlich sei und in welcher Gestalt sie wissenschaftlichen Anspruch erhebt: als psychotherapeutische Behandlungsmethode, kulturtheoretisches Deutungsmodell oder gar supradisziplinäre Metatheorie? Ist sie der Naturwissenschaft verpflichtet? Ist sie nicht vielmehr eine Geisteswissenschaft? Oder am Ende doch nur eine als Pseudowissenschaft getarnte Sekte?

Beim ewigen Streit um die Psychoanalyse sind zwei Momente bemerkenswert: zum einen, dass eine Trennung (und damit eine getrennte Beurteilung) der Person Freud und der Psychoanalyse bzw. der psychoanalytischen Bewegung kaum möglich erscheint; zum anderen, dass dieser Streit überhaupt stattfindet und von der Wissenschaft mit ausgetragen wird, und daran unmittelbar anschließend das Phänomen, dass selbst auf Seiten der Freud-Gegner, die die Unwissenschaftlichkeit der Freudschen Theorie behaupten, beinahe unbewusst immer wieder von der ‚psychoanalytischen Wissenschaft' oder der ‚Disziplin Psychoanalyse' die Rede ist. Der Streit um den wissenschaftlichen Status der Psychoanalyse wird „*im* Felde der Wissenschaft"[310] geführt, da er nur hier geklärt werden könnte. Die Mühe würde sich die Wissenschaft nicht machen, wenn die Psychoanalyse als Gedankengebäude nicht einen Eigenwert besäße, den sie durch ihre immense Wirkungsgeschichte im 20. Jahrhundert erworben und zugleich unter Beweis gestellt hat.[311] Da die psychoanalytische Bewegung diesen Eigenwert mit wissenschaftlichem Anspruch koppelt, ist die Wissenschaft zur Reaktion gezwungen. Gleichzeitig würde die Wissenschaft gerne positive Aspekte des psychoanalytischen Eigenwertes in ihr System rückübersetzen.

Den Großteil ihrer Wirkkraft konnte die Psychoanalyse als Therapiemethode entfalten, und als solche bildet sie einen Berufszweig und ist Existenzgrundlage vieler praktizierender Psychoanalytiker. Es hat sich die paradoxe Situation ergeben, dass die Psychoanalyse bspw. in Deutschland eine starke Position im Gesundheitssystem innehat, während ihr wissenschaftlicher Status umstritten ist.[312] Der Streit wird also auch aus ökonomischen und machtpoliti-

---

IN: Sigmund Freud heute, S. 11–46; (im Folgenden: Leitner/Petzold, Perspektiven), hier S. 12.
310   Leitner/Petzold, Vorwort, S. 6. (Hervorhebung durch mich geändert; EF)
311   Vgl. hierzu Zaretsky, Freuds Jahrhundert.
312   Vgl. hierzu Sieper et al., Zweifel, S. 588–606 sowie Fallend, Sonderlinge, S. 23–28.

schen Gründen geführt; ja, vielleicht haben sogar diese Motive den Streit erst zur „Perpetuierung der Freud-Kritik"[313] beschleunigt.

Damit sind die Auseinandersetzungen um Freud und die Psychoanalyse nur grob und in ihren abstrakten Zusammenhängen skizziert. In diesem Kapitel soll weniger der ewige Streit zwischen Kritikern und Verteidigern der Psychoanalyse nachgezeichnet, sondern zwei Aspekte ihrer (Un-)Wissenschaftlichkeit diskutiert werden, die für die abschließende Beurteilung Freuds als wissenschaftlicher Autor relevant sind. Die bisherige Kritik fokussierte vor allem Inhalt und Methode, der eigentliche ‚Fehler' liegt aber im Äußeren: Zum einen hängt der wissenschaftliche Status untrennbar mit dem Grunddilemma der Psychoanalyse zusammen, das Michael Schröter als „soziologischen Konstruktionsfehler"[314] bezeichnet hat. Zum anderen fällt auf, dass Freud immer wieder als Schriftsteller benannt und sein Werk als Œuvre eines Literaten gesehen wird.

5.2.1 Der soziologische Konstruktionsfehler

Die Widersprüchlichkeiten, die seit Anbeginn den Streit um den wissenschaftlichen Status der Psychoanalyse befeuern, wurzeln zu einem großen Teil im ‚soziologischen Konstruktionsfehler' der Bewegung.[315] Dieser besteht im Wesentlichen darin, dass Freud nichts anderes als ein großer Wissenschaftler sein wollte, ihm die akademische Laufbahn aber verwehrt blieb und er somit notgedrungen und aus finanziellen Erwägungen praktizierender Nervenarzt wurde. Schröter erläutert dezidiert, wie dieser Konstruktionsfehler innerhalb der psychoanalytischen Bewegung grundsätzliche Spannungen verankerte, die besonders deutlich in der Kontroverse um die ‚Laienanalyse' zu Tage traten.

Bei seinen psychoanalytischen Arbeiten stand für Freud nicht die Heilung psychisch kranker Menschen im Vordergrund, sondern seine Hauptmotivation war es, die Psychoanalyse als eine von ihrer praktischen Anwendung unabhängige Wissenschaft zu etablieren.[316] Die Medizin war für ihn nur eine der möglichen Anwendungsgebiete seiner Erkenntnisse – neben bspw. der Anwendung als Deutungsmethode in den Geisteswissenschaften; darum sprach er sich zeitlebens gegen eine Vereinnahmung der Psychoanalyse durch die Medizin und für die Laienanalyse aus, d. h. die medizinische Ausbildung sollte nach seinem Verständnis keine zwingende Voraussetzung für die Betätigung als Psychoanalytiker sein. Gleichzeitig war die ärztliche Praxis aber die einzige reelle Verdienstmög-

---

313 Leitner/Petzold, Vorwort, S. 8.
314 Schröter, Laienanalyse, S. 1127.
315 Vgl. zum Konstruktionsfehler auch Lohmann, Sigmund Freud, S. 112–118.
316 Vgl. Ben-David, Joseph und Ronald Collins: Soziale Faktoren im Ursprung einer neuen Wissenschaft. Der Fall der Psychologie. IN: Weingart (Hrsg.), Wissenschaftssoziologie II, S. 124–152, hier S. 137 sowie Lieberman, Otto Rank, S. 166.

lichkeit für viele Mediziner,[317] die sich mit Hinwendung zur Psychoanalyse gleichsam gegen eine akademische Laufbahn entschieden.[318] Analog war eine ähnlich professionell verortete Anwendung auf anderen nicht medizinischen Gebieten, wie es sich Freud für die wissenschaftliche Fundierung der Psychoanalyse gewünscht hätte, nicht möglich. Ansatzweise gelang dies nur in der Pädagogik (Kinderanalyse).[319] Die Nichtärzte betrieben die Psychoanalyse zunächst als Freizeitwissenschaft neben einem Haupt-Erwerbsberuf oder in Form von Mäzenatentum.[320]

Freud war „der Arzt, der keiner sein wollte"[321] und begründete damit ein Grunddilemma der Psychoanalyse, die als psychotherapeutische Behandlungsmethode Karriere machte – und dadurch zu Geld und Macht kam – und zugleich wissenschaftlichen Anspruch *außerhalb* des Wissenschaftssystems erhob, in dem sie als Disziplin nie Fuß fassen konnte.

Freuds Rückzug aus dem wissenschaftlichen Diskurs vollzog sich schrittweise. Seine akademische Laufbahn absolvierte er bis zum Titularprofessor und leistete dabei wichtige Beiträge auf dem Gebiet der Neurologie.[322] Obschon Freud seinen wissenschaftlichen Anspruch nie aufgab, stand er seinen akademischen Wurzeln ambivalent gegenüber.[323] Nach Sulloway bestand Freuds wissenschaftliche Leistung in der Bildung einer umfassenden Synthese von Ideen und Positionen seiner Zeit, wobei er zu psychoanalytischen Neuerungen gelangte und begriffliche Transformationen vornahm.[324] Die biologischen Wurzeln seines Gedankengebäudes habe er dann aber geleugnet, um die Psychoanalyse vor einer Vereinnahmung durch die Biologie zu wahren.[325] In der Phase seiner schöpferischen Krise in den 1890er Jahren zog sich Freud aus den akademisch-ärztlichen Kreisen zurück,[326] was er selbst als Zeit der Isolation deutete.[327] Seine psychoanalytischen Arbeiten wurden anfangs jedoch sehr wohl in wissenschaftlichen Kreisen diskutiert.[328] Statt sich aber dem wissenschaftlichen Diskurs zu stellen und seine psychoanalytischen Ideen von Anfang an inhaltlich und methodologisch im akademischen Feld zu verorten, lag Freud vielmehr daran, eine

---

317 Vgl. Schröter, Laienanalyse, S. 1133.
318 Vgl. Roazen, Freud und sein Kreis, S. 29 sowie Brome, Freud und sein Kreis, S. 34–35.
319 Vgl. Schröter, Laienanalyse, S. 1138–1141.
320 Im Falle Otto Ranks traf beides zu: Freud finanzierte sein Studium, Rank verdiente seinen Lebensunterhalt als Sekretär der *Mittwochsgesellschaft* und als Verlagsleiter. Siehe hierzu S. 306.
321 Lohmann, Sigmund Freud, S. 112.
322 Vgl. Sulloway, Biologe der Seele, S. 630.
323 Vgl. ebd., S. 31.
324 Vgl. ebd., S. 441.
325 Vgl. ebd., S. 29–30.
326 Vgl. Worbs, Nervenkunst, S. 19.
327 Vgl. Sulloway, Biologe der Seele, S. 611, S. 630.
328 Vgl. Ellenberger, Entdeckung des Unbewußten, S. 611–612 und Sulloway, Biologe der Seele, S. 615.

„eigenständige Wissenschaft"[329] zu etablieren. Da dies im universitären Rahmen nicht in dem von ihm angestrebten Umfang möglich war, organisierte er die psychoanalytische Bewegung außerhalb des Wissenschaftssystems.[330] Freilich suchte er dabei anfangs noch geeignete Referenzen innerhalb der Wissenschaft, bspw. Jung und Bleuler. Im gleichen Maße, wie sich aber die psychoanalytische Bewegung organisierte, wuchs die Skepsis der Akademiker:

> Kurzum, da es für nüchterne Wissenschaftler […] den Anschein hatte, daß Sigmund Freud […] ein Fanatiker war, der einen medizinischen Kreuzzug führte und bei seinen Bestrebungen bedauerlicherweise von einer wachsenden Zahl eifernder Anhänger unterstützt wurde, nahm der Widerstand gegen Freuds Lehren unausweichlich zu.[331]

Dies war letztlich auch der Grund, warum sich Bleuler schließlich von der Psychoanalyse distanzierte und als Herausgeber des *Jahrbuchs* zurücktrat.

> Der Aufstieg der Psychoanalyse als Bewegung trug so dazu bei, die Aufnahme von Freuds Ideen nur noch weiter zu erschweren. Neuropathologen […], die ursprünglich eine respektvolle und sogar freundschaftliche Einstellung zur Psychoanalyse hatten, fühlten sich jetzt gezwungen, in der Öffentlichkeit eine negative Haltung dazu einzunehmen.[332]

In den Anfangsjahren war es Freuds größtes Anliegen, die Psychoanalyse nach außen und innen zu stabilisieren.[333] Die Wissenschaft diente ihm dabei hinsichtlich seines Selbstverständnisses, der Organisationsstrukturen und der Publikationspolitik als Vorbild, welches er jedoch zunehmend zum Patriarchat modifizierte.

Freud wies gelegentlich darauf hin, dass zwischen seiner Person und der Psychoanalyse zu trennen sei; tatsächlich war (und ist) eine Trennung, auch gemäß Freuds Selbstverständnis als Vater der Bewegung, kaum möglich.[334] Vor allem in den Anfangsjahren, bevor sich die Psychoanalyse als internationale Bewegung etabliert hatte, wachte Freud als Patriarch über die Stabilität und Reinheit seiner Lehre. Er „verfügte über die absolute Definitionsmacht"[335], was Psychoanalyse sei und wer sich Psychoanalytiker nennen durfte: „Die Psychoanalyse blieb Freuds persönlicher Herrschaftsbereich."[336] Diskurs im quasi-

---

329 Leitner/Petzold, Vorwort, S. 5.
330 Vgl. Worbs, Nervenkunst, S. 31.
331 Sulloway, Biologe der Seele, S. 622–623. Vgl. hierzu auch ebd. S. 616 sowie Brome, Freud und sein Kreis, S. 34–35.
332 Sulloway, Biologe der Seele, S. 624.
333 Vgl. ebd., S. 572–584.
334 Vgl. Roazen, Freud und sein Kreis, S. 31 und 194.
335 Leitner/Petzold, Perspektiven, S. 35.
336 Roazen, Freud und sein Kreis, S. 183.

wissenschaftlichen Sinne war nur solange möglich, wie Freud die Treue zu seiner Lehre nicht gefährdet sah:

> Im ersten Stadium suchte er als weiser Friedensstifter stets nach einem Kompro
> miß, und erst wenn er alle Hoffnungen auf unverbrüchliche Treue zu seinen Theo
> rien aufgeben mußte, was er als Mißbrauch der psychoanalytischen Disziplin ansah,
> schlug er mit eiserner Faust zu.[337]

Seine Vaterrolle wurde dadurch gestützt, dass er im Vergleich zu seinen Schülern eine Generation älter war[338] und die Gruppendynamik zu einem wesentlichen Teil von der Bewunderung für den genialen Begründer der Bewegung
geprägt war.[339] Freud hatte in seinem Umkreis kaum ebenbürtige Kollegen; seine Anhänger standen gleichsam in seinem Schatten.[340] Zudem waren viele Psychoanalytiker der Pionierzeit wirtschaftlich auf Freud angewiesen, da er ihnen
Patienten vermittelte oder sie eine Verdienstmöglichkeit im Verlag fanden.[341]
Freud war sich seiner Rolle durchaus bewusst und eitel genug, sich die davon
getragene Gruppendynamik zunutze zu machen, bspw. indem er das *Geheime
Komitee* auf seine Lehre einschwor und mit dessen Hilfe die psychoanalytische
Publikationspolitik machtstrategisch lenkte.[342]

In den patriarchalen Strukturen der psychoanalytischen Bewegung entstand
der Mythos Freud, der laut Sulloway im Wesentlichen aus zwei Komponenten
besteht: zum einen der Leugnung der biologischen Wurzeln der Psychoanalyse
und zum anderen dem ‚Helden' Freud.[343] Beide Bestandteile greifen dabei nahtlos ineinander. Verkürzt gesagt, fußt das psychoanalytische Selbstverständnis
auf der Heldentat Freuds, aus der wissenschaftlichen Isolation heraus in einem
genialen Akt der Selbstreflexion die Psychoanalyse gewissermaßen aus dem
Nichts geschaffen oder vielmehr entdeckt zu haben. Der Begriff der Entdeckung meint die Findung einer objektiven Wahrheit. Und Freud sah sich im
Besitz einer solchen Wahrheit,[344] die er von nun an gegen ungerechtfertigte
Angriffe abschirmte. Freud meinte, dass niemand das Recht habe, der Psychoanalyse dreinzureden:

---

337 Brome, Freud und sein Kreis, S. 187.
338 Vgl. Roazen, Freud und sein Kreis, S. 37.
339 Vgl. Brome, Freud und sein Kreis, S. 48.
340 Vgl. Mahony, Schriftsteller Freud, S. 10, Selg, Genie oder Scharlatan, S. 1–2 und Roazen,
     Freud und sein Kreis, S. 186–189
341 Vgl. Brome, Freud und sein Kreis, S. 48, Mahony, Schriftsteller Freud, S. 185 sowie Schröter,
     Laienanalyse, S. 1135–1136. Siehe hierzu auch Kap. 5.1.3.
342 Siehe hierzu Kap. 5.1.2.
343 Vgl. Sulloway, Biologe der Seele, S. 605.
344 Vgl. Brome, Freud und sein Kreis, S. 132.

Damit immunisierte er [i. e. Freud; EF] sich und die Psychoanalyse nicht nur gegen Kritik, sondern positionierte sich und sein Verfahren außerhalb des wissenschaftlichen Diskurses, so dass es entgegen der bekundeten Absicht in die Situation eines Geheimbundes kam.[345]

Der Vorwurf des Esoterischen oder gar Sektierertums wurde allerdings nicht nur zeitgenössisch erhoben, sondern klingt auch immer wieder in der Freud-Forschung an.[346] Religionsstifter wäre freilich das Letzte gewesen, was Freud hätte sein wollen.[347] Dennoch stellte sich in der Konsolidierungsphase die Frage: Kann man bezüglich der Psychoanalyse anderer Meinung sein als Freud? Er selbst ließ darüber keinen Zweifel. Die patriarchale Vehemenz, mit der Freud seine Lehre verteidigte, sicherte aber deren Einheit und Fortbestehen über die, somit von Brüchen gezeichnete, Anfangszeit hinweg.

Mit ihrem internationalen Siegeszug nach dem Ersten Weltkrieg emanzipierte sich die Psychoanalyse von ihrem Begründer. Mit ihrer Praxis und Ausbildung ließ sich nun gutes Geld verdienen.[348] Freud konnte und musste seine patriarchale Kontrolle lockern, wollte er der Professionalisierung der Psychoanalytiker nicht im Wege stehen. Diese gelang allerdings nur über die Anbindung der Psychoanalyse an die Medizin bzw. deren Ausbildungswege, nicht an die Medizin als universitäre Disziplin. Treibende Kraft auf diesem Weg war Karl Abraham an der Spitze der Berliner Psychoanalytiker gewesen. Mit der Umwandlung der Berliner Poliklinik in ein *Institut für Psychoanalyse* „mit akademischem Charakter und festem Lehrplan"[349] wurde die Anbindung an die Medizin institutionell fixiert; die Psychoanalyse war zu einem ‚lehr- und lernbaren Beruf' geworden, die *IPVereinigung* gleichsam zu einem Berufsverband.

Damit wurde aber auch der Konstruktionsfehler der Psychoanalyse institutionalisiert und die damit verbundenen Widersprüche und Spannungen sorgen

---

345 Leitner/Petzold, Perspektiven, S. 17.
346 Als Indizien hierfür werden aufgeführt: die Hermetisierung der Psychoanalyse gegen jede Art von Kritik (vgl. Sulloway, Biologe der Seele, S. 624–625), die Kontrollmechanismen innerhalb der Bewegung, mit der Lehranalyse als Initiationsritus (vgl. Sulloway, Biologe der Seele, S. 655–656, 660 und Leitner/Petzold, Perspektiven, S. 34), die Dogmatisierung der Freudschen Lehre (vgl. Leitner/Petzold, Perspektiven, S. 28, Brome, Freud und sein Kreis, S. 140), der unwissenschaftliche Anspruch, alles erklären zu können (vgl. Selg, Genie oder Scharlatan, S. 104, Sieper et al., Zweifel, S. 585, Sulloway, Psychoanalyse und Pseudowissenschaft, S. 73) sowie der religiöse Nimbus der Anhängerschaft: „Wenige Theorien haben in der Wissenschaft eine Anhängerschaft hervorgebracht, die sich in ihren kultähnlichen Ausdrucksformen, ihrer Militanz und in der religiösen Aura, die sie umgibt, mit der psychoanalytischen Bewegung vergleichen läßt." (Sulloway, Biologe der Seele, S. 652. „In der Wissenschaft" ist dies auch nicht möglich, oder wird dadurch unterbunden, dass offizielle Sprecher mit Deutungshoheit nicht geduldet werden.)
347 Vgl. Sulloway, Psychoanalyse und Pseudowissenschaft, S. 72.
348 Vgl. Schröter, Laienanalyse, S. 1146.
349 Berliner Rundbrief vom 17. Februar 1923; zitiert nach ebd., S. 1168.

bis heute für Diskussionsstoff.[350] Schon innerhalb des Geheimen Komitees entstand eine komplexe Gruppendynamik, bei der sich Auseinandersetzungen über Inhalte und Machtrangeleien mit dem persönlichen Beziehungsgeflecht vermengten. Auffälligstes Symptom dieses Mechanismus war die gegenseitige Pathologisierung: Wer eine Kritik nicht annehmen kann, weist einen Widerstand gegen die Wahrheit auf. Psychoanalytische Neuerer provozierten Abspaltungsbewegungen, die den soziologischen Konstruktionsfehler eher wiederholten, als ihn zu beheben. Bei aller Kritik hat Sulloway darauf hingewiesen, dass dieser Dynamik keine bewusste Strategie zugrunde liegt.[351] Weder Freud noch seine Nachfolger haben einen wissenschaftsfeindlichen Feldplan verfolgt, vielmehr seien sie einem gewachsenen Selbstbetrug zum Opfer gefallen. Der Mythos Freud stellte für die Pioniergeneration eine psychologische Realität dar. Die nachfolgenden Generationen haben versäumt, die Fehler der Pioniere aufzuarbeiten;[352] stattdessen instrumentalisierten sie den Mythos zum wirkungsvollen Hermetisierungsmechanismus.[353] Nun gilt jede Art von Kritik als Widerstand gegen die psychoanalytische Wahrheit.

Die verkürzende Gleichsetzung Freuds mit der Psychoanalyse wird sowohl von Freud-Gegnern als auch von Psychoanalytikern immer wieder mobilisiert und auf unterschiedliche Weise argumentativ geltend gemacht. Der Mythos Freud dient der psychoanalytischen Bewegung als Instrument, ihre gegenwärtige Berechtigung aus der eigenen Geschichte zu begründen. Die retrospektive Selbstbehauptung und die personelle Bindung der Lehre widersprechen dem wissenschaftlichen Ethos des Universalismus und Kommunismus und behindern den Fortschrittsgedanken. Eine derart starke Identifizierung von Werk und Urheber passt eigentlich besser zum Autorentypus des Schriftstellers, der ein literarisches Œuvre von bleibendem Wert hinterlässt.

5.2.2   Der ‚Schriftsteller' Sigmund Freud

1930 bekam Freud den Goethepreis der Stadt Frankfurt verliehen. Es war die erste deutsche Auszeichnung für sein Lebenswerk, und Freud sah in ihr den Höhepunkt seines bürgerlichen Lebens. Bezeichnend ist, dass Freud als Goethepreisträger sowohl im Kuratorium stark umstritten war – und sich nur mit sieben zu fünf Stimmen durchsetzen konnte – als auch in der Öffentlichkeit kontrovers aufgenommen wurde. Mit dem hochdotierten Preis (damals 10.000

---

350   Vgl. Schröter, Laienanalyse, S. 1132 sowie Fallend, Sonderlinge, S. 21.
351   Vgl. Sulloway, Psychoanalyse und Pseudowissenschaft, S. 65.
352   Vgl. Leitner/Petzold, Persepktiven, S. 22–23.
353   Vgl. Certeau, Michel de: Theoretische Fiktionen. Geschichte und Psychoanalyse. Wien: Turia+Kant ²2006; (im Folgenden: de Certeau, Theoretische Fiktionen), S. 103 und Leitner/ Petzold, Perspektiven, S. 24.

RM, heute 50.000 Euro) sollte „eine geschlossene, [...] repräsentative große geistige Persönlichkeit"[354] ausgezeichnet werden, deren Lebenswerk goetheschen Maßstäben genügte. Er war und ist weder ein nationaler noch ein dezidierter Literaturpreis.[355]

Die Reaktionen auf die Preisvergabe an Freud waren so vielstimmig wie die gesamte Freud-Rezeption und beinhalteten viele Argumente, die bis heute die Diskussionen um die Einordnung Freuds als Autor begleiten. Eine zentrale Frage war, ob und inwiefern Freud mit seinem Lebenswerk dem Andenken Goethes gerecht werden könne. Kritische Stimmen konnten freilich keine Verwandtschaft zwischen dem Dichterfürsten und dem Psychoanalytiker erkennen und stellten bspw. den Sinn des Goethepreises an sich in Frage, der, an Freud verliehen, den Tiefpunkt eines „goethefreien Deutschlands"[356] markiere. Andere Kommentatoren verstanden die augenscheinlichen „geistigen Antipoden" als „*beide von der gleichen Mission beseelt*: die Geheimnisse des Innenlebens zu entschleiern, jeder auf seine Weise, beide schöpferisch, als Künstler, jeder in seinem Fach."[357]

Die positiven Stimmen priesen Freud in ihrem Lobgesang vor allem als bedeutende Persönlichkeit des geistigen, kulturellen Lebens; so begründete Alfons Paquet die Wahl wie folgt:

Freud ist nicht der Schöpfer einer neuen Weltanschauung, gewiß nicht. Aber er ist in unserer Zeit ein Geistiger großen Formats, eine geschlossene Persönlichkeit von origineller sympathischer Bedeutung. Ein *advocatus diaboli* für den, der über unsere Kultur zu Gericht sitzt, dann aber, und als solcher, auch der unzertrennliche Begleiter des wahrhaft Faustischen im Charakter des Menschen, besonderes der heutigen Menschen.[358]

Die umstrittene Wissenschaftlichkeit der Psychoanalyse spielte bei der Bewertung des symbolischen Kapitals der Person Sigmund Freuds, auf das sich der Preis somit bezog, keine Rolle. In einer Rundfunkrede stellte Dr. S. Fink, ein Nervenarzt aus Frankfurt, fest, dass Freuds Lehren zwar nicht „als absolut

---

354 Der Sekretär des Preis-Kuratoriums, Alfons Paquet, zitiert nach: Der Goethepreis 1930. IN: Die psychoanalytische Bewegung 2/1930, S. 590–599; (im Folgenden: Der Goethepreis 1930), hier S. 594.

355 Vgl. zum Goethepreis an Freud auch Piecha, Oliver: Herr F. und das Gerangel um den Goethepreis. Blick hinter die historischen Kulissen der bedeutendsten Auszeichnung, die Frankfurt zu vergeben hat. IN: Forschung Frankfurt 3/2005, S. 58–62; (im Folgenden: Piecha, Herr F. und das Gerangel).

356 So im *Neuen Wiener Extrablatt*, zitiert nach Der Goethepreis 1930, S. 591.

357 *B. Z. am Mittag* zitiert nach Der Goethepreis 1930, S. 592. (Hervorhebung im Original gesperrt)

358 Alfons Paquet zitiert nach ebd., S. 594. (Hervorhebung im Original)

gesichert gelten können"[359], aber längst Bestandteil des modernen, geistigen Lebens seien und

> daß nämlich die Wahrheit abhängig ist von der Vitalität dessen, der sie kündet... Freud hat mit seiner *ungeheuren Vitalität* uns mit Wahrheiten geradezu überschüttet, bei denen wir heute einfach noch nicht imstande sind, zu unterscheiden, ob es sich um echte Erkenntnisse handelt, oder ob er uns kraft der *mephistophelischen Gewalt seines Intellekts* Anschauungen aufgezwungen hat...[360]

Zweierlei klingt hier an: Zum einen, dass eine verkündete Hypothese unabhängig von ihrem noch zu prüfenden Wahrheitsgehalt eine reale Wirkung entfalten kann, wenn zum anderen dieser Wahrheitsanspruch kraft des Charismas des Vorträgers postuliert, um nicht zu sagen suggeriert wird. Unzulässig ist freilich der Umkehrschluss: Was so wahrhaftig wirke, müsse doch auch wissenschaftliche Anerkennung finden. So wunderte sich ein österreichischer Beobachter, dass Freud, der im eigenen Land von offizieller Seite kaum anerkannt wurde, nun in Deutschland ausgezeichnet worden war:

> Sigmund Freud hat die Welt verändert, aber nicht Österreich. [...] Hier ist Sigmund Freud noch immer der Outsider einer bravourösen Marotte, ein Knockabout der Wissenschaft, fix und gefinkelt, um es mit dem vernichtenden Wort fußnotenverfassender Bücherstaubschlucker zu sagen: ein Feuilletonist der Forschung.[361]

Damit nahm er eine Grundformel der Gegenstimmen auf: Was wissenschaftlich fragwürdig sei und dennoch so eine große Wirkung entfalte, dürfe dafür nicht mit einem renommierten Preis gewürdigt werden. Ein Kritiker betonte zynisch Freuds „Verdienste um die Auflockerung des psychologischen Formalismus und um den Geist der Unwissenschaftlichkeit, dem Freuds Bücher und Schriften ihre große Popularität verdanken"[362]. Eine ‚Wissenschaft', die sich populär gibt, ist als solche verdächtig. Die große Verbreitung psychoanalytischer Gedanken in der gesellschaftlichen, literarischen, künstlerischen Öffentlichkeit machte die Psychoanalyse als Wissenschaft fragwürdig; derselbe Rezeptionserfolg brachte ihr die ebenso fragwürdige Anerkennung als ‚Literatur' ein. So sah Rudolf Kayser in der Preisvergabe an Freud gerade eine Würdigung seiner literarischen Qualitäten:

> Der Goethepreis gilt vor allem dem *Schriftsteller* Freud. Während die literarische Zunft die Verantwortung für die Sprache immer mehr verliert und in Gestaltung

---

359 Fink zitiert nach Der Goethepreis 1930, S. 595.
360 Fink zitiert nach ebd., S. 596. (Hervorhebungen im Original gesperrt)
361 Ludwig Ullmann in der *Wiener Allgemeinen Zeitung*, zitiert nach ebd., S. 598.
362 Im *Neuen Wiener Extrablatt,* zitiert nach ebd., S. 591.

und Gegenständen täglich mehr in billigen Journalismus hinabgleitet, schreibt dieser Forscher eine Prosa, die zum *edelsten deutschen Sprachgut* gehört. [...] Dabei ist er von jeder Artistik weit entfernt, so daß ihm die Sprache nie Selbstzweck ist, sondern immer das kostbarste Mittel auf dem Wege der Erkenntnis und der Belehrung.[363]

Deutlich wird auch – und dieser Gedanke trägt den Goethepreis als Auszeichnung für eine „universale Persönlichkeit"[364] –, dass man dem Schriftsteller eine Weltdeutungskompetenz zusprach, die ihn ähnlich dem Wissenschaftler in die Lage versetzte, Wahrheiten zu formulieren und das öffentliche Leben mit seinen Aussagen nicht nur zu kommentieren, sondern auch zu inspirieren und zu beeinflussen.

An anderer Stelle wurde schon darauf hingewiesen, dass es zu dieser Zeit keine klare begriffliche Trennung zwischen wissenschaftlichem Autor und Schriftsteller gab und dass Wissenschaftler ihre Autorenrechte im Zuge einer größeren Selbstbehauptungsbewegung des Schriftstellers neu einforderten und von sich selbst oft als ‚Schriftsteller' sprachen.[365] Dies ist nicht nur auf eine sprachliche Ungenauigkeit zurückzuführen, sondern spiegelt auch das Selbstverständnis (gerade) der (Geistes-)Wissenschaftler wieder, die sich, noch in der Tradition des 19. Jahrhunderts stehend, mit eben jener Weltdeutungskompetenz ausgestattet sahen, die auch den Schriftstellern zugesprochen wurde.

Nichtsdestotrotz ist eine solche sprachliche Vermengung nur dann unproblematisch, wenn der wissenschaftliche Status klar ist. In Freuds Fall, das deutete sich schon in den oben zitierten Pressestimmen an, führte sein prekärer wissenschaftlicher Status dazu, dass sich seine Beurteilung als Schriftsteller zu einem eigenen Forschungsthema auswuchs und Bestandteil des ewigen Streites um die (Un-)Wissenschaftlichkeit der Psychoanalyse wurde.

Im Jahr der Preisverleihung, 1930, würdigte Walter Muschg *Freud als Schriftsteller* in einem Essay, welcher in der Zeitschrift *Psychoanalytische Bewegung* erschien.[366] Darin nahm er keine Trennung zwischen Wissenschaftler und Schriftsteller vor. Er denke nicht daran,

einem großen Autor sein Sprachkleid zu stehlen, um es als schöngetupften Balg in die Regale der Literatur zu hängen. Der Schriftsteller Freud ist vom Psychologen nicht zu trennen, niemand wird jenen ohne diesen verstehen und man hat es jeder-

---

363 Rudolf Kayser in der *Neuen Rundschau*, zitiert nach Der Goethepreis 1930, S. 592. (Hervorhebungen im Original gesperrt)
364 Piecha, Herr F. und das Gerangel, S. 60.
365 Siehe hierzu Kap. 2.3.
366 Zu Muschg, Freud als Schriftsteller siehe S. 50, Anm. 150 in Kap. 1.2.3.

zeit mit seiner Lehre zu tun, wenn man sich mit seinen literarischen Fähigkeiten beschäftigt.[367]

Weiter spricht er vom „schriftstellerischen Œuvre"[368] Freuds, sein Stil sei durch und durch intellektuell und dokumentiere zugleich einen klaren literarischen Anspruch.[369]

Ende der 1960er Jahre, als wissenschaftliche Texte als Objekte germanistischer Untersuchungen relevant wurden, sprach sich Walter Schönau in seiner Dissertation über *Sigmund Freuds Prosa*[370] dafür aus, Freud als Wissenschaftler und guten Stilisten zu sehen. Er weigerte sich, Freud als Schriftsteller einzuordnen. Bis dato hatte sich das Lob des Freudschen Stils als Topos in der Freud-Literatur etabliert, ohne dass je begründet worden war, was diesen guten Stil ausmache.[371] Schönau analysierte diesen und kam zu dem Schluss, dass Freud hinsichtlich des Sprachgebrauchs in der Wissenschaft rhetorisch in der Tradition des 19. Jahrhunderts stehend,[372] zwar ein guter Stilist sei, dass guter Stil allein aber noch keinen Schriftsteller ausmache. Und auch für Michael Worbs war Freud

> einer der letzten Vertreter jenes Bildungsbürgertums des 19. Jahrhunderts, das Gelehrte wie Jacob Burckhardt, Theodor Mommsen und Ferdinand Gregoriovius hervorgebracht hat, die ein Wissen, das heutigem Spezialistentum denkbar fernsteht, in großer Prosa vorzutragen vermochten.[373]

So stellte der Stilist Freud „nur den vorläufigen Endpunkt einer bestimmten Entwicklungslinie innerhalb einer komplexen literarischen Tradition der Psychiatrie [dar]."[374]

Längst hatten sich in der Diskussion gegenläufige Linien ergeben: Hatte Jones in seiner Freud-Biographie die Mutmaßung vieler Zeitgenossen festgehalten, Freud wäre, wenn nicht Wissenschaftler, so Schriftsteller geworden, hielten manche Psychoanalytiker (oft späterer Generation) die Betonung des Schriftstellers Freud für Verharmlosungsversuche, da man ihn dann als Wissenschaftler nicht mehr ernst nehmen müsse.[375] Sicherlich war dies eine mögliche Intension von Psychoanalyse-Gegnern, die Freud höchstens einen Wert als Literat

---

367 Muschg, Freud als Schriftsteller, S. 5.
368 Vgl. ebd., S. 5.
369 Vgl. ebd., S. 17–18.
370 Zu Schönau, Freuds Prosa siehe S. 50, Anm. 150 in Kap. 1.2.3.
371 Vgl. ebd., S. 4–5.
372 Vgl. ebd., S. 18–19.
373 Worbs, Nervenkunst, S. 7. Vgl. hierzu auch Lindner, Autor Freud, S. 233–234 sowie de Certeau, Theoretische Fiktionen, S. 84.
374 Thonack, Selbstdarstellung des Unbewußten, S. 92.
375 Vgl. Schönau, Freuds Prosa, S. V und Grubrich-Simitis, Freud als Sprachforscher, S. 54.

zusprechen wollten. Dagegen sahen einige Freudianer gerade im literarischen den eigentlichen Wert des Freudschen Werks. So schrieb Kurt Eissler an Walter Schönau:

> Wenn man das Gesamtwerk übersieht, so wird es nebensächlich, ob die Theorie stimmt oder nicht. Wissenschaftliche Theorien sind ja immer falsch, bloß vorübergehende Approximationen. Freuds Werk wird dadurch unberührt bleiben.[376]

Freud habe über die Welt berichtet, indem er – wie ein Künstler – seine eigene erschaffe.

> Die Tatsache, dass es nichts verliert, wenn die Wissenschaft in 100 Jahren wissen wird, wo er sich geirrt hat, beweist, dass seine Schriften ein grossartiges Kunstwerk darstellen. Nur das grosse Kunstwerk bleibt durch den sogenannten Fortschritt unberührt.[377]

Dieses Zitat verdeutlicht sehr schön, wie bei der – vor allem positiven – Bewertung Freuds beinahe willkürlich zwischen den Begriffen ‚Wissenschaftler‘ und ‚Schriftsteller‘ gesprungen wird. Sicherlich schreibt ein Schriftsteller für die Ewigkeit[378] und ist dem wissenschaftlichen Fortschritt nicht verpflichtet; aber wenn Eissler Freuds Werk in diesem Sinne als Kunstwerk eines Schriftstellers verstanden wissen will, dann spricht er ihm jene wissenschaftliche Relevanz ab, nach der Freud immer gestrebt hat. Wissenschaftliche Autoren können Klassiker hinterlassen, sind aber generell zur steten Aktualisierung ihres Werkes und dem wissenschaftlichen Fortschritt verpflichtet. Wissenschaftliche Klassiker spiegeln die historische Relevanz eines Forschers wider, auch wenn sie inhaltlich vom wissenschaftlichen Fortschritt überholt sein mögen.

Hatte Muschg 1930 noch ohne weitschweifige Erklärungsversuche Freud zugleich als Wissenschaftler und als Schriftsteller verstehen können, war in der Diskussion spätestens seit Schönau spürbar geworden, dass sich die Definitionen des Wissenschaftlers und des Schriftstellers ausschließen, man im Falle Freud also eine Entscheidung fällen müsste. Dies war tatsächlich nur ‚spürbar‘, weil die zugrunde liegenden Begriffe keineswegs klar definiert wurden. Keiner der Diskussionsbeiträger machte sich die Mühe zu erklären, was er denn unter einem Schriftsteller verstehe, geschweige denn, was diesen vom Wissenschaftler (als Autor) unterscheide. Man erkennt eine klare Reduktion des Schriftstellers auf ‚guten Stil‘ – dies ist ein bemerkenswert naiver Trugschluss und natürlich eine vollkommen unangebrachte Entscheidungsgrundlage.[379] Zum einen war Freud

---

376 Kurt Eissler an Walter Schönau, 8. Januar 1969; zitiert nach Schönau, Freuds Prosa, S. VI.
377 Ebd.
378 Vgl. Muschg, Freud als Schriftsteller, S. 65.
379 Dieser Trugschluss gipfelt bspw. in Ernst Falzeders Einschätzung: „Freud jedoch ist einer der größten Schriftsteller des 20. Jahrhunderts – was in seinen insgesamt etwa 20.000 Briefen

nicht der einzige Wissenschaftler, der zugleich ein hervorragender sprachlicher Stilist war – nur käme niemand auf die Idee, Albert Einstein, Jacob Burckhardt oder Hermann von Helmholtz als Schriftsteller verstehen zu wollen –, zum anderen definiert ein ‚guter Stil' noch lange keinen Schriftsteller, wie Schönau schon ganz richtig bemerkte.

Schönau sieht Freud als Vertreter einer idealen wissenschaftlichen Prosa, die er wie folgt definiert:

> Wissenschaftliche Prosa ist das Resultat der Umsetzung einer wissenschaftlichen *materia* in Sprache, mit der Absicht, diese einem gelehrten, speziell fachlich interessierten, oder einem allgemein interessierten, gebildeten Publikum zu vermitteln. […] Diejenige wissenschaftliche Prosa, in der die Intentionen des *docere* und des *delectare* harmonisch zusammenstimmen, bildet unser eigentliches Thema, weil wir diese Harmonie in Freuds Schriften antreffen.[380]

Auch wenn Schönau Freud nicht als Schriftsteller versteht, so impliziert obige Definition doch eine popularisierende Tendenz, d. h. wissenschaftliche Prosa ist demnach nicht der Wissenschaft vorbehalten, sondern kann auch Ausdrucksform zumindest eines universitären Popularisierers sein.[381]

Es ist bezeichnend, dass es einen *Sigmund-Freud-Preis für wissenschaftliche Prosa* gibt, der seit 1964 von der *Deutschen Akademie für Dichtung und Sprache* verliehen wird „zur Förderung einer Gattung […], die der Akademie im Vergleich zu anderen europäischen Literaturen, bei den Schaffenden wie bei den Aufnehmenden, nicht gebührend geschätzt und daher auch nicht genügend entwickelt erscheint"[382]. Zu den Preisträgern gehört neben Hannah Arendt, Werner Heisenberg, Ernst Bloch, Jürgen Habermas, Carl Friedrich von Weizsäcker und Peter Sloterdijk auch Ilse Grubrich-Simitis, die damit als Psychoanalytikerin ganz selbstverständlich unter die Wissenschaftler eingereiht wird. Dass als Namenspatron des Preises ausgerechnet ein Autor gewählt wurde, dessen wissenschaftlicher Status zutiefst umstritten ist, zeugt entweder von einer unzureichenden Reflexion der Vokabel ‚wissenschaftlich' in der Preis-Bezeichnung oder davon, dass die Grenzen der Wissenschaft aus Sicht von ‚Dichtung und Sprache' unerheblich sind. Anders formuliert eignet gelungener Wissenschaftssprache immer eine popularisierende Tendenz an, als sei es besonders bemerkenswert und löblich, wenn Wissenschaft verständlich ist, sodass sie sogar fürs Laienohr taugt. Das kann so erfreulich sein, dass der eigentliche wissenschaftli-

---

vielleicht noch deutlicher zum Ausdruck kommt als in seinen Veröffentlichungen." Falzeder, Ernst: Einleitung. IN: BW Freud – Ferenczi, Bd. II/2, S. 7–17, hier S. 15. Demnach wäre ein begnadeter Briefeschreiber ein Schriftsteller.

380   Schönau, Freuds Prosa, S. 24.
381   Vgl. Daum, Wissenschaftspopularisierung, S. 383.
382   www.deutscheakademie.de/preise_freud.html (25.05.2012).

che Gehalt gar nicht mehr zur Debatte steht. Der *Sigmund-Freud-Preis* mag sprachlichen Stil auszeichnen, aber er darf nicht als Wissenschaftspreis missverstanden werden.

Patrick J. Mahony knüpfte 1982[383] an Muschg an und ging mit seinem integrativen Ansatz über die übliche Entweder-Oder-Diskussion hinaus; doch auch er begründete dies auf einer reinen Stil-Definition.[384] Er erkannte in Freud einen Autor, der beides sei, Psychoanalytiker und Schriftsteller, indem er sein schriftstellerisches Talent zur wissenschaftlichen Methode gemacht habe. Ein empiristischer Wissenschaftsbegriff werde Freud nicht gerecht,[385] vielmehr verlangten Freuds Texte nach einer neuen Lesart, nämlich eine reflektierte Lesepraxis, die dem Zustand der Selbst-Analyse gleiche.[386] Dies ist ein typisches Argument der Freud-Verteidiger, welches den Autor gleichsam von den Regeln wissenschaftlicher Kommunikation entbinden und dagegen den Leser in die Pflicht zur Verständigung nehmen will: Was gemäß wissenschaftlichem Kommunikationsethos eigentlich eine Bringschuld des Autors ist (Beweisführung und unmissverständliche Argumentation), wird zur Holschuld des Lesers:

> Ich möchte noch weitergehen und annehmen, überschüssige Gefühle aus unaufgelösten, idealisierten Übertragungen könnten zu wiederkehrenden, reaktiven Wünschen geführt haben, die Freuds Prosa olympisch unumstößliche Wahrheiten abgewinnen wollten. Um Freud angemessen lesen zu können, ist ein Zustand der Selbst-Reflexion und der Selbst-Analyse notwendig, oder vielleicht besser etwas, das am Rande der gleichschwebenden Aufmerksamkeit schwebt.[387]

Gleichzeitig klingen zwei weitere Aspekte an, die unmittelbar mit der Sprachlichkeit von Freuds Texten zusammenhängen: Sprache als wissenschaftliche Methode und die (fehlende) Verortung der Psychoanalyse innerhalb des Wissenschaftsgefüges.

Dass die Sprache in der Psychoanalyse eine zentrale Rolle spielt, lässt sich in drei Kernaspekte bündeln. Am Anfang der Psychoanalyse stand die Entwicklung der von Breuers Patientin Anna O. so genannten ‚talking cure‘, die Freud zu seiner zentralen Behandlungsmethode machte. Das gesprochene Wort und der Dialog zwischen Analytiker und Patient bekamen eine zuvor nicht dagewesene Bedeutung in der ärztlichen Praxis:

---

383 Die englische Originalausgabe erschien 1982.
384 Vgl. Mahony, Schriftsteller Freud, S. 10. Mahony schließt sich hier der Stil-Definition Robert Holts an, nach der der literarische Stil „die organisierte Konfiguration der individuellen Eigenheiten im Aufnehmen, Verarbeiten und Mitteilen von Informationen über die Umwelt" ist.
385 Vgl. ebd., S. 124.
386 Vgl. ebd., S. 104, S. 142–144 und 151–152.
387 Ebd., S. 152.

Die Breuer-Freudsche so radikale wie systematische Veränderung des klinischen Wahrnehmens öffnete die Dimension des Semantischen, des hochdifferenzierten wortbezogenen Verstehens von Fremdseelischen. In den Brennpunkt rückte das Erzählen, die Sprache selbst. Im Behandlungsprozeß, aber auch in der wissenschaftlichen Falldarstellung trat der psychisch Kranke erstmals als *Subjekt* in Erscheinung, zuweilen bis in die Details seines Dialekts in der direkten Rede.[388]

Mahony wies allerdings darauf hin, dass Aspekte des Gesprochenen (Tonlage, Flüstern, Zittern in der Stimme u.ä.) kaum in die Theoriebildung der Psychoanalyse eingingen, sondern der Fokus stets auf den inhaltlichen Aspekten des Gesagten lag.[389] Als eine sprachliche Leistung Freuds wird bspw. das Vermögen angeführt, komplexe, dreidimensionale Träume in ein verbales Band zu übersetzen und somit der Betrachtung zugänglich zu machen.[390] Kritiker freilich weisen auf die damit einhergehende interpretatorische Willkür hin.[391]

Der zweite Kernaspekt ist die Entwicklung eines spezifischen psychoanalytischen Vokabulars (bspw. ‚Über-Ich', ‚Verdrängung', ‚Widerstand'), bei der Freud sich an der Alltagssprache orientierte. Die psychoanalytische Theoriebildung ist daher stark in der deutschen Sprache verankert, und umgekehrt haben viele psychoanalytisch geprägte Begriffe Einzug in den allgemeinen Sprachgebrauch gehalten.[392] Immer wieder wird auf die Schwierigkeiten hingewiesen, die sich daraus für die Übersetzung von Freuds Texten ergibt. Schon Freud selbst war der Überzeugung, eine Übertragung könne in der gewünschten Qualität nur von einem Analytiker geleistet werden, der mit beiden Sprachen intim vertraut sei.[393] Gerade die erste englische Übersetzung durch James Strachey ist in diesem Zusammenhang immer wieder in die Kritik geraten.[394]

Die starke Verankerung der Psychoanalyse in der Sprache führt schließlich drittens zu der Überzeugung, die Sprache selbst werde bei Freud zur wissenschaftlichen, nämlich hermeneutischen Methode. Form und Inhalt verschmelzen in Freuds Texten zu einer Einheit, ja der Schreibprozess werde bei Freud zum eigentlichen Erkenntnisprozess.[395] Ilse Grubrich-Simitis sieht Freud als Sprachforscher und großen Schriftsteller:[396]

---

388   Grubrich-Simitis, Freud als Sprachforscher, S. 52. (Hervorhebung im Original)
389   Vgl. Mahony, Schriftsteller Freud, S. 11.
390   Vgl. ebd., S. 17.
391   Vgl. Selg, Genie oder Scharlatan, S. 54–55 und Worbs, Nervenkunst, S. 199–200.
392   Vgl. Lindner, Autor Freud, S. 233.
393   Vgl. ebd., S. 235–236 und Grubrich-Simitis, Zurück zu Freuds Texten, S. 33–34
394   Vgl. Mahony, Schriftsteller Freud, S. 154–155 und 208–209, Grubrich-Simitis, Zurück zu Freuds Texten, S. 11–15 sowie Lindner, Autor Freud, S. 235.
395   Vgl. Mahony, Schriftsteller Freud, S. 193–194, S. 201 und 210, Muschg, Freud als Schriftsteller, S. 6–7.
396   Vgl. Grubrich-Simitis, Freud als Sprachforscher, S. 50.

Der unbezweifelbare Rang seiner Prosa ist auch nichts Äußerliches, schon gar nichts Ornamentales. Vielmehr war Sprache sein eigentlicher, sein primärer Arbeitsstoff – als Wissenschaftler wie als Schriftsteller. Die Untrennbarkeit von Inhalt und Form ist zu unterstreichen und jegliche Ästhetisierung seines Werks zurückzuweisen.[397]

Jürgen Habermas ging 1968 dezidiert darauf ein, dass Freud mit der Psychoanalyse eine hermeneutische Methode entwickelte, die in der Therapie dazu geeignet sei, das Unbewusste im Dialog zwischen Analytiker und Analysand zu ergründen. Die Psychoanalyse mache somit die Selbstreflexion zur Methode.[398] Allerdings erliege Freud dann durch die Abstraktion einer praktischen Methode in eine Allgemeingültigkeit beanspruchende, metapsychologische Theorie einem szientistischen Selbstmissverständnis.[399] Einerseits sagte er sich nie von seinen naturwissenschaftlichen Wurzeln los, brachte aber andererseits mit der Selbstreflexion, in die auch der Analytiker als Subjekt einbezogen ist, eine Größe in Spiel, die sich nicht mit naturwissenschaftlicher Methodologie in Einklang bringen ließ;[400] zudem missverstand Freud das Patientengespräch als quasi-experimentell.[401]

Mit seinen psychoanalytischen Texten überschritt Freud in vielerlei Hinsicht die Grenzen naturwissenschaftlicher Kommunikation. Zunächst widmete er sich mit der Darstellung des Unbewussten und der Deutung des Seelischen Inhalten, die sich der exakten wissenschaftlichen Messung entziehen[402] und nur durch Sprache greifbar gemacht werden können; daher waren sie bislang der Literatur vorbehalten gewesen.[403] Auch dieser Aspekt wurde in der Diskussion als allzu pauschales Argument eingesetzt, was wiederum auf eine unzureichende Definition des Schriftstellers schließen lässt, wenn Klaus Thonack bspw. schreibt: „Dichter und Psychoanalytiker schöpfen aus derselben Quelle, setzen sich mit demselben Objekt auseinander und kommen zum selben Ergebnis."[404]

---

397   Grubrich-Simitis, Freud als Sprachforscher, S. 54.

398   Vgl. Habermas, Erkenntnis und Interesse; darin v. a. Kapitel 10: *Selbstreflexion als Wissenschaft: Freuds psychoanalytische Sinnkritik*, S. 255–292, sowie Kapitel 11: *Das szientistische Selbstmißverständnis der Metapsychologie. Zur Logik allgemeiner Interpretation*, S. 292–322.

399   Vgl. ebd., S. 291.

400   Vgl. ebd., S. 256 sowie S. 292–294.

401   Vgl. ebd., S. 300.

402   Vgl. Mahony, Schriftsteller Freud, S. 95.

403   Vgl. hierzu Jens, Walter: Sigmund Freud. Portrait eines Schriftstellers. IN: Psyche 45/1991, S. 949–966 sowie Lorenz, Dagmar: Freud, der Erzähler. Die Geburt der Psychoanalyse aus dem Geist der Literatur. IN: Psychologie heute Okt./1996, S. 58–65.

404   Thonack, Selbstdarstellung des Unbewußten, S. 25. Vgl. differenzierter bei Worbs, Nervenkunst, S. 199–202.

Des Weiteren entfernte sich Freud sprachlich und formal von seinen naturwissenschaftlichen Wurzeln. Dass sich sein Schreibstil augenscheinlich vom tradierten Medizinerdeutsch unterschied,[405] befremdete ihn anfangs selbst:

> [...] und es berührt mich selbst noch eigentümlich, daß die Krankengeschichten, die ich schreibe, wie Novellen zu lesen sind, und daß sie sozusagen des ernsten Gepräges der Wissenschaftlichkeit entbehren. Ich muß mich damit trösten, daß für dieses Ergebnis die Natur des Gegenstandes offenbar eher verantwortlich zu machen ist als meine Vorliebe [...]."[406]

Sprache und Methode passte Freud gewissermaßen dem Gegenstand an, der Mut zur Vagheit erforderte:

> Verächtlich behandelte Freud genaue Definitionen. Seinen Stil bildete er zu einem Instrument aus, das präzise auf die Darstellung geistig-seelischer Bereiche gestimmt war. Seine bewundernswerte Leichtigkeit des Ausdrucks und die meisterlich gesetzte Syntax verführen dazu, sein Schreiben auf den ersten Blick makelloser und weniger zweideutig erscheinen zu lassen, als es in Wirklichkeit ist.[407]

Auch wenn Freud anstrebte, das Spekulative zunehmend hinter sich zu lassen, und ihm bewusst war, dass sowohl Wissenschaft als auch Publikum nach Definitivem verlangten, bedeutete Wahrheitsfindung für Freud nicht, Gewissheit zu erlangen:

> Nur die echten, seltenen, wirklich wissenschaftlichen Geister können den Zweifel ertragen, der allem unseren Wissen anhaftet. Ich beneide immer die Physiker und Mathematiker, die auf festem Boden stehen können. Ich schwebe sozusagen in der Luft. Geistiges Geschehen scheint so unmeßbar und wird es wahrscheinlich immer sein.[408]

In der psychoanalytischen Methode kommt der Analytiker als Subjekt zum Tragen; ein Aspekt, der der naturwissenschaftlichen Forderung nach Objektivität widerspricht bzw. dem wissenschaftlichen Ethos des Universalismus. Wissenschaftliche Erkenntnisse müssen vom Forscher-Subjekt unabhängig und übertragbar sein, d. h. ein anderer Forscher muss jederzeit in der Lage sein, die Erkenntnisse nachzuvollziehen, also überprüfen können. In den Geisteswissenschaften kommt der Wissenschaftler als Subjekt naturgemäß mehr zum Tragen, da hier die Auswertung, Deutung und Synthese der Daten und Fakten mehr

---

405   Vgl. Mahony, Schriftsteller Freud, S. 23 und Muschg, Freud als Schriftsteller, S. 14–16.
406   Freud, Sigmund und Joseph Breuer: Studien über Hysterie. Frankfurt/Main: S. Fischer 1970, S. 131. (= Ungekürzte Neuauflage der Originalausgabe bei Deuticke, 1895; in dieser befindet sich das Zitat auf S. 140.)
407   Mahony, Schriftsteller Freud, S. 96.
408   Freud zitiert nach ebd., S. 97.

interpretatorischen Spielraum lassen, wodurch sich zugleich eher ein individueller Schreibstil entwickeln lässt, und Hypothesenbildung weniger strengen Regeln unterliegt, als dies in den Naturwissenschaften der Fall ist. Dennoch ist die Geisteswissenschaft dem Universalismus verpflichtet; die Grundlage jeder Deutung muss nachvollziehbar und übertragbar sein.

Hier knüpft letztlich die (Streit-)Frage an, ob die Psychoanalyse nicht vielmehr eine Geistes-, denn eine Naturwissenschaft sei. Schon da die Erörterung dieser Frage die Annahme vorwegnähme, dass die Psychoanalyse überhaupt eine Wissenschaft ist, soll sie an dieser Stelle ausbleiben. Deutlich wird aber, dass Freuds psychoanalytische Texte sowohl inhaltlich wie sprachlich-formal mehr Verwandtschaft mit geisteswissenschaftlichen Texten aufweisen als mit naturwissenschaftlichen. Eine weitere Gemeinsamkeit ist die durchlässige Grenze hin zur Literatur.

Letztlich war der akademische Außenseiter Freud auf den Erfolg auf dem nicht wissenschaftlichen Buchmarkt angewiesen.[409] Die Psychoanalyse traf aber den Zeitgeist[410] und daher nimmt es nicht wunder, dass die Psychoanalyse eine starke Rezeption durch die Literatur, also Schriftsteller und literarische Kreise erfahren hat. Michael Worbs hat die Beziehungen und Berührungsmomente zwischen Literatur und Psychoanalyse umfassend dargestellt,[411] deren Ausgangspunkt im Rückzug der Literatur ins Innere einerseits und in einer Literarisierung der Psychiatrie andererseits lag. War die Biologie die Modewissenschaft des Naturalismus gewesen, so orientierte sich die Literatur jetzt an der Psychiatrie:[412]

> In der zweiten Hälfte des 19. Jahrhunderts bestand in Literatur wie in medizinischer Wissenschaft gleichermaßen ein starkes Interesse an der Psychopathologie. Man inspirierte sich gegenseitig. Die Schriftsteller griffen auf psychiatrische Quellen zurück [...] und die Psychiater wiederum fanden, wie etwa Max Nordau, in der Literatur Belege für ihre Behauptung der Wesensgleichheit von Geisteskrankheit und Genialität, sowie der zunehmenden *Degeneration* der menschlichen Rasse.[413]

Die Neurose wurde literaturfähig,[414] und die Psychoanalyse eröffnete schließlich die Möglichkeit, bei der Innenschau dem zeittypischen Wissenschaftsglauben gerecht zu werden.[415] Eine grundsätzliche Wechselwirkung zwischen Psychiatrie und Literatur hatte sich bereits eingestellt, als die Psychoanalyse ab 1900 ihre

---

409 Vgl. Nissen, Populäre Geschichtsschreibung, S. 259, formuliert dies ähnlich für die sozialistischen Historiker im 19. Jahrhundert.
410 Vgl. Nipperdey, 1866–1918, S. 633.
411 Zu Worbs, Nervenkunst siehe S. 48, Anm. 139 in Kap. 1.2.3.
412 Vgl. ebd., S. 7–9.
413 Ebd., S. 57. (Hervorhebung im Original). Worbs nimmt hier auf Nordaus viel gelesenes Buch *Entartung* von 1892 Bezug. Vgl. hierzu auch ebd., S. 54.
414 Vgl. ebd., S. 60.
415 Vgl. ebd., S. 9.

Wirkung auf die literarischen Kreise entfaltete.[416] Somit ist die Entwicklung des ‚Jungen Wien' und der Psychoanalyse parallel zu verstehen, während für die nachfolgende Schriftsteller-Generation die Psychoanalyse bereits als abgeschlossenes System vorhanden war, sodass sich die expressionistischen Dichter kaum noch dem Einfluss psychoanalytischer Ideen entziehen konnten, die durch die sich ausbreitende psychoanalytische Bewegung zum öffentlichen Besitz geworden waren.[417]

Nicht nur Freuds Deutungsmuster schlugen sich in literarischen Werken nieder,[418] die Psychoanalyse selbst wurde zum literarischen Motiv,[419] und viele Schriftsteller rühmten Freuds Stil.[420] Insgesamt wurde die Psychoanalyse von der Literatur wohlwollender aufgenommen als von der Wissenschaft.[421] Thonack weist außerdem darauf hin, „dass Freud seine wichtigsten Erkenntnisse literarischen Vorbildern verdankt".[422] Dennoch kann von einer echten Wechselwirkung nicht die Rede sein, denn Freud stand der Aufnahme durch die Literaten ambivalent und der Literatur seiner Zeit eher skeptisch gegenüber. Sein Literaturgeschmack war eher konservativ, seine literarischen Vorbilder entstammten dem bildungsbürgerlichen Kanon des 19. Jahrhunderts.[423] Er verkehrte nicht in den Wiener Kaffeehäusern oder Salons und pflegte keinen persönlichen Umgang mit den Schriftstellern seiner Zeit. Sein Vortrag 1907 in Hellers Buchhandlung blieb ein einmaliger Ausflug in diese Welt.

Trotz alledem: Freud war kein Schriftsteller. Der Stil allein ist kein hinreichendes Kriterium für die Diagnose des Gegenteils. Auch dass Freud das Seelische thematisierte, macht seine Texte noch nicht zu literarischen Schöpfungen. Seine Orientierung am bildungsbürgerlichen Publikum darf nicht als literarische Intension gedeutet werden. Hinzu kommt, dass Freud in all diesen Punkten kein Einzelfall unter den Wissenschaftlern darstellt. Thonack brachte die Ergebnislosigkeit der vorgestellten Diskussion auf den Punkt:

> Sowohl die Psychoanalyse, als genuines Betätigungsfeld von Freud, wie die Literaturwissenschaft zu großen Teilen vermögen es offenbar nicht, die Fragestellung „Freud als Autor", über das reine Geschmacksurteil hinaus, theoretisch zu klären.[424]

---

416 Vgl. Worbs, Nervenkunst, S. 62.
417 Vgl. ebd., S. 63–64.
418 Von den Wiener Schriftstellern rezipierte Hugo von Hofmannsthal die Psychoanalyse am stärksten. Vgl. ebd., S. 10–11.
419 Zum Beispiel in Thomas Manns *Zauberberg* (1924).
420 Vgl. Schönau, Freuds Prosa, S. 14.
421 Vgl. ebd. sowie Thonack, Selbstdarstellung des Unbewußten, S. 23.
422 Ebd.
423 Vgl. Worbs, Nervenkunst, S. 9.
424 Thonack, Selbstdarstellung des Unbewußten, S. 23.

Klaus Thonack führte den integrativen Ansatz Mahonys weiter und knüpfte an Autor-Definitionen französischer Prägung an. Freud als Diskursivitätsbegründer zu verstehen, sei geeignet, den „prekären wissenschaftlichen Status"[425] der Psychoanalyse zu bestimmen. Der Diskursivitätsbegründer unterscheidet sich vom Wissenschaftsbegründer darin, dass sich die theoretische Gültigkeit des Werks auf den Begründer selbst bezieht,[426] also wissenschaftlichem Universalismus gar nicht gerecht werden kann.

Thonack kommt darüber hinaus zu einer bemerkenswerten These, warum der Stilist Freud sowohl seitens der Wissenschaft als auch seitens der Schriftsteller argwöhnisch beäugt wurde: Zum einen habe sich in den Augen der Naturwissenschaftler gerade im Sprachgebrauch Freuds prekärer wissenschaftlicher Status manifestiert – da er nicht nur von der üblichen sprachlichen Darstellungsweise abwich, sondern methodisch fragwürdig vorging –, zum anderen sei es zu einer „Konkurrenzsituation zwischen Literaten und Psychoanalytikern auf dem literarischen Markt"[427] gekommen.

Thonacks durchaus brauchbarer Ansatz, Freud als Diskursivitätsbegründer zu würdigen, fokussiert allerdings wiederum vorrangig den inhaltlichen Diskurs bzw. die textliche Ebene. Die Gründe, warum Freud immer wieder als Schriftsteller unter Verdacht kommt bzw. als Autor offenbar Grenzen verletzt, sind aber vielmehr formaler Natur. Inhaltliche und methodologische Aspekte im Streit um die Wissenschaftlichkeit der Psychoanalyse müssen in unterschiedlichen Disziplinen geklärt werden. Der formale Aspekt betrifft Fragen der Wissenschaftssoziologie; die Positionierung eines Forschers im Wissenschaftssystem ist immer auch ablesbar an seinem Publikationsgebaren. Die typologische Einordnung des Autors Freud bedarf daher der Nüchternheit einer buchwissenschaftlichen Analyse.

5.3   Freud als wissenschaftlicher Autor

Freud war Autor und gemäß seiner Ausbildung und Sozialisation Wissenschaftler. Somit ist er als wissenschaftlicher Autor zu würdigen. Als solcher bewegte er sich mit seinen ‚voranalytischen Schriften' im Kommunikationssystem und Publikationsfeld seiner Ursprungsdisziplin.[428]

Bis zur Jahrhundertwende veröffentlichte Freud in renommierten medizinischen Fachzeitschriften, gehäuft in der *Wiener Medizinischen Wochenschrift*

---

425 Ebd., S. 15.
426 Vgl. ebd.
427 Ebd., S. 20–21.
428 Vgl. Grubrich-Simitis, Zurück zu Freuds Texten, S. 35.

(Wien: Perles), der *Wiener Medizinischen Presse* (Wien: Urban & Schwarzenberg) und dem *Neurologischen Zentralblatt* (Berlin und Leipzig: Veit & Co) (siehe Tab. 6, S. 276 und Tab. 7). Auch als Rezensent war Freud bis 1900 sehr rege, vor allem im *Centralblatt für Kinderheilkunde* (Prag: Toeplitz)[429], im *Zentralblatt für Physiologie* (Wien und Leipzig: Deuticke) sowie im *Jahresbericht über die Leistungen und Fortschritte auf dem Gebiete der Neurologie und Psychiatrie* (Berlin: Karger) (siehe Tab. 10, S. 349). Seine inhaltliche wissenschaftliche Orientierung manifestiert sich darin, dass Freud ab 1892 bis zum Jahrhundertende vermehrt in neurologischen Fachzeitschriften veröffentlichte. Bis 1909 publizierte er nur vereinzelt in Zeitschriften und nutzte ab dann viel und beinahe ausschließlich die psychoanalytischen Blätter.

Tabelle 7:   Freud – Zeitschriftenartikel, 1892–1908

	1892	1893	1894	1895	1896	1897	1898	1899	1900	1901	1902	1903	1904	1905	1906	1907	1908
Wiener Med. Wschr.				I													
Neurol. Zbl.		IIII	I	III	I												
Wiener Med. Presse		I		I										I			
Wiener med. Blätter				I													
Internat. klin. Rdsch.	I	II															
Zschr. Hypnot.	I																
Arch. Neurol.				I													
Rev. neurol.		I			I	I											
Wiener klin. Rdsch.					III	I											
Med. Neuigk. f. pract. Ärzte					I												
Wiener klin. Wschr.					I		I										
Mschr. Psychiat. Neurol.							I	I		I				I			
Arch. Krim.-Anthropol.															I		
Zschr. Religionspsychol.																I	
Soz. Med. Hyg.																I	
Zschr. Sexualwiss.																	I
Psychiat.-neurol. Wschr.																	I
Sexual-Probleme																	II
Neue Revue																	I

Quelle: eigene Darstellung basierend auf Meyer-Palmedo/Fichtner, Freud-Bibliographie

---

429   Von dieser Zeitschrift erschien nur ein Jahrgang (1887), in dem Freud mit 20 Rezensionen vertreten war.

Tabelle 8: Freud – Zeitschriftenartikel, 1909–1926

	1909	1910	1911	1912	1913	1914	1915	1916	1917
Zschr. Psychother. med. Psychol.	I								
Jb psychoanal. psychopathol. Forsch.	II	II	II	II					
Jb Psychoanal.						II			
Zbl. Psychoanal.		IIII	IIIII	IIII					
Internat. Zschr. Ärztl. Psychoanal.					IIIIIIII	III	IIIII	IIIIII	
International. Zschr. Psychoanal.									
Imago				III	I	I	I	I	II
Anthropophyteia		I							
Ärztliche Fortbildung		I							
Society of Psychical Research				I					
Scientia					I				
Zweimonats-Bericht B'nai B'rith							I		
Allgemeine Nährpflicht									
Le Disque Vert									
The New Judea									
Neue Freie Presse									

	1918	1919	1920	1921	1922	1923	1924	1925	1926
Zschr. Psychother. med. Psychol.									
Jb psychoanal. psychopathol. Forsch.									
Jb Psychoanal.									
Zbl. Psychoanal.									
Internat. Zschr. Ärztl. Psychoanal.	IIII								
International. Zschr. Psychoanal.		IIIII	I	IIII	II	IIIII	II	I	
Imago	I			I	I		II		
Anthropophyteia									
Ärztliche Fortbildung									
Society of Psychical Research									
Scientia									
Zweimonats-Bericht B'nai B'rith									II
Allgemeine Nährpflicht						I			
Le Disque Vert							I		
The New Judea								I	
Neue Freie Presse									I

Grau unterlegte Felder bedeuten, dass die Zeitschrift in diesen Jahren nicht erschien.

Quelle: eigene Darstellung basierend auf Meyer-Palmedo/Fichtner, Freud-Bibliographie

Tabelle 9:   Freud – Zeitschriftenartikel. 1927–1939

	1927	1928	1929	1930	1931	1932	1933	1934	1935	1936	1937	1938	1939
International. Zschr. Psychoanal.	—				=						=		
International. Zschr. Psychoanal. Imago													=
Imago (1912)	—	—				—					=		
Zweimonats-Bericht B'nai B'rith									—				
Allgemeine Nährpflicht						—							
Neue Freie Presse					—	—							
Psychoanal. Bewegung (1929)				=	≡	—							
Dortmunder Generalanzeiger					—								
Le surréalisme au service de la révolution							—						
Die Zukunft												—	

Grau unterlegte Felder bedeuten, dass die Zeitschrift in diesen Jahren nicht erschien

Quelle: eigene Darstellung basierend auf Meyer-Palmedo/Fichtner, Freud-Bibliographie

Tabelle 10: Freud – Rezensionen

	1883	1884	1885	1886	1887	1888	1889	1890	1891	1892	1893	1894	1895	1896	1897	1898	1899
Medical News	I																
Vjschr. Dermatol. Syphil.		III															
Wiener med. Wschr.				III		I											
Neurol. Zbl.				III													
Zbl. Kinderheilk.					20												
Zbl. Physiol.					18		II	II	IIII	IIII							
Internat. klin. Rdsch.											IIIII						
Wiener klin. Rdsch.												IIIII	III				
Die Zeit													I				
Jber Leist. Fortschr. Neurol. Psychiat.															32	29	22

	1903	1904	1905	1906	1907	1908	1909	1910	1911
Neue Freie Presse	I	II	I						
J. Psychol. Neurol.		I							
Zbl. Psychoanal.								I	I

Quelle: eigene Darstellung basierend auf Meyer-Palmedo/Fichtner, Freud-Bibliographie

Auch seine monographischen Arbeiten erschienen in Verlagen, die sich auf dem Gebiet der Medizin einen Namen gemacht hatten: In den Häusern Perles, Deuticke und Karger war er bereits als Zeitschriftenautor und Rezensent bekannt, für Deuticke war er darüber hinaus als Übersetzer der Werke Charcots und Bernheims tätig gewesen. Damit verfolgte Freud die typische Publikationsstrategie eines aufstrebenden Wissenschaftlers.

Bemerkenswert ist, dass Freud gegenüber seinen voranalytischen Schriften eine negative Einstellung besaß, obwohl er nach Meinung Ilse Grubrich-Simitis schon allein aufgrund dieser einen Platz in der Wissenschaftsgeschichte verdient habe.[430] Sulloway spricht dem Hauptkorpus der Psychoanalyse, darunter versteht er fünf Arbeiten, die zwischen 1899 und 1905 in überwiegend monographischer Form erschienen,[431] einen eigenen wissenschaftlichen Wert zu:

> Diese fünf Werke bilden eine großartige Leistung, die Freud fraglos einen Rang unter den schöpferischen wissenschaftlichen Denkern aller Zeiten sichert und der Welt etwas hinterlassen hat, das „der wichtigste Gedankenkomplex ist, der im 20. Jahrhundert dem Papier anvertraut worden ist."[432]

Allerdings hatte sich Freuds wissenschaftliches Selbstverständnis inzwischen grundlegend verändert:

> Zwischen 1890 und 1905 machte Freud einen nachhaltigen Wandel seiner persönlichen Identität als aktiver Wissenschaftler durch […]: 1890 hielt er sich noch für einen Neurologen und Neuroanatomen; 1905 sah er sich statt dessen als revolutionären Erneuerer der Psychologie. Eine der wichtigsten Konsequenzen daraus war, daß er später der Aufnahme seiner „vorpsychoanalytischen" Veröffentlichungen zur Neuroanatomie, Aphasie und anderen biomedizinischen Themen in die *Gesammelten Werke* widersetzte.[433]

Sulloway spricht hier von den *Gesammelten Werken*, die voranalytischen Schriften fehlten aber bereits in den *Gesammelten Schriften* und wurden auch später nicht in die *Gesammelten Werke* aufgenommen.[434] Im Namen der Herausgeber bemerkte

---

430 Vgl. Grubrich-Simitis, Zurück zu Freuds Texten, S. 348–349.

431 Das sind: Die Traumdeutung (1899), Die Psychopathologie des Alltagslebens (1904), Der Witz und seine Beziehung zum Unbewußten (1905), der Fall ‚Dora', dargestellt als Bruchstück einer Hysterie-Analyse (1905), und die Drei Abhandlungen zur Sexualtheorie (1905). Vgl. Sulloway, Biologe der Seele, S. 494.

432 Ebd., Sulloway zitiert hier Philip Rieff (1959).

433 Ebd., S. 575. (Hervorhebung im Original)

434 Möglicherweise handelt es sich hier um einen Übersetzungsfehler in der deutschen Sulloway-Ausgabe. Siehe Anhang 8b: Die *Gesammelten Schriften* eröffnen mit den *Studien zur Hysterie* als ersten Band. Die voranalytischen Schriften wurden erstmals 1995 in Belgien gesammelt publiziert: Geerardyn, Filip (Hrsg.): Freud's Pre-analytic writings (1877–1900). Gent: Universiteit Gent 1995. Bislang fehlt eine entsprechende deutsche Ausgabe.

Anna Freud hierzu: „Die Absicht der Herausgeber, einige der voranalytischen Arbeiten Freuds in die „Gesammelten Werke" aufzunehmen, wurde nach Besprechung mit dem Autor auf seinen ausdrücklichen Wunsch hin wieder fallengelassen."[435]

Diese editorische Entscheidung spiegelt im Sullowayschen Sinne Freuds Leugnung seiner biologischen Wurzeln in seinem Publikationsgebaren. Neutral formuliert, sah Freud seine voranalytischen Schriften, die inhaltlich, methodisch und publizistisch klar wissenschaftlich zu verorten sind, nicht zu seinem Werk gehörig. Die *Gesammelten Schiften*, die ja schon zu Freuds Lebzeiten erschienen, sind das ultimative Zeugnis davon, dass Freud bis ins Detail über seine Veröffentlichungen wachte[436]: „Denn er hat seinen Autorwillen sehr deutlich kundgetan und sein Werk in respektgebietend klarer Kontur und fertiger Gestalt vor uns hingestellt."[437]

Beiträge in anderen Werken spielen auch bei Freud eine untergeordnete Rolle im Vergleich zu Zeitschriften und Monographien, doch fällt auf, dass Freud relativ viele Artikel in Handbüchern und Lexika verfasst hat.[438] Diese Beiträge ermöglichten ihm, als Anwalt in eigener Sache aufzutreten, tragen sie doch zur Kanonisierung der dargestellten Inhalte bei.[439]

Freud wusste, dass wissenschaftliche Identität über Publikationen zu erlangen ist; Merton hat belegt, dass Freud, obwohl er stets behauptete, sich nicht um Prioritätsfragen zu bekümmern, in auffallend viele Prioritätsstreitigkeiten verstrickt war.[440] Damit zeigt er die typische Ambivalenz des Wissenschaftlers, der zugleich bescheiden auftreten, aber doch anerkannt sein will. Als die Anerkennung langfristig, oder besser in dem erwünschten Maße ausblieb und Freud allmählich aus dem wissenschaftlichen Diskurs abdriftete, manifestierte sich dies auch in seinem Publikationsgebaren:[441]

Die Bemühungen um die Gründung psychoanalytischer Fachzeitschriften und die Kämpfe um deren inhaltliche Ausrichtung erweisen sich als Schlüsselelemente in den frühen Institutionalisierungsprozessen der frühen Psychoanalyse und lassen ermessen, warum Freud nach dem Ersten Weltkrieg soviel Energie und nicht zu-

---

435 Freud, Anna: Vorwort der Herausgeber. IN: Gesammelte Werke, Bd. 1: Werke aus den Jahren 1892–1899. London: Imago Publishing Co. 1952, S. v–vii, hier S. vi.

436 Vgl. Grubrich-Simitis, Zurück zu Freuds Texten, S. 314.

437 Ebd., S. 315.

438 Siehe Anhang 7c.

439 So bspw. 1904a: Freud, Sigmund: Die Freudsche psychoanalytische Methode. IN: Löwenfeld, Leopold: Die psychischen Zwangserscheinungen. Wiesbaden: Bergmann 1904. S. 545–551.

440 Vgl. Merton, Entwicklung und Wandel, S. 120–126. Vgl. auch Sulloway, Biologe der Seele, S. 634–646. Sulloway versteht in diesem Zusammenhang Priorität als Propagandamittel.

441 Vgl. Grubrich-Simitis, Zurück zu Freuds Texten, S. 37–38.

letzt Geld in die unabhängige Erhaltung der Zeitschriften durch einen eigenen Verlag investierte.[442]

Freud verstand die Funktionalität wissenschaftlicher Publikationen und verfolgte eine „sehr bewusste Werk-, Publikations- und Organisationspolitik"[443], mittels derer er Wissenschaftlichkeit in der psychoanalytischen Bewegung verankern wollte. Er verhalf der Psychoanalyse durch die Gründung eigener Fachzeitschriften zu einer Kommunikationsplattform,[444] er führte über seine eigenen Veröffentlichungen und deren Übersetzungen Buch, wachte über die Qualität der Übersetzungen, lenkte sogar die Veröffentlichungen seiner Anhänger,[445] bis zur gezielten, machtstrategischen Manipulation in der Auseinandersetzung mit Jung.[446] Für die Konsolidierung und Institutionalisierung der Psychoanalyse waren Publikationen von essentieller Bedeutung; Freud instrumentalisierte die Funktionalität wissenschaftlicher Publikationen für seine Vision von der Psychoanalyse als eigenständiger Wissenschaft.

Dass ihm auf diesem Weg dennoch die Wissenschaftlichkeit abhandenkam, zeigt sich am deutlichsten hinsichtlich der Verlagswahl: Indem er Hugo Heller zum Hausverlag der psychoanalytischen Bewegung machte, verortete Freud seine Publikationen nicht mehr in einem ausgewiesenen und renommierten Wissenschaftsverlag. Vielmehr stellte Heller die Verbindung zur Wiener Künstler-Szene her und bot das geeignete Forum für die Anwendung der Psychoanalyse in den Geisteswissenschaften.[447] Damit eröffnete sich für die Psychoanalyse ein neues, intellektuelles und literarisches Publikum, also ein vielversprechender Absatzmarkt und ein alternatives, an der Psychoanalyse interessiertes Bezugsfeld für Freud.[448]

Die Tendenz zu einer Orientierung an einem außeruniversitären Publikum und zur Popularisierung der Psychoanalyse verstärkte sich mit Gründung des *IPVerlags*. Gerade die Laienanalytiker beförderten diese Entwicklung; für Brome war Fritz Wittels geradezu ein „populärwissenschaftlicher Interpret der Psychoanalyse".[449] Auch Freud konnte und wollte sich letztlich nicht dem Effekt entziehen, dass seine Schriften auf ein größeres, außerwissenschaftliches Publikum

---

442   Marinelli, Zu den Anfängen, S. 251–252.
443   Lindner, Autor Freud, S. 232.
444   Vgl. Grubrich-Simitis, Zurück zu Freuds Texten, S. 38.
445   So riet er bspw. Rank ab, einen Text zu veröffentlichen, der seines Erachtens „nicht reif zur Publikation" sei. Schröter, Laienanalyse, S. 1144.
446   Siehe hierzu Kap. 5.1.2.
447   Vgl. Windgätter, Zu den Akten, S. 16.
448   Vgl. Lieberman, Otto Rank, S. 167: „Freuds Laienpublikum war psychoanalytisch mindestens so gebildet wie der Stand der Mediziner – und wißbegieriger."
449   Brome, Freud und sein Kreis, S. 30.

trafen. Was mit der Hinwendung zu alltagspsychologischen Inhalten begann,[450] sich in einer stärkeren Ansprache des Lesers durch Dialogform fortsetzte,[451] gipfelte in Veröffentlichungen, die Freud in Erwartung einer hohen Verkaufsauflage eigens für die Sanierung des Verlags schrieb. Freuds durchschlagender und nachhaltiger Erfolg als Autor wird von einigen Forschern auf die populärwissenschaftliche Wirkung seiner Ideen zurückgeführt:

> *Freud* gibt dem „Seelischen", das in der Aufklärung, der naturwissenschaftlichen Medizin, der evolutionär orientierten Biologie, der dialektisch-materialistischen Weltsicht und Politökonomie seinen Ort verloren hatte, wieder einen Platz im Bewusstsein und im gesellschaftlichen Raum durch seine Popularisierung der Idee des „*Unbewussten*", das durchaus als ein fundamentales Äquivalent für den alten Seelenbegriff der christlichen Religion angesehen werden kann [...].[452]

Mit der Gründung eines eigenen Verlags beging Freud den entscheidenden strategischen Fehler, der als Analogon zum soziologischen Konstruktionsfehler gesehen werden kann. Damit deformierte er jenes effektive Zusammenspiel von wissenschaftlichem Ideal und wirtschaftlicher Motivation, das die Funktionstüchtigkeit des wissenschaftlichen Buchmarktes ausmacht. Er schaltete wichtige Filterfunktionen aus, da er nun allein entschied, welche seiner (und anderer) Texte veröffentlicht wurden. Damit sprach er sich gewissermaßen selbst Relevanz zu, die zwar seinem Anspruch nach noch ‚wissenschaftlich‘ war, aber dies aus dem zunehmenden Selbstbezug der Psychoanalyse gar nicht mehr sein konnte. Dieser Mechanismus hat sich, auch hierin ähnlich dem Konstruktionsfehler, bis heute erhalten:

> Diese „closed system-Strategie" der Psychoanalyse, die sich als durchgängige Publikationsstrategie findet, ist symptomatisch für ihren wissenschaftlichen Isolationismus, den sie mit „psychoanalytischem Blick" untersuchen müsste, um ein solches Verhalten zu verstehen und Strukturen dieses Diskurses zu verändern, so man das will.[453]

---

450 Vgl. Sulloway, Biologe der Seele, S. 496.
451 Vgl. Muschg, Freud als Schriftsteller, S. 56–58.
452 Leitner/Petzold, Perspektiven, S. 33. (Hervorhebungen im Original, dort jedoch unterschiedlich) Ebd. erklären die Autoren auch uncharmanter, warum Freuds Lehre vor allem im Laienbereich auf fruchtbaren Boden fiel: „Die Erklärungsmuster [...] sind ja nicht allzu kompliziert, solange man nicht tiefer in die Materie eindringt." Vgl. ähnlich Bohleber, Werner: Zur Aktualität von Sigmund Freud. Wider das Veralten der Psychoanalyse. IN: Psyche 60/2006, S. 783–797, hier S. 786.
453 Sieper et al., Zweifel, S. 601. Die Autoren nehmen hier Bezug auf die Erfahrung, dass sich psychoanalytische Autoren auf Anfrage zwar gelegentlich an interdisziplinären Werken beteiligen, eine Gegeneinladung aber stets ausbliebe.

Die sich zunehmend isolierende Publikationsstrategie ist zugleich Symptom und Ursache dafür, dass Freud formal an Wissenschaftlichkeit einbüßte.

Die Psychoanalyse ist seit jeher hinsichtlich ihrer Inhalte, ihrer Hypothesen und Methoden kritisiert worden. Diese Kritik an sich ist noch kein endgültiges Urteil über ihre Wissenschaftlichkeit, sondern vielmehr der unermüdliche Versuch der verschiedenen wissenschaftlichen Disziplinen, die Psychoanalyse in ihrem wissenschaftlichen Anspruch ernst zu nehmen. Letztlich gelänge eine Integration der Psychoanalyse in das Wissenschaftssystem nur über den wissenschaftlichen Diskurs, die Psychoanalyse müsste sich selbst kritikfähig zeigen:

> *Freud* hat sich ganz klar als Wissenschaftler positioniert und für seine Psychoanalyse dezidiert den Anspruch vertreten, dass sie eine „eigenständige Wissenschaft" sei. Zur Arbeit eines Wissenschaftlers gehört aber auch, seine Werke und sein Verfahren in übergreifende fachliche Diskurse zu stellen und die vertretenen Positionen hinterfragen zu lassen: Sie müssen konfligierend bestritten werden können. Damit ergibt sich die Notwendigkeit, ja Unvermeidbarkeit von Kritik.[454]

Wissenschaftlichkeit begründet sich in erster Linie formal, die Regeln hierzu werden vom sozialen System ‚Wissenschaft' aufgestellt, getragen und gewahrt. Dabei ist wissenschaftliches Wissen nur eine von vielen Formen der Wahrheitsbehauptung. In der Wissenssoziologie wird bspw. zwischen wissenschaftlichem Wissen, Erfahrungs- oder Offenbarungswissen unterschieden. Die Zuordnung sagt noch nichts über den Wahrheitsgehalt aus.[455]

Wer eine Wahrheit mit wissenschaftlichem Anspruch behaupten will, muss diese nach den formalen Regeln der Wissenschaft formulieren. Dazu gehört es, sich über Zitation im synchronen und diachronen Kommunikationszusammenhang zu positionieren, nachvollziehbar und unmissverständlich zu argumentieren und die eigene Wahrheitsbehauptung zugleich kritisierbar zu präsentieren. Jede wissenschaftliche Behauptung muss formal falsifizierbar sein und Gegenargumente zulassen; und sie muss innerhalb der Wissenschaft erhoben und diskutiert werden. Die Wissenschaft entscheidet über Wissenschaftlichkeit, diese kann zwar abseits des Systems behauptet, aber niemals zugesprochen werden. Außerhalb des autonomen Wissenschaftssystems kann es keine ‚eigenständige Wissenschaft' geben, wie Freud sich das gewünscht hätte:

---

454 Leitner/Petzold, Vorwort, S. 5. (Hervorhebung im Original)
455 So wissen die Menschen aus Erfahrung, dass die Sonne im Osten auf- und im Westen untergeht; derselbe reale Sachverhalt begründet sich wissenschaftlich jedoch ganz anders. Die Erklärung für ein Phänomen kann sich dem Naturforscher in einem Heureka-Erlebnis offenbaren, doch erst durch die (experimentell abgesicherte) Beweisführung wird sie zur wissenschaftlichen Wahrheit. Vgl. auch zu anderen Wissensformen Knoblauch, S. 91–93 und 146–153.

> Die Psychoanalyse mag 1895 oder vielleicht noch 1900 eine Wissenschaft gewesen
> sein, aber bis 1915 oder 1920, das heißt zu der Zeit als sie die Lehranalyse als eine
> Routineform der psychoanalytischen Ausbildung entwickelt hatte, konnte die Dis-
> ziplin nicht länger für sich behaupten, irgendwelche realen wissenschaftlichen An-
> sprüche zu haben.[456]

Obschon Freud mit der Funktionalität wissenschaftlicher Publikation vertraut war, hat er letztlich gegen ihre Regeln verstoßen. Die Gründung des *IPVerlags* war dabei der entscheidende strategische Fehler, gewissermaßen der logische Zielpunkt des konsequenten Abdriftens aus dem wissenschaftlichen Diskurs. Freud entzog sich dem diachronen Kommunikationszusammenhang, in dem er sich von seiner wissenschaftlichen Herkunft lossagte. Er kappte den synchronen Kommunikationszusammenhang, indem er die Psychoanalyse gegen Kritik hermetisierte und eine isolierende Publikationsstrategie verfolgte.

In der Konsolidierungsphase der Psychoanalyse agierte er als unfehlbarer Patriarch und verstieß damit gegen den wissenschaftlichen Universalismus. Dies stieß schon innerhalb der psychoanalytischen Bewegung auf Kritik. Nach seinem Bruch mit Freud, etablierte Adler einen eigenen Kreis, der sich dienstagabends traf. In der Frage, ob Interessierte an beiden Zirkeln teilnehmen dürften, forderte Freud eine klare Entscheidung: er oder Adler. Daraufhin liefen einige Freudianer zu Adler über, mehr aus Protest, weil sie Freuds Haltung in der Sache als Verletzung der Freiheit der Wissenschaft empfanden, als dass sie Anhänger Adlers gewesen wären. Dieser Zwist zog sich bis ins gesellschaftliche Leben Wiens hinein.[457]

Freuds Anspruch blieb wissenschaftlich, aber sein Bezugsfeld organisierte er außerhalb des wissenschaftlichen Feldes. Er schuf private Institutionen und richtete sich an ein außerwissenschaftliches Publikum. Der *IPVerlag* war hierbei ein wichtiges Instrument zur Institutionalisierung der psychoanalytischen Bewegung und ist in dieser Hinsicht als Erfolg zu verbuchen: Für die Darstellung der Psychoanalyse als geschlossenes Gedankengebäude[458] sowie für die Publikationspolitik Freuds und der psychoanalytischen Bewegung war der Verlag unverzichtbar. Ökonomisch war der Verlag hingegen ein Desaster und Freuds ultimativer wissenschaftsstrategischer Fehler. Dies war aber kein bewusster Schachzug, sondern entwickelte sich konsequent aus Freuds Werdegang:

> Freud merkte spätestens bei der Arbeit an der „Traumdeutung", daß das, was er zu
> entwickeln im Begriff war, sich nicht den Kategorien der bisherigen Wissenschaf-
> ten subsumieren ließ. Die Psychoanalyse stellte ich als eines der ersten interdiszip-
> linären Unternehmen heraus und war zugleich etwas ganz Eigenes. Dazu ist es ein

---

456 Sulloway, Psychoanalyse und Pseudowissenschaft, S. 69.
457 Vgl. Roazen, Freud und sein Kreis, S. 192–193.
458 Vgl. Huppke, Geschichte des IPVerlags, S. 7.

Unternehmen, in dem das Wort, das gehörte, das gesprochene und das geschriebene Wort, im Mittelpunkt steht. Einen eigenen Verlag dafür zu schaffen war so konsequent wie kühn.[459]

Huppke fokussiert die öffentliche Wirkung Freuds und kommt somit zu der schlüssigen Beurteilung, dass Freud diesbezüglich ein guter Stratege war:

> Betrachtet man heute die Schritte der psychoanalytischen Bewegung an die Öffentlichkeit, stellt man fest, daß Freud sich als *guter Stratege* erwies. Er betrieb von dem Moment an, als er begriff, daß er etwas Wertvolles gefunden hatte, konsequent dessen Institutionalisierung.[460]

Laut Sulloway hingegen bewegte Freud sich mit der Gründung privater Institutionen aus der erfolgreichen Tradition moderner Wissenschaft zurück zur Scholastik.[461] Die vielversprechenden Anfänge hätten letztlich zu einer enttäuschenden Pseudowissenschaft geführt.[462]

Ist Freud damit als Scharlatan entlarvt? Ist die Psychoanalyse ein einziges Lügengebäude, von dem nur Schaden ausgehen kann? Ist die Wissenschaftlichkeit das einzige Kriterium, das bei der Beurteilung von Freuds Leistung zu Rate gezogen werden sollte? Natürlich muss über die Wissenschaftlichkeit der Psychoanalyse entschieden werden, und dies kann nur durch die Wissenschaft selbst geschehen. Vor allem als Behandlungsmethode steht die Psychoanalyse in einer entsprechenden Verpflichtung und Verantwortlichkeit gegenüber ihren Patienten.[463]

Aber eine Reduktion auf diesen Aspekt wird der Sache nicht gerecht, da man die immense Wirkung, die Freuds Ideen im 20. Jahrhundert entfalteten, nicht ignorieren oder als unerfreuliche Nebenwirkung abtun kann. Es gibt Wahrheitsansprüche außerhalb der Wissenschaft, an denen sich Gesellschaften orientieren, denn: „Im Unterschied zu den Wissenschaften freilich war der „Zeitgeist" […] der Neuentdeckung des „Unbewußten" gegenüber sehr aufgeschlossen."[464] Eli Zaretsky hat diese Wirkung umfassend gewürdigt und überzeugend dargestellt, dass das 20. auch *Freuds Jahrhundert* war.[465]

---

459 Huppke, Geschichte des IPVerlags, S. 8.
460 Ebd., S. 31. (Hervorhebung durch mich; EF)
461 Vgl. Sulloway, Psychoanalyse und Pseudowissenschaft, S. 68.
462 Vgl. ebd., S. 55.
463 Vgl. Leitner/Petzold, Perspektiven, S. 15 sowie Selg, Genie oder Scharlatan, S. 53.
464 Nipperdey, 1866–1918, S. 633.
465 Vgl. Zaretsky, Freuds Jahrhundert.

6   Die literarische Kraft der Geschichtsschreibung: Theodor Mommsen (1817–1903)

Ein lesbares und nicht oberflächliches Buch zu schreiben
scheint mir täglich schwerer.[1]

Theodor Mommsen wurde 1817 als Sohn eines Pfarrers in Schleswig-Holstein geboren. 1838 nahm er ein Jura-Studium auf, das er 1843 mit Promotion abschloss. An der Kieler Universität gehörten der klassische Philologe Georg Hanssen[2] sowie der Archäologe und Musikhistoriker Otto Jahn[3] zu den ihn am meisten prägenden Lehrerpersönlichkeiten; mit Jahn sollte Mommsen eine lebenslange Freundschaft verbinden. In Kiel kam Mommsen zudem mit den wichtigsten neuen Strömungen der Wissenschaft in Berührung. Dazu gehörten die historische Schule der Jurisprudenz – mit den beiden konkurrierenden Hauptströmungen, der germanischen und der romanischen, der sich Mommsen letztlich verschrieb[4] –, die Hegelsche Rechtsphilosophie und die klassische Philologie, nach der die alten Sprachen Grundlage jeder Altertumsforschung waren.[5]

Schon in seiner Dissertationsschrift formulierte Mommsen eine umfassende Sammlung lateinischer Inschriften als erstrebenswertes Ziel.[6] Als er 1844 das große dänische Reisestipendium gewann, legte er mit einem zweijährigen Auf-

---

1   Theodor Mommsen an Tycho Mommsen, 8. Juli 1853; zitiert nach Wickert, Mommsen III, S. 621.

2   Georg Hanssen (1809–1894) studierte ab 1827 Rechts- und Staatswissenschaften in Heidelberg, Kiel und Göttingen. 1832 übernahm er nach Promotion in Kiel den Lehrstuhl für Nationalökonomie und Statistik, ab 1837 als ordentlicher Professor. 1842 ging er nach Leipzig, 1848 nach Göttingen, 1860 nach Berlin und 1869 zurück nach Göttingen. Vgl. DBE, Bd. 4, S. 421–422.

3   Otto Jahn (1813–1869) studierte Klassische Philologie in Kiel, Leipzig und Berlin und promovierte 1836. Ab 1839 hatte er in Kiel eine Privatdozentur für Philologie inne, 1842 wurde er außerordentlicher Professor für Archäologie in Greifswald. 1847 ging er als Professor für Philologie und Archäologie nach Leipzig, wo er zusammen mit Mommsen und Moritz Haupt 1850 des Amtes enthoben wurde. 1854 rehabilitiert, wurde er in Bonn Professor der Altertumswissenschaft und Direktor des Altphilologischen Seminars sowie des Akademischen Kunstmuseums. Vgl. DBE, Bd. 5, S. 298–299.

4   Vgl. Rebenich, Mommsen, S. 108.

5   Vgl. Wiesehöfer, Josef: Einleitung. IN: Theodor Mommsen, Gelehrter, Politiker und Literat. Hrsg. von Josef Wiesehöfer. Stuttgart: Franz Steiner 2005, S. 9–13; (im Folgenden: Wiesehöfer, Einleitung), hier S. 9.

6   Vgl. Gooch, George P.: Geschichte und Geschichtsschreiber im 19. Jahrhundert. Frankfurt/Main: S. Fischer 1964; (im Folgenden: Gooch, Geschichtsschreiber), S. 523.

enthalt in Italien, zu dessen Auftakt er sechs Wochen in Paris Zwischenstation machte, erste wichtige Grundsteine für sein ambitioniertes Ziel. Das offizielle Vorhaben der Reise war vorerst jedoch *nur* eine „kommentierte Neuausgabe römischer Gesetzestexte"[7]. Mit diesem Projekt konnte sich Mommsen zunächst das Wohlwollen der führenden Berliner Altertumsforscher, Friedrich Carl von Savigny[8], Karl Lachmann[9] und August Böckh[10], sichern. In Paris wie in Italien knüpfte er – auch für seine weitere akademische Laufbahn – wichtige Kontakte zu internationalen Altertumsforschern; am meisten beeindruckte ihn das Zusammentreffen mit dem renommierten italienischen Epigraphiker Bartolomeo Borghesi.[11] Mommsens Forschungsstützpunkt in Italien war das *Deutsche Ar-*

---

7   Rebenich, Mommsen, S. 44.

8   Friedrich Carl von Savigny (1779–1861) hatte in Marburg Jura studiert, bevor er 1800 promovierte. Er gelangte schnell zu Ruhm und unternahm zunächst Studienreisen, bevor er 1808 an die Universität Landshut ging. 1810 wechselte Savigny als Mitbegründer an die Universität Berlin, wo er bis an sein Lebensende als überragender Lehrer, Forscher und Praktiker tätig war. Er prägte die Entwicklung der Jurisprudenz im 19. Jahrhundert maßgeblich mit, war als Privatlehrer und Kronjurist für die Königsfamilie tätig und bekleidete zahlreiche Staatsämter. Seit 1848 war Savigny Mitglied des Preußischen Staatsrats. Zu seinen Hauptwerken zählen die *Geschichte des römischen Rechts im Mittelalter* (6 Bde., 1815–31), das *System des heutigen römischen Rechts* (8 Bde., 1840–49) sowie das *Obligationenrecht als Teil des heutigen römischen Rechts* (2 Bde., 1851–53). Vgl. DBE, Bd. 7, S. 719–720.

9   Konrad Friedrich Wilhelm Karl Lachmann (1793–1851) studierte in Leipzig und Göttingen und promovierte 1814. Er habilitierte sich 1815 in Göttingen sowie 1816 in Berlin. Von 1816 bis 1818 war Lachmann als Oberlehrer in Königsberg tätig, bevor er dort eine außerordentliche Professur übernahm. 1825 wechselte er nach Berlin, wo er zwei Jahre später ordentlicher Professor wurde. 1829 übernahm er als Rektor die Leitung der Lateinischen Abteilung, 1843/44 war er Rektor der Universität. Seit 1830 war Lachmann Mitglied der Akademie der Wissenschaften. Vgl. DBE, Bd. 6, S. 184.

10   August Böckh (1785–1867) studierte in Halle zunächst Theologie, wechselt dann zur Philosophie und promovierte 1807 in Heidelberg, wo er Extraodinarius wurde. 1811 ging er an die Berliner Universität, ab 1814 war er Mitglied der Königlich Preußischen Akademie. Böckh engagierte sich als Wissenschaftsorganisator und war von 1834 bis 1861 Sekretar der Philosophisch-historischen Klasse der Akademie. Er vertrat die Sachphilologie, die alle Aspekte des antiken Lebens erfassen will, und gilt als Begründer der modernen Epigraphik. Böckh gab ab 1825 die ersten beiden Bände des *Corpus Inscriptionum Graecarum* heraus. Vgl. Bernd Schneider IN: DBE, Bd. 1, S. 760.

11   Vgl. Rebenich, Mommsen, S. 49–50.
      Bartolomeo Borghesi (1781–1860) studierte in Ravenna, Bologna und Rom Rechtswissenschaften und wandte sich der Numismatik zu. 1821 ging er nach San Marino und brachte dort sein Hauptwerk, die *Osservazioni numismatiche*, über die Münzprägung in der Römischen Republik heraus, welches noch heute als Standardwerk gilt. Borghesi war Mitglied zahlreicher europäischer Akademien und wurde 1842 als Mitglied in den preußischen Orden *Pour le mérite* für Wissenschaften und Künste aufgenommen. Vgl. http://de.wikipedia.org/wiki/Bartolomeo_Borghesi (09.12.2013).

chäologische Institut in Rom, dort arbeitete er eng mit Johann Heinrich Wilhelm Henzen[12] zusammen.

Die tägliche Arbeit bestand in der Sammlung lateinischer Inschriften, wobei Mommsen die Quellenforschung zu einem neuen Credo führte, welches das Echtheitskriterium der klassischen philologischen Methode mit dem antiquarischen Vollständigkeitsanspruch verband.[13] De facto strebte Mommsen an, alle lateinischen Inschriften per Autopsie zu sichten, auf Echtheit zu prüfen und als Grundlage historischer Wissenschaft zusammenzutragen. Seine ersten auf diese Weise entstandenen Sammlungen stellten freilich die traditionellen Arbeiten – vor allem Böckhs – grundsätzlich in Frage, was dazu führte, dass dem jungen ehrgeizigen Gelehrten ein scharfer Gegenwind aus Berlin entgegenwehte.[14] Es sollte zehn Jahre dauern, bis Mommsen endlich nach Berlin berufen wurde.

Aus Italien zurückgekehrt, stand Mommsen ohne akademische Stellung dar und verdingte sich als „journalistischer Schlachtenbummler"[15] in Rendsburg. Der Redakteur Mommsen brachte in den mit scharfem politischem Verstand und treffsicherer Feder geschriebenen Leitartikeln der *Schleswig-Holsteinischen Zeitung* seine politische Meinung zum Ausdruck. Im Herbst 1848 wurde er auf Otto Jahns Vermittlung hin nach Leipzig berufen. Die nächsten Jahre beurteilte Mommsen rückblickend als die glücklichsten seines Lebens. Endlich in fester akademischer Stellung fühlte er sich in einem wissenschaftlich, kulturell und politisch gleichgesinnten Freundeskreis geborgen.[16] Ein jähes Ende wurde seiner Leipziger Zeit beschert, als Mommsen in den Nachwehen der Revolution 1851 aus dem Hochschuldienst entlassen wurde. Sein weiterer Weg führte ihn zunächst ins Exil nach Zürich und über Breslau zurück in den preußischen Staatsdienst nach Berlin.

Bereits seit 1853 war Mommsen korrespondierendes Mitglied der Berliner Akademie, an der er 1861 endlich eine Forschungsprofessur erhielt. Nach 10-jährigem Kampf hatte Mommsen den Gegenwind „kraft seiner wissenschaftlichen Autorität"[17] überwunden. Mit Publikationen wie den *Inscriptiones Regni Neapolitani* (1852) hatte er die Leistungsfähigkeit seiner neuen Methode bewiesen, und so wurde ihm die Leitung des *Corpus Inscriptionum Latinarum (CIL)*

---

12   Johann Heinrich Wilhelm Henzen (1816–1887) hatte Archäologie und Klassische Philologie in Bonn und Berlin, u.a. bei Friedrich Gottlieb Welcker und Leopold von Ranke, studiert. 1840 promovierte er in Leipzig. Ab 1842 arbeitete er am *Deutschen Archäologischen Institut* in Rom, dessen Erster Sekretär er 1856 wurde. Henzen erarbeitet für Mommsens *Corpus Inscriptionum Latinarum* die stadtrömischen Inschriften. Vgl. DBE, Bd. 4, S. 703–704.

13   Vgl. Rebenich, Mommsen, S. 121–122.

14   Vgl. ebd., S. 50–51.

15   Mommsen zitiert nach ebd., S. 54.

16   Vgl. Heuß, Mommsen als Geschichtsschreiber, S. 50 und Christ, Mommsen und die „Römische Geschichte", S. 12–13.

17   Heuß, Mommsen und das 19. Jh., S. 104.

übertragen.[18] Damit war Mommsen endlich mit dem Großprojekt betraut, das er seit Beginn seiner wissenschaftlichen Laufbahn angestrebt hatte.

In Berlin blieb Mommsen bis zu seinem Tode 1903 tätig. Hier stellte er seine immense Arbeitskraft in den Dienst des einmal eingeschlagen Wegs. Für Mommsen stand außer Frage, dass für die Altertumsforschung zunächst die notwendige Quellengrundlage geschaffen werden müsse.[19] An diese Aufgabe ging er mit ungebrochenem Willen, unbeugsamem Arbeitsethos und genialem Organisationstalent. Allerdings verlor sich Mommsen nie im Detail und publizierte parallel zu den großen Quelleneditionen immer wieder Einzelstudien, die aus der Erforschung der Quellen entstanden und wichtige Forschungsimpulse setzten.[20]

Mommsen wurde gewissermaßen zum personifizierten Motor jener Entwicklung, die die Akademie zum „Großbetrieb der Wissenschaft"[21] machte. Für ihn war klar, dass die von ihm initiierten Großprojekte finanziell vom Staat getragen und deren strategische und personelle, oft generationenübergreifende Planung von der Akademie geleistet werden müssten. Als langjähriger Sekretär (1874-1895) machte Mommsen die Berliner Akademie zum tonangebenden Ort der Forschung.[22] Mit seiner Zugkraft erlangte die deutsche Altertumsforschung eine beeindruckende und international anerkannte Leistungsfähigkeit.[23] Im historisch denkenden und fühlenden 19. Jahrhundert avancierte die Altertumsforschung durch Mommsens Mithilfe zu einer leitenden Disziplin im Wissenschaftsgefüge.[24]

Die Kehrseite der Medaille war der gegen Ende des Jahrhunderts immer lauter beklagte Positivismus, in den sich das historische Leitmotiv mehr und mehr verwandelte: In Mommsens Fahrwasser wuchs eine Generation von hoch spezialisierten Forschern heran, die minutiös Quellen zusammentrugen, denen aber der deutende Weitblick fehlte.[25] Dies korrespondierte mit dem sich verbreitenden Krisenempfinden vor allem unter den Geisteswissenschaftlern, die sich zunehmend außerstande fühlten, sinnstiftende Synthesen zu formulieren, um Orientierung zu geben.[26]

---

18   Vgl. Heuß, Mommsen und das 19. Jh., S. 104–105 sowie Wiesehöfer, Einleitung, S. 10.
19   Vgl. Fest, Wege zur Geschichte, S. 52–54 und Rebenich, Mommsen, S. 122.
20   Vgl. Heuß, Mommsen und das 19. Jh., S. 103.
21   Diesen Ausdruck prägte erstmals Harnack bei der 200-Jahr-Feier der Berliner Akademie der Wissenschaften (1905): Harnack, Adolf von: Vom Großbetrieb der Wissenschaft. Berlin: Stilke 1905. Vgl. Stichweh, Wissenschaftler, S. 172.
22   Vgl. Rebenich, Mommsen, S. 144 und Heuß, Mommsen und das 19. Jh., S. 111.
23   Vgl. Rebenich, Erfindung der „Großforschung", S. 7.
24   Vgl. Rebenich, Mommsen, S. 135.
25   Vgl. Gooch, Geschichtsschreiber, S. 528.
26   Vgl. Rebenich, Mommsen, S. 127–130, Nissen, Populäre Geschichtsschreibung, S. 58–60 sowie Fest, Wege zur Geschichte, S. 56. Siehe hierzu auch Kap. 2.1.1.

Neben wissenschaftlichem Erfolg erlangte Mommsen in Berlin im Zuge einer glänzenden akademischen Karriere Einfluss und Macht. Einmal in Berlin angekommen, erwirkte er durch Bleibeverhandlungen immer bessere Konditionen.[27] Als Akademiesekretär und Mitglied in allen die Altertumswissenschaft betreffenden Kommissionen und Stiftungskuratorien steigerte Mommsen seinen Einfluss auf finanzielle und personelle Ressourcenverteilung.[28] Einen kongenialen Partner fand er in Althoff, mit dem ihm zwar keine Freundschaft, aber eine für beide Seiten kraftvolle Kooperation verband. Mommsen brauchte Althoffs Unterstützung, um seine zahlreichen Großprojekte zu verwirklichen, Althoff setzte auf Mommsens Rat und folgte ihm in vielen Personalentscheidungen.[29] Viele junge Wissenschaftler starteten ihre Karriere als fleißige Arbeiter in Mommsens editorischen Großprojekten und wurden danach auf universitäre Lehrstühle berufen. So entstand eine die Altertumswissenschaft dominierende ‚Mommsenschule'.[30] Gelegentlich machte Mommsen seinen Einfluss aber auch geltend, um wissenschaftliche Karrieren im Keim zu ersticken.[31]

Theodor Mommsen war einerseits eine stimmige Persönlichkeit „wie aus einem Guß"[32], die nach unumstößlichen klaren Prinzipien agierte und keine inneren Widersprüche zu kennen schien, andererseits war er aber von streitbarem Naturell und führte mitunter eine scharfe Zunge.[33] So schloss er wahre Freundschaften, die nicht selten im Streit um die Sache zerbrachen. Gleichzeitig wuchs sein Ruhm, „und seine Autorität gewann fast mystischen Rang"[34], was dazu führte, dass der Großmeister der Altertumswissenschaft „mehr bewundert als gemocht"[35] wurde. Gegen Ende seines Lebens stellte sich eine depressive Verbitterung ein, und er glaubte, „in meinem Leben trotz meiner äußeren Erfolge nicht das Rechte erreicht"[36] zu haben:

> Äußerliche Zufälligkeiten haben mich unter die Historiker und Philologen versetzt, obwohl meine Begabung für beide Disziplinen nicht ausreichte, und das schmerzliche Gefühl der Unzulänglichkeit meiner Leistungen, mehr zu scheinen, als zu sein, hat mich durch mein Leben nie verlassen.[37]

---

27   Vgl. Rebenich, Mommsen, S. 132, 135 und 154.
28   Vgl. ebd., S. 137.
29   Vgl. ebd., S. 144, Rebenich, Erfindung der „Großforschung", S. 10–14.
30   Vgl. Rebenich, Mommsen, S. 150 und 158 sowie Rebenich, Erfindung der „Großforschung", S. 6 und 13.
31   Vgl. Rebenich, Mommsen, S. 161–164.
32   Heuß, Mommsen und das 19. Jh., S. 233.
33   Vgl. Rebenich, Mommsen, S. 158
34   Fest, Wege zur Geschichte, S. 62.
35   Wiesehöfer, Einleitung, S. 12.
36   Mommsen, Theodor: Testamentsklausel. Abgedruckt IN: Wucher, Albert: Theodor Mommsen. Geschichtsschreibung und Politik. Göttingen, Berlin und Frankfurt/Main: Musterschmidt-Verlag 1956, S. 218–219, hier S. 218.
37   Mommsen zitiert nach Rebenich, Erfindung der „Großforschung", S. 18.

Hintergrund war zum einen die politische Frustration des leidenschaftlichen Liberalen, zum anderen das Bewusstsein, als Wissenschaftler nur wenig Originelles geleistet zu haben: „ich gehöre nicht zu den ganz Großen. Ich habe ein Organisationstalent, das ist aber alles."[38] Ungebrochen blieb hingegen Mommsens Optimismus hinsichtlich des Forschungsfortschrittes, der ihn bis zu seinem Tod im Dienst der Sache weiterarbeiten ließ.[39] Seine Ambitionen erreichten dabei zunehmend gigantomanische Ausmaße, und Mommsen verlor sein Gefühl für das Machbare.[40]

6.1   Die Omnipräsenz des Autors Mommsen

Historische Literatur konnte – gemessen an der absoluten Titelzahl – auf dem Buchmarkt des 19. Jahrhunderts einen stetigen, wenn auch leicht schwankenden Anstieg verzeichnen. Dass ihr relativer Anteil an der Gesamtproduktion dagegen kontinuierlich abnahm und sich gegen Ende des Jahrhunderts auf das heutige Niveau um 5% einpendelte, lag eher an der differenzierteren Sparteneinteilung der Buchmarktstatistiken und dem enormen Anstieg anderer Programmbereiche, wie bspw. der Belletristik, von der die Geschichte zum einen geschieden und die sich zum anderen im letzten Drittel des Jahrhunderts als stärkstes Segment durchsetzen konnte. Historische Titel erwiesen sich als vergleichsweise konservative und krisensichere Programmsparte, die bspw. in Kriegszeiten Konjunktur hatte.[41]

Die Stabilität historischer Literatur wurzelte aber vor allem im historistischen Leitmotiv des 19. Jahrhunderts. Auf der Suche nach nationaler Einheit bekam der Zugriff auf die eigene Geschichte eine gesellschaftliche, weil identitätsstiftende Funktion. Während die Philosophie nach ihrer Glanzphase zu Beginn des Jahrhunderts in eine Krise stürzte, etablierte sich der Historismus zum neuen Leitparadigma nicht nur der Wissenschaft, sondern der aufstrebenden bürgerlichen Schicht allgemein. Noch gab es freilich keine Geschichtswissenschaft als eigenständige Disziplin;[42] die historische Ausrichtung wurde aber für alle nicht naturwissenschaftlichen Fächer tonangebend. Vor allem die Juris-

---

38   Mommsen zu seiner Tochter Adelheid, die meinte, er gehöre wie Harnack und Wilamowitz doch auch zu den Großen seiner Zunft; zitiert nach Mommsen, Adelheid: Theodor Mommsen im Kreise der Seinen. Berlin: Ebering 1936; (im Folgenden: A. Mommsen, Mommsen im Kreise der Seinen), S. 110. Vgl. hierzu auch Rebenich, Mommsen, S. 115.
39   Vgl. ebd., S. 131.
40   Vgl. Rebenich/Großfroschung, S. 9 und Rebenich, Mommsen, S. 143.
41   Vgl. Kastner, Statistik, Bd. 1, T. 2, S. 310, 325 und 356–360 sowie Nissen, Populäre Geschichtsschreibung, S. 89–93.
42   Vgl. Christ, Mommsen und die „Römische Geschichte", S. 10.

prudenz unterhielt eine historische Schule, die nach der adäquaten Rechtsgrundlage für den angestrebten Nationalstaat suchte. Die Gretchen-Frage hierbei war, ob man sich als Nation auf germanisches Naturrecht stützen (germanistische Richtung) oder das Rechtssystem der römischen Antike als Vorbild nehmen (romanistische Richtung) solle.

Auch methodologisch bekam die Historiographie einen neuen Schub. War Geschichte bislang in Form der Werke antiker Schriftsteller tradiert worden, nahm man diese Texte nun kritisch unter die Lupe. Dem Glauben an die Autorität tradierten Wissens stellte sich der forschende Geist der klassisch philologischen Quellenkritik entgegen.[43] Barthold Georg Niebuhr[44] versuchte sich als Erster an einer römischen Geschichtsschreibung auf Basis einer kritisch sondierten Quellengrundlage.[45]

Bis Ende der 1850er Jahre blieb das Buch die dominante Publikationsform historischer Inhalte. Auf dem Zeitschriften-Markt der ersten Hälfte des 19. Jahrhunderts erfreuten sich allgemeinwissenschaftliche und Kulturzeitschriften besonderer Beliebtheit. Freilich gab es bereits im 18. Jahrhundert eine vom Aufklärungsgedanken beseelte Tradition historisch-politischer Zeitschriften, doch die 1859 gegründete *Historische Zeitschrift* war das erste überregionale, langlebige auf Geschichte fokussierte Periodikum;[46] in den 1870er Jahren folgte eine Gründungswelle, die sicherlich maßgeblich von der Reichsgründung 1871 inspiriert war. Zeitgleich gab die *Historische Zeitschrift* ihren allgemeineren Zuschnitt auf und grenzte sich nun als Fachorgan vom allgemeinen Buchmarkt ab. Martin Nissen sieht in der Entwicklung des Zeitschriften-Marktes – und der Ausrichtung der *Historischen Zeitschrift* im Besonderen – ein typisches Indiz für die fortschreitende Ausdifferenzierung und Spezialisierung der Geschichtswissenschaften. Somit versteht er die gut zwei Jahrzehnte zwischen Revolution und Reichsgründung als wichtige „Scharnierphase"[47] historischen Schrifttums, in der Wissenschaft, Politik und Öffentlichkeit noch unzertrennbar miteinander verbunden waren und Unterschiede zwischen Fachöffentlichkeit und breiterem, histo-

---

43 Vgl. Hardtwig, Wolfgang: Die Verwissenschaftlichung der neueren Geschichtsschreibung. IN: Geschichte. Ein Grundkurs. Hrsg. von Hans-Jürgen Goertz. Reinbek: Rowohlt 2007, S. 296–313; (im Folgenden: Hardtwig, Verwissenschaftlichung), hier S. 300.

44 Barthold Georg Niebuhr (1776–1831) war nach seinem Jurastudium in Kiel und einen Studienaufenthalt in London und Edinburgh zunächst in der Finanzverwaltung tätig. 1810 wurde er preußischer Hofhistoriograph und hielt Vorlesungen an der Berliner Universität. Niebuhr gilt als Mitbegründer der kritischen Historiographie, 1811–32 erschien seine *Römische Geschichte*. 1816 bis 1823 weilte er als preußischer Gesandter in Rom. Ab 1825 hielt er wieder Vorlesungen in Alter Geschichte und betätigte sich als Wissenschaftsorganisator. Vgl. Wilfried Nippel IN: DBE, Bd. 7, S. 450.

45 Niebuhr, Georg: Römische Geschichte. 3 Bände. Berlin: Realschulbuchhandlung 1811–1832.

46 Vgl. Nissen, Populäre Geschichtsschreibung, S. 41–45 sowie Nissen, Historisches Zeitschrift, S. 25.

47 Nissen, Populäre Geschichtsschreibung, S. 173.

risch interessiertem Publikum noch nicht wahrgenommen wurden. Im Gegenteil wurde Geschichte öffentlich geschrieben. Man schrieb sich gewissermaßen zur Nation hin.

Die Abgrenzung wurde seitens der Fachvertreter ab den 1870er Jahren gesucht, gefordert und demonstriert. So nahmen bspw. Zitationen in den Beiträgen der *Historischen Zeitschrift* zu, während Darstellungsform und Methode die Inhalte historischer Forschung dem allgemeinen Zugang entzogen. Andererseits führte das hohe Prestige der Universitätsprofessoren zu einer respektvollen Distanz, weniger des Lesepublikums als vielmehr der außeruniversitären Geschichtsschreiber. Mit zunehmender institutioneller Etablierung der Geschichtswissenschaften, ihrer Ausdifferenzierung und Spezialisierung wollten sich die Fachvertreter vom Laien, ja Dilettanten abgrenzen.[48]

Die wichtigsten Verlagsorte für historische Literatur waren Leipzig und Berlin sowie Stuttgart und München. Eine regelrechte Spezialisierung der Verlage auf Geschichte fand wie im gesamten geisteswissenschaftlichen Bereich und im Vergleich zur typischen Entwicklung im naturwissenschaftlichen Sektor verzögert statt. Zunächst waren historische Titel in die universellen Programme kleinerer und mittlerer Unternehmen integriert. Allmählich fokussierten einzelne Verlage eine dezidiert historische Programmsparte, gelegentlich mit eigener Redaktion. Der erste Spezialverlag war dann R. Oldenbourg in München. Die Spezialisierung der Verlage setzte als Reaktion auf die Differenzierung unterschiedlicher Teilöffentlichkeiten im letzten Drittel des 19. Jahrhunderts ein, als sich die Fachöffentlichkeit klar von der historisch interessierten Leserschaft schied und analog eine differenzierte Marktbearbeitung für die Verlage interessant wurde.

Das Studium klassischer Texte und die Selbstbildung durch Lektüre waren ebenso von Anfang an ein fester Bestandteil in Mommsens Leben wie der kreative Umgang mit Sprache und der Hang selbst zu publizieren. Seit seiner Jugendzeit verfasste er Gedichte zu unterschiedlichen Gelegenheiten, manchmal gar im Auftrag seiner Kinder anlässlich eines Geburtstages im Freundeskreis, vor allem aber, um der eigenen privaten Gefühls- und Gedankenwelt Ausdruck zu verleihen. In seiner Studentenzeit brachte Mommsen gemeinsam mit seinem Bruder Tycho sowie Theodor Storm ein *Liederbuch dreier Freunde*[49] heraus. Mommsen war somit kein wissenschaftlicher Autor, der das (berufliche) Schreiben erst lernen musste. Das journalistische Intermezzo seines Lebenslaufs beweist zudem, dass er in der Lage war, der Situation gemäß zu texten, sich

---

48 Vgl. ebd., S. 41–48 und 60–69.
49 Mommsen, Theodor, Tycho Mommsen und Theodor Storm: Liederbuch dreier Freunde. Kiel: Schwers 1843. Theodor Storm (1817–1888) hatte sich während seines Studiums in Kiel mit den Brüdern Theodor und Tycho Mommsen angefreundet.

sprachlich und stilistisch auf unterschiedliche Publikationsformen und Adressatenkreise einzustellen.

Schon Mommsens erste wissenschaftliche Publikationen wurden von der Fachwelt als vielversprechend aufgenommen. [50] Eine akademische Stellung musste der junge Gelehrte sich allerdings noch erarbeiten. „Erste publizistische Sporen"[51] verdiente sich Mommsen durch Rezensionen romanistischer Neuerscheinungen, vor allem in den Jahren 1844/45. Dass es 1851 zu einer wahren Rezensionswelle kam, ist weniger der Bedürftigkeit des Autors als vielmehr des Blattes, für die die Besprechungen geschrieben wurden, geschuldet: Mommsen war Mitinitiator des *Literarischen Centralblatts für Deutschland*, welches bei seinem Verleger, Hauswirt und Freund Georg Wigand[52] verlegt wurde, und unterstützte dieses in den Anfangsjahren als bereits namhafter Rezensent (siehe Tab. 11).

Tabelle 11:   Mommsen – Rezensionen

	1844	1845	1846	...	1850	1851	1852	1853	1854	1855	1856	1857	1858	...	1877
Neue Jenaische Allg-. Lit.-Zeitung	III														
(Neue) Krit. Jber für dt. Rechtswiss.		II													
Zeitschrift für Alterthumswiss.		II													
Bulletino dell´ Instituto			I												I
Literarisches Centralblatt					I	X I	I		I		I				
Annali dell´ Instituto								I							
Allg. Monatsschrift für Wiss. und Lit.								I							
Archäologische Zeitung															
Preussische Jahrbücher													I		

Quelle: eigene Darstellung basierend auf Zangemeister, Mommsen als Schriftsteller

Seine Italienreise bot Mommsen ausreichend Stoff und Gelegenheit, in den Periodika des *Deutschen Archäologischen Instituts* zu veröffentlichen. So verwundert es nicht, dass die quantitative Auswertung seiner Bibliographie als erstes Spitzenjahr 1846 mit 41 Zeitschriftenaufsätzen verzeichnet (siehe Tab. 12).[53] Neben seiner Dissertation[54] nehmen Sonderdrucke bis Mitte der 1860er Jahre eine dominante Stellung unter Mommsens monographischen Titeln ein; danach spielen

---

50   Vgl. Gooch, Geschichtsschreiber, S. 523 und 527.
51   Rebenich, Mommsen, S. 43.
52   Georg Wigand (1808–1858) hatte seinen Verlag 1834 in Leipzig gegründet.
53   Siehe zu den folgenden Ausführungen auch Tab. 13 bis 18 auf den nächsten Seiten.
54   Ad legem des scribis et viatoribus et de sooemntationes duae, quas pro summin in utroque iure honoribus rite obtinendis auctoritate illustris ictorum ordinis in Academia Christiana Albertina die VIII mensis Novembris a. MDCCCXLIII hora XI in auditorio maiori publice defensurus est Theodorus Mommsen Oldesloensis. Kiel: C. F. Mohr 1843.

sie kaum noch eine Rolle.[55] Diese erste Welle von Publikationen sollte vor allem die Aufmerksamkeit der Berliner Akademiemitglieder erregen, um sie vom Plan zum Inschriftencorpus zu überzeugen und Mommsens Arbeitsweise unter Beweis zu stellen. Seine Produktivität zahlte sich aus; als er 1861 den Berliner Lehrstuhl zwar ohne Habilitation übernahm, konnte Mommsen aber bereits 300 Publikationen vorweisen.[56]

Tabelle 12:   Mommsen – Zeitschriftenartikel, 1843–1851

	1843	1844	1845	1846	1847	1848	1849	1850	1851
Zeitschrift für Alterthumswissenschaft	I	I	III	III	I				
(Neue) Kritische Jahrbücher für Dt. Rechtswiss.		II					▓	▓	
Annali dell' Instituto			II	II		II	I		
Bullettino dell' Instituto		X II	19	16	I		II		
Zeitschrift für geschichtliche Rechtswissenschaft			I	I	I		II		
Bullettino archeologico napoletano				IIII	I				▓
Rheinisches Museum				II	II	II			
Monatsberichte der Berliner Akademie				I					
Philologus				I					
Zeitschrift für die Wissenschaft der Sprache				II					
Archaeologische Zeitung				IIIII I	I				III
Berichte d. Sächs. Ges. d. Wiss. Phil.-hist. Classe							III	IIIII	IIIII
Abhandlungen der Sächs. Ges. der Wiss.								II	
Beiträge zur älteren Münzkunde									I

Grau unterlegte Felder bedeuten, dass die Zeitschrift in diesen Jahren nicht erschien.

Quelle: eigene Darstellung basierend auf Zangemeister, Mommsen als Schriftsteller

---

55   Siehe Anhang 9a.

56   Vgl. Demandt, Alexander: Theodor Mommsen. Historie und Politik. IN: Die höchste Ehrung, die einem Schriftsteller zuteilwerden kann. Deutschsprachige Nobelpreisträger für Literatur. Hrsg. von Krzysztof Ruchniewicz. Dresden: Neisse-Verlag 2007, S. 19–36; (im Folgenden: Demandt, Historie und Politik), hier S. 24: Mommsen habilitierte sich nie.

Tabelle 13: Mommsen – Zeitschriftenartikel, 1852–1859

	1852	1853	1854	1855	1856	1857	1858	1859
Annali dell' Instituto							II	
Bullettino dell' Instituto	III	II						
Monumenti, Annali e Bullettini dell' Instituto			I					
Bullettino archeologico napoletano								
Rheinisches Museum		IIIII II	I		III	II	I	I
Monatsberichte der Berliner Akademie			II		I	I	III	II
Archaeologische Zeitung							II	IIIII
Berichte der Sächs. Ges. der Wiss. Phil.-hist. Classe	I	I	I					
Abhandlungen der Sächs. Ges. der Wiss.				I	I	II		
Mittheilungen der Antiquarischen Gesellschaft in Zürich			I					
Allgemeine Monatsschrift für Wissenschaft und Literatur		I						
Theologische Jahrbücher				I				
The Numismatic Chronicle					I			
Abhandlungen der hist.-philos. Gesellschaft in Breslau						I		
CB des GV der deutschen GAV*							II	
Jahrbuch des gemeinen deutschen Rechts							II	IIIII
Philol. und hist. Abhandlungen der Berliner Akademie								
Abhandl. der Königl. Akad. der Wissenschaften in Berlin								I
Historische Zeitschrift								I

Grau unterlegte Felder bedeuten, dass die Zeitschrift in diesen Jahren nicht erschien.

* Correspondenz-Blatt des Gesammt-Vereines der deutschen Geschichts- und Alterthums-Vereine

Quelle: eigene Darstellung basierend auf Zangemeister, Mommsen als Schriftsteller

Tabelle 14:   Mommsen – Zeitschriftenartikel, 1860–1869

	1860	1861	1862	1863	1864	1865	1866	1867	1868	1869
Annali dell' Instituto				I		I			III	
Bullettino dell' Instituto		II			I	I	II		III	
Bullettino archeologico napoletano			X IIII							
Rheinisches Museum	III	IIIII	II	I	II				I	
Monatsberichte der Berliner Akademie	IIII	IIII	I	IIIII II	IIIII	IIIII III	IIIII III	IIII	IIIII II	IIIII I
Archaeologische Zeitung	IIIII	IIII	II	IIIII II	II	IIIII I	IIIII II	III	X I	IIIII
Abhandlungen der Sächs. Ges. der Wiss.		I								
The Numismatic Chronicle									I	
Jahrbuch des gemeinen deutschen Rechts			II	II						
Abhandl. der Königl. Akademie der Wissenschaften in Berlin	I			II	I	I				I
Sitzungsberichte der Münchner Akademie	I									
Die Grenzboten				I			I			
Giornale di Pisa					I					
Nuove memorie dell' Instituto							I			
Hermes							IIII	IIIII	X	IIIII III
Jahrbücher des Vereins von Alterthums-freunden im Rheinlande								I		
Revue archéologique							II	I		
Zeitschrift für Rechtsgeschichte									I	III
Nuovi saggi della Reale Accademia di Scienze, Lettere ed Arti di Padova									I (Vorr.)	

Grau unterlegte Felder bedeuten, dass die Zeitschrift in diesen Jahren nicht erschien.

Quelle: eigene Darstellung basierend auf Zangemeister, Mommsen als Schriftsteller

Tabelle 15: Mommsen – Zeitschriftenartikel, 1870–1879

	1870	1871	1872	1873	1874	1875	1876	1877	1878	1879
Bullettino dell' Instituto		I					I		I	
Monumenti, Annali e Bullettini dell' Instituto										
Monatsberichte der Berliner Akademie	IIIII I	I	II	I	IIIII I	III	III	IIII	III	IIII
Archäologische Zeitung	IIIII	III			I	IIII	III	IIIII	II	II
Correspondenz-Blatt des Gesammt-Vereines der deutschen Geschichts- und Alterthums-Vereine								I		
Historische Zeitschrift								I		
Die Grenzboten	I						I			
Hermes	X	IIIII I	III	IIII	IIIII	IIII	IIII	IIII	X	
Jber des Vereins von Alterthumsfreunde im Rheinland										I
Zeitschrift für Rechtsgeschichte	III		I							
Revue savoisienne	I									
The academy (London)		I								
Im neuen Reich		II					III			
The contemporary Review	I									
Ephemeris epigraphica			II		III	I	III	IIIII		IIII
Rivista di filologia				II	I					
Numismatische Zeitschrift			II							
SB der Akademie der Wiss. zu Wien					I					
Zeitschrift für Numismatik					II	IIII			II	I
Jahrbücher für classische Philologie								I		
Mittheilungen des archäologischen Institutes								I		
Archäol.-epigraph. Mittheilungen aus Österreich-Ungarn								I	I	I
Neues Archiv der Gesellschaft für ältere deutsche Geschichtskunde									II	I
Archivio storico per le province napoletane									I	

Grau unterlegte Felder bedeuten, dass die Zeitschrift in diesen Jahren nicht erschien.

Quelle: eigene Darstellung basierend auf Zangemeister, Mommsen als Schriftsteller

Tabelle 16:   Mommsen – Zeitschriftenartikel, 1880–1889

	1880	1881	1882	1883	1884	1885	1886	1887	1888	1889
Bullettino dell' Instituto		II	IIII							
Monatsberichte der Berliner Akademie (ab 1882 Sitzungsberichte)	IIIII	III	IIII	IIII	IIIII	IIIII	III	IIIII IIII	IIII	IIIII I
Archäologische Zeitung	IIIII II	I	IIII	IIII	I	II				
Historische Zeitschrift								I		
Hermes	IIIII II	IIIII III	IIIII III	III	IIIII III	II	IIIII	IIIII	III	IIIII
Jber des Vereins von Alterthumsfr. im Rheinl.	II	I						I		
Zeitschrift für Rechtsgeschichte (ab 1880 ZS der Savigny-Stiftung…)						I		I		I
Ephemeris epigraphica			III			IIIII III				
Zeitschrift für Numismatik		I		I	III		III	IIII		I
Mittheilungen des archäologischen Institutes								I	III	I
Archäol.-epigraph. Mitth. aus Österr.-Ungarn				I	II	I	II			
Neues Archiv d. Gesell. f. ältere dt. Geschichtsk.					III			I		II
Ann. des hist. Vereins für den Niederrhein		I								
Anzeiger für schweiz. Alterthumskunde			I	I	I	I	I			
Korrespondenzblatt der Westdt. Zeitschrift					IIIII	IIIII II	I	X II	I	III
Bulletin épigraphique de la Gaule		I								
Revue épigraphique du Midi de la France				I	III		II			
Bulletin trimestriel des antiqués africaines					II	I				
Bulletino di Archeologia e Storia Dalmata					I					
Wochenschrift für klassische Philologie					I					

Grau unterlegte Felder bedeuten, dass die Zeitschrift in diesen Jahren nicht erschien.

	1885	1886	1887	1888	1889
Revue de l'Afrique francaise et des antiquetés africaines		I			
Verhandlungen der Berliner Gesellschaft für Anthropologie, Ethnologie und Urgeschichte		I			
Archäologischer Anzeiger. Beiblatt zum Jb des archäol. Instituts			II	I	
Bulletino della commissione archeologicacommunlae di Roma					I
Bulletino dell' Istututo di diritto romano					I
Revue de philologie					I
Westdeutsche Zeitschrift für Geschichte und Kunst	I				

Quelle: eigene Darstellung basierend auf Zangemeister, Mommsen als Schriftsteller

Tabelle 17:   Mommsen – Zeitschriftenartikel, 1890–1899

	1890	1891	1892	1893	1894	1895	1896	1897	1898	1899
Monatsberichte der Berliner Akademie (ab 1882 Sitzungsberichte)	IIIII II	IIIII III	IIIII I	IIIII	IIIII I	IIIII III	III	II	IIIII II	III
Historische Zeitschrift	I									
Hermes	IIII	I	I	II	II	III		III	II	II
Jber des Vereins von Alterthumsfr. im Rheinl.						I				
Zeitschrift für Rechtsgeschichte (ab 1880 ZS der Savigny-Stiftung...)	IIII		IIIII II	II		II			I	I
Ephemeris epigraphica	I		II							
Mittheilungen des archäologischen Institutes	I	IIIII	I				III			II
Archäol.-epigraph. Mitth. aus Österr.-Ungarn				I	III					
Neues Archiv d. Gesell. f. ältere dt. Geschichtsk.		II	III	II	II		I	II		
Archivio storico per le province napoletane	II									
Korrespondenzblatt der Westdt. Zeitschrift			II	II		I				
Westdt. Zeitschrift für Geschichte und Kunst				I						
Revue épigraphique du Midi de la France		I								
Archäol. Anzeiger. Beibl. z. Jb des archäol. Inst.		II								
Bull. della commissione archeol. comm.di Roma	I									
Goethe-Jahrbuch	I									
The American Journal of Archaeology		I								
Monumenti antichi pubblicati per sury della Reale Accad. die Lincei		I								
Anzeiger für dt. Alterthum und dt. Litteratur			I							
Limesblatt			II					I		
Die Nation			II	III	I					

	1894	1895	1896	1897	1898	1899
Zeitschrift für Gymnasialwesen	I					
Byzantinische Zeitschrift		I				
Cosmopolis			III			
Deutsche Zeitschrift für Geschichtswissenschaft (NF)		I				
Comptes rendus de l'académie des inscriptions et belles-lettres						I

Grau unterlegte Felder bedeuten, dass die Zeitschrift in diesen Jahren nicht erschien.

Quelle: eigene Darstellung basierend auf Zangemeister, Mommsen als Schriftsteller

Tabelle 18: Mommsen – Zeitschriftenartikel, 1900–1904

	1900	1901	1902	1903	1904*
Monatsberichte der Berliner Akademie (ab 1882 Sitzungsberichte)	IIII	IIIII I	IIIII	IIIII I	I
Hermes	III	III	II	IIII	I
Zeitschrift für Rechtsgeschichte (ab 1880 ZS der Savigny-Stiftung...)	I	IIIII	IIIII	I	II
Ephemeris epigraphica			I		
Neues Archiv der Gesellschaft für ältere deutsche Geschichtskunde	I				
Die Nation	II		III	I	
Byzantinische Zeitschrift				I	
Archiv für Papyrusforschung	I				
Jahreshefte des österreichischen archäologischen Instituts in Wien	I				
Preußische Jahrbücher		I			
Wiener Studien			I		
Zeitschrift für neutestamentliche Wissenschaft			II		
Texte und Untersuchungen zur Geschichte der altchristlichen Literatur				I	

* posthum veröffentlicht

Quelle: eigene Darstellung basierend auf Zangemeister, Mommsen als Schriftsteller

Für die späten 1840er sowie die 1850er Jahre, also Mommsens journalistische Phase sowie die Jahre in Leipzig, Zürich und Breslau, ist ein klarer Rückgang von Beiträgen in wissenschaftlichen Zeitschriften zu erkennen. Mommsen konzentrierte sich auf wichtige Buchprojekte und „brachte [...] die italienische Ernte ein."[57] (Siehe Abb. 4) In diesen Jahren entstanden nicht nur die ersten drei Bände seiner preisgekrönten *Römischen Geschichte*, sondern wegweisende Publikationen über *Die unteritalischen Dialekte* (1850) und *Über das römische Münzwesen* (1850)[58] sowie *Die römische Chronologie bis auf Caesar* (1858), deren zweite Auflage bereits ein Jahr später gedruckt wurde, und schließlich der Herausgeberband mit den *Inscriptiones regni Neapolitani Latinae* (1852), der als Pilotband zum *CIL* verstanden werden kann.[59] Alle diese Werke fußten auf der fundierten Quellenarbeit, die Mommsen in Italien geleistet hatte.

---

57 Rebenich, Mommsen, S. 58.
58 Zunächst als Sonderdruck, Mommsen, Theodor: Über das römische Münzwesen. Leipzig: Weidmann 1850, der Vorläufer war zu dem späteren monographischen Werk, Mommsen, Theodor: Geschichte des römischen Münzwesens. Berlin: Weidmann 1860.
59 Vgl. Rebenich, Mommsen, S. 82. Siehe zu allen Titeln auch Anhang 9a.

Abbildung 4: Grafische Übersicht: Mommsens Zeitschriftenartikel pro Jahr

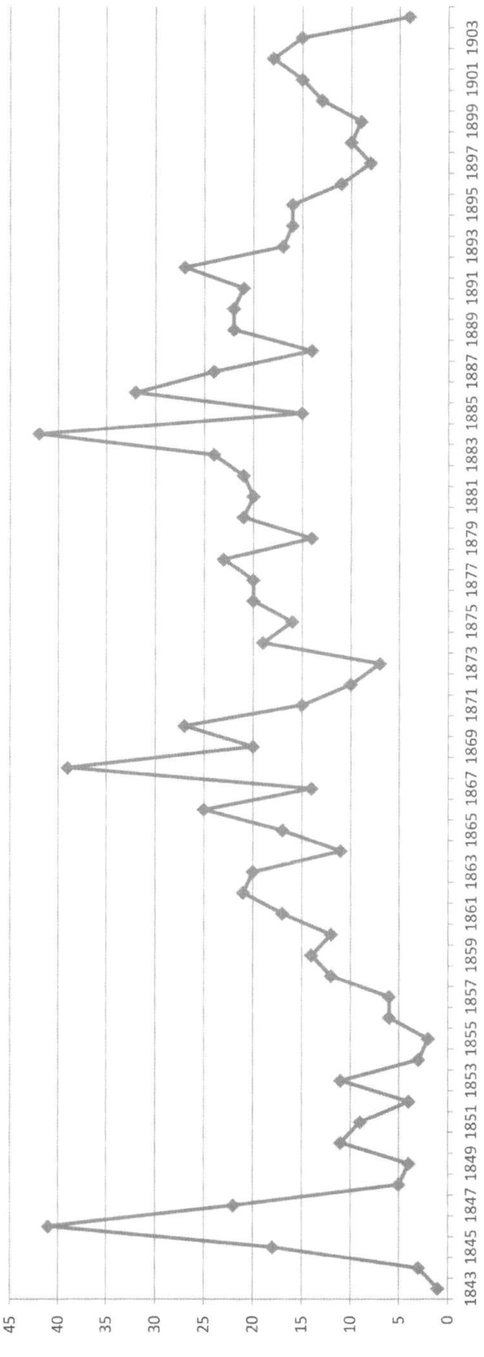

Quelle: eigene Darstellung basierend auf Zangemeister, Mommsen als Schriftsteller

Dieses Prinzip zog sich wie ein roter Faden durch Mommsens schreibendes Schaffen: Seine Hauptarbeit, sein tägliches Wirken als Wissenschaftler galt den großen Quelleneditionen, allen voran dem *CIL*. Bis zu Mommsens Tod hatte die Akademie 400.000 Mark in dieses Großprojekt investiert, im Gegenzug waren aber 15 von 16 geplanten Bänden erschienen und rund 130.000 Inschriften publiziert. Als Herausgeber arbeitete Mommsen schnell und sorgfältig und brillierte ebenso organisatorisch.[60] Die Bände der großen Editionsprojekte erschienen nach dem Auftakt Anfang der 1850er ab den 1860er Jahren regelmäßig, mit einer deutlichen Hochphase in den 1890er Jahren; zwischen 1889 und 1898 gab Mommsen insgesamt 17 Inschriftenbände heraus. An vielen weiteren war er als Mitarbeiter beteiligt.

Aus der Arbeit an den Quellensammlungen gingen immer wieder kürzere Abhandlungen und richtungsweisende Spezialstudien hervor; die Editionen waren gewissermaßen der Motor für Mommsens gesamte Publikationstätigkeit. In seiner Berliner Zeit, immerhin 45 Jahre, wurde dieses Prinzip zur höchstproduktiven Routine, die rund 1.200 Publikationen hervorbrachte. Ab den 1860er Jahren veröffentlichte Mommsen eher sporadisch monographische Werke, die dann aber von größtem wissenschaftlichem Gewicht waren. So entstanden zwischen 1871 und 1888 die Bände seines Opus magnus über das *Römische Staatsrecht*,[61] 1864 und 1879 die beiden Bände der *Römischen Forschungen*[62]. 1885 schrieb Mommsen den fünften Band der *Römischen Geschichte,* und 1898/99 verfasste er sein Spätwerk zum *Römischen Strafrecht*[63].

Neben den Periodika des *Deutschen Archäologischen Instituts* kam der *Zeitschrift für Alterthumswissenschaft* (Wetzlar: Rathgeber, 1834-1857) in Mommsens publizistischer Anfangsphase einige Bedeutung zu, hierin veröffentlichte er in den ersten Jahren regelmäßig. Im Spitzenjahr 1846 verteilten sich seine Beiträge bereits auf ein breites Spektrum von Zeitschriften. Auch in seiner weiteren Karriere bediente Mommsen ein multidisziplinäres Feld von Periodika und publizierte in rechtswissenschaftlichen, philologischen, archäologischen Zeitschrif-

---

60 Vgl. Gooch, Geschichtsschreiber, S. 527 sowie Heuß, Mommsen und das 19. Jh., S. 106. Siehe zu Mommsens Herausgebertätigkeit Anhang 9b.

61 Mommsen, Theodor: Römisches Staatsrecht. Bd. I. Leipzig: Hirzel 1871 (= Handbuch der römischen Altertümer, hrsg. von Joachim Marquardt und Th. Mommsen, I); ders.: Römisches Staatsrecht. Bd. II, Abth. I. Leipzig: Hirzel 1874 (= Handbuch der römischen Altertümer, II, 1); ders.: Römisches Staatsrecht. Bd. II, Abth. II. Leipzig: Hirzel 1875 (= Handbuch der römischen Altertümer, II, 2); ders.: Römisches Staatsrecht. Bd. III, Abth. I. Leipzig: Hirzel 1887 (= Handbuch der römischen Altertümer, III, 1); ders.: Römisches Staatsrecht. Bd. III, Abth. II. Leipzig: Hirzel 1888 (= Handbuch der römischen Altertümer, III, 2). Siehe Anhang 9a.

62 Mommsen, Theodor: Römische Forschungen. Band I. Berlin: Weidmann 1864; Band II. Berlin: Weidmann 1879. Siehe Anhang 9a.

63 Mommsen, Theodor: Römisches Strafrecht. Leipzig: Dunker & Humblot 1899 (= Systematisches Handbuch der deutschen Rechtswissenschaft, Abt. I, T. 4). Siehe Anhang 9a.

ten, in Rezensionsblättern, in den Periodika verschiedener Akademien, regelmäßig in italienischen Journalen, in Organen mit Schwerpunkt Altertumsforschung sowie allgemeiner ausgerichteten, auch politisch motivierten Blättern, wie den *Grenzboten* (Berlin: Deutscher Verlag, 1841–1948).

In seiner Leipziger und Züricher Zeit veröffentlichte Mommsen regelmäßig in den *Berichten* sowie den *Abhandlungen der Sächsischen Gesellschaft der Wissenschaften* (Letztere Leipzig: Hirzel), ab 1856 jährlich in den *Monatsberichten der Berliner Akademie*. Seit Beginn seiner Laufbahn schrieb er kontinuierlich für die *Archäologische Zeitung* (hrsg. vom *Archäologischen Institut des Deutschen Reichs in Berlin*), ab 1858 in Berlin beinahe jährlich bis zur Einstellung der Zeitschrift 1885. Auch das *Rheinische Museum* (Bad Orb: Sauerländer) wurde regelmäßig bis 1870 mit Artikeln beliefert. Fortwährendes Engagement zeigte Mommsen zudem für Periodika, die er mit ins Leben gerufen hatte. Im *Hermes* (Stuttgart: Steiner) veröffentlichte der Mitherausgeber Mommsen fast jedes Jahr seit Gründung 1866. Für die Zeitschrift *Ephemeris epigraphica*, welche vom *Archäologischen Institut* in Rom seit 1872 herausgebracht wurde, schrieb Mommsen zunächst regelmäßig, dann gelegentlich. In späteren Jahren gehörten die *Zeitschrift für Numismatik* (Berlin: Weidmann), 1874 gegründet, und die *Zeitschrift für Rechtsgeschichte* (Weimar: Böhlau), die ab 1880 als *Zeitschrift der Savigny-Gesellschaft* in verschiedenen Abteilungen erschien, zu den Organen, die Mommsen mit einiger Regelmäßigkeit mit Artikeln versorgte. Nach 1846 lassen sich rein quantitativ zwei weitere Spitzenjahre ausmachen: 1868 veröffentlichte Mommsen 39 Zeitschriftenartikel, 1884 erschienen 42 Beiträge. Diese Spitzen ergeben sich aber aus zahlreichen kurzen Mitteilungen und Anmerkungen. Rebenich fasst Mommsens publikatorische Omnipräsenz als Marktwert des renommierten Autors zusammen: „Die Ergebnisse [seiner Forschung] erschienen in den großen Zeitschriften und Reihen der Rechts-, Altertums- und Geschichtswissenschaft. Selbst die Theologen wollten Mommsen publizieren."[64]

Theodor Mommsen war nicht nur als Autor und Herausgeber wie kaum ein anderer mit dem Publikationsmarkt seines Fachbereichs verwoben, auch seine akademische Laufbahn und sein privater Lebensweg fügten sich in dieses Geflecht ein. Als Herausgeber der großen Quellenwerke schuf er die Materialgrundlage für die Altertumsforschung. Innerhalb dieser Großprojekte formte er eine ganze Generation von Historikern und nahm großen Einfluss auf finanzielle und personelle Ressourcen. Er initiierte eine Reihe von Zeitschriften und Schriftenreihen (mit) und setzte mit seinen monographischen Werken wegweisende Impulse. Darüber hinaus aber gehörte Mommsen noch zu einer Generation, in der Verleger und Professoren als Honoratioren einer (Universitäts-)

---

64 Rebenich, Mommsen, S. 109.

Stadt persönlichen Umgang pflegten und durch gemeinsame bürgerliche Werte freundschaftlich verbunden waren.

Zu Mommsens Leipziger Freundeskreis gehörten neben seinem Lehrer Otto Jahn auch Moritz Haupt[65] und Julius Ludwig Klee[66] sowie die Verleger Georg Wigand, bei dem er anfangs zusammen mit Jahn Quartier bezog, Hermann Härtel[67], Karl Reimer und Salomon Hirzel. Die Freunde verbanden dieselben wissenschaftlichen, politischen und literarischen Interessen. Karl Reimer führte ein geselliges Haus, in dem auch Hermann Sauppe[68], Gustav Freytag[69] und Friedrich Christoph Dahlmann[70] verkehrten. 1854 heiratete Mommsen Reimers älteste Tochter Marie und war von nun mit seinen Hauptverlegern auch verschwägert.

In diesem Kreis wurden Publikationen nicht nur zwischen engen Geschäftspartnern, sondern unter Freunden geplant, gegründet und realisiert. Der

---

65   Rudolf Friedrich Moritz Haupt (1808–1874) studierte Klassische Philologie in Leipzig und promovierte 1831. Haupt verfasste einige Privatstudien und Rezensionen, 1836 brachte er zusammen mit Karl Lachmann und Hoffmann von Fallersleben die *Altdeutschen Blätter* heraus. 1832 habilitierte er sich in Leipzig und wurde 1841 außerordentlicher, 1843 ordentlicher Professor, bevor er 1850 gemeinsam mit Mommsen und Jahn aus dem Hochschuldienst entlassen wurde. 1853 wurde Haupt Lachmanns Nachfolger in Berlin und etablierte die textkritische Methode in der Germanistik. Vgl. DBE, Bd. 4, S. 503.

66   Julius Ludwig Klee (1807–1867) studierte in Leipzig, wo er promovierte. Nach seiner Habilitation war er 1833–35 und 1842–48 als Privatdozent tätig, 1834 wurde er Lehrer an Leipziger Schulen 1848 ging er als Rektor der Kreuzschule nach Dresden. Vgl. http://de.wikipedia. org/wiki/Julius_Ludwig_Klee (09.12. 2013).

67   Hermann Härtel (1803–1875) leitete seit 1834 zusammen mit seinem Bruder Raymund den Musikverlag Breitkopf und Härtel in Leipzig.

68   Hermann Sauppe (1809–1893) schloss sein Studium der Klassischen Philologie 1832 mit Promotion ab, 1833 habilitierte er sich in Zürich, wo er von 1837 bis 1839 außerordentlicher Professor war. 1839 bis 1845 war Sauppe Oberbibliothekar der Züricher Kantonsbibliothek. Ab 1845 war in Weimar als Gymnasialdirektor tätig, 1855 wurde er ordentlicher Professor in Göttingen. Er gilt als Begründer der Epigraphik und gründete 1848 zusammen mit Moritz Haupt die *Sammlung griechischer und lateinischer Schriftsteller*. Vgl. DBE, Bd. 8, S. 716.

69   Gustav Freytag (1816–1895) studierte ab 1835 Deutsche Philologie in Breslau, u.a. bei Hoffmann von Fallersleben und Karl Lachmann. 1838 promovierte er, 1839 folgte die Habilitation und Freytag wurde Privatdozent. Seit 1842 war er als freier Schriftsteller in Leipzig und Dresden tätig. Ab 1848 war er Schriftleiter der *Grenzboten*, die bis 1871 führendes Organ des national liberalen Bürgertums waren. Vgl. Rüdiger vom Bruch IN: DBE, Bd. 3, S. 508–509.

70   Friedrich Christoph Dahlmann (1785–1860) stammte aus einer Gelehrtenfamilie, galt als selbstbewusst und respektiert, aber nicht beliebt. Ab 1802 studierte er Philologie, u.a. bei Friedrich Schleiermacher und Friedrich August Wolf, in Kopenhagen und Halle, wo er die kritische Methode der klassischen Altertumswissenschaft lernt. 1810 promovierte er in Wittenberg; die Habilitation erfolgte in Kopenhagen. 1812 wurde Dahlmann außerordentlicher Professor in Kiel, 1829 Ordinarius in Göttingen. Er gehörte 1837 zu den ‚Göttinger Sieben‘, die aus dem Hochschuldienst entlassen wurden, war zwischen 1838 und 1842 in Jena, bevor er eine Professur in Bonn übernahm. 1848 war Dahlmann Abgeordneter in der Paulskriche. Vgl. Peter Schumann IN: DBE, Bd. 2, S. 479–480.

für Mommsens Karriere so wichtige Band mit den *Inscriptiones regni Neapolitani Latinae* „konnte nur dank der Risikobereitschaft des Verlegers Georg Wigand erscheinen"[71], da die Akademie den Druckkostenzuschuss gestrichen hatte. Als Jahn, Haupt und Mommsen 1851 – wegen ihrer Beteiligung am sächsischen Maiaufstand 1949 – aus dem Hochschuldienst entlassen wurden, garantierten die mit ihnen befreundeten Verleger, weiterhin ihr Salär aus eigener Tasche zu zahlen. Damit hielten sie freilich auch ihren Autoren den Rücken frei, um die vereinbarten Verlagsprojekte zu verwirklichen. Im Falle Mommsens handelte es sich neben den oben erwähnten Inschriftenband des Königreichs Neapel um die bereits vertraglich fixierte *Römische Geschichte* und einige kleinere Abhandlungen. Salomon Hirzels Bruder Caspar vermittelte Mommsen schließlich nach Zürich.

Mommsen hatte seinerseits Gelegenheit, sich für die Unterstützung bei seinen Verlegern zu revanchieren. Mit zunehmendem Einfluss wurde er zu einem wichtigen Ratgeber für die Verlagshäuser Hirzel sowie Reimer und die Weidmannsche Buchhandlung. Seine Tochter Adelheid Mommsen wusste zu berichten, dass ihr Vater Reimers Witwe hinsichtlich seiner Honorarzahlungen gelegentlich entgegenkam, als die Weidmannsche Buchhandlung in finanzielle Engpässe geriet.[72]

6.2 Die *Römische Geschichte*

Karl Reimer (1801–1858) und Salomon Hirzel (1804-1877) waren 1824 in die Weidmannsche Buchhandlung, die Karls Vater innehatte, eingestiegen. Georg Andreas Reimer war zugleich Begründer des Georg Reimer Verlags gewesen, der noch parallel in Berlin bestand und von Karls Bruder Georg Ernst übernommen wurde. 1919 ging der Georg Reimer Verlag in die wissenschaftliche Verlagsvereinigung Walter de Gruyter ein. 1832 zog sich Georg Reimer aus der Weidmannschen Buchhandlung zurück und die beiden Schwager Karl Reimer und Hirzel führten das Unternehmen gemeinsam zu neuer Blüte. 1853 erfolgte die geschäftliche Trennung; Verlagschroniken nennen als Grund das gewachse-

---

71 Rebenich, Mommsen, S. 59.
72 Vgl. A. Mommsen, Mommsen im Kreise der Seinen, S. 32–33.

ne Ausmaß des Verlagsprogramms,[73] es waren aber auch persönliche Differenzen für die Trennung verantwortlich.[74]

Salomon Hirzel übernahm aus der Weidmannschen Buchhandlung die Verlagsbereiche Theologie, Medizin, klassische und deutsche Altertumswissenschaft sowie das *Grimmsche Wörterbuch* und gründete auf diesem Fundament einen neuen Verlag unter eigenem Namen. Er war ein Förderer der großen Quelleneditionen. Nach seinem Tod 1877 verlagerte sich der Verlagsschwerpunkt zunehmend auf Medizin, Technik und ein naturwissenschaftliches Programm.[75] Karl Reimer hingegen zog mit der Weidmannschen Buchhandlung und verschlanktem Programm 1854 nach Berlin um.[76] Er starb bereits 1858 und seine Witwe leitete das Geschäft, bis der älteste Sohn Hans 1865 die Führung übernehmen konnte. Der Ortswechsel zahlte sich durch die Nähe zur Preußischen Akademie aus, die der Weidmannschen Buchhandlung große Editionsprojekte übertrug.[77] Sowohl Hirzel in Leipzig als auch Weidmann und Reimer in Berlin stellten wichtige verlegerische Stützen der Altertumsforschung dar.

Mommsen publizierte in allen drei Verlagen. Seit seiner Leipziger Zeit war er mit Reimer und Hirzel befreundet, seit 1854 sogar verschwägert. Nach der Trennung 1853 bleib Mommsen beiden Verlegern als Autor treu, wobei die Bande zur Weidmannschen Buchhandlung schon deshalb etwas stärker blieb, weil hier ab 1854 die *Römische Geschichte* erscheinen sollte.

Ende der 1840er Jahre planten die Schwager eine *Philologische Handbibliothek,* die mit populärem und zugleich enzyklopädischem Anspruch „die wichtigsten Gebiete der Altertumswissenschaft in hervorragenden Darstellungen erfassen sollte"[78] und für die sie geeignete Autoren suchten.[79] In dieser Reihe erschienen unter anderem Ludwig Prellers Werke über griechische und römische Mythologie[80] sowie Theodor Bergks *Griechische Literaturgeschichte*[81]*;* Ernst Curtius schrieb für die Reihe die *Griechische Geschichte*[82]. Obschon Mommsen

---

73   Vgl. Vollert, Ernst: Die Weidmannsche Buchhandlung in Berlin 1680–1930. Berlin: Weidmannsche Buchhandlung 1930; (im Folgenden: Vollert, Weidmannsche Buchhandlung), S. 86 und Brauer, Adalbert: Weidmann 1680–1980. 300 Jahre aus der Geschichte eines der ältesten Verlage der Welt. [Zürich]: Weidmann 1980; (im Folgenden: Brauer, Weidmann 1680–1980), S. 81.

74   Vgl. Nissen, Populäre Geschichtsschreibung, S. 273.

75   Vgl. ebd., S. 98 und 274.

76   Vgl. Vollert, Weidmannsche Buchhandlung, S. 96.

77   Vgl. Brauer, Weidmann 1680–1980, S. 101.

78   Wickert, Mommsen III, S. 411.

79   Vgl. Bernstein, „Weidmänner", S. 39–40 sowie Vollert, Weidmannsche Buchhandlung, S. 88–89.

80   Preller, Ludwig: Griechische Mythologie. 2 Bände. Berlin: Weidmann 1854; ders.: Römische Mythologie. Berlin: Weidmann 1858.

81   Bergk, Theodor: Griechische Literaturgeschichte. 4 Bände. Berlin: Weidmann 1872–1887.

82   Curtius, Ernst: Griechische Geschichte. 2 Bände. Berlin: Weidmann 1857 und 1861.

sich zu diesem Zeitpunkt noch keinen großen Namen als Wissenschaftler, geschweige denn als Historiker oder gar Geschichtsschreiber gemacht hatte, kannten die Verleger die Qualität ihres Freundes.[83] Bei Debatten und Diskussionen im privaten Kreis hatten sie seinen scharfen politischen Verstand und sein treffsicheres sprachliches Ausdrucksvermögen kennen und schätzen gelernt. Ein öffentlicher Vortrag über die Gracchen, den Mommsen 1849 in Leipzig vor interessiertem Publikum hielt, überzeugte Reimer und Hirzel davon, dass sie in Mommsen den passenden Autor für eine römische Geschichte gefunden hatten.[84] So kam Mommsen zur Geschichtsschreibung wie die sprichwörtliche Jungfrau zum Kinde.[85] Zwar geschmeichelt, glaubte er anfangs dennoch nicht daran, dass er der geeignete Mann für das Projekt war, und schlug seinen Freunden sogar einen Ersatzmann vor.[86] Die Verleger konnten ihn aber überzeugen, und am 1. Oktober 1850 wurde der Verlagsvertrag unterschrieben.[87]

In der Forschungsliteratur wird oft konstatiert, die *Römische Geschichte* verdanke ihr Entstehen einer glücklichen Fügung oder gar „einer Laune von Mommsens Biographie"[88]. Seine wissenschaftliche Karriere war noch nicht gefestigt und stand kurze Zeit später durch seine Entlassung wieder grundsätzlich in Frage; noch wurde das angestrebte Inschriftenprojekt von der Berliner Akademie blockiert.[89] Sicherlich reizte Mommsen darüber hinaus die Aufgabe an sich, die ihm nun gelegen kam, den drohenden Leerlauf sinnvoll zu überbrücken. Auch das Honorar wird ein Argument gewesen sein, sich mit diesem Projekt etwas hinzuzuverdienen. Demandt führt an, dass Mommsen für die *Römische Geschichte* „einen namhaften Vorschuß"[90] kassierte, Hartmann spricht von 350 Talern.[91]

Ohne die Initiative Reimers und Hirzels wäre eines der wichtigsten Werke deutscher Geschichtsschreibung so nicht geschrieben worden; Heuß betont das Verdienst der Verleger für die Grundsteinlegung der *Römischen Geschichte:*

---

83 Vgl. Bernstein, „Weidmänner", S 45 und Bringmann, Mommsen als Geschichtsschreiber, S. 165.
84 Über die Entstehungsgeschichte der *Römischen Geschichte* berichtete Mommsen später seinem Freund Gustav Freytag in einem viel zitierte Brief vom 13. März 1877; vollständig im Wortlaut nachzulesen bei Wickert, Mommsen III, S. 655–656.
85 Vgl. Bringmann, Mommsen als Geschichtsschreiber. S. 160.
86 Vgl. die zusammengetragenen Briefstellen bei Wickert, Mommsen III, S. 619.
87 Vgl. Bernstein, „Weidmänner", S. 41.
88 Rebenich, Mommsen, S. 58.
89 Vgl. Bringmann, Mommsen als Geschichtsschreiber, S. 158.
90 Demandt, Historie und Politik, S. 20.
91 Vgl. Wickert, Mommsen III, S. 673, Anm. 7: Diese Summe ist nicht belegt. Laut Hartmann, Lutz M.: Theodor Mommsen. Eine biographische Skizze. Gotha: Fr. A. Perthes 1908, S. 60, betrug das Bogenhonorar 15 Goldtaler für die erste Auflage (2.000 Ex.), 10 Goldtaler für die zweite Auflage (3.000 Ex.).

Da Mommsen damals noch weder als Gelehrter noch als Schriftsteller und erst recht nicht als Historiker einen Namen besaß und seine Studien ihn eigentlich gar nicht in die Richtung eines Geschichtsschreibers wiesen, bedurfte es hierzu eines scharfen und unvoreingenommenen Blicks, und damit kann dieses Unternehmen auch einen Ehrenplatz in der Geschichte des deutschen Buchhandels beanspruchen. Es zählt zweifellos zu den berühmten Taten, mit denen die deutsche Verlegerschaft des 19. Jahrhunderts in die Entwicklung des geistigen Lebens entscheidend und fördernd eingegriffen hat.[92]

Die Idee der Verleger fiel freilich auf äußerst fruchtbaren Boden. Mommsen hatte in den Jahren zuvor wie kaum ein anderer die originalen Quellen studiert;[93] auf Basis dieser Materialkenntnis schrieb er nun Geschichte. Den Einstieg in den Schreibprozess fand Mommsen zunächst nur zögerlich.[94] Zum einen waren umfassende Vorarbeiten notwendig, zum anderen musste sich Mommsen nach seiner Entlassung um eine neue Anstellung bemühen. Zwar entwickelte Mommsen nicht allzu viel Ehrgeiz, in Zürich und Breslau gesellschaftlich Fuß zu fassen oder als akademischer Lehrer zu brillieren,[95] doch war er in den Unialltag eingespannt und widmete sich parallel der monographischen Ernte seiner Italienreise. Dennoch nahm er die Geschichtsschreibung ernst und fand in einen Schreibrhythmus, der die *Römische Geschichte* letztlich in bemerkenswertem Tempo erscheinen ließ: Bis November 1853 war das Manuskript des ersten Bandes fertig, der im Juni 1854 erschien. Im April 1855 stand der Text des zweiten Bandes; dieser kam im Dezember desselben Jahres heraus. Der dritte Band folgte bereits im Frühjahr 1856. Die rasche Folge erklärt sich vermutlich daraus, dass Band II und III ursprünglich als ein Band konzipiert waren, dann wegen des Umfangs aber auf zwei verteilt wurden.[96] Als der zweite Band erschien, war das Manuskript des dritten somit schon weit fortgeschritten. Ab Herbst 1856 wurde bereits der Druck der zweiten Auflage aller drei Bände begonnen; hierfür überarbeitete Mommsen das Manuskript noch einmal, für die

---

92   Heuß, Mommsen und das 19. Jh., S. 59.
93   Vgl. ebd., S. 60–61, Heuß, Mommsen als Geschichtsschreiber, S. 50, Christ, Mommsen und die „Römische Geschichte", S. 29–30 und Fest, Wege zur Geschichte, S. 43.
94   Vgl. Wickert, Mommsen III, S. 399–400 sowie die zitierten Briefstellen ebd., S. 622.
95   Mommsens Fokus lag eindeutig auf der Forschung, die Lehre erfüllte er als lästige Pflicht. Die Entbindung von der Lehrpflicht 1883 empfand er als Befreiung. Mommsen hielt von den meisten seiner Studenten nicht viel, bildete die besten unter ihnen zu fleißigen Arbeitern aus. Aufgrund seiner dünnen und scharfen Stimme wurde er von seinen Hörern „Rasiermesser" genannt. Dass Mommsen ein wenig ambitionierter Lehrer war, heißt aber nicht, dass seine Lehrveranstaltungen nicht wertvolle Einheiten für seine Studenten darstellten. Vgl. zu diesem Aspekt Rebenich, Mommsen, S. 60, 132–134 und Bernstein, „Weidmänner", S. 43.
96   Vgl. Heuß, Mommsen als Geschichtsschreiber, S. 43.

dritte Auflage den ersten Band ein letztes Mal, dann blieb der Text unverändert.[97]

Die rasche Arbeitsweise täuscht darüber hinweg, dass Mommsen die übernommene Aufgabe anfangs unterschätzte[98] und sich zwischenzeitlich mit der „Geschichtsklitterung" arg quälte.[99] Regelmäßig klagte Mommsen in Briefen an Freunde und Kollegen über die „ledige Arbeit, die mir schwerlich jemand dankt"[100] und war vor Erscheinen des ersten Bandes nicht vom Gelingen des Unterfangens überzeugt: „Ich habe mir selten bevorstehende Prügel so sauer verdient."[101] Doch auch nach den ersten, meist positiven Reaktionen auf den ersten Band fand Mommsen noch: „Die Arbeit ist mühsam bis ins Unglaubliche […]."[102]

Die übernommene Aufgabe war einfacher formuliert als ausgeführt: „eine (lesbare, notenlose)"[103] und „nicht allzu ausführliche römische Geschichte"[104] sollte es sein. Dies hatte schon Niebuhr versucht, sein Geschichtswerk galt als maßgebende Darstellung der römischen Geschichte zu überwinden. Denn auch Niebuhr hatte die Geschichte aus den Quellen schreiben und anschaulich präsentieren wollen, doch verlor er sich in langatmiger Quellendarlegung, und sein sprachlicher Stil war hölzern und spröde.[105] Nun wünschte man sich aus deutscher Feder ein ähnlich eloquentes Geschichtswerk, wie es Macaulay in englischer Sprache vorgelegt hatte.[106]

Mommsens Mühsal bestand zum einen darin, dass er sich auch über Lebensbereiche der Römer informieren musste, die nicht unmittelbar in sein Interessengebiet fielen. So holte er immer wieder Rat von befreundeten Wissenschaftlern ein, bspw. zu den antiken Schriftstellern, und ließ Experten sein Ma-

---

97   Vgl. Rebenich, Mommsen, S. 94, Gooch, Geschichtsschreiber, S. 527 sowie Bringmann, Mommsen als Geschichtsschreiber, S. 167.

98   Vgl. Heuß, Mommsen als Geschichtsschreiber, S. 43 und 71.

99   Vgl. Wickert, Mommsen III, S. 405. Den Ausdruck „Geschichtsklitterung" oder „Geschichte klittern" benutzt Mommsen im Zusammenhang mit der *Römischen Geschichte* regelmäßig, bspw. in einem Brief an Tycho Mommsen, 8. Juli 1853; zitiert bei Wickert, Mommsen III, S. 621.

100 Theodor Mommsen an Wilhelm Henzen, 31. Juli 1851; zitiert nach ebd., S. 620.

101 Theodor Mommsen an Otto Jahn, 18. Juni 1853; zitiert nach ebd., S. 621.

102 Theodor Mommsen an Wilhelm Henzen, 11. Juli 1854; zitiert nach ebd., S. 626.

103 Theodor Mommsen an Wilhelm Henzen, 17. Oktober 1849; zitiert nach ebd.; S. 618.

104 Theodor Mommsen an Wilhelm Henzen, ohne Datum; zitiert nach ebd., S. 619. Wickert nimmt als Datum des Briefes den 2. Juni 1850 an.

105 Vgl. Bringmann, Mommsen als Geschichtsschreiber, S. 161.

106 Macaulay, Thomas B.: History of England from the accession of James II. 5 Bände. London: Longman, Brown, Green and Longmans 1848–61. Vgl. Heuß, Mommsen und das 19. Jh., S. 62, Heuß, Mommsen als Geschichtsschreiber, S. 39 und 44 sowie Bringmann, Mommsen als Geschichtsschreiber, S. 164. Zu weiteren Vorläufern Mommsens vgl. Christ, Mommsen und die „Römische Geschichte", S. 7 und Gooch, Geschichtsschreiber, S. 535–544.

nuskript gegenlesen.[107] Ein anderer Grund für den Unmut des Autors bei der Arbeit war, dass sich diese trotz des hohen Schreibtempos hinzog und Mommsen von anderen, in seinen Augen wichtigeren Aufgaben abhielt. Ursache war hierbei wohl vor allem, dass sich die Vorbereitungszeit und der Einstieg in den ersten Band hingezogen hatte; 1849 hatte Mommsen mit der Arbeit an der *Römischen Geschichte* begonnen, bis zum Erscheinen des ersten Bandes gingen fünf Jahre ins Land, was für einen zügigen und ungeduldigen Schreiber wie Mommsen eine lange Zeitspanne ist; zumal die Geschichtsschreibung für Mommsen nur eine Nebenbeschäftigung darstellte und er sich durch sie von seiner eigentlichen akademischen Laufbahn abgehalten sah. Gerrit Walther gibt zu bedenken, dass die Klagen Mommsens während des Schreibprozesses auch ein „Versuch [waren], sich gegen Kritik abzusichern. Gerade weil Mommsen selbst schärfste akademische Maßstäbe anlegte, fühlte er sich unwohl in der Rolle des Generalisten."[108] Dieses Argument erhält erst retrospektiv Gewicht, was später noch zu diskutieren sein wird.

Letztlich meisterte Mommsen die – gemessen an Anspruch und Erwartungshaltung – große Herausforderung auf einmalige und mustergültige Weise. Sein politisches Urteilsvermögen und seine Detailkenntnis der Quellen, die ihm den Weitblick für die großen Zusammenhänge nicht verstellte, ermöglichte ihm, den komplexen Stoff gänzlich zu durchdringen und ein zeitgemäßes, in sich konsistentes Geschichtsbild in moderner Fassung zu zeichnen. Mit Sprachgefühl und sicherem Stil schrieb Mommsen seine *Römische Geschichte* zum ganz großen Wurf.[109]

Inhaltlich umfassen die drei ersten Bände die römische Geschichte von den Anfängen bis zur Schlacht von Thapsus (46 v. Chr.). Leitmotiv für Mommsens Darstellung ist die Nation, die in der Lichtgestalt Caesar ihre Erfüllung findet.[110] Dieses Motiv schaffte einen integrativen Bezug zum zeitgenössischen politischen Geschehen. Nach Mommsens Geschichtsverständnis verlief die Geschichte nach einer inneren Notwendigkeit, entwickelte sich also gemäß eines teleologischen Sinngehalts; von den historischen Akteuren erwartete er, dass sie ihr Handeln in den Dienst des Notwendigen stellten, und beurteilte sie ent-

---

107   Zum Beispiel holte er sich Unterstützung beim Lucrez-Experten Jacob Bernays. Vgl. die bei Wickert, Mommsen III, S. 629 zitierten Briefstellen. Vgl. auch Heuß, Mommsen als Geschichtsschreiber, S. 53 und Bringmann, Mommsen als Geschichtsschreiber, S. 168.

108   Walther, Gerrit: „… mehr zu den Künstlern als zu den Gelehrten." Mommsens historischer Blick. IN: Theodor Mommsen, Gelehrter, Politiker und Literat. Hrsg. von Josef Wiesehöfer. Stuttgart: Franz Steiner 2005, S. 229–243; (im Folgenden: Walther, Mommsens historischer Blick), hier S. 231.

109   Vgl. Fest, Wege zur Geschichte, S. 30, Bringmann, Mommsen als Geschichtsschreiber, S. 166 sowie Christ, Mommsen und die „Römische Geschichte", S. 7.

110   Vgl. Christ, Mommsen und die „Römische Geschichte", S. 25–26 und Rebenich, Mommsen, S. 92.

sprechend.[111] So zeichnete er bewundernde oder auch vernichtende Portraits. Um die gesellschaftlichen und administrativen Strukturen für das zeitgenössische Publikum transparenter zu machen, scheute sich Mommsen nicht, die entsprechenden modernen Begriffe zu verwenden, sprach von ‚Parteien', ‚Bürgermeistern' und ‚Kapitalisten'.[112]

Damit brach Mommsen mit der traditionellen idealen Vorstellung von der Antike, und ihm gelang die Vergegenwärtigung des Geschehenen.[113] Er begnügte sich nicht mit der Darstellung der politischen Geschichte, sondern widmete sich darüber hinaus anderen Lebensbereichen, wie Wirtschaft, Kultur oder Religion, die er nicht nur separiert, sondern in Querschnitten im Zusammenhang darstellte.[114] Dem Leser boten sich ungeahnte Identifikationsmöglichkeiten.[115] Mommsens Geschichtsbild war in sich geschlossen und veränderte sich im Lauf der Jahre nicht wesentlich.[116] Das ist erstaunlich, wenn man bedenkt, dass Mommsen die *Römische Geschichte* zu Beginn seiner wissenschaftlichen Laufbahn verfasste und man ein solch synthetisierendes Werk normalerweise von einem renommierten Fachvertreter auf der Höhe seiner Karriere erwartet. Es gehört eine enorme Überzeugung vom eigenen Geschichtsurteil dazu, sich über Lücken im Quellenmaterial hinwegzusetzen und die eigene Sicht als allgemeingültige Interpretation darzulegen. Mommsen war sich bewusst, dass er damit in der Fachwelt anecken würde, zumal die *Römische Geschichte* nicht nur sprachlich-stilistisch, sondern auch inhaltlich eine Generalabrechnung mit der Niebuhr-Schule darstellte.[117]

Doch der populäre Anspruch verlangte, dass Geschichte „nicht logisch deduziert, sondern kategorisch postuliert"[118] wurde. Dazu bedurfte es der Autorität des Historikers und eines Autors, der den Anforderungen der Publikationsform und den Erwartungen des Zielpublikums gerecht wurde.[119] Mommsen wusste, wie man populär schreibt, und war sich über den Adressatenkreis seines Buchs bewusst. Er schöpfte seine Geschichtserzählung direkt aus den Quellen, ohne diese darzulegen.[120] Konsequent verzichtete er auf Belege und argumentierte kaum. Weder wies er seine Erkenntnislücken auf, noch setzte er sich mit

---

111 Vgl. Meier, Begreifen des Notwendigen, S. 202–204 und 208–209, Heuß, Mommsen und das 19. Jh., S. 73.
112 Vgl. Rebenich, Mommsen, S. 90.
113 Vgl. Rebenich, Mommsen, S. 127–128.
114 Vgl. Heuß, Mommsen und das 19. Jh., S. 68 und Bringmann, Mommsen als Geschichtsschreiber, S. 167.
115 Vgl. Meier, Begreifen des Notwendigen, S. 243–244.
116 Vgl. Heuß, Mommsen und das 19. Jh., S. 60.
117 Vgl. ebd., S. 61, 100 und 115 sowie Bringmann, Mommsen als Geschichtsschreiber, S. 167.
118 Vgl. Rebenich, Mommsen, S. 88.
119 Vgl. Fest, Wege zur Geschichte, S. 39 und Meier, Begreifen des Notwendigen, S. 211.
120 Vgl. Heuß, Mommsen als Geschichtsschreiber, S. 37.

gegensätzlichen Meinungen auseinander.[121] Gelegentlich polemisierte er gegen sie. Der Leser war nicht angehalten, den Erkenntnisweg nachzuvollziehen, sondern musste das Dargestellte glauben. Oder positiv formuliert: All das, was den Fachvertretern unter seinen Lesern, gerade denjenigen, die eine andere Geschichtsauffassung vertraten, ein Dorn im Auge sein musste, verhalf der *Römischen Geschichte* zu ihrem immensen Publikumserfolg. Der Leser durfte sich recht unterhaltsam, unmerklich und im besten Sinne belehren lassen. Mommsen erwartete zu Recht, dass besonders seine gelehrten Leser erstaunt sein würden, wenn „ein Autor seine Gelehrsamkeit auch einmal in die Tasche stecken kann und nicht immer den Rock mit den Nähten auswendig trägt; das kommt denen, die gern Noten schrieben, wenn sie wüßten wie, sehr großartig vor und deren Zahl ist ziemlich beträchtlich."[122]

Mommsens Geschichtswerk „traf […] den Nerv der Zeit" und schloss „eine Lücke auf dem deutschen Buchmarkt."[123] Die Rechnung der Verleger ging mehr als auf: Die *Römische Geschichte* wurde zur Sensation. Schnell wurde die zweite Auflage nötig, zu Mommsens Tod lagen die ersten drei Bände bereits in neunter Auflage vor, bis 1933 folgten weitere Auflagen. 1857 wurde die *Römische Geschichte* ins Italienische übersetzt, 1858 erschien sie auf Russisch und Englisch, es folgten französische (1863), ungarische (1867) und spanische (1875) Ausgaben. Hinzu kamen zahlreiche Lizenzausgaben.[124] Nach dem Zweiten Weltkrieg erschien 1976 eine achtbändige und kommentierte Neuausgabe im *Deutschen Taschenbuchverlag*.[125]

Doch dies war nur die quantitative Seite des Erfolges. Mommsen freute sich über den enormen Zuspruch, den er nicht nur seitens des breiten Lesepublikums, sondern auch von vielen Kollegen bekam:

> Was soll ich's nicht sagen, daß es mich unbeschreiblich freut! Ich habe so mein Bestes und Eigenstes in dieses Buch gelegt, es so innerlich erlebt, daß es mir auch wie ein Frühling ist, wenn ich nun sehe, ich bin nicht allein mit meinem eigensten Hoffen und Bangen.[126]

Mommsen war die Resonanz des Publikums wichtig; so sorgte er sich nach Erscheinen des ersten Bandes, dass dieser bei den Leser*innen* nicht so gut anzu-

---

121 Vgl. Bringmann, Mommsen als Geschichtsschreiber, S. 166.
122 Theodor Mommsen an Otto Jahn, 11. Juli 1854; zitiert nach Wickert, Mommsen III, S. 625.
123 Rebenich, Mommsen, S. 95 und 96; vgl. auch Meier, Begreifen des Notwendigen, S. 14, Bernstein, „Weidmänner", S. 39 sowie Demandt, Historie und Politik, S. 21.
124 Bspw. 1932 nach Ablauf der Schutzfrist eine gekürzte, einbändige Ausgabe im Phaidon-Verlag, Wien; vgl. hierzu auch Beck, Der wissenschaftliche Verleger, S. 469. Siehe zu den Auflagen der *Römischen Geschichte* Anhang 10.
125 Mommsen, Theodor: Römische Geschichte. 8 Bände. München: dtv 1976.
126 Theodor Mommsen an Carl Ludwig, 30. April 1856; zitiert nach Wickert, Mommsen III, S. 637.

kommen schien.[127] Die zweite Auflage nutzte er, um vor allem diesen Band
überarbeitend zu verbessern. Der Erfolg war ihm hierfür durchaus Maß und er
gestand sich eine gewisse Eitelkeit zu:

> Womit ich nicht gesagt haben will, daß der überwältigende Beifall den meine Ge-
> schichte findet, mir nicht auch sehr angenehm ist und vor allen Dingen fruchtbar,
> denn ich habe es ja selbst nicht gewußt, daß ich imstande bin so etwas zu machen,
> und wenn die späteren Bände besser sind als der erste, so ist das wohl Folge vom
> Applaus – denn Schauspieler sind wir nun ja doch alle und sollen es auch sein.[128]

Diejenigen Fachkollegen, die seine wissenschaftliche Meinung teilten, nahmen
die *Römische Geschichte* ähnlich euphorisch auf wie das breite Publikum. Mommsens Studienfreund Heinrich Hagge hielt die *Römische Geschichte* für ein „unfehl-
bar großes Glück"[129] und Friedrich Ritschl[130] riet noch vor Erscheinen, die
Auflage großzügig zu kalkulieren, „da das Buch ein doppeltes Publikum haben
wird: das der Gelehrten und Zünftigen, und das der Leihbibliotheken, das einen
Roman nicht eher aus der Hand zu legen pflegt bis es ihn mit wachsender
Spannung durchgejagt hat."[131] Carl Ludwig[132] bestätigte auch den Erfolg beim
Wiener Publikum: „Selbst in der Stadt der Phäaken schlägt Dein Buch durch
wie eine neue Mehlspeise."[133]

Die ihm Wohlgesonnenen störten sich nur wenig an der nicht wissenschaftlichen Form der *Römischen Geschichte*, nur das moderne Vokabular und die
übermäßige Idealisierung Caesars wurden regelmäßig moniert. Diejenigen, die
Mommsens Geschichtsauffassung nicht teilten, kritisierten die *Römische Geschichte* gerade wegen ihrer Unwissenschaftlichkeit. Hier wurden Hypothesen als bare
Münze verkauft, die ihrer Meinung nach des wissenschaftlichen Diskurses be-

---

127 Vgl. Theodor Mommsen an Marie Mommsen, 28. Juni 1854; zitiert bei ebd., S. 624.

128 Theodor Mommsen an Tycho Mommsen, 2. Mai 1856; zitiert nach Wickert, Mommsen III,
     S. 638.

129 Heinrich Hagge an Theodor Mommsen, 26. Februar 1854; zitiert nach ebd., S. 623.

130 Friedrich Wilhelm Ritschl (1806–1876) studierte in Leipzig und Halle Klassische Philologie
     und schloss 1829 mit Promotion ab. Noch im selben Jahr folgte die Habilitation. Seit 1832
     war er Professor in Halle, 1833 in Breslau und 1839 in Bonn. Dort war er von 1854 bis 1865
     auch Oberbibliothekar der Universitätsbibliothek. 1865 ging Ritschl nach Leipzig. Er gab
     von 1842 bis 1876 das *Rheinische Museum für Philologie* heraus. Vgl. DBE, Bd. 8, S. 439.

131 Friedrich Ritschl an Theodor Mommsen, ohne Datum; zitiert nach Wickert, Mommsen III,
     S. 622, der den Brief auf Dezember 1853 datiert.

132 Carl Friedrich Wilhelm Ludwig (1816–1895) studierte in Marburg und Erlangen Medizin, wo
     er 1840 promovierte. Zwei Jahre später erfolgte die Habilitation. 1846 wurde Ludwig zu-
     nächst außerordentlicher Professor und hatte dann eine ordentliche Professur für Anatomie
     und Physiologie in Zürich inne. Aus dieser Zeit kannte er Mommsen. 1855 ging er nach
     Wien; seit 1867 war Ludwig Mitglied der *Deutschen Akademie der Naturforscher Leopoldina*. Vgl.
     Brigitte Lohff IN: DBE, Bd. 6, S. 595–596.

133 Carl Ludwig an Theodor Mommsen, 24. April 1856; zitiert nach Wickert, Mommsen III,
     S. 636.

durft hätten. [134] Doch konnte Wissenschaftlichkeit schwerlich der geeignete Maßstab für ein populäres Werk sein. So lasen zwar die Fachvertreter die *Römische Geschichte,* doch wurde diese in der Folge kaum im wissenschaftlichen Diskurs zitiert. [135] Allerdings regte sie die Forschung – zumal als Provokation – an. Ein erfolgreiches populäres Buch war natürlich wenig geeignet, Mommsens Stand bei der Preußischen Akademie zu verbessern. In Berlin galt er nun erst recht als Oppositioneller. [136]

Mommsens *Römische Geschichte* ist ein wahrlich einmaliger Geniestreich: Einmalig trat Mommsen als Geschichtsschreiber auf und brachte das Genre der Geschichtsschreibung zu einmaliger Formvollendung. [137] Die *Römische Geschichte* verhalf ihm zu durchschlagendem Erfolg und hohem Bekanntheitsgrad in der Öffentlichkeit, auch machte er in der Fachwelt von sich reden. Sein wissenschaftliches Renommee erarbeitete er sich aber durch solide wissenschaftliche Publikationen. Als seine wissenschaftliche Karriere in festen Bahnen verlief und seine Reputation wuchs, erhöhte seine wissenschaftliche Autorität auch den Nimbus der *Römischen Geschichte* [138] und stabilisierte diese wiederum seinen internationalen Ruhm als Altertumsforscher. Die *Römische Geschichte* übernahm somit eine Katalysatorfunktion in Mommsens Laufbahn, da sie sein breit angelegtes Potenzial erstmals zur vollen Entfaltung brachte, ja provozierte und seinen Ruhm außerhalb der Fachwelt begründete. [139]

6.2.1   Der fehlende vierte Band

Nachdem Mommsen die ersten drei Bände abgeschlossen hatte, legte er die Arbeit an der *Römischen Geschichte* vorerst zur Seite und konzentrierte sich auf seine akademische Laufbahn. Sein Publikum erwartete indes gespannt die Fortsetzung. [140] Die Absicht weiterzuschreiben hat Mommsen nie aufgegeben, sein wissenschaftliches Wirken ließ ihm aber nicht den nötigen Freiraum. Zudem hatte er mit dem Erfolg der ersten Bände eine Marke gesetzt, an der sich nicht nur andere, sondern auch er selbst messen lassen musste.

1866 machten Mommsen finanzielle Engpässe zu schaffen, und er dachte über eine Möglichkeit nach, durch die Fortsetzung der *Römischen Geschichte*

---

134   Vgl. Gooch, Geschichtsschreiber, S. 525–526.
135   Vgl. Heuß, Mommsen als Geschichtsschreiber, S. 41.
136   Vgl. Rebenich, Mommsen, S. 101 und 105.
137   Vgl. ebd., S. 58, spricht von einem „Einzeltreffer". Vgl. auch Christ, Mommsen und die „Römische Geschichte", S. 7 sowie Heuß, Mommsen als Geschichtsschreiber, S. 37.
138   Vgl. Christ, Mommsen und die „Römische Geschichte", S. 38.
139   Vgl. Heuß, Mommsen und das 19. Jh., S. 58 und Bringmann, Mommsen als Geschichtsschreiber, S. 158.
140   Vgl. Heuß, Mommsen als Geschichtsschreiber, S. 85.

schnell zu Geld zu kommen. Der Weg sollte über eine quasi Vorabveröffentlichung der Kaisergeschichte im Ausland führen.

> Mir ist der Gedanke gekommen meine Vorlesungen über Kaisergeschichte nicht deutsch, aber englisch und französisch erscheinen zu lassen. Es sind das die *prima stamina* [lat. ‚erste Webfäden‘; EF] der Fortsetzung meines Werkes; vor das deutsche Publikum möchte ich damit nicht treten, um mir nicht diese selbst durch einen solchen publizierten *abbozzo* [ital. ‚Entwurf‘; EF] zu versperren; [...]. Gute Bezahlung ist natürlich die erste Bedingung. Der erste Band könnte bis 1. Okt. fertig sein, das Honorar wäre für jeden Band halb bei Ablieferung, halb zwei Monate vorher zu zahlen.[141]

Seinen Plan, der freilich nie realisiert wurde, beschrieb er Wilhelm Henzen, den er zugleich bat, sein Vorhaben in Paris dem renommierten französischen Epigraphiker Adolphe Noël des Vergers[142] vorzustellen; Mommsen erhoffte sich über diesen Weg wohl eine Vermittlung zu einem interessierten französischen Verleger. In gleicher Absicht hatte er sich bereits an einen Bekannten in London gewandt. Das Briefzitat belegt zum einen die Notlage, in der sich Mommsen befunden haben muss und die seine Kreativität beflügelte, wie er aus seinem Erfolg schnell Kapital schlagen könnte. Zum anderen beweist es, dass Mommsen sich zwar mit der Kaisergeschichte intensiv beschäftigte, da er ja Vorlesungen darüber hielt, dass er aber über keinerlei Vorarbeiten für ein Manuskript für den vierten Band der *Römischen Geschichte* verfügte bzw. dass er sich weder in der Lage sah noch gewillt war, einen solchen Band in Windeseile zu verfassen. Vor allem aber wird deutlich, dass Mommsen die Erwartungshaltung seines Publikums nicht nur genau kannte, sondern auch respektierte. Er wusste, dass er auf dem deutschen Buchmarkt keine Notlösung als vierten Band präsentieren durfte.

In wissenschaftlichen Kreisen traute er sich das schon eher: 1878 ließ Mommsen einen Aufsatz über den letzten Kampf der römischen Republik, den er als „Bruchstück" untertitelt hatte, als *Römische Geschichte Vierter Band* in einer Auflage von 100 Exemplaren privat drucken und versendete diesen Sonderdruck als Dankadresse an seine Freunde anlässlich der Glückwünsche zu seinem 60. Geburtstag. Das Titelblatt trug das Motto:

---

141 Theodor Mommsen an Wilhelm Henzen, 14. Juni 1866; zitiert nach Wickert, Mommsen III, S. 653. (Hervorhebungen im Original, teilweise gesperrt)

142 Joseph Marin Adolphe Noël des Vergers (1805–1867) studierte in Paris orientalische Sprachen, Geschichte und Geographie. Eine Studienreise brachte ihn in Kontakt mit Bartolomeo Borghesi, unter dessen Einfluss er sich auf die Epigraphik spezialisierte. Noël des Vergers verlegte seinen Wohnsitz nach Italien, betätigte sich dort als Archäologe und Etrusker-Forscher. Sein Haus wurde zur Anlaufstelle vieler Wissenschaftler und Künstler. Vgl. http://de.wikipedia.org/wiki/Adolphe_No%C3%ABl_des_Vergers (09.12.2013)

> „Gerne hätt ich fortgeschrieben
> Aber es ist liegen blieben."[143]

Der gelungene Scherz unter Kollegen konnte freilich nur kurz über die fehlende Fortsetzung hinwegtrösten. Je mehr Zeit verging, desto dringlicher wurde der vierte Band erwartet, zumal als Mitte der 1880er Jahre Gerüchte aufkamen, Mommsen schreibe nun endlich an der Fortsetzung. Tatsächlich, nachdem Mommsen 1883 von der Lehrpflicht entbunden worden war und zwei wichtige Bände des *CIL* abgeschlossen waren, schrieb er die *Römische Geschichte* fort. Der ersehnte vierte Band wurde zum öffentlichen Gesprächsthema; so meldete Theodor Storm 1884 an Gottfried Keller: „Ich kann verraten, daß er [i. e. Mommsen; EF] jetzt die Kaisergeschichte schreibt."[144] Sogar die Zeitungen berichteten hierüber.[145]

Skeptisch, aber besten Willens war Mommsen wieder ans Werk gegangen: „Ob ich imstande sein werde diejenigen Arbeiten, die ich [...] als junger Mann unterbrochen habe, jetzt im Alter wieder aufzunehmen weiß ich nicht; aber ich möchte es versuchen."[146] Beim Schreiben, das ihn ähnlich, wenn nicht ärger als damals plagte, kamen ihm Zweifel am Gelingen: „Ich habe versucht an meiner Geschichte zu zimmern; es ist auch ein Stück fertig geworden, aber es taugt nichts oder nicht viel."[147]

Während der Arbeit beschloss Mommsen, nicht direkt den Anschlussband über die Kaiserzeit zu schreiben, sondern widmete sich erst der Darstellung der römischen Provinzen; und so erschien 1885 zunächst und für viele Uneingeweihte überraschend der fünfte Band über *Die Provinzen von Caesar bis Diocletian*. Obschon die zweite (noch im selben Jahr) und dritte (1886) Auflage rasch folgten, konnte Mommsen eher einen Achtungserfolg erzielen als Begeisterungsstürme wecken.[148] Der „sog. V. Band"[149] weicht in Thema und Tonus stark von den ersten drei Bänden der *Römischen Geschichte* ab und steht zu diesen wie ein Anhängsel, das nicht zuletzt durch die mit ihm klar markierte Lücke des immer noch fehlenden vierten Bandes separiert erscheint. Der fünfte Band fachte aber berechtigterweise die Hoffnungen auf den vierten an:

---

143   Vgl. hierzu den Nachdruck: Mommsen, Theodor: Römische Geschichte. Vierter Band. Hildesheim: Georg Olms 1966. Das Motto befindet sich auf dem Titelblatt, das „Bruchstück" auf S. 90.
144   Theodor Storm an Gottfried Keller, 12. Oktober 1884; zitiert nach Demandt, S. 16.
145   Vgl. Demandt, S. 16. Vgl. auch die zitierten Briefstellen bei Wickert, Mommsen III, S. 660–667.
146   Theodor Mommsen an Minister von Goßler, 31. Mai 1883; zitiert nach ebd., S. 660.
147   Theodor Mommsen an Wilhelm Henzen, 13. Februar 1884; zitiert nach ebd., S. 664.
148   Vgl. Christ, Mommsen und die „Römische Geschichte", S. 58.
149   Heuß, Mommsen und das 19. Jh., S. 90.

Die Leute erwarteten mit einigem Recht, daß er gleich weiter machen und den vierten Band schreiben würde, denn daß ausgerechnet ein Mann wie M[ommsen], der mit seinen Unternehmungen immer ans Ziel kam, es fertigbringen würde, ein durch die allen sichtbare ausgesparte Lücke sozusagen verpfändetes Wort nicht einzulösen, war unvorstellbar.[150]

Besonders Ulrich von Wilamowitz[151] beschwor seinen Schwiegervater, nun auch den vierten Band zu schreiben: „Vorm Jahre wünschte ich Band IV, und den Wunsch wiederhole ich, mit Zuversicht, weil Band V nun da ist."[152] Mommsens Mut hingegen schwand mit Erscheinen des fünften Bandes, er merkte, dass dieser nicht mehr die Aufnahme beim Publikum fand wie die ersten Bände. Ein weiteres Mal zeigt sich, wie sehr Mommsen Publikumserfolg und Absatz als Maßstab für seine Geschichtsschreibung galten. Seiner Frau gegenüber äußerte er seine Bedenken:

Das möchte ich aber doch gelegentlich wissen, ob mein Buch wirklich noch gelesen wird. Ich glaube es nicht, trotz der obligaten Lobsprüche; unsere Zeit ist vorbei. Spricht Hans über den Absatz? frage ihn nicht; wenn er nicht darüber spricht, so reicht das aus.[153]

Mommsen blieb den vierten Band schuldig. Die große Erwartungshaltung zu seinen Lebzeiten wandelte sich – als die Lücke nach seinem Tod endgültig nicht mehr zu schließen war – in die Frage, warum Mommsen das Buch nicht geschrieben hat, die sich bis heute durch die Forschungsliteratur zieht.[154] Bei der

---

150 Heuß, Mommsen als Geschichtsschreiber, 87.
151 Ulrich Ennos Friedrich Wichard von Wilamowitz-Moellendorff (1848–1931) studierte ab 1867 Klassische Philologie, u.a. bei Jakob Bernays, Friedrich Gottlieb Welcker und Moritz Haupt, in Bonn und Berlin. 1870 schloss er mit Promotion ab. In den Jahren 1872/73 reise Wilamowitz durch Italien und Griechenland. 1873 lernte er Mommsen kennen, 1878 heiratete er dessen älteste Tochter Marie. 1875 habilitierte sich Wilamowitz und wurde 1876 außerordentlicher Professor in Greifswald. 1883 ging er nach Göttingen, 1897 nach Berlin, wo er seinen Einfluss als Berater von Althoff geltend machte. Nach dem Tod seines Schwiegervaters sorgte Wilamowitz für die Weiterführung von Mommsens Großprojekten. Vgl. DBE, Bd. 10, S. 623–624.
152 Ulrich von Wilamowitz an Theodor Mommsen, 29. November 1884; zitiert nach Wickert, Mommsen III, S. 668. Dieser Brief datiert zwar vor dem Erscheinen des fünften Bandes, aber Wilamowitz stand Mommsen nahe genug, um zu wissen, dass das Buch vollendet war.
153 Theodor Mommsen (aus Rom schreibend) an Marie Mommsen, 21. Mai 1885; zitiert nach Wickert, Mommsen III, S. 670. Mit Hans ist Hans Reimer, Maries Bruder und Sohn Karl Reimers, gemeint, der die Weidmannsche Buchhandlung nach dem Tod des Vaters übernommen hatte.
154 Interessant ist der Umgang mit dieser Lücke: Die dtv-Neuausgabe ignoriert mit ihrer achtbändigen Anlage die ursprüngliche Bandeinteilung ohnehin (Der ursprüngliche I. Band (Bücher 1–3) ist verteilt auf die ersten beiden dtv-Bände, Band II (Buch 4) entspricht Band 3, Band III (Buch 5) ist verteilt auf Band 4 und 5, der V. Band (Buch 8) auf 6 und 7, der 8. dtv-

Diskussion werden vielfältige Gründe genannt, manche erscheinen wenig plausibel, zum Beispiel Mommsen sei zu wenig bewandert in der griechischen Kultur oder dem Christentum gewesen; hatte er doch schon bei den ersten drei Bänden bewiesen, dass er sich in unvertrauten Sachgebieten gerne den Rat befreundeter Kollegen holte.[155] Auch hätten die lückenhafte Quellenlage[156] oder der politische Druck[157] Mommsen sicherlich nicht vom Schreiben abgehalten. In den Bereich der Legendenbildung gehört die Vermutung, das Manuskript sei 1880 beim Brand von Mommsens Hausbibliothek vernichtet worden.[158] Andere Gründe erscheinen, allein gesehen, nur wenig tragfähiger, etwa dass ihn der inhaltliche Zuschnitt der ersten Bände mit Caesar als „(säkularisierte) Apotheose"[159] in eine Sackgasse geführt habe, über die hinaus er nun nicht weiterschreiben konnte; ob nun, weil er Caesar nicht sterben lassen wollte oder weil die Kaiserzeit inhaltlich keinen literarischen Spannungsbogen lieferte.[160]

Die Suche nach plausiblen Gründen indiziert zweierlei: Zum einen steht sie Pate für die immense Enttäuschung des einstigen Publikums, zum anderen impliziert sie, dass nur Mommsen selbst dieses Buch hätte schreiben können. Zusammen trifft sich beides in der unbeantworteten Frage, *wie* Mommsen die Kaisergeschichte geschrieben hätte. Julius Wellhausen traf den Nagel auf den Kopf, als er 1884 an Mommsen schrieb: „Die Welt interessiert sich vielleicht weniger für die Römischen Kaiser als für Theodor Mommsen, und nicht so sehr für die Geschichte als für Ihre Auffassung derselben."[161]

Band umfasst Anhang und Register.); als ‚Ersatz' für den IV. Band ist der von Mommsen gefasste Privatdruck, ergänzt durch einen weiteren Aufsatz über *Boden- und Geldwirtschaft der römischen Kaiserzeit* von 1885, abgedruckt. Vgl. editorische Anmerkung in Bd. 8, S. 67–69.

155 Vgl. Heuß, Mommsen und das 19. Jh., S. 94 und Demandt, Alexander: Einleitung. IN: Theodor Mommsen: Römische Kaisergeschichte. Nach den Vorlesungs-Mitschriften von Sebastian und Paul Hensel 1882/86. Hrsg. von Barbara Demandt und Alexander Demandt. München: C.H. Beck 1992, S. 15–50; (im Folgenden: Demandt, Einleitung), S. 18.

156 Vgl. Demandt, Einleitung, S. 17–18 und Gooch, Geschichtsschreiber, S. 530.

157 Vgl. Heuß, Mommsen und das 19. Jh., S. 94.

158 Vgl. ebd. und Demandt, Einleitung, S. 20 sowie S. 36–37. Zum Brand vgl. Heuß, Mommsen und das 19. Jh., S. 204–205: In der Nacht zum 12. Juli 1880 wurden beim Brand in Mommsens Arbeitszimmer viele seiner Bücher, aber auch kostbare Handschriften, die er ausgeliehen hatte, vernichtet.

159 Heuß, Mommsen als Geschichtsschreiber, S. 65.

160 Vgl. Rebenich, Mommsen, S. 89, Christ, Mommsen und die „Römische Geschichte", S. 50–51, Fest, Wege zur Geschichte, S. 49–50, Demandt, Einleitung, S. 21 und Walther, Mommsens historischer Blick, S. 240.

161 Julius Wellhausen an Theodor Mommsen, 15. Dezember 1884; zitiert nach Demandt, Einleitung, S. 45.
    Julius Wellhausen (1844–1918) war evangelischer Theologe und Orientalist. 1870 hatte er in Göttingen promoviert und sich später habilitiert. 1872 ging er zunächst nach Greifswald, zehn Jahre später nach Halle. 1885 wechselte er nach Marburg, 1892 schließlich nach Göttingen. Vgl. Rudolf Smend IN: DBE, Bd. 10, S. 531.

In der Zusammenschau aller in der Forschung aufgeführten Gründe, macht es sich Demandt zu einfach, wenn er allzu beliebig feststellt: „Die Vielfalt der Meinungen gestattet keine Bilanz."[162] Ähnlich nüchtern, aber den Kern des Problems treffend, fasst Heuß die Spekulationen zusammen: Keiner der Gründe allein genommen, hätte Mommsen abhalten können, denn „wenn Mommsen den vierten Band nicht geschrieben hat, dann wollte er und mochte er nicht. Es lag an seinem Entschluß [...]."[163] Das beantwortet die Frage nicht, verschiebt sie aber dahingehend, nicht nach äußeren Gründen zu suchen, die Mommsen wie unüberwindbare Hindernisse abgehalten hätten, sondern die Antwort beim Autor selbst zu suchen.

Zwei Aspekte, die bisher nicht genannt wurden, führen auf die richtige Spur: Eher als Symptom zu bewerten ist Mommsens Unmut beim Schreiben, den er schon bei den ersten Bänden empfunden hatte und der während der Arbeit am fünften Band unvermindert wiederkehrte. Darüber hinaus beklagte Mommsen den fehlenden Mut und Überschwang der Jugend, die ihn einst angesichts der Aufgabe beflügelt hätten. Zu Beginn seiner Karriere, als er noch kaum etwas zu verlieren hatte, hatte er beherzt die große Synthese gewagt. Nun war ihm gewissermaßen die wissenschaftliche Unzulänglichkeit der Geschichtsschreibung allzu bewusst:

> Aber die Aufgabe ist in sich selbst so schwer, daß ich nicht weiß, wie weit ich kommen werde – es gehört der Leichtsinn der Jugend [...] dazu über Dinge zu reden, die man nicht versteht, und das heißt doch Geschichte schreiben, wenigstens Geschichte der röm[ischen] Kaiserzeit.[164]

Dieses sehr persönlich empfundene Moment erklärt sich nicht allein aus Mommsens fortgeschrittenem Alter, sondern korrespondiert mit der Fortentwicklung der Geschichtswissenschaft. Mitte des 19. Jahrhunderts, als Mommsen die ersten drei Bände seiner *Römischen Geschichten* schrieb, waren Geschichtsschreibung, Öffentlichkeit und (die noch kaum institutionalisierte) Fachhistorie noch eng miteinander verbunden. In den folgenden Jahrzehnten hatte Mommsen wesentlich mit dazu beigetragen, dass sich die Fachgeschichte zunehmend von der weiterhin populär verorteten Geschichtsschreibung distanzierte. Mitte der 1880er Jahre war Mommsen ein hoch renommierter Fachvertreter, der gegen Dilettanten polemisierte[165] und der Reputation, Karriere und Macht auf der Erforschung der Quellen aufgebaut hatte.

---

162 Demandt, Einleitung, S. 23.
163 Heuß, Mommsen und das 19. Jh., S. 96.
164 Theodor Mommsen an Heinrich Degenkolb, 19. November 1883; zitiert nach Wickert, Mommsen III, S. 661.
165 Vgl. Nissen, Populäre Geschichtsschreibung, S. 69, Anm. 109.

Den großen Editionen galt sein wissenschaftliches Wirken; die Geschichtsschreibung hatte Mommsen von Anfang an zwar als willkommene, aber doch nur Nebentätigkeit empfunden, die nicht in seinen unmittelbaren wissenschaftlichen Aufgabenbereich gehörte, sondern ihn vielmehr von seiner eigentlichen Arbeit abhielt. Somit war der (Geschichts-)Schreibprozess nicht in seine alltägliche Arbeitsroutine integriert, sondern Mommsen plante hierfür ‚Freizeit‘ ein. Mommsen stellte schon 1856 – nahezu prophetisch – fest:

> Übrigens, wenn mich nicht ein Menschenfreund pensioniert oder ich einmal wieder abgesetzt werde, sehe ich nicht, wie ich wieder an dies Buch kommen soll um es fortzuführen und es wird wohl wie jedes andre deutsche Geschichtsbuch, ein Stückwerk bleiben.[166]

Später schrieb er aus Neapel an seine Tochter Marie:

> Wie ein Traum, den man nicht loswerden kann, geht mir der Gedanke nach auf sechs bis acht Monate hierher zu ziehen und einen Versuch zu machen, ob ich nicht noch schreiben kann, was die Leute lesen mögen: ich glaube es eigentlich nicht, nicht daß ich mich altersschwach fühle, aber die heilige Halluzination der Jugend ist hin, ich weiß jetzt leider, wie wenig ich weiß und die göttliche Unbescheidenheit ist von mir gewichen […].[167]

In diesem Briefzitat bringt Mommsen die entscheidenden Aspekte zusammen, die ihm letztlich vom Schreiben abhielten: In seinem voll ausgelasteten Arbeitsalltag fehlten ihm Zeit und Muße, um sich der Geschichtsschreibung zu widmen. Sein Pflichtbewusstsein war an die Quelleneditionen gekoppelt, nicht weil er diese der Geschichtsschreibung grundsätzlich vorzog, sondern weil er sie als unabdingbare Grundlage hierfür erachtete. Inzwischen steckte er so tief im Stoff, dass ihm der lockere Zugriff, den er als junger Rechtshistoriker gehabt hatte, schwer fiel. Mit wachsender Erkenntnis wurden ihm auch die Grenzen der Geschichtsschreibung augenfälliger.

Nicht zuletzt glaubte Mommsen nicht mehr, die Publikumserwartungen erfüllen zu können. Auch als hoch renommierter Althistoriker mit nahezu unanfechtbarer Autorität nahm Mommsen die Anforderungen des Genres, die Erwartungshaltung seines Publikums und die Ansprüche des Marktes ernst. Hatte er einst an ein anonymes Publikum geschrieben, schlug ihm nun die Nachfrage seiner Leser allerorts entgegen: Kollegen und Freunde ermutigten ihn in Briefen zum Weiterschreiben, er wurde regelmäßig auf den vierten Band angesprochen

---

166 Theodor Mommsen an Otto Jahn, 17. November 1856; zitiert nach Wickert, Mommsen III, S. 644.

167 Theodor Mommsen (aus Neapel schreibend) an seine Tochter Marie von Wilamowitz, April 1882; zitiert nach ebd., S. 658.

und ihn erreichten Dankschreiben seiner Leser.[168] Entgegen der ihm von allen Seiten entgegengebrachten Überzeugung, nur er könne den ersehnten vierten Band schreiben, kam Mommsen mehr und mehr zu der Überzeugung, „daß dies Unternehmen umsonst mit dem Unmöglichen ringt und zu der beliebten Rede, ich allein könne so etwas machen, der kleine Zusatz gehört, daß ich es auch nicht kann."[169]

6.2.2 Der Nobelpreis

1902 wurde Mommsen für die *Römische Geschichte* mit dem Literaturnobelpreis ausgezeichnet. Er war damit der zweite Preisträger überhaupt und der erste deutsche ‚Schriftsteller', dem diese Ehre zuteilwurde. Die Ehrung erscheint vor allem in der Retrospektive verwunderlich, doch hatte damals der noch junge Preis nicht den Nimbus, den er im Lauf der Zeit erlangen sollte. Auch der Nobelpreis musste sich seinen symbolischen Wert erst verdienen. Das Preisgeld war allerdings von Anfang an hoch genug, um die Aufmerksamkeit der literarischen und akademischen Öffentlichkeit auf die Verleihung zu lenken. So wurde auch die Preisvergabe an Mommsen kommentiert und kritisch beäugt.[170]

Bereits die erste Verleihung 1901 hatte für einen Skandal gesorgt, herrschte doch in weiten Teilen der literarischen Öffentlichkeit Einigkeit darüber, dass nur Leo Tolstoi als erster Literaturnobelpreisträger in Frage käme. Als die Wahl dann auf den französischen Lyriker Sully Pudhomme fiel, der zwar die Pariser Akademie hinter sich hatte, sich aber keiner großen Bekanntheit erfreute, fühlten sich namhafte Schriftsteller bemüßigt, sich bei Tolstoi in einem Brief für den Fauxpas des Preiskomitees zu entschuldigen.

Tolstoi war allerdings nicht, wie es das Reglement vorschreibt, vorgeschlagen gewesen und konnte den Preis 1901 somit gar nicht bekommen. Dies Versäumnis holte man im Folgejahr nach, doch hatte der russische Literaturfürst inzwischen verlauten lassen, dass er an dem Preis gar kein Interesse hätte. Nun musste man ihn übergehen, wollte man dem Preis nicht schaden. Abgesehen von Tolstoi ging Mommsen 1902 unter starker Konkurrenz ins Rennen; vorgeschlagen waren unter anderem Emile Zola, Henrik Ibsen, Gerhart Hauptmann,

---

168 Vgl. Schlange-Schöningen, Ein „goldener Lorbeerkranz", S. 207.
169 Theodor Mommsen an Ulrich von Wilamowitz, 4. Februar 1884; zitiert nach Wickert, Mommsen III, S. 663.
170 Vgl. zur Verleihung des Nobelpreises an Mommsen auch im Folgenden Schlange-Schöningen, Ein „goldener Lorbeerkranz" und Ahlström, Gunnar: Kleine Geschichte der Zuerkennung des Nobelpreises an Theodor Mommsen. Übertragen von Malou Höjer. IN: Theodor Mommsen: Römische Geschichte. Nobelpreis für Literatur 1902. Hrsg. von Hellmuth Günther Dahms. Zürich: Coron-Verlag 1967. (= Nobelpreis für Literatur, 2), S. 9–14; (im Folgenden: Ahlström, Kleine Geschichte).

Mark Twain, William Butler Yeats.[171] Angesichts dieser Liste verwundert nicht nur, dass der Historiker Mommsen die literarische Auszeichnung erhielt, sondern auch, wen er dabei auszustechen vermochte: „Die Wertschätzung Mommsens spiegelt sich in den Preiskandidaten, die damals übergangen wurden."[172]

Laut Nobels testamentarischer Verfügung soll der Preis einem Schriftsteller verliehen werden, der ein aktuelles und idealistisches Werk geschaffen hat. Diese Parameter waren von Anfang an Auslegungssache des jeweiligen Preiskomitees. Somit kann die Geschichte des Literaturnobelpreises „zu einem wesentlichen Teil als eine Reihe von Versuchen, ein unklares Testament auszulegen"[173], verstanden werden. Mit Af Wirsen stand dem Komitee in den Anfangsjahren ein eher konservativ Gesinnter vor, der wenig übrig hatte für die neuere nordische Literatur, vertreten bspw. durch Selma Lagerlöf oder Henrik Ibsen, und der eine idealistische Anschauung im Einklang mit Staat und Christentum sah.

Nachdem 1901 mit Prudhomme ein ausgesprochener Akademie-Kandidat gewonnen hatte, rechnete man sich die besten Chancen für einen Vorschlag aus, der von einer Gruppe renommierter Akademiemitglieder eingereicht wurde. Für Mommsen sprachen sich 18 namhafte Vertreter der Preußischen Akademie aus,[174] „die für eine Epoche humanistischer Größe in der Hauptstadt an der Spree repräsentativ waren"[175], darunter Ulrich von Wilamowitz, Otto Hirschfeld[176], Adolf Harnack, Gustav von Schmoller[177] und Wilhelm Dilthey[178].

---

171 Vgl. Schlange-Schöningen, Ein „goldener Lorbeerkranz", S. 214; insgesamt gab es 1902 34 Kandidaten.
172 Demandt, Historie und Politik, S. 22.
173 Espmark, Kjell: Der Nobelpreis für Literatur. Prinzipien und Bewertungen hinter den Entscheidungen. Göttingen: Vandenhoeck & Ruprecht 1988, S. 10.
174 Das vollständige Schreiben ist wiedergegeben bei Schlange-Schöningen, Ein „goldener Lorbeerkranz", S. 215. Die Anzahl war nicht zufällig gewählt, da die schwedische Akademie „De aderton", also „Achtzehn" heißt.
175 Ahlström, Kleine Geschichte, S. 12.
176 Otto Hirschfeld (1843–1922) studierte in Königsberg, Bonn und Berlin, promovierte 1863 in Königsberg, 1869 folgte die Habilitation in Göttingen. 1872 wurde Hirschfeld außerordentlicher Professor für Alte Geschichte, Altertumskunde und Epigraphik in Wien, 1885 Mommsens Nachfolger in Berlin bis zu seiner Emeritierung 1917. Er war Akademiemitglied und arbeitete am CIL mit. VGl. DBE, Bd. 4, S. 884.
177 Gustav Friedrich von Schmoller (1836–1917) schloss sein Studium der Kameralwissenschaft in Tübingen 1861 mit Promotion ab. 1864 erlangte er durch seine gewerbestatistischen Studien die kumulative Habilitation in Halle. 1872 ging er an die neugegründete Universität in Straßburg. Von 1882 bis zu seiner Emeritierung 1913 war er in Berlin tätig. Schmoller war als Wissenschaftsorganisator erfolgreich und einflussreich. Er stand der sog. ‚Jüngeren Historischen Schule' vor. Vgl. Horst Betz IN: DBE, Bd. 9, S. 82–83.
178 Wilhelm Dilthey (1833–1911) studierte Theologie und Philologie in Heidelberg und Berlin, u. a. bei Kuno Fischer und Leopold von Ranke. Zunächst im Lehramt, promovierte und habilitierte sich Dilthey 1864; 1866 wurde er Professor in Basel, wechselte 1968 nach Kiel, 1871 nach Breslau und schließlich 1882 nach Berlin. 1883 verfasste Dilthey die *Einleitung in*

Da ‚Literatur' im Sinne des Nobelpreises durchaus weiter gefasst verstanden werden kann, stellte es die geringste Hürde dar, den Historiker Mommsen als Literat zu ehren, denn „selten empfand man auf so lebendige Weise wie in Mommsens „Römischer Geschichte", daß Clio eine Muse ist."[179] Wesentlich schwerer ließ sich die Aktualität des immerhin fast ein halbes Jahrhundert alten Werkes behaupten. Die Akademie hatte in ihrem Vorschlag darauf hingewiesen, dass die neunte Auflage der *Römischen Geschichte* vorbereitet würde, was ihre Aktualität beweise. Wirsen wies darüber hinaus auf die sonstigen Verdienste Mommsen für die Wissenschaft und seine umfangreiche Bibliographie hin. Im Gutachten des Komitees nannte man Mommsen den „größten lebenden Meister der historischen Darstellung"[180]. Für Mommsens Aktualität sprach demnach, dass er noch am Leben war.

Inwiefern man Mommsens *Römische Geschichte* als idealistisches Werk verstehen konnte, ist weniger eine Frage der Zuordnung als der Behauptung. Mit der Wahl Mommsens sprach sich das Komitee klar für einen im neuhumanistischen Sinn bildungsbürgerlichen Wertekanon aus, der durch Mommsen und seine immer noch lesenswerte *Römische Geschichte* ins 20. Jahrhundert überliefert worden war. Damit markierte man die Werte, mit denen man den Nobelpreis aufgeladen wissen wollte. Das *Berliner Tageblatt* kommentierte: „Mit diesem Preis hat die Schwedische Akademie alle künftigen Preisverleihungen auf eine hohe Ebene gehoben."[181]

Auch für Mommsen war der Literaturnobelpreis eine Überraschung, doch er freute sich aufrichtig über die Auszeichnung, und die offizielle Anerkennung von internationalem Rang tat dem hochbetagten, politisch frustrierten und depressiven Gelehrten gut: „[...] das Gefühl nicht umsonst gelebt und gekämpft zu haben ist durch eine solche grandiose Ehrung lebhaft aufgefrischt."[182] Mommsen konnte die beschwerliche Reise zur Preisverleihung nicht mehr auf sich nehmen und empfand die Ehrung als Auszeichnung für sein Lebenswerk, er konnte sich „keine bessere Gedächtnisrede wünschen"[183] als Wirsens Laudatio.[184]

---

die Geisteswissenschaften und setzte sich für die Eigenständigkeit der Geisteswissenschaft gegenüber den Naturwissenschaften ein. Vgl. Erwin Leibfried IN: DBE, Bd. 2, S. 633–634.

179 Wirsen, Af: Verleihungsrede. Gehalten bei der Überreichung des Nobelpreises für Literatur an Theodor Mommsen am 10. Dezember 1902. IN: Theodor Mommsen: Römische Geschichte. Nobelpreis für Literatur 1902. Hrsg. von Hellmuth Günther Dahms. Zürich: Coron-Verlag 1967. (= Nobelpreis für Literatur, 2), S. 17–20, hier S. 20.

180 Zitiert nach Wiesehöfer, Einleitung, S. 11.

181 Zitiert nach Ahlström, Kleine Geschichte, S. 14.

182 Theodor Mommsen an Af Wirsen, 12. Dezember 1902; zitiert nach Schlange-Schöningen, Ein „goldener Lorbeerkranz", S. 222.

183 Ebd.

184 Vgl. ebd.

Es mag verwundern, dass ein Historiker den Literaturnobelpreis verliehen bekam, es ist aber weniger fraglich, ob Mommsen diese Ehrung verdient hatte, als bemerkenswert, dass sich der Preis mit Mommsen schmückte. Die Verleihung des Literaturnobelpreises war und blieb stets umstritten; jede Wahl löst einen öffentlichen Diskurs um politische Aspekte aus. Mit Mommsens *Römischer Geschichte* hatte man sich aber auf ein Werk berufen, welches sich nicht nur internationaler Beliebtheit erfreute, sondern auch den Nimbus unterhaltsamer Gelehrsamkeit trug.

6.3   Ein ganz gewöhnlicher Gigant

Mommsen cannot be replaced by people who are smaller than Mommsen.[185]

Theodor Mommsen steht mit seiner gesamten wissenschaftlichen Erscheinung wie kaum ein anderer Wissenschaftler seines Ranges für die Entwicklung der modernen Wissenschaft im Allgemeinen und der Ausdifferenzierung der Geschichtswissenschaften im Zuge dieses Prozesses im Besonderen.[186] Ausgestattet mit protestantischem Arbeitsethos und Pflichtgefühl nahm er, getragen von ungebrochenem Wissenschaftsglauben, monumentale Projekte in Angriff, die über die Arbeitskraft des Einzelnen hinausgehen, und verkörperte hiermit Grundwerte des 19. Jahrhunderts.[187] Sein publizistisches Werk mit rund 1.500 Veröffentlichungen ist zwar impulsgebend und formend, aber auch derart (proto-)typisch mit dem Publikationsnetz seines Fachbereichs verwoben, dass man Mommsen als unauffälligen Autor einstufen könnte, wären da nicht seine immense quantitative Arbeitsleistung und die außerordentliche Qualität seiner Beiträge. Mommsen trat weniger als revolutionärer Neuerer in Erscheinung, sondern war vielmehr leistungsstarker Motivator und Organisator seiner Disziplin.[188] Als solcher erlangte er enormen Einfluss und beherrschte Akademie und Altertumsforschung, er wurde „eine geistige Weltmacht"[189].

Daran gemessen erweckt die *Römische Geschichte* den Eindruck jugendlicher Extravaganz. Als noch unbekannter Wissenschaftler bündelt Mommsen hierin

---

185   Arnaldo Momigliano zitiert nach Rebenich, Mommsen, S. 117. Momigliano spielt darauf an, dass es nur einem Gelehrten wie Mommsen gelingen könnte, ein der *Römischen Geschichte* vergleichbares Werk für unsere Zeit zu schreiben.
186   Vgl. Hardtwig, Verwissenschaftlichung, S. 301.
187   Vgl. Fest, Wege zur Geschichte, S. 29, Heuß, Mommsen und das 19. Jh., S. 99, 111–113, 117 und 225–226.
188   Vgl. Meier, Begreifen des Notwendigen, S. 11, Heuß, Mommsen und das 19. Jh., S. 104, Bringmann, Mommsen als Geschichtsschreiber, S. 159 sowie Schlange-Schöningen, Ein „goldener Lorbeerkranz", S. 209–210.
189   Nipperdey, 1866–1918, S. 640.

all seine Talente, die in seiner anschließenden Laufbahn weniger sensationsreich zum Tragen kommen:

> Mommsen wäre ohne seine historiographische Leistung nie zu dem geworden, was ihn seine Stellung im allgemeinen Bewußtsein verschaffte. Der Ruhm seiner Gelehrtheit hätte gewiß seinen Namen auch über die Fachkreise hinaus bekannt gemacht; aber niemals wäre es zu dem einzigartigen und für seine Geltung unerläßlichen Rapport zwischen ihm und der Öffentlichkeit ohne die Römische Geschichte gekommen. [...], daß Mommsen ohne die Römische Geschichte weder das Ausmaß der ihm zukommenden Bedeutung erreicht noch eine Gelegenheit gefunden hätte, sein inneres Vermögen in gleicher Weise sichtbar dazustellen. Das Höchstmaß dessen, was Mommsen an geistiger Kraft und sachlicher Wesenhaftigkeit jemals zum Ausdruck brachte, hat er in der Römischen Geschichte erreicht.[190]

Der sensationelle Publikumserfolg, der die *Römische Geschichte* zum Best- und Longseller machte, und ihre Krönung mit dem Literaturnobelpreis bilden zwei Pole der nachhaltigen Wechselwirkung zwischen dem gelungenen Geschichtswerk und dem wachsenden Ruhm seines Autors. Retrospektiv ist kaum noch zu unterscheiden, was zuerst da war; es ist aber sicherlich nicht falsch zu behaupten, dass das eine ohne das andere weniger Strahlkraft entfaltet hätte.[191]

Doch auch, wenn die *Römische Geschichte* innerhalb der Bibliographie Mommsens eine Sonderstellung beanspruchen darf und sie ein außerordentlich gelungenes und erfolgreiches Exemplar populärer Geschichtsschreibung darstellt, so erfüllt sie die Kriterien dieses Genres doch mustergültig. Auch als populärwissenschaftlicher Autor erscheint Mommsen prototypisch, zumal er ein weiteres Mal beweist, dass er sich schreibend unterschiedlichen Publikationsformen anzupassen versteht. Die *Römische Geschichte* entsteht zu einer Zeit, als Geschichte auch von Fachvertretern noch im öffentlichen Raum geschrieben wird. Erst die Weiterentwicklung der Geschichtswissenschaft und Mommsens zum hochrenommierten Fachspezialisten, die einhergeht mit der professionellen Trennung zwischen populärer Geschichtsschreibung und fachwissenschaftlicher Forschung, lässt die *Römische Geschichte* im Rückblick als atypisch innerhalb einer Historikerkarriere erscheinen. Das gilt übrigens auch für Mommsen selbst: Der fehlende vierte Band steht Pate für die Entfremdung Mommsens von der Geschichtsschreibung.[192]

Nicht zuletzt der Literaturnobelpreis wirft die Frage auf, inwiefern Mommsen als Schriftsteller zu verstehen ist. Dabei wird zu allererst das längst nicht hinreichende Kriterium des persönlichen Talents bemüht. Mommsens Sprach-

---

190 Heuß, Mommsen und das 19. Jh., S. 58.
191 Vgl. hierzu auch ebd., S. 120; Heuß, Mommsen als Geschichtsschreiber, S. 39 und 92 sowie Christ, Mommsen und die „Römische Geschichte", S. 38.
192 Vgl. Heuß, Mommsen als Geschichtsschreiber, S. 41.

gefühl und formulierende Treffsicherheit ist sicherlich bemerkenswert, macht allein aber keinen Schriftsteller aus. Ebenso wenig kann man verkürzend behaupten, Mommsen verdanke dieses Können seiner journalistischen Erfahrung. Dass er als Redakteur brillieren konnte, ist vielmehr ein weiterer Beweis seines sprachlichen Vermögens. Wichtiger als die rein stilistische Begabung tritt hier Mommsens zusätzliches Talent zu Tage, sich auf unterschiedliche Adressatenkreise einzustellen und die kommunikative Aufgabe des jeweiligen Mediums perfekt zu bedienen.

Ein Aspekt von stärkerer Tragfähigkeit als die bloße Begabung ist Mommsens Selbstverständnis als Autor bzw. seine Einstellung gegenüber der Geschichtsschreibung. Auffallend ist zunächst, dass er die *Römische Geschichte* von Anfang an als Nebenbeschäftigung einstufte. Er widmete sich ihr gewissenhaft und nahm auch in diesem Fall die Kriterien des Genres ernst, doch zählte er die Geschichtsschreibung nicht zu seinem originären professionellen Aufgabenbereich als Wissenschaftler. Nach Mommsens Auffassung ging die Geschichtsschreibung ästhetisch und inhaltlich über die reine wissenschaftliche Forschung hinaus. Er quittierte ihr ein künstlerisches Moment und glaubte nicht, dass man sie im Gegensatz zur Geschichtswissenschaft lehren könne.[193] Dem Geschichtsschreiber sprach er also eine schöpferische Qualität zu:

> Der Schlag aber, der tausend Verbindungen schlägt, der Blick in die Individualität der Menschen und der Völker spotten in ihrer hohen Genialität alles Lehrens und Lernens. Der Geschichtsschreiber gehört vielleicht mehr zu den Künstlern als zu den Gelehrten.[194]

Es wird deutlich, dass Mommsen die Geschichtsschreibung nicht als mindere Publikationsform ansah; er war sich aber des Unterschiedes zur fachwissenschaftlichen Publikation sehr bewusst. Dies bewies er gerade dadurch, dass er beides perfekt umzusetzen verstand. In seiner Sensibilität für die unterschiedlichen Adressatenkreise beider Publikationsformen war er somit seiner Zeit voraus. Seine rückblickende Entfremdung von der Geschichtsschreibung darf nicht als Geringschätzung des Genres missverstanden werden; vielmehr wurde Mommsen durch seine Rolle als hochrenommierter Fachvertreter gegenüber der Geschichtsschreibung gehemmt.[195]

Auch wenn Mommsen der Geschichtsschreibung ein künstlerisches Moment zusprach und damit für sich selbst eine gewisse schöpferische Kreativität beanspruchte, verstand er sich weder als Künstler noch als Schriftsteller. Allenfalls sah er sich, bezogen auf das mit seinem Bruder Tycho Mommsen und

---

193   Vgl. Christ, Mommsen und die „Römische Geschichte", S. 18.
194   Mommsen zitiert nach Rebenich, Mommsen, S. 128.
195   Vgl. hierzu auch Hardtwig, Verwissenschaftlichung, S. 311.

Theodor Storm herausgegebene *Liederbuch dreier Freunde* oder seine privaten Dichtungen, als dilettierenden Poeten. Dass er als Schriftsteller hochdotiert geehrt werden konnte, knüpfte eher an den literarischen Gehalt der Geschichtsschreibung an – und dass das Nobelpreis-Komitee von 1902 diesen in sein Literaturverständnis integrierte. Dass Mommsen als Historiker den Literaturnobelpreis bekam, sagt weniger über Mommsen als Autorentyp aus als über den 1902 erwünschten Symbolwert der Auszeichnung.

Die Trennung zur populären Geschichtsschreibung, die sich durch die Ausdifferenzierung und zunehmenden Spezialisierung der Fachgeschichte ergab, darf nicht darüber hinweg täuschen, wie eng öffentlicher Bezugsrahmen und wissenschaftliche Erkenntnis im Fall der Geschichte seit jeher miteinander verbunden waren. Nissen hat dies überzeugend dargestellt.[196] Zudem weisen zwei Indizien darauf hin, dass die Autorentypen ‚Wissenschaftler‘ und ‚Schriftsteller‘ im geisteswissenschaftlichen Feld anders, nämlich flexibler und durchlässiger voneinander zu scheiden sind, als diese Grenzen in den Naturwissenschaften gelten: Zum einen verweist die Überzeugung des Publikums und auch die Tatsache, dass nur Mommsen selbst den vierten Band der *Römischen Geschichte* hätte schreiben können, darauf, dass die Subjektivität des Autors in den Geisteswissenschaften mehr zum Tragen kommt, ja eine erkenntnisschöpfende Funktion übernimmt.[197] Darüber hinaus kann diesbezüglich schon innerhalb des geisteswissenschaftlichen Feldes differenziert werden, denn als Geschichtsschreiber offenbarte Mommsen seine subjektive Geschichtsdeutung, während er als Grundlagenforscher die Inschriftensammlungen möglichst pur, ohne deutenden Kommentar publizierte.[198] So mahnte Heinrich Hagge: „Bedenke, daß wenn auch niemand besser als Du, das Corpus [i. e. *CIL*; EF] zu Tage fördern wird, doch auch andere da sind, die es gut machen würden; Deine Geschichte kannst Du aber allein fortsetzen."[199]

Zum anderen unterstützt der konstatierte literarische Gehalt der Geschichtsschreibung die Hypothese, dass das geisteswissenschaftliche Buch in einem anderen, nämlich mehrschichtigen Verhältnis zur wissenschaftlichen Erkenntnis steht.[200] In den Geisteswissenschaften ist die Textform nicht bloße Trägersubstanz für das zu übertragene Wissen; zugespitzt könnte man dies für

---

196 Vgl. Nissen, Martin: Wissenschaft für gebildete Kreise. Zum Entstehungskontext der Historischen Zeitschrift. IN: Das Medium Wissenschaftszeitschrift seit dem 19. Jahrhundert. Verwissenschaftlichung der Gesellschaft – Vergesellschaftung von Wissenschaft. Hrsg. von Sigrid Stöckel, Wiebke Lisner und Gerlind Rüve. Stuttgart: Franz Steiner 2009. (= Wissenschaft, Politik und Gesellschaft, 5), S. 25–44, hier S. 26–31.

197 Vgl. Heuß, Mommsen und das 19. Jh., S. 91.

198 Vgl. Bernstein, „Weidmänner", S. 35.

199 Heinrich Hagge an Theodor Mommsen, 24. Dezember 1858; zitiert nach Wickert, Mommsen III, S. 649.

200 Hierauf wird in Kapitel 7 näher eingegangen.

die Naturwissenschaften so formulieren, was durch die angestrebte Objektivität per Mathematisierung und Formelhaftigkeit der Sprache indiziert wird. Geschichtsschreibung im Speziellen ist per se ein Erkenntnisweg, der weder unabhängig vom Autor noch vom Zielpublikum bzw. dem öffentlichen Interesse erfolgen kann. Dennoch ist sie nicht zwangsläufig unwissenschaftlich. Da intendierte Geschichte und Darstellungsform stets korrespondieren,[201] stellt Nissen fest: „Geschichtswerke sind nicht nur kulturelle Produkte, sondern auch ästhetische Artefakte, die es in ihrer sprachlichen Autonomie ernst zu nehmen gilt."[202] Letztlich ist es die synthetisierende Kraft der historischen Erzählung, die die Geschichtswissenschaft jenseits kritischer Quellenschau zu einem gesellschaftlich sinnvollen Unterfangen macht.

---

201 Vgl. Koselleck, Reinhart: Fragen zu den Formen der Geschichtsschreibung. IN: Formen der Geschichtsschreibung. Hrsg. von Reinhart Koselleck, Heinrich Lutz und Jörn Rüsen. München: dtv 1982, S. 9–13, hier S. 11.
202 Nissen, Populäre Geschichtsschreibung, S. 30.

7 Gesetzmäßigkeiten und Grenzmomente wissenschaftlicher Autorschaft

Der in Kapitel 2 erarbeitete Merkmalkatalog hat als Leitfaden für die Darstellung der Fallbeispiele gedient. Auf die Merkmale wurde nicht immer ausdrücklich Bezug genommen, aber die Annäherung auf abstrakter Ebene an den Typus des wissenschaftlichen Autors hat den Blick auf das Konkrete sensibilisiert. Die Fallbeispiele haben Vermutungen bestätigt, Erwartungen relativiert, Prognosen konkretisiert und immer wieder zentrale Aspekte wissenschaftlicher Autorschaft erkennbar gemacht.

Essenzielle Bedeutung für den vorgestellten Autorentyp kommt der Funktionsweise des wissenschaftlichen Kommunikationssystems zu. Wissenschaftlichkeit ist das zentrale Motiv, dem der schreibende Forscher verpflichtet ist. Das im Kommunikationssystem verankerte wissenschaftliche Ethos macht die Grenzen des Autorentyps klar. Die Wissenschaftlichkeit bindet den Autor an ihre Gesetze und zieht die Grenzen, außerhalb derer wissenschaftliche Autorschaft nicht stattfinden kann.

Obschon oder gerade weil man klar definieren kann, wann ein Schreibender als wissenschaftlicher Autor agiert, stellen tendenzielle Verschiebungen an den Grenzen keine Bedrohungen der Gesetzmäßigkeit dar, sondern können als neuralgische Grenzmomente positiv beschrieben werden. Was nicht wissenschaftlich ist, ist nicht schlecht, sondern nur anders. Das verliert eine wissenschaftserforschende Perspektive insofern leicht aus dem Auge, als hierbei Wissenschaftler sich selbst bzw. ihr eigenes Bezugssystem beobachten und natürlicherweise pro-wissenschaftlich denken, der Wissenschaftlichkeit also einen besonderen Wert zusprechen. Es besteht die Gefahr, Wechselwirkungen der Wissenschaft mit anderen sozialen Systemen zu unterschätzen. Dies ist für politische oder industrielle Einflüsse auf Forschung bereits erkannt worden (Stichwort ‚Big Science‘); es gilt aber in besonderer Weise für das wissenschaftliche Kommunikationssystem, welches per se eine Kooperation der Wissenschaft mit dem Wirtschaftssystem darstellt. Wissenschaftliche Autorschaft wird von der Wechselwirkung mit Wirtschaft und Öffentlichkeit mitbestimmt. Ökonomisches Kalkül und öffentliches Interesse können sich hierbei bis zur Deckungsgleichheit ergänzen.

Die erarbeitete Definition mit Modellcharakter sorgt für die nötige Klarheit beim Umgang mit tendenziellen Verschiebungen, wie sie einerseits innerhalb

des Wissenschaftssystems erkennbar sind. Die Unterschiedlichkeit von Natur-
und Geisteswissenschaften schlägt sich auch in der Funktionsbestimmung wissenschaftlicher Autorschaft nieder. Andererseits fordert jede popularisierende
und/oder vorrangig ökonomisch motivierte Form der Wissensvermittlung die
Wissenschaft auf, ihre Grenzen zu wahren. Eine klare Definition wissenschaftlicher Autorschaft schafft auch hier Sicherheit, Schwarz-Weiß-Denken zu überwinden, um das Farbenspiel unterschiedlicher Publikationsformen würdigen zu
können. Diese Arbeit ist damit gleichermaßen ein Plädoyer für klare Abgren-
zungen wie für eine positive Einstellung auf tendenzielle Unterschiede.

7.1   Die bindenden Gesetze und scheidenden Grenzen der Wissenschaftlichkeit

Der Typus des wissenschaftlichen Autors ist dominierend bestimmt von seinem
primären Bezugssystem, er ist dem Ethos der Wissenschaftlichkeit, wie es speziell in die Funktionsweise des wissenschaftlichen Publikationswesens eingeschrieben ist, verpflichtet. Die in Kapitel 2 aus diesem Mechanismus extrahier-
ten Merkmale des wissenschaftlichen Autors sollen im Folgenden an den vorgestellten Fallbeispielen konkretisiert werden. Dazu werden die Merkmale in vier
Blöcken gebündelt.

Block 1: Verortung im wissenschaftlichen System

- Wissenschaftlicher Autor zu sein ist eine *Teilfunktion des Berufs des Wissenschaftlers*. Wenn Wissenschaftler Texte für die Wissenschaft schreiben, so agieren sie als wissenschaftliche Autoren.
- Durch die professionelle Einbindung gelten für die Funktion des wissenschaftlichen Autors *dieselben Zugangsregeln* (akademische Ausbildung)
  wie für den Beruf des Wissenschaftlers.
- Aufgrund der essenziellen Bedeutung von Publikationen im modernen
  Wissenschaftssystem, bestimmt die Publizität eines Wissenschaftlers
  seine *wissenschaftliche Identität*.

Alle der vier vorgestellten Protagonisten erfüllen diese Bedingungen. Sie waren
ihrer Ausbildung nach Wissenschaftler und agierten im Rahmen ihrer akademischen Karrieren als wissenschaftliche Autoren.
    Einstein veröffentlichte zumeist in Fachzeitschriften und folgt damit den
Gepflogenheiten seines naturwissenschaftlichen Faches. Als theoretischer Physiker fand seine Forschung in Gedankenexperimenten statt, deren Ergebnisse er

über Publikationen veröffentlichte. Sauerbruch entwickelte chirurgische Problemstellungen und mögliche Lösungsansätze aus der Literatur und stellte seine operativen Lösungen und Erfahrungen wiederum durch Veröffentlichungen der medizinischen Fachwelt zur Verfügung. Auch im praxisnahen Klinikalltag gehörten Publikationen nach seinem Verständnis – und der generellen Auffassung seines Standes – zum Beruf des Arztes. Mommsens wissenschaftliches Werk schlägt sich unmittelbar in seiner umfangreichen Publikationstätigkeit nieder. Bei der Herausgabe grundlegender Quellensammlungen ist Veröffentlichung nahezu identisch mit wissenschaftlichem Wirken.

Freud agierte, solange seine Karriere der üblichen akademischen Laufbahn folgte, als wissenschaftlicher Autor. Vor allem seine voranalytischen Schriften weisen ihn als wissenschaftlichen Autor aus. An Freuds Beispiel zeigt sich aber sehr eindrücklich, wie sich ein Autor gewissermaßen aus dem wissenschaftlichen Bezugssystem ‚herausschreiben‘ kann. Dieser Mechanismus wird vor allem durch die Wahl des Publikationsortes indiziert. Freuds psychoanalytischen Schriften richteten sich zunehmend an ein außeruniversitäres Publikum.

Auch Einstein und Mommsen haben sich mit zwei Veröffentlichungen an ein Publikum außerhalb der Wissenschaft gewandt. Während Mommsen das populärwissenschaftliche Genre mustergültig bediente und die Antikenrezeption seiner Zeitgenossen mitgeprägt hat, ist die Wirkung von Einsteins *Büchlein* insofern fragwürdig, als es nicht unwesentlich zum Missverständnis der Relativitätstheorie, vor allem beim nichtwissenschaftlichen Publikum, beigetragen hat.[1] Dennoch konnten sich beide einen einmaligen Ausflug ins Populäre leisten, da ihr primär wissenschaftlicher Bezug außer Frage stand, während Freud zunehmend seinen Diskurs auf einer außeruniversitären Basis aufbaute.

Innerhalb dieses Blocks können die Merkmale zu der zentralen Erkenntnis verdichtet werden:

Die Verortung im wissenschaftlichen System ist zwingende
Voraussetzung für wissenschaftliche Autorschaft.

Dies kann an drei Komponenten konkretisiert werden: Der Schreibende muss wissenschaftlich sozialisiert sein, denn wissenschaftliche Autorschaft ist integraler Bestandteil des Berufs ‚Wissenschaftler‘. Das Schreiben ist eine professionelle Teilfunktion, die im Zuge der wissenschaftlichen Ausbildung mitgelernt wird. Weiter weist das Geschriebene eine wissenschaftliche Form auf und kann darüber hinaus Anschluss an den wissenschaftlichen Diskurs finden. Somit sind bspw. redaktionelle Beiträge, die von Wissenschaftlern verfasst sind und sich durchaus an ein wissenschaftliches Lesepublikum richten, keine wissenschaftli-

---

1   Vgl. Rowe, Einstein and Relativity, S. 216.

chen Texte und der Verfasser in diesem Fall kein *wissenschaftlicher* Autor. Als dritte Komponente muss auch das Zielpublikum ein wissenschaftliches sein. Denn wissenschaftliche Autorschaft ist eine Kommunikationsfunktion, die der Interaktion mit der scientific community dient. Einsteins *Büchlein* und Mommsens *Römische Geschichte* sind keine wissenschaftlichen Werke, sondern popularisierend an ein außerwissenschaftliches Publikum gerichtet. Sie gehören nicht zum wissenschaftlichen Werk dieser Autoren. Einsteins und Mommsens populären Ausflüge sind zwar Nebenprodukte, vielleicht auch Zeugnis ihrer wissenschaftlichen Qualität, begründen diese aber nicht. Der kommerzielle Erfolg fand auf einer Nebenbühne statt.

Somit muss abschließend noch einmal betont werden: Der wissenschaftliche Autor ist keine personengebundene Zuweisung, d. h. vor allem, dass nicht alles, was Wissenschaftler schreiben, wissenschaftlich ist. Definitorisches Ziel ist nicht, Personen als wissenschaftliche Autoren zu identifizieren, sondern zu erkennen, wann und wie sie als wissenschaftliche Autoren in Erscheinung treten. Besonders anschaulich lässt sich dies am Fallbeispiel Freud aufzeigen: Inwiefern Freud wissenschaftlich agierte und ob die Psychoanalyse wissenschaftlich ist, sind unterschiedliche Fragen, die nur getrennt voneinander beantwortet werden können. In Kapitel 5 wurde dezidiert dargestellt, dass und wie Freud als wissenschaftlicher Autor in Erscheinung getreten *ist*, während die Frage nach der Wissenschaftlichkeit der Psychoanalyse hierfür nicht abschließend beantwortet werden *muss*.

Die oben festgehaltene Erkenntnis kann somit, umgekehrt formuliert, operationalisiert werden:

Man kann einen Autor aufgrund seines Publikationsgebarens
im wissenschaftlichen System verorten.

Block 2: Reputationszuweisung durch den wissenschaftlichen Diskurs

- Mit der Veröffentlichung überantwortet der Autor seine Erkenntnisse in die *wissenschaftliche Öffentlichkeit.* Gleichzeitig sichert sie sein *geistiges Eigentum.* Die Publikation wird somit *Grundlage für Leistungsanerkennung und Reputation,* aber auch für den ‚organisierten Skeptizismus' der Wissenschaft.
  Da der wissenschaftliche Wert einer Publikation im Wissenschaftssystem bestimmt wird, ist er unabhängig vom ökonomischen Erfolg der Veröffentlichung. Zudem sind wissenschaftlicher wie ökonomischer Erfolg unabhängig vom sprachlich-stilistischen Gehalt des Textes: *Wissenschaftliche Geltung, ökonomischer Erfolg und sprachlich-stilistisches Vermögen eines wissenschaftlichen Autors stehen in keinem unmittelbaren kausalen Zusammenhang.*
- Der wissenschaftliche Autor steht mit seinem Text in einem *synchronen und diachronen Kommunikationszusammenhang,* den er durch Zitation belegt. Er ist hinsichtlich der Wahl von Publikationsform und Inhalt nicht frei.

Über wissenschaftlichen Erfolg kann nur innerhalb der Wissenschaft entschieden werden. Publikationen sind das Mittel, wissenschaftlichen Anspruch zu erheben (Priorität und geistiges Eigentum sichern), Erkenntnisse kritikfähig aufzuarbeiten (Argumentation, Beweisführung und Zitation) sowie im wissenschaftlichen Diskurs begutachten und beurteilen zu lassen (organisierter Skeptizismus). Die scientific community entscheidet nicht nur darüber, was überhaupt in den Diskurs eingehen kann, weil es der wissenschaftlichen Form genügt, sondern diskutiert im besten Fall, welche Qualität und wie viel Relevanz eine veröffentlichte Erkenntnis hat. Die Relevanz ergibt sich vor allem aus der Anschlussfähigkeit der Publikation an den diachronen und synchronen Kommunikationszusammenhang.

Große Parallelitäten zwischen allen Protagonisten zeigen sich am Beginn ihrer Karrieren, wo Publikationen das entscheidende Mittel sind, sich in den wissenschaftlichen Diskurs einzuschreiben, den eigenen wissenschaftlichen Ambitionen Gehör zu verschaffen und von sich reden zu machen. Besonders augenfällig wird dies beim Patentamtsangestellten Einstein, der den Kontakt zur Fachwelt über die Publikationen von Beiträgen und Rezensionen in den *Annalen der Physik* halten und sich schließlich mit seinen gewichtigen Arbeiten im Jahr 1905 in den Diskurs der Fachkoryphäen einreihen konnte. Sauerbruch nutzte Sonderdrucke seiner Fachartikel als Empfehlungsadresse an seinen späteren Förderer Mikulicz. Freud weckte die Aufmerksamkeit seines Vorbilds Charcout, indem er dessen Werke ins Deutsche übersetzte. Auch Mommsen schrieb sich mit zahlreichen Artikeln und Rezensionen in den wissenschaftlichen Diskurs. Seine hohe und qualitätsvolle Produktivität ersetzte ihm die Habilitation.

Es wird immer wieder thematisiert, dass Einstein seine Ausführungen von 1905 nur spärlich mit Zitationen belegte. Seine Argumentationen in der Arbeit über die Brownsche Bewegung und in seiner Dissertation stützte er lediglich auf Gustav Kirchhoffs *Vorlesungen der Mechanik*[2] sowie auf eigene *Annalen*-Beiträge. In der Lichtquantenarbeit bezieht sich Einstein auf Max Planck, Philip Lenard[3] und Johannes Stark[4]. Bei der Präsentation der Speziellen Relativitätstheorie kommt Einstein gänzlich ohne Literaturverweise aus, da er in dieser Arbeit grundsätzliche Theorieelemente der Physik behandelt. Manche sehen dies als Indiz für die Entstehung seiner Arbeiten an der wissenschaftlichen Peripherie,[5] andere erkennen darin eine gewisse Arroganz des jungen Gelehrten gegenüber dem akademischen Establishment.[6] Nichtsdestotrotz erkannte das ‚Establishment' die hohe Relevanz der Beiträge, die zentrale Kernfragen ihres Faches betrafen.

Auch Einsteins *Büchlein* kommt ohne Zitation aus, was allerdings dem Genre entspricht. Dies gilt ebenfalls für Mommsens *Römische Geschichte*. Er verweist weder auf die Quellen, noch markiert er seine Interpretationen. Beide Werke sind auch von Fachvertretern gelesen und kommentiert worden, aber sie sind nicht in den wissenschaftlichen Diskurs eingegangen. Auch dies entspricht der Kommunikationsfunktion des Genres und stellt keinen Mangel dar.

Anders im Falle Freuds, der keinen Anschluss an den wissenschaftlichen Diskurs finden konnte bzw. den Anschluss verlor und ab einem bestimmten Punkt auch nicht mehr wollte. Freud gab seinen wissenschaftlichen Anspruch nie auf, etablierte aber einen eigenen Diskurs zunehmend außerhalb des wissen-

---

2   Kirchhoff, Gustav: Vorlesungen über mathematische Physik. Bd. 1: Mechanik. Leipzig: Teubner 1876.

3   Philipp Lenard (1862–1947) promovire 1886, ab 1907 hatte er den Lehrstuhl für Experimentalphysik an der Universität Würzburg inne. Er lieferte viele experimentelle Grundlagen zur Atom- und Festkörperphysik und entdeckte das sog. „Resonanzphänomen", welches Einstein 1905 als Beweis der Existenz von Lichtquanten nutzte. 1905 erhielt Lenard den Nobelpreis für Physik. Sein krankhaft empfundener Anerkennungsmangel und seine nationalistische und antisemitische Gesinnung ließen ihn ab 1920 zum Außenseiter werden. Einsteins Arbeit diskreditierte er als ‚jüdische Physik' und verfasste selbst ein vierbändiges Lehrbuch der *Deutschen Physik* (1936). Vgl. DBE, Bd. 6, S. 317–318.

4   Johannes Stark (1874–1957) entdeckte 1905 den optischen Doppler-Effekt an Kanalstrahlen, worauf sich Einstein mit der Speziellen Relativitätstheorie bezog. 1906 wurde Stark außerordentlicher Professor an der TH Hannover, 1909 ordentlicher Professor an der TH Aachen, 1917 an der Universität Greifswald, 1920 in Würzburg; 1922 legte Stark die Professur nieder. 1933–39 war er Präsident der Physikalisch-Technischen Reichsanstalt in Berlin, 1934–36 Präsident der *Notgemeinschaft der deutschen Wissenschaft*. 1919 erhielt er den Nobelpreis für Physik. Vgl. DBE, Bd. 9, S. 452.

5   Vgl. bspw. Neffe, Einstein S. 139.

6   Vgl. bspw. Fischer, Genie, S. 123–124.

schaftlichen Kommunikationssystems. Letztlich sagte er sich sogar von seinen noch klar wissenschaftlich zu verortenden Schriften los und entzog damit seinem Werk den letzten wissenschaftlichen Anker. Dass sich vereinzelt Wissenschaftler mit Freuds Erkenntnissen auseinandersetzten, konnte die Psychoanalyse an sich nicht rehabilitieren. Das liegt vor allem daran, dass sich die psychoanalytische Bewegung bis heute dem organisierten Skeptizismus der Wissenschaft entzieht. Wissenschaftlichkeit geht aber unmittelbar mit Kritikfähigkeit einher.

Sein eigenes Kommunikationssystem baute Freud nach dem Vorbild des wissenschaftlichen Publikationswesens auf. Doch mit Einsetzen des *Geheimen Komitees* verlagerte sich der Diskurs *vor* die Veröffentlichung; Diskurs war überhaupt nur im von Freud abgesteckten Rahmen möglich. Freud kontrollierte das öffentliche Erscheinungsbild der Psychoanalyse und missbrauchte hierfür die Publikationsorgane als Machtinstrumente. Dass die Kontrolle der Publikationsorgane auch im wissenschaftlichen Feld mit dem Machtgefüge korrespondiert, hat der Blick hinter die Kulissen der Zeitschriftengründung *Der Chirurg* offenbart.

Sauerbruchs Ruhm begründete sich in erster Linie auf seiner praktischen Arbeit als begnadeter Operateur. Trotz der Bedeutung, die er Publikationen innerhalb seines beruflichen Alltags zusprach, war Sauerbruch derjenige der vier vorgestellten Protagonisten, der am wenigsten auf seine Veröffentlichungen angewiesen war. Seine Reputation wurde durch die repräsentablen Übersichtswerke gewissermaßen ‚wissenschaftlich veredelt‘, aber sie resultierte maßgeblich aus seiner praktischen Leistung. Gleichzeitig stellte sein Ruhm als Chirurg das symbolische Kapital dar, das für seinen Verleger ökonomisch besonders attraktiv, weil verwertbar war.

Innerhalb dieses Blocks kann als Ergebnis festgehalten werden:

Der zentrale Zweck wissenschaftlicher Autorschaft
ist die Profilierung als Wissenschaftler.

Wissenschaftlicher Anspruch kann zwar außerhalb der Systems behauptet, aber niemals bestätigt werden. Das wissenschaftliche Publikationssystem beweist hier seine wahrende und scheidende Funktionstüchtigkeit. Verlage spielen hierbei eine nicht zu unterschätzende Rolle.

Block 3: Der wissenschaftliche Autor als *eine* Handlungsrolle auf dem Buchmarkt

---

- Der wissenschaftliche Autor ist auch eine *ökonomische Handlungsrolle*, wobei der Wissenschaftler aber in der Regel *von seiner Publikationstätigkeit wirtschaftlich unabhängig* ist. Zudem verpflichtet ihn das wissenschaftliche Ethos zu *ökonomischem Understatement*. Demnach misst er seinem Honorar weniger Bedeutung zu.

- Wissenschaftler agieren in *verschiedenen Handlungsrollen* auf dem Buchmarkt: Sie sind immer Leser, Kritiker und Autor, können aber auch als Herausgeber, Übersetzer, Redakteur, Verlagsberater und Vermittler tätig werden.

- *Die Funktionsrollen des Buchhändlers und des Verlegers entziehen sich dem Kompetenzbereich des Wissenschaftlers.*

Alle vier Wissenschaftler sind in unterschiedlichen Handlungsrollen auf dem Buchmarkt in Erscheinung getreten. Sie waren mindestens kritischer Leser, Autor und Herausgeber, aber auch Rezensent, Übersetzer und Verlagsberater. Grundsätzlich ist die wirtschaftliche Unabhängigkeit bei allen gegeben, die sich in ökonomischem Understatement ausdrückt.

Freud bildet hierbei insofern eine Ausnahme, als er die Funktionsrolle des Verlegers übernahm und persönlich finanziell zwar so unabhängig von seinen Publikationen war, dass er seine Honorare direkt in den *IPVerlag* reinvestieren konnte, doch war die psychoanalytische Bewegung publizistisch vom *IPVerlag* abhängig. Als Verleger verfolgte Freud vorrangig das Ziel, die Kommunikationsplattform seiner Bewegung aufrechtzuerhalten; eine ökonomische Ausrichtung seines Handelns war kaum möglich. Freuds Werk war nicht nur identitätsstiftendes, sondern auch ökonomisches Fundament des Verlags und somit indirekt für die gesamte Bewegung. Durch die verkehrten Bezüge im Falle Freuds ergibt sich somit sehr wohl eine gewisse Abhängigkeit vom ökonomischen Erfolg.

Die grundsätzliche finanzielle Unabhängigkeit von ihren Publikationen hat die vorgestellten Wissenschaftler nicht davon abgehalten, ihren Marktwert gelegentlich ökonomisch zu nutzen. So hat sich Einstein gegenüber *Vieweg* ein relativ hohes Honorar ausbedungen und das Auskommen seines Assistenten Infeld gesichert, indem er seinen Namen für eine Koautorschaft zur Verfügung stellte. Sauerbruch hat dem Künstler Eisengräber ein vom Verlag gezahltes Gehalt gesichert. Als sich Mommsen in finanziellem Engpass befand, dachte er über eine ‚Notpublikation' des vierten Bandes nach.

Die spezifische Dynamik des wissenschaftlichen Buchmarktes lebt von der Spannung zwischen den gegenläufigen Grundmotivationen des wissenschaftlichen Ethos, welches vom Autor vertreten wird, und dem ökonomischen Kalkül, dem der Verleger verpflichtet ist. Solange die grundsätzliche Verortung des Wissenschaftlers gewahrt bleibt, sind populärwissenschaftliche Ausflüge genauso möglich, wie ökonomisches Understatement punktuell aufgegeben werden kann.

Am Fallbeispiel Freud zeigt sich jedoch, dass der grundsätzliche Konflikt, der auf dem wissenschaftlichen Buchmarkt naturgemäß und im positiven Sinn dynamisch wirkend besteht, nicht innerhalb einer Person ausgetragen werden kann. Freud hat einzelne Schriften einzig zu dem Zweck verfasst, Geld in die Kassen des Verlags zu spielen. Zu groß war die ökonomische Abhängigkeit des Verlags von Freuds Werk und jene der psychoanalytischen Bewegung vom *IPVerlag*.

Die Beobachtungen innerhalb dieses Merkmalblocks bestätigen die Hypothese:

Wissenschaftler agieren in verschiedenen Handlungsrollen auf dem Buchmarkt;

wissenschaftlicher Autor zu sein ist nur eine, wenn auch zentrale Teilfunktion

ihres Berufs. Die Funktionsrollen des Buchhändlers und des Verlegers entziehen

sich hingegen dem Kompetenzbereich des Wissenschaftlers, da sie zu stark der

Wirtschaftlichkeit verpflichtet sind und sich daher nicht zur Nebentätigkeit eignen.

Block 4: Das Autor-Verleger-Verhältnis

> • Wissenschaftliche Autoren haben *ein nüchterneres Verhältnis zu ihren Verlegern* als Schriftsteller. Dennoch sind langjährige Autor-Verleger-Beziehungen von ähnlichen Spannungen gekennzeichnet wie auf dem literarischen Markt. Diese Spannungen herrschen zwischen den unterschiedlichen Grundmotivationen im Feld, und sie entladen sich im Einzelfall an den typischen Streitpunkten wie Terminierung (Manuskriptabgabe, Erscheinungstermine), Herstellungskosten, Honorar, Ausstattung, Ladenpreis, Verfügbarkeit usw.

Das Verhältnis zwischen wissenschaftlichem Autor und Verleger ist kaum spezifisch genug ausgeprägt, als den wissenschaftlichen Autor mit definieren zu können. Vermutlich ist die Beziehung in der Regel nüchterner als auf dem literarischen Markt, schon weil Wissenschaftler meist mehrere Verleger haben, während für den Schriftsteller die Bindung an einen Verleger oder, oft noch entscheidender, an einen Lektor ungleich wichtiger ist. Aber das Autor-Verleger-Verhältnis ist hier wie dort vor allem abhängig vom individuellen Temperament der aufeinandertreffenden Persönlichkeiten. Und jede Autor-Verleger-Beziehung ist, wie Fischer dies sehr richtig betont hat, immer und in erster Linie eine Geschäftsbeziehung.[7] Da der Wissenschaftler in der Regel institutionell im Wissenschaftssystem verortet und von seinen Publikationen finanziell unabhängig ist, kann er dem Verleger mit entsprechendem Selbstbewusstsein begegnen. Sein symbolisches Kapital wird im Wissenschaftssystem festgestellt.

Einsteins Verhältnis zum Vieweg Verlag war sicherlich von dieser tendenziell zu erwartenden Nüchternheit geprägt, was aber zu nicht geringem Teil auf die unpersönlich gehandhabte Korrespondenz seitens des Verlags zurückzuführen ist. Einsteins Briefe an Ferdinand Springer sind dagegen persönlicher und vertraulicher. Er erwies sich aber als zuverlässiger Geschäftspartner und verhandelte nicht nur mit Vieweg, sondern auch hinsichtlich der Übersetzungen seines Buches geschickt. Man kann den Biographen kaum glauben, Einstein hätte nicht mit Geld umgehen können. Vielleicht war er aber nur im Einnehmen geschickter als im Ausgeben.[8]

Das Fallbeispiel Sauerbruch illustriert besonders anschaulich, dass sich Spannungen zwischen Autor und Verleger stets an den typischen Streitpunkten entladen. Für Spannung sorgte vor allem, dass Sauerbruch weder Verständnis für die ökonomischen Aspekte seiner Buchveröffentlichungen hatte noch seinen Verleger in dessen Kompetenzrolle als ebenbürtigen Geschäftspartner respektierte. Völlig unbeeindruckt überstrapazierte Sauerbuch den ökonomischen Spielraum durch übermäßige Korrekturen und provozierte so den Streitpunkt, an dem sich die Spannungen zwischen den Grundmotivationen entladen konnten, indem er seinen Verleger zwang, die von ihm zu wahrende Wirtschaftlichkeit einzufordern und sich damit scheinbar gegen wissenschaftliche Interessen zu stellen.

Auch Freud wollte die ökonomischen Verpflichtungen seines Verlegers Heller nicht akzeptieren. Die Gründung eines eigenen Verlags brachte ihm eine trügerische Unabhängigkeit vom Ökonomischen. Denn diese ist immer nur scheinbar gegeben, solange die notwendigen finanziellen Kapazitäten zur Verfügung stehen. Als die Kapitalgrundlage wegbrach und der *IPVerlag* von Anfang an ums Überleben kämpfte, hatte sich Freud die ökonomischen Verpflichtungen des Verlegers recht unmittelbar zu eigen gemacht. Doch der Selbstverleger Freud war breit, der ‚Sache' Opfer zu bringen, die er von einem Dritten nicht hätte verlangen können.

---

7   Vgl. Fischer, Autor-Verleger-Beziehung, S. 247–248.
8   Vgl. Neffe, Einstein, S. 34 und 118.

7.2   Neuralgische Grenzmomente wissenschaftlicher Autorschaft

Die neuralgischen Grenzmomente wissenschaftlicher Autorschaft hängen (un-) mittelbar mit der Balance zwischen ökonomischem Interesse und wissenschaftlichem Ethos zusammen. Schon innerhalb des Wissenschaftssystems sind die Akteure immer auch ökonomisch motiviert, da die Wissenschaft ihr Beruf ist, mit dem sie Geld verdienen. Merton hat die Balance der Grundmotivationen mit der ‚Ambivalenz des Wissenschaftlers' beschrieben, der sich in Bescheidenheit üben muss und dennoch darauf bedacht ist, dass ihm seine wissenschaftlichen Leistungen in Form von Reputation anerkannt werden. Denn Reputation sichert den Zugang zu finanziellen und personellen Ressourcen.

Bourdieu meint etwas Ähnliches, wenn er von den zwei Formen des symbolischen wissenschaftlichen Kapitals spricht: Das reine wissenschaftliche, welches über Publikationen erworben wird, kann in institutionalisiertes übersetzt werden. Ein Wissenschaftler tut immer gut daran, beide Kapitalformen im Gleichgewicht zu halten: Reine Reputation kann ohne institutionellen Ausdruck kaum geltend gemacht werden, wenn es um Ressourcenzuweisungen oder Stellenvergaben geht. Institutionalisiertes wissenschaftliches Kapital ist aber ohne eine solide Basis reinen Kapitals nicht tragbar. Die Korrelation zwischen reinem und institutionellem Kapital kann zum sog. ‚Matthäus-Effekt' deformiert werden. Einem Forscher mit besonders viel reinem Kapital werden besonders attraktive Stellen angeboten, unabhängig von der administrativen Begabung des Kandidaten; aber vor allem im Umkehrschluss gilt, dass einflussreichen Wissenschaftlern automatisch mehr reines Kapital zugesprochen wird, weil ihnen besondere Aufmerksamkeit zu Teil wird.

Dieser Effekt kommt besonders deutlich bei Einstein zum Tragen: Einsteins wissenschaftliche Leistungen sicherten ihm schon früh eine außergewöhnlich hohe Reputation. Universitäten schufen maßgeschneiderte Stellen für ihn, um dieses Kapital an die eigene Institution zu binden. Dass Einstein nur wenig zum Wissenschaftsorganisator taugte und auch sein Potenzial in eine andere Richtung als die erhoffte entfaltete, steht auf einem anderen Blatt. Als Einstein zur Berühmtheit wurde, warfen ihm nicht nur seine Gegner seine Popularität als Reklame für seine wissenschaftlichen Theorien vor, sondern seine Freunde warnten ihn, die Bescheidenheit des Wissenschaftlers zu wahren. Einsteins mediale Attraktivität begründete sich in den bahnbrechenden, doch unverständlichen Inhalten seiner Entdeckungen, seiner Photogenität sowie der unkonventionellen Art, mit der er das übliche Understatement der Wissenschaftler ignorierte und so das öffentliche Interesse mit einer nicht uneitlen Koketterie und rührenden Naivität bediente. Einstein wurde zum Medienstar wie kaum ein anderer Wissenschaftler vor oder nach ihm. Dennoch hat sich gezeigt, dass auch ein prominenter Wissenschaftler, ja ein Star wie Einstein, seine wissenschaftliche Identität nur innerhalb des Systems finden kann.

Das symbolische Kapital eines Wissenschaftlers, seine Reputation ist anschlussfähig für die wirtschaftlichen Bestrebungen der Verleger. Renommierte Wissenschaftler sind attraktive potenzielle Autoren und Ratgeber für Verlage. Vor allem steigert der gute Name des Wissenschaftlers das Prestige des Verlegers und andersrum strebt der Nachwuchsforscher, in einem renommierten Verlag zu publizieren. Diese Mechanismen greifen auf dem Markt der wissenschaftlichen Öffentlichkeit.

Es muss Springer viel am symbolischen Kapital des Namen Sauerbuchs gelegen haben, wenn er die Arroganz und Animosität seines Autors zunächst erduldete, dann alles daran setzte, den endgültigen Bruch zu vermeiden, und schließlich sogar eine Fortsetzung der Kooperation wagte. Vielleicht ist es weniger der Matthäus-Effekt als vielmehr die glückliche Koinzidenz, mit der sich Sauerbruchs Talent und Persönlichkeit innerhalb des institutionellen Konzepts der Chirurgen-Schule zur machtvollen Autokratie entfalten konnte. In seiner Klinik war er uneingeschränkter Herrscher und mit diesem Herrschaftsanspruch trat er auch außerhalb dieses Mikrokosmos auf. Den Patienten erschien er als Retter, der ihre Leiden heilte und ihre Not linderte, und so entstand in der Öffentlichkeit der Mythos vom Halbgott in Weiß. Mythos und Reputation gründen gleichermaßen auf seiner Leistung als Operateur. Seine Publikationen verfolgen in erster Linie das Ziel, ihn innerhalb der medizinischen Fachwelt als Koryphäe zu repräsentieren; darüber hinaus hatte Sauerbruch keine Ambitionen, populär in Erscheinung zu treten, denn der Halbgott-Nimbus steht bereits für seine Popularität.

Wissenschaftspopularisierung öffnet die Mechanismen des wissenschaftlichen Markts hin zur gesellschaftlichen Öffentlichkeit bzw. zum Publikumsmarkt der Buchbranche. Dies muss man nicht als Verrat am wissenschaftlichen Ethos verstehen, sondern vielmehr agiert der Verleger als Anwalt des öffentlichen Interesses an der Wissenschaft. Populärwissenschaftliche Publikationen leisten im besten Fall einen Beitrag zur gesellschaftlichen Legitimierung der Wissenschaft.[9]

Die Prominenz eines Wissenschaftlers verleiht der Wechselwirkung eine gefährliche Würze: Das öffentliche Interesse an der Person stellt für den Verleger einen attraktiven Anknüpfungspunkt für gewinnträchtige Publikationen mit größerem Zielpublikum dar. Doch genauso wie der Wissenschaftler muss auch der Verleger achtgeben, dass seine populären Ambitionen nicht seine wissenschaftlichen übersteigen. Denn die Person des Wissenschaftlers muss hinter seinen Erkenntnissen zurückstehen. Prominenz widerspricht nicht nur der Bescheidenheit, sondern auch dem Universalismus des wissenschaftlichen Ethos. Mommsens Widersacher nahmen die *Römische Geschichte* zum Anlass für Kritik,

---

9   Vgl. Nissen, Populäre Geschichtsschreibung, S. 243.

Einstein musste sich Reklame vorwerfen lassen. Popularisierung durch Wissenschaftler wird also seitens der Wissenschaft immer kritisch beäugt. Die Kritik färbt auch auf den Verleger ab.

So hat Freud zunächst alles daran gesetzt, die Psychoanalyse unabhängig von seiner Person zu etablieren. Als er merkte, dass der Einfluss Anderer seine Idee von der Psychoanalyse zu verwässern oder verfälschen drohte, setzte er das *Geheime Komitee* ein. So wurde die Reinheit seiner Lehre gewahrt und Freud konnte als Person weiterhin im Hintergrund bleiben. Dennoch ist das Schicksal der Psychoanalyse auf besondere Weise mit der Person Freuds verstrickt, weil er nicht nur ihr geistiger Vater war, sondern auch die Machtstrukturen der psychoanalytischen Bewegung begründet hat. Ein tragfähiges Fundament fand er außerhalb der Wissenschaft; zugespitzt kann man sagen, dass die Wirkmacht der Psychoanalyse auf ihrer eigenen Popularisierung aufbaut.

Als Mommsen die ersten drei Bände seiner *Römischen Geschichte* schrieb, fand die Geschichtsschreibung noch in unmittelbarem Austausch mit der Öffentlichkeit statt. Mommsen war längst als Geschichtsschreiber prominent, bevor er seinen wissenschaftlichen Nimbus entfaltete. Die vielfältigen Gründe, warum Mommsen den vierten Band der *Römischen Geschichte* schuldig geblieben ist, sind aufgeführt worden; ausschlaggebendes Moment ist aber die Entfremdung der Geschichtswissenschaft, deren renommierter Vertreter Mommsen geworden war, von der Geschichtsschreibung, die ihn populär gemacht hatte. Obwohl Mommsen sich mit seiner Disziplin von der Geschichtsschreibung emanzipiert hatte, verstärken sich seine wissenschaftliche Reputation und seine Prominenz gegenseitig. Dieses Wechselspiel gipfelte in der Verleihung des Literaturnobelpreises.

Das öffentliche Interesse an prominenten Wissenschaftlern bezieht sich nicht allein, vielleicht nicht mal zum Großteil, auf die Inhalte der Forschung. Große Wissenschaftler beeindrucken durch ihre außergewöhnlichen Fähigkeiten, und ihr besonderes Talent wollen wir ergründen. Die Unverständlichkeit der Relativitätstheorie würden wir besser ertragen, wenn wir begreifen könnten, auf welche Weise Einstein befähigt war, schärfer zu denken als wir. Die Messung seiner Hirnströme sollte das Mirakel lösen. Interessanterweise wurde auch Mommsens Gehirn nach seinem Tod genau untersucht, als müsse man der Frage nachgehen, wie so viel Wissen in diesen Kopf passte.[10] Gerne glauben wir die halb- bis unwahren Anekdoten, die es von Sauerbruch zu erzählen gibt.

---

10   Vgl. Hansemann, David von: Über die Gehirne von Th. Mommsen, Historiker, R. W. Röntgen, Chermiker und Ad. v. Menzel, Maler. Stuttgart: Schweizerbart'sche Verlagsbuchhandlung (E. Nägele) 1907. (= Bibliotheca Medica. A. Anatomie, Heft 5). Die Sektionen, die seit den 1860er Jahren an Gehirnen hervorragender Personen durchgeführt wurden, sollten Aufschluss darüber geben, ob ein Zusammenhang zwischen besonderen Begabungen und der

Doch auch die Wissenschaftsforschung und -historiographie ist versucht, das Besondere der großen Denker in ihrer Biographie oder Persönlichkeit festzumachen. Die außergewöhnliche Leistung kann nicht von jedermann erbracht werden, sondern bedarf des Hochbegabten, was ihr eine individuelle Note verleiht. Die alltägliche wissenschaftliche Arbeit scheint sich jedenfalls zufälliger auf die durchschnittlich begabten Forscher zu verteilen. Dass auch die Heroen den Großteil ihres wissenschaftlichen Berufslebens mit alltäglichen Arbeiten verbracht haben, ändert nichts an ihrer Unvergleichbarkeit. Diese Strategie wird nur zum Einsatz gebrachte, wenn man die außergewöhnliche Leistung eben nicht anerkennen will. Hat nicht Einstein nur eine Wahrheit formuliert, die bereits angedacht war, ja in der Luft lag? Freud kann man ohnehin nicht ernst nehmen, weil er ja kein Wissenschaftler war.

Um das Besondere fassbar zu machen, wird der Mythos vom Genie bemüht. In der Regel braucht das Genie zu Beginn seiner Laufbahn eine Phase der Abgeschiedenheit, eine ‚splendid isolation‘, aus der es wie Phönix aus der Asche zu seinen Höhenflügen aufsteigen kann. Freud durchlief die einsamen, zermürbenden Jahre seiner Selbstanalyse, Mommsen wurde vom Hochschuldienst suspendiert und schuf in der Zwangspause ein Meisterwerk, Einstein sortierte im Patentamt das Universum neu und Sauerbruch wurde aus der Klinik geworfen, um im Exil seine neuartige Operationsmethode zur vollen Reife zu bringen. Aber so abenteuerlich und aufregend die individuellen Laufbahnen auch verlaufen, am Ende zählt, wie sich der Held in das Kommunikationssystem der Wissenschaft integrieren kann. Dies hat Freud nicht geschafft.

Es gibt eine Strategie, die Besonderheit der wissenschaftlichen Größen zu konstatieren, die im Rahmen dieser Arbeit verwundern muss: Es ist die Bereitwilligkeit, den wissenschaftlichen Autor mit einem Schriftsteller zu verwechseln. Damit ist nicht gemeint, dass sich Wissenschaftler, wie dies bereits mehrfach angesprochen wurde, im relevanten Zeitraum, selbst oft als ‚Schriftsteller‘ bezeichneten und von ihrer ‚schriftstellerischen‘ Tätigkeit sprachen. Dies ist lediglich darauf zurückzuführen, dass die Begriffe im Alltag oft synonym verwendet wurden und werden. Verwundern muss aber, wenn in der retrospektiven Reflexion ernsthaft argumentiert wird, um im Wissenschaftler den Schriftsteller zu identifizieren. Ärgerlich wird es, wenn die Reflexion dabei nicht über die Kurzschluss-Formel hinausgeht, dass ein guter Stil den Schriftsteller bezeuge.

Anatomie der Hirne besteht. Im Falle Mommsens interessierten von Hansemann dessen „außerordentliches Gedächtnis […], eine scharfsinnige Kombinationsgabe und eine ganz ungewöhnliche Organisationsfähigkeit" sowie Mommsens „hervorragende dichterische Begabung", wohingegen der Historiker weder über eine „besondere manuelle Geschicklichkeit" noch „musikalische Begabung" verfügte. Ebd., S. 3. Aus der sorgfältigen anatomischen Beschreibung des Gehirns waren direkte Schlüsse auf die genannten Eigenschaften jedoch kaum möglich. Vgl. von Hansemanns Folgerungen ebd., S. 12–18.

Guter Stil ist allen vier vorgestellten Autoren attestiert worden, Freud und Mommsen wurden und werden durchaus als Schriftsteller gesehen. Wenn ein wissenschaftlicher Autor durch guten Stil auffällt, ist man offenbar eher bereit, ihn mit einem Schriftsteller zu verwechseln, als einzugestehen, dass Wissenschaftliches verständlich und schön formuliert sein kann. Dieser Tendenz könnte man die Hypothese entgegenstellen, dass der gute Stil zur wissenschaftlichen Größe eines Forschers gehören, ja beitragen kann.

Vier Gegenargumente sollten somit die Verwechslungsgefahr im Keim ersticken. Erstens: Guter Stil macht noch lange keinen Schriftsteller aus; und zweitens: Schriftsteller müssen nicht zwangsläufig einen eingängigen Stil pflegen. Drittens: Wissenschaftlichkeit schließt guten Stil nicht aus. Viertens: Schreiben ist per se eine kreative, weil sprachschöpfende Tätigkeit. Bei der Kurzformel ‚guter Stil = Schriftsteller' wird literarische Kunstschöpfung verwechselt mit Beherrschung des Handwerks.

Dennoch ist der Schreibprozess eine individuelle und kreative Tätigkeit, die uns der Schöpferkraft des Genies näherzubringen verspricht. So ist es nicht verwunderlich, dass die Manuskripte und Autographen der Protagonisten wie Artefakte be- und gehandelt werden. Der Autographenjäger Eugen Wolbe wusste zu berichten,[11] dass Wissenschaftler – anders als Schriftsteller und Schauspieler – seinen Anfragen üblicherweise mit deutlichem Understatement begegneten, nicht selten aber mit einem handschriftlichen Brief absagten; so kam Wolbe auch zu einem Autograph von Mommsen: „Professor Mommsen bedauert, auf den geäußerten Wunsch nicht eingehen zu können."[12] Der Pazifist Einstein war sich in den 1940er Jahren hingegen nicht zu schade, sein Manuskript der Relativitätstheorie eigenhändig abzuschreiben; die Versteigerung der Handschrift spülte 6,5 Mio. Dollar in die Kriegskassen der USA.[13] Längst war Einstein klar geworden: „Jeder muss ein Kritzel haben, von dem hochgelehrten Knaben."[14] Bei anderer Gelegenheit fühlte er sich in seiner Ehre als Wissenschaftler gekränkt, als ihm eine amerikanische Zeitung für einen Aufsatz bei freier Themenwahl ein exorbitantes Honorar bot.[15]

Freud erscheint als Schreibender dreifach interessant: Ilse Grubrich-Simitis hat den Schaffensprozess Freuds detailliert anhand überlieferter Notizen, Entwürfe und Reinschriften dargestellt.[16] Darüber hinaus wird sein gesamtes Werk wie das Œuvre eines Schriftstellers behandelt und sein Umgang mit Sprache zur

---

11   Vgl. Wolbe (1925) zitiert nach Wickert, Mommsen III, S. 674.
12   Wiedergegeben von Wolbe, zitiert nach Wickert, Mommsen III, S. 674.
13   Vgl. Neffe, Einstein, S. 422–423.
14   Zwei Zeilen aus einem längeren Gedicht Einsteins; zitiert nach ebd., S. 185.
15   Vgl. Pais, Intuition, S. 236.
16   Vgl. Grubrich-Simitis, Zurück zu Freuds Texten, vor allem Teil II: *Landschaft der Handschriften*, S. 101–302.

wissenschaftlichen Methode erklärt. Einstein hingegen vertritt laut Neffe zwar den „Typus des Künstlers der Wissenschaft"[17], doch würde man ihn kaum als Schriftsteller bezeichnen. Und auch Sauerbruch, dessen Naturell mit der Empfindsamkeit eines Künstlers ausgestattet war, war eher hinsichtlich seines chirurgischen Handwerks ein begnadeter Meister, als dass man in ihm den Schriftsteller finden könnte.

Alles deutet darauf hin, dass die Verwechslungsgefahr mit dem Schriftsteller vor allem im geisteswissenschaftlichen Spektrum besteht. Hierbei kommt die textimmanente Funktion des Autors zum Tragen. In dieser Arbeit stand der Autor als kommunikative Funktions- und ökonomische Handlungsrolle im Fokus. Der Autor ist aber zudem der Erzähler eines Textes. Dass es in wissenschaftlichen Texten eine immanente Größe gibt, die als Pendant zum ‚auktorialen Erzähler' belletristischer Texte verstanden werden kann, hat Felix Steiner in seiner Dissertation überzeugend dargestellt. Unabhängig von der schreibenden Person, wohnt jedem Text ein Autor als Gestalter inne. Steiners Konzept vom wissenschaftlichen Autor erfasst somit den schöpferischen Anteil der Autorschaft.

Und genau diesem schöpferischen Anteil wird in den Geisteswissenschaften ein ganz anderer Stellenwert zugeordnet als in den Naturwissenschaften. In Texten, die die Ergebnisse der exakten Wissenschaften wiedergeben, wird angestrebt, die Individualität des Forschers bzw. Autors durch formelhafte Sprache, vor allem Mathematisierung zu neutralisieren. Zugespitzt könnte man sagen, dient die Publikation den Naturwissenschaften als reines Transportmittel für ihre Erkenntnisse. Dies kann gelingen, weil die Forschungsgegenstände und Erkenntnisse der Naturwissenschaft naturgemäß wenig mit dem Medium Buch gemein haben.

Anders ist dies in den Geisteswissenschaften, in denen Forschung bereits zu einem großen Teil auf textlichen Überlieferungen basiert und Literaturen Formalobjekte bilden. Auch entsteht ein Teil der wissenschaftlichen Erkenntnis durch die Formulierung des Textes. Die ‚Weichheit' geisteswissenschaftlicher Erkenntnisse wird durch den argumentativen Aufbau stabilisiert, und die Person des Autors ist in den Texten ungleich präsenter als in naturwissenschaftlichen Publikationen. Darüber hinaus eignet geisteswissenschaftlichem Wissen oftmals eine textliche Gestalt an, wodurch es eine unmittelbarere Anschlussfähigkeit an die ‚Allgemeinbildung' aufweist – für die Geschichtsschreibung musste im 19. Jahrhundert eine Grenze erst durch die Ausdifferenzierung der Fachgeschichte hergestellt werden. Im naturwissenschaftlichen Bereich bedarf es dagegen vielmehr einer aktiven Popularisierung, um diese Anschlussfähigkeit herzustellen. Interessanterweise trafen die inhaltlichen Versatzstücke der Relati-

---

17   Neffe, Einstein, S. 169.

vitätstheorie den Nerv der Zeit so vehement, dass Einstein von der Öffentlichkeit zum Weltdeuter verpflichtet wurde, eine Rolle, die traditionell eher die Geisteswissenschaftler erfüllten.[18]

Diese tendenzielle Andersartigkeit in den Natur- und Geisteswissenschaften hängt mit der textimmanenten Autorschaft und der unterschiedlichen Qualität des Wissens zusammen; die kommunikative Funktionsrolle des wissenschaftlichen Autors ist davon unberührt. Die Gesetzmäßigkeiten wissenschaftlicher Autorschaft, wie sie in dieser Arbeit beschrieben wurden, gelten in allen Bereichen der Wissenschaft. Auch hinsichtlich der ökonomischen Autorenrolle bestehen keine Unterschiede.

7.3   Ein Plädoyer fürs Tendenzielle

Mit dem grundsätzlichen Unterschied zwischen Natur- und Geisteswissenschaften ist in dieser Arbeit eine gewichtige Fragestellung angerissen worden, der leider nur sehr pauschalierend und äußert plakativ argumentierend Platz gewährt werden konnte. Eine ausführliche Auseinandersetzung sollte aber an anderer Stelle vorgenommen werden. Die Unterschiede zwischen den Wissenschaftsfeldern sind bislang noch völlig unzureichend, weil zumeist als problematisch thematisiert worden. Dabei darf natürlich nicht übersehen werden, dass der Diskussion im deutschsprachigen Raum ein gänzlich anderes Verständnis von ‚Wissenschaft' zugrunde liegt als im englischen Sprachraum, in dem ‚science' und ‚studies' oder ‚humanities' bereits begrifflich differenziert sind; darin mag auch begründet sein, dass den ‚studies' ihre populäre Anschlussfähigkeit im angloamerikanischen Verständnis gar nicht erst vorgeworfen wird. Diese Differenzierung erscheint mir bspw. von nicht unerheblicher Relevanz bei der Diskussion um Freud und die (Un-)Wissenschaftlichkeit der Psychoanalyse.[19]

Der Streit um die zwei – oder drei – Kulturen erscheint jedenfalls längst überholt. Statt der Geisteswissenschaft ihre andere Qualität als Mangel an Wissenschaftlichkeit vorzuwerfen oder der Naturwissenschaft, dass sie ihre Erkenntnisse durch Abstraktion ins Unverständliche formuliert oder in ihrer Spezialisierung den Blick fürs Ganze verliert, sollte die Unterschiedlichkeit der Wissenschaftsbereiche akzeptiert und positiv beschrieben werden. Und darüber

---

18   Vgl. Goenner, Einstein in Berlin, S. 283.
19   Natürlich musste die Laienanalyse in den USA anders beurteilt werden, da die Wissenschaftlichkeit hier nur über den Anschluss an die naturwissenschaftlich basierte Medizin gewahrt werden konnte. Ebenso wird ein angloamerikanischer Forscher den wissenschaftlichen Gehalt der Psychoanalyse immer auf ihre naturwissenschaftlichen Wurzeln beziehen; wohingegen dem deutschsprachigen Forscher schon eine eindeutige Verortung in den ‚Geisteswissenschaft' reichen würde.

hinaus muss sich die Erforschung populärwissenschaftlicher Publikationsformen von dem unhaltbaren Vorurteil lösen, dass alles Nicht-Wissenschaftliche mangelhaft sei. Auch wenn die Wissenschaft nach wie vor das wichtigste soziale System ist, das Wissen schafft, so ist es nicht das einzige, das Wahrheiten behauptet und bestätigt, die unser Leben beeinflussen. Die Qualität einer Publikationsform kann letztlich immer nur gemessen werden am Anspruch des jeweiligen Gesellschaftssystems bzw. des Interessenmarktes.

Ein differenzierender Blick auf die Funktionsweisen wissenschaftlicher Publikationen und die definitorisch klare Erfassung der unterschiedlichen Facetten wissenschaftlicher Autorschaft werden einen wichtigen Beitrag zur positiven Darstellung dieser unterschiedlichen Qualitäten leisten können. Nach deutschsprachigem Verständnis *sind* die Geisteswissenschaften einen Teil des Wissenschaftssystems, für dessen moderne Erscheinungsform die Wissenschaftlichkeit verbindlich in die generelle Funktionsweise der Publikationen eingeschrieben ist. Dennoch sind Unterschiede zwischen natur- und geisteswissenschaftlichen Autoren sichtbar geworden, die mit den neuralgischen Grenzmomenten der Wissenschaftspopularisierung und der angeblichen Verwechslungsgefahr mit dem Schriftsteller zusammenhängen. Diese Grenzmomente konnten bislang als problematisch erscheinen, weil eine definitorische Klarheit des wissenschaftlichen Autors fehlte. Besonders die Beschreibung des wissenschaftlichen Autors in seiner idealtypischen Erscheinung ermöglicht aber den sicheren Umgang mit diesen tendenziellen Verschiebungen.

Es ist wünschenswert, das Bild vom wissenschaftlichen Autor durch weitere Studien zu verfeinern. Die Sichtung von Autor-Verleger-Korrespondenzen und Einzelstudien zu Wissenschaftlern können hierzu direkt dienen, während Marktanalysen einzelner Disziplinen, die Verlegerstrategien im wissenschaftlichen Feld aufzeigen, indirekt zum Verständnis dieses Autorentyps beitragen. Besonders sinnvoll wären zudem Studien, die sich internationalen Vergleichen und epochalen Übergängen widmen.

Je klarer, weil differenzierter das moderne wissenschaftliche Publikationswesen beschrieben werden kann, desto mehr kann es als Folie dienen, aktuelle Umbrüche zu verstehen und zu beurteilen. Wir befinden uns inmitten einer medialen Umbruchphase, von der die Wissenschaft in besonderer Weise betroffen ist. Die Digitalisierung hat das wissenschaftliche Kommunikationssystem längst erfasst; schon jetzt ist erkennbar, dass die Natur- und Geisteswissenschaften hierauf nicht nur unterschiedlich reagieren, sondern hiervon auch verschiedenartig profitieren können. Open Access fordert Verlage auf, sich neu im Kommunikationsgefüge zu positionieren: Welche Leistungen können sie zukünftig für die Wissenschaft – noch oder neu – übernehmen? Werden sich ganz neue Dienstleister profilieren können? Neue Marktstrukturen werden sich zudem auf wissenschaftliche Autorschaft auswirken: Wie können Wissenschaftler in Zukunft ihr geistiges Eigentum sichern? Werden Veröffentlichungen –

und in welcher medialen Form – weiterhin die Basis sein, auf der Reputation zugeschrieben wird? Werden sich die Unterschiede zwischen Natur- und Geisteswissenschaften hierbei langfristig als qualitativ andersartige Publikationsmechanismen manifestieren?

Die Buchwissenschaft ist nicht nur aufgefordert, diesen Umbruch mit zu beobachten, sondern in den aufgezeigten Diskursen gestaltend mit zu denken. Es hat sich erwiesen, dass es keineswegs eine banale Feststellung ist, dass Forscher als Autoren agieren. Somit werden buchwissenschaftliche Fragestellungen nach der wissenschaftlichen Autorenschaft Relevanz besitzen, solange Wissenschaftler schreiben.

8 Literaturverzeichnis

8.1 Quellen

8.1.1 Ungedruckte Quellen

Berlin, Zentral- und Landesbibliothek, Sammlungen, Archiv des Julius-Springer-Verlags, (abgekürzt zitiert als: Berlin, ZLB, SVA)

    Konvolut   B S 45:   Briefwechsel Springer – Sauerbruch

        [Mappe I: 1910 - 1916 fehlt (Verbleib ungewiss)]

        Mappe II: Januar 1916 – Dezember 1921

        Mappe III: 1.1.1922 – 30.10.1923

        Mappe IV: 1.11.1923 – 5.10.1926

        Mappe V: 11.10.1926 – 29.8.1929

        Mappe VI: 14.9.1929 – 22.10.1936

    B S 45a: Briefe bzgl. Auseinandersetzung über die Anzeigenteile in med: Zeitschriften; 8.10.1926 – 31.12.1926

    B S 46   Korrespondenz F.C.W. Vogel Verlag – Sauerbruch (1924–1930)

    C 27   Briefe und Dokumente zur Zeitschrift *Der Chirurg*, hrsg. von Martin Kirschner

Braunschweig, Universitätsbibliothek, Vieweg-Archive
(zitiert als: Vieweg-Archive der UB Braunschweig)

    Konvolut V I E:18

    Korrespondenz Einstein – Friedr. Vieweg & Sohn (1947–1955)

    und Otto Nathan – Friedr. Vieweg & Sohn (1955–1965)

Jerusalem, Hebrew University, Albert Einstein Archives
(abgekürzt zitiert als Jerusalem, HU, AEA)

    Konvolut 67:

    67-888   Verlagsvertrag vom 21. Dezember 1916, Vieweg – Einstein

    67-897   Verlagsvertrag vom 4. Februar 1922, Vieweg – Einstein

Leipzig, Sächsisches Staatsarchiv

> Konvolut 21101: Johann Ambrosius Barth Verlag, Leipzig, Nr. 557
>
> Protokoll der Zusammenkunft am 19. Juli. 1928
>
> C. Bergers Protokoll der Besprechung am 13. November 1936

Zürich, Archiv der Eidgenössischen Technischen Hochschule, Albert-Einstein-Duplikatsarchiv (abgekürzt zitiert als Zürich, ETH, AE-DA)

> Konvolut B.2.9.4: Correspondence with publishers:

41-12-991.00 – 41-12-1009.00	Einstein – J. A. Barth, Leipzig (1919–1921)
41-12-1013.00 – 41-12-1016.00	Einstein – Renaissance Verlag, Wien (1921–1922)
41-12-1025.00 – 41-12-1044.00	Einstein – Verlag Slowo, Danzig (1920–1923)
41-12-1058.00 – 41-12-1080.00	Einstein – Julius Springer, Berlin (1920–1930)
41-12-1081.00 – 41-12-1101.00	Einstein – B. G. Teubner, Leipzig (1907–1924)[1]
42-1-1.00 – 42-1-80.00 / 42-2-81.00 – 42-2-172.00	Einstein – Friedr. Vieweg & Sohn, Braunschweig[2] (1918–1947)
42-6-308.00 – 42-6-335.00	Einstein – Rafaele Contu (1921–1923)

8.1.2   Gedruckte Quellen

Braunschweig, Universitätsbibliothek, Vieweg-Archive

Konvolut	V3:1.3.2.3	Werbeanzeigen 1911–1920
	V3:1.3.2.5	Werbeschriften 1931–1936
	V3:1.3.2.6	Werbeschriften 1937
	V3:1.3.2.7	Werbeschriften 1938–1939
	V3:1.3.2.8	Werbeanzeigen 1940–1944
	V3:1.3.2.10	Werbeschriften 1952–1955
	V3:1.3.2.13	Werbeschriften 1958
	V3:1.3.2.14	Werbeschriften 1959

Beck, Heinrich: Der wissenschaftliche Verleger. Rede zur Eröffnung der Münchner Buchausstellung 1964. IN: Börsenblatt 21/1965, Nr. 17, S. 462–464.
Binswanger, Ludwig: Erinnerungen an Sigmund Freud. Bern: Francke 1956.

---

1   In der Dokumentenliste wird *Teubner* häufig als *Teibner* bezeichnet.
2   In der Dokumentenliste ist versehentlich Berlin als Verlagsort angegeben.

Calaprice, Alice (Hrsg.): Einstein sagt. Zitate, Einfälle, Gedanken. München: Piper 2000.

Davidis, Michael: Wissenschaft und Buchhandel. Der Verlag von Julius Springer und seine Autoren: Briefe und Dokumente aus den Jahren 1880–1946. München: Deutsches Museum 1985.

Der Goethepreis 1930. IN: Die psychoanalytische Bewegung 2/1930, S. 590–599.

Döblin, Alfred: Die abscheuliche Relativitätstheorie. IN: Berliner Tageblatt, Nr. 543, 24.11.1923, S. 5.

Einstein, Albert: Autobiographisches. IN: Albert Einstein als Philosoph und Naturforscher. Hrsg. von Paul Schilpp. Kohlhammer. Stuttgart 1955. S. 1–35.

Einstein, Albert: Über die spezielle und die allgemeine Relativitätstheorie. 23. Auflage. Berlin u. a.: Springer 2001.

Einstein, Albert: Zu Dr. Berliners siebzigsten Geburtstag. IN: Die Naturwissenschaften 20/1932, S. 913.

Freud, Martin: Mein Vater Sigmund Freud. Heidelberg: Mattes 1999.

Freud, Sigmund: Selbstdarstellung. IN: Die Medizin der Gegenwart in Selbstdarstellungen 4/1925, S. 1–52.

Freud, Sigmund: „Selbstdarstellung". Schriften zur Geschichte der Psychoanalyse. Hrsg. und eingeleitet von Ilse Grubrich-Simitis. Frankfurt/Main: S. Fischer 1999.

Freud, Sigmund: Zur Geschichte der psychoanalytischen Bewegung. IN: Jahrbuch für psychoanalytische und psychopathologische Forschungen 6/1914, S. 1–24.

Freud, Sigmund: Die Frage der Laienanalyse. IN: Freud, Sigmund: Gesammelte Werke. 14. Band: Werke aus den Jahren 1925–1931. Reprint. London: Imago Publishing 1948, S. 209–296.

Geißendörfer, Rudolf: Ferdinand Sauerbruch [Nachruf]. IN: Bruns Beiträge 183/1951, S. 1–2.

Harnack, Adolf von: Vom Großbetrieb der Wissenschaft. Berlin: Stilke 1905.

Infeld, Leopold: Leben mit Einstein. Kontur einer Erinnerung. Wien, Frankfurt/Main und Zürich: Europa Verlag 1969.

Knake, Else: Erinnerungen an Sauerbruch. IN: Studium Berolinense. Aufsätze und Beiträge zu Problemen der Wissenschaft und zur Geschichte der Friedrich-Wilhelms-Universität zu Berlin. Gedenkschrift der Westdeutschen Rektorenkonferenz und der Freien Universität Berlin zur 150. Wiederkehr des Gründungsjahres der Friedrich-Wilhelm-Universität zu Berlin. Hrsg. von Hans Leussink und Eduard Neumann und Georg Kotowski. Berlin: de Gruyter 1960, S. 241–250.

Kongressbericht im Korrespondenzblatt. IN: Internationale Zeitschrift für Psychoanalyse 5/1919, S. 55–56 .

Lubarsch, Otto: Ein bewegtes Gelehrtenleben. Erinnerungen und Erlebnisse, Kämpfe und Gedanken. Berlin: Springer 1931.

Meiner, Annemarie: Der Deutsche Verlegerverein 1886–1935. Leipzig: Deutscher Verlegerverein 1936.

Mikulicz-Radecki, Felix von: Buchbesprechung. Das war mein Leben. IN: Münchner Medizinische Wochenschrift 94/1952, S. 906–907.

Mommsen, Adelheid: Theodor Mommsen im Kreise der Seinen. Berlin: Ebering 1936.

Mommsen, Theodor: Testamentsklausel. Abgedruckt IN: Wucher, Albert: Theodor Mommsen. Geschichtsschreibung und Politik. Göttingen, Berlin und Frankfurt/Main: Musterschmidt-Verlag 1956, S. 218–219.

Mommsen, Theodor: Römische Geschichte. Vierter Band. Hildesheim: Georg Olms Verlagsbuchhandlung 1966.

Mommsen, Theodor: Römische Geschichte. Vollständige Ausgabe in 8 Bänden. München: dtv 1976.

Moszkowski, Alexander: Einstein. Einblicke in seine Gedankenwelt. Hamburg bzw. Berlin: Hoffmann und Campe, F. Fontane & Co. 1921.

Nissen, Rudolf: Helle Blätter – dunkle Blätter. Erinnerungen eines Chirurgen. Stuttgart: Deutsche Verlags-Anstalt 1969.

Nunberg, Herman (Hrsg.).: Protokolle der Wiener Psychoanalytischen Vereinigung. 4 Bände. Frankfurt/Main: S. Fischer 1976–1981.

Plancks Wahlvorschlag für Albert Einstein. IN: Physiker über Physiker. Wahlvorschläge zur Aufnahme von Physikern in die Berliner Akademie 1870 bis 1929 von Hermann v. Helmholtz bis Erwin Schrödinger. Bearbeitet von Christa Kirsten und Hans-Günther Körber; hrsg. von Heinrich Scheel. Akademie-Verlag. Berlin (Ost) 1975, S. 201–203.

Reiser, Anton [i. e. Rudolf Kayser]: Albert Einstein. A Biographical Portrait. New York: Albert & Charles Boni 1930.

Sauerbruch, Ferdinand: Georg Schmidt zum Gedächtnis. IN: Deutsche Zeitschrift für Chirurgie 242/1934, S. I–II.

Sauerbruch, Ferdinand: Das war mein Leben. Bad Wörishofen: Kindler und Schiermeyer Verlag 1951.

Sauerbruch, Ferdinand: Kritische Worte über die heutige ärztliche Publizistik. IN: Zentralblatt für Chirurgie 52/1925, S. 1212–1213.

Sauerbruch, Ferdinand: Heilkunst und Naturwissenschaft. IN: Die Naturwissenschaften 14/1926, S. 1081–1090.

Scheel, Karl: Die literarischen Hilfsmittel der Physik. IN: Die Naturwissenschaften 1925, S. 45–48.

Sinzheimer, Ludwig (Hrsg.): Die geistigen Arbeiter. München und Leipzig: Duncker und Humblot 1922.

Springer, Ferdinand: Die Preise der deutschen wissenschaftlichen Zeitschriften und das Ausland. Nach einem am 9. November 1928 vor der Arbeitsgemeinschaft wissenschaftlicher Verleger gehaltenen Referat. Als Manuskript gedruckt. 1928.

Weber, Max: Wissenschaft als Beruf. 1919. IN: Gesammelte Aufsätze zur Wissenschaftslehre von Max Weber. 4., erneut durchgesehene Auflage, hrsg. von Johannes Winckelmann. Tübingen: J. C. B. Mohr 1973, S. 582–613.

Wechselwirkungen. Der wissenschaftliche Verlag als Mittler: 175 Jahre B.G. Teubner (1811–1986). Stuttgart: Teubner 1986.

Wirsen, Af: Verleihungsrede. Gehalten bei der Überreichung des Nobelpreises für Literatur an Theodor Mommsen am 10. Dezember 1902. IN: Theodor Mommsen: Römische Geschichte. Nobelpreis für Literatur 1902. Hrsg. von Hellmuth Günther Dahms. Zürich: Coron-Verlag 1967. (= Nobelpreis für Literatur, 2), S. 17–20.

Wittels, Fritz: Sigmund Freud. Der Mann, die Lehre, die Schule. Leipzig, Wien, Zürich: Tal & Co 1924.

Gesammelte Werke und Bibliographien

CPAE – The Collected Papers of Albert Einstein. Princeton University Press, seit 1987. Bisher erschienen sind:

Volume 1: The Early Years, 1879–1902. Hrsg. von John Stachel, David D. Cassidy und Robert Schulmann. 1987.

Volume 2: The Swiss Years: Writings, 1900–1909. Hrsg. von John Stachel, David D. Cassidy, Jürgen Renn und Robert Schulmann. 1989.

Volume 3: The Swiss Years: Writings, 1909–1911. Hrsg. von Martin J. Klein, A.J. Knox, Jürgen Renn und Robert Schulmann. 1993.

Volume 4: The Swiss Years: Writings, 1912–14. Hrsg. von Martin J. Klein, A.J. Knox, Jürgen Renn und Robert Schulmann. 1995.

Volume 5: The Swiss Years: Correspondence, 1902–1914. Hrsg. von Martin J. Klein, A.J. Knox und Robert Schulmann. 1993.

Volume 6: The Berlin Years: Writings, 1914-1917. Hrsg. von A.J. Knox, Martin J. Klein und Robert Schulmann. 1996.

Volume 7: The Berlin Years: Writings, 1918–1921. Hrsg. von Michel Janssen, Robert Schulmann, József Illy, Christoph Lehner und Diana Kormos Buchwald. 2002.

Volume 8: The Berlin Years: Correspondence, 1914–1918. In zwei Bänden. Hrsg. von Robert Schulmann, A.J. Knox, Michel Janssen und József Illy. 1998.

Volume 9: The Berlin Years: Correspondence, January 1919 – April 1920. Hrsg. von Diana Kormos Buchwald, Robert Schulman, József Illy, Daniel J. Kennefick und Tilman Sauer. 2004.

Volume 10: The Berlin Years: Correspondence, May – December 1920 and Supplementary Correspondence, 1909–1920. Hrsg. von Diana Kormos Buchwald, Tilman Sauer, Ze'ev Rosenkranz, József Illy und Virginia Iris Holmes. 2006.

Volume 11: Cumulative Index, Bibliography, List of Correspondence, Chronology, and Errata to Volumes 1–10. Hrsg. von A. J. Knox, Tilman Sauer, Diana Kormos Buchwald, Rudy Hirschmann, Osik Moses, Benjamin Aronin und Jennifer Stolper. 2009.

Volume 12: The Berlin Years: Correspondence, January – December 1921. Hrsg. von Diana Kormos Buchwald, Ze'ev Rosenkranz, Tilman Sauer, József Illy und Virginia Iris Holmes. 2009.

Volume 13: The Berlin Years: Writings and Correspondence, January 1922 – March 1923. Hrsg. von Diana Kormos Buchwald, József Illy, Ze'ev Rosenkranz und Tilman Sauer. 2012.

Freud, Sigmund: Gesammelte Schriften. 12 Bände. Wien: Internationaler Psychoanalytischer Verlag 1925–34.

Freud, Sigmund: Gesammelte Werke. 18 Bände. London: Imago Publishing Co. 1940–52 und Frankfurt/Main: S. Fischer 1960–1968. Nachtragsband. Frankfurt/Main: S. Fischer 1987.

Freud: Sigmund: Studienausgabe. 10 Bände plus Ergänzungsband. Frankfurt/Main: S. Fischer 1969–75.

Freud, Sigmund: Werkausgabe in zwei Bänden. Frankfurt/Main: S. Fischer 1978.

„Sauerbruch". IN: Deutsches Chirurgenverzeichnis. Hrsg. von A. Borchard und W. von Brunn. 3. Auflage. Leipzig: Barth 1938, S. 562–566.

[Sauerbruch-Bibliographie] IN: Geschichte der operativen Chirurgie. Hrsg. von Michael Sachs. 3. Band: Historisches Chirurgenlexikon. Ein biographisches Handbuch bedeutender Chirurgen und Wundärzte. Heidelberg: Kaden Verlag 2002, S. 348–352.

Meyer-Palmedo, Ingeborg und Gerhard Fichtner (Hrsg.): Freud-Bibliographie mit Werkkonkordanz. Frankfurt/Main: S. Fischer 1989.

Mommsen, Theodor: Gesammelte Schriften. Hrsg. von Otto Hirschfeld Bernhard Kübler, Eduard Norden und Hermann Dessau. 8 Bände. Berlin: Weidmann 1904–1913.

The Standard Edition of the Complete Works of Sigmund Freud. 24 Bände. London: Hogarth Press and The Institute of Psycho-Analysis 1953–74.

Zangemeister, Karl Friedrich Wilhelm, Emil Jacobs und Stefan Rebenich (Hrsg.): Theodor Mommsen als Schriftsteller. Ein Verzeichnis seiner Schriften. Hildesheim: Weidmann 2000.

Edierte Briefwechsel

Albert Einstein – Arnold Sommerfeld. Briefwechsel. 60 Briefe aus dem goldenen Zeitalter der modernen Physik. Hrsg. und kommentiert von Armin Hermann. Basel und Stuttgart: Benno Schwabe 1968.

Albert Einstein – Hedwig und Max Born. Briefwechsel 1916–1955. Kommentiert von Max Born. München: Nymphenburger Verlagshandlung 1969.

Albert Einstein – Michele Besso. Correspondance 1903–1955. Hrsg. von Pierre Speziali. Paris: Hermann 1972.

Briefwechsel Sigmund Freud – Max Eitingon. 1906–1939. Hrsg. von Michael Schröter. 2 Bände. Tübingen : edition diskord 2004

Briefwechsel Sigmund Freud – Ernest Jones 1908–1939. Hrsg. von Ingeborg Meyer-Palmedo. Frankfurt/Main: S. Fischer 1993

Sigmund Freud – Sándor Ferenczi. Briefwechsel. 3 Bände, in je 2 Teilbänden. Hrsg. von Eva Brabant, Ernst Falzeder und Patrizia Giampieri-Deutsch. Wien, Köln, Weimar: Böhlau 1993–2005.

Sigmund Freud – Carl G. Jung: Briefwechsel. Frankfurt/Main: S. Fischer 1974.

Sigmund Freud – Oskar Pfister. Briefe 1909–1939. Hrsg. von Ernst L. Freud und Heinrich Meng. Frankfurt/Main: S. Fischer 1963.

Freud, Sigmund: Aus den Anfängen der Psychoanalyse. Briefe an Wilhelm Fließ; Abhandlungen und Notizen aus den Jahren 1887–1902. Frankfurt/Main: S. Fischer 1950.

Freud, Sigmund: Brautbriefe. Briefe an Martha Bernays aus den Jahren 1882–1886. Hrsg. von Ernst L. Freud. Frankfurt/Main: S. Fischer 1968

Verlagskataloge und -chroniken

200 Jahre Annalen der Physik. Leipzig und Heidelberg: Barth 1990.

Brauer, Adalbert: Weidmann 1680–1980. 300 Jahre aus der Geschichte eines der ältesten Verlage der Welt. [Zürich]: Weidmann 1980.

Buchge, Wilhelm: Der Springer Verlag. Katalog seiner Zeitschriften 1843–1992. Berlin u. a.: Springer 1994.

Dreyer, Ernst Adolf (Hrsg.): Fried. Vieweg & Sohn in 150 Jahren deutscher Geistesgeschichte: 1786–1936. Braunschweig: Vieweg 1936.

Friedr. Vieweg & Sohn Akt.-Ges. [Firmenchronik 1786–1925]. Ohne Angabe von Verfasser, Verlag, Ort und Jahr.

Friedr. Vieweg & Sohn 1786–1986. Verlagskatalog. Herausgegeben aus Anlaß des zweihundertjährigen Bestehens der Firma. Braunschweig: Vieweg 1986.

Fünfundzwanzig Jahre Bukum. Literarisches Festalmanach auf das Jahr 1930. Wien: Bukum A. G. [1930].

Heller, Viktor: Erinnerungen an Hugo Heller, den Gründer der Bukum A. G. IN: Fünfundzwanzig Jahre Bukum. Literarisches Festalmanach auf das Jahr 1930. Wien: Bukum A. G. [1930], S. 11–17.

Internationaler Psychoanalytischer Verlag 1919–1938. Katalog. Wien: Sigmund Freud-Museum 1995.

Sarkowski, Heinz: Der Springer Verlag. Stationen seiner Geschichte. Teil I: 1842–1945. Berlin u. a.: Springer 1992.

Verlag Franz Deuticke Wien. Gesamtkatalog 1878–1978. Wien: Franz Deuticke 1978.

Vollert, Ernst: Die Weidmannsche Buchhandlung in Berlin 1680–1930. Berlin: Weidmannsche Buchhandlung 1930.

Wendorff, Rudolf (Hrsg.): Der Verlag Fried. Vieweg & Sohn 1786–1986. Braunschweig: Vieweg 1986.

8.2   Forschungsliteratur

Abe, Horst Rudolf: Die Erfurter Assistentenzeit von Ernst Ferdinand Sauerbruch (1901/02) und ihre medizinhistorische Bedeutung. IN: Beiträge zur Geschichte der Naturwissenschaften und der Medizin. Festschrift für Georg Uschmann. Hrsg. von Kurt Mothes und Joachim-Hermann Scharf. Halle/Saale: Deutsche Akademie der Naturforscher Leopoldina 1975. (= Acta Historica Leopoldina, 9), S. 281–299.

Ahlström, Gunnar: Kleine Geschichte der Zuerkennung des Nobelpreises an Theodor Mommsen. Übertragen von Malou Höjer. IN: Theodor Mommsen: Römische Geschichte. Nobelpreis für Literatur 1902. Hrsg. von Hellmuth Günther Dahms. Zürich: Coron-Verlag 1967. (= Nobelpreis für Literatur, 2), S. 9–14.

Bachleitner, Nobert, Franz M. Eybl und Ernst Fischer: Geschichte des Buchhandels in Österreich. Wiesbaden: Harrassowitz 2000. (= Geschichte des Buchhandels, 6)

Barnes, S.B. und R.G.A. Dolby: Das wissenschaftliche Ethos. Ein abweichender Standpunkt. IN: Wissenschaftssoziologie I. Wissenschaftliche Entwicklung als sozialer Prozeß. Hrsg. von Peter Weingart. Frankfurt/Main: Äthenäum Verlag 1973, S. 263–286.

Barthes, Roland: Mythen des Alltags. Frankfurt/Main: Suhrkamp 1976. (= edition suhrkamp, 92)

Ben-David, Joseph und Ronald Collins: Soziale Faktoren im Ursprung einer neuen Wissenschaft. Der Fall der Psychologie. IN: Wissenschaftssoziologie II. Determinanten wissenschaftlicher Entwicklung. Hrsg. von Peter Weingart. Frankfurt/Main: Athenäum Verlag 1974, S. 124–152.

Bernstein, Frank: Die „Weidmänner" und Theodor Mommsens leidenschaftliche Römische Geschichte. IN: Wissenschaftsverlage zwischen Professionalisierung und Popularisierung. Hrsg. von Monika Estermann und Ute Schneider. Wiesbaden: Harrassowitz 2007. (= Wolfenbütteler Schriften zur Geschichte des Buchwesens, 41), S. 35–45.

Bohleber, Werner: Zur Aktualität von Sigmund Freud. Wider das Veralten der Psychoanalyse. IN: Psyche 60/2006, S. 783–797.

Borchardt, Knut: Die wissenschaftliche Literatur. Medium wissenschaftlichen Fortschritts. Stuttgart: AWL – Arbeitsgemeinschaft wissenschaftliche Literatur 1978.

Bourdieu, Pierre: Ökonomisches Kapital, kulturelles Kapital, soziales Kapital. IN: Soziale Ungleichheiten. Hrsg. von Reinhard Kreckel. Göttingen: Schwartz 1983, S. 183–198.

Bourdieu, Pierre: Vom Gebrauch der Wissenschaft. Für eine klinische Soziologie des wissenschaftlichen Feldes. Konstanz: UVK 1998. (= édition discours, 12)

Bringmann, Klaus: Theodor Mommsen als Geschichtsschreiber der römischen Republik. IN: Geldgeschichte vs. Numismatik. Theodor Mommsen und die antike Münze. Hrsg. von Hans-Markus von Kaenel et al. Berlin: Akademie Verlag 2004, S. 157–171.

Brome, Vincent: Sigmund Freud und sein Kreis. Wege und Irrwege der Psychoanalyse. München: Paul List 1969.

Burchardt, Lothar: Naturwissenschaftliche Universitätslehrer im Kaiserreich. IN: Deutsche Hochschullehrer als Elite. 1815–1945. Hrsg. von Klaus Schwabe. Boppard am Rhein: Boldt 1988, S. 151–214.

Cahn, Michael: Wissenschaft im Medium der Typographie. Collected Papers aus Cambridge, 1880–1910. IN: Fachschrifttum, Bibliothek und Naturwissenschaft im 19. und 20. Jahrhundert. Hrsg. von Christoph Meinel. Wiesbaden: Harrassowitz 1997. (= Wolfenbütteler Schriften zur Geschichte des Buchwesens, 27), S. 175–208.

Cassidy, David C.: Biographies of Einstein. IN: Einstein Symposion Berlin. Aus Anlaß der 100. Wiederkehr seines Geburtstages 25. bis 30. März 1979. Hrsg. von Horst Nelkowski et al. Berlin, Heidelberg und New York: Springer 1979. (= Lecture Notes in Physics, 100), S. 490–500.

Certeau, Michel de: Theoretische Fiktionen. Geschichte und Psychoanalyse. Wien: Turia+Kant [2]2006.

Christ, Karl (Hrsg.): Theodor Mommsen und die „Römische Geschichte". Band 8: Anhang und Register. München: dtv 1976.

Christ, Karl: Theodor Mommsen und die „Römische Geschichte". IN: Theodor Mommsen und die „Römische Geschichte". Anhang und Register. Hrsg. von Karl Christ. München: dtv 1976. (= Theodor Mommsen: Römische Geschichte, 8), S. 7–66.

Clark, Ronald William: Sigmund Freud. Frankfurt/Main: S. Fischer 1981.

Dahms, Hellmuth Günther (Hrsg.): Theodor Mommsen: Römische Geschichte. Nobelpreis für Literatur 1902. Zürich: Coron-Verlag 1967. (= Nobelpreis für Literatur, 2)

Daum, Andreas W.: Naturwissenschaften und Öffentlichkeit in der deutschen Gesellschaft. Zu den Anfängen einer Populärwissenschaft nach der Revolution von 1848. IN: Historische Zeitschrift 267/1998, S. 57–90.

Daum, Andreas W.: Wissenschaftspopularisierung im 19. Jahrhundert. Bürgerliche Kultur, naturwissenschaftliche Bildung und die deutsche Öffentlichkeit, 1848–1914. München: Oldenbourg 1998.

Demandt, Alexander: Einleitung. IN: Theodor Mommsen: Römische Kaisergeschichte. Nach den Vorlesungs-Mitschriften von Sebastian und Paul Hensel 1882/86. Hrsg. von Barbara Demandt und Alexander Demandt. München: C.H. Beck 1992, S. 15–50.

Demandt, Alexander: Theodor Mommsen. Historie und Politik. IN: Die höchste Ehrung, die einem Schriftsteller zuteil werden kann. Deutschsprachige Nobelpreisträger für Literatur. Hrsg. von Krzysztof Ruchniewicz. Dresden: Neisse-Verlag 2007, S. 19–36.

Demandt, Barbara und Alexander Demandt (Hrsg.): Theodor Mommsen: Römische Kaisergeschichte. Nach den Vorlesungs-Mitschriften von Sebastian und Paul Hensel 1882/86. München: C. H. Beck 1992.

Desser, Michael: Zwischen Skylla und Charybdis. Die „scientific community" der Physiker, 1919–1939. Wien: Böhlau 1991.

Dreisigacker, Ernst und Helmut Rechenberg: Karl Scheel, Ernst Brüche und die Publikationsorgane. IN: Physikalische Blätter 51/1995, S. F-135–F-142.

Dupont, Judith: Ein frühes Trauma der psychoanalytischen Bewegung. IN: Sigmund Freud – Sándor Ferenczi. Briefwechsel. Band III, 1: 1920–1924. Hrsg. von Ernst Falzeder und Eva Brabant. Wien, Köln und Weimar: Böhlau 2003, S. 9–42.

Eckert, Michael: Die Atomphysiker. Eine Geschichte der theoretischen Physik. Am Beispiel der Sommerfeldschule. Vieweg. Braunschweig und Wiesbaden 1993.

Eissler, Kurt R.: Sigmund Freud und die Wiener Universität. Über die Pseudo-Wissenschaftlichkeit der jüngsten Wiener Freud-Biographik. Bern und Stuttgart: Verlag Hans Huber 1966.

Ellenberger, Henri F.: Die Entdeckung des Unbewußten. Geschichte und Entwicklung der dynamischen Psychiatrie bis zu Janet, Freud, Adler und Jung. Zürich: Diogenes 2005.

Elton, Lewis: Einstein, General Relativity, and the German Press. 1919–1920. IN: ISIS 77/1986, S. 95–103.

Espmark, Kjell: Der Nobelpreis für Literatur. Prinzipien und Bewertungen hinter den Entscheidungen. Göttingen: Vandenhoeck & Ruprecht 1988.

Estermann, Monika und Michael Knoche (Hrsg.): Von Göschen bis Rowohlt. Beiträge zur Geschichte des deutschen Verlagswesens. Festschrift für Heinz Sarkowski zum 65. Geburtstag. Wiesbaden: Harrassowitz 1990. (= Beiträge zum Buch- und Bibliothekswesen, 10)

Estermann, Monika und Ute Schneider (Hrsg.): Wissenschaftsverlage zwischen Professionalisierung und Popularisierung. Wiesbaden: Harrassowitz 2007. (= Wolfenbütteler Schriften zur Geschichte des Buchwesens, 41)

Estermann, Monika und Ute Schneider: Wissenschaft und Buchhandel. Wechselwirkungen. Einleitung. IN: Wissenschaftsverlage zwischen Professionalisierung und Popularisierung. Hrsg. von Monika Estermann und Ute Schneider. Wiesbaden: Harrassowitz 2007. (= Wolfenbütteler Schriften zur Geschichte des Buchwesens, 41), S. 7–12.

Fabian, Bernhard: Wissenschaftliche Literatur heute. IN: Gelehrte Bücher vom Humanismus bis zur Gegenwart. Hrsg. von Bernhard Fabian. Wiesbaden: Harrassowitz 1983. (= Wolfenbütteler Schriften zur Geschichte des Buchwesens, 9), S. 169–193.

Fallend, Karl: Sonderlinge, Träumer, Sensitive. Psychoanalyse auf dem Weg zur Institution und Profession; Protokolle der Wiener Psychoanalytischen Vereinigung und biographische Studien. Wien: Verlag Jugend & Volk GmbH 1995. (= Veröffentlichungen des Ludwig-Boltzmann-Institutes für Geschichte und Gesellschaft, 26)

Falzeder, Ernst: Einleitung. IN: Sigmund Freud – Sándor Ferenczi. Briefwechsel. Band I/2: 1912–1914. Hrsg. von Eva Brabant, Ernst Falzeder und Patrizia Giampieri-Deutsch. Wien, Köln und Weimat: Böhlau 1993, S. 7–25.

Falzeder, Ernst: Einleitung. IN: Sigmund Freud – Sándor Ferenczi. Briefwechsel. Band II, 2: 1917–1919. Hrsg. von Ernst Falzeder und Eva Brabant. Wien, Köln und Weimar: Böhlau 1996, S. 7–17.

Felt, Ulrike, Helga Nowotny und Klaus Taschwer: Wissenschaftsforschung. Eine Einführung. Frankfurt/Main: Campus 1995.

Felt, Ulrike: Wie kommt Wissenschaft zu Wissen? Perspektiven der Wissenschaftsforschung. IN: Einführung in die Wissenschaftstheorie und Wissenschaftsforschung. Hrsg. von Theo Hug. Baltmannsweiler: Schneider-Verlag Hohengehren 2001. (= Wie kommt Wissenschaft zu Wissen?, 4), S. 11–26.

Fest, Joachim: Wege zur Geschichte. Über Theodor Mommsen, Jacob Burckhardt und Golo Mann. Zürich: Manesse Verlag 1993.

Finger, Heinz: Bücher und Gelehrte an der Wende vom 19. zum 20. Jahrhundert. Der große Wandel im Kommunikationssystem der Universitäten. IN: Gutenberg-Jahrbuch 68/1993, S. 356–370.

Fischer, Ernst: „...diese merkwürdige Verbindung als Freund und Geschäftsmann". Zur Mikrosoziologie und Mikroökonomie der Autor-Verleger-Beziehung im Spiegel der Briefwechsel. IN: Leipziger Jahrbuch zur Buchgeschichte 15/2006, S. 245–280.

Fischer, Ernst und Stephan Füssel (Hrsg.): Geschichte des deutschen Buchhandels im 19. und 20. Jahrhundert. Band 2: Weimarer Republik 1918–1933. Teil 1. München: K.G. Saur 2007.

Fischer, Ernst Peter: Einstein. Ein Genie und sein überfordertes Publikum. Berlin und Heidelberg: Springer 1996.

Flatau, Elke: Albert Einstein als wissenschaftlicher Autor. Berlin: Max-Planck-Institut für Wissenschaftsgeschichte 2005. (= Preprint, 293)

Fleck, Ludwik: Entstehung und Entwicklung einer wissenschaftlichen Tatsache. Einführung in die Lehre vom Denkstil und Denkkollektiv. Mit der 1. Auflage textidentische Neuauflage. Frankfurt/Main: Suhrkamp 1980. (Das Original ist 1935 bei Benno Schwabe, Basel, erschienen.)

Fohrmann, Jürgen (Hrsg.): Gelehrte Kommunikation. Wissenschaft und Medium zwischen dem 16. und 20. Jahrhundert. Wien: Böhlau 2005.

Fölsing, Albrecht: Albert Einstein. Eine Biographie. Frankfurt/Main: Suhrkamp 1999.

Frank, Philipp: Einstein. Sein Leben und seine Zeit. Braunschweig und Wiesbaden: Vieweg 1979.

Franz, Lutz: Die Konzentrationsbewegung im deutschen Buchhandel. Buchhändlerische Zusammenschlüsse in ihrer Projektion auf Assoziationstendenzen allgemeinen Charakters. Heidelberg: Carl Winters Universitätsbuchhandlung 1927.

Freud, Anna: Vorwort der Herausgeber. IN: Gesammelte Werke, Band 1: Werke aus den Jahren 1892–1899. London: Imago Publishing Co. 1952. S. v–vii.

Fritsch, Georg: Ein Sieben-Kilo-Paket edelster bibliophiler Gaben. IN: Internationaler Psychoanalytischer Verlag 1919–1938. Katalog. Wien: Sigmund Freud-Museum 1995, S. 49–55.

Fritzsch, Alexandra: Wissenschaft, Verlage und Buchhandel. Der Bücher-Streit 1903. IN: Geschichtswissenschaft und Buchhandel in der Krisenspirale? Eine Inspektion des Feldes in historischer, internationaler und wirtschaftlicher Perspektive. Hrsg. von Olaf Blaschke. München: Oldenbourg 2006, S. 21–32.

Fuchs, Sabine: Hugo Heller (1870–1923). Buchhändler und Verleger in Wien. Diplomarbeit, Wien 2004.

Gay, Peter: Freud. Eine Biographie für unsere Zeit. Frankfurt/Main: S. Fischer 1989.

Genschorek, Wolfgang: Ferdinand Sauerbruch. Ein Leben für die Chirurgie. 1. Auflage. Leipzig: S. Hirzel Verlag und BSB B.G. Teubner Verlagsgesellschaft 1978.

Genschorek, Wolfgang: Ferdinand Sauerbruch. Ein Leben für die Chirurgie. 8., neu bearbeitete Auflage. Leipzig: S. Hirzel Verlag und BSB B.G. Teubner Verlagsgesellschaft 1989.

Gicklhorn, Josef und Renée Gicklhorn: Sigmund Freuds akademische Laufbahn im Lichte der Dokumente. Wien: Urban & Schwarzenberg 1960.

Goenner, Hubert: The Reception of the Theory of Relativity in Germany as Reflected by Books Published Between 1908 and 1945. IN: Studies in the History of General Relativity. Hrsg. von Jean Eisenstaedt und A. J. Knox. Boston, Basel und Berlin: Birkhäuser 1988. (= Einstein Studies, 3), S. 15–38.

Goenner, Hubert: Einstein in Berlin 1914–1933. München: C.H. Beck 2005.

Gooch, George P.: Geschichte und Geschichtsschreiber im 19. Jahrhundert. Frankfurt/Main: S. Fischer 1964.

Götze, Heinz: J.F. Bergmann. IN: Von Göschen bis Rowohlt. Beiträge zur Geschichte des deutschen Verlagswesens. Festschrift für Heinz Sarkowski zum 65. Geburtstag. Hrsg. von Monika Estermann und Michael Knoche. Wiesbaden: Harrassowitz 1990. (= Beiträge zum Buch- und Bibliothekswesen, 10), S. 150–157.

Grieser, Thorsten: Buchhandel und Verlag in der Inflation. IN: Archiv für Geschichte des Buchwesens 51/1999, S. 1–188.

Grimm, Julia: „Vieweg geschlossen hinter dem Führer!" Der Vieweg-Verlag im *Dritten Reich*. Masch. Magisterarbeit, Universität Mainz, 2005.

Grubrich-Simitis, Ilse: Zurück zu Freuds Texten. Stumme Dokumente sprechen machen. Frankfurt/Main: S. Fischer 1993.

Grubrich-Simitis, Ilse: Urbuch der Psychoanalyse. Hundert Jahre „Studien über Hysterie" von Josef Breuer und Sigmund Freud. IN: Psyche 49/1995, S. 1117–1155.

Grubrich-Simitis, Ilse: Über Freud als Sprachforscher und Schriftsteller. in: Neue Rundschau 117/2006, Heft 1, S. 50–66.

Habermas, Jürgen: Selbstreflexion als Wissenschaft. Freuds psychoanalytische Sinnkritik. IN: ders.: Erkenntnis und Interesse. Neuauflage mit einem Nachwort von Anke Thyen. Hamburg: Felix Meiner 2008 (= Philosophische Bibliothek, 589), S. 255–292.

Hahn, Susanne: Erfolge des Verlages. IN: Die „rechte Nation" und ihr Verleger. Politik und Popularisierung im J.F. Lehmanns Verlag. Hrsg. von Sigrid Stöckel. Berlin: Lehmanns Media 2002, S. 31–45.

Hahnemann, Andy und David Oels: Einleitung. IN: Sachbuch und populäres Wissen im 20. Jahrhundert. Hrsg. von Andy Hahnemann und David Oels. Frankfurt/Main u.a.: Peter Lang 2008, S. 7–25.

Hall, Murray G.: The Fate of the Internationaler Psychoanalytischer Verlag. IN: Freud in Exile. Psychoanalysis and its Vicissitudes. Hrsg. von Edward Timms und Naomi Segal. New Haven und London: Yale University Press 1988, S. 90–105.

Hansemann, David von: Über die Gehirne von Th. Mommsen, Historiker, R.W. Röntgen, Chermiker und Ad. v. Menzel, Maler. Stuttgart: Schweizerbart'sche Verlagsbuchhandlung (E. Nägele) 1907. (= Bibliotheca Medica. A. Anatomie, Heft 5).

Hardtwig, Wolfgang: Die Verwissenschaftlichung der neueren Geschichtsschreibung. IN: Geschichte. Ein Grundkurs. Hrsg. von Hans-Jürgen Goertz. Reinbek: Rowohlt 2007, S. 296–313.

Hartmann, Lutz M.: Theodor Mommsen. Eine biographische Skizze. Gotha: Fr. A. Perthes 1908.

Haynal, André: Einleitende Bemerkungen. IN: Sigmund Freud – Sándor Ferenczi. Briefwechsel. Band I/1: 1908–1911. Hrsg. von Eva Brabant, Ernst Falzeder und Patirzia Giampieri-Deutsch. Wien, Köln und Weimar: Böhlau 1993, S. 17–39.

Hentschel, Klaus: Interpretationen und Fehlinterpretationen der speziellen und der allgemeinen Relativitätstheorie durch Zeitgenossen Albert Einsteins. Berlin: Birkhäuser 1990. (= Science networks, 6).

Hermann, Armin: Die Deutsche Physikalische Gesellschaft 1899–1945. IN: Physikalische Blätter 51/1995, S. F-61–F-105.

Hermann, Armin: Die Funktion und Bedeutung von Briefen. IN: Wolfgang Pauli. Wissenschaftlicher Briefwechsel mit Bohr, Einstein, Heisenberg u.a. Band I: 1919–1929. Hrsg. von Armin Hermann, Karl von Meyenn und Victor F. Weisskopf. Berlin und Heidelberg: Springer 1979, S. XI–XLVII.

Hermann, Armin: Das goldene Zeitalter der Physik. IN: Deutsch als Wissenschaftssprache im 20. Jahrhundert. Vorträge des Internationalen Symposions vom 18./19. Januar 2000. Hrsg. von Friedhelm Debus, Franz G. Kollmann und

Uwe Pörksen. Mainz bzw. Stuttgart: Akademie der Wissenschaften und der Literatur; F. Steiner 2000. (= Abhandlungen der Geistes- und sozialwissenschaftlichen Klasse, 10), S. 209–227.

Hermann, Armin: Einstein. Der Weltweise und sein Jahrhundert. Eine Biographie. München und Zürich: Piper 2004.

Heuß, Alfred: Theodor Mommsen als Geschichtsschreiber. IN: Deutsche Geschichtswissenschaft um 1900. Hrsg. von Notker Hammerstein. Stuttgart und Wiesbaden: Franz Steiner 1988, S. 37–95.

Heuß, Alfred: Theodor Mommsen und das 19. Jahrhundert. Stuttgart: Franz Steiner 1996.

Heidler, Mario: Die Zeitschriften des J.F. Lehmanns Verlages bis 1945. IN: Die „rechte Nation" und ihr Verleger. Politik und Popularisierung im J.F. Lehmanns Verlag. Hrsg. von Sigrid Stöckel. Berlin: Lehmanns Media 2002, S. 47–101.

Holl, Frank: Produktion und Distribution wissenschaftlicher Literatur. Der Physiker Max Born und sein Verleger Ferdinand Springer 1913–1970. IN: Archiv für Geschichte des Buchwesens 45/1996, S. 1–225.

Hug, Theo (Hrsg.): Einführung in die Wissenschaftstheorie und Wissenschaftsforschung. Baltmannsweiler: Schneider-Verlag Hohengehren 2001. (= Wie kommt Wissenschaft zu Wissen?, 4).

Hug, Theo: Editorial zur Reihe „Wie kommt Wissenschaft zu Wissen?". IN: Einführung in die Wissenschaftstheorie und Wissenschaftsforschung. Hrsg. von Theo Hug. Baltmannsweiler: Schneider-Verlag Hohengehren 2001. (= Wie kommt Wissenschaft zu Wissen?, 4), S. 3–5.

Hund, Friedrich: Die Annalen im Wandel ihrer Aufgabe. Zweihundert Jahre. IN: 200 Jahre Annalen der Physik. Leipzig und Heidelberg: Barth 1990, S. 11–18.

Huppke, Andrea: Zur Geschichte des Internationalen Psychoanalytischen Verlags. IN: Luzifer-Amor 9/1996, S. 7–31.

Jaeckel, Gerhard: Die Charité. Geschichte eines Weltzentrums der Medizin. Frankfurt/Main und Berlin: Ullstein 1991.

Jäger, Georg: Buchhandel und Wissenschaft. Zur Ausdifferenzierung des wissenschaftlichen Buchhandels. Siegen: Als Typoskript gedruckt 1990. (= LUMIS-Schriften, 26).

Jäger, Georg: Keine Kulturtheorie ohne Geldtheorie. Grundlegung einer Theorie des Buchverlags. IN: Empirische Literatur- und Medienforschung. Beobachtet aus Anlaß des 10jährigen Bestehens des LUMIS-Instituts 1994. Hrsg. von Siegfried J. Schmidt. Siegen: LUMIS, Universität-Gesamthochschule Siegen 1995. (= LUMIS-Schriften Sonderreihe, VII), S. 24–40.

Jäger, Georg: Von der Krönerschen Reform bis zur Reorganisation des Börsenvereins 1928. IN: Der Börsenverein des Deutschen Buchhandels 1825–2000. Ein geschichtlicher Aufriss. Hrsg. von Stephan Füssel und Georg Jäger und Hermann Staub. Frankfurt/Main: Börsenverein des Deutschen Buchhandels e.V. 2000, S. 60–90.

Jäger, Georg (Hrsg.): Geschichte des deutschen Buchhandels im 19. und 20. Jahrhundert. Band 1: Das Kaiserreich 1870–1918 [sic!], Teil 1. Frankfurt/Main: Buchhändler-Vereinigung 2001.

Jäger, Georg: Der Verleger und sein Unternehmen. IN: Geschichte des deutschen Buchhandels im 19. und 20. Jahrhundert. Das Kaiserreich 1870–1918 [sic!], Teil 1. Hrsg. von Georg Jäger. Frankfurt/Main: Buchhändler-Vereinigung 2001, S. 216–244.

Jäger, Georg: Der Universal-, Fakultäten- und Universitätsverlag. IN: Geschichte des deutschen Buchhandels im 19. und 20. Jahrhundert. Das Kaiserreich 1870–1918 [sic!], Teil 1. Hrsg. von Georg Jäger. Frankfurt/Main: Buchhändler-Vereinigung 2001, S. 406–422.

Jäger, Georg: Der wissenschaftliche Verlag. IN: Geschichte des deutschen Buchhandels im 19. und 20. Jahrhundert. Das Kaiserreich 1870–1918 [sic!], Teil 1. Hrsg. von Georg Jäger. Frankfurt/Main: Buchhändler-Vereinigung 2001, S. 423–472.

Jäger, Georg: Medizinischer Verlag. IN: Geschichte des deutschen Buchhandels im 19. und 20. Jahrhundert. Das Kaiserreich 1870–1918 [sic!], Teil 1. Hrsg. von Georg Jäger. Frankfurt/Main: Buchhändler-Vereinigung 2001, S. 473–485.

Jäger, Georg (Hrsg.): Geschichte des deutschen Buchhandels im 19. und 20. Jahrhundert. Band 1: Das Kaiserreich 1871–1918. Teil 2. Frankfurt/Main: MVB 2003.

Jäger, Georg: Wissenschaftliche und technische Zeitschriften. IN: Geschichte des deutschen Buchhandels im 19. und 20. Jahrhundert. Band 1: Das Kaiserreich 1871–1918. Teil 2. Hrsg. von Georg Jäger. Frankfurt/Main: MVB 2003, S. 390–408.

Jäger, Georg: Keine Kulturtheorie ohne Geldtheorie. Grundlegung einer Theorie es Buchverlags. IN: Buchkulturen. Beiträge zur Geschichte der Literaturvermittlung. Hrsg. von Monika Estermann und Reinhard Wittmann. Wiesbaden: Harrassowitz 2005, S. 59–78.

Jäger, Georg (Hrsg.): Geschichte des deutschen Buchhandels im 19. und 20. Jahrhundert. Band 1: Das Kaiserreich 1871–1918, Teil 3. Berlin und New York: de Gruyter 2010.

Jens, Walter: Sigmund Freud. Portrait eines Schriftstellers. IN: Psyche 45/1991, S. 949–966.

Jentzsch, Thomas: Verlagsbuchhandel und Bürgertum um 1800. Dargestellt am Beispiel der Buchhändlerfamilie Vieweg. IN: Archiv für Geschichte des Buchwesens 37/1992, S. 167–251.

Jones, Ernest: Das Leben und Werk von Sigmund Freud. 3 Bände. Bern und Stuttgart: Verlag Hans Huber 1960–1962.

Joppich, Robin: Otto von Schjerning (4.10.1853–28.06.1921). Wissenschaftler, Generalstabsarzt der preußischen Armee und Chef des deutschen Feldsanitätswesens im Ersten Weltkrieg. Unveröffentlichte Dissertation, Universität Heidelberg, 1997.

Kaenel, Hans-Markus von et al. (Hrsg.): Geldgeschichte vs. Numismatik. Theodor Mommsen und die antike Münze. Berlin: Akademie Verlag 2004.

Kastner, Barbara: Der Buchverlag der Weimarer Republik 1918–1933. Eine statistische Analyse. Dissertation, München, 2005.

Kastner, Barbara: Statistik und Topographie des Verlagswesens. IN: Geschichte des deutschen Buchhandels im 19. und 20. Jahrhundert. Band 1: Das Kaiserreich 1871–1918. Teil 2. Hrsg. von Georg Jäger. Frankfurt/Main: MVB 2003, S. 300–367.

Kastner, Barbara: Statistik und Topographie des Verlagswesens. IN: Geschichte des deutschen Buchhandels im 19. und 20. Jahrhundert. Band 2: Weimarer Republik 1918–1933. Teil 1. Hrsg. von Ernst Fischer und Stephan Füssel. München: K. G. Saur 2007, S. 341–378.

Killian, Hans: Meister der Chirurgie. 2. neubearbeitete Auflage. Stuttgart: Thieme 1980.

Kirsten, Christa und Hans-Jürgen Treder (Hrsg.): Albert Einstein in Berlin 1913–1933. Teil I: Darstellung und Dokumente. (= Studien zur Geschichte der Akademie der Wissenschaften der DDR, 6). Berlin (Ost): Akademie-Verlag 1979.

Klein, Etienne und Marc Lachièze-Rey: Die Entwirrung des Universums. Physiker auf der Suche nach der Weltformel. Stuttgart: Klett-Cotta 1999. (franz. Original 1996)

Kloepfer, Katrin: Der „Chirurg". Gründungsgeschichte einer medizinischen Zeitschrift. Unveröffentlichte Magisterarbeit. München, 1990.

Knappenberger-Jans, Silke: Verlagspolitik und Wissenschaft. Der Verlag J.C.B. Mohr (Paul Siebeck) im frühen 20. Jahrhundert. Wiesbaden: Harrassowitz 2001. (= Mainzer Studien zur Buchwissenschaft, 13).

Knoblauch, Hubert: Wissenssoziologie. Konstanz: UVK 2005. (= UTB, 2719).

Koch, Hans-Albrecht: Die Universität. Geschichte einer europäischen Institution. Darmstadt: Wissenschaftliche Buchgesellschaft 2008.

Köhler, Thomas: Anti-Freud-Literatur von ihren Anfängen bis heute. Zur wissenschaftlichen Fundierung von Psychoanalyse-Kritik. Stuttgart: Kohlhammer 1996.

Kornbichler, Thomas: Die Entdeckung des siebten Kontinents. Der bürgerliche Revolutionär Sigmund Freud. Zu seinem 50. Todestag. Frankfurt/Main: Fischer-Taschenbuch-Verlag 1989.

Koselleck, Reinhart, Heinrich Lutz und Jörn Rüsen (Hrsg.): Formen der Geschichtsschreibung. München: dtv 1982.

Koselleck, Reinhart: Fragen zu den Formen der Geschichtsschreibung. IN: Formen der Geschichtsschreibung. Hrsg. von Reinhart Koselleck, Heinrich Lutz und Jörn Rüsen. München: dtv 1982, S. 9–13.

Kreckel, Reinhard (Hrsg.): Soziale Ungleichheiten. Göttingen: Schwartz 1983.

Kudlien, Fridolf und Christian Andree: Sauerbruch und der Nationalsozialismus. IN: Medizinisches Journal 15/1980, S. 201–222.

Kuhn, Thomas S.: Die Struktur wissenschaftlicher Revolutionen. Sonderausgabe der 2., revidierten, um das Postskriptum von 1969 ergänzten Auflage von 1976. Frankfurt/Main: Suhrkamp 2003. (engl. Original 1962)

Kümmerle, Fritz: Ferdinand Sauerbruch. IN: Berlinische Lebensbilder. Band 2: Mediziner. Hrsg. von Wolfgang Ribbe. Berlin: Colloquium Verlag 1987. (= Einzelveröffentlichungen der Historischen Kommission zu Berlin, 60), S. 359–366.

Lauth, Bernhard und Jamel Sareiter: Wissenschaftliche Erkenntnis. Eine ideengeschichtliche Einführung in die Wissenschaftstheorie. Paderborn: mentis 2005.

Leitner, Anton und Hilarion G. Petzold (Hrsg.): Sigmund Freud heute. Der Vater der Psychoanalyse im Blick der Wissenschaft und der psychotherapeutischen Schulen. Wien: Krammer 2009.

Leitner, Anton und Hilarion G. Petzold: Vorwort. IN: Sigmund Freud heute. Der Vater der Psychoanalyse im Blick der Wissenschaft und der psychotherapeutischen Schulen. Hrsg. von Anton Leitner und Hilarion G. Petzold. Wien: Krammer 2009, S. 5–10.

Leitner, Anton und Hilarion G. Petzold: Perspektiven der Wissenschaft und der psychotherapeutischen Schulen zu Sigmund Freud und seiner Psychoanalyse. Eine Einführung. IN: Sigmund Freud heute. Der Vater der Psychoanalyse im Blick der Wissenschaft und der psychotherapeutischen Schulen. Hrsg. von Anton Leitner und Hilarion G. Petzold. Wien: Krammer 2009, S. 11–46.

Lembrecht, Christina: Wissenschaftsverlage im Feld der Physik. Profile und Positionsverschiebungen 1900–1933. IN: Archiv für Geschichte des Buchwesens 61/2007, S. 111–200.

Leupold-Löwenthal, Harald: Vorwort. IN: Internationaler Psychoanalytischer Verlag 1919–1938. Katalog. Wien: Sigmund Freud-Museum 1995, S. 7.

Levenson, Thomas: Albert Einstein. Die Berliner Jahre 1914–1932. München: C. Bertelsmann 2005. (engl. Original-Ausgabe von 2003)

Lick, Thomas: Friedrich Zarncke und das „Literarische Centralblatt für Deutschland". Eine buchgeschichtliche Untersuchung. Wiesbaden: Harrassowitz 1993. (= Buchwissenschaftliche Beiträge aus dem Deutschen Bucharchiv München, 43)

Lieberman, E. James: Otto Rank. Leben und Werk. Gießen: Psychosozial-Verlag 1997.

Lindner, Burkhardt: Der Autor Freud. IN: Freud Handbuch. Leben – Werk – Wirkung. Hrsg. von Hans-Martin Lohmann und Joachim Pfeiffer. Stuttgart und Weimar: Metzler 2006. S. 232–237.

List, Elisabeth: Wissenschaftskritik. IN: Einführung in die Wissenschaftstheorie und Wissenschaftsforschung. Hrsg. von Theo Hug. Baltmannsweiler: Schneider-Verlag Hohengehren 2001. (= Wie kommt Wissenschaft zu Wissen?, 4), S. 27–33.

List, Eveline: Otto Rank, Verleger. IN: Internationaler Psychoanalytischer Verlag 1919–1938. Katalog. Wien: Sigmund Freud-Museum 1995, S. 31–47.

Lohmann, Hans-Martin: Sigmund Freud. Reinbek: Rowohlt 2006. (= rororo-Monographie)

Lohmann, Hans-Martin und Joachim Pfeiffer (Hrsg.): Freud Handbuch. Leben – Werk – Wirkung. Stuttgart und Weimar: Metzler 2006.

Lorenz, Dagmar: Freud, der Erzähler. Die Geburt der Psychoanalyse aus dem Geist der Literatur. IN: Psychologie heute Okt./1996, S. 58–65.

Luhmann, Niklas: Selbststeuerung der Wissenschaft. IN: Jahrbuch für Sozialwissenschaft 19/1968, S. 147–170.

Lütjen, Andreas: Die Viewegs. Das Beispiel einer bürgerlichen Familie in Braunschweig 1825–1921. Münster: MV-Wissenschaft 2012.

Mahony, Patrick Joseph: Der Schriftsteller Sigmund Freud. Frankfurt/Main: Suhrkamp 1989.

Marinelli, Lydia: Zu der Geschichte des Internationalen Psychoanalytischen Verlags. IN: Internationaler Psychoanalytischer Verlag 1919–1938. Katalog. Wien: Sigmund Freud-Museum 1995, S. 9–29.

Marinelli, Lydia: „… es ist seither gleichsam die Buchdruckerkunst für uns erfunden worden…". Zu den Anfängen psychoanalytischer Zeitschriften (1908–1914). IN: Das bewegte Buch. Buchwesen und soziale, nationale und kulturelle Bewegungen um 1900. Hrsg. von Mark Lehmstedt und Andreas Herzog. Wiesbaden: Harrassowitz 1999. (= Schriften und Zeugnisse zur Buchgeschichte, 12), S. 245–265.

Marinelli, Lydia und Andreas Mayer: Träume nach Freud. Die „Traumdeutung" und die Geschichte der psychoanalytischen Bewegung. Wien: Turia+Kant 2002.

Marinelli, Lydia: Psyches Kanon. Zur Publikationsgeschichte rund um den Internationalen Psychoanalytischen Verlag. Wien und Berlin: Turia+Kant 2009.

Marinelli, Lydia: Tricks der Evidenz. Zur Geschichte psychoanalytischer Medien. Hrsg. von Andreas Mayer. Wien: Turia+Kant 2009.

Marsch, Ulrich: Notgemeinschaft der Deutschen Wissenschaft. Gründung und frühe Geschichte 1920–1925. Frankfurt/Main bzw. Berlin: Peter Lang; Europäischer Verlag der Wissenschaften 1994. (= Münchner Studien zur neueren und neuesten Geschichte, 10)

Mattenklott, Gert: Mommsens Prosa. Historiographie als Literatur. IN: Theodor Mommsen. Wissenschaft und Politik im 19. Jahrhundert. Hrsg. von Alexander Demandt, Andreas Goltz und Heinrich Schlange-Schöningen. Berlin, New York: de Gruyter 2005, S. 163–180.

Mayer-Kuckuk, Theo (Hrsg.): 150 Jahre Deutsche Physikalische Gesellschaft. IN: Physikalische Blätter. 51 (1995). F-5–F-238.

McGuire, William: Einleitung. IN: Sigmund Freud – Carl G. Jung: Briefwechsel. Frankfurt/Main: S. Fischer 1974, S. XI–XXXVII.

Meier, Christian: Das Begreifen des Notwendigen. Zu Theodor Mommsens *Römischer Geschichte*. IN: Formen der Geschichtsschreibung. Hrsg. von Reinhart Koselleck, Heinrich Lutz und Jörn Rüsen. München: dtv 1982, S. 201–244.

Meinel, Christoph (Hrsg.): Fachschrifttum, Bibliothek und Naturwissenschaft im 19. und 20. Jahrhundert. Wiesbaden: Harrassowitz 1997. (= Wolfenbütteler Schriften zur Geschichte des Buchwesens, 27).

Meinel, Christoph: Die wissenschaftliche Fachzeitschrift. Struktur- und Funktionswandel eines Kommunikationsmediums. IN: Fachschrifttum, Bibliothek und Naturwissenschaft im 19. und 20. Jahrhundert. Hrsg. von Christoph Meinel. Wiesbaden: Harrassowitz 1997. (= Wolfenbütteler Schriften zur Geschichte des Buchwesens, 27), S. 137–155.

Merton, Robert K.: Wissenschaft und demokratische Sozialstruktur. IN: Wissenschaftssoziologie I. Wissenschaftliche Entwicklung als sozialer Prozeß. Hrsg. von Peter Weingart. Frankfurt/Main: Athenäum Verlag 1973, S. 45–59.

Merton, Robert K.: Entwicklung und Wandel von Forschungsinteressen. Aufsätze zur Wissenschaftssoziologie. Frankfurt/Main: Suhrkamp 1985.

Meyenn, Karl von: Einsteins Dialog mit den Kollegen. IN: Einstein Symposion Berlin. Aus Anlaß der 100. Wiederkehr seines Geburtstages 25. bis 30. März 1979. Hrsg. von Horst Nelkowski et al. Berlin, Heidelberg und New York: Springer 1979. (= Lecture Notes in Physics, 100), S. 464–489.

Meyer, Hermann: Wo Gottfried Keller antichambrierte und Albert Einstein verlegte. IN: Börsenblatt 1986, Nr. 33, S. 1202–1209.

Meyer-Dohm, Peter (Hrsg.): Das wissenschaftliche Buch. Verhandlungen auf der 1. öffentlichen Tagung des „Wissenschaftlichen Arbeitskreises Buch" in der Ruhr-Universität Bochum am 17./18. Januar 1969. Hamburg: Verlag für Buchmarkt-Forschung 1969. (= Schriften zur Buchmarkt-Forschung, 16).

Meyer-Dohm, Peter: Wissenschaftliche Literatur als Marktobjekt. IN: Das wissenschaftliche Buch. Verhandlungen auf der 1. öffentlichen Tagung des „Wissenschaftlichen Arbeitskreises Buch" in der Ruhr-Universität Bochum am 17./18. Januar 1969. Hrsg. von Peter Meyer-Dohm. Hamburg: Verlag für Buchmarkt-Forschung 1969. (= Schriften zur Buchmarkt-Forschung, 16), S. 13–38.

Missner, Marshall: Why Einstein Became Famous in America. IN: Social Studies of Science 15/1985, S. 267–291.

Mörgeli, Christoph: Professor Sauerbruch und das Honorar. IN: Schweizerische Rundschau für Medizin 82/1993, S. 451–456.

Müller, Helen: Wissenschaft und Markt um 1900. Das Verlagsunternehmen Walter de Gruyters im literarischen Feld der Jahrhundertwende. Tübingen: Niemeyer 2004.

Muschg, Walter: Freud als Schriftsteller. München 1975. (Zuerst in: Die psychoanalytische Bewegung 2/1930, S. 467–509)

Neffe, Jürgen: Einstein. Eine Biographie. Reinbek: Rowohlt 2008.

Nelkowski, Horst et al. (Hrsg.): Einstein Symposion Berlin. Aus Anlaß der 100. Wiederkehr seines Geburtstages 25. bis 30. März 1979. Berlin, Heidelberg und New York: Springer 1979. (= Lecture Notes in Physics, 100).

Nipperdey, Thomas: Deutsche Geschichte. 1800–1866. Bürgerwelt und starker Staat. München: C. H. Beck 1994.

Nipperdey, Thomas: Deutsche Geschichte 1866–1918. 1. Band: Arbeitswelt und Bürgergeist. München: C. H. Beck 1990.

Nissen, Martin: Populäre Geschichtsschreibung. Historiker, Verleger und die deutsche Öffentlichkeit (1848–1900). Köln: Böhlau 2009.

Nissen, Martin: Wissenschaft für gebildete Kreise. Zum Entstehungskontext der Historischen Zeitschrift. IN: Das Medium Wissenschaftszeitschrift seit dem 19. Jahrhundert. Verwissenschaftlichung der Gesellschaft – Vergesellschaftung von Wissenschaft. Hrsg. von Sigrid Stöckel, Wiebke Lisner und Gerlind Rüve. Stuttgart: Franz Steiner 2009. (= Wissenschaft, Politik und Gesellschaft, 5), S. 25–44.

Nitzschke, Bernd: Freud und die akademische Psychologie. Einleitende Bemerkungen zu einer historischen Kontroverse. IN: Freud und die akademische Psychologie. Beiträge zu einer historischen Kontroverse. Hrsg. von Bernd Nitzschke. München: Psychologie Verlags Union 1989, S. 2–21.

Pais, Abraham: Ich vertraue auf Intuition. Der andere Albert Einstein. Heidelberg, Berlin und Oxford: Spektrum Akademischer Verlag 1995.

Parr, Rolf: Autoren. Unter Mitarbeit von Jörg Schönert. IN: Geschichte des deutschen Buchhandels im 19. und 20. Jahrhundert. Band 1: Das Kaiserreich 1871–1918, Teil 3. Hrsg. von Georg Jäger. Berlin und New York: de Gruyter 2010, S. 342–408.

Pflug, Günther: Albert Einstein als Publizist. 1919–1933. Frankfurt/Main: Buchhändler-Vereinigung GmbH 1981.

Piecha, Oliver M.: Herr F. und das Gerangel um den Goethepreis. Blick hinter die historischen Kulissen der bedeutendsten Auszeichnung, die Frankfurt zu vergeben hat. IN: Forschung Frankfurt 3/2005, S. 58–62.

Rebenich, Stefan: Die Erfindung der „Großforschung". Theodor Mommsen als Wissenschaftsorganisator. IN: Geldgeschichte vs. Numismatik. Theodor Mommsen und die antike Münze. Hrsg. von Hans-Markus von Kaenel et al. Berlin: Akademie Verlag 2004, S. 5–20.

Rebenich, Stefan: Theodor Mommsen und Adolf Harnack. Wissenschaft und Politik im Berlin des ausgehenden 19. Jahrhunderts. Berlin: de Gruyter 1997.

Rebenich, Stefan: Theodor Mommsen. Eine Biographie. München: C. H. Beck 2002.

Reichelt, Dieter: Zum Charakter und der Spezifik der populärwissenschaftlichen Literatur. IN: Zentralblatt für Bibliothekswesen 95/1981, S. 53–62, 102–109.

Remmert, Volker und Ute Schneider: Eine Disziplin und ihre Verleger. Disziplinenkultur und Publikationswesen der Mathematik in Deutschland, 1871–1949. Bielefeld: Transcript 2010. (= Mainzer Historische Kulturwissenschaften, 4).

Remmert, Volker und Ute Schneider: Wissenschaftliches Publizieren in der ökonomischen Krise der Weimarer Republik. Das Fallbeispiel Mathematik in den Verlagen B. G. Teubner, Julius Springer und Walter de Gruyter. IN: Archiv für Geschichte des Buchwesens 62/2008, S. 189–212.

Ringer, Fritz K.: Die Gelehrten. Der Niedergang der deutschen Mandarine, 1890–1933. München: dtv 1987.

Roazen, Paul: Sigmund Freud und sein Kreis. Gießen: Psychosozial-Verlag 1997.

Ronneberger, Franz: Das wissenschaftliche Buch im Kommunikationsprozeß. IN: Publizistik als Gesellschaftswissenschaft. Internationale Beiträge. Hrsg. von Hansjürgen Koschwitz und Günter Pötter. Konstanz: Universitätsverlag 1973, S. 201–212.

Rowe, David E.: Einstein's Allies and Enemies. Debating Relativity in Germany 1916-1920. IN: Interactions. Mathematics, Physics and Philosophy 1860–1930. Hrsg. von Vincent F. Hendricks et al. Dordrecht: Springer 2006 (= Boston Studies in the Philosophy of Science, 251), S. 231–280.

Rowe, David E.: Einstein and Relativity: What Price Fame? IN: Science in Context 25/2012, S. 197–246.

Schäfer, Lothar und Thomas Schnelle: Einleitung. Ludwik Flecks Begründung der soziologischen Betrachtungsweise in der Wissenschaftstheorie. IN: Ludwik Fleck: Entstehung und Entwicklung einer wissenschaftlichen Tatsache. Einführung in die Lehre vom Denkstil und Denkkollektiv. Frankfurt/Main: Suhrkamp 1980, S. VII–XLIX.

Schagen, Udo: Der Sachbuchautor als Zeithistoriker. Jürgen Thorwald korrigiert Nachkriegslegenden über Ferdinand Sauerbruch. IN: Non Fiktion 6/2011, Heft 1/2, S. 101–129

Schlange-Schöningen, Heinrich: Ein „goldener Lorbeerkranz" für die ‚Römische Geschichte'. Theodor Mommsens Nobelpreis für Literatur. IN: Theodor Mommsen, Gelehrter, Politiker und Literat. Hrsg. von Josef Wiesehöfer. Stuttgart: Franz Steiner 2005, S. 207–223.

Schnädelbach, Herbert: Philosophie in Deutschland, 1831–1933. Frankfurt/Main: Suhrkamp 1983.

Schneider, Jutta: Wissenschaftliche Öffentlichkeit. Zu Problemen ihrer Entstehung und Veränderung in Abhängigkeit von der Wissenschaftspraxis und dem Markt wissenschaftlicher Publiktionen. Dissertation, Universität Göttingen, 1974.

Schneider, Ute: Der wissenschaftliche Verlag. IN: Geschichte des deutschen Buchhandels im 19. und 20. Jahrhundert. Band 2: Weimarer Republik 1918–1933. Teil 1. Hrsg. von Ernst Fischer und Stephan Füssel. München: K.G. Saur 2007, S. 379–440.

Schneider, Ute: Mathematik im Verlag B.G. Teubner. Strategien der Programmprofilierung auf einem Teilmarkt während des Kaiserreichs. IN: Wissenschaftsverlage zwischen Professionalisierung und Popularisierung. Hrsg. von Monika Estermann und Ute Schneider. Wiesbaden: Harrassowitz 2007. (= Wolfenbütteler Schriften zur Geschichte des Buchwesens, 41), S. 129–145.

Schober, Karl-Ludwig: Wege und Umwege zum Herzen. Über die frühe Geschichte der Chirurgie des Thorax und seiner Organe. IN: The Thoracic and Cardiovascular Surgeon 41/1993, Supplement II, S. 155–256.

Scholz-Strasser, Inge: Adolf Joseph Storfer: Journalist, Redakteur, Direktor des Internationalen Psychoanalytischen Verlags. 1925–1932. IN: Internationaler

Psychoanalytischer Verlag 1919–1938. Katalog. Wien: Sigmund Freud-Museum 1995, S. 57–74.

Schönau, Walter: Sigmund Freuds Prosa. Literarische Elemente seines Stils. Gießen: Psychosozial-Verlag 2006. (Originalausgabe Stuttgart: Metzler 1968)

Schröter, Michael: Freuds Komitee 1912–1914. Ein Beitrag zum Verständnis psychoanalytischer Gruppenbildung. IN: Psyche 49/1995, S. 513–563.

Schröter, Michael: Zur Frühgeschichte der Laienanalyse. Strukturen eines Kernkonflikts der Freud-Schule. IN: Psyche 50/1996, S. 1127–1175.

Schubert, R.: Der Wissenschaftler und seine Publikationen. IN: Information und Gesellschaft. Bedingungen wissenschaftlicher Publikation. Hrsg. von Franz-Heinrich Philipp. Stuttgart: Wissenschaftliche Verlagsgesellschaft 1977, S. 27–75.

Schwabe, Klaus (Hrsg.): Deutsche Hochschullehrer als Elite. 1815–1945. Boppard am Rhein: Boldt 1988.

Schwarz, Angela: Der Schlüssel zur modernen Welt. Wissenschaftspopularisierung in Grossbritannien [sic!] und Deutschland im Übergang zur Moderne (ca. 1870–1914). Stuttgart: Franz Steiner 1999.

Seelig, Carl: Albert Einstein und die Schweiz. Europa Verlag. Zürich, Stuttgart und Wien 1952.

Selg, Herbert: Sigmund Freud – Genie oder Scharlatan? Eine kritische Einführung in Leben und Werk. Stuttgart: Kohlhammer 2002.

Sieper, Johanna, Ilse Orth und Hilarion G. Petzold: Zweifel an der „psychoanalytischen Wahrheit". Psychoanalyse zwischen Wissenschaft, Ideologie und Mythologie. IN: Sigmund Freud heute. Der Vater der Psychoanalyse im Blick der Wissenschaft und der psychotherapeutischen Schulen. Hrsg. von Anton Leitner und Hilarion G. Petzold. Wien: Krammer 2009, S. 583–649.

Solla Price, Derek J. de: Little Science, Big Science. Von der Studierstube zur Großforschung. Frankfurt/Main: Suhrkamp 1974.

Sontheimer, Kurt: Die deutschen Hochschullehrer in der Zeit der Weimarer Republik. IN: Deutsche Hochschullehrer als Elite. 1815–1945. Hrsg. von Klaus Schwabe. Boppard am Rhein: Boldt 1988, S. 215–224.

Stachel, John: Einsteins Annus mirabilis. Fünf Schriften, die die Welt der Physik revolutionierten. Reinbek: Rowohlt 2005.

Stehr, Nico: Robert K. Mertons Wissenschaftssoziologie. IN: Robert K. Merton: Einwicklung und Wandel von Forschungsinteressen. Aufsätze zur Wissenschaftssoziologie. Frankfurt/Main: Suhrkamp 1985. S. 7–30.

Steiner, Felix: Dargestellte Autorschaft. Autorkonzept und Autorsubjekt in wissenschaftlichen Texten. Tübingen: Niemeyer 2009. (= Germanistische Linguistik, 282).

Stichweh, Rudolf: Zur Entstehung des modernen Systems wissenschaftlicher Disziplinen. Physik in Deutschland, 1740–1890. Frankfurt/Main: Suhrkamp 1984.

Stichweh, Rudolf: Wissenschaft, Universität, Professionen. Soziologische Analysen. Frankfurt/Main: Suhrkamp 1994.

Stichweh, Rudolf: Der Wissenschaftler. IN: Der Mensch des 20. Jahrhunderts. Hrsg. von Ute Frevert und Heinz-Gerhard Haupt. Frankfurt/Main und New York: Campus 1999, S. 163–196.

Stöckel, Sigrid (Hrsg.): Die „rechte Nation" und ihr Verleger. Politik und Popularisierung im J.F. Lehmanns Verlag. Berlin: Lehmanns Media 2002.

Stöckel, Sigrid, Wiebke Lisner und Gerlind Rüve (Hrsg.): Das Medium Wissenschaftszeitschrift seit dem 19. Jahrhundert. Verwissenschaftlichung der Gesellschaft – Vergesellschaftung von Wissenschaft. Stuttgart: Franz Steiner 2009. (= Wissenschaft, Politik und Gesellschaft, 5).

Stöckel, Sigrid, Wiebke Lisner und Gerlind Rüve: Vorwort. IN: Das Medium Wissenschaftszeitschrift seit dem 19. Jahrhundert. Verwissenschaftlichung der Gesellschaft – Vergesellschaftung von Wissenschaft. Hrsg. von Sigrid Stöckel, Wiebke Lisner und Gerlind Rüve. Stuttgart: Franz Steiner 2009. (= Wissenschaft, Politik und Gesellschaft, 5), S. 7.

Stöckel, Sigrid: Verwissenschaftlichung der Gesellschaft – Vergesellschaftung der Wissenschaft. IN: Das Medium Wissenschaftszeitschrift seit dem 19. Jahrhundert. Verwissenschaftlichung der Gesellschaft – Vergesellschaftung von Wissenschaft. Hrsg. von Sigrid Stöckel, Wiebke Lisner und Gerlind Rüve. Stuttgart: Franz Steiner 2009. (= Wissenschaft, Politik und Gesellschaft, 5), S. 9–23.

Storer, Norman: Kritische Aspekte der sozialen Struktur der Wissenschaft. IN: Wissenschaftssoziologie I. Wissenschaftliche Entwicklung als sozialer Prozeß. Hrsg. von Peter Weingart. Frankfurt/Main: Athenäum Verlag 1973, S. 85–120.

Stürzbecher, Manfred: Medizinische Verlage mit besonderer Berücksichtigung Berlins. IN: Von Göschen bis Rowohlt. Beiträge zur Geschichte des deutschen Verlagswesens. Festschrift für Heinz Sarkowski zum 65. Geburtstag. Hrsg. von Monika Estermann und Michael Knoche. Wiesbaden: Harrassowitz 1990. (= Beiträge zum Buch- und Bibliothekswesen, 10), S. 140–149.

Sulloway, Frank J.: Freud – Biologe der Seele. Jenseits der psychoanalytischen Legende. Köln: Hohnheim 1982. (amerik. Original 1979)

Sulloway, Frank J.: Psychoanalyse und Pseudowissenschaft. IN: Sigmund Freud heute. Der Vater der Psychoanalyse im Blick der Wissenschaft und der psychotherapeutischen Schulen. Hrsg. von Anton Leitner und Hilarion G. Petzold. Wien: Krammer 2009, S. 49–75.

Thonack, Klaus: Selbstdarstellung des Unbewußten. Freud als Autor. Würzburg: Königshausen & Neumann 1997. (= Epistemata. Würzburger Wissenschaftliche Schriften, Reihe Literaturwissenschaft, 211).

Thorwald, Jürgen: Die Entlassung. Das Ende des Chirurgen Ferdinand Sauerbruch. München und Zürich: Knaur 1963.

Titel, Volker: Vereine und Verbände. IN: Geschichte des deutschen Buchhandels im 19. und 20. Jahrhundert. Band 2: Die Weimarer Republik 1918–1933. Teil 1. Hrsg. von Ernst Fischer und Stephan Füssel. München: K. G. Saur 2007, S. 223–264.

Vom Brocke, Bernhard (Hrsg.): Wissenschaftsgeschichte und Wissenschaftspolitik im Industriezeitalter. Das „System Althoff" in historischer Perspektive. Hildesheim: Lax 1991.

Vom Bruch, Rüdiger: Mommsen und Harnack. Die Geburt von *Big Science* aus den Geisteswissenschaften. IN: Theodor Mommsen. Wissenschaft und Politik im 19. Jahrhundert. Hrsg. von Alexander Demandt, Andreas Goltz und Heinrich Schlange-Schöningen. Berlin und New York: de Gruyter 2005, S. 121–141.

Walther, Gerrit: „… mehr zu den Künstlern als zu den Gelehrten." Mommsens historischer Blick. IN: Theodor Mommsen, Gelehrter, Politiker und Literat. Hrsg. von Josef Wiesehöfer. Stuttgart: Franz Steiner 2005, S. 229–243.

Wazeck, Milena: Einsteins Gegner. Die öffentliche Kontroverse um die Relativitätstheorie in den 1920er Jahren. Frankfurt/Main: Campus-Verlag 2009.

Weingart, Peter (Hrsg.): Wissenschaftssoziologie I. Wissenschaftliche Entwicklung als sozialer Prozeß. Frankfurt/Main: Athenäum Verlag 1973. (= Sozialwissenschaftliche Paperbacks, Sonderserie: Perspektiven der Wissenschaftsforschung, 1)

Weingart, Peter: Wissenschaftsforschung und wissenschaftssoziologische Analyse. IN: Wissenschaftssoziologie I. Wissenschaftliche Entwicklung als sozialer Prozeß. Hrsg. von Peter Weingart. Frankfurt/Main: Athenäum Verlag 1973. (= Sozialwissenschaftliche Paperbacks, Sonderserie: Perspektiven der Wissenschaftsforschung, 1), S. 11–42.

Weingart, Peter (Hrsg.): Wissenschaftssoziologie II. Determinanten wissenschaftlicher Entwicklung. Frankfurt/Main: Athenäum Verlag 1974. (= Sozialwissenschaftliche Paperbacks, Sonderserie: Perspektiven der Wissenschaftsforschung, 2)

Weingart, Peter: Wissenschaftssoziologie. Bielefeld: Transcript Verlag 2003.

Weingart, Peter, Martin Carrier und Wolfgang Krohn: Nachrichten aus der Wissensgesellschaft. Analysen zur Veränderung der Wissenschaft. Weilerswist: Velbrück Wissenschaft 2007.

Wickert, Lothar: Theodor Mommsen. Eine Biographie. 4 Bände. Frankfurt/Main: V. Klostermann 1959–1980.

Wiecke, Klaus: Vorwort. IN: 200 Jahre Annalen der Physik. Leipzig und Heidelberg: Barth 1990, S. 7–8.

Wiesehöfer, Josef (Hrsg.): Theodor Mommsen, Gelehrter, Politiker und Literat. Stuttgart: Franz Steiner 2005.

Wiesehöfer, Josef: Einleitung. IN: Theodor Mommsen, Gelehrter, Politiker und Literat. Hrsg. von Josef Wiesehöfer. Stuttgart: Franz Steiner 2005, S. 9–13.

Windgätter, Christof: Zu den Akten. Verlags- und Wissenschaftsstrategien der Wiener Psychoanalyse (1919–1938). Berlin: Max Planck Institut für Wissenschaftsgeschichte 2008. (= Preprint, 362)

Wittenberger, Gerhard: Das „Geheime Komitee" Sigmund Freuds. Institutionalisierungsprozesse in der „Psychoanalytischen Bewegung" zwischen 1912 und 1927. Tübingen: edition diskord 1995.

Wolff, H.: Zwei wissenschaftliche Kontroversen, die die Entwicklung der Chirurgie im 20. Jahrhundert mitbestimmten. IN: Zentralblatt für Chirurgie 125/2000, S. 387–393.

Worbs, Michael: Nervenkunst. Literatur und Psychoanalyse im Wien der Jahrhundertwende. Frankfurt/Main: Europäische Verlagsanstalt 1983.

Zaretsky, Eli: Freuds Jahrhundert. München: dtv 2009.

Nachschlagewerke

Biographisches Lexikon hervorragender Ärzte der letzten fünfzig Jahre. Begründet von Isidor Fischer. Band 3. Hildesheim, Zürich und New York: Georg Olms 2002.

Brockhaus = Brockhaus. 21. Auflage in 30 Bänden. Leipzig und Mannheim: F. A. Brockhaus 2006.

DBE = Deutsche Biographische Enzyklopädie. Hrsg. von Walther Killy und Rudolf Vierhaus. 13 Bände. 2., überarbeitete und erweiterte Ausgabe. München: K. G. Saur 1995–2003.

Fischer, Isidor (Hrsg.): Biographisches Lexikon hervorragender Ärzte der letzten fünfzig Jahre. Band 2. Berlin und Wien: Urban & Schwarzenberg 1933.

Hiller, Helmut und Stephan Füssel (Hrsg.): Wörterbuch des Buches. Siebte, grundlegend überarbeitete Auflage mit online-Aktualisierung. Frankfurt/Main: V. Klostermann 2006.

Mühlleitner, Elke: Biographisches Lexikon der Psychoanalyse. Die Mitglieder der Psychologischen Mittwoch-Gesellschaft und der Wiener Psychoanalytischen Vereinigung 1902–1938. Tübingen: edition diskord 1992.

Roudinesco, Élisabeth und Michel Plon (Hrsg.): Wörterbuch der Psychoanalyse. Namen, Länder, Werke, Begriffe. Wien und New York: Springer 2004. (Französische Originalausgabe *Dictionnaire de la Psychoanalyse*, Paris: Fayard 1997)

Thieme/Becker = Thieme, Ulrich (Hrsg.): Allgemeines Lexikon der bildenden Künstler von der Antike bis zur Gegenwart. Begründet von Ulrich Thieme und Felix Becker. München: dtv 1992. (= Taschenbuch-Lizenzausgabe, unveränderter Nachdruck der Originalausgaben Leipzig: E. A. Seemann 1913/14)

Anhang

Anhangsverzeichnis mit Quellenangaben

Anhang 1: Kurzporträts in alphabetischer Reihenfolge

Abraham, Karl (1877–1925) studierte Medizin in Würzburg, Berlin und Freiburg, promovierte 1901 und praktizierte ab 1908 als Facharzt für Psychotherapie in Berlin. Er gründete die *Berliner Psychoanalytische Vereinigung* und 1920 das *Psychoanalytische Institut*. (Vgl. DBE, Bd. 1, S. 12)

Adler, Alfred (1870–1937) studierte Medizin in Wien und promovierte 1895. Auf Empfehlung Stekels war er Gründungsmittglied der *Mittwochsgesellschaft* und ab 1910 Obmann der *Wiener Psychoanalytischen Vereinigung*. Nach seinem Bruch mit Freud gründete Adler 1911 den *Verein für freie psychoanalytische Forschung* (ab 1913: *Verein für Individualpsychologie*) und war ab 1924 Professor am Wiener Pädagogischen Institut. (Vgl. Mühlleitner, Biographisches Lexikon, S. 17–19)

Althoff, Friedrich (1839–1908) war Jurist und seit 1870 als Advokat tätig. Ab 1870/71 agierte er in Doppelstellung als Verwaltungsbeamter und Hochschullehrer in Straßburg, Bonn und Berlin. 1882 wurde Althoff Universitätsdezernent und 1897 schließlich Ministerialdirektor im preußischen Kultusministerium. Unter seiner Leitung prägte er den Ausbau des Hochschulwesens. 1898 führte er die jährliche *Konferenz von Vertretern deutscher Regierungen in Hochschulangelegenheiten* ein, initiierte die Gleichstellung der TH mit den Universitäten (1899) sowie die der drei höheren Schularten (1900). Auch die Einführung des Frauenstudiums (1908) und die Gründung der *Kaiser-Wilhelm-Gesellschaft* (1911) gehen auf Althoff zurück. (Vgl. Bernhard vom Brocke IN: DBE, Bd. I, S. 129–130)

Anschütz, Wilhelm Alfred, gen. Willy (1870–1954) studierte Medizin in Halle und Marburg und promovierte 1896 in Tübingen. Zunächst war er Assistenzarzt in Halle, ab 1898 an der Chirurgischen Universitätsklinik in Greifswald. Ab 1902 war er Privatdozent, ab 1906 außerordentlicher Professor. 1907 folgte er einem Ruf nach Marburg, ging aber noch im selben Jahr nach Kiel, wo er die chirurgische Klinik leitete. 1930 wurde er in die *Deutsche Akademie der Naturforscher Leopoldina* aufgenommen. Er war Mitherausgeber des *Zentralblatts für Chirurgie* sowie der *Deutschen Zeitschrift für Chirurgie*. (Vgl. DBE, Bd. 1, S. 184)

Berliner, Arnold (1862–1942). Nach dem Physikstudium war Berliner 25 Jahre Direktor des Glühlampenwerks der AEG; danach wurde er Herausgeber der *Naturwissenschaften* und Fachberater des Julius Springer Verlags. (Vgl. DBE, Bd. 1, S. 458)

Bernheim, Hippolyte Marie (1840–1919) war ein französischer Internist, der in Nancy als Professor lehrte. Er setzte sich für die wissenschaftliche Anerkennung der Hypnose als Therapiemethode ein und geriet darüber in eine Kontroverse mit Charcot. Ab 1909 war Bernheim Präsident des Internationalen Vereins für medizinische Psychologie und Psychotherapie. (Vgl. Brockhaus [21]2006, Band 13, S. 742)

Besso, Michele (1873–1955) studierte Mathematik und Physik in Rom und Zürich. Begegnete Einstein 1896 und war seitdem ein enger Freund. (Vgl. CPAE, Vol. 1, S. 378–379)

Bier, Karl Gustav August (1861–1949) studierte Medizin in Berlin, Leipzig und Kiel, wo er 1888 promovierte. Nach seiner Habilitation 1889 wurde er Assistenzarzt von Friedrich von Esmach. 1894 ging Bier als außerordentlicher Professor nach Kiel, 1899 übernahm er eine ordentliche Professur in Greifswald. 1903 ging er nach Bonn und 1907 schließlich an die Berliner Universität. Hier leitete er die Chirurgische Universitätsklinik in der Ziegelstraße und wurde einer der führenden Chirurgen seiner Zeit. (Vgl. DBE, Bd. 1, S. 653–654)

Billroth, Christian Albert Theodor (1829–1894) war einer der großen Schulbegründer der Chirurgie. Er hatte Medizin in Greifswald, Göttingen und Berlin, u. a. bei Bernhard von Langenbeck, studiert und 1852 mit Promotion abgeschlossen. Nachdem er als praktischer Arzt in Berlin zunächst nicht Fuß fassen konnte, holte ihn von Langenbeck an die Charité, wo er sich 1856 habilitierte. 1860 wurde er Ordinarius für Chirurgie in Zürich. (Vgl. Fritz Hartmann IN: DBE, Bd. 1, S. 662–663)

Bleuler, Paul Eugen (1857–1939) studierte Medizin in Zürich und München. 1886 wurde er Direktor der Pflegeanstalt Rheinau bei Zürich, 1896 Ordinarius für Psychiatrie und Leiter des Burghölzli, der seit 1870 bestehenden, angesehenen Heilanstalt der Universitätspsychiatrie in Zürich. Bleuler gilt als einer der Wegbereiter der dynamischen Psychiatrie. (Vgl. DBE, Bd. 1, S. 570–571)

Bochard, August (1864–1940) war wie Sauerbruch Sprössling der Billroth-Schule. Er hatte in Freiburg/Br., München, Würzburg und Jena Medizin studiert und 1888 promoviert. Zunächst wurde er Assistenzarzt in Marburg, ging dann nach Königsberg, wo er Oberarzt wurde. 1895 wurde er leitender Arzt der Chirurgischen Abteilung im Diakonissenkrankenhaus in Posen. Dann ging er als Chirurg nach Berlin, wo er 1908 Professor und 1912 zum Geheimen Medizinalrat ernannt wurde. Seit 1930 war Borchard Mitglied der *Deutschen Akademie der Naturforscher Leopoldina*. (Vgl. DBE, Bd. I, S. 831)

Böckh, August (1785–1867) studierte in Halle zunächst Theologie, wechselt dann zur Philosophie und promovierte 1807 in Heidelberg, wo er Extraodinarius wurde. 1811 ging er an die Berliner Universität, ab 1814 war er Mitglied der Königlich Preußischen Akademie. Böckh engagierte sich als Wissenschaftsorganisator und war von 1834 bis 1861 Sekretar der Philosophisch-historischen Klasse der Akademie. Er vertrat die Sachphilologie, die alle Aspekte des antiken Lebens erfassen will, und gilt als Begründer der modernen Epigraphik. Böckh gab ab 1825 die ersten beiden Bände des *Corpus Inscriptionum Graecarum* heraus. (Vgl. Bernd Schneider IN: DBE, Bd. 1, S. 760)

Borghesi, Bartolomeo (1781–1860) studierte in Ravenna, Bologna und Rom Rechtswissenschaften und wandte sich der Numismatik zu. 1821 ging er nach San Marino und brachte dort sein Hauptwerk, die Osservazioni numismatiche, über die Münzprägung in der Römischen Republik heraus, welches noch heute als Standardwerk gilt. Borghesi war Mitglied zahlreicher europäischer Akademien und wurde 1842 als Mitglied in den preußischen Orden *Pour le mérite* für Wissenschaften und Künste aufgenommen. (Vgl. http://de.wikipedia.org/wiki/Bartolomeo_Borghesi (09.12.2013))

Born, Max (1882–1970) studierte in Breslau, Heidelberg, Zürich und Göttingen; 1906 Promotion, 1909 Habilitation. Born war zunächst außerordentlicher Professor an der Universität Berlin, ab 1919 Ordinarius in Frankfurt am Main, 1921 ging Born nach Göttingen und machte das dortige Institut zusammen mit dem Experimentalphysiker James Franck zum bedeutenden Standort der Physik. 1924 habilitierte sich Born bei Werner Heisenberg. 1933 musste er vor den Nationalsozialisten fliehen und lebte in Cambridge und Edinburgh. 1954 kehrte es nach Deutschland zurück, im selben Jahr erhielt er den Nobelpreis für Physik. 1958 wurde Born Ehrenmitglied der *Deutschen Akademie der Naturforscher Leopoldina*. (Vgl. DBE, Bd. 1, S. 840–841)

Brauer, August Ludolf (1865–1951) war Internist, der in Bonn, München und Freiburg/Br. studiert hatte. Er promovierte 1892, 1897 habilitierte er sich in Heidelberg und wurde dort außerordentlicher Professsor. Ein Jahr später ging er als ordenltlicher Professor nach Marburg, wo er auch Direktor der Medizinischen Klinik war. 1910 übernahm er die Leitung des Krankenhauses Hamburg-Eppendorf und wurde 1919 Professor an der dortigen Universität, deren Rektor er 1930/31 war. Während des Ersten Weltkriegs bereiste er als beratender Internist Polen, Palästina und die Türkei. Brauer widmete sich der Tuberkuloseforschung, gilt als wissenschaftlicher Begründer des Pneumothorax' und gründete nach seiner Emeritierung (1934) in Wiesbaden ein Institut für Altersgestaltung und Altern. Seit 1947 war er Direktor des Tuberkulose-Forschungsinstituts in München, seit 1932 Mitglied der *Deutschen Akademie der Naturforscher Leopoldina*. (Vgl. DBE, Bd. 2, S. 7)

Breuer, Josef (1842–1925) war seit 1871 praktischer Arzt in Wien. 1880 bis 1882 behandelte er seine Patientin Bertha Pappenheim (‚Anna O.‘), die mit einem nervösen Leiden zu ihm gekommen war, mittels einer speziellen Gesprächstherapie (‚talking cure‘), die er gemeinsam mit Freud zur ‚Kathartischen Methode‘ weiter entwickelte. (Vgl. DBE, Bd. 2, S. 71–72)

Brücke, Ernst Wilhelm von (1819–1892) war ein bedeutender Physiologe. Von Brücke hatte in Heidelberg und Berlin studiert, 1842 promoviert. Zwei Jahre später habilitierte er sich und wurde Privatdozent. 1848 ging er als ordentlicher Professor nach Königsberg, ein Jahr später nach Wien. Dort wurde er 1873 geadelt. Er war Mitglied der Akademie der Wissenschaften, des Ordens *Pour le mérite* und ab 1852 der *Deutschen Akademie der Naturforscher Leopoldina*. (Vgl. Wolfgang U. Eckart IN: DBE, Bd. 2, S. 111–112)

Brunner, Alfred (1890–1972) studierte Medizin in Lausanne, Zürich, Berlin und Wien und schloss 1917 mit Promotion ab. Von 1915 bis 1923 war er Assistenz unter Sauerbruch in Zürich und München; er habilitierte sich bei Sauerbruch. 1923 wurde er Oberarzt der Chirurgischen Universitätsklinik und Privatdozent in München. 1926 wechselte er als Chefarzt nach St. Gallen. 1941 wurde er Professor für Chirurgie und Direktor der Universitätsklinik in Zürich. 1952 wurde Brunner in die *Deutschen Akademie der Naturforscher Leopoldina* aufgenommen. (Vgl. DBE, Bd. 3, S. 268)

Chaoul, Henri (1887–1964) gilt als Pionier der Röntgentechnik. Er war zunächst Röntgenologe bei Sauerbruch in Zürich, München und Berlin. 1939 wurde er Professor an der Berliner Universität und zugleich Direktor der Röntgenabteilung des Krankenhauses Moabit. 1944 übernahm er zudem das Röntgeninstitut der Charité. Ein Jahr später verließ er Deutschland und war zunächst in Ägypten, dann im Libanon tätig. Chaoul war Mitglied der *Deutschen Röntgengesellschaft*, Ehrenmitglied der *Royal Society of Medicine* und erhielt 1957 das Bundesverdienstkreuz. (Vgl. Biographisches Lexikon hervorragender Ärzte, 2002, S. 247)

Charcot, Jean Martin (1825–1893) war seit 1872 Professor in Paris und übernahm 1882 die Leitung der Nervenheilanstalt *Hospice de la Salpêtrière*, die er zu internationalem Ansehen führte. Charcot stellte die Neurologie auf pathologisch-anatomische Grundlage und widmete sich insbesondere der Hysterie- und Hypnotismusforschung. (Vgl. Brockhaus [21]2006, Band 5, S. 464)

Dahlmann, Friedrich Christoph (1785–1860) stammte aus einer Gelehrtenfamilie, galt als selbstbewusst und respektiert, aber nicht beliebt. Ab 1802 studierte er Philologie, u. a. bei Friedrich Schleiermacher und Friedrich August Wolf, in Kopenhagen und Halle, wo er die kritische Methode der klassischen Altertumswissenschaft lernte. 1810 promovierte er in Wittenberg; die Habilitation erfolgte in Kopenhagen. 1812 wurde Dahlmann außerordentlicher Professor in Kiel, 1829 Ordinarius in Göttingen. Er gehörte 1837 zu den ,Göttinger Sieben', die aus dem Hochschuldienst entlassen wurden, war zwischen 1838 und 1842 in Jena, bevor er eine Professur in Bonn übernahm. 1848 war Dahlmann Abgeordneter in der Paulskriche. (Vgl. Peter Schumann IN: DBE, Bd. 2, S. 479–480)

Dilthey, Wilhelm (1833–1911) studierte Theologie und Philologie in Heidelberg und Berlin, u. a. bei Kuno Fischer und Leopold von Ranke. Zunächst im Lehramt, promovierte und habilitierte sich Dilthey 1864; 1866 wurde er Professor in Basel, wechselte 1968 nach Kiel, 1871 nach Breslau und schließlich 1882 nach Berlin. 1883 verfasste Dilthey die *Einleitung in die Geisteswissenschaften* und setzte sich für die Eigenständigkeit der Geisteswissenschaft gegenüber den Naturwissenschaften ein. (Vgl. Erwin Leibfried IN: DBE, Bd. 2, S. 633–634)

Drude, Paul (1863–1906) hatte ab 1900 eine Professur in Gießen inne, 1905 wurde er Professor in Berlin, Leiter des Physikalischen Instituts und Mitglied der Akademie der Wissenschaften. (Vgl. DBE, Bd. 2, S. 627)

Eisengräber, Karl Felix (1874–1940) hatte in Leipzig und München Kunst studiert und gehörte der *Luitpold-Gruppe* an, die sich 1892 von der *Münchner Künstlergenossenschaft* abgespalten hatte und für eine hohe künstlerische Qualität eintrat. Eisengräber beteiligte sich an Ausstellungen im Glaspalast. Sein bevorzugtes Genre waren Landschaftsbilder, in denen er im impressionistischen Stil die Umgebung Münchens, am Chiemsee und in Tirol verewigte. (Vgl. Thieme/Becker, Bd. 10, S. 432–433 sowie die Wikipedia-Beiträge: http://de.wikipedia. org/wiki/Felix_Eisengr%C3%A4ber und http://de.wikipedia.org/wiki/Luitpold-Gruppe; beide zuletzt eingesehen am 27.10.2013.)

Eitingon, Max (1881–1943) studierte Medizin in Leipzig und war dann Assistenzarzt bei Bleuler am Züricher Burghölzli. Hier promovierte er und lernte die
hiesigen Psychoanalytiker kennen. Er war 1907 der erste, der Freud in Wien
besuchte, wo er zwei Jahre bleib; er nahm an den Sitzungen der *Mittwochsgesellschaft* teil und absolvierte bei abendlichen Spaziergängen die erste „Lehranalyse" bei Freud. Dann ging er nach Berlin, wo er die *Psychoanalytische Gesellschaft*
mitbegründete. Eitingons Vater war durch Zucker- und Pelzhandel zu einem
Vermögen gekommen, dass er 1929 beim New Yorker Börsenkrach verlor. Bis
dahin war Eitingon ein wichtiger Mäzen der psychoanalytischen Bewegung. Er
finanzierte die Berliner Poliklinik und unterstützte den *IPVerlag*. Selbst hinterließ kein bedeutendes Werk, spielte aber innerhalb der psychoanalytischen Organisation eine wichtige Rolle. 1933 ging er nach Jerusalem ins Exil. (Vgl. Wörterbuch der Psychoanalyse, S. 208–212)

Felix, Walter (1860–1930) hatte sein Medizinstudium in Würzburg 1889 mit Promotion abgeschlossen, bevor er als Assistenzarzt und Prosektor der Anatomie an
die Universität Zürich ging. 1891 folgte die Habilitation. 1896 wurde er außerordentlicher Professor, 1919 schließlich Ordinarius. (Vgl. DBE, Bd. 3, S. 268.)

Ferenczi, Sándor (1873–1933) studierte Medizin in Wien. Nach seiner Promotion
1896 kehrte er in seine ungarische Heimat zurück und praktizierte als Arzt in
Budapest. 1908 lernte Ferenczi Freud persönlich kennen und wurde Mitglied
der *Wiener Psychoanalytischen Vereinigung*. 1910 initiierte er die Gründung der
IPVereinigung, deren Präsident er 1918 wurde. 1913 gründete er die *Ungarische
Psychoanalytische Vereinigung*, der er bis zu seinem Tod vorstand. 1919 hatte er
die kurzlebige Professur für Psychoanalyse an der Budapester Universität inne.
(Vgl. Mühlleitner, Biographisches Lexikon, S. 96–99)

Fließ, Wilhelm (1858–1928) absolvierte nach seiner Promotion 1883 in Berlin die
Facharztausbildung zum Physiologen, bevor er sich als praktizierender Arzt
niederließ. Fließ forschte über den Zusammenhang von Nase und weiblichen
Geschlechtsorganen und entwickelte eine eigene Periodenlehre. Sein Brief-
wechsel mit Freud (1887–1902) dokumentiert dessen Selbstanalyse. (Vgl. DBE,
Bd. 3, S. 390)

Freud, Anna (1895–1982), jüngstes der sechs Kinder Sigmund Freuds, war ausgebildete Lehrerin, besuchte aber die Vorlesungen und Seminare ihres Vaters.
1918–21 sowie 1924 wurde sie von Freud analysiere und eröffnete 1923 ihre
eigene psychoanalytische Praxis. Ihr Schwerpunkt galt der Kinderanalyse. Seit
1922 war Anna Freud Mitglied der *Wiener Psychoanalytischen Vereinigung*; ab 1925
war sie am Wiener Lehrinstitut tätig. Sie unterstützte ihren Vater als Sekretärin
und Assistentin und emigrierte 1938 mit der Familie nach London, wo sie sich
bis zu ihrem Tod um das Erbe ihres Vaters kümmerte. (Vgl. Mühlleitner, Biographisches Lexikon, S. 101–103)

Freytag, Gustav (1816–1895) studierte ab 1835 Deutsche Philologie in Breslau, u. a.
bei Hoffmann von Fallersleben und Karl Lachmann. 1838 promovierte er,
1839 folgte die Habilitation und Freytag wurde Privatdozent. Seit 1842 war er
als freier Schriftsteller in Leipzig und Dresden tätig. Ab 1848 war er Schriftlei-

ter der *Grenzboten*, die bis 1871 führendes Organ des national liberalen Bürgertums waren. (Vgl. Rüdiger vom Bruch IN: DBE, Bd. 3, S. 508–509)

Friedrich, Paul Leopold (1864–1916) schloss sein Medizinstudium 1888 mit Promotion ab. In Berlin wurde er Assistenzarzt unter Robert Koch in der Pathologisch-Bakteriologischen Abteilung des Kaiserlichen Gesundheitsamtes. 1892 wechselte er zu Carl von Thiersch an die Chirurgische Universitätsklinik in Leipzig. Hier erfolgte 1894 die Habilitation, 1896 wurde er außerordentlicher Professor und Leiter der Chirurgischen Poliklinik, 1903 schließlich ordentlicher Professor und Direktor der Chirurgischen Universitätsklinik. 1907 ging er nach Marburg, 1911 nach Königsberg. (Vgl. DBE, Bd. 3, S. 559)

Groddeck, Georg (1866–1934) schloss sein Medizinstudium 1889 mit Promotion ab, eröffnete 1900 ein Sanatorium in Baden-Baden und gilt als Begründer der psychosomatischen Medizin. Darüber hinaus betätigte er sich als Romancier und verfasste psychoanalytische Essays. (Vgl. DBE, Bd. 4, S. 158)

Grossman, Marcel (1878–1936), studierte 1896–1900 Mathematik an der ETH, wo er Einstein kennenlernte. (Vgl. CPAE, Vol. 1, S. 381–382)

Hanssen, Georg (1809–1894) studierte ab 1827 Rechts- und Staatswissenschaften in Heidelberg, Kiel und Göttingen. 1832 übernahm er nach Promotion in Kiel den Lehrstuhl für Nationalökonomie und Statistik, ab 1837 als ordentlicher Professor. 1842 ging er nach Leipzig, 1848 nach Göttingen, 1860 nach Berlin und 1869 zurück nach Göttingen. (Vgl. DBE, Bd. 4, S. 421–422)

Harnack, Adolf von (1851–1930) studierte evangelische Theologie in Dorpat und wurde 1876 Extraordinarius in Leipzig. 1879 ging er als Ordinarius nach Gießen, 1886 nach Marbug, 1888 nach Berlin. Ab 1890 war er Mitglied der Akademie der Wissenschaften, 1900 schrieb er die *Geschichte der Königlich Preußischen Akademie der Wissenschaften zu Berlin*. Ab 1897 gab er die Werke griechischer christlicher Schriftsteller heraus. Von 1905 bis 1921 war Harnack Generaldirektor der Königlichen Bibliothek zu Berlin, 1911–1930 Präsident der *Kaiser-Wilhelm-Gesellschaft*. Der einflussreiche Wissenschaftspolitiker wurde 1914 geadelt. (Vgl. Kurt Nowak IN: DBE, Bd. 4, S. 439–440)

Haupt, Rudolf Friedrich Moritz (1808–1874) studierte Klassische Philologie in Leipzig und promovierte 1831. Haupt verfasste einige Privatstudien und Rezensionen, 1836 brachte er zusammen mit Karl Lachmann und Hoffmann von Fallersleben die *Altdeutschen Blätter* heraus. 1832 habilitierte er sich in Leipzig und wurde 1841 außerordentlicher, 1843 ordentlicher Professor, bevor er 1850 gemeinsam mit Mommsen und Jahn aus dem Hochschuldienst entlassen wurde. 1853 wurde Haupt Lachmanns Nachfolger in Berlin und etablierte die textkritische Methode in der Germanistik. (Vgl. DBE, Bd. 4, S. 503)

Henzen, Johann Heinrich Wilhelm (1816–1887) hatte Archäologie und Klassische Philologie in Bonn und Berlin, u.a. bei Friedrich Gottlieb Welcker und Leopold von Ranke, studiert. 1840 promovierte er in Leipzig. Ab 1842 arbeitete er am *Deutschen Archäologischen Institut* in Rom, dessen Erster Sekretär er 1856 wurde. Henzen erarbeitet für Mommsens *Corpus Inscriptionum Latinarum* die stadtrömischen Inschriften. (Vgl. DBE, Bd. 4, S. 703–704)

Heubner, Otto Leonhard Wolfgang (1877–1957) studierte Medizin und Chemie in Göttingen, Marburg, Straßburg, München und Zürich. 1903 promovierte er, 1908 folgte die Habilitation. Er wurde zunächst außerordentlicher, 1911 ordentlicher Professor in Göttingen. In den folgenden Jahren wechselte er nach Düsseldorf und Heidelberg. 1932 wurde er Direktor des Pharmakologischen Instituts an der Berliner Universität, 1936 Mitglied der *Deutschen Akademie der Naturforscher Leopoldina*. Nach dem Zweiten Weltkrieg leitete er als Direktor das Hygienische Institut der Humboldt-Universität, 1950 wechselte er an die Freie Universität Berlin. Heubner half, die Pharmakologie von den Nachbardisziplinen abzugrenzen. (Vgl. DBE, Bd. 4, S. 805)

Hirschfeld, Otto (1843–1922) studierte in Königsberg, Bonn und Berlin, promovierte 1863 in Königsberg, 1869 folgte die Habilitation in Göttingen. 1872 wurde Hirschfeld außerordentlicher Professor für Alte Geschichte, Altertumskunde und Epigraphik in Wien, 1885 Mommsens Nachfolger in Berlin bis zu seiner Emeritierung 1917. Er war Akademiemitglied und arbeitete am *CIL* mit. (Vgl. DBE, Bd. 4, S. 884)

His, Wilhelm (1863–1934) studierte Medizin in Genf, Bern und Straßburg. 1885 promovierte er in Leipzig, 1891 erfolgte die Habilitation für Innere Medizin. 1895 wurde er außerordentlicher Professor, 1901 Oberarzt am Krankenhaus Friedrichstadt in Dresden. 1902 ging er als Ordinarius nach Basel, 1906 nach Göttingen, 1907 nach Berlin, wo er bis zu seiner Emeritierung 1932 blieb. His widmete sich vor allem den Stoffwechsel- und Herzkrankheiten. (Vgl. DBE, Bd. 4, S. 890)

Hitschmann, Eduard (1871–1957) studierte Medizin in Wien. Nach seiner Promotion 1895 arbeitete er als Arzt in Wiener Kliniken und in seiner Privatpraxis. 1905 wurde er Mitglied der *Wiener Psychoanalytischen Vereinigung,* deren Obmann er 1911 nach Adlers Ausscheiden wurde. Hitschmann war auch ihr erster Bibliothekar und übernahm innerhalb der Vereinigung wichtige Posten. So war er Direktor des 1922 gegründeten psychoanalytischen Ambulatoriums. 1938 emigrierte er zunächst nach England, später in die Vereinigten Staaten. (Vgl. Mühlleitner, Biographisches Lexikon, S. 149–151)

Hübner, Arthur (1887–1961) war Unfallchirurg in Berlin. Hier schloss er 1913 sein Medizinstudium mit Promotion ab. Er kämpfte im Ersten Weltkrieg und sammelte an der Charité praktische Erfahrungen. 1926 folgte die Habilitation. Seit 1927 Privatdozent, wurde Hübner 1930 außerordentlicher Professor an der Universität Berlin. 1933 gründete er ein eigenes Unfallambulatorium, dessen Leiter er bis 1960 blieb. Während des Zweiten Weltkriegs war Hübner Chefarzt des Reservelazaretts, dem späteren *Krankenhaus in der Heerstraße,* dessen Direktor er bis 1952 war. Von 1928 bis zu seinem Tod war Hübner Schriftleiter des *Chirurgen.* (Vgl. DBE, Bd. 5, S. 177)

Jahn, Otto (1813–1869) studierte Klassische Philologie in Kiel, Leipzig und Berlin und promovierte 1836. Ab 1839 hatte er in Kiel eine Privatdozentur für Philologie inne, 1842 wurde er außerordentlicher Professor für Archäologie in Greifswald. 1847 ging er als Professor für Philologie und Archäologie nach

Leipzig, wo er zusammen mit Mommsen und Moritz Haupt 1850 des Amtes
enthoben wurde. 1854 rehabilitiert, wurde er in Bonn Professor der Altertumswissenschaft und Direktor des Altphilologischen Seminars sowie des Akademischen Kunstmuseums. (Vgl. DBE, Bd. 5, S. 298–299)

Janet, Pierre (1859–1947) war Psychologe und von 1890 bis 1894 Assistent bei
Charcot an der Salpêtriere. 1890 wurde er Professor am Collège de France in
Paris. Neben der Hysterieforschung widmete er sich insbesondere der Intelli-
genz-, Gedächtnis- und Persönlichkeitsforschung. (Vgl. Brockhaus ^{21}2006,
Bd. 13, S. 742)

Jehn, Wilhelm (1883–1935) war ein Schüler Sauerbruchs und von 1926 bis 1935
Klinikdirektor des Mainzer Allgemeinen Krankenhauses (heute Universitätsklinik) war. (Vgl. http://de.wikipedia. org/wiki/Hadamar (09.12.2013))

Jones, Ernest (1879–1958) studierte Medizin in London. Zunächst arbeitete er an
Londoner Krankenhäusern, konnte sich aber nicht in die Hierarchien einord-
nen. Um die *Traumdeutung* im Original lesen zu können, lernte Jones Deutsch.
Auf einer Tagung machte der Bekanntschaft mit Jung, der ihn ans Burghölzli
holte.1908 traf er erstmals Freud. Bis 1912 verbrachte Jones mehrere Jahre in
Kanada und initiierte dort und in den Vereinigten Staaten psychoanalytische
Gesellschaften. Jones war außerdem der Begründer der psychoanalytischen
Vereinigung in Großbritannien. Er sah die Verbreitung der Freudschen Lehre
im anglo-amerikanischen Raum als seine Lebensaufgabe und leitete auch die
erste Freud-Übersetzung ins Englische in die Wege. Jones war 1920–24 und
1934-49 Präsident der *IPVereinigung*. (Vgl. Wörterbuch der Psychoanalyse,
S. 501–505)

Jung, Carl Gustav (1875–1962) studierte Medizin in Basel. 1900 wurde er Assistenzarzt am Burghölzli, 1905 bis 1909 war er dort Oberarzt. Als Privatdozent lehrte er von 1905 bis 1913 an der Züricher Universität, zwischen 1933 und 1942
an der ETH, dort 1935 als Titularprofessor. 1943/44 war Jung in Basel Ordinarius für medizinische Psychologie. Seit 1909 führte er auf eine eigene Praxis.
Nach dem Bruch mit Freud entwickelte Jung seine eigene Richtung der analytischen Psychologie und prägte bspw. den Begriff des ,kollektiven Unbewussten'. (Vgl. DBE, Bd. 5, S. 378)

Kirschner, Martin (1879–1942) studierte Medizin in Freiburg/Br., Straßburg, Zürich
und München. 1904 promovierte er, war zunächst Assistent in Greifswald und
ging 1910 nach Königsberg, dort habilitierte er sich. Kirschner war im Ersten
Weltkrieg als Chirurg im Felddienst. 1916 wurde er außerordentlicher Professor in Königsberg, 1927 in Tübingen. Ab 1934 leitete er die Heidelberger Universitätsklinik. (Vgl. DBE, Bd. 5, S. 650)

Klee, Julius Ludwig (1807–1867) studierte in Leipzig, wo er promovierte. Nach
seiner Habilitation war er 1833–35 und 1842–48 als Privatdozent tätig, 1834
wurde er Lehrer an Leipziger Schulen 1848 ging er als Rektor der Kreuzschule
nach Dresden. (Vgl. http://de.wikipedia.org/wiki/Julius_Ludwig_Klee (09.12.
2013))

Krehl, Ludolf von (1861–1937) studierte Medizin in Leipzig, Jena, Heidelberg und Berlin. Nach der Promotion 1886 wurde er Assistenzarzt an der Medizinischen Klinik in Leipzig. 1888 habilitierte sich Krehl für Innere Medizin. In den folgenden Jahren arbeitete er an den Polikliniken in Jena, Marburg und Greifswald, bevor er ab 1902 die Medizinischen Kliniken in Tübingen leitete. 1904 ging er nach Straßburg, 1907 nach Heidelberg. Er war Mitbegründer des *Kaiser-Wilhelm-Instituts* für Medizinische Forschung und noch nach seiner Emeritierung 1931 Leiter der Abteilung für Pathologie. 1903 wurde Krehl geadelt, 1925 Mitglied des Ordens *Pur le Mérite*, 1926 der *Deutschen Akademie der Naturforscher Leopoldina*. Sein Forschungsschwerpunkt waren die Pathologische Physiologie sowie die Erkrankungen des Herzens. Er bemühte sich auch um die Integration seelischer Symptome in die Diagnostik und fand 1902 bspw. lobende Worte für die Arbeiten Joseph Breuers und Sigmund Freuds. (Vgl. Fritz Hartmann IN: DBE, Bd. 6, S. 46–47)

Krönlein, Rudolf Ulrich (1847–1910) schloss sein Medizinstudium in Zürich 1872 mit Promotion ab. Bereits seit 1870 war er Assistent bei Edmund Rose. Als Privatdozent wechselte er 1874 nach Berlin zu Bernhard von Langenbeck. 1878/79 war Krönlein stellvertretender Ordinarius für Chirurgie in Gießen, bevor er zurück in Berlin außerordentlicher Professor wurde. 1881 wurde er als Nachfolger Roses ordentlicher Professor und Direktor der Chirurgischen Klinik und Poliklinik des Kantonspitals Zürich. 1886–1888 war Krönlein hier Rektor der Universität und wurde 1905 Vorsitzender der *Deutschen Gesellschaft für Chirurgie*. Krönlein führte vor allem viele neue Operationsmethoden ein. (Vgl. DBE, Bd. 6, S. 77)

Lachmann, Konrad Friedrich Wilhelm Karl (1793–1851) studierte in Leipzig und Göttingen und promovierte 1814. Er habilitierte sich 1815 in Göttingen sowie 1816 in Berlin. Von 1816 bis 1818 war Lachmann als Oberlehrer in Königsberg tätig, bevor er dort eine außerordentliche Professur übernahm. 1825 wechselte er nach Berlin, wo er zwei Jahre später ordentlicher Professor wurde. 1829 übernahm er als Rektor die Leitung der Lateinischen Abteilung, 1843/44 war er Rektor der Universität. Seit 1830 war Lachmann Mitglied der Akademie der Wissenschaften. (VGl. DBE, Bd. 6, S. 184)

Laue, Max von (1879–1960) promovierte 1903 und habilitierte sich 1906 bei Planck in Berlin. Ab 1909 war er Privatdozent in München, 1912 übernahm er eine Professur an der Universität Zürich, wurde 1919 Professor für theoretische Physik an der Universität Berlin sowie stellvertretender Direktor des Kaiser-Wilhelm-Instituts für Physik. 1943 erfolgte seine Emeritierung. 1914 bekam von Laue den Nobelpreis für Physik. (Vgl. DBE, Bd. 6, S. 266–267)

Lebsche, Max von (1886–1957) studierte Medizin in München und Würzburg. In München erfolgte 1914 die Promotion, 1927 die Habilitation. Dort war er Mitarbeiter Sauerbruchs und spezialisierte sich auf Lungen- und Handchirurgie. 1936 wurde er außerordentlicher Professor an die Universität München, seit 1930 war er Leiter der Maria-Theresia-Klinik. Während des Nationalsozialismus wurde Lebsche vom Dienst suspendiert und kehrte 1947 in eine ordentliche Professur an die Münchner Universität zurück. (Vgl. DBE, Bd. 6, S. 298)

Lenard, Philipp (1862–1947) promoviere 1886, ab 1907 hatte er den Lehrstuhl für Experimentalphysik an der Universität Würzburg inne. Er lieferte viele experimentelle Grundlagen zur Atom- und Festkörperphysik und entdeckte das sog. „Resonanzphänomen", welches Einstein 1905 als Beweis der Existenz von Lichtquanten nutzte. 1905 erhielt Lenard den Nobelpreis für Physik. Sein krankhaft empfundener Anerkennungsmangel und seine nationalistische und antisemitische Gesinnung ließen ihn ab 1920 zum Außenseiter werden. Einsteins Arbeit diskreditierte er als ‚jüdische Physik' und verfasste selbst ein vierbändiges Lehrbuch der *Deutschen Physik* (1936). (Vgl. DBE, Bd. 6, S. 317–318)

Ludwig, Carl Friedrich Wilhelm (1816–1895) studierte in Marburg und Erlangen Medizin, wo er 1840 promovierte. Zwei Jahre später erfolgte die Habilitation. 1846 wurde Ludwig zunächst außerordentlicher Professor und hatte dann eine ordentliche Professur für Anatomie und Physiologie in Zürich inne. Aus dieser Zeit kannte er Mommsen. 1855 ging er nach Wien; seit 1867 war Ludwig Mitglied der *Deutschen Akademie der Naturforscher Leopoldina*. (Vgl. Brigitte Lohff IN: DBE, Bd. 6, S. 595–596)

Meynert, Theodor (1833–1892) wurde in Dresden geboren und absolvierte sein Medizinstudium in Wien, wo er 1861 promovierte, 1965 habilitierte. Zunächst war er an der Wiener Irrenanstalt tätig; 1868 erweiterte er seine Venia Legendi auf Psychiatrie und wurde 1870 außerordentlicher, 1874 ordentlicher Professor der Psychiatrie und in diesem Jahr auch Direktor der Wiener Psychiatrischen Klinik. Ab 1875 war Meynert Leiter der neuen Psychiatrischen Universitätsklinik im Allgemeinen Krankenhaus Wien; er gab das *Psychiatrischen Centralblatt* sowie der *Jahrbücher für Psychiatrie* heraus. (Vgl. DBE, Bd. 7, S. 117–118)

Mikulicz-Radecki, Johannes von (1850–1905) hatte in Wien Medizin studiert und 1875 mit Promotion abgeschlossen. Zunächst wurde er Assistenzarzt an der Chirurgischen Klinik unter Theodor Billroth. 1880 erfolgte die Habilitation, 1881 wurde er Privatdozent. Ein Jahr später ging Mikulicz nach Krakau, 1887 als Leiter der Chirurgischen Universitätsklinik nach Königsberg. 1889 wurde er zum Geheimen Medizinalrat ernannt, 1890 wurde er Ordinarius für Chirurgie in Breslau. Mikulicz war einer der Ersten, die Operationen mit Mundschutz und sterilen Handschuhen durchführten. (Vgl. DBE, Bd. 7, S. 104)

Minkowski, Hermann (1864–1909) war Mathematiker und seit 1896 Ordinarius an der ETH in Zürich; Einstein besuchte während seines Studiums eine Veranstaltung bei ihm. 1902 ging Minkowski nach Göttingen. (Vgl. DBE, Bd. 7, S. 147)

Müller, Friedrich von (1858–1941) studierte Medizin in München und Würzburg, 1882 promovierte er. 1888 habilitierte er sich für Innere Medizin in Berlin und wurde dort Extraordinarius. 1892 übernahm er eine ordentliche Professur in Marburg, wechselte 1899 nach Basel und 1902 schließlich nach München. 1922 wurde er Mitglied der *Deutschen Akademie der Naturforscher Leopoldina*. Von Müller war seit 1926 Herausgeber der *Mitteilungen aus den Grenzgebieten der Medizin und der Chirurgie*. (Vgl. DBE, Bd. 7, S. 251)

Muralt, Ludwig von (1869–1917) unternahm nach seiner Promotion 1893 krankheitsbedingt mehrere Schiffs- und Kurreisen. Später wurde er Assistenzarzt bei Eugen Bleuler am *Burghölzli* in Zürich. 1905 übernahm von Muralt die Leitung des Sanatoriums Davos-Dorf, 1916 die des Sanatoriums Turban. (Vgl. Biographisches Lexikon hervorragender Ärzte, 1933, S. 1092)

Narath, Albert (1864–1924) war nach seiner Promotion 1890 zunächst Assistenzarzt, bevor er 1896 Ordinarius in Utrecht wurde. Ab 1906 war er Leiter der Chirurgischen Klinik in Heidelberg, 1910 legte er krankheitsbedingt das Lehramt nieder, setzte seine wissenschaftlichen Studien aber fort und wurde Hauptschriftleiter der *Deutschen Zeitschrift für Chirurgie*. (Vgl. Biographisches Lexikon hervorragender Ärzte, 1933, S. 1101)

Nernst, Walther (1964–1941) war ab 1905 Extraordinarius für physikalische Chemie in Berlin und Mitglied der Akademie, 1922–24 Präsident der Berliner Physikalisch-Technischen Reichsanstalt, 1924 Direktor des Physikalischen Instituts der Universität Berlin sowie Mitinitiator der Gründung der *Kaiser-Wilhelm-Gesellschaft* (1912). (Vgl. DBE, Bd. 7, S. 364–365)

Niebuhr, Barthold Georg (1776–1831) war nach seinem Jurastudium in Kiel und einen Studienaufenthalt in London und Edinburgh zunächst in der Finanzverwaltung tätig. 1810 wurde er preußischer Hofhistoriograph und hielt Vorlesungen an der Berliner Universität. Niebuhr gilt als Mitbegründer der kritischen Historiographie, 1811–32 erschien seine Römische Geschichte. 1816 bis 1823 weilte er als preußischer Gesandter in Rom. Ab 1825 hielt er wieder Vorlesungen in Alter Geschichte und betätigte sich als Wissenschaftsorganisator. (Vgl. Wilfried Nippel IN: DBE, Bd. 7, S. 450)

Nissen, Rudolf (1896–1981) studierte Medizin in Breslau, München und Marburg. 1922 promovierte er und wurde Assistenzarzt bei Sauerbruch in München, wo er sich 1926 habilitierte. 1927 folgte er Sauerbruch nach Berlin und wurde 1930 Extraordinarius an der Universität. 1933 musste Nissen emigrieren und ging an die Universität Istanbul. 1939 ging er in die USA und kehrte 1952 nach Europa zurück. Er lehrte bis 1967 an der Basler Universität. Seit 1963 war Nissen Mitglied der *Deutschen Akademie der Naturforscher Leopoldina*. (Vgl. DBE, Bd. 7, S. 482)

Noël des Vergers, Joseph Marin Adolphe (1805–1867) studierte in Paris orientalische Sprachen, Geschichte und Geographie. Eine Studienreise brachte ihn in Kontakt mit Bartolomeo Borghesi, unter dessen Einfluss er sich auf die Epigraphik spezialisierte. Noël des Vergers verlegte seinen Wohnsitz nach Italien, betätigte sich dort als Archäologe und Etrusker-Forscher. Sein Haus wurde zur Anlaufstelle vieler Wissenschaftler und Künstler. (Vgl. http://de.wikipedia. org/wiki/Adolphe_No%C3%ABl_des_Vergers (09.12.2013))

Nordmann, Otto Karl Wilhelm (1876–1946) schloss sein Medizinstudium 1901 mit Promotion ab. Nach einigen Jahren in Göttingen wechselte nach Berlin, wo er 1918 zum Professor ernannt wurde. Zusammen mit Martin Kirschner brachte

Nordmann das Handbuch *Die Chirurgie* heraus (6 Bde, 1926–30, ²1940–49).
Zuletzt wirkte er in Holzminden. (Vgl. DBE, Bd. 7, S. 504)

Payr, Erwin (1871–1946) studierte in Wien und Innsbruck Medizin. 1894 promovierte er, 1899 folgte die Habilitation. Payr war zunächst in Graz tätig, 1907
wurde er Ordinarius für Chirurgie in Greifswald, 1910 nach Königsberg. Von
1911 bis 1937 wirkte er in Leipzig. 1930 wurde er Mitglied der *Deutschen Akademie der Naturforscher Leopoldina*. (Vgl. DBE, Bd. 7, S. 712)

Pirquet, Clemens von (1874–1929) schloss sein Studium der Theologie, Philosophie
und Medizin 1900 mit Promotion ab. 1908 habilitierte er sich an der Universitäts-Kinderklinik in Wien.1909 ging er als Extraordinarius nach Baltimore,
1910 nach Breslau und 1911 zurück nach Wien, wo er Leiter der Kinderklinik
wurde. 1929 wählte Pirquet den Freitod. (Vgl. DBE, Bd. 7, S. 849)

Planck, Max (1858–1947) war ab 1889 als Nachfolger Robert Kirchhoffs an der
Friedrich-Wilhelm-Universität in Berlin; 1892 wurde seine außerordentliche
Professur in einen Lehrstuhl für theoretische Physik umgewandelt. Seit 1894
war er ordentliches Mitglied der Preußischen Akademie der Wissenschaften,
1912 Beständiger Sekretar der physikalisch-mathematischen Klasse, 1913 Rektor der Friedrich-Wilhelm-Universität, 1926 wurde Planck emeritiert. 1930–37
und 1945–46 war er Präsident der *Kaiser-Wilhelm-Gesellschaft* (spätere *Max-
Planck-Gesellschaft*), 1905–09 sowie 1915–16 Vorsitzender der DPG, 1921–22
erster Vorsitzender der *Gesellschaft der Deutschen Naturforscher und Ärzte*. 1918 bekam Planck den Nobelpreis für Physik. (Vgl. DBE, Bd. 7, S. 684–685)

Poggendorff, Johann Christian (1796–1877) war Physiker und Wissenschaftshistoriker. Er absolvierte zunächst eine Apothekerlehre, bevor er in Berlin studierte.
1823 fand er eine Anstellung an der Preußischen Akademie der Wissenschaften und war Privatgelehrter. Er übernahm 1824 die *Annalen der Physik*, die er
auf einen exakt wissenschaftlichen Kurs einschwor. Unter seiner Ägide erschienen 160 Bände. 1830 wurde Poggendorff zum ‚Königlichen Professor‘
ernannt. (Vgl. Andreas Kleinert IN: DBE, Bd. 8, S. 3)

Ranke, Karl Ernst (1870–1926) unternahm nach seiner Promotion 1896 eine Forschungsreise nach Brasilien und war danach als Assistenzarzt in München an
der Kinderklinik tätig. Er erkrankte an Tuberkulose und widmete fortan auch
seine Forschungen dieser Krankheit. Nachdem Ranke sechs Jahre als Arzt in
einem Sanatorium in Arosa gearbeitet hatte, kehrte er 1906 nach München zurück, wo er sich 1915 habilitierte. 1921 wurde er außerordentlicher Professor.
(Vgl. NDB, Band 21, S. 144)

Reik, Theodor (1888–1969) studierte an der Wiener Philosophischen Fakultät. 1912
promovierte er mit der ersten psychoanalytischen Doktorarbeit. Seit 1911 war
Reik Mitglied der *Wiener Psychoanalytischen Vereinigung* und wurde 1918 deren
zweiter Sekretär und Bibliothekar; 1914 arbeite er vorübergehend bei Hugo
Heller. Der Laienanalytiker praktizierte zunächst in Wien und ging 1928 nach
Berlin. 1933 übersiedelte er nach Holland und emigrierte schließlich 1938 in
die USA. Hier konnte er als Laienanalytiker nicht praktizieren und gründete

1948 eine psychoanalytische Vereinigung für Nichtmediziner. (Vgl. Mühlleitner, Biographisches Lexikon, S. 260–263)

Reitler, Rudolf (1865–1917) studierte Medizin in Wien und betrieb hier ab 1900/01 eine Praxis. Er war Gründungmitglied der Mittwochsgesellschaft und erster praktizierender Psychoanalytiker nach Freud. (Vgl. Mühlleitner, Biographisches Lexikon, S. 266–268)

Riklin, Franz (1878–1938) war Schweizer Psychiater und zunächst an der Psychiatrischen Klinik in Rheinau tätig. Später war er Jungs Mitarbeiter am Burghölzli. 1910 wurde er der erste Sekretär der *IPVereinigung*. Nach dem Bruch mit Freud schloss sich Riklin Jung an. (Vgl. Wörterbuch der Psychoanalyse, S. 857)

Ritschl, Friedrich Wilhelm (1806–1876) studierte in Leipzig und Halle Klassische Philologie und schloss 1829 mit Promotion ab. Noch im selben Jahr folgte die Habilitation. Seit 1832 war er Professor in Halle, 1833 in Breslau und 1839 in Bonn. Dort war er von 1854 bis 1865 auch Oberbibliothekar der Universitätsbibliothek. 1865 ging Ritschl nach Leipzig. Er gab von 1842 bis 1876 das *Rheinische Museum für Philologie* heraus. (Vgl. DBE, Bd. 8, S. 439)

Ruge, Georg (1852–1919) machte sich als Anatom vor allem auf dem Gebiet der Primatenmorphologie einen Namen. Ruge hatte in Jena und Berlin studiert. Nach seiner Promotion 1875 wurde er zunächst Assistenzarzt in Heidelberg, wo er sich 1878 für Anatomie habilitierte. 1882 wurde er außerordentlicher Professor, 1888 ging er als ordentlicher Professor nach Amsterdam. 1897 wechselte er als Direktor des Anatomischen Instituts an die Universität in Zürich. Seit 1887 war Ruge Mitglied der *Deutschen Akademie der Naturforscher Leopoldina*. (Vgl. DBE, Bd. 8, S. 621)

Sachs, Hanns (1881–1947) studierte in Wien Jura und promovierte 1904. 1910 wurde er Mitglied der *Wiener Psychoanalytischen Vereinigung*. Neben Rank und Reik war Sachs einer der ersten praktizierenden Laienanalytiker. Nach dem Ersten Weltkrieg ging er zunächst nach Zürich, dann Berlin; 1932 übersiedelte er nach Boston. (Vgl. Mühlleitner, Biographisches Lexikon, S. 279–281)

Sauppe, Hermann (1809–1893) schloss sein Studium der Klassischen Philologie 1832 mit Promotion ab, 1833 habilitierte er sich in Zürich, wo er von 1837 bis 1839 außerordentlicher Professor war. 1839 bis 1845 war Sauppe Oberbibliothekar der Züricher Kantonsbibliothek. Ab 1845 war in Weimar als Gymnasialdirektor tätig, 1855 wurde er ordentlicher Professor in Göttingen. Er gilt als Begründer der Epigraphik und gründete 1848 zusammen mit Moritz Haupt die *Sammlung griechischer und lateinischer Schriftsteller*. (Vgl. DBE, Bd. 8, S. 716)

Savigny, Friedrich Carl von (1779–1861) hatte in Göttingen und Marburg Jura studiert, bevor er 1800 promovierte. Er gelangte schnell zu Ruhm und unternahm zunächst Studienreisen, bevor er 1808 an die Universität Landshut ging. 1810 wechselte Savigny als Mitbegründer an die Universität Berlin, wo er bis an sein Lebensende als überragender Lehrer, Forscher und Praktiker tätig war. (Vgl. DBE, Bd. 7, S. 719–720)

Scheel, Karl (1866–1936) studierte in Rostock und Berlin und promovierte 1890. Ab 1891 war er an der Physikalisch-Technischen Reichsanstalt in Berlin tätig.

Scheel war Herausgeber des *Handbuchs der Physik* (24 Bände, 1926–29). (Vgl., DBE, Bd. 8, S. 581)

Schmieden, Victor (1874–1945) studierte Medizin in Freiburg/Br., München, Berlin und Bonn. Nach der Promotion 1897 war er Assistent in Göttingen, Berlin und Bonn. 1903 folgte die Habilitation. 1907 wechselte er als Titularprofessor nach Berlin; 1913 ging er nach Halle. 1919 wurde er schließlich ordentlicher Professor und ging als Direktor an die Chirurgische Klinik nach Frankfurt/ Main. 1916 wurde er in die *Deutsche Akademie der Naturforscher Leopoldina* aufgenommen und trat 1937 der NSDAP bei. (Vgl. DBE, Bd. 9, S. 66–67)

Schmoller, Gustav Friedrich von (1836–1917) schloss sein Studium der Kameralwissenschaft in Tübingen 1861 mit Promotion ab. 1864 erlangte er durch seine gewerbestatistischen Studien die kumulative Habilitation in Halle. 1872 ging er an die neugegründete Universität in Straßburg. Von 1882 bis zu seiner Emeritierung 1913 war er in Berlin tätig. Schmoller war als Wissenschaftsorganisator erfolgreich und einflussreich. Er stand der sog. 'Jüngeren Historischen Schule' vor. (Vgl. Horst Betz IN: DBE, Bd. 9, S. 82–83)

Schumacher, Emil Dagobert (1880–1914) schloss sein Medizinstudium 1906 mit dem Staatsexamen ab und promovierte 1908. Zunächst war er als Schiffsarzt tätig und wurde dann Assistenzarzt an der Chirurgischen Klinik in Zürich unter Krönlein und Sauerbruch. 1910 habilitierte er sich. Schumacher starb im Alter von nur 34 Jahren. (Vgl. Biographisches Lexikon hervorragender Ärzte, 1933, S. 1421)

Sommerfeld, Arnold (1868–1951) war ab 1906 Professor für theoretische Physik in München. Unter ihm entwickelt sich München zum Zentrum für theoretische Physik. Sommerfeld galt als charismatische Lehrerpersönlichkeit (Schüler: P. Debye, W. Pauli, W. Heisenberg, H. Bethe), leistete wichtige Beiträge zur Theorie der Röntgenstrahlen, zur Quanten- und Relativitätstheorie sowie zur modernen Festkörperphysik und verfasste die sog. „Bibel der Atomphysiker" (Hermann, Goldenes Zeitalter, S. 220) *Atombau und Spektrallinien*, 1919. (Vgl. DBE, Bd. 9, S. 370–371)

Stark, Johannes (1874–1957) entdeckte 1905 den optischen Doppler-Effekt an Kanalstrahlen, worauf sich Einstein mit der Speziellen Relativitätstheorie bezog. 1906 wurde Stark außerordentlicher Professor an der TH Hannover, 1909 ordentlicher Professor an der TH Aachen, 1917 an der Universität Greifswald, 1920 in Würzburg; 1922 legte Stark die Professur nieder. 1933–39 war er Präsident der Physikalisch-Technischen Reichsanstalt in Berlin, 1934–36 Präsident der *Notgemeinschaft der deutschen Wissenschaft*. 1919 erhielt er den Nobelpreis für Physik. (Vgl. DBE, Bd. 9, S. 452)

Stekel, Wilhelm (1868–1940) wurde in Rumänien geboren und studierte Medizin in Wien, wo er 1893 promovierte. Er absolvierte eine neurologische Ausbildung an der Klinik von Richard Krafft-Ebing und eröffnete eine Privatpraxis als Nervenarzt. 1902 regte er Freud zur Gründung der *Mittwochsgesellschaft* an. Stekel war auch einer der ersten praktizierenden Psychoanalytiker neben Freud. Sein besonderes Interesse galt dem Deuten von Träumen und Symbolen, wobei er nach Meinung Freuds und anderer Psychoanalytiker jedoch zu unseriös und populär wurde. Nachdem er 1912 aus der *Wiener Psychoanalytischen Vereinigung* ausgeschieden war, gründete er 1923 die *Organisation der unabhängigen ärztlichen Analytiker*. 1938 emigrierte er über Zürich nach England, wo er 1940 Selbstmord beging. (Vgl. Mühlleitner, Biographisches Lexikon, S. 320–324)

Sterba, Editha (1895–1986), geb. Radanowicz-Hartmann, stammte aus Ungarn, wurde 1921 an der Wiener Philosophischen Fakultät promoviert und war schon zu Ranks Zeiten Sekretärin im Verlag gewesen. 1926 heiratete sie den Wiener Arzt und Analytiker Richard Sterba. Ihre psychoanalytische Ausbildung schloss sie 1928 ab; 1930 wurde Editha Sterba ordentliches Mitglied der *Wiener Psychoanalytischen Vereinigung*. Ihr Schwerpunkt war die Kinderanalyse. Sterbas emigrierten 1938 zunächst nach Zürich und übersiedelten ein Jahr später in die Vereinigten Staaten. (Vgl. Mühlleitner, Biographisches Lexikon, S. 328–330)

Stierlin, Eduard (1878–1919) schloss das Medizinstudium 1909 mit Promotion ab. Er arbeitete bereits seit 1908 an der Chirurgischen Klinik in Basel und wechselte 1915 an Sauerbruchs Privatklinik in Zürich. 1916 habilitierte sich Stierlin, 1918 folgte er Sauerbruch als Oberarzt nach München, wo er Professor wurde. (Vgl. Biographisches Lexikon hervorragender Ärzte, 1933, S. 1513)

Storfer, Adolf (1888–1944) studierte in Klausenburg, Wien und Zürich, wo er am Burghölzli erstmals mit der Psychoanalyse in Berührung kam. Nach dem Ersten Weltkrieg übersiedelte er nach Wien und wurde 1919 Mitglied der *Psychoanalytischen Vereinigung*. 1938 änderte Storfer seinen Vornamen in Albert, Ende des Jahres gelang ihm die Flucht nach Shanghai; 1941 übersiedelte er nach Australien. (Vgl. Mühlleitner, Biographisches Lexikon, S. 334–336, Scholz-Strasser, Storfer, S. 57–74, M. Freud, Mein Vater, S. 216–217)

Tausk, Viktor (1879–1919) hatte bereits Jura studiert und als Jurist und Journalist gearbeitet, bevor er 1908 in Wien das Medizinstudium aufnahm, wofür er bei Freud und der *Wiener Psychoanalytischen Gesellschaft* finanzielle Unterstützung fand. 1909 wurde er Mitglied der *Vereinigung*, 1914 promovierte er und eröffnete eine Praxis als Nervenarzt. Schon 1907 hatte sich Tausk in einer Nervenheilanstalt in Behandlung begeben; 1919 wurde er von Freud zur Analyse an Helene Deutsch vermittelt. Noch im selben Jahr nahm sich Tausk das Leben. (Vgl. Mühlleitner, Biographisches Lexikon, S. 343–345)

Wellhausen, Julius (1844–1918) war evangelischer Theologe und Orientalist. 1870 hatte er in Göttingen promoviert und sich später habilitiert. 1872 ging er zunächst nach Greifswald, zehn Jahre später nach Halle. 1885 wechselte er nach Marburg, 1892 schließlich nach Göttingen. (Vgl. Rudolf Smend IN: DBE, Bd. 10, S. 531)

Wien, Wilhelm (1864–1928) war seit 1896 Professor der Physik in Aachen. 1899 wechselte er nach Gießen, ein Jahr später nach Würzburg. Ab 1920 war Wien in München tätig; 1911 bekam er den Nobelpreis verliehen. (Vgl. DBE, Bd. 10, S. 485–486)

Wilamowitz-Moellendorff, Ulrich Ennos Friedrich Wichard von (1848–1931) studierte ab 1867 Klassische Philologie, u. a. bei Jakob Bernays, Friedrich Gottlieb Welcker und Moritz Haupt, in Bonn und Berlin. 1870 schloss er mit Promotion ab. In den Jahren 1872/73 reiste Wilamowitz durch Italien und Griechenland. 1873 lernte er Mommsen kennen, 1878 heiratete er dessen älteste Tochter Marie. 1875 habilitierte sich Wilamowitz und wurde 1876 außerordentlicher Professor in Greifswald. 1883 ging er nach Göttingen, 1897 nach Berlin, wo er seinen Einfluss als Berater von Althoff geltend machte. Nach dem Tod seines Schwiegervaters sorgte Wilamowitz für die Weiterführung von Mommsens Großprojekten. (Vgl. DBE, Bd. 10, S. 623–624)

Willstätter, Richard (1872–1942) studierte in München Chemie. 1894 promovierte er, 1896 folgte die Habilitation. 1902 wurde er in München Extraordinarius. 1905 wechselte er als Ordinarius an die ETH in Zürich. 1915 erhielt Willstätter den Nobelpreis für Chemie; 1919 wurde er in die *Deutsche Akademie der Naturforscher Leopoldina* aufgenommen und 1933 Ehrenmitglied. Von 1912 bis 1916 leitete er die organische Abteilung des KWI für Chemie in Berlin und war Professor an der Universität. Dann ging er zurück nach München; 1924 wurde er Privatgelehrter und emigrierte 1939 in die Schweiz. (Vgl. Horst Remane IN: DBE, Bd. 10, S. 651)

Wilms, Karl Maximilian Wilhelm, gen. Max (1867–1918) war nach dem Medizinstudium, das er 1890 mit Promotion abschloss, zunächst Assistenzarzt in Gießen, dann in Köln. 1897 wechselte er nach Leipzig, wo er sich 1899 habilitierte. 1907 ging er als außerordentlicher Professor nach Basel. Schließlich war er von 1908–1918 Lehrstuhlinhaber in Heidelberg. Sein Spezialgebiet war die Röntgenbehandlung von Tuberkulose; zusammen mit Ludwig Wullstein brachte er das dreibändige *Lehrbuch der Chirurgie* heraus (1908/09). Vgl. DBE, Bd. 10, S. 654)

Wittels, Fritz (1880–1950) studierte in Wien Medizin und promovierte 1904. Er war Assistenzarzt bei Julius Wagner von Jauregg (seit 1902 Leiter der Psychiatrischen Klinik im Allgemeinen Krankenhaus) und besuchte die Vorlesungen Freuds. Von 1906 bis 1910 war er Mitglied der *Wiener Psychoanalytischen Vereinigung* und 1907/08 Mitarbeiter der von Karl Kraus herausgegebenen Satire-Zeitschrift *Die Fackel*. Nach vorübergehender Entzweiung wurde Wittels 1927 erneut Mitglied der *IPVereinigung;* 1932 übersiedelte er nach New York. (Vgl. Mühlleitner, Biographisches Lexikon, S. 369–372)

Wullstein, Ludwig Karl August (1864–1930) studierte Medizin in Leipzig, Würzburg und Berlin und promovierte 1891. Zunächst war er Assistent am Pathologischen Institut der Universität Göttingen, 1894 wechselte er an das Chirurgische Institut in Halle. Zwischen 1898 und 1911 brachten ihn Forschungsreisen nach Bern, Paris und Brüssel; 1902 habilitierte sich Wullstein und war ab 1908 in Halle Chirurg und Orthopäde, seit 1906 als Titularprofessor. 1913 wechselte er als Chefarzt nach Bochum und praktizierte ab 1918 in Essen. Wullstein verfasste zusammen mit Max Wilms das *Lehrbuch der Chirurgie* (3 Bd., 1908/09). (Vgl. DBE, Bd. 10, S. 766)

Anhang 2: Einstein – Monographien

1   Dissertation: *Eine neue Bestimmung der Moleküldimensionen*. Bern: Gedruckt bei K. J.
    Wyss 1905. Später auch IN: Annalen der Physik 19/1906, S. 289–305.

2   Sonderdruck: *Entwurf einer verallgemeinerten Relativitätstheorie und einer Theorie der
    Gravitation*. I. Physikalischer Teil von Albert Einstein. II. Mathematischer Teil
    von Marcel Grossmann. Leipzig: Teubner 1913.
    Ursprünglich IN: Zeitschrift für Mathematik und Physik 62/1913, S. 225–261.

3   Sonderdruck: *Grundlage der allgemeinen Relativitätstheorie*. Leipzig: Barth 1916.
    Ursprünglich IN: Annalen der Physik 49/1916, S. 769–822.

4   *Über die spezielle und die allgemeine Relativitätstheorie* (Gemeinverständlich). Braun-
    schweig: Vieweg 1917.
    ab der 3. Auflage 1918 erweitert um *Betrachtungen über die Welt als Ganzes*
        sowie Anhang 1: *Einfache Ableitung der Lorentz-Transformation*
        und Anhang 2: *Minkowskis vierdimensionale Welt*
    ab der 10. Auflage 1920 erweitert um Anhang 3: *Über die Bestätigung der
        allgemeinen Relativitätstheorie durch die Erfahrung*
    ab der 16. Auflage 1954 erweitert um Anhang 4: *Die Struktur des Raumes im
        Zusammenhang mit der allgemeinen Relativitätstheorie*
        sowie Anhang 5: *Relativität und Raumproblem*

5   *Äther und Relativitätstheorie*. Rede zum Amtsantritt der Gastprofessur in Leiden.
    Berlin: Springer 1920.

6   Sonderdruck: *Geometrie und Erfahrung*. Berlin: Springer 1921.
    Ursprünglich als Festvortrag „Zur Feier des Jahrestages Friedrichs II.", gehalten
    an der Preußischen Akademie. IN: Sitzungsberichte 1921, S. 123–130.

7   *The Meaning of Relativity*. Four Lectures delivered at Princeton University, May
    1921. Translated by E. P. Adams. Princeton: University Press 1921.
    erweiterte Auflage 1945 mit Appendix I: *On the "Cosmologic Problem"*
    ab der 3. Auflage 1950 mit Appendix II: *Generalized Theory of Gravitation*.
    ab der 4. Auflage 1953 mit dem von Einstein überarbeiteten Appendix II,
        nun unter dem Titel: *Relativistic Theory of the Non-symmetric Field*.

7a *Vier Vorlesungen über Relativitätstheorie*. Braunschweig: Vieweg 1922.
7b *Grundzüge der Relativitätstheorie*. Braunschweig: Vieweg 1956.
    (1. Auflage und zugleich 3., erweiterte Auflage von 7a)

8   Mit Leopold Infeld: *The Evolution of Physics*. The Growth of Ideas from Early
    Concepts to Relativity and Quanta. New York: Simon & Schuster 1938.

8a *Die Physik als Abenteuer der Erkenntnis*. Leiden: Sijthoff 1938.
8b *Die Evolution der Physik*. Wien: Zsolnay 1950.

Anhang 3a: Verlagsvertrag zwischen Einstein und Vieweg, 21. Dez. 1916

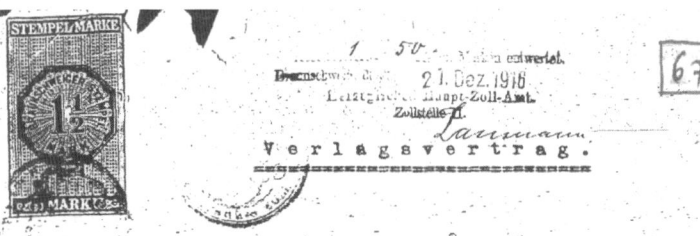

Zwischen Herrn Professor Dr.A.Einstein, Berlin-Wilmersdorf,

und

der Verlagsfirma Friedr. Vieweg & Sohn in Braunschweig

ist folgender Verlagsvertrag abgeschlossen worden:

§ 1.

Herr Professor Dr. A. Einstein übernimmt persönlich für die

Verlagsfirma Friedr. Vieweg & Sohn, und zwar für ihre „Sammlung

Vieweg, Tagesfragen aus den Gebieten der Naturwissenschaft und

der Technik", die Herausgabe einer Arbeit über:

„Die Grundgedanken der speziellen und allgemeinen

Relativitätstheorie in gemeinverständlicher Darstellung"

und überträgt der Verlagshandlung das ausschliessliche Verlags-

recht daran ohne beschränkenden Vorbehalt.

Herr Professor Dr. A. Einstein verpflichtet sich, der Ver-

lagshandlung das Manuskript vollständig druckfertig und gut

leserlich, die Vorlagen der dazu gehörenden Abbildungen in Rein-

zeichnung oder unmittelbar vervielfältigungsfähig zu liefern und

die erforderlichen Korrekturen und Revisionen zu lesen. Der Um-

fang der Arbeit soll höchstens 6 Druckbogen betragen, und die

Ablieferung der Handschrift bis zum *1. Februar 1917* erfolgen.

§ 2.

Die Verlagshandlung ist berechtigt, die erste Auflage in

einer Höhe von 1500 verkäuflichen Exemplaren zu drucken.

§ 3.

(bei denen Inhalt)

Die Verlagshandlung vergütet dem Herrn Verfasser) für jede

von 1500 (Exemplaren)

Auflage/ein Bauschhonorar von M.750,- (Siebenhundertfünfzig Mark),

fällig bei Ausgabe jeder Auflage.

§ 4.

Der Herr Verfasser verpflichtet sich, die Korrekturen und Revisionen der einzelnen Druckbogen und Abbildungen raschestens zu erledigen.

Er enthält sich dabei grösserer, mit besonderen Unkosten verbundener Aenderungen im fertigen Satz, die ihm im Falle zu berechnen sind.

§ 5.

Der Herr Verfasser verpflichtet sich, neue Auflagen dem jeweiligen Stande der Wissenschaft gemäss zu gestalten und in jeder Richtung für ihre Verbesserung nach besten Kräften zu sorgen.

Die Höhe jeder neuen Auflage hat die Verlagshandlung zu bestimmen. In demselben Verhältnis, wie jede Auflage stärker oder schwächer werden soll, als die erste, erhöht oder ermässigt sich der in § 3 vereinbarte Honorarsatz.

§ 6.

Der Herr Verfasser empfängt von jeder Auflage 20 Freiexemplare.

Die Verlagsbuchhandlung ist berechtigt, die als Freiexemplare, Schenkungs- und Besprechungsexemplare benötigte Anzahl honorarfrei über die vereinbarte Auflage zu drucken.

§ 7.

Der Erlös aus dem Verkauf des Uebersetzungsrechts, zu welchem die Zustimmung beider Teile erforderlich ist, wird zwischen Verfasser und Verlagshandlung hälftig geteilt.

Der Erlös aus dem Verkauf von Klischees verbleibt ungeteilt der Verlagshandlung.

§ 8.

Etwaige Differenzen zwischen den beiden vertragschliessenden Teilen können niemals Veranlassung zu einem gerichtlichen
Prozesse geben; sie müssen vor ein Schiedsgericht gebracht werden.
Hierzu bezeichnet jeder Teil zwei Sachverständige, welche ihrerseits einen fünften Sachverständigen als Obmann wählen. Dem Aus-
spruche dieses Schiedsgerichts werden beide Teile unbedingt Folge
geben.

Mit den Bedingungen dieses Vertrages in allen Teilen einverstanden zu sein, erklären hiermit durch ihre Unterschrift:

Berlin- Wilmersdorf, am *20. Dezember* 1916

Albert Einstein

Braunschweig,   am *21. Dezember* 1916

Friedr. Vieweg & Sohn

67-888
3

Anhang 3b: Verlagsvertrag zwischen Einstein und Vieweg, 4. Feb. 1922

V e r l a g s - V e r t r a g

Zwischen Herrn Professor Dr. A. Einstein, Berlin,

und

der Verlagsfirma Friedr. Vieweg & Sohn Akt.-Ges. in Braunschweig

ist folgender Verlagsvertrag abgeschlossen worden:

§ 1

Herr Professor Dr. Einstein übergibt der Verlagsfirma Friedr. Vieweg & Sohn Akt.-Ges. seine Arbeit

„Fünf Vorlesungen über Relativitäts-Theorie, gehalten im Mai 1921 an der Universität Princeton"

und überträgt der Verlagsbuchhandlung das ausschliessliche Verlagsrecht daran für die deutsche Sprache ohne beschränkenden Vorbehalt.

Herr Professor Dr. Einstein verpflichtet sich, die erforderlichen Korrekturen und Revisionen zu lesen und dieselben alsbald nach Empfang zu erledigen.

§ 2

Die Verlagshandlung ist berechtigt, die Höhe der ersten Auflage zu bestimmen und wird die Zahl der Exemplare, die sie zu drucken gedenkt, Herrn Professor Dr. Einstein vor Beginn des Druckes mitteilen.

§ 3

Die Verlagshandlung vergütet Herrn Professor Dr. Einstein 20 % desjenigen Betrages, der von ihr als Laden-Verkaufspreis festgesetzt wird. Die Herrn Professor Dr. Einstein zustehende Vergütung erstreckt sich aber nicht auf denjenigen Betrag, der etwa vom Zwischenhandel als Teuerungsaufschlag zugerechnet wird.

§ 4

Solange auch für weitere Auflagen ein Honorar in Prozenten des Verkaufspreises vereinbart wird, gilt für die Bemessung der Auflagenhöhe das laut Paragraph 2 Vereinbarte.

§ 5

Der Herr Verfasser empfängt von jeder Auflage 10 Freiexemplare. Die Verlagsbuchhandlung ist berechtigt, die als Frei-, Schenkungs- und Besprechungsexemplare benötigte Anzahl honorarfrei über die Auflage zu drucken.

§ 6

Etwaige Meinungsverschiedenheiten zwischen den beiden vertragschliessenden Teilen können niemals Veranlassung zu einem gerichtlichen Prozesse geben; sie müssen vor ein Schiedsgericht gebracht werden. Hierzu bezeichnet jeder Teil 2 Sachverständige, welche ihrerseits einen 5. Sachverständigen als Obmann wählen. Dem Ausspruch dieses Schiedsgerichtes werden beide Teile unbedingt Folge geben.

Mit den Bedingungen dieses Vertrages in allen Teilen einverstanden zu sein, erklären hiermit durch ihre Unterschrift:

Albert Einstein Berlin ,den. 26. *Januar* 1922

Braunschweig, den. *4. Februar* 1922

Friedr. Vieweg & Sohn Akt.-Ges.

Helene Kuehmann geb. Vieweg.

67-897

Anhang 4:   Sauerbruch-Bibliographie

Die nachfolgende Bibliographie wurde ausgehend von der Übersicht bei Genschorek ([2]1989, S. 224–228) erstellt. Ergänzend wurde das im *Deutschen Chirurgenverzeichnis* ([3]1938, S. 562–566) abgedruckte Verzeichnis hinzugezogen. Dieses führt auch unveröffentlichte Manuskripte auf, die bei der Erstellung der Bibliographie ignoriert wurden.

Viele Angaben zu Zeitschriftenartikeln waren in beiden Quellen fehlerhaft oder führten ins Leere; manche Artikel fanden sich in einem anderen Jahrgang wieder, einige Zeitschriftennamen waren falsch angegeben, stellenweise waren die Daten lückenhaft oder die Abkürzung der Zeitschriftennamen nicht zu entschlüsseln. Teilweise stammten die angegebenen Artikel nicht von Sauerbruch, sondern von einem anderen Autor, oder es handelte sich nicht um einen Artikel, sondern lediglich um protokollierte Wortbeiträge auf einer Tagung. Für manche Titel waren mehrere Fundorte verzeichnet, von denen sich aber nicht alle verifizieren ließen.

Ich verzichte auf eine Angabe der nicht verifizierten Fährten. Trotz der fehlerhaften Angaben konnte ein Großteil der bei Genschorek gelisteten Artikel bestätigt werden, und viele der unauffindbaren Einträge ähneln anderen, verifizierten Titeln oder es konnte lediglich ein weiterer Fundort nicht bestätigt werden.

Die nachfolgende, neu erstellte Bibliographie ist durchgängig per Autopsie bestätigt und um einige Artikel ergänzt, die weder Genschorek noch das Chirurgenverzeichnis nennen. Dennoch erhebt die Bibliographie keinen Anspruch auf Vollständigkeit, sondern entspricht vielmehr einer korrigierenden Überarbeitung und Erweiterung der Bibliographie nach Genschorek. Es wurden separate Listen angefertigt für monographische Werke, Buchbeiträge in Werken Dritter, Herausgaben, wissenschaftliche Zeitschriftenartikel und nicht wissenschaftliche Beiträge. Jede Einzelliste ist chronologisch sortiert und ab ‚1‘ fortlaufend nummeriert; veränderte Neuauflage oder mehrere Fundorte eines Beitrags sind mit der Angabe ‚a, b…‘ unterschieden.

Obwohl es unüblich ist, habe ich bei den Artikeln nicht nur den vollständigen Namen der Zeitschrift, sondern auch Erscheinungsort und Verlag angegeben. Aufgrund der teilweise recht verworrenen Genealogie der medizinischen Periodika, die mit häufigen Verlags- und Namenswechseln einhergeht, schien es sinnvoll, die jeweils zum Erscheinungszeitpunkt aktuellen Daten zu verzeichnen, da sich gerade die anachronistischen Angaben bei Genschorek als hinderlich beim Aufspüren mancher Artikel erwies.

Anhang 4a: Sauerbruch – Monographien

1   Dissertation: *Ein Beitrag zum Stoffwechsel des Kalks und der Phosphorsäure bei infanti-
     ler Osteomalazie.* Leipzig: B. Georgi 1902.

2   Habilitation: *Experimentelles zur Chirurgie des Brustteils der Speiseröhre.* Breslau
     1905. (Auch IN: Beiträge zur klinischen Chirurgie. Tübingen: Laupp 46/1905,
     Heft 2, S. 405–494.)

3   Mit Emil D. Schumacher: *Technik der Thoraxchirurgie.* Berlin: Springer 1911.

3a   2. Neuauflage von 3 unter dem Titel: *Die Chirurgie der Brustorgane.* In zwei Bän-
     den:
     Band 1: *Die Erkrankungen der Lungen.* Berlin: Springer 1920.
     Band 2: *Die Chirurgie des Herzens.* Berlin: Springer 1925.

3b   3. Neuauflage des 1. Bandes von 3a: *Die Erkrankungen der Lungen.* In zwei
     Teilen:
     Teil 1: *Anatomie.* Berlin: Springer 1928
     Teil 2: *Chirurgische Behandlungen der Lungentuberkulose.* Berlin: Springer 1930.

4   *Kriegschirurgische Erfahrungen.* Vortrag gehalten auf dem schweizerischen Chi-
     rurgentag 1916. Berlin: Springer 1916.

5a   *Die willkürlich bewegbare Hand.* Band 1. Berlin: Springer 1916.

5b   *Die willkürlich bewegbare Hand.* Band 2. Berlin: Springer 1923.

6   Mit Mimica und Adolf Herrmannsdorfer: *Praktische Anleitung zur kochsalzfreien
     Ernährung Tuberkulöser.* Leipzig: Barth 1928. (2. Aufl. 1929, 3. Aufl. 1930)

7   Mit Rudolf Nissen: *Allgemeine Operationslehre.* Leipzig: Barth 1933.

8   Mit Hans Wenke: *Wesen und Bedeutung des Schmerzes.* Berlin: Junker und Dünn-
     haupt 1936. (2. erweiterte und veränderte Auflage, Frankfurt/Main und Bonn:
     Athenäum Verlag 1961; darin S. 10–15 Vorwort = Würdigung Sauerbruchs)

Anhang 4b: Sauerbruch – Buchbeiträge

1   *Pharynx und Oesophagus.* IN: Lehrbuch der Chirurgie. Hrsg. von L. Wullstein
     und M. Wilms. 1. Band: Allgemeiner Teil. Chirurgie des Kopfes, des Halses
     und der Wirbelsäule. Jena: G. Fischer 1908, S. 434–463. (auch in späteren
     Auflagen, zuletzt 1951)

2   *Der gegenwärtige Stand des Druckdifferenzverfahrens.* IN: Ergebnisse der Chirurgie
     und Orthopädie. Hrsg. von Erwin Payr und Hermann Küttner. 1. Band. Ber-
     lin: Springer 1910, S. 356–412.

3   *Die Bronchiektasen.* IN: Troisième Congrès de la Société internationale de Chi-
     rurgie. Brüssel, 26.–30. 9. 1911. Brüssel: Hayez 1911, S. 269–291.

4a   *Die Chirurgie des Brustfellraumes.* IN: Handbuch der praktischen Chirurgie.
      Hrsg. von P. von Bruns, C. Garré und H. Küttner. 4., umgearbeitete Auflage.
      2. Band: Chirurgie des Halses und der Brust. Stuttgart: Enke 1913, S. 763–822.
4b   *Die Chirurgie der Lungen.* IN: Ebd., S. 823–878.
4c   *Die Chirurgie des Mittelfellraumes.* IN: Ebd., S. 950–960.
      (4a–4c auch spätere Auflagen)

5   Mit H. Elving: *Die extrapleurale Thoraxplastik.* IN: Ergebnisse der inneren Medi-
      zin und Kinderheilkunde. Hrsg. von F. Kraus et al. 10. Band. Berlin: Springer
      1913, S. 869–990.

6   *Chirurgische Behandlung der Erkrankungen der Lunge, des Rippenfells und des Mittelfell-*
      raumes. IN: Handbuch der gesamten Therapie. Hrsg. von F. Penzoldt und
      R. Stintzing. 5. Auflage. 3. Band. Jena: G. Fischer 1914, S. 389–431.

7   *Die plastische Umwandlung der Amputationsstümpfe für willkürlich bewegbare Ersatz-*
      glieder. IN: Ersatzglieder und Arbeitshilfen für Kriegsbeschädigte und Unfall-
      verletzte. Hrsg. von M. Borchardt, K. Hartmann et al. Berlin: Springer 1919,
      S. 234–252.

8a   Mit Wilhelm Jehn: *Brustschüsse.* IN: Handbuch der ärztlichen Erfahrungen im
      Weltkriege 1914/18. Hrsg. von Otto von Schjerning. 1. Band: Chirurgie Teil
      1. Hrsg. von Erwin Payr und Carl Franz. Leipzig: Barth 1922, S. 696–799.
8b   *Willkürlich bewegbare Ersatzglieder (kinematische Prothesen).* IN: Ebd. 2. Band: Chi-
      rurgie Teil 2. Hrsg. von Erwin Payr und Carl Franz. Leipzig: Barth 1922,
      S. 741–756.

9a   *Die Operationen am Halse.* IN: Chirurgische Operationslehre. Hrsg. von A. Bier,
      H. Braun und H. Kümmell. 4. und 5. verm. Auflage. 2. Band: Operationen an
      Ohr, Nase, Hals und Brustkorb. Leipzig: Barth 1923, S. 193–330.
9b   *Die Operationen an der Schilddrüse und Thymusdrüse.* IN: Ebd., S. 331–394.

10   *Die chirurgische Behandlung der Lungenkrankheiten.* IN: Spezielle Pathologie und
      Therapie innerer Krankheiten. Hrsg. von F. Kraus und Th. Brugsch. 3. Band:
      Lungenkrankheiten einschließlich der Erkrankungen der Nase, des Rachens
      und des Kehlkopfes. Berlin und Wien: Urban & Schwarzenberg 1924, S. 343–
      370.

11   Mit A. Brunner: *Operative Verkleinerung der Lunge.* IN: Handbuch der normalen
      und pathologischen Physiologie mit Berücksichtigung der experimentellen
      Pharmakologie. Hrsg. von A. Bethe, G. von Bergmann, G. Embden, A. Ellin-
      ger. 2. Band. Berlin: Springer 1925, S. 441–454.

12   *Operative Behandlung der Lungentuberkulose.* IN: Medizinische Wissenschaft und
      werktätiges Volk. Medizinische Vorträge, auf Veranlassung der Notgemein-
      schaft der Deutschen Wissenschaft auf der Essener Medizinischen Woche
      (24. bis 31. Oktober 1925) gehalten von den Professoren Dr. Aschoff/Frei-
      burg, Dr. Bier/Berlin, Dr. His/Berlin, Dr. v. Krehl/ Heidelberg, Dr. Fr. v.
      Müller/München, Dr. Rubner/Berlin, Dr. Sauerbruch/München, Dr. Tho-

mas/Leipzig. [Untertitel kurz: Essener Medizinische Woche] Berlin: Verlag der Notgemeinschaft der Deutschen Wissenschaft in Berlin und für den Buchhandel durch Karl Siegismund [1925], S. 27–34.

13   *Mechanische Grundlagen chirurgischer Eingriffe.* IN: Deutschland und die Kultur der Ostsee. Erinnerungen an die Deutschen Hochschulwochen in Helsingfors und Riga 1926. Hrsg. von Georg Schreiber. Münster: Aschendorff 1927. (= Deutschtum und Ausland. Studien zum Auslanddeutschtum und zur Auslandskultur, 10), S. 85–196.

14   *Tod als Operationsfolge.* IN: Entstehung, Erkennung und Behandlung plötzlich eintretender Kreislaufstörungen. Mit einem Sondervortrag [von Prof. Dr. F. Sauerbruch] Tod als Operationsfolge. II. Ärztlicher Fortbildungs-Kursus in Bad Salzuflen, 7. und 8. Mai 1932. Leipzig: Thieme 1932, S. 86–92.

15a   Mit P. Gohrbrandt: *Allgemeine Operationslehre.* IN: Chirurgische Operationslehre. 6. Auflage. Hrsg. von Ferdinand Sauerbruch und Victor Schmieden. 1. Band: Operationen an Kopf und Wirbelsäule. Leipzig: Barth 1933, S. 1–137.

15b   *Die Operationen am Hals.* IN: Ebd., 2. Band: Operationen am Hals und Burstkorb, S. 1–117.

15c   *Die Operationen an der Schilddrüse und an der Thymusdrüse.* IN: Ebd., S. 118–163.

16   Mit Wilhelm Fick: *Die Beeinflussung der Lungentuberkulose durch operative Brustkorbeinengung und Plombierung.* IN: Ergebnisse der gesamten Tuberkuloseforschung. 6. Band, hrsg. von H. Assmann, H. Beitzke, H. Braeuning. Leipzig: Thieme 1934, S. 369–434.

17   *Allgemeine Chirurgie.* IN: Deutsche Wissenschaft. Arbeit und Aufgabe. Leipzig: Hirzel 1939, S. 126–128.

18   *Über den Menschen und Arzt Paracelsus.* IN: Geistige Gestalten und Probleme. Festschrift für Eduard Spranger zum 60. Geburtstag. Hrsg. von Hans Wenke. Leipzig: Verlag von Quelle & Meyer 1942, S. 37–48.

19a   Mit E. Weisschedel: *Aus der allgemeinen Chirurgie.* IN: Lehrbuch der Chirurgie. Begründet von L. Wullstein und M. Wilms. 10. Auflage, hrsg. von E. Gohrbrandt, E. von Redwitz und F. Sauerbruch. 1. Band. Jena: G. Fischer 1951, S. 1–29.

19b   *Die Erkrankungen des Rachens.* IN: Ebd., S. 419–426.

19c   *Die Erkrankungen der Speiseröhre.* IN: Ebd., S. 427–458.

Anhang 4c: Sauerbruch – Herausgeberschaft

Zeitschriften

1   Mitherausgeber: *Mitteilungen aus den Grenzgebieten der Medizin und der Chirurgie.* Jena: G. Fischer 23/1911–47/1944.

2 Im Herausgeberstab seit 108/1911, dann Mitherausgeber: *Deutsche Zeitschrift für Chirurgie*. Leipzig: F. C. W. Vogel 161/1921–259/1944 (ab 230/1931 Berlin: F. C. W. Vogel, 254/1941 Berlin: Springer); seit 187/1924 fungierte Sauerbruch als Schriftleiter.

3 Mitbegründer und zusammen mit Clemens von Pirquet Redaktionsleitung für die ersten beiden Bände, dann im Herausgeberstab: *Zeitschrift für die gesamte experimentelle Medizin einschließlich experimentelle Chirurgie*. Berlin: Springer 1/1913– 114/1944.[1]

4 Mitherausgeber: *(Bruns) Beiträge zur klinischen Chirurgie*. Tübingen: Laupp 87/1913–182/1951; ab 133/1925 Berlin: Urban & Schwarzenberg

5 Im Herausgeberstab: *Münchener Medizinische Wochenschrift*. München: J. F. Lehmann 66/1919–93/1951

6 Als Jahresvorsitzender = Herausgeber: *Verhandlungen der Deutschen Gesellschaft für Chirurgie*. Berlin: Springer 45/1921

7 Mitherausgeber: *(Langenbeck's) Archiv für klinische Chirurgie*. Berlin: Springer 149/1928–268/1951

8 Mitherausgeber: *Zentralblatt für Chirurgie*. Leipzig: Barth 55,2/1928–76,2/1951.

Bücher

1a Mit V. Schmieden: *Chirurgische Operationslehre*. In 5 Bänden. 6. Auflage. Leipzig: Barth 1933–34.

1b Mit A. W. Fischer und E. Gohrbandt: *Chirurgische Operationslehre*. In 6 Bänden. 7. Auflage. Leipzig: Barth 1952–58.

2 Mit E. Gohrbandt und E. v. Redwitz: *Lehrbuch der Chirurgie*. Begründet von L. Wullstein und M. Wilms. 10. umgearbeitete Auflage. Jena: G. Fischer 1951.

3 Reihe: *Neue deutsche Chirurgie*. Erlangen: Enke seit 1912.
Sauberbruch war von Anfang an im Herausgeberstab bis einschließlich Band 31/1924; später alleiniger Herausgeber der Bände 59/1938–65/1943:

3a Kress, Hans von und William Kittler: *Innere Medizin in der Chirurgie*. 59/1938

3b Killian, Hans: Pneumatopathien. Erkrankungen /durch physikalische Gaswirkung. 60/1938

3c Frey, Emil Karl: *Die Chirurgie des Herzens*. 61/1939 (²1956)

3d Block, Werner: *Die normale und gestörte Knochenbruchheilung*. 62/1940

3d Ritter, Adolf: *Notfallchirurgie*. Die Ausführung der dringlichen blutigen Eingriffe. 63/1940 (²1949)

3e Quervain, Fritz de: *Die Struma maligna*. 64/1941

3f Sunder-Plassmann, Paul: *Durchblutungsschäden und ihre Behandlung*. 65/1943

---

1 Darin ging 1921 die *Zeitschrift für experimentelle Pathologie und Therapie* auf, deren Zählung mit 23/1921 fortgesetzt wurde.

Anhang 4d: Sauerbruch – Zeitschriftenartikel

1 *Klinische Beiträge zur Diagnose der eitrigen Perityphilitis.* IN: Correspondenz-Blätter des Allgemeinen ärztlichen Vereins von Thüringen. Weimar: R. Wagner Sohn 31/1902, Heft 7, S. 313–322.

2 *Experimentelles über Darmverletzungen nach Bauchkontusionen an der Hand eines Falles von Rectumruptur.* IN: Correspondenz-Blätter des Allgemeinen ärztlichen Vereins von Thüringen. Jena: G. Fischer 32/1903, Heft 2, S. 21–26.

3 *Pathogenese der subkutanen Rupturen des Magen-Darmtraktes.* IN: Mitteilungen aus den Grenzgebieten der Medizin und Chirurgie. Jena: G. Fischer 12/1903, Heft 1, S. 92–152.

4 *Bemerkungen zum Artikel der Herren Prof. Brauer.* IN: Centralblatt für Chirurgie. Leipzig: Breitkopf & Härtel 31/1904, Nr. 14 (Beilage), S. 441–444.

5 *Die Eröffnung der Brusthöhle in meiner pneumatischen Kammer und Neues zur Pneumothoraxlehre.* IN: Verhandlungen des Kongresses für Innere Medizin. Wiesbaden: Bergmann 21/1904 (21. Kongreß in Leipzig 18.–21.4.1904), S. 555–563.

6 *Über die Ausschaltung der schädlichen Wirkung des Pneumothorax bei intratorakalen Operationen.* IN: Centralblatt für Chirurgie. Leipzig: Breitkopf & Härtel 31/1904, Nr. 6, S. 146–149.

7 *Über die physiologischen und physikalischen Grundlagen bei intrathorakalen Eingriffen in meiner pneumatischen Operationskammer.*

7a IN: Archiv für klinische Chirurgie. Berlin: A. Hirschwald; 73/1904, S. 977–987.

7b Als Selbstbericht vom 33. Kongreß der Deutschen Gesellschaft für Chirurgie, 6.–9.4.1904. IN: Centralblatt für Chirurgie. Leipzig: Breitkopf & Härtel 31/1904, Nr. 27, S. 44-46.

8 *Zur Pathologie des offenen Pneumothorax und die Grundlagen meines Verfahrens zu seiner Ausschaltung.* IN: Mitteilungen aus den Grenzgebieten der Medizin und Chirurgie. Jena: G. Fischer 13/1904, Heft 3, S. 399–482.

9 *Die Anastomose zwischen Magen und Speiseröhre und die Resektion des Brustabschnittes der Speiseröhre.* IN: Centralblatt für Chirurgie. Leipzig: Breitkopf & Härtel 32/1905, Nr. 4, S. 81–86.

10 *Die Chirurgie des Brustteils der Speiseröhre. Eine experimentelle Studie.* [Habil.] IN: Beiträge zur klinischen Chirurgie. Tübingen: Laupp 46/1905, Heft 2, S. 405–494.

11 *Bericht über die ersten in der pneumatischen Kammer der Breslauer Klinik ausgeführten Operationen.* IN: Münchener Medizinische Wochenschrift. München: J. F. Lehmann 53/1906, Nr. 1, S.1–4.

12 *Blutleere Operationen am Schädel unter Überdruck und Beiträge zur Hirndrucklehre.*

12a Selbstbericht über den gehaltenen Vortrag. IN: Centralblatt für Chirurgie.
     Leipzig: Breitkopf & Härtel. 33/1906, Beilage zu Nr. 28 (Bericht zur Tagung
     der Gesellschaft für Chirurgie), S. 46.

12b *Blutleere Operationen am Schädel unter Ueberdruck nebst Beiträgen zur Hirndrucklehre.*
     IN: Mitteilungen aus den Grenzgebieten der Medizin und Chirurgie. Jena:
     G. Fischer, 3. Suppl.-Band (= Gedenkband für Johannes von Mikulicz) 1907,
     S. 939–987.

13   Mit Haecker: *Zur Frage des Cardiaverschlusses der Speiseröhre.* IN: Deutsche medi-
     zinische Wochenschrift. Leipzig: Thieme 32/1906, Nr. 31, S. 1263–1265.

14   *Beitrag zur Resektion der Brustwand mit Plastik auf der freigelegten Lunge.* IN: Deut-
     sche Zeitschrift für Chirurgie. Leipzig: F. C. W. Vogel 86/1907, S. 275–280.

15   *Die Verwendbarkeit des Unterdruckverfahrens bei der Herzchirurgie.* Nach gemeinsam
     mit Dr. Haecker angestellten Versuchen. IN: Archiv für klinische Chirurgie.
     Berlin: A. Hirschwald 83/1907, S. 537–545.

16   *Die Bedeutung des Mediastinalemphysems in der Pathologie des Spannungspneumothorax.*
     Ein Beitrag zur Kenntnis der Lungenverletzungen nach Brustwandkontusio-
     nen. IN: Beiträge zur klinischen Chirurgie. Tübingen: Laupp 60/1908, Heft 3,
     S. 450–478.

17   *Present status of surgery of the thorax and the value of the Sauerbruch negative pressure
     procedure in the prevention of pneumothorax.* [nach einem Vortrag auf der 59.
     Jahresversammlung der American Medical Association, Chicago Juni 1908] IN:
     Journal of the American medical Association. A medical journal containing
     the official record of the proceedings of the Association, and the Papers read
     at the annual session, in the several sections, together with the Medical Litera-
     ture of the Period. Hrsg. von George H. Simmons. Chicago/Ill.: American
     Medical Association 51/1908, Nr. 10, S. 808–815.

18   Mit M. Heyde: *Über Parabiose künstlich vereinigter Warmblüter.* IN: Münchener
     Medizinische Wochenschrift. München: J. F. Lehmann 55/1908, Nr. 4,
     S. 153–156.

19   *Beitrag zur Pathologie der Commotio und Compressio cerebri nach Schädeltrauma.* IN:
     Monatsschrift für Psychiatrie und Neurologie. Berlin: Karger 26/1909, Erg.-
     Heft, S. 140–158.

20   *Die Behandlung der Angiome mit gefrorener Kohlensäure.* IN: Zentralblatt für Chirur-
     gie. Leipzig: Barth 36/1909, Nr. 1, S. 1–3.

21   *Über die Indikationen zur Resektion des Brustabschnittes der Speiseröhre.* IN: Deutsche
     Zeitschrift für Chirurgie. Leipzig: F. C. W. Vogel 98/1909, S. 113–125.

22   Mit S. Robinson (Boston): *Untersuchungen über Lungenexstirpation unter vergleichen-
     der Anwendung beider Formen des Druckdifferenzverfahrens.* IN: Deutsche Zeitschrift
     für Chirurgie. Leipzig: F. C. W. Vogel 102/1909, Heft 4-6, S. 542–560.

23   *Versuche über künstliche Blutleere bei Schädeloperationen.* IN: Zentralblatt für Chirurgie. Leipzig: Barth 36/1909, Nr. 47, S. 1601–1604; mit Nachtrag in Nr. 52, S. 1781–1782.

24   Mit M. Heyde: *Weitere Mittheilungen über die Parabiose bei Warmblütern mit Versuchen über Ileus und Urämie.* IN: Zeitschrift für Experimentelle Pathologie und Therapie. Berlin: A. Hirschwald 6/1909, Heft 1, S. 33–74.

25   Mit O. Bruns: *Die operative Behandlung gastrischer Krisen.* Foerstersche Operation. IN: Mitteilungen aus den Grenzgebieten der Medizin und Chirurgie. Jena: G. Fischer 21/1910, S. 173–178.

26   *Ueber Locale Anämie und Hyperämie durch künstliche Aenderung der Blutvertheilung.* IN: Archiv für klinische Chirurgie. Berlin: A. Hirschwald 92/1910, S. 1115–1124.

27   Mit M. Heyde: *Untersuchungen über die Ursachen des Geburtseintrittes.* IN: Münchener Medizinische Wochenschrift. München: J.F. Lehmann 57/1910, Nr. 50, S. 2617–2619.

28   Mit O. Bruns: *Die künstliche Erzeugung von Lungenschrumpfung durch Unterbindung von Aesten der Pulmonalarterie.* IN: Mitteilungen aus den Grenzgebieten der Medizin und Chirurgie. Jena: G. Fischer 23/1911, S. 343–350.

29   *Die chirurgische Behandlung der Lungentuberkulose.* IN: Correspondenz-Blatt für Schweizer Ärzte. Basel: Benno Schwabe 42/1912, Nr. 7, S. 225–242.

30   *Die Eröffnung des vorderen Mittelfellraumes.* IN: Beiträge zur klinischen Chirurgie. Tübingen: Laupp 77/1912, Heft 1, S. 1–23.

31   Mit W. Kraus: *Interkranielles Exdermoid der Stirnhirngegend, Durchbruch in die Orbita, Exstirpation, Heilung.* IN: Deutsche medizinische Wochenschrift. Leipzig: Thieme 38/1912, Nr. 26, S. 1234-1236.

32   *Die chirurgische Behandlung der Lungentuberkulose.*
32a IN: Correspondenzblatt für Schweizer Ärzte. Basel: Benno Schwabe 42/1912, Nr. 7, S. 225–242.
32b IN: Wiener klinische Rundschau. Wien: Zitter 37/1913, Nr. 38, S. 594-597.

33   *Die Beeinflussung von Lungenerkrankungen durch künstliche Lähmung des Zwerchfells (Phrenikotomie).* IN: Münchener Medizinische Wochenschrift. München: J.F. Lehmann 60/1913, Nr. 12, S. 625–626.

34   Mit L. Spengler: *Die chirurgische Behandlung der tuberkulösen Pleuraexsudate.* IN: Münchener Medizinische Wochenschrift. München: J.F. Lehmann 60/1913, Nr. 51, S. 2825–2827.

35   *Die Wirkung der künstlichen Zwerchfellähmung auf Lungenerkrankungen.* IN: Verhandlungen des deutschen Kongresses für innere Medizin. Wiesbaden: Bergmann 30/1913, S. 404-406.

36 *Fortschritte in der chirurgischen Behandlung der Lungenkrankheiten.* (Fortbildungsvortrag in München am 31.5.1913). IN: Münchener Medizinische Wochenschrift. München: J. F. Lehmann 60/1913; Nr. 34, S. 1890–1894, 1944-1948.

37 *Zur chirurgischen Behandlung der Lungentuberkulose mit extrapleuraler Plombierung.* IN: Beiträge zur klinischen Chirurgie. Tübingen: Laupp 90/1914, Heft 2 (komplett Zürich), S. 247–256.

38 *Brustschüsse.* IN: Beiträge zur klinischen Chirurgie. Tübingen: Laupp 96/1915, Heft 4, S. 489–508.

39 *Chirurgische Vorarbeit für eine willkürlich bewegliche künstliche Hand.* IN: Medizinische Klinik.. Berlin: Urban & Schwarzenberg 11/1915, Nr. 41, S. 1125–1126.

40 Mit Enderlen: *Die operative Behandlung der Darmschüsse im Kriege.* IN: Medizinische Klinik. Berlin: Urban & Schwarzenberg 11/1915, Nr. 30, S. 823–828.

41 *Eine einfache Technik der arteriovenösen Bluttransfusion.* IN: Münchener Medizinische Wochenschrift. München: J. F. Lehmann 62/1915, Feldärztliche Beilage Nr. 45, S. 1545.

42 *Kriegschirurgische Erfahrungen.* Ueberschichtsreferat mit besonderer Berücksichtigung der Thorax- und Abdominalschüsse. IN: Schweizerische Rundschau für Medizin. Revue suisse de médicine. Bern: Wagnersche Verlagsanstalt AG 16/1915/16, Nr. 17/18, S. 323–338.

43 *Ausgänge der Brust- und der Bauchschüsse.* IN: Bruns Beiträge zur klinischen Chirurgie. Tübingen: Laupp 101/1916, Heft 21, S. 196–202.

44 *Weitere Fortschritte in der Verwendung willkürlich beweglicher Prothesen für Arm- und Beinstümpfe.* IN: Münchener Medizinische Wochenschrift. München: J. F. Lehmann 63/1916, Nr. 50, S. 1769–1774.

45 *Weitere Mitteilungen über die willkürlich bewegliche Hand.* IN: Medizinische Klinik. Berlin: Urban & Schwarzenberg 12/1916, Nr. 6, S. 139–144.

46 *Die Verwendung willkürlich bewegbarer Prothesen bei unseren Kriegsamputierten.* IN: Münchener Medizinische Wochenschrift. München: J. F. Lehmann 64/1917, Feldärztliche Beilage Nr. 20, S. 657–661.

47 *Anatomisch-physiologische Beobachtungen an plastischen Amputationsstümpfen.* IN: Zeitschrift für angewandte Anatomie und Konstitutionslehre. Berlin: Springer 3/1918, Heft 1/2, S. 39–56.

48 *Vorbereitung und Herstellung lebender Kunstglieder.* IN: Bruns Beiträge zur klinischen Chirurgie. Tübingen: Laupp 113/1918, Heft 6, S. 163–169.

49 Mit Alfred Stadler: *Praktische Erfolge der willkürlich beweglichen künstlichen Hand.* IN: Münchener Medizinische Wochenschrift. München: J. F. Lehmann 67/1920, Nr. 15, S. 417–419.

50   *Stand der klinischen und operativen Chirurgie.*
50a IN: Münchener Medizinische Wochenschrift. München: J. F. Lehmann 67/1920, Nr. 34, S. 977–980.
50b *Der Stand der klinischen und operativen Chirurgie.* IN: Bruns Beiträge zur klinischen Chirurgie. Tübingen: Laupp 122/1921, Heft 2, S. 234-248.

51   *Überlegungen zur operativen Behandlung schwerer Skoliosen.* IN: Archiv für klinische Chirurgie. Berlin: Springer 118/1921, S. 550–562

52   *Die chirurgische Behandlung der Lungentuberkulose.*
52a IN: Münchener Medizinische Wochenschrift. München: J. F. Lehmann 68/1921; Nr. 9, S. 261–262.
52b IN: Wiener Medizinische Wochenschrift. Wien: Perles 72/1922, Nr. 48, Sp. 1965–1968.

53   *Exstirpation des Femur mit Umkipp-Plastik des Unterschenkels.* IN: Deutsche Zeitschrift für Chirurgie. Leipzig: F. C. W. Vogel 169/1922, S. 1–12.

54   *Die Nekrose einer Lungenhälfte nach Exstirpation eines Ganglioneuroms des Brustsympathicus und ihre allgemeine pathologische Bedeutung.* Hugo Schulz zum 70. Geburtstag gewidmet. IN: Münchener Medizinische Wochenschrift. München: J. F. Lehmann 70/1923, Nr. 31, S. 1011–1012.

55   *Die transpulmonale Freilegung der Speiseröhre.* IN: Zentralblatt für Chirurgie. Leipzig: Barth 50/1923, Nr. 23, S. 889–890.

56   *Kritische Bemerkungen zur Behandlung von Lungenerkrankungen durch künstliche Lähmung des Zwerchfells.* IN: Münchener Medizinische Wochenschrift. München: J. F. Lehmann 70/1923, Nr. 22, S. 693–695.

57   Mit Rudolf Nissen. *Untersuchungen über Heilungsvorgänge in Lungenwunden, als Beitrag zur Pathologie der „Gitterlunge".* IN: Archiv für klinische Chirurgie. Berlin: Springer 127/1923, S. 582–599.

58   *Zelluläre Abwehrvorgänge und ihr Ausdruck im Parabioseversuche.* IN: Münchener Medizinische Wochenschrift. München: J. F. Lehmann 70/1923, Nr. 27, S. 866.

59   *Die Entwicklung der Chirurgie in den letzten 20 Jahren.* IN: Zeitschrift für ärztliche Fortbildung. Organ für praktische Medizin. Jena: G. Fischer 21/1924, Nr. 4, S. 87–91, S. 116–120.

60   *Gastroskopie mit tödlichem Ausgange.* IN: Zentralblatt für Chirurgie. Leipzig: Barth 51/1924, Nr. 38, S. 2071–2072.

61   *Stand der Chirurgie der Brustorgane auf Grund der Entwicklung in den letzten 20 Jahren.* IN: Archiv für klinische Chirurgie. Berlin: Springer 133/1924, S. 277–311.

62   *Wundinfektion, Wundheilung und Ernährungsart.* IN: Münchener Medizinische Wochenschrift. München: J. F. Lehmann 71/1924, Nr. 38, S. 1299–1301.

63   *Über postoperative Reflexstörungen des Herzens auf mechanischer Grundlage.* IN: Zentralblatt für Chirurgie. Leipzig: Barth 52/1925, Nr. 16, S. 873–877.

64   *Die operative Entfernung von Lungengeschwülsten.* IN: Zentralblatt für Chirurgie. Leipzig: Barth 53/1926, Nr. 14, S. 852–857.

65   *Geschwulst und Trauma.* IN: Deutsche Zeitschrift für Chirurgie. Leipzig: F. C. W. Vogel 199/1926, S. 1–10.

66   *Technische Fortschritte in der Behandlung tiefliegender Lungen- und Hiluseiterungen.* IN: Deutsche Zeitschrift für Chirurgie. Leipzig: F. C. W. Vogel 196/1926, S. 353–363.

67   *Demonstrationen aus der Thoraxchirurgie.* IN: Archiv für klinische Chirurgie. Berlin: Springer 148/1927, S. 728–729.

68   *Einiges über die neueste Entwicklung der chirurgischen Behandlung von Lungentuberkulose.* IN: Münchener Medizinische Wochenschrift. München: J. F. Lehmann 74/1927, Nr. 15, 619–621.

69   *Zur Frage der Entstehung und chirurgischen Behandlung von Bronchiektasen.* IN: Archiv für klinische Chirurgie. Berlin: Springer 148/1927, S. 721–727.

70   Mit Adolf Herrmannsdorfer: *Münchener Ergebnisse und Wert einer diätetischen Behandlung der Tuberkulose.* IN: Münchener Medizinische Wochenschrift. München: J. F. Lehmann 75/1928, Nr. 1, S. 35–38.

71   *Fortschritte in der Lungenchirurgie.* Fortbildungsvortrag vor der Münchner Ärzteschaft am 14.6.1928. IN: Deutsche Zeitschrift für Chirurgie. Leipzig: F. C. W. Vogel 211/1928, S. 227–240.

72   Mit W. O. Schumann *Nachweis elektrischer Felder in der Umgebung des Körpers.* IN: Münchener Medizinische Wochenschrift. München: J. F. Lehmann 75/1928, Nr. 16, S. 681–682.

73   *Zur operativen Behandlung des Mastdarmkrebses.* IN: Medizinische Klinik. Berlin: Urban & Schwarzenberg 24/1928, Nr. 43, S. 1666–1667.

74   *Die Behandlung der Brustfelleiterung.* IN: Archiv für klinische Chirurgie. Berlin: Springer 157/1929, S. 235–280.

75   *Die Behandlung des veralteten Klumpfußes mit Osteotomie der Mittelfußknochen.* IN: Deutsche Zeitschrift für Chirurgie. Leipzig: F. C. W. Vogel 219/1929, S. 383–388.

76   *Erklärung zur Ernährungsbehandlung der Tuberkulose.*
76a   IN: Deutsche Zeitschrift für Chirurgie. Leipzig: F. C. W. Vogel 216/1929, S. 381–382.
76b   IN: Bruns Beiträge zur klinischen Chirurgie. Tübingen: Laupp 147/1929, S. 501–502. [18. Tagung der Südostdeutschen Chirurgenvereinigung, Prag, 23/24.2.1929]
76c   IN: Klinische Wochenschrift. Berlin: Springer 8/1929, Nr. 34, S. 1598.

77   Mit Adolf Herrmannsdorfer: *Klärendes Wort zur ablehnenden Kritik der Ernäh-rungsbehandlung der Tuberkulose.* IN: Münchener Medizinische Wochenschrift. München: J. F. Lehmann 77/1930, Nr. 43, S. 1829–1832.

78   Mit E. Bergmann: *Zur Behandlung der Schenkelhalsbrüche.* IN: Archiv für orthopä-dische und Unfall-Chirurgie. München: Bergmann 28/1930, S. 341–347.

79   *Blutende Lungen.* IN: Archiv für klinische Chirurgie. Berlin: Springer 167/1931 (Kongreßbericht), S. 533–537.

80   *Der Morbus Basedow.* IN: Archiv für klinische Chirurgie. Berlin: Springer 167/1931 (Kongreßbericht), S. 332–358.

81   Mit H. Küttner und V. Schmieden: *Die Chirurgie des Krebses und die neuen organi-satorischen Bestrebungen zur Krebsbekämpfung.* IN: Die medizinische Welt. Berlin: Nornen-Verlag 5/1931, Nr. 28, S. 981–985.

82   *Erfolgreiche operative Beseitigung eines Aneurysmas der rechten Herzkammer.* IN: Archiv für klinische Chirurgie. Berlin: Springer 167/1931, S. 586–588.

83   *Operative Beseitigung der angeborenen Trichterbrust.* IN: Deutsche Zeitschrift für Chirurgie. Berlin: F. C. W. Vogel 234/1931 (= Festschrift für August Bier), S. 760–764.

84   Mit W. Fick: *Operative Beseitigung einer kongenitalen Cyste der Speiseröhre.* IN: Zent-ralblatt für Chirurgie. Leipzig: Barth 58/1931, Nr. 47, S. 2938–2941.

85   Mit H. Chaoul und A. Adam: *Anatomisch-klinischer und röntgenologischer Beitrag zur „Hiatushernie".* IN: Deutsche medizinische Wochenschrift. Leipzig: Thieme 58/1932, Nr. 36, S. 1391–1396; dazu Nachtrag ebd., S. 1714-1715.

86   *Demonstrationen aus dem Gebiete der Thoraxchirurgie.* IN: Archiv für klinische Chi-rurgie. Berlin: Springer 173/1932, S. 457–463.

87   Mit R. Thiele: *Zwei erfolgreich operierte intramedulläre Rückenmarkstumoren.* IN: Acta Chirurgica Scandinavica. Stockholm: Norstedt & Söner 72/1932, S. 431–441.

88   *Fortschritte in der Neurochirurgie.* Unter Mitarbeit von F. Hartmann. IN: Archiv für klinische Chirurgie. Berlin: Springer 176/1933, S. 568–580.

89   *Möglichkeiten und Grenzen der Chirurgie.* IN: Deutsche Forschung. Aus der Arbeit der Notgemeinschaft der Deutschen Wissenschaft. Berlin: Verlag der Notge-meinschaft der Deutschen Wissenschaft und für den Buchhandel durch Karl Siegismund Verlag Heft 20/1933, S. 74-84.

90   *Die operative Behandlung der kongentialen Bronchiektasen.* IN: Archiv für klinische Chirurgie. Berlin: Springer 180/1934, S. 312–320.

91   *Zur Chirurgie der Traktionsdivertikel der Speiseröhre.* IN: Schweizerische medizini-sche Wochenschrift. Basel: Benno Schwabe 15/1934, Nr. 28, S. 662.

92   Mit F. Hartmann: *Beitrag zur Chirurgie intramedullärer Neubildungen.* IN: Schweize-rische medizinische Wochenschrift. Basel: Benno Schwabe 16/1935, Nr. 2, S. 26–28.

93   *Die Notwendigkeit ärztlicher Zusammenarbeit in Erforschung und Bekämpfung der
      Tuberkulose.* IN: Beiträge zur Klinik der Tuberkulose und spezifischen Tuber-
      kulose-Forschung. Berlin: Springer 86/1935, Heft 8 (= Verhandlungsbericht
      der 6. Tagung der deutschen Tuberkulose-Gesellschaft am 14./15. 6. 1935 in
      Bad Kreuznach), S. 490–500.

94   *Grundsätzliches zur Hirnchirurgie.* IN: Archiv für klinische Chirurgie. Berlin:
      Springer 183/1935, S. 387–396.

95   *Bericht über seltene Krankheitsbilder.* IN: Archiv für klinische Chirurgie. Berlin:
      Springer 186/1936, S. 177–185.

96   *Chirurgische Behandlung der Lungentuberkulose.* IN: Süddeutsche Monatshefte.
      München: Süddeutsche Monatshefte GmbH 33/1936, Heft 6 „Tuberkulose",
      S. 337–342.

97   Mit E. Knake: *Die Bedeutung von Sexualstörungen für die Entstehung von Geschwüls-
      ten.* IN: Zeitschrift für Krebsforschung. Berlin: Springer 44/1936, S. 223–239.

98   *Die stumpfen Verletzungen des Brustkorbs.* IN: Archiv für Orthopädische und
      Unfall-Chirurgie. München: Bergmann 36/1936, darin [= S. 297–540], mit
      selbständiger Paginierung (S. 1–244): Verhandlungen auf der X. Tagung der
      deutschen Gesellschaft für Unfallheilkunde, Versicherungs- und Versor-
      gungsmedizin, 18./19.10.1935, Berlin, S. 186–188.

99   *Grundsätzliche Bemerkungen zur Lungenlappenexstirpation.* IN: Deutsche Zeitschrift
      für Chirurgie. Berlin: F. C. W. Vogel 247/1936, Heft 5/6, S. 298–299.

100   Mit E. Knake: *Über Bedeutung der Milz bei Parabiosetieren.* IN: Klinische Wochen-
      schrift. Berlin: Springer 15/1936, Nr. 25, S. 884-886.

101   Mit E. Knake: *Bericht über weitere Ergebnisse experimenteller Tumorforschung.* IN:
      Archiv für klinische Chirurgie. Berlin: Springer 189/1937, S. 185–190.

102   Mit E. Knake: *Über Beziehungen zwischen Milz und Hypophysenvorderlappen.* IN:
      Klinische Wochenschrift. Berlin: Springer 16/1937, Nr. 37, S. 1268–1270.

103   *Die Stellung der Chirurgie zur Strahlentherapie bösartiger Geschwülste.* IN: Zentralblatt
      für Gynäkologie. Leipzig: Barth 62/1938, Nr. 41, S. 2281–2282. (Bericht von
      der 29. Tagung der Deutschen Röntgengesellschaft in München vom 4. bis
      7.7.1938 (Erste Großdeutsche Tagung))

104   *Stand und Entwicklung der Hirndrucklehre.* IN: Monatsschrift für Psychiatrie und
      Neurologie. Basel: Karger 99/1938 (= Festschrift für Karl Bonhoeffer zum
      70. Geburtstage), S. 192–200.

105   *Steckgeschosse in Herz und Lunge.* IN: Deutsche Zeitschrift für Chirurgie. Berlin:
      Springer 255/1942, Heft 1/2, S. 152–170.

106   *Die Behandlung funktionell oder anatomisch bedingter Durchblutungsstörungen durch
      Umschneidung und Sacrifikationen.* IN: Deutsche Zeitschrift für Chirurgie. Berlin:
      Springer 258/1943, Heft 6–8, S. 319–341.

107   *Entwicklung eines Morbus Basedow im Anschluß an artiovenöse Aneurysmen zwischen Carotis und Vena jugularis.*

107a   IN: Deutsche Zeitschrift für Chirurgie. Berlin: Springer 258/1943, Heft 1/2, S. 125–127.

107b   IN: Zentralblatt für Chirurgie. Leipzig: Barth 72/1947, Heft 12a, S. 1402–1404.

108   *Kurze Demonstration von Ergebnissen operativer Eingriffe.* IN: Zentralblatt für Chirurgie. Leipzig: Barth 71/1947, Heft 12a, S. 1492–1495.

109   *Über die Entwicklung der Chirurgie und ihren heutigen Stand.* IN: Zentralblatt für Chirurgie. Leipzig: Barth 72/1947, Heft 12a (= Ergänzungsheft zur Tagung der Chirurgen der sowjetischen Besatzungszone Deutschlands vom 18.–21. Juni 1947 in Berlin, veranstaltet von der Deutschen Zentralverwaltung für das Gesundheitswesen in der sowjetischen Besatzungszone. Offizieller Bericht), S. 1367–1371.

Anhang 4e: Sauerbruch – nichtwissenschaftliche Artikel und Beiträge

Artikel

1   *Johannes von Mikulicz.* Nachruf. IN: Münchener Medizinische Wochenschrift. München: J. F. Lehmann 52/1905, Nr. 27, S. 1297–1300.

2   *Das Universitätsjubiläum in Greifswald.* IN: Deutsche medizinische Wochenschrift. Leipzig: Thieme 32/1906, Nr. 32, S. 1303–1304.

3   *Edurad Stierlein* †. IN: Münchener Medizinische Wochenschrift. München: J. F. Lehmann 66/1919, S. 1445.

4   Mit Dax, Lebsche, Enderlen, Gebele, A. Schmidt und G. Schmidt: [Spendenaufruf für Angerer-Denkmal] IN: Deutsche Zeitschrift für Chirurgie. Leipzig: F. C. W. Vogel 174/1922, Heft 5/6, S. 426.

5   *Nachruf Röntgen.* IN: Münchener Medizinische Wochenschrift. München: J. F. Lehmann 70/1923, Nr. 9, S. 273–275.

6   *Nachruf auf Albert Narath.* IN: Deutsche Zeitschrift für Chirurgie. Berlin: Springer 189/1924, Heft 1–3, eine Seite unpaginiert vor S. 1.

7   *Kritische Worte über die heutige ärztliche Publizistik.* IN: Zentralblatt für Chirurgie. Leipzig: Barth 52/1925, S. 1212–1213.

8   *Nachruf auf Trendelenburg.* IN: Deutsche Zeitschrift für Chirurgie. Leipzig: F. C. W. Vogel 190/1925, S. I–IV.

9   *Vorwort zur Festschrift für Wilhelm von Müller.* IN: Deutsche Zeitschrift für Chirurgie. Leipzig: F. C. W. Vogel 191,192/1925, S. I–II.

10   Mit Haberer: *Grußwort an Eiselsberg.* IN: Deutsche Zeitschrift für Chirurgie.
      Leipzig: F. C. W. Vogel 196/1926, S. VII.

11   *Heilkunst und Naturwissenschaft.* IN: Die Naturwissenschaften. Berlin: Springer
      14/1926, Heft 48/49, S. 1081–1090.

12   *Georg Perthes.* Nachruf. IN: Deutsche Zeitschrift für Chirurgie. Leipzig: F. C. W.
      Vogel 200/1927, S. XIII.

13   *Vorwort* zu: Herrmannsdorfer, Adolf: Über den Einfluß der Nahrung auf die
      Pufferkapazität des Blutes und den Heilverlauf und Keimgehalt granulieren-
      der Wunden. IN: Deutsche Zeitschrift für Chirurgie. Leipzig: F. C. W. Vogel
      200/1927, S. 534-583. S. 534-536.

14   *Vorwort zum 200. Band.* IN: Deutsche Zeitschrift für Chirurgie. Leipzig:
      F. C. W. Vogel 200/1927, S. VII–IX.

15   *Widmung an E. Lexer.* IN: Deutsche Zeitschrift für Chirurgie. Leipzig: F. C. W.
      Vogel 203,204/1927 (= Festschrift für E. Lexer), Heft 1–6, S. VII.

16   *Glückwunsch an Herrn Geheimrat Garré (Bonn) zum 70. Geburtstag.* IN: Deutsche
      Zeitschrift für Chirurgie. Leipzig: F. C. W. Vogel 207/1928, S. I–II.

17   *Nachruf auf Carl Garré.* IN: Deutsche Zeitschrift für Chirurgie. Leipzig: F. C. W.
      Vogel 209/1928, S. I.

18   *Widmung an Alfred Stadler.* IN: Deutsche Zeitschrift für Chirurgie. Leipzig:
      F. C. W. Vogel 211/1928, S. 225–226.

19   *Theodor Billroth* (zu dessen 100. Geburtstag). IN: Deutsche Zeitschrift für Chi-
      rurgie. Leipzig: F. C. W. Vogel 216/1929, S. 293–304.

20   *Besprechung.* (Zu: Quervain, F. de: Spezielle chirurgische Diagnostik für Studie-
      rende und Ärzte. 9., vollständig neubearbeitete Auflage. Berlin: F. C. W. Vogel
      1931.) IN: Deutsche Zeitschrift für Chirurgie. Leipzig: F. C. W. Vogel
      235/1932, Heft 5/6, S. 392.

21   *An die Ärzteschaft der Welt!* Ein offener Brief.
21a   IN: Klinische Wochenschrift. Berlin: Springer 12/1933, S. 1551.
21b   IN: Die Medizinische Welt. Berlin: Nornen-Verlag 7/1933, S. 1447.

22   Mit v. Redwitz und Ruppaner: *Eugen Enderlen zum 70. Geburtstag.* IN: Deutsche
      Zeitschrift für Chirurgie. Berlin: F. C. W. Vogel 238/1933, Heft 7/8, S. I–II
      (zwischen S. 528 und 529).

23   *W. Körte zum 80. Geburtstag.* IN: Deutsche Zeitschrift für Chirurgie. Berlin:
      F. C. W. Vogel 241/1933, Heft 12, S. I–II (zwischen S. 740 und 741)

24   *Georg Schmidt zum Gedächtnis.* IN: Deutsche Zeitschrift für Chirurgie. Berlin:
      F. C. W. Vogel 242/1934, Heft 2, S. I–II (zwischen S. 76 und 77).

25   *Zur Abwehr und zur Verständigung!* IN: Deutsches Ärzteblatt. 64/1934, S. 231.

26   Mit Enderlen und Middeldorpf: *Fritz König zum 70. Geburtstage.* IN: Deutsche
      Zeitschrift für Chirurgie. Berlin: F.C.W. Vogel 247/1936, Heft 3/4, S. I–II.
      (zwischen S. 144 und 145).

27   *Rede auf der 94. Versammlung Deutscher Naturforscher und Ärzte.* (Vom 20. bis 23.
      September 1936 in Dresden). IN: Verhandlungen der Gesellschaft Deutscher
      Naturforscher und Ärzte zu Dresden 1936. Berlin: Springer 1937, S. V–XI.

28   *Nachruf auf A. Köhler und A. Rütz.* IN: Deutsche Zeitschrift für Chirurgie. Ber-
      lin: F.C.W. Vogel, 248/1937, Heft 8/9, S. 515.

29   *Dem Gedächtnis Ernst v. Bergmanns, am 100. Geburtstage, 16. Dezember 1936.* IN:
      Deutsche Zeitschrift für Chirurgie. Berlin: F.C.W. Vogel 248/1937, Heft 1/2,
      S. I–II.

30   *Gedächtnisrede anlässlich der Beisetzungsfeier von Werner Körte am 8. Dezember 1937 im
      Langenbeck-Virchow-Haus, Berlin.* IN: Deutsche Zeitschrift für Chirurgie. Berlin:
      F.C.W. Vogel 249/1938, Heft 9/10, S. I–IV (zwischen S. 560 und 561).

31   *Nachrufe* (auf Eiselsberg, Eugen Enderlen, Lothar Heidenhain, Anton Wald-
      mann). IN: Deutsche Zeitschrift für Chirurgie. Berlin: Springer 254/1941,
      Heft 11/12, S. 651–660.

32   *August Bier 80 Jahre!* IN: Deutsche Zeitschrift für Chirurgie. Berlin: Springer
      256/1942, Heft 1–3, S. 1–3.

33   *Ernst Heller zum siebzigsten Geburtstag am 6. November 1947 gewidmet.* IN: Zentral-
      blatt für Chirurgie. Leipzig: Barth 72/1947, Nr. 10, S. 1026–1027.

34   *N. N. Burdenko.* Nachruf. IN: Zentralblatt für Chirurgie. Leipzig: Barth
      73/1948, Heft 5, S. 449–450.

35   *Nicolai Guleke zum 70. Geburtstag.* IN: Zentralblatt für Chirurgie. Leipzig: Barth
      73/1948, Heft 4, S. 338–339.

36   *Gedenkrede für Johannes von Mikulicz-Radecki.* IN: Verhandlungen der deutschen
      Gesellschaft für Chirurgie. Berlin, Göttingen und Heidelberg: Springer
      267/1951, S. 16–17.

Beiträge

37   *Ansprache* von Prof. Dr. Sauerbruch, Berlin. IN: Bekenntnis der Professoren an
      den deutschen Universitäten und Hochschulen zu Adolf Hitler und dem nati-
      onalsozialistischen Staat. Überreicht vom Nationalsozialistischen Lehrerbund
      Deutschland/Sachsen. Dresden: Meinhold 1934, S. 21.

38   *Zum Geleit.* IN: Gosset, Antonin: Erlebnisse und Erkenntnisse eines Chirurgen.
      Stuttgart und Berlin: Deutsche Verlags-Anstalt 1942, SVII–VIII.

Anhang 5a: Felix Eisengräber – Abb. 901

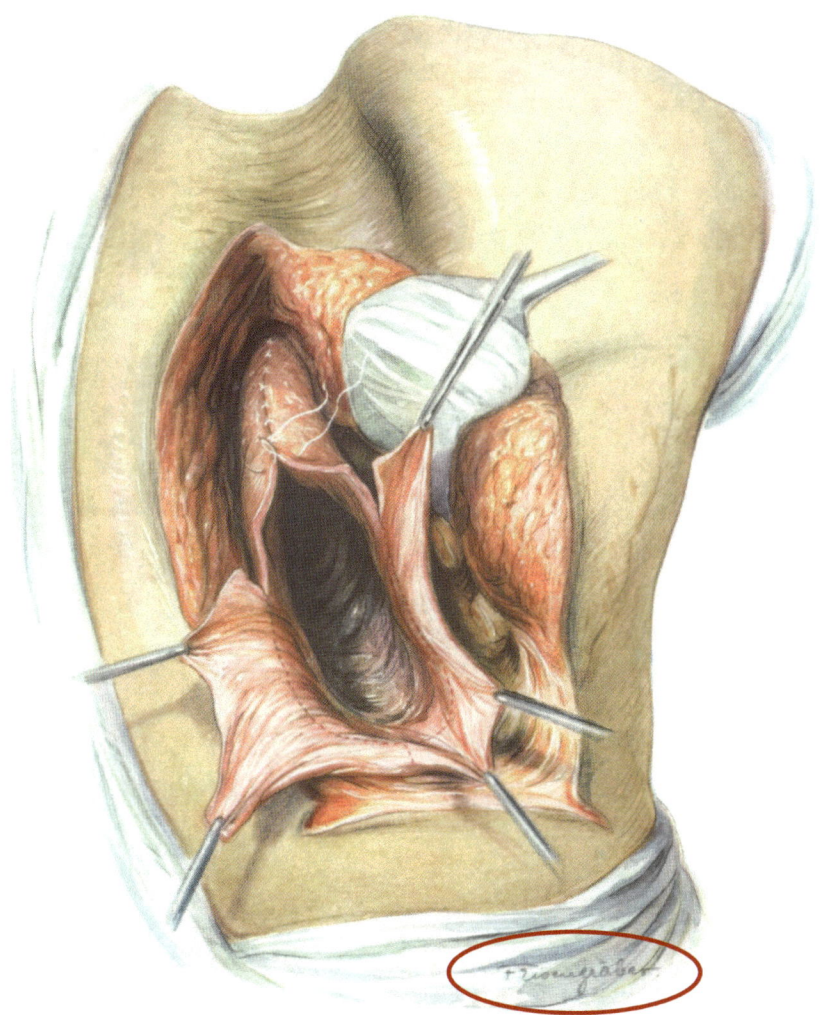

Quelle: Sauerbruch, Ferdinand: Die Chirurgie der Brustorgane. 3. Neuauflage des 1. Bandes: Die Erkrankungen der Lungen. Teil 2: Chirurgische Behandlungen der Lungentuberkulose. Berlin: Springer 1930, S. 903, Abb. 901.

Anhang 5b: Felix Eisengräber – Ölgemälde mit Signatur

Quelle: http://www.ebay.com/itm/FELIX-EISENGRABER-1874-1940-IM-CHIEMGAU-/281056930092?pt=Malerei&hash=item41704c692c

Anhang 5c: Felix Eisengräber – Abb. 1013b

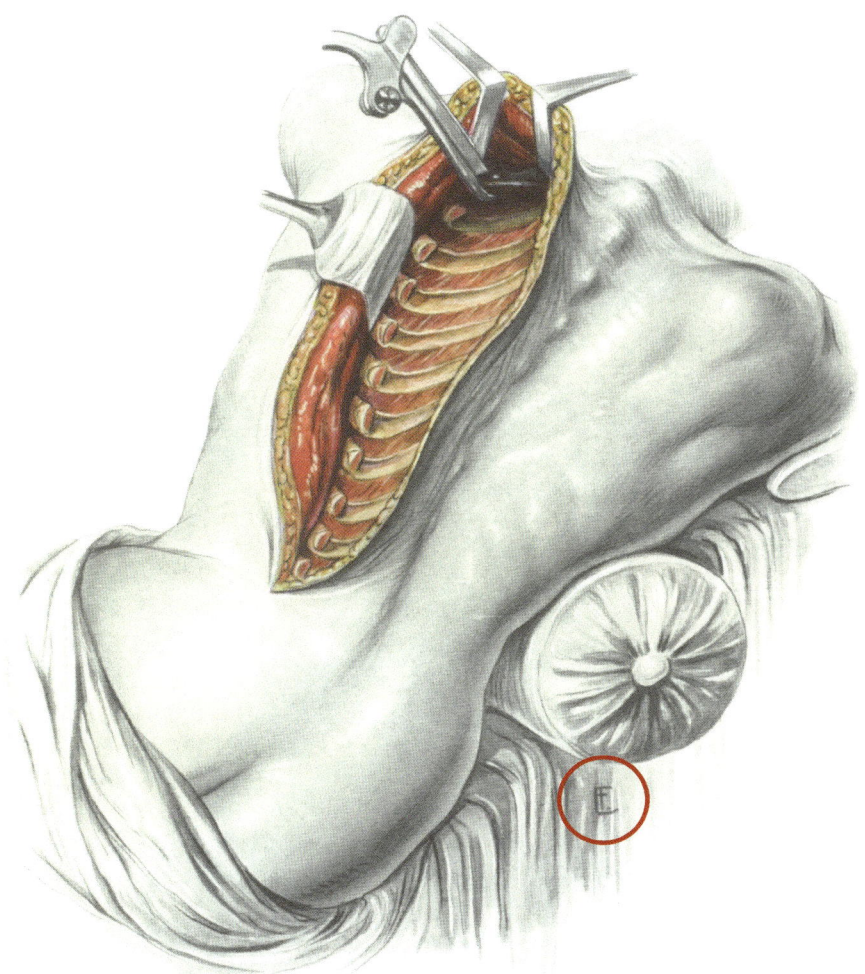

Quelle: Sauerbruch, Ferdinand: Die Chirurgie der Brustorgane. 3. Neuauflage des 1. Bandes: Die Erkrankungen der Lungen. Teil 2: Chirurgische Behandlungen der Lungentuberkulose. Berlin: Springer 1930, S. 1049, Abb. 1013b.

Anhang 6:   Briefe Sauerbruch – Springer

Anhang 6a   Springer an Sauerbruch, 2. August 1918

„Sodann zur Sache: Ich möchte zunächst betonen, dass ich bereit bin, den mir geäusserten Wünschen voll zu entsprechen. Ich bitte aber von voneherein darauf vorbereitet zu sein, dass das Buch ganz unverhältnismässig teuer wird. Ich schätze seinen Umfang heute auf 40 bis 50 Bogen und vermute, dass ein Preis von mindestens M 100.- herauskommen wird, wenn die mir geäusserten Wünsche erfüllt werden. Es würden dann die Unkosten für Anfertigung des Manuskriptes und der Vorlagen einschliesslich Honorar rund M 2000.- betragen haben. Ich wiederhole, dass ich bereit bin, dieser Forderung zu entsprechen. Ich weiss dabei allerdings, dass ich mich erneut dem Vorwurfe aussetze, der teuerste Verleger zu sein. Es handelt sich jedoch schliesslich hier um ein Buch, das nicht der Studierende, sondern nur der Spezialarzt kauft, und dieser wird sich, wenn auch murrend, in den hohen Preis fügen müssen. Ich erkenne es durchaus als gerechtfertigt an, dass eine angemessene Entlohnung der grossen geleisteten Arbeit folgen muss.

Meiner grundsätzlichen Zustimmung möchte ich jedoch noch einige Wünsche im einzelnen beifügen:

1.) Ich möchte Sie bitten, bezüglich der Unkosten eine endgiltige [sic!] und ganz bestimmte Summe festzusetzen, die Sie und mich der Mühe einer Abrechnung im einzelnen enthebt.

2.) Ich möchte bitten, dass die gesamte Summe in deutscher Währung festgestezt wird. Herr Professor F e l i x hat zweifellos in Deutschland ein Bankkonto, und so würde ich auch ihn bitten, seine Forderung in Markwährung zu erheben (F e l i x Forderung ist übrigens ganz ausserordentlich hoch: Die besten wissenschaftlichen Zeichner würden für die 29 Bilder vielleicht M 250.- bis M 300.- verlangt haben.)

Das Bogenhonorar würde also nicht M 150.- wie ich vorschlug, sondern M 200.- für den Bogen betragen.

Nun zur Frage des Vertrages: Gern bin ich bereit, mich mit Ihnen über einen neuen Vertrag zu verständigen, der an die Stelle des jetzt geltenden zu treten hätte. Ich möchte Ihnen jedoch raten, dass dieser Vertrag nur zwischen Ihnen und mir abgeschlossen wird, und dass Sie mit Ihren Mitarbeitern Ihrerseits Vereinbarungen treffen. Sie müssen unbedingt der alleinige Herr Ihres Buches bleiben. Schliessen wir aber den Verlagsvertrag mit den anderen Herren gemeinsam, so sind alle möglichen Weiterungen denkbar. Stirbt z. B. einer der Mitarbeiter, so haben wir uns mit seinem Erben auseinanderzusetzen, und es besteht unter Umständen die Möglichkeit, dass, falls eine Verständigung nicht erzielt wird, neue Auflagen des Buches überhaupt nicht veranstaltet werden

können. Ich möchte Ihnen empfehlen, dass Sie mit Ihren Mitarbeitern vereinbaren, dass sie M 200.- für den Druckbogen Honorar erhalten, Herr Professor
Felix ausserdem seine Abbildungen bezahlt bekommt, und dass jedem der Herren 25 Sonderabzüge seines Beitrages zustehen, ausserdem je ein Exemplar des
ganzen Werkes. Im übrigen müssen aber alle Rechte Ihnen gehören, und Sie
müssen es vollkommen in der Hand haben, zu bestimmen, ob bei späteren
Auflagen die Beiträge Ihrer Mitarbeiter abermals aufgenommen oder fortgelas-
sen werden sollen.

Bezüglich der von Ihnen angeregten Veranstaltung von Sonderausgaben (z. B.
des Röntgenteiles) hätte ich mich natürlich mit dem betreffenden Verfasser
nochmals verständigt.

Eine Frage möchte ich noch im Interesse des Buches stellen: Wenn ich die
gesamten Kosten der Herstellung der Diapositive trage, so gehen diese Diapositive natürlich damit in mein Eigentum über. Vielleicht hätte aber die Münchener
Klinik ein Interesse daran, die Diapositive von mir zu erwerben. Das würde
natürlich dem Preis des Buches zugute kommen. Ebenso steht es mit den Vorlagen, deren Kosten ich getragen habe.

Sie fragen nun nach der 1. Auflage, über die ich Ihnen übrigens schon mehrfach
berichtet habe: Bis Ende 1917 sind nur 937 Exemplare von den gedruckten
2.000 abgesetzt. Es wird also bei Erscheinen der zweiten Auflage mindestens
die Hälfte der ganzen Auflage makuliert werden müssen. Die Herstellungskosten der 1. Auflage haben etwa M 15.000 betragen. Die bisher erzielten Einnahmen betragen knapp M 16.300. Der materielle Erfolg ist also ein wesentlich
geringerer, als wenn das aufgewandte Kapital in mündelsicheren Papieren angelegt worden wäre. Es hätte dann in den sieben Jahren seit Erscheinen etwa
M 6.000 Zinsen gebracht. Ich schreibe Ihnen das nur, um Ihnen einen Einblick
zu geben, der Ihnen zeigt, dass die materielle Seite, auch der hervorragendsten
wissenschaftlichen Bücher häufig anders aussieht, als das manchmal dem Aus-
senstehenden erscheint! Trotzdem bin ich mit Stolz und Freude Verleger dieses
Buches."

Anhang 6b: Springer an Sauerbruch, 10. August 1921

*Die Erhöhung um 15% für Sauerbruchs Herrn war zu Unrecht und der Fehler wird beho-
ben. Allerdings stimmt es, dass sich der Preis des Buches um 15% erhöht hat. Springer setzt
Sauerbruch auseinander, wie es in Kriegszeiten zu den sog. „Sortimenterzuschlägen' und der
„Notstandsordnung' gekommen war, und erörtert die Rabattfrage bei wissenschaftlicher Literatur.*

„Nun waren die im Jahre 1920 erschienenen wissenschaftlichen Bücher nur mit einem Rabatt von 25% kalkuliert, und es musste daher auf diese Bücher zum Ausgleich ein 15%iger Teuerungsaufschlag erhoben werden, der also nicht dem Verleger, sondern nur dem Sortimenter, oder vielmehr der Aufrechterhaltung des vom Verleger festgesetzten Ladenpreises zu gute kommt."

Sind 40% zu hoch für Buchhandel? Dies stellt Springer nicht unbedingt in Frage, aber…

„Ich ziehe aber daraus die Folgerung – und hierin stehe ich im Buchhandel ziemlich allein und werde deswegen vielfach angegriffen –, dass ich den Zwischenhandel dort ausschalte, wo er nicht absolut zum Vertriebe eines Buches oder einer Zeitschrift gebraucht wird. Auf diesem Wege verbillige ich bei allen meinen Zeitschriften und Zentralblättern, die als Gesellschaftsorgane bezeichnet sind, den Bezug für die Abnehmer, die ja fast durchweg Mitglieder der Gesellschaften sind, um die volle Spannung [sic!] des Sortimenterrabattes."

Springer glaubt, dass die Entwicklung weiter in diese Richtung geht.

„Ich habe allen ständigen Mitarbeitern meines Verlages, d. h. auch den sehr zahlreichen Referenten der verschiedenen Zentralblätter, das Recht eingeräumt, Bücher und Zeitschriften meiner drei Firmen Springer, Bergmann und Hirschwald zum Buchhändlernettopreise unmittelbar von mir zu beziehen. Auf diese Weise wird für den grössten Teil der jüngeren Wissenschaftler Deutschlands der Zwischenhandel ausgeschaltet und der Bezug verbilligt."

Allerdings glaubt er nicht, dass man generell auf den Sortimentsbuchhandel verzichten könnte, da die Verlage die Mehrarbeit auch nur mit Mehrkosten aufbringen könnten. Valutaaufschläge fürs Ausland von 60–100% hält Springer nicht für zu hoch, da die Mark so niedrig stehe. Er habe ca. 50 medizinische Zeitschriften im Verlag, die alle ohne Gewinn oder gar mit Verlust kalkuliert werden.

Probleme gebe es eigentlich nur bei vorab Bogenhonorar, da eine prozentuale Gewinn- oder Ladenpreis-Beteiligung die Erhöhung automatisch mitmacht. Springer bevorzugt in absteigender Reihenfolge: Gewinnbeteiligung, Ladenpreis-Beteiligung, Bogenhonorar (dies allerdings bevorzugt bei Sammelwerken).

„Sie fragen weiterhin nach der Entlohnung der Referate."

In Bezug auf Referateblätter seien keine genaue Angabe möglich, da Gepflogenheiten von Publikation zu Publikation und Verlag zu Verlag unterschiedlich seien. Für die Zentralblätter zahle er M. 200,-/Druckbogen; dies würde er gerne auf 300,- erhöhen, muss aber vorab die Finanzlage der Blätter prüfen, da…

„Die Zentralblätter verlangen ohnehin einen jährlichen Zuschuss von M. 200.000,- bis 300.000,- von mir, […]"

Nennt weitere Vorteile für Referenten: Buchbezug; Rezensionsexemplare auch ausländischer Literatur. Er bedauere auch, dass diese Angelegenheiten nicht bei seinem letzten Besuch besprochen werden konnten:

„Es wäre so dringend erwünscht, dass eine völlig offene Aussprache zwischen massgebenden Autoren und Verlegern über alle schwebenden Fragen stattfände. Ich habe durchaus den Eindruck, dass die Stellungnahme der weitblickenden Verleger den Autoren gegenüber durch Misstrauen öfters unnötig erschwert und Ansätze zur Durchführung notwendiger Reformen durch Ungeschicklichkeit zerstört werden. Ich begrüsse es deshalb ausserordentlich, dass Sie in etwa zu führenden Verhandlungen eine Rolle spielen werden; denn Sie werden – hoffe ich – nicht zu den Autoren gehören, die sich von ihrem Verleger schlecht und verständnislos behandelt oder gar ausgenutzt fühlen.

Was soll nun weiter geschehen? Sollen Verhandlungen von einer Autorengruppe zu einer Verlegergruppe geführt werden? Ich bitte Sie vor allen Dingen, dass nicht etwa mit dem Börsenverein Deutscher Buchhändler oder mit dem Deutschen Verlegerverein verhandelt wird, sondern dass die wissenschaftlichen Autoren Fühlung mit bedeutendsten wissenschaftlichen Verlegern suchen. Nur dann kann etwas vernünftiges herauskommen."

Anhang 6c: Franz Fischer (*Springer*-Verlag) an Georg Schmidt, 11. Februar 1924

„[…] veranlasst mich, Ihnen gegenüber einmal mein Herz ganz gründlich auszuschütten und zu versuchen, Ihnen die Schwierigkeiten zu schildern, in die bei der jetzigen Arbeitsweise trotz allen guten Willens sowohl die Angestellten der Druckerei wie des Verlages gekommen sind; sie wissen einfach nicht weiter, und auch ich selbst bin trotz meiner bei der Drucklegung der vielen S a u e r b r u c h schen Werke gemachten Erfahrungen jetzt mit meinem Latein zu Ende und sehe keine Möglichkeit, in der gleichen Weise wie bisher die Arbeiten fortzuführen. Als mir im vorigen Jahre das Manuskript von Herrn Geheimrat S a u e r b r u c h übergeben wurde, geschah es mit den Worten, dass bei diesem Bande mit Korrekturen im Umfang wie bei den früheren Büchern keinesfalls gerechnet zu werden brauchte, denn das Manuskript sei tatsächlich in jeder Beziehung druckfertig. Dass leider trotzdem ganz unverhältnismässig viele Aenderungen vorgenommen sind, dass für einen recht umfangreichen Abschnitt sogar ein vollständig neues Manuskript geliefert worden ist, also viele Fahnen Satz verworfen worden sind, ist Ihnen ebenso bekannt wie mir, und darüber will ich heute kein Wort mehr verlieren. Worüber ich aber nicht hinweggehen kann, das ist, dass nun auch die <u>Bogen</u>abzüge des erst nach vielen Fahnenrevisionen umbrochenen Satzes geändert und das Abbildungsmaterial umgestellt wird. Ich glaube, sehr verehrter Herr Doktor, Sie unterschätzen die Schwierigkeiten und Kosten dieser Umbruchskorrekturen, und ich fürchte, Herr Geheimrat S a u e r b r u c h wird sehr unangenehm überrascht sein, wenn ich ihm nach der Beendigung der Arbeiten einmal eine Aufstellung zeigen wer-

de, nach der die Korrekturen einen Betrag erfordert haben, der etwa das drei-
bis vierfache der reinen Satzkosten ausmacht und ihm dann ausrechne, um wie
viel teurer dadurch der Band geworden ist. Ich bitte Sie, sich doch nur einmal
zu vergegenwärtigen, dass jeder Buchstabe ein einzelnes schmales Bleistückchen
ist, dass die einfachste Aenderung oder Umstellung die Verschiebung zahlreicher derartiger kleiner Teile zur Folge hat und dann daran zu denken, wie oft
eine Seite vorgenommen und geändert werden musste."

[…]

„Ich kann mir, sehr verehrter Herr Doktor, nur zu gut denken, wie schwierig
für Sie die an und für sich schon wenig erfreuliche Korrekturarbeit ist, und ich
bitte Sie, mir zu glauben, dass ich Sie lieber in taktkräftigster Weise unterstützen
würde als noch mit Klagen zu stören, wenn ich es nicht für meine Pflicht halten
würde, einmal das zu sagen, was hemmend auf den Gang der Arbeiten und
verteuernd auf den Preis des Buches wirkt. Hierüber darf ich keine Unklarheit
aufkommen lassen, damit nicht etwa Herr Geheimrat S a u e r b r u c h mit
einem Erscheinungstermin und einem Verkaufspreis rechnet, die unter diesen
Verhältnissen unmöglich sind."

Anhang 6d: Springer an Sauerbruch, 16. Juni 1924

„Die Ihnen von meinem Prokuristen gegebene Zusage ist meinerseits und auch
von seiten der Druckerei in vollstem Umfang eingehalten worden, und es gibt
in meinem Verlage kein Werk, das bei der Herstellung in einer Weise bevorzugt
worden ist wie das Ihrige; es gibt aber auch keins, bei dem sich immer und immer wieder derartige Schwierigkeiten ergeben habe wie bei dem Ihrigen. Ich
kann es daher nur bedauern, wenn Sie in Ihrem Briefe vom 12. d. M. diesen
Umstand völlig ausser acht lassen und Vorwürfe erheben, die durchaus unberechtigt sind. Ich kann nur annehmen, dass Sie über den Gang der Drucklegung
nicht so unterrichtet waren wie es beim Diktat eines ausgesprochen unfreundli-
chen Briefes wohl notwendig gewesen wäre, und dass Ihnen insbesondere der
Inhalt meines Schreibens vom 6. d. M. nicht gegenwärtig gewesen ist. Hierin
habe ich bereits darauf aufmerksam gemacht, dass die unerwartete Einschaltung
in Bogen 22 den Gang der Arbeiten verzögert hat, und heute will ich noch
hinzufügen, dass diese Verzögerung weniger fühlbar gewesen wäre, wenn meiner schon im Briefe vom 22. v. M. geäusserten Bitte, Platz für den Nachtrag zu
schaffen, sogleich ausreichender Weise entsprochen worden wäre und nicht erst
nach erneuten Vorstellungen meinerseits. Ich bitte Sie also, die Schuld für die
Stockung nicht bei mir und meiner Druckerei zu suchen. Ich halte es nach Ihrem letzten Brief auch für notwendig, darauf hinzuweisen, dass eine stark beanspruchte Druckerei wie die Stürtzsche ihren Betrieb nicht nur auf meine An-

sprüche oder die eines meiner Autoren einstellen kann, sondern auch die Wünsche ihrer anderen Auftraggeber berücksichtigen muss. Es ist also nicht immer durchführbar, dass, trifft nach einer unvorhergesehenen Pause ein korrigierter Bogen wieder ein, dann die inzwischen anderweitig beschäftigten Leute sofort wieder an diesen Bogen gestellt werden können. Hiermit muss jeder Autor rechnen, ebenso auch damit, dass, je häufiger ein Satz korrigiert worden ist, desto schwerer und entsprechend zeitraubender die Ausführung immer neuer Aenderungen wird. Auf den Satz des II. Bandes entfallen 4–5000 Korrekturstunden – es ist dies ungefähr die Jahresleistung zweier Setzer – Sie können danach ermessen, welche Veränderungen der ursprünglich nach dem druckfertigen Manuskript hergestellte Satz erfahren hat.

Auf jeden Fall ist von seiten meiner Firma und meiner Herren ebenso wie von seiten der Druckerei mehr geleistet worden als normalen Anforderungen entspricht. Ich möchte Sie daher bitten, die ganze Angelegenheit nicht vom Standpunkt einer augenblicklichen Misstimmung [sic!] darüber zu betrachten, dass der Gang der Dinge nicht vollkommen Ihren Erwartungen entspricht. Ich kann Sie versichern, dass ich mich bisher stets mit Erfolg bemüht habe, unerfreuliche Empfindungen zu unterdrücken, die der Verlauf der Drucklegung bei mir und meinen Herren hervorgerufen hat. In meiner gesamten verlegerischen Tätigkeit habe ich derartige Schwierigkeiten bei der Drucklegung eines Werkes noch niemals erfahren müssen.

Woran ich aber in Ihrem Brief vom 12. 6. ganz besonders Anstoss nehmen muss, das ist der Mangel an Billigkeitsgefühl. Sie haben allein die Verantwortung für die ausserordentlich lange Dauer der Drucklegung – ich bin jederzeit gerne bereit, Ihnen das durch das Urteil eines unparteiischen Sachverständigen nachzuweisen. Nun verlieren Sie die Geduld und drohen mir mit einer Massnahme, von der Sie nicht nur wissen, dass Sie für mich eine schwere Schädigung bedeuten würde, sondern die auch gegen unseren Vertrag verstösst.

Ich hoffe, dass Sie bei ruhiger Ueberlegung der Vorgänge mir recht geben werden. Zugleich aber gebe ich der Erwartung Ausdruck, dass bei Ihnen das Gefühl für die völlige Parität des angesehenen Autors und des angesehenen Verlegers zurückkehrt, das ich seit einiger Zeit bei Ihnen vermissen muss. Ich erkläre ausdrücklich, dass ich es ablehne, ein Diktat von Ihnen entgegenzunehmen.

Indem ich meinem Bedauern Ausdruck gebe, nach so langer gemeinsamer Arbeit, während der ich mich und meinen Betrieb stets bis zum letzten für Sie und Ihre Arbeiten eingesetzt habe, einen derartigen Brief an Sie richten zu müssen, verbleibe ich in vorzüglicher Hochachtung Ihr sehr ergebener"

Anhang 6e: Sauerbruch an Springer, 20. Juni 1924

„Ihre Auffassung, dass von Seiten der Buchdruckerei und des Verlages alles getan worden sei, um den Druck schnell zu Ende zu führen, kann ich nicht bestätigen. Im Gegenteil, ich habe fortgesetzt Schwierigkeiten und Vorstellungen erfahren in einem Umfange, wie ich es bisher im Verkehr mit Ihnen nicht gewohnt war. Sie werden selbst anerkennen müssen, dass es sich um eine ganz besondere Arbeit bei diesem Buche handelt. Es wird zu 1. Mal der schwierige Versuch gemacht, eine eigene Darstellung der Entwicklung der Brustchirurgie in den letzten 20 Jahren zu geben. Dass dieses Buch in jeder Beziehung gut sein muss, darin besteht mein Ehrgeiz. Dass es wesentlich besser wird, als der 1. Band, darauf lege ich besonderen Wert. Das Ziel kann eben nur erreicht werden, wenn man immer und immer wieder den schweren Stoff durcharbeitet und Stil und Inhalt zu einem harmonischen Ganzen zurechtfeilt.

Es tut mir sehr leid, dass Ihr Verlag diese Auffassung nicht geteilt hat und darum andauernd Schwierigkeiten entstanden sind, die ich gerade bei Ihnen für ausgeschlossen gehalten hätte. Ich habe mich bei meiner grossen Tätigkeit ausserordentlich anstrengen müssen, um der schwierigen Aufgabe immer wieder erneuter Korrekturlesungen zu genügen und habe dabei einschliesslich meiner Herren mehr geopfert als Sie ahnen.

Ich halte also die Feststellung aufrecht, dass beim grösserem Entgegenkommen des Verlages der Stand der Angelegenheit mehr gefördert sein würde. Selbstverständlich ist mir der Inhalt der von Ihrem Verlag an meinen beauftragten Mitarbeiter, Herrn Oberarzt Dr. G. Schmidt, gerichteten Briefe genau bekannt geworden.

Was die Einschiebung des Bogen 22 anlangt, so haben wir jetzt, als die neuen Druckbogen eintrafen, mit Erstaunen gesehen, dass unser 1. Vorschlag – Umsetzung grösserer Teile in Kleindruck – überhaupt nicht berücksichtigt worden ist. Wenn das geschehen wäre, hätte sich vielleicht doch Ihre 2. Rückschrift erübrigt, auf die hin wir notgedrungen zu dem Kleindruck auch noch die Umstellung des Bildes angeregt haben.

Besonders bedauern muss ich den Schlussteil Ihres Briefes, in dem Sie von einer Drohung sprechen. Sie sind sich vielleicht doch nicht darüber im Klaren, was Sie mit diesem Vorwurf aussagen. Ich habe nicht gedroht, sondern nur bei Ihnen angefragt, ob es möglich sei, angesichts der Verzögerung der Drucklegung vorher einen Auszug zu veröffentlichen. Ich habe dabei die Bedenken, die dem entgegenstehen, nicht unterdrückt, sondern sogar ausdrücklich hervorgehoben. Wenn Sie von einem Diktat meinerseits sprechen und ein solches ablehnen, so muss ich Ihnen aber noch deutlicher erklären, dass ich ganz gewiss nicht von Ihnen mich vergewaltigen lasse. So wie die Dinge jetzt sich entwickelt haben, halt ich ein gedeihliches Weiterarbeiten über den 2. Band hinaus für ausgeschlossen. Sie werden wohl meiner Auffassung zustimmen.

Ich bitte Sie darum, mir einen Vorschlag mitzuteilen, nachdem sich dann diese Lösung vollziehen kann. Es wird sich ja in der Hauptsache darum handeln, dass ich die Kosten übernehme für die Tätigkeit des Herrn Eisengräber, soweit sie sich auf die Fertigstellung der Bilder für die geplante Herausgabe der „Klinischen Vorlesungen" und der „Allgemeinen Chirurgie" bisher erstreckt hat. Es wird diese Abgrenzung nicht ganz leicht, aber bei gutem Willen beiderseits doch möglich sein.

Auch ich bedaure mit Ihnen, dass unsere gemeinsame Arbeit so endet. Vielleicht denken Sie aber doch einmal daran, wie Ihre Gesinnung und Ihre Einstellung sich mir gegenüber ganz erheblich verändert hat. Autor und Verleger müssen ein Vertrauensverhältnis haben. Dass sich dieses Vertrauen von hier aus Ihrem Verlage gegenüber nicht mehr aufbringen lässt, ist nicht meine sondern Ihre Schuld.

In vorzüglicher Hochachtung"

Anhang 6f: Springer an Sauerbruch, 30. Juni 1924

„Um mit dem Schlusspassus Ihres Briefes zu beginnen, so möchte ich mir die Frage gestatten, ob Sie Beweise dafür haben, dass meine „Gesinnung und Einstellung Ihnen gegenüber sich im Laufe der Jahre geändert habe"? Ich muss das für meine Person auf das Entschiedenste bestreiten, und ich wüsste nicht, welche Tatsachen ihnen denn Recht zu einer solchen Annahme geben.

Setzen wir also einmal, wenn Sie wünschen theoretisch, voraus, dass meine Einstellung Ihnen gegenüber stets eine freundschaftliche und häufig eine aufopfernde gewesen ist, so folgt daraus noch nicht, dass ich mich jederzeit jeder Kritik Ihres Verhaltens gegenüber meiner Firma oder mir selbst zu enthalten hätte. Zu solcher Kritik fühle ich mich herausgefordert, wenn Sie auf einen langen sachlichen Brief meiner Firma, in dem Ihnen die durch die masslosen Korrekturen entstehenden technischen Schwierigkeiten dargelegt werden, nach Art eines Diktators antworten: „Ich bitte meinen Anweisungen zu folgen oder die weitere gemeinsame Arbeit mit mir abzulehnen". Das, sehr geehrter Herr Geheimrat, ist eine Antwort, die weder Ihrer noch meiner würdig ist.

Ich möchte eine zweite Frage an Sie zu richten mir erlauben:

Hat sich nicht vielleicht I h r e Gesinnung und I h r e Einstellung mir gegenüber im Laufe verändert? Seit Sie in das Münchener Milieu hereingelangt sind, glaube ich diese Wahrnehmung gemacht zu haben. Sie haben nach meiner Empfindung häufig die Parität zwischen uns vergessen, so, wenn Sie mich durch eine

Anfrage über Preispolitik dazu veranlasst haben, alles stehen und liegen zu lassen, um die statistischen Unterlagen für die Beantwortung Ihrer Anfrage zusammen zu bringen und in einem langen Brief niederzulegen. Auf solche Briefe
habe ich von Ihnen mehrfach keinerlei Antwort erhalten, wohl aber nach gewisser Zeit durch erneute Stellung der gleichen Frage und durch erneute Uebermit-
telung Ihnen zu Ohre gekommener unrichtiger Behauptungen bemerken müssen, dass Sie meine mit Zeitopfern geschriebenen Briefe überhaupt nicht oder
doch nur sehr flüchtig gelesen hatten. Ich erinnere Sie auch an Ihre nicht sonderlich freundlichen Aeusserungen mir und anderen gegenüber bei Gelegenheit
der Verleihung des Ehrendoktors der Universität Frankfurt an mich. – Wenn
ich an alle diese Dinge denke, so ändert sich nicht etwa meine Gesinnung Ihnen
gegenüber, wohl aber ergibt sich für mich das Bedürfnis, einmal meinem Herzen Luft zu machen. Dies ist in meinem Brief vom 18. Juni geschehen und zwar
in etwas heftiger Form, und dies geschieht heute in aller Ruhe.

Ich möchte auch den bestehenden Streit nicht weiter verschärfen, nur noch
einmal feststellen, dass in Ihrem Brief vom 12. Juni von einer Anfrage an mich
„ob es möglich sein, angesichts der Verzögerung der Drucklegung vorher einen
Auszug zu veröffentlichen" nicht wohl die Rede sein kann. Wenn Sie diesen
Brief erneut lesen, so werden Sie finden, dass Sie geschrieben haben: „Ich
möchte eine kurz zusammenfassende Monographie ohne Abbildungen drucken
und erschienen lassen, wenn es auch bedauernswert bleibt, dass dann der Absatz des später herauskommenden grossen Buches verkleinert wird". Auch die
letzten Worte dieses Briefes lauten: „andernfalls müsste ich zu dem oben angedeuteten Ausweg greifen.". Sie werden mir zugeben, dass das keine Anfrage,
sondern etwas ist, was ich nicht anders als eine Drohung auffassen konnte.

Noch ein letztes Wort über die Schwierigkeiten, die diesmal bei der Drucklegung entstanden sind:

Herr Fischer, den irgendwelche Vorwürfe in dieser Angelegenheit zunächst
berühren, hat im Verein mit seinen Mitarbeitern und im Verein mit der
Stürtz'schen Buchdruckerei gerade bei Ihrem Buch ganz Ungeheures geleistet.
Ich kann ihm, der von mir ein für alle Mal den Auftrag hat, für „Sauerbruch"
jede technisch überhaupt zu leistende Qualitätsleistung aus der Druckerei herauszuholen, nur bestätigen, dass er mehr als seine Pflicht getan hat. Ich glaube,
dass Sie zu einem gerechteren Urteil kommen würde, wenn Sie Zeit hätten, sich
etwas mehr über die graphische Technik zu informieren. Ich weiss wohl, dass
das nicht möglich und auch gar nicht einfach ist, aber schliesslich sollten Sie im
Laufe der Jahre doch das Vertrauen zu mir und meinen Herren bekommen
haben, dass die Firma Springer im Verein mit der Firma Stürtz das leistet, was
technisch geleistet werden kann. Ich war diesmal aber gezwungen, auf die alles
Mass überschreitende Häufung der Korrekturen mit Ernst hinzuweisen, weil ich
von vornherein befürchten musste, dass Sie mir wegen des durch das Unmass

der Korrekturen hervorgerufenen Verzögerung und Verteuerung Vorwürfe machen würden. Bezügliche der Verzögerung haben sich meine Befürchtungen bereits erfüllt. Die Frage der Verteuerung wäre von Ihnen bestimmt bei Festsetzung des Preises erhoben worden, und Sie hätten zweifellos obendrein Vergleiche gezogen zwischen dem ungeheuren Preise und dem für die tatsächliche Leistung des Autors ungenügenden Honorar. Ich bin in diesem letzten Punkte sehr empfindlich, und es war mir sehr wenig angenehm, dass Herr Geheimrat Duisberg mich vor einigen Monaten freundschaftlich ermahnte, Sie ja mit dem Honorar gut zu behandeln, da Sie unzufrieden seien. Wenn ich mir aber das materielle Ergebnis unserer bisherigen gemeinsamen Tätigkeit ansehe, so kann ich feststellen, dass ich jedenfalls dem Verfasser gegenüber nicht bevorzugt gewesen bin.

Dieser Brief ist nun doch wesentlich länger geworden, als ich beabsichtigt hatte. Ich möchte ihn ohne weitere Schlussfolgerungen nunmehr abschliessen und nur noch den Vorschlag unterbreiten, dass wir es in München – durch offene Aussprache festzustellen versuchen, ob eine weitere gemeinsame Arbeit möglich erscheint oder nicht."

Anhang 6g: Sauerbruch an Springer, 4. Juli 1924

Äußert sich zunächst zum Persönlichen:

„Meine Bemerkung zur Verleihung des Ehrendoktor durch die Universität Frankfurt an Sie. Bei dieser Auszeichnung waren Viele sehr überrascht, haben es Ihnen aber vielleicht nicht gesagt, oder sogar sich gegensätzlich ausgedrückt.

Sie wissen, dass ich den Leuten offen meine Meinung zu sagen pflege und habe darum auch Ihnen meine Ansicht deutlich zum Ausdruck gebracht, wie sich das bei unserem Verhältnis gehörte."

Dann nimmt Sauerbruch Bezug auf die erklärenden Briefe Springers bzgl. der hohen Preise im Ausland:

„Gerade bei dieser Gelegenheit habe ich aber gesehen, – vielleicht zum ersten Mal – dass wir uns nicht mehr verstanden. Sie haben sich lediglich auf dem Geschäftsstandpunkt gestellt und haben mir eine Reihe von Zahlen überwiesen, die wohl zutreffen mögen, die aber an der Tatsache nichts ändern, dass das deutsche Buch im Ausland unerhört teuer war und dass uns sehr viele Sympathien und Einfluss dadurch im Auslande verloren gegangen sind."

[…]

„Ich komme nun zu dem Verhalten des Verlages bei der Drucklegung des 2. Bandes. Hier handelt es sich um eine ganz besonders schwierige Arbeit, auf einem Gebiete, das bisher überhaupt noch nicht im Zusammenhange dargestellt worden ist. Ich konnte nicht, wie das sonst bei Lehrbüchern meistens geschieht, andere früher erschienene zu Hilfe nehmen, sondern ich musste meine eigenen Erfahrungen mit den Einzelergebnissen anderer verschmelzen und einheitlich gestalten. Dass ich dabei den grössten Wert darauf lege, auch stilistisch und formal das Professorendeutsch zu vermeiden, sodass das ganze auch in dieser Beziehung meinen Anforderungen entspricht, werden Sie wohl als Angelegenheit des Autors anerkennen müssen. Sie dürfen auch nicht vergessen, dass es mir nicht möglich ist, wie vielen anderen, mich an den Schreibtisch zu setzen und zu schreiben, sondern ich muss trotz Erledigung täglicher grosser praktischer Aufgaben einige Augenblicke finden, um die Arbeit zu fördern. Dass dadurch die erste Darstellung nicht so aus einem Guss ist, wie Sie das im Interesse Ihres Verlages gewünscht haben, gebe ich zu, hätte aber für Sie unter keinen Umständen Veranlassung sein dürfen, mich immer wieder zu pressen und zu drücken und dazu noch mit dem sehr verletzenden Hinweis auf die übergrossen Kosten. Nach meiner Meinung hätte es bei den an sich ja sehr hoch getriebenen Preisen nichts ausgemacht, wenn das Exemplar 5, 8, oder 10 M. mehr gekostet hätte. Es ist aber für einen Autor, der sich mit grosser Liebe seiner Arbeit unterzieht, unerträglich, immer mit solchen sehr engen geschäftlichen Bemerkungen das Verlages gepeinigt zu werden; ich kann Ihnen sagen, Sie haben mir durch diese lästigen Briefe gründlich die Freude an der Arbeit verdorben.

Es ist vorgekommen, dass ich viele Wochen, die ich mir für die Arbeit freigemacht hatte, dasass und keine Korrekturen erhielt, so z.B. zu Beginn des Semesters. Ist es zuviel verlangt, dass ein so grosser und leistungsfähiger Verlag wie der Ihrige, einen sonst vielbeschäftigten Autor derartige Enttäuschungen erspart?

Sie kommen dann zuletzt noch auf die Honorarfrage zu sprechen, die mir nach Ihrem letzten Brief ausserordentlich peinlich ist und die ich selbst mit Ihnen nicht mehr verhandelt hätte. Gelegentlich eines Besuches von Herrn Geheimrat Duisberg hier wurde ebenfalls die Tatsache der hohen Bücherpreise im Auslande besprochen und auch hervorgehoben, dass im Verhältnis dazu die Verlage die Honorare nicht entsprechend erhöht haben. Wir haben dann über die Bücherhonorare im allgemeinen gesprochen und ich habe selbstverständlich auch die Bedingungen, unter denen meine Bücher bei Ihnen – und der 1. Band im Besonderen – erschienen, mitgeteilt. Dass dieses Honorar zu niedrig war und den zwischen uns bestehenden Vertrag nicht erfüllte, das wissen Sie, und in dieser Beziehung wird wohl Herr Geheimrat Duisberg – aber nicht in meinem Auftrage oder in meinem Namen – eine Bemerkung über das Honorar gemacht haben.

Als ich, wie dass wohl alle Autoren getan haben, nach den grundlegenden Umwälzungen aller materiellen Bedingungen, bei Ihnen anfrug wegen eines neuen

Vertrages, haben Sie mich lakonisch darauf aufmerksam gemacht, dass wir einen Vertrag aus dem Jahre 1913 besitzen [Jahreszahl ist handschriftlich korrigierend kommentiert: „1919!!"; EF]. Sie selbst haben diesen Vertrag im Jahre 1920, als es Ihnen zweckmässig erschien, nicht erfüllt, oder besser gesagt, wir haben auf Ihren Vorschlag ein anderes Arrangement, mit dem ich immer vollständig zufrieden war, getroffen. Sie haben dann dieses Buch zu einem Preis, der weit über die Friedensverhältnisse hinausging, im Ausland verkauft und haben niemals daran gedacht, den Autor an diesen Mehreinnahmen Anteil nehmen zu lassen. Verstehen Sie mich recht, – ich habe das nie erwartet und noch viel weniger beansprucht. Ich habe mir gesagt, die Mehreinnahmen, die dem Verlag entstehen, werden wohl dem 2. Band zugute kommen. Aber das ich für den 2. Band andere Bedingungen erbat, war doch eigentlich eine Selbstverständlichkeit, nachdem ja der erste Vertrag, wie alle Verträge aus der Vorkriegszeit, unhaltbar geworden war.

Nachdem Sie mir auf eine entsprechende Anfrage zunächst viele Wochen überhaupt nicht antworteten, erhielt ich dann die Mitteilung, dass unser Vertrag zu Recht bestehe und ich habe dann, nachdem Sie diese Auffassung hatten, geschwiegen. Auch diese Angelegenheit hat mich nicht wegen des Geldes, aber wegen der Art der Behandlung eines Autors etwas enttäuscht und Sie werden mit mir der Meinung sein, dass es nicht gerade für eine Hochschätzung des Autors spricht, wenn immer und immer wieder von Preiserhöhungen gesprochen wird und die Autoren – (mit Ausnahme ganz weniger Verlage, die auf einem anderen Standpunkt stehen) – immer wieder dabei unberücksichtigt bleiben.

Alle diese Tatsachen sollten Sie sich einmal vor Augen halten und dann werden Sie verstehen, warum ich den Eindruck haben musste, dass Ihr Verhältnis mir gegenüber sich geändert hat. Wenn es nicht so ist, so soll es mich freuen. – Aber Sie können von mir nicht verlangen, dass ich mit einem Verlage arbeite, der mir derartige Schwierigkeiten bei der Durchführung des Buches macht, wie es von Ihnen geschehen ist. Meine Bemerkung: „ich bitte meine Weisungen zu befolgen oder die weitere gemeinsame Arbeit mit mir abzulehnen", ist kein Diktat, sondern eine berechtigte Abwehrmassnahme gewesen. Niemals werde ich mehr ein Buch schreiben, bevor nicht der Verlag, dem ich es anvertraue, Garantie gibt, dass ich so viele Korrekturen vornehmen kann, wie mir notwendig erscheint.

Weil ich überzeugt bin, dass Sie diesen Standpunkt nicht anerkennen und weil ich weiter überzeugt bin, dass die zwischen uns bestehende Spannung und ganz divergente Auffassung einzelner Tatsachen harmonische Zusammenarbeit, die unerlässlich ist, ausschliessen, habe ich Ihnen für weitere Publikationen abgeschrieben. Auch nach Ihrem letzten Brief sehe ich nicht ein, wie sich das ändern soll. Auch ist es zweifelhaft, ob durch eine Aussprache, zu der ich an sich grundsätzlich bereit wäre, diese Schwierigkeiten sich beseitigen lassen. – Ich darf Sie darum nachmals bitten, mir die Bedingungen mitzuteilen, unter denen die Kosten des Herrn Eisengräbers Ihrem Verlage zu vergüten sind, im Sinne meines letzten Briefes.

Ihr Verlag genau wie ich selbst werden bestrebt sein, den 2. Band der Thoraxchirurgie zu einem guten Ende zu führen ohne weitere unerfreuliche Diskussionen über die Fortführung der Arbeit. Sie dürfen versichert sein, dass ich dieses Ende unserer Beziehungen in Erinnerung an frühere gemeinsame Arbeit ernstlich bedaure. Sie müssen aber nicht diese Aenderung, – wie Sie es immer wieder tun –, auf das „Münchener Milieu" schieben, sondern einsehen, dass Sie selbst Schuld haben.

Mit vorzüglicher Hochachtung, Sauerbruch."

Anhang 6h: Springer an Richard Willstätter, 6. November 1924

„Erlauben Sie mir, dass ich heute auf unsere Münchener Unterredung zurückkomme und Ihnen herzlich für den Vorschlag danke, eine Vermittlung zwischen Herrn Geheimrat S a u e r b r u c h und mir zu versuchen. Ich gehe nach längerer Ueberlegung auf diesen Vorschlag ausserordentlich gerne ein. Ich glaube nicht, dass ohne eine Vermittlung durch eine von beiden Seiten hochgeachtete Persönlichkeit der entstandene Riss zu beseitigen sein wird, und mir persönlich liegt ausserordentlich viel daran, das Verhältnis zu einem Manne nicht auf die Dauer getrübt zu sehen, dem ich seit Beginn unserer Bekanntschaft stets mit Hochachtung und Verehrung entgegengetreten bin, und für den ich mich als Verleger bis auf den heutigen Tag stetes in vollem Masse eingesetzt habe.

Wenn ich mich recht erinnere, so sagten Sie mir, dass Herr Geheimrat S a u e r b r u c h in drei Punkten Grund zur Beschwerde gegen mich zu haben glaubt: Zunächst sei er der Meinung, dass unser bisheriges geschäftliches Verhältnis, was wenigstens das Materielle anbetrifft, einseitig zu meiner Bevorzugung geführt habe. Sodann fühle er sich durch die für den gegenwärtig in Druck befindlichen II. Band bisher getroffenen vertraglichen Vereinbarungen benachteiligt, vor allem aber wohl gekränkt durch die in diesen materiellen Verabredungen gelegene scheinbare Unterbewertung seines Lebenswerkes gegenüber anderen wissenschaftlichen Büchern, die nicht auf der gleichen Höhe stehen. Endlich sei er der Ansicht, dass ich bei der Drucklegung des jetzt laufenden II. Bandes es an Entgegenkommen habe fehlen lassen, insbesondere in der Frage der Korrekturen.

Schon ehe Sie die Freundlichkeit hatten, Ihre Vermittlung anzubieten, hatte ich beschlossen, mein Verhalten Herrn Geheimrat S a u e r b r u c h gegenüber durch die Beibringung rein sachlichen Materials unter Verzicht auf alles Persönliches zu rechtfertigen. Ich gebe Ihnen nachstehend die Aufklärung zu den einzelnen Punkten, die auf jederzeit nachprüfbaren sachlichen Unterlagen beruht.

1) Finanzielles Ergebnis der in meinem Verlage erschienenen Sauerbruchschen Bücher, (die sämtlichen genannten Zahlen in Goldmark umgerechnet):

„Thorax-Chirurgie" 1. Aufl.	Gewinn M 1630,45	Honorar M 4000.-
„Kriegschirurg. Erfahrg."	Verlust M 287,95	Honorar M 200.-
„Chirurgie d. Brustorg." I 2. Aufl.	Verlust M 7118.-	Honorar M 1690.- Unk. Ers. 1585.-
„Künstliche Hand" I	Gewinn M 1017.-	Honorar M 1588,45
„Künstliche Hand" II	Verlust M 5120.-	Honorar M 390.-
	Resultat für den Verlag	Res. f. Autor
	Verlust aus drei Werken M 12525,95	Honorar und Unkostenersatz für Herrn Geheimrat Sauerbruch u. Mitarb.
	Gewinn aus zwei Werken M 2647,45	
	Gesamtverlust M 9878,50	M 9453,45

Zu dieser Aufstellung ist noch zu bemerken, dass auf Wunsch des Verfassers von der 1. Auflage der „Thorax-Chirurgie" 750 Exemplare makuliert wurden, weil die wissenschaftliche Entwicklung die Hersausgabe einer zweiten Auflage verlangte.

Zu der Anschauung des Herrn Geheimrat S a u e r b r u c h, dass der I. Band der 2. Auflage für den Verlag eine „Goldgrube" gewesen sei, möchte ich noch folgendes bemerken: Die Tatsache, dass dieser Band dem Verlag einen Verlust gebracht hat, genügt ja zur Widerlegung, doch lege ich auf einige Einzelheiten Wert: Herr Geheimrat S a u e r b r u c h hat wiederholt die Meinung vertreten, der Verlag habe ganz ausserordentliche Gewinne beim Verkauf an das Ausland erzielt. Tatsächlich sind von dem I. Band 238 Exemplare zu einem Nettopreis von durchschnittlich je Schw. Fr. 57,60 (Ladenpreis Schw. Fr. 86,40) ins Ausland verkauft worden. Demgegenüber steht der Verkauf von beinahe 9/10 der Auflage im Inland während der Inflationszeit und zu Preisen, die oft nur wenige Pfennige betrugen. Herr Geheimrat S a u e r b r u c h vergisst auch, dass ich ihm bis zuletzt für seine Schüler Exemplare zum ursprünglichen festgesetzten Papiermarkpreis von M 180.- geliefert habe – es sind im ganzen 210 derartige Studentenexemplare abgegeben worden. Dass auch der Auslandspreis an sich ein bescheidener Preis gewesen ist, wird sich wie ich sehr fürchten muss mit grosser Deutlichkeit bei der Kalkulation des II. Bandes zeigen.

2) Ich komme nun zu der Frage der vertraglichen Vereinbarungen für die 2. Auflage des II. Bandes, die zurzeit im Gange ist. Herr Geheimrat S a u e r - b r u c h und ich haben unter dem 7. Juli 1919 für diesen Band einen neuen Vertrag geschlossen, der ein Bogenhonorar von M 200.- für den Druckbogen vorsieht. Dieser Betrag war damals ein Papiermarkbetrag. Ich habe mich ohne weiteres bereit erklärt, diesen Betrag in Goldmark umzuwandeln und der Honorierung zugrunde zu legen. Ich tue hiermit wesentlich mehr als den Mitte 1924 getroffenen Vereinbarungen zwischen den Verlegerorganisationen einerseits und den Autorenorganisationen andererseits entspricht. Als Herrn Geheimrat S a u e r b r u c h diese Zusage nicht genügte, habe ich mich weiterhin bereit erklärt, bei der Kalkulation des Buches zu prüfen, ob ich den genannten Betrag zu erhöhen in der Lage bin. Ich gedenke nunmehr Herrn Geheimrat S a u e r - b r u c h zu bitten, mir zu sagen, welches Honorar ihm angemessen erscheint. Ich würde dann, wenn ich die Forderung des Herrn Geheimrat S a u e r b r u c h mit der Kalkulation nicht vereinbaren kann, den Preis des Buches um so viel höher ansetzen, dass bei Ausverkauf der Auflage von 2000 Exemplaren die Mehrforderung des Herrn Geheimrat S a u e r b r u c h herauskommt. Nur muss vermieden werden, dass das Risiko des Verlages sich weiterhin erhöht – es muss also das Mehrhonorar in Verbindung mit dem Absatz gebracht werden.

Sie sagten mir, dass Herr Geheimrat S a u e r b r u c h durch die Mitteilung, die Herr Geheimrat D ö d e r l e i n über das Honorar, das für die 3. oder 4. Auflage seiner „Operativen Gynäkologie" gezahlt worden sei, stutzig geworden sei und Zweifel an der Gerechtigkeit meiner Bedingungen empfunden habe. Hierauf erwidere ich, dass zwei Werke so völlig verschiedenen Charakters nicht miteinander verglichen werden können. Zunächst wird das D ö d e r l e i n sche Buch in einer Auflage von mindestens 3000 Exemplaren gedruckt und mit Abbildungen, deren Kosten längst amortisiert sind. Sodann ist es ein Buch, das jeder Gynäkologe ohne weiteres kauft. Das S a u e r b r u c h sche Buch hingegen steht zwar zweifellos wissenschaftlich auf einem ganz anderen Niveau, es bleibt aber ein <u>Spezialbuch</u>, das, auch von den Chirurgen nur eine gewisse Anzahl kauft, und dessen durch den hohen Preis ohnehin erschwerten Weg deshalb nicht so schnell und glatt sein wird wie der des D ö d e r l e i n schen Lehrbuches. Immerhin bin ich, wie Sie aus meinem obigen Vorschlage ersehen, bereit, die Wünsche des Herrn Geheimrat S a u e r b r u c h, die mir an sich durchaus verständlich sind, nach Massgabe des Erfolges des Buches zu befriedigen.

3) Ich komme endlich zum dritten Punkt, der Frage des Verhaltens meiner Firma bezw. meiner Person bei der Drucklegung des II. Bandes. Ich finde bei nochmaliger Durchsicht des Briefwechsels dass Herr Geheimrat S a u e r -

b r u c h wiederholt der Meinung Ausdruck gibt, als bestehe hier zwischen mir als Chef und dem bewährten Vorsteher meiner Herstellungsabteilung, Herrn F i s c h e r eine verschiedene Tendenz, ja als stehe Herr Fischer unter meinem Druck, sodass er in der Angelegenheit „Sauerbruch" nicht so könne wie er wohl wolle. Hierzu muss ich bemerken, dass diese Annahme eine völlig falsche ist. Herr F i s c h e r, der meine Anschauungen über den Verkehr mit den Autoren meines Verlages bis ins kleinste kennt, und der deshalb völlig selbständig zu handeln befugt ist, hat von mir noch den speziellen Auftrag erhalten, bei „Sauerbruch" alles zu tun, was technisch überhaupt möglich und zu verantworten ist. In dieser Tendenz habe ich ihn auch während der ganzen Drucklegung nicht einen Moment beirrt. Ich stelle fest, dass der Brief vom 12. Februar 1924, in dem die ernsten Vorstellungen bezüglich des Uebermasses an Korrekturen erhoben wurden, von Herrn F i s c h e r beantragt und diktiert, von mir aber des äusseren Eindrucks wegen selbst unterschrieben worden ist. Die Situation war tatsächlich so, dass Herr F i s c h e r als verantwortlicher Leiter der Herstellungsabteilung nicht mehr aus noch ein wusste und mir daher die Absendung des erwähnten Schreibens vorschlug.

Was nun die Korrekturen betrifft, so habe ich ebenfalls statistische Unterlagen mir beschafft, die meinen Standpunkt zu rechtfertigen geeignet sind. Es betrugen die Korrekturkosten bei

„Künstliche Hand" I   30%

„Künstliche Hand" II   47%

„Chirurgie der Brustorgane" I, 2. Aufl.   52%   der Satzkosten.

Bei dem II. Band der „Chirurgie der Brustorgane" also bei dem Streitobjekt, ist der Prozentsatz der Korrekturkosten im Vergleich zu den gesamten Satzkosten auf 115% angestiegen. Es kommt hinzu die Streichung der farbigen und nichtfarbigen Abbildungen im Betrage von etwa M 2000.- Wenn ich Ihnen sage, dass als normaler Prozentsatz bei der Drucklegung wissenschaftlicher Werke ganz allgemein die Zahl 10 gilt, so darf ich das wohl als eine Stütze für meine Behauptung ansehen, dass ich auch in diesem Punkt Herrn Geheimrat S a u e r - b r u c h vom Beginn unserer gemeinsamen Arbeit an auf das weitgehendste [sic!] entgegengekommen bin. Ich habe auch nie geklagt, habe aber andererseits bei Beginn der Drucklegung des II. Bandes Herrn Geheimrat S a u e r b r u c h darauf aufmerksam gemacht, wie unzweckmässig eine derartige Verteuerung des Buches durch die ungeheuren Korrekturkosten sei und habe bei der Gelegenheit von ihm die Versicherung erhalten, dass diesmal die Korrekturkosten sich auf einer bescheidenen Höhe bewegen würden.

Es wäre nun für mich ganz furchtbar einfach gewesen, die Steigerung der Korrekturkosten ruhig hinzunehmen und dann entsprechend dem verlegerischen Gebrauch Herrn Geheimrat S a u e r b r u c h zur Tragung der das übliche Mass überschreitenden Kosten heranzuziehen. Ich habe aber überhaupt den materiellen Gesichtspunkt nicht in den Vordergrund gestellt. Ich war trotz der Enttäuschung, die die Höhe der Korrekturkosten mir bereitete, durchaus gewillt, mit Rücksicht auf die Eigenart des Werkes und die Eigenart des Verfassers das einigermassen erträgliche Mass auch diesmal hinzunehmen. Schliesslich aber hat mir die Buchdruckerei erklärt, dass sie bald nicht mehr aus noch ein wüsste, dass 9–11 mal geänderte Maschinensatz beim Reindruck Schwierigkeiten zu verursachen drohte und dass sie die Verantwortung für Tempo und Qualität ablehnen müsste. Das gab Anlass zu dem Brief, der schliesslich den Konflikt herbeigeführt hat. Dem Standpunkt des Herrn Geheimrat S a u e r b r u c h, dass bei einer derartigen Werke besondere Schwierigkeiten vorliegen, die der Verleger zu respektieren habe, glaube ich im weitesten Masse entgegengekommen zu sein. Ich kann es aber nicht als eine Notwendigkeit ansehen, wenn in der 9., 10. und 11. Korrektur Aenderungen vorgenommen werden, die rein stilistischer Art sind (Ersatz von „der" durch „welcher" und umgekehrt, Verdeutschung des Wortes „Mediatinum" in „Mittelfell" usw.). Hätte es sich um Aenderungen gehandelt, die durch neue wissenschaftliche Forschungen hervorgerufen worden wären, ich hätte auch mit keiner Wimper gezuckt. Schliesslich ist der Verleger aber doch nicht nur eine Maschine, die auf Diktat des Autors zu arbeiten hat, sondern er trägt in gleichem Masse wie der Autor, wenn auch auf anderem Gebiete, die Verantwortung für das Gelingen und den Erfolg des Werkes. Verantwortlich für den <u>Preis</u> des Buches wird von der Oeffentlichkeit, ja auch vom Autor selbst, doch lediglich der <u>Verleger</u> gemacht!

[...]

Wenn ich meinerseits mir eine Erklärung für die Entstehung des Konfliktes geben soll, so wäre es die, dass es Herrn Geheimrat S a u e r b r u c h ausserordentlich schwer fällt, sich zu irgend welchen Konzessionen an die reale Umwelt bewegen zu lassen, sodass er dem, der notgedrungen bei der Drucklegung des Buches ihm gegenüber auch praktische Fragen vertreten und unterstreichen muss, Mangel an Verständnis und Rücksicht vorwirft und sich allmählich in einen Groll gegen ihn hineinsteigert. Vielleicht denkt er jetzt aber ruhig über die ganze Angelegenheit, um die sachlichen Grundlagen gerecht zu prüfen. Die Frage, in wieweit das Münchener Milieu und die Bemühungen meiner Gegner, die ein Interesse am Unfrieden zwischen uns haben, eine Rolle gespielt haben will ich heute nicht erneut zur Diskussion stellen."

Anbei die Verlagsabrechnungen zu den einzelnen Werken

Anhang 7: Freud – Bibliographie (in Auswahl)[2]

Anhang 7a: Freud – Monographien

1884e *Über Coca.* Neu durchgesehener und vermehrter Separatabdruck.
Wien: Perles 1885.

1891a Mit Oscar Rie: *Klinische Studie über die halbseitige Cerebrallähmung der Kinder.*
Wien: Perles 1891. (= Beiträge zur Kinderheilkunde, 3)

1891b *Zur Auffassung der Aphasien.* Eine kritische Studie. Wien: Deuticke 1891.

1893b *Zur Kenntniß der cerebralen Diplegien des Kindesalters.* Im Anschluss an die
Little'sche Krankheit. Leipzig und Wien: Deuticke 1893. (= Beiträge zur
Kinderheilkunde, NF, 3)

1895d Mit Josef Breuer: *Studien über Hysterie.* Leipzig und Wien: Deuticke 1895.
(2. Auflage 1909)

1897b *Inhaltsangaben der wissenschaftlichen Arbeiten des Privatdozenten Dr. Sigm. Freud.
1877–1897.* Als Manuskript gedruckt. Wien: Deuticke 1897.

1900a *Die Traumdeutung.* Wien: Deuticke 1900.

1901a *Über den Traum.* Wiesbaden: Bergmann 1901. (= Grenzfragen des Nerven-
und Seelenlebens, 8)

1904 *Zur Psychopathologie des Alltagslebens.* Berlin: Karger 1904.

1905c *Der Witz und seine Beziehung zum Unbewußten.* Leipzig und Wien: Deuticke
1905.

1905d *Drei Abhandlungen zur Sexualtheorie.* Leipzig und Wien: Deuticke 1905.

1906b *Sammlung kleiner Schriften zur Neurosenlehre aus den Jahren 1893–1906.* Leipzig
und Wien: Deuticke 1906.

1907a *Der Wahn und die Träume in W. Jensens „Gradiva".* Wien: Heller 1907.
(ab 2. Auflage 1912 bei Deuticke, 3. Auflage 1924)

1910a *Über Psychoanalyse.* Fünf Vorlesungen, gehalten zur 20jährigen Gründungs-
feier der Clark University in Worcester, Mass., September 1909. Leipzig
und Wien: Deuticke 1910.

1910c *Eine Kindheitserinnerung des Leonardo da Vinci.* Wien: Deuticke 1910.

1912–13a *Totem und Tabu.* Einige Übereinstimmungen im Seelenleben der Wilden
und der Neurotiker. Leipzig und Wien: Heller 1913.

1916–17a *Vorlesungen zur Einführung in die Psychoanalyse.* Leipzig und Wien: Heller
1916.

---

2 Die in Meyer-Palmedo/Fichtner, Freud-Bibliographie festgelegten Titelnummerierungen
und Zeitschriftenabkürzungen sind übernommen.

1920g	*Jenseits des Lustprinzips.* Wien: Internationaler Psychoanalytischer Verlag 1920.

1920g   *Jenseits des Lustprinzips.* Wien: Internationaler Psychoanalytischer Verlag 1920.

1921c   *Massenpsychologie und Ich-Analyse.* Wien: Internationaler Psychoanalytischer Verlag 1921.

1923b   *Das Ich und das Es.* Wien: Internationaler Psychoanalytischer Verlag 1923.

1924f   *Kurzer Abriß der Psychoanalyse.* (erschien zunächst auf Englisch; erst 1928 auf Deutsch in den *Gesammelten Schriften*)

1926d   *Hemmung, Symptom und Angst.* Wien: Internationaler Psychoanalytischer Verlag 1926.

1926e   *Die Fragen der Laienanalyse.* Unterredungen mit einem Unparteiischen. Wien: Internationaler Psychoanalytischer Verlag 1926.

1927c   *Die Zukunft einer Illusion.* Wien: Internationaler Psychoanalytischer Verlag 1927.

1930   *Das Unbehagen in der Kultur.* Wien: Internationaler Psychoanalytischer Verlag 1930.

1933a   *Neue Folge der Vorlesungen zur Einführung in die Psychoanalyse.* Wien: Internationaler Psychoanalytischer Verlag 1933.

1934   *Selbstdarstellung.* Wien: Internationaler Psychoanalytischer Verlag 1934.

1939a   *Der Mann Moses und die monotheistische Religion.* Drei Abhandlungen. Amsterdam: Allert de Lange 1939.

Anhang 7b: Freud – Übersetzungen

1880a   Mill, John Stuart: *Über Frauenemanzipation, Plato, Die Arbeiterfrage, Der Sozialismus.* IN: Gesammelte Werke. Hrsg. von Theodor Gomperz. Bd. 12. Leipzig: Fues 1880.

1886e   Charcot, Jean-Martin: *Über einen Fall von hysterischer Coxalgie aus traumatischer Ursache bei einem Manne.* IN: Wiener Medizinische Wochenschrift 36/1886, Sp. 711–715, 756–759.

1886f   Charcot, Jean-Martin: *Neue Vorlesungen über die Krankheiten des Nervensystems insbesondere über Hysterie.* Leipzig und Wien: Toeplitz & Deuticke 1886. (mit einem Vorwort von Freud; enthält 1886e)

1888–89a Bernheim, Hippolyte: *Die Suggestion und ihre Heilwirkung.* Teil I. Wien: Deuticke 1888. (2., überarbeitete Auflage 1896, mit Vorwort von Freud (1896d))

1892a   Bernheim, Hippolyte: *Neue Studien über Hypnotismus, Suggestion und Psychotherapie.* Leipzig und Wien: Deuticke 1892.

1892–94a Charcot, Jean-Martin: *Poliklinische Vorträge*. Bd. 1: Schuljahr 1887/88.
Leipzig und Wien: Deuticke 1892.

1911j Putnam, James Jackson: *Über Ätiologie und Behandlung der Psychoneurosen*. IN:
Zentralblatt für Psychoanalyse 1/1911, S. 137–154.

1939b (Mit Anna Freud) Bonaparte, Marie: *Topsy*, der goldhaarige Chow. Amsterdam: Allert de Lange 1939.

Anhang 7c Freud – Beiträge

1887f *Das Nervensystem*. IN: Ärztliche Versicherungsdiagnostik. Hrsg. von Edurad Buchheim. Wien: Hölder 1887, S. 188–207.

1888b *Aphasie. Gehirn I. Anatomie des Gehirns. Hysterie. Hysteroepilepsie* IN: Villaret,
Albert: Handwörterbuch der gesamten Medizin. Bd. 1. Stuttgart: Enke
1888, S. 88–90, 684–691, 886–892, 892. (unsigniert)

1888c *Corpus*. IN: Villaret, Albert: Handwörterbuch der gesamten Medizin. Bd. 1.
Stuttgart: Enke 1888, S. 354–355. (unsigniert, einzelne Abschnitte des Artikels)

1888–89a *Nachwort*. IN: Bernheim, Hippolyte: Die Suggestion und ihre Heilwirkung.
Teil II. Wien: Deuticke 1889, S. 108.

1890a *Psychische Behandlung (Seelenbehandlung)*. IN: Die Gesundheit. Ihre Erhaltung,
ihre Störungen, ihre Wiederherstellung. Hrsg. von Robby Koßmann und
Julius Weiß. Bd. 1. Stuttgart, Berlin und Leipzig: Union Deutsche Verlagsgesellschaft 1890, S. 368–384.

1891c *Kinderlähmung. Lähmung*. IN: Villaret, Albert: Handwörterbuch der gesamten Medizin. Bd. 2. Stuttgart: Enke 1891, S. 91–93, 169–171. (unsigniert)

1891d *Hypnose*. IN: Bum, Anton: Therapeutisches Lexikon für praktische Ärzte.
Wien: Urban & Schwarzenberg 1890, S. 724–734. (2. Auflage 1893,
S. 896–904; 3. Auflage in 2 Bänden 1900, Bd. 1, S. 1110–1119)

1892c Beitrag zu: Rosenthal, Émile: *Contribution à l'étude des diplégies cérébrales de
l'enfance*. Lyon: Diss. 1892. (ohne Seitenangabe)

1893j Beitrag zu: Rosenberg; Ludwig: *Casuitische Beiträge zur Kenntnis der cerebralen
Kinderlähmungen und der Hysterie*. Leipzig und Wien: Deuticke 1893 (= Beiträge zur Kinderheilkunde, NF, 4), S. 95–111.

1893p Beitrag zu: Rosenthal, Émile: *Les diplégies cérébrales de l'enfance*. Paris: Verlag
1893. (ohne Seitenangabe)

1893–94a *Accessoriuskrampf. Accessoriuslähmung. Agraphie. Alalie. Alexie. Amnesie. Anosmie. Aphasie. Aphrasie. Bradylalie. Bradyphrasie. Dysgraphie. Dyslalie. Dyslexie.
Dysphrasie. Echolalie. Paraphrasie.* IN: Diagnostisches Lexikon für praktische

Ärzte. Hrsg. von Anton Bum und Moritz T. Schnirer. Bd. 1 und Bd. 3. Wien und Leipzig: Urban & Schwarzenberg 1893 und 1894, S.508–528.

1897a *Die infantile Cerebrallähmung.* Teil II, Abt. II. IN: Specielle Pathologie und Therapie. Hrsg. von Hermann Nothnagel. Bd. 9. Wien: Hölder 1897. (ohne Seitenangabe)

1901c *Freud, Sigm.* (autobiographischer Artikel). IN: Pagel, Julius Leopold: Biographisches Lexikon hervorragender Ärzte des neunzehnten Jahrhunderts. Berlin: Urban & Schwarzenberg 1901, Sp. 545.

1904a *Die Freudsche psychoanalytische Methode.* IN: Löwenfeld, Leopold: Die psychischen Zwangserscheinungen. Wiesbaden: Bergmann 1904, S. 545–551.

1905g *Stellungnahme zur Eherechtsenquete.* IN: Protokolle der Enquete betreffend die Reform des österreichischen Eherechts. Wien: Kulturpolitische Gesellschaft 1905 (= Mitteilungen der kulturpolitischen Gesellschaft, 3), S. 76–77.

1906a *Meine Ansichten über die Rolle der Sexualität in der Ätiologie der Neurosen.* IN: Löwenfeld, Leopold: Sexualleben und Nervenleiden. 4. Auflage. Wiesbaden: Bergmann 1906, S. 313–332.

1906e *Antwort auf eine Rundfrage „Vom Lesen und von guten Büchern".* IN: Neue Blätter für Literatur und Kunst. Wien: Heller 1906, Heft 1, S. VII.

1908f *Vorwort.* IN: Stekel, Wilhelm: Nervöse Angstzustände und ihre Behandlung. Berlin und Wien: Urban & Schwarzenberg 1908, S. III. (2. Auflage 1912, S. V; nicht in den folgenden Auflagen)

1908h *Freud, Sigmund.* (unsigniert, Autorschaft nicht sicher) IN: Deutschlands, Österreich-Ungarns und der Schweiz Gelehrte, Künstler und Schriftsteller in Wort und Bild. Leipzig-Gohlis: Vogler 1908, S. 134–135. (2. Auflage 1910, S. 232)

1909c *Der Familienroman der Neurotiker.* IN: Rank, Otto: Der Mythus von der Geburt des Helden. Leipzig: Deuticke 1909, S. 64–68.

1910b *Vorwort.* IN: Ferenczi, Sandor: Lélekelemzés: Értekezések a psichoanalizis köréböl. Budapest: Nyugat 1910, S. 3–4.

1910g Beiträge zur Selbstmord-Diskussion, *Zur Einleitung, Schlusswort.* IN: Über den Selbstmord, insbesondere den Schüler-Selbstmord. Wiesbaden: Bergmann 1910. (= Diskussionen des Wiener psychoanalytischen Vereins, 1), S. 19, 59–60.

1911k *Askese.* IN: Verein zur Unterstützung mittelloser israelitischer Studierender in Wien/I, Seidenstettengasse 2. Denkschrift mit […] Beiträgen hervorragender Männer und Frauen unserer Zeit. Hrsg vom Vereinsvorstand. Wien: Groák 1911, S. 27.

1912f	Beiträge zur Onanie-Diskussion, *Zur Einleitung, Schlusswort.* IN: Die Onanie. Vierzehn Beiträge zu einer Diskussion der „Wiener Psychoanalytischen Vereinigung". Wiesbaden: Bergmann 1912. (= Diskussionen der Wiener psychoanalytischen Vereinigung, 2), S. III–IV, 132–140.
1913b	*Geleitwort.* IN: Pfister, Oskar: Die psychoanalytische Methode. Leipzig: Klinkhardt 1913, S. IV–VI.
1913e	*Vorwort.* IN: Steiner, Maximilian: Die psychischen Störungen der männlichen Potenz. Leipzig und Wien: Deuticke 1913, S. III–IV.
1913k	*Geleitwort.* IN: Bourke, John Gregory: Der Unrat in Sitte, Brauch, Glauben und Gewohnheitsrecht der Völker. Leipzig: Ethnologischer Verlag 1913. (= Beiwerke zum Studium der ANthropophyteia, 6), S. V–VI.
1913m	*On Psycho-Analysis.* IN: Austral. Med. Congr., Transactions of the Ninth Session. Bd. 2, Teil 8. 1913, S. 839–842.
1914f	*Zur Psychologie des Gymnasiasten.* IN: Festschrift anlässlich des 50jährigen Bestehens des K.k. Erzherzog Rainer-Realgymnasiums in Wien (Oktober 1914). Wien: Verlag der Anstalt 1914. (ohne Seitenangabe)
1914h	*Freud, Sigmund.* (unsignierter Artikel, Autorschaft nicht sicher). IN: Meyers Kleines Konversations-Lexikon. Bd. 7: Ergänzungen und Nachträge. Leipzig und Wien: Bibliographisches Institut 1914. (ohne Seitenangabe)
1916a	*Vergänglichkeit.* IN: Das Land Goethes 1914–1916. Gedenkbuch. Hrsg. vom Berliner Goethebund. Stuttgart: Deutsche Verlags-Anstalt 1916, S. 37–38.
1918a	*Tabu der Virginität.* IN: Freud, Sigmund: Sammlung kleiner Schriften zur Neurosenlehre. Vierte Folge. Leipzig und Wien: Heller 1918, S. 229–251.
1918b	*Aus der Geschichte einer infantilen Neurose.* IN: Freud, Sigmund: Sammlung kleiner Schriften zur Neurosenlehre. Vierte Folge. Leipzig und Wien: Heller 1918, S. 578–717.
1919d	*Einleitung.* IN: Zur Psychoanalyse der Kriegsneurosen. Leipzig und Wien: Internationaler Psychoanalytischer Verlag 1919 (= Internationale Psychoanalytische Bibliothek, 1), S. 3–7.
1919g	*Vorrede.* IN: Reik, Theodor: Probleme der Religionspsychologie. I. Teil: Das Ritual. Leipzig und Wien: Internationaler Psychoanalytischer Verlag 1919 (= Internationale Psychoanalytische Bibliothek, 5), S. VII–XII.
1921a	*Preface.* IN: Putnam, James J.: Addresses on Psycho-Analysis. London und New York: The Internatinal Psycho-Analytical Press 1921 (= The International psycho-analytical library, 1), S. III–V.
1921b	*Introduction.* IN: Varendonck, Julien: The Psychology of Day-Dreams. London: Allen & Unwin; New York: Macmillan 1921, S. 9–10. In der deutschen Ausgabe: *Geleitwort.* IN: Varendonck, Julien: Über das

vorbewußte phantasierende Denken. Wien: Internationaler Psychoanalytischer Verlag 1922. (= Internationale Psychoanalytische Bibliothek, 12), S. III.

1922f   *Geleitwort.* (in franz. Übersetzung) IN: Saussure, Raymond de: La méthode psychanalytique. Lausanne und Genf: Payot 1922, S. VII–VIII.

1923a   *Libidotheorie; Psychoanalyse.* IN: Handwörterbuch der Sexualwissenschaft. Hrsg. von Max Marcuse. Bonn: Marcus und Weber 1923, S. 296–298, 377–383.

1923g   *Vorwort.* IN: Eitingon, Max: Bericht über die Berliner psychoanalytische Poliklinik (März 1920 bis Juni 1922). Wien: Internationaler Psychoanalytischer Verlag 1923, S. 3.

1925d   *Selbstdarstellung.* IN: Die Medizin der Gegenwart in Selbstdarstellungen. Hrsg. von Louis R. Grote. 8 Bände. Bd. 4. Leipzig: Meiner 1925, S. 1–52.

1925f   *Geleitwort.* IN: Aichhorn, August: Verwahrloste Jugend. Die Psychoanalyse in der Fürsorgeerziehung. Wien: Internationaler Psychoanalytischer Verlag 1925 (= Internationale Psychoanalytische Bibliothek, 19), S. 3–6.

1926a   *An Romain Rolland. Brief zum 60. Geburtstag.* IN: Liber amicorum Romain Rolland. Zürich und Leipzig: Rotapfel-Verlag 1926, S. 152.

1926f   *Psycho-Analysis. Freudian School.* IN: Encyclopaedia Britannica. 13. Auflage, neuer Bd. 3. London: The Encyclopaedia Britannica Comp. 1926, S. 253–255.

1926h   *Brief an Fernand Divoire* (dt. mit franz. Übersetzung). IN: Schneider, Édouard: Au-delà de l'amour. Paris: Ed. Montaigne 1926 (=Les cahiers contemporains, 3), S. 77–78.

1927d   *Der Humor.* IN: Almanach für das Jahr 1928. Wien: Internationaler Psychoanalytischer Verlag 1929, S. 9–16.

1927e   *Fetichismus.* IN: Almanach für das Jahr 1928. Wien: Internationaler Psychoanalytischer Verlag 1929, S. 17–24.

1928b   *Dostojewski und die Vatertötung.* IN: Die Urgestalt der Brüder Karamasoff. Hrsg. von René Fülöp-Miller und Fritz Eckstein. München: Piper 1928, S. XI–XXXVI.

1929b   *Brief an Maxim [sic!] Leroy. Über einen Traum des Cartesius* (in franz. Übersetzung). IN: Leroy, Maxime: Descartes le philosophe au masque. Bd. 1. Paris: Rieder 1929, S. 89–90.

1930b   *Vorwort.* IN: Zehn Jahre Berliner Psychoanalytisches Institut (Poliklinik und Lehranstalt). Hrsg. von der Deutschen Psychoanalytischen Gesellschaft. Wien: Internationaler Psychoanalytischer Verlag 1930, S. 5.

1930c   *Geleitwort.* IN: The Medical Review of Reviews. Bd. 36, Sonderheft "Psychopathology". New York: Medical Review of reviews 1930, S. 103–104.

1930f   *Brief an Theodor Reik.* IN: Reik, Theodor: Freud als Kulturkritiker. Wien: Präger 1930, S. 63–65.

1931c   *Geleitwort.* IN: Weiss, Edoardo: Elementi di Psycoanalisi. Mailand: U. Hoepli 1931, S. VI–VIII.

1931f   *Brief an Georg Fuchs.* IN: Fuchs, Georg: Wir Zuchthäusler. Erinnerungen des Zellengefangenen Nr. 2911. München: Langen 1931, S. X–XI.

1932b   *Geleitwort.* IN: Nunberg, Hermann: Allgemeine Neurosenlehre auf psychoanalytischer Grundlage. Bern: Huber 1932, S. III.

1932f   *Brief an George Lawton.* (engl.). IN: Lawton, George: The Drama of Life and Death. A Study of the Spiritualist Religion. New York: Holt 1932. (= Studies in Religion and Culture, American Religion Series, 6), S. 563.

1933b   *Warum Krieg? Brief an Albert Einstein.* IN: Warum Krieg? Pourquoi la guerre? Why war? Dreisprachig hrsg. vom Internationalen Institut für geistige Zusammenarbeit am Völkerbund. Paris: Institut International de Coopération Intellectuelle 1933 (= Correspondence, Open letters, 2), S. 25–62.

1933d   *Avant-Propos.* IN: Bonaparte, Marie: Edgar Poe. Étude psychanalytique. Paris: Denoel & Steele 1933, S. XI.
Dt. IN: Bonaparte, Marie: Edgar Poe. Eine psychoanalytische Studie. Wien: Internationaler Psychoanalytischer Verlag 1934, S. V.

1933f   *Brief an Siegfried Hessing.* IN: Spinoza-Festschrift. Hrsg. von Siegfried Hessing. Heidelberg: Winter 1933, S. 221–222.

1935a   *Nachschrift 1935.* IN: Almanach der Psychoanalyse 1936. Wien: Internationaler Psychoanalytischer Verlag 1935, S. 9–14.

1935b   *Die Feinheit einer Fehlhandlung.* IN: Almanach der Psychoanalyse 1936. Wien: Internationaler Psychoanalytischer Verlag 1935, S. 15–17.

1935c   *Thomas Mann zum 60. Geburtstag.* IN: Almanach der Psychoanalyse 1936. Wien: Internationaler Psychoanalytischer Verlag 1935, S. 18.

1936a   *Brief an Romain Rolland. Eine Erinnerungsstörung auf der Akropolis.* IN: Almanach der Psychoanalyse 1937. Wien: Internationaler Psychoanalytischer Verlag 1936, S. 9–21.

1936b   *Vorwort.* IN: Sterba, Richard: Handwörterbuch der Psychoanalyse. Wien: Internationaler Psychoanalytischer Verlag 1936, S. 3.

1938b   *Brief an André Breton.* IN: Trajectoire du rêve. Documents recueillis par André Breton. Paris: GLM 1938 (=Cahiers G.L.M., 7), nach S. 216.

1939c   *Geleitwort.* IN: Das Psychoanalytische Volksbuch. Hrsg. von Paul Federn und Heinrich Meng. 3. Auflage. Bern: Huber 1939, S. 13.

Anhang 8: Produktion des *Internationalen Psychoanalytischen Verlags*

Anhang 8a: Statistische Auswertung der Verlagsproduktion nach Publikationsformen[3]

	1919	1920	1921	1922	1923	1924	1925	1926	1927	1928	1929
Monographie		III	III	II	III	10	II	III	IIIII	I	IIII
Reihenband	8	II	II	IIII	III	10	8	III	III	II	
Beiheft zu Zeitschrift/Sonderdruck		I	I	III	I	IIIII I	IIIII	III	IIIII	IIII	IIIII I
Gesammelte Schriften – **Freud**						IIIII	IIIII			I	
gesamt	8	6	6	9	7	31	20	9	13	8	10

	1930	1931	1932	1933	1934	1935	1936				
Monographie	IIII	10	IIIII	IIII	IIIII	III	III				
Beiheft zu Zeitschrift/Sonderdruck	IIII	IIIII I	IIIII	I	I		I				
Gesammelte Schriften – **Freud**				I							
gesamt	8	16	10	5	7	3	4	**gesamt: 180 Bände**			

Quelle: eigene Darstellung basierend auf Meyer-Palmedo/Fichtner, Freud-Bibliographie

Anhang 8b: Freud – *Gesammelte Schriften*

I/1925	Studien über Hysterie.
II/1925	Traumdeutung.
III/1925	Ergänzungen und Zusatzkapitel zur Traumdeutung.
IV/1924	Zur Psychopathologie des Alltagslebens.
V/1924	Drei Abhandlungen zur Sexualtheorie.
VI/1925	Zur Technik.
VII/1924	Vorlesungen zur Einführung in die Psychoanalyse.
VIII/1924	Krankengeschichten.
IX/1925	Der Witz und seine Beziehung zum Unbewußten.
X/1924	Totem und Tabu.

---

3   Gezählt wurden Bände: Die Monographien von 1927 enthalten Band 1 und 2 von Ferenczi, Sandor: Bausteine zur Psychoanalyse. Band 3. und 4. wurden zwar noch vom *IPVerlag* gedruckt, gingen dann aber über in die Verlag von Hans Huber, Bern, und wurden von diesem vertrieben. Die Monographien von 1934 enthalten drei Bände von Bonaparte, Marie: Edgar Poe. Eine psychoanalytische Studie. Nicht gezählt wurde der Titel Kubie, Lawrence: Theoretische Aspekte der Psychoanalyse, der zwar für 1938 angekündigt wurde, aber nie erschien.

| XI/1928 | Schriften aus den Jahren 1923 bis 1928. |
| XII/1934 | Schriften aus den Jahren 1928 bis 1933. |

Anhang 8c: *Internationale Psychoanalytische Bibliothek*

Band 1/1919	Freud, Sigmund: Zur Psychoanalyse der Kriegsneurosen.
Band 2/1919	Ferenczi, Sándor: Hysterie und Pathoneurosen.
Band 3/1919	Freud, Sigmund: Zur Psychopathologie des Alltagslebens.
Band 4/1919	Rank, Otto: Psychoanalytische Beiträge zur Mythenforschung.
Band 5/1919	Reik, Theodor: Probleme der Religionspsychologie. Teil 1.
Band 6/1919	Róheim, Géza: Spiegelzauber.
Band 7/1919	Hitschmann, Eduard: Gottfried Keller.
Band 8/1920	Pfister, Oskar: Zum Kampf um die Psychoanalyse.
Band 9/1920	Kolnai, Aurel: Psychoanalyse und Soziologie.
Band 10/1921	Abraham, Karl: Klinische Beiträge zur Psychoanalyse.
Band 11/1921	Jones, Ernest: Therapie der Neurosen.
Band 12/1922	Varendonck, Jean: Über das vorbewußte phantasierende Denken.
Band 13/1922	Ferneczi, Sándor: populäre Vorträge über Psychoanalyse.
Band 14/1924	Rank, Otto: Das Trauma der Geburt und seine Bedeutung für die Psychoanalyse.
Band 15/1924	Ferneczi, Sándor: Versuch einer Genitaltheorie.
Band 16/1925	Abraham, Karl: Psychoanalytische Studien zur Charakterbildung.
Band 17/1925	Schilder, Paul: Entwurf zu einer Psychiatrie auf psychoanalytischer Grundlage.
Band 18/1925	Reik, Theodor: Geständniszwang und Strafbedürfnis.
Band 19/1925	Aichhorn, August: Verwahrloste Jugend.
Band 20/1926	Levine, Israel: Das Unbewußte.
Band 21/1926	Rank, Otto: Sexualität und Schuldgefühl.
Band 22/1927	Alexander, Franz: Psychoanalyse der Gesamtpersönlichkeit.

Anhang 8d: *Quellenschriften zur seelischen Entwicklung*

Band 1/1919	Hug-Hellmuth, Hermine (anonym erschienen): Tagebuch eines halbwüchsigen Mädchens.
Band 2/1922	Bernfeld, Siegfried (Hrsg.): Vom Gemeinschaftsleben der Jugend.
Band 3/1924	Bernfeld, Siegfried: Vom dichterischen Schaffen der Jugend.

Anhang 8e: *Imago-Bücher*

Band 1/1921	Rank, Otto: Der Künstler.
Band 2/1923	Ossipow, Nikolai: Tolstois Kindheitserinnerungen.
Band 3/1923	Reik, Theodor: Der eigene und der fremde Gott.
Band 4/1923	Neufeld, Jolan: Dostojewski.
Band 5/1924	Sachs, Hanns: Gemeinsame Tagträume.
Band 6/1924	Graber, Gustav Hans: Die Ambivalenz des Kindes.
Band 7/1924	Hermann, Imre: Psychoanalyse und Logik.
Band 8/1925	Winterstein, Alfred: Der Ursprung der Tragödie.
Band 9/1926	Kohn, Erwin: Lassalle – der Führer.
Band 10/1927	Sydow, Eckart von: Primitive Kunst und Psychoanalyse.
Band 11/1928	Reik, Theodor: Das Ritual. (2. erweiterte Auflage von Band 3)
Band 12/1928	Jones, Ernest: Zur Psychoanalyse der christlichen Religion.

Anhang 8f: *Neue Arbeiten zur ärztlichen Psychoanalyse*

Band 1/1924	Ferenczi, Sándor und Otto Rank: Entwicklungsziele der Psychoanalyse.
Band 2/1924	Abraham, Karl: Versuch einer Entwicklungsgeschichte der Libido auf Grund der Psychoanalyse seelischer Störungen.
Band 3/1924	Rank, Otto: Eine Neurosenanalyse der Träume.
Band 4/1925	Reich, Wilhelm: Der triebhafte Charakter.
Band 5/1925	Deutsch, Helene: Psychoanalyse der weiblichen Sexualfunktion.
Band 6/1927	Reich, Wilhelm: Die Funktion des Orgasmus.

Anhang 9: Mommsen-Bibliographie (in Auswahl)[4]

Anhang 9a: Mommsen – Monographien

3   Dissertation: *Ad legem des scribis et viatoribus et de sooemntationes duae*, quas pro summin in utroque iure honoribus rite obtinendis auctoritate illustris ictorum ordinis in Academia Christiana Albertina die VIII mensis Novembris a. MDCCCXLIII hora XI in auditorio maiori publice defensurus est Theodorus Mommsen Oldesloensis. Kiel: C. F. Mohr 1843.

4   *De cillegiüs et sodaliciis Romanorum.* Kiel: Schwers 1843.

12   Mit Theodor Storm und Tycho Mommsen: *Liederbuch dreier Freunde.* Kiel: Schwers 1843.

13   *Die römischen Tribus in administrativer Beziehung.* Altona: Joh. Friedr. Hammerich 1844.

20   Sonderdruck: *De comitio Romano curiis Ianique templo.* Rom: Istituto di Corrispondenza Archeologica 1845.

40   Sonderdruck: *Oskische Studien.* Berlin: Nicolai'sche Buchhandlung 1845.

77   Sonderdruck: *Oskische Studien Nachträge.* Berlin: Nicolai'sche Buchhandlung 1846.

86   *Über Plan und Ausführung eines corpus inscriptionum latinarum.* Als Handschrift gedruckt. Berlin: Schade 1847.

115   Sonderdruck: *Iscrizioni Messapiche.* Rom 1848.

129   *Die unteritalischen Dialekte.* Leipzig: Wigand 1850.

130   Sonderdruck: *Über das römische Münzwesen.* Leipzig: Weidmann 1850.

131   Sonderdruck: *Über den Chronographen vom Jahre 354 mit einem Anhang über die Quellen der Chronik des Hieronymus.* Leipzig: Weidmann 1850.

146   Sonderdruck: *Das Edict Diocletians de pretiis rerum venalium vom Jahre 301.* Mit Nachtrag. Leipzig: Weidmann 1851.

212   Sonderdruck: *M. Valerius Probus de notis antiquis.* Leipzig: Hirzel 1853.

254   Sonderdruck: *Polemii Silvii laterculus.* Hrsg. von Th. Mommsen. Leipzig: Hirzel 1853.

255   Sonderdruck: *Volusii Maeciani distributio partium.* Hrsg. von Th. Mommsen. Leipzig: Hirzel 1853.

---

4   Bei Zangemeister sind die Titel chronologisch angeordnet und fortlaufend nummeriert. Für die folgende Auswahl wurden die Titel nach Publikationsform sortiert, die Nummerierung von Zangemeister aber übernommen.

225 *Römische Geschichte.* Band I: Bis zur Schlacht von Pydna. Leipzig: Weidmann 1854.

236 *Römische Geschichte.* Band II: Von der Schlacht bei Pydna bis auf Sullas Tod. Berlin: Weidmann 1855.

239 Sonderdruck: *Die Stadtrechte der latinischen Gemeinden Salpensa und Malaca in der Provinz Baetica.* Leipzig: Hirzel 1855.

242 *Römische Geschichte.* Band III: Von Sullas Tode bis zur Schlacht von Thapsus. Berlin: Weidmann 1856.

253 Sonderdruck: *Die Rechtsfrage zwischen Caesar und dem Senat.* Breslau: Ed. Trewendt 1857.

263 *Die römische Chronologie bis auf Caesar.* Berlin: Weidmann 1858. (²1859)

280 Sonderdruck: *Codicis Vaticani N. 5766.* Berlin: F. Dümmler in Komm. 1860.

294 *Geschichte des römischen Münzwesens.* Berlin: Weidmann 1860.

295 Sonderdruck: *Über die Zeitfolge der in den Rechtsbüchern enthaltenen Verordnungen Diocletians und seiner Mitregenten.* Berlin: F. Dümmler in Komm. 1861.

313 Sonderdruck: *Die Chronik des Cassiodorus Senator vom J. 519 n. Chr.* Nach den Handschriften hrsg. von Theodor Mommsen. Leipzig: Hirzel 1861.

316 Sonderdruck: *Über die patricischen Claudier.* Berlin: F. Dümmler in Komm. 1861.

333 Sonderdruck: *Verzeichnis der römischen Provinzen aufgesetzt um 297.* Hrsg. von Th. Mommsen. Berlin: F. Dümmler in Komm. 1863.

334 Sonderdruck: *Zeitzer Ostertafel vom Jahre 447.* Berlin: F. Dümmler in Komm. 1863.

358 *Römische Forschungen.* Band I. Berlin: Weidmann 1864. (²1864)

364 Sonderdruck: *Zwei Sepulcralreden aus der Zeit Augusts und Hadrians.* Berlin: F. Dümmler in Komm. 1864.

395 Sonderdruck: *Festi codicis quaternionem decimum sextum denuo.* Hrsg. von Th. Mommsen. Berlin: F. Dümmler in Komm. 1865.

604 *Römisches Staatsrecht.* Bd. I. Leipzig: Hirzel 1871. (= Handbuch der römischen Altertümer, I); (²1876, ³1887)

648 *Römisches Staatsrecht.* Bd. II, Abth. I. Leipzig: Hirzel 1874. (= Handbuch der römischen Altertümer, II, 1); (²1877, ³1887)

685 *Römisches Staatsrecht.* Bd. II, Abth. II. Leipzig: Hirzel 1875. (= Handbuch der römischen Altertümer, II, 2); (²1877, ³1887)

806 *Römische Forschungen.* Band II. Berlin: Weidmann 1879.

1014 *Römische Geschichte.* Band V: Die Provinzen von Caesar bis Diocletian. Berlin: Weidmann 1885.

1029 Sonderdruck: *Die Örtlichkeit der Varusschlacht.* Berlin: Weidmann 1885.

1082 *Römisches Staatsrecht.* Bd. III, Abth. I. Leipzig: Hirzel 1887. (= Handbuch der römischen Altertümer, III, 1)

1125 *Römisches Staatsrecht.* Bd. III, Abth. II. Leipzig: Hirzel 1888. (= Handbuch der römischen Altertümer, III, 2)

1268 *Abriss des römischen Staatsrechts.* Leipzig: Duncker & Humblot 1893. (= Systematisches Handbuch der Deutschen Rechtswissenschaft, Abth. I, T. III)

1371 *Eugippii vita Severini.* Berlin: Weidmann 1898.

1387 *Römisches Strafrecht.* Leipzig: Dunker & Humblot 1899. (= Systematisches Handbuch der deutschen Rechtswissenschaft, Abt. I, T. 4)

1505 *Gesammelte Schriften.* I. Abteilung: Juristische Schriften, Band I. Berlin: Weidmann 1905.

1504 *Reden und Aufsätze.* Gesammelt und herausgegeben von Otto Hirschfeld. Berlin: Weidmann 1905.

Anhang 9b: Mommsen – Herausgeberschaft

203 *Inscriptiones regni Neapolitani Latinae.* Leipzig: Wigand 1852. (Pilotband des *CIL*)

230 *Inscriptiones Confoederationis Helveticae Latinae.* = Mittheilungen der Antiquarischen Gesellschaft in Zürich X/1854.

312 *Iuris anteiustiniani fragmenta quae dicuntur Vaticana.* Bonn: Marcus 1861.

357 *Corpus inscriptionum Latinarum* (= *CIL*). Vol. I. Berlin: Georg Reimer 1863.

392 *C. Iulii Solini collectanes rerum memorabilium.* Berlin: Nicolai 1864.

393 *Notarum laterculi.* Leipzig: Teubner 1864. (= Grammatici Latini, Vol. 4)

415 *Res gestae divi Augusti.* Ex monumentis Ancyrano et Apolloniesi. Berlin: Weidmann 1865.

503 *Digesta Iustiniani Augusti.* Vol. I. Berlin: Weidmann 1868.

569 *Digesta Iustiniani Augusti.* Vol. II. Berlin: Weidmann 1870.

623 *CIL* Vol. V, 1. Berlin: Georg Reimer 1872.

624 Mit Paul Krüger: *Corpus iuris civilis.* Stereotypische Ausgabe. Berlin: Weidmann 1872.

639 Mit G. Studemund: *Analecta Liviana.* Leipzig: Hirzel 1873.

640 *CIL* Vol. III. Berlin: Georg Reimer 1873.

657 *Inscriptiones urbis Brixiae et agri Brixiani Latinae.* Brescia: Minerva 1874. (= Museo Bresciano illustrato, 1)

741 *CIL* Vol. V, 2. Berlin: Georg Reimer 1877.

861 *CIL* Vol. VIII, 1. Berlin: Georg Reimer 1881.

898   *Jordanis Romana et Getica.* Berlin: Weidmann 1882. (= MGH[5], V, 1).

928   *CIL* Vol. IX. Berlin: Georg Reimer 1883.

929   *CIL* Vol. X, 1. Berlin: Georg Reimer 1883.

930   *CIL* Vol. X, 2. Berlin: Georg Reimer 1883.

1145 *CIL* Vol. III, Supplementband. Berlin: Georg Reimer 1889.

1176 *Fragmenta Vaticana.* Mosaicarum et Romanarum legume collectio. Berlin: Weid-
      mann 1890 (= Collectio librorum iuris anteiustiniani in usum scholarum, 3)

1204 *Chronica minora saec. IV. V. VI. VII.* Berlin: Weidmann 1891. (= MGH, IX, 1)

1205 *CIL* Vol. III. Supplementband. Berlin: Georg Reimer 1891

1233 *Chronica minora saec. IV. V. VI. VII.* Berlin: Weidmann 1892. (= MGH, IX, 2)

1264 *Chronica minora saec. IV. V. VI. VII.* Berlin: Weidmann 1893. (= MGH, XI, 1)

1265 *CIL* Vol. III supplement. Berlin: Georg Reimer 1893.

1266 *Edictum Diocletiani de pretiisrerum venalium.* Berlin: Georg Reimer 1893.

1267 *CIL* Vol. I, 1. Berlin: Georg Reimer 1893.

1294 *Cassiodori Senatoris Variae.* Berlin: Weidmann 1894. (= MGH, XII)

1295 *Chronica minora saec IV. V. VI. VII.* Berlin: Weidmann 1894. (= MGH, XI, 2)

1296 *Chronica minora saec IV. V. VI. VII.* Berlin: Weidmann 1894. (= MGH, XIII, 1)

1317 *Chronica minora saec IV. V. VI. VII.* Berlin: Weidmann 1895. (= MGH, XIII, 2)

1342 *Chronica minora saec IV. V. VI. VII.* Berlin: Weidmann 1896. (= MGH, XIII, 3)

1370 *Chronica minora saec IV. V. VI. VII.* Berlin: Weidmann 1898. (= MGH, XIII, 4)

1372 *Liber pontificalis.* Berlin: Weidmann 1898. (= MGH, Gestorum pontificum
      romanorum, 1)

1456 *Inscfriptionum Orientis et Illyrici Latinaum supplementum.* P. II. Berlin: Georg Rei-
      mer 1902.

1503 *Theodosiani libri.* Vol. I. Berlin: Weidmann 1904.

Anhang 9c: Mommsen – Beiträge

8   Mit Theodor Woldsen-Storm: *Sprichwörter in plattdeutscher Sprache.* IN: Volks-
      buch auf das Jahr 1844, mit besonderer Rücksicht auf die Herzogthümer
      Schleswig, Holstein und Lauenburg. S. 57–58, 120–121, 210.

---

5   MGH = Monumenta Germaniae historica

9   Mit Theodor Woldsen-Storm: *Schleswig-Holsteinische Sagen*. IN: Volksbuch auf
      das Jahr 1844, mit besonderer Rücksicht auf die Herzogthümer Schleswig,
      Holstein und Lauenburg, S. 80–96.

10   Mit Theodor Woldsen-Storm: *Plattdeutsche Reime*. IN: Volksbuch auf das Jahr
      1844, mit besonderer Rücksicht auf die Herzogthümer Schleswig, Holstein
      und Lauenburg, S. 235–236.

204   *Die libri coloniarum*. IN: Die Schriften der römischen Feldmesser. Hrsg. von
      F. Blume, K. Lachmann und A. Rudorff. Band II. Berlin: Georg Reimer 1852,
      S. 143–220.

204   *Über die lex Mamilia Roscia Reducaea Alliena Fabia*. IN: Die Schriften der römi-
      schen Feldmesser. Hrsg. von F. Blume, K. Lachmann und A. Rudorff. Band
      II. Berlin: Georg Reimer 1852, S. 221–226.

234   *Excursus ad Ciceronis orationem pro M. Fonteio cap. IX § 19*. IN: Ciceronis opera.
      Hrsg. von Joh. Georg Baiter und Karl Felix Halm. Band II, 1. Turici: Orell
      Fuessli 1854, S. 477–478.

235   *Bedeutung von ad spem suam confirmandam und anularium bei der militärischen Beförde-
      rung*. IN: Léon Renier: Mélanges d'épigraphie. Paris: Didot frères 1854, S. 239–
      240.

237   *Excursus nonnulli ad Ulpiani fragmenta*. IN: Domitii Ulpiani quae vocant Frag-
      ments sive Excerpta ex Ulpiani libro singulari regularum. Hrsg. von Eduard
      Böcking. Leipzig: Hirzel 1855, S. 108.

238   *De Ulpiani regularum libro singulari*. IN: Domitii Ulpiani quae vocant Fragments
      sive Excerpta ex Ulpiani libro singulari regularum. Hrsg. von Eduard Böcking.
      Leipzig: Hirzel 1855, S. 109–120.

482   *Anhang*. IN: Alfred von Sallet: Die Fürsten von Palmyra unter Gallienus, Clau-
      dius und Aurelian. Berlin: Weidmann 1866, S. 72–75.

529   *Ad capita duo Gelliana (1. IV c. I.IV) animadversions*. IN: Symbolae Bethmanno
      Hollwegio. Berlin: Weidmann 1868. (= Festschrift für August von Bethmann
      Hollweg), S. 83–99.

571   *Index*. IN: C. Plini Caecili Secundi Epistularum libri novem. Hrsg. von Hein-
      rich Keil. Leipzig: Teubner 1870, S. 397–430.

608   *Die echte und die falsche Acca Laretitia*. IN: Festgaben für Gustav Homeyer zum
      XXVIII: Juli MDCCCLXXI. Berlin: Weidmann 1871, S. 91–107.

995   *Officialium et militum Romanorum sepulcretum Carthaginiense*. IN: Mélanges Graux.
      Recueil de travaux d'érudition classique dedié à la mémoire de Charles Graux.
      Paris: Thorin 1884, S. 505–513.

1017 *Bürgerlicher und peregrinischer Freiheitsschutz im römischen Staat*. IN: Juristische Ab-
      handlungen. Festgabe für Georg Beseler zum 6. Januar 1885. Berlin: Hertz
      1885, S. 253–272.

1021 *Papyrus Berolinensis scripta a.p. Chr. CLVIII.* IN: Études archéologiques, linguistiques et historiques dédiées à C. Leemanns. Leiden: Brill 1885, S. 19–20.

1356 *Der Macomanen-Krieg.* IN: Die Marcus-Säule auf Piazza Colonna in Rom. Hrsg. von E. Petersen, A. von Domaszewski und G. Calderini. München: Bruckmann 1896, S. 21–28.

1368 *Academiae Scientiarum Regiae Borussicae praemonitum.* IN: Prosographia Imperii Romanii Saec. I. II. III. Hrsg. von Emil Klebs. Berlin: Georg Reimer 1897, S. V–VI.

1373 *Die italischen Regionen.* IN: Beiträge zur alten Geschichte und Geographie. Festschrift für Heinrich Kiepert. Berlin: Georg Reimer 1898, S. 93–109

1400 *Gatta und Arista.* IN: Strena Helbigiana sexagenario obtulerunt amici. Leipzig: Teubner 1899, S. 198–199.

1407 *Das ägyptische Gesetzbuch.* IN: Festgabe für Heinrich Dernburg zum 50jährigen Doktorjubiläum am 4. Juli 1900. Berlin: Müller 1900, S. 183–190.

1484 *Die Erblichkeit des Decurionats.* IN: Beiträge zur alten Geschichte und griechisch-römischen Alterthumskunde. Festschrift zu Otto Hirschfelds sechzigsten Geburtstage. Berlin: Weidmann 1903, S. 1–7.

Anhang 10: *Römische Geschichte.* **Leipzig bzw. Berlin: Weidmann**

Band I: Bis zur Schlacht von Pydna [1]1854,
           Bis zur Schlacht bei Pydna [2]1856,
           Bis zur Schlacht von Pydna [3]1861, [4]1864,
           in zwei Teilbänden [5]1868, [6]1874, [7]1881, [8]1888, [9]1902;
           posthum: [10]1907, [11]1912, [12]1920, [13]1923, [14]1931 und 1933

Band II: Von der Schlacht bei Pydna bis auf Sullas Tod [1]1855, [2]1857,
           Von der Schlacht von Pydna bis auf Sullas Tod [3]1861, [4]1865, [5]1869,
           [6]1874, [7]1881, [8]1889, [9]1903;
           posthum: [10]1908, [11]1916, [12]1919, [13]1921 und 1925, [14]1933

Band III: Von Sullas Tode bis zur Schlacht von Thapsus [1]1856, [2]1857, [3]1861,
           [4]1866, [5]1869, [6]1875, [7]1882, [8]1889, [9]1903;
           posthum: [10]1909, [11]1917, [12]1920, [13]1922

Band V: Die Provinzen von Caesar bis Diocletian [1]1885, [2]1885, [3]1886, [4]1894;
           posthum: [5]1904, [6]1909, [7]1917, [8]1919, [9]1921, [10]1927, [11]1933

Übersetzungen

Italienisch ab 1857, Russisch ab 1858, Englisch ab 1858, Französisch ab 1863, Ungarisch ab 1867, Spanisch ab 1875

deutsche Neuausgabe in 8 Bänden; München: dtv

[1]1976, [2]1976, [3]1984, [4]1984, [5]1993

Printed by Printforce, the Netherlands